Python 数据预处理

[印] 罗伊·贾法里 著

陈 凯 译

清華大学出版社

北 京

内 容 简 介

本书详细阐述了与Python数据预处理相关的基本解决方案，主要包括NumPy和Pandas简介、Matplotlib简介、数据、数据库、数据可视化、预测、分类、聚类分析、数据清洗、数据融合与数据集成、数据归约、数据转换等内容。此外，本书还提供了相应的示例、代码，以帮助读者进一步理解相关方案的实现过程。

本书适合作为高等院校计算机及相关专业的教材和教学参考书，也可作为相关开发人员的自学用书和参考手册。

北京市版权局著作权合同登记号 图字：01-2022-1458

图书在版编目（CIP）数据

Python 数据预处理 /（印）罗伊・贾法里著；陈凯译. —北京：清华大学出版社，2023.11
书名原文：Hands-On Data Preprocessing in Python
ISBN 978-7-302-64907-6

Ⅰ.①P… Ⅱ.①罗… ②陈… Ⅲ.①软件工具—程序设计—教材 Ⅳ.①TP311.561

中国国家版本馆 CIP 数据核字（2023）第 219453 号

责任编辑： 贾小红
封面设计： 刘　超
版式设计： 文森时代
责任校对： 马军令
责任印制： 宋　林

出版发行： 清华大学出版社
　网　　址： https://www.tup.com.cn，https://www.wqxuetang.com
　地　　址： 北京清华大学学研大厦 A 座　　**邮　　编：** 100084
　社 总 机： 010-83470000　　**邮　　购：** 010-62786544
　投稿与读者服务： 010-62776969，c-service@tup.tsinghua.edu.cn
　质量反馈： 010-62772015，zhiliang@tup.tsinghua.edu.cn
印 装 者： 北京同文印刷有限责任公司
经　　销： 全国新华书店
开　　本： 185mm×230mm　　**印　　张：** 33　　**字　　数：** 660 千字
版　　次： 2023 年 11 月第 1 版　　**印　　次：** 2023 年 11 月第 1 次印刷
定　　价： 159.00 元

产品编号：096108-01

译 者 序

这是一个神奇的故事，一群发电厂的员工，在设备检修期间，偷偷进行各种加密货币的开采活动。他们为了防止自己的行为被发现，甚至篡改了为调节电厂空气污染而安装的传感器，殊不知正是这一举动暴露了他们的行为。原来发电厂的空气污染数据已经被纳入监管分析程序，分析师在预处理数据时发现了每逢周末即出现数据缺失这一现象，这是典型的非随机缺失（MNAR），于是数据分析师将这种情况报告给了监管当局，使这群“电耗子”的行为大白于天下。

本书第 11 章通过具体的诊断示例讲解了这个故事，它充分说明数据预处理并不必然是一项简单而无趣的工作，利用好预处理也能做很多事情。本书提出了一个很重要的理念，即数据预处理并不是一个简单、机械的操作阶段，相反，它需要正确理解分析目标，然后才能基于分析目标的需要进行有效的数据预处理。本书的编写也围绕这一理念进行，在第 1 章和第 2 章分别介绍了 Jupyter Notebook、NumPy、Pandas 和 Matplotlib 基础工具之后，在第 3 章讨论了数据更高级别的约定和理解（HLCU）的意义，并阐释了数据、信息、知识和智慧（DIKW）金字塔，针对机器学习和人工智能的数据、数据集、模式和行动（DDPA）金字塔，以及面向数据分析的数据、数据集、可视化和智慧（DDVW）金字塔。该章还从分析的角度划分了数据类型，阐释了“信息”和“模式”在统计上的意义，为读者准确理解后面的预处理操作打下基础。之后，本书先介绍了 4 个最重要的数据分析目标——数据可视化、预测、分类和聚类分析，然后介绍了数据清洗、数据集成、数据归约和数据转换等预处理操作，这样的安排正是对上述理念的实际体现，也有助于读者更好地理解数据预处理要解决的问题和对应可使用的处理方法。

此外，本书也非常注重对于理论知识的实际应用，在大多数章节后面都提供了丰富的练习，使读者可以举一反三，强化已经掌握的技能。第 18 章还提供了一些有趣的实际案例研究，方便读者自行练习。

在翻译本书的过程中，为了更好地帮助读者理解和学习，本书对大量的术语以中英文对照的形式给出，这样的安排不但方便读者理解书中的代码，而且有助于读者通过网络查找和利用相关资源。

本书由陈凯翻译，黄进青也参与了部分内容的翻译工作。由于译者水平有限，不足之处在所难免，在此诚挚欢迎读者提出任何意见和建议。

译 者

前　言

数据预处理是数据可视化、数据分析和机器学习的第一步，它将为分析和预测模型准备数据以帮助分析师获得最佳见解。分析师在执行数据分析、数据可视化和机器学习项目时，大约90%的时间都花在数据预处理上。

本书将从多个角度为读者提供最佳的数据预处理技术。读者将了解数据预处理的不同技术和分析过程（包括数据收集、数据清洗、数据集成、数据归约和数据转换等），并掌握如何使用开源 Python 编程环境来实现它们。

本书将全面阐述数据预处理及其原因和方法，并帮助读者识别数据分析可以带来的更有效的决策机会。本书还展示了数据管理系统和技术在有效分析中的作用，以及如何使用 API 来提取数据。

通读完本书之后，读者将能够使用 Python 来读取、操作和分析数据；执行数据清洗、集成、归约和转换技术；处理异常值或缺失值，以有效地为分析工具准备数据。

本书读者

希望对大量数据进行预处理和数据清洗的数据分析师、商业智能专业人士、工程本科生和数据爱好者。本书假设读者具备基本的编程技能（例如使用变量、条件和循环），以及 Python 初级知识和简单的分析经验。

内容介绍

本书分为 4 篇，共 18 章。具体内容安排如下。

- 第 1 篇：技术基础，包括第 1 章～第 4 章。
  - 第 1 章“NumPy 和 Pandas 简介”，介绍了用于数据操作的 3 个主要模块中的两个，并使用真实的数据集示例来展示它们的相关功能。
  - 第 2 章“Matplotlib 简介”，介绍了用于数据操作的 3 个模块中的最后一个，并使用了真实的数据集示例来展示其相关功能。

- 第 3 章“数据”，提出了“数据”的技术定义，并介绍了数据预处理所需的数据概念和语言，包括通用的数据结构、数据值的类型、信息与模式等。
- 第 4 章“数据库”，提出了“数据库”的技术定义，解释了不同类型的数据库的作用，并演示了如何连接数据库并从中提取数据。

❑ 第 2 篇：分析目标，包括第 5 章～第 8 章。

- 第 5 章“数据可视化”，演示了一些使用数据可视化的分析示例，让读者了解数据可视化的潜力。
- 第 6 章“预测”，介绍了预测模型并演示了如何使用线性回归和多层感知器（MLP）。
- 第 7 章“分类”，介绍了分类模型并演示了如何使用决策树和 K 近邻（KNN）算法。
- 第 8 章“聚类分析”，介绍了聚类模型并演示了如何使用 K-Means 算法。

❑ 第 3 篇：预处理，包括第 9 章～第 14 章。

- 第 9 章“数据清洗 1 级——清洗表”，介绍了 3 个不同级别的数据清洗，并讨论了具体的数据清洗 1 级示例。
- 第 10 章“数据清洗 2 级——解包、重组和重制表”，通过 3 个示例介绍了数据清洗 2 级的具体内容。
- 第 11 章“数据清洗 3 级——处理缺失值、异常值和误差”，介绍了缺失值、异常值和误差的检测和处理技术。
- 第 12 章“数据融合与数据集成”，介绍了集成不同数据源的技术，详细探讨了数据集成面临的 6 个挑战及其解决方法。
- 第 13 章“数据归约”，介绍了数据归约的目标和类型（样本归约和特征归约）。对于样本归约，提供了随机抽样和分层抽样示例；对于特征归约（也称为降维），介绍了线性回归、决策树、随机森林、暴力计算、主成分分析和函数型数据分析等方法。
- 第 14 章“数据转换”，介绍了数据转换和按摩，通过示例讨论了归一化和标准化、二进制编码、排序转换和离散化、特性构造、特征提取、对数转换、平滑、聚合和分箱等数据转换操作在分析上的意义。

❑ 第 4 篇：案例研究，包括第 15 章～第 18 章。

- 第 15 章“案例研究 1——科技公司中员工的心理健康问题”，介绍了具体的分析问题并讨论了如何预处理数据以解决它。
- 第 16 章“案例研究 2——新冠肺炎疫情住院病例预测”，介绍了一个非常有意义的热点分析问题并讨论了如何预处理数据以解决该问题。

- 第 17 章“案例研究 3——美国各县聚类分析”，针对美国大选基于居住地分裂投票的现象提出了一个颇有意思的分析问题，并讨论了如何对数据进行预处理以解决该问题。
- 第 18 章“总结、实际案例研究和结论”，介绍了一些可能的实践案例，读者可以使用这些案例进行更深入的学习并创建分析组合工具包。

充分利用本书

本书假定读者具备基本的编程技能，并掌握了 Python 的初级知识，其他知识都可以从本书的开头开始学习。

Jupyter Notebook 是学习和练习编程和数据分析的优秀用户界面。它可以使用 Anaconda Navigator 轻松下载和安装。读者可以访问以下页面进行安装。

https://docs.anaconda.com/anaconda/navigator/install/

本书涵盖的软硬件和操作系统需求如表 P.1 所示。

表 P.1　本书涵盖的软硬件和操作系统需求

本书涵盖的软硬件	操作系统需求
使用 Jupyter Notebook 的 Python	Windows 或 macOS

虽然 Anaconda 已经安装了本书使用的大部分模块，但读者还需要安装一些其他模块，如 Seaborn 和 Graphviz。不过不必担心，因为在使用之前本书将指导读者如何进行安装。

建议读者自己输入代码或从本书的 GitHub 存储库获得代码（下文将提供本书配套 GitHub 存储库链接），这样可以帮助你避免与复制和粘贴代码相关的任何潜在错误。

在学习的同时，可以将每一章的代码保存在一个文件中，形成学习存储库，以便进行更深入的学习并在实际项目中使用。Jupyter Notebook 尤其适合此用途，因为它允许读者将代码和笔记保存在一起。

下载示例代码文件

本书所附的代码可以在配套 GitHub 存储库中找到，其网址如下。

https://github.com/PacktPublishing/Hands-On-Data-Preprocessing-in-Python

如果代码有更新，那么它将在该 GitHub 存储库中更新。

下载彩色图像

我们还提供了一个 PDF 文件，其中包含本书中使用的屏幕截图/图表的彩色图像。可通过以下地址下载。

https://static.packt-cdn.com/downloads/9781801072137_ColorImages.pdf

本书约定

本书中使用了许多文本约定。

（1）CodeInText：表示文本中的代码字、数据库表名、文件夹名、文件名、文件扩展名、路径名、虚拟 URL、用户输入和 Twitter 句柄等。以下段落就是一个示例。

> 对于本次练习，你需要使用一个新数据集：`billboard.csv`。可访问以下网址以查看当天最新的歌曲排名。
>
> `https://www.billboard.com/charts/hot-100`

（2）有关代码块的设置如下。

```
from ipywidgets import interact, widgets
interact(plotyear,year=widgets.
IntSlider(min=2010,max=2019,step=1,value=2010))
```

（3）要突出代码块时，相关内容将加粗显示。

```
Xs_t.plot.scatter(x='PC1',y='PC2',c='PC3',sharex=False,
                  vmin=-1/0.101, vmax=1/0.101,
                  figsize=(12,9))
x_ticks_vs = [-2.9*4 + 2.9*i for i in range(9)]
```

（4）术语或重要单词采用中英文对照形式给出，在括号内保留其英文原文。示例如下。

> 由于这些差异，分类和预测被称为监督学习（supervised learning，也称为有监督学习），而聚类则被称为无监督学习（unsupervised learning）。

（5）对于界面词汇或专有名词将保留英文原文，在括号内添加其中文翻译。示例如下。

由于我们只有两个维度来执行聚类，因此可以利用散点图根据所讨论的两个特性——Life_Ladder（生活阶梯）和 Perceptions_of_corruption（腐败程度感知）来可视化所有国家/地区之间的关系。

（6）本书还使用了以下两个图标。

表示警告或重要的注意事项。

表示提示或小技巧。

关 于 作 者

Roy Jafari 博士是美国加州雷德兰兹大学商业分析学助理教授。

Roy 讲授和开发了涵盖数据清洗、决策、数据科学、机器学习和优化的大学水平课程。

Roy 的教学风格是崇尚动手实践，他相信最好的学习方式是边做边学。Roy 采用主动学习的教学理念，读者在本书中将体验到这种主动学习方式。

Roy 认为，只有使用最有效的工具、对数据分析目标有适当的理解、了解数据预处理步骤并能够比较各种方法时，才能成功进行数据预处理。这种理念塑造了本书的结构。

关于审稿人

Arsia Takeh 是一家医疗保健公司的数据科学总监，负责为医疗保健领域的尖端应用设计算法。他在提供数据驱动产品的学术界和工业界拥有十多年的经验。他的工作涉及基于机器学习、深度学习和医疗保健相关用例的生成模型的大规模解决方案的研究和开发。在担任数字健康初创公司的联合创始人之前，他负责构建第一个集成生物组学（omics）平台，该平台可提供 360° 用户视图以及个性化建议以改善慢性病。

Sreeraj Chundayil 是一位拥有十多年经验的软件开发人员。他是 C、C++、Python 和 Bash 方面的专家。他拥有印度 Durgapur 国家理工学院电子和通信工程专业的技术学士学位。他喜欢阅读技术书籍、观看技术视频以及为开源项目做贡献。此前，他曾在 Siemens PLM 参与 NX（3D 建模软件）的开发。目前就职于 Siemens EDA（Mentor Graphics），参与开发集成芯片验证软件。

目　录

第1篇　技术基础

第2篇　分析目标

第3篇　预　处　理

第 4 篇　案 例 研 究

第 1 篇

技术基础

阅读本篇之后，你将能够使用 Python 有效地操作数据。

本篇包括以下章节。

- 第 1 章，NumPy 和 Pandas 简介。
- 第 2 章，Matplotlib 简介。
- 第 3 章，数据。
- 第 4 章，数据库。

第 1 章　NumPy 和 Pandas 简介

NumPy 和 Pandas 模块能够满足用户对大多数数据分析和数据预处理任务的需求。在开始介绍这两个有价值的模块之前，需要强调的是，本章并非这些模块的面面俱到的综合教学指南，而是一个非常实用的概念、函数和示例的集合。因为后续章节将介绍数据分析和数据预处理，我们需要这些基础知识。

本章首先介绍 Jupyter Notebook，它拥有非常出色的编码用户界面（user interface，UI），然后再讨论 NumPy 和 Pandas 这两个与 Python 模块相关的数据分析资源。

本章包含以下主题：

- Jupyter Notebook 概述。
- 通过计算机编程进行数据分析的实质含义。
- NumPy 基本函数概述。
- Pandas 概述。
- Pandas 数据访问。
- 切片。
- 用于过滤 DataFrame 的布尔掩码。
- 用于探索 DataFrame 的 Pandas 函数。
- 应用 Pandas 函数。

1.1　技术要求

使用 Python 编程的最简单方法是安装 Anaconda Navigator。它是一种开源软件，为开发人员汇集了许多有用的开源工具。可以通过以下链接下载 Anaconda Navigator。

https://www.anaconda.com/products/individual

本书将使用 Jupyter Notebook。Jupyter Notebook 是 Anaconda Navigator 提供的开源工具之一。Anaconda Navigator 会在读者的计算机上安装 Python。因此，读者需要做的就是打开 Anaconda Navigator，然后选择 Jupyter Notebook。

本书创建了配套的 GitHub 存储库，其中包含本书使用的所有代码和数据集。该存储库的网址如下。

https://github.com/PacktPublishing/Hands-On-Data-Preprocessing-in-Python

本书的每一章在 GitHub 存储库中都有一个对应的文件夹，包含该章所使用的所有代码和数据集。

1.2　Jupyter Notebook 概述

Jupyter Notebook 作为 Python 编程的成功用户界面越来越受欢迎。作为一个用户界面，Jupyter Notebook 提供了一个交互式环境，读者可以在其中运行 Python 代码、查看即时输出并写下自己的笔记。

Jupyter Notebook 的架构师 Fernando Pérezthe 和 Brian Granger 简要介绍了他们在决定创建新编程用户界面时的初衷。

- 个人探索工作的空间。
- 协作空间。
- 学习和教育空间。

如果读者使用过 Jupyter Notebook，则可以证明他们实现了这些最初的想法。如果还没有使用过，那么这里有一个好消息：本书将使用 Jupyter Notebook，部分代码将以 Jupyter Notebook 用户界面截图的形式呈现。

Jupyter Notebook 的用户界面非常简单。读者可以将其视为一个资料的列，这些资料可以是代码块，也可以是 Markdown 块。解决方案开发和实际编码使用的是代码块，而读者自己或其他开发人员的注释则使用 Markdown 块呈现。图 1.1 显示了 Markdown 块和代码块的示例。可以看到第 1 行是一个 Markdown 块，第 2 行是一个代码块。代码块已经执行并且请求的打印已经发生，输出立即显示在代码块之后。

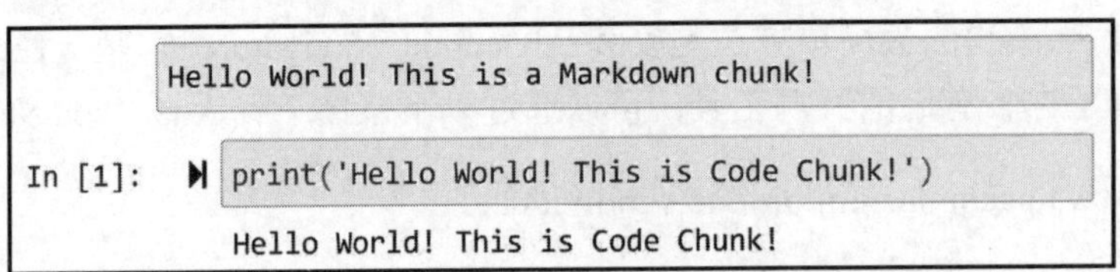

图 1.1　在 Jupyter Notebook 中打印 Hello World 的代码

要创建新块，可以单击用户界面顶部功能区上的“+”号。默认情况下，新添加的块将是一个代码块。读者可以使用顶部功能区的下拉列表将代码块切换为 Markdown 块。

此外，读者也可以使用功能区上的正确箭头向上或向下移动块。在图 1.2 中可以看到我们提到的这些按钮。

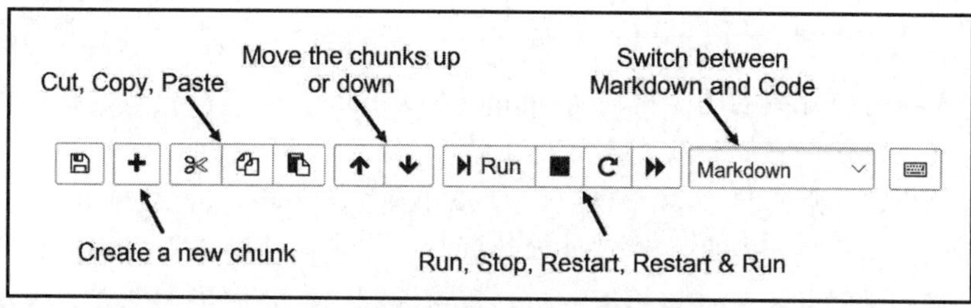

图 1.2　Jupyter Notebook 控制功能区

原　文	译　文
Cut, Copy, Paste	剪切、复制、粘贴
Move the chunks up or down	向上或向下移动块
Switch between Markdown and Code	在 Markdown 块和代码块之间切换
Create a new chunk	创建新块
Run, Stop, Restart, Restart & Run	运行、停止、重启、重启并运行

图 1.2 中的按钮功能如下。

- 图 1.2 中显示的功能区允许读者 Cut（剪切）、Copy（复制）和 Paste（粘贴）块。
- 功能区上的 Run（运行）按钮可用于执行块的代码。
- Stop（停止）按钮用于停止运行代码。如果代码已经运行了一段时间而没有输出，则可以使用此按钮。
- Restart（重启）按钮会像擦黑板一样清除环境；它会删除读者定义的所有变量，以便重新开始。
- 最后，Restart & Run（重启并运行）按钮将重新启动内核并运行 Jupyter Notebook 文件中的所有代码块。

Jupyter Notebook 还有一些功能也许是读者应该了解的。例如，可以加快开发速度的实用快捷键、用于格式化 Markdown 块中文本的特定 Markdown 语法等。当然，如果不熟悉它们也没什么关系，因为上述介绍已经足够读者通过 Jupyter Notebook 用户界面使用 Python 进行有意义的数据分析。

提示：

Markdown 是一种轻量级标记语言，它可以使用纯文本格式标记编写文档，并且支持图片、图表和数学公式（使用 LaTex 公式语法）等。

1.3　通过计算机编程进行数据分析的实质含义

为了从本章将要介绍的两个模块（NumPy 和 Pandas）中获益更多，我们需要了解它们的真正含义以及使用它们时我们实际上在做什么。

笔者可以肯定，无论谁（包括笔者自己）从事使用 Python 进行数据分析的开发业务，都会告诉读者，当你使用这些模块来处理数据时，就是在使用计算机编程来分析数据。但实际上，我们做的并不是计算机编程。计算机编程已经完成了大部分。事实上，这是由将这些软件包组合在一起的一流程序员完成的。我们所做的，只不过是使用现成模块下的编程对象和函数。更准确一点说，我们确实是在做一点计算机编程，但仅限于使用这些模块。多亏了这些模块，我们在使用计算机编程分析数据时不会遇到任何困难。

因此，在开始本章和本书的旅程之前，请记住这一点：在大多数情况下，我们作为数据分析师的工作是将以下 3 项事物联系起来——我们的业务问题、数据和技术。所谓的技术可以是诸如 Excel 或 Tableau 之类的商业软件，而本书所指的就是这些模块。

1.4　NumPy 基本函数概述

NumPy 名称中的 Num 代表数字，Py 代表 Python。顾名思义，NumPy 是一个用于处理数字的 Python 模块，其中包含的都是处理数字的实用函数。

在使用 NumPy 之前需要先导入它，如图 1.3 所示。

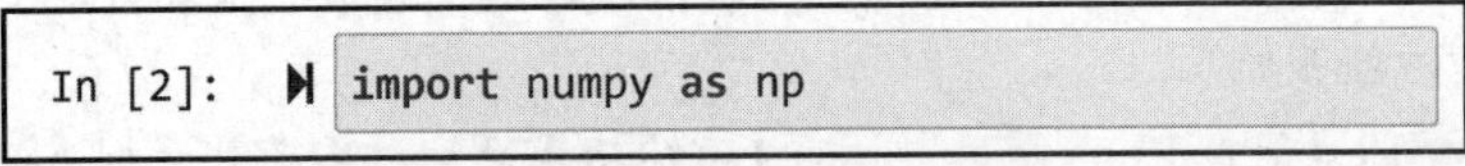

图 1.3　导入 NumPy 模块的代码

可以看到，我们在导入 NumPy 模块后为其赋予了别名 np。实际上可以使用任何别名，并且在代码中都是有效的；当然，最好还是使用 np，这样做有两个令人信服的理由。

- 其他人都使用这个别名，因此如果与其他人共享自己的代码，那么他们就会轻松理解你在整个项目中所做的事情。
- 很多时候，可能会在项目中使用其他人编写的代码，因此，保持这种一致性将使你的工作更轻松。大多数著名的模块也有一个著名的别名，例如，pd 代表 Pandas，plt 代表 matplotlib.pyplot。

良好编程实践建议：

NumPy 可以处理数字集合的所有类型的数学和统计计算，例如 mean（平均值）、median（中位数）、std（标准差）和 var（方差）。如果需要计算其他的统计数据但不确定 NumPy 是否包含该函数，则在尝试编写自己的代码之前不妨先使用网络搜索引擎搜索一下。只要涉及数字统计，NumPy 很可能包含相应的函数。

图 1.4 显示了应用于数字集合的平均值计算。

```
In [3]:  lst_nums = [2,5,7,11,13,17,23,31,37,41,43,47]
         np.mean(lst_nums)

Out[3]:  23.083333333333332

In [4]:  lst_nums = [2,5,7,11,13,17,23,31,37,41,43,47]
         ary_nums = np.array(lst_nums)
         ary_nums.mean()

Out[4]:  23.083333333333332
```

图 1.4　使用 np.mean()NumPy 函数和.mean() NumPy 数组函数的示例

如图 1.4 所示，有两种方法可以做到这一点。

- 第一种方法是使用 np.mean()。该函数是 NumPy 模块的属性之一，可以直接访问。使用这种方法的一个重要方面是，在 NumPy 响应请求之前，大部分情况下都不需要更改数据类型。读者可以输入列表（List）、Pandas Series 或 DataFrame。在图 1.4 中可以看到 np.mean()轻松计算了 lst_nums 的平均值，它属于列表类型。
- 第二种方法首先使用 np.array()将列表转换为 NumPy 数组，然后使用.mean()函数，这是任何 NumPy 数组的属性。

在继续学习之前，不妨花点时间看看如何使用 Python type()函数查看 lst_numbs 和 ary_nums 的不同类型，如图 1.5 所示。

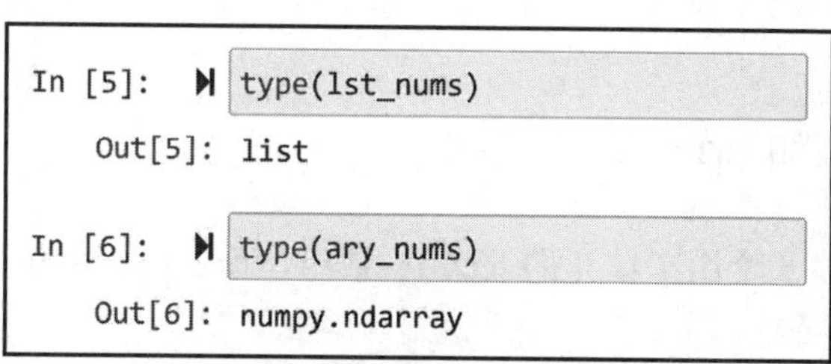
In [5]:
type(lst_nums)
Out[5]:
list
In [6]:
type(ary_nums)
Out[6]:
numpy.ndarray

图 1.5　type()函数的应用

接下来我们将详细介绍以下 4 个 NumPy 函数。

- ❑ np.arange()。
- ❑ np.zeros()。
- ❑ np.ones()。
- ❑ np.linspace()。

1.4.1　np.arange()函数

如图 1.6 所示，此函数可以生成一个等增量的数字序列。可以看到，通过更改两个输入，即可获得用于输出分析目的所需的许多不同数字序列的函数。

```
In [7]:  np.arange(15)

  Out[7]: array([ 0,  1,  2,  3,  4,  5,  6,  7,  8,  9, 10, 11, 12, 13, 14])

In [8]:  np.arange(5,15)

  Out[8]: array([ 5,  6,  7,  8,  9, 10, 11, 12, 13, 14])

In [9]:  np.arange(-7.1,7)

  Out[9]: array([-7.1, -6.1, -5.1, -4.1, -3.1, -2.1, -1.1, -0.1,  0.9,  1.9,  2.9,
                  3.9,  4.9,  5.9,  6.9])
```

图 1.6　使用 np.arange()函数的示例

注意图 1.6 中的 3 个代码块，可以看到 np.arange()在只传递一个或两个输入值时的默认行为。

- ❑ 当只传递一个输入值时，np.arange()的默认值是一个从 0 到输入数字且增量为 1 的数字序列。
- ❑ 当传递两个输入值时，该函数的默认设置是从第一个输入到第二个输入的数字序列，增量为 1。

1.4.2　np.zeros()和 np.ones()函数

np.ones()可以创建一个用 1 填充的 NumPy 数组，而 np.zeros()函数的作用是一样的，只不过它填充的是 0。

np.arange()函数将接收输入来计算需要包含在输出数组中的内容，而 np.zeros()和

np.ones()函数则接收输入来构造输出数组。例如，图 1.7 指定了对 4 行 5 列用 0 填充的数组的请求。如果只传入一个数字，则输出数组将只有一维。

```
In [10]:  np.zeros([4,5])

   Out[10]: array([[0., 0., 0., 0., 0.],
                   [0., 0., 0., 0., 0.],
                   [0., 0., 0., 0., 0.],
                   [0., 0., 0., 0., 0.]])

In [11]:  np.ones(7)

   Out[11]: array([1., 1., 1., 1., 1., 1., 1.])
```

图 1.7　np.zeros()和 np.ones()的示例

这两个函数是创建占位符以将计算结果保持在循环中的很好的方法。接下来，让我们看看它们的应用示例。

1.4.3　示例——使用占位符来容纳分析

本示例的问题陈述是：给定 10 名学生的成绩数据，使用 NumPy 创建代码来计算并报告这 10 名学生的平均成绩。

图 1.8 提供了 10 名学生的成绩数据。Names 表示学生姓名，Math_grades 为数学成绩，Science_grades 为科学成绩，History_grades 为历史成绩，读者可以在 Jupyter Notebook 中自行尝试编写以下代码。

```
In [12]: Names = ['Jevon', 'Dawn', 'Kayleigh', 'Jadene', 'Kennedy', 'Kaydee',
                  'Ansh', 'Flynn', 'Kier', 'Clarence']
         Math_grades = [80, 50, 60, 70, 60, 100, 70, 70, 60, 70]
         Science_grades = [90, 80, 50, 50, 60, 50, 90, 70, 80, 80]
         History_grades = [60, 90, 50, 90, 100, 100, 100, 100, 90, 70]
```

图 1.8　示例的成绩数据

图 1.9 提供了该问题的解决方案。

- 请注意 np.zeros()在简化求解方面的作用。代码完成后，所有的平均成绩都已计算并保存。比较 for 循环前后的打印值。
- for 循环中的 enumerate()函数对读者来说可能比较陌生（enumerate 的英文含义为枚举）。这样做是帮助代码同时拥有索引（i）和集合（Names）中的项目（name）。
- .format()函数对于任何字符串变量来说都是有价值的属性。如果字符串中有{}之类的符号，则该函数将用顺序输入的内容替换它们。

- #better-looking report 是第二个代码块中的注释。注释不会被编译，它们的唯一目的就是与阅读源代码的人交流。

```
In [13]: Average_grades = np.zeros(10)
         print(Average_grades)

         for i, name in enumerate(Names):
             Average_grades[i] = np.mean([Math_grades[i],Science_grades[i],
                                          History_grades[i]])

         print(Average_grades)

         [0. 0. 0. 0. 0. 0. 0. 0. 0. 0.]
         [76.66666667 73.33333333 53.33333333 70.         73.33333333 83.33333333
          86.66666667 80.         76.66666667 73.33333333]

In [14]: # better-looking report

         for i, name in enumerate(Names):
             print("Average for {} : {}".format(name,Average_grades[i]))

         Average for Jevon : 76.66666666666667
         Average for Dawn : 73.33333333333333
         Average for Kayleigh : 53.333333333333336
         Average for Jadene : 70.0
         Average for Kennedy : 73.33333333333333
         Average for Kaydee : 83.33333333333333
         Average for Ansh : 86.66666666666667
         Average for Flynn : 80.0
         Average for Kier : 76.66666666666667
         Average for Clarence : 73.33333333333333
```

图 1.9　上述示例的解决方案

1.4.4　np.linspace()函数

此函数可返回指定间隔内均匀分布的数字。该函数需要 3 个输入。前两个输入指定间隔，第 3 个则显示输出将具有的元素数，如图 1.10 所示。

在图 1.10 的第一个代码块中，19 个数字均匀分布在 0 和 1 之间，总共创建了一个包含 21 个数字的数组。第二个代码块则给出了另一个例子。

在理解了图 1.10 中的两个示例后，读者可以尝试在代码块中输入 np.linspace(0,1,20) 并查看其结果，想一想为什么在图 1.10 示例中选择了 21 而不是 20。

np.linspace()是一个非常方便的函数，适用于需要尝试不同的值以找到最适合值的情况。1.4.5 节中的示例演示了这种情形。

```
In [15]: np.linspace(0,1,21)

Out[15]: array([0.  , 0.05, 0.1 , 0.15, 0.2 , 0.25, 0.3 , 0.35, 0.4 , 0.45, 0.5 ,
                0.55, 0.6 , 0.65, 0.7 , 0.75, 0.8 , 0.85, 0.9 , 0.95, 1.  ])

In [16]: np.linspace(10,1000,100)

Out[16]: array([  10.,   20.,   30.,   40.,   50.,   60.,   70.,   80.,   90.,
                 100.,  110.,  120.,  130.,  140.,  150.,  160.,  170.,  180.,
                 190.,  200.,  210.,  220.,  230.,  240.,  250.,  260.,  270.,
                 280.,  290.,  300.,  310.,  320.,  330.,  340.,  350.,  360.,
                 370.,  380.,  390.,  400.,  410.,  420.,  430.,  440.,  450.,
                 460.,  470.,  480.,  490.,  500.,  510.,  520.,  530.,  540.,
                 550.,  560.,  570.,  580.,  590.,  600.,  610.,  620.,  630.,
                 640.,  650.,  660.,  670.,  680.,  690.,  700.,  710.,  720.,
                 730.,  740.,  750.,  760.,  770.,  780.,  790.,  800.,  810.,
                 820.,  830.,  840.,  850.,  860.,  870.,  880.,  890.,  900.,
                 910.,  920.,  930.,  940.,  950.,  960.,  970.,  980.,  990.,
                1000.])
```

图 1.10　np.linspace()函数应用示例

1.4.5　示例——使用 np.linspace()求解

假设我们需要找到以下一元二次方程的解。

$$x^2-5x+6=0$$

显然，任何一个初中生都可以轻松地将它化简为以下形式并得到其解。

$$x^2-5x+6=(x-2)(x-3)$$

但是，我们假设你是一名小学生，因此，只能挨个数字进行尝试。使用 NumPy 可以轻松尝试-1000 到 1000 之间的任何整数并找到答案。

图 1.11 显示了提供此问题的解的 Python 代码。

```
In [16]:  Candidates = np.linspace(-1000,1000,2001)
          #print(Candidates)

          for candidate in Candidates:
              if(candidate**2 - 5*candidate +6 ==0):
                  print("Just found a possible answer: {}".format(candidate))

          Just found a possible answer: 2.0
          Just found a possible answer: 3.0
```

图 1.11　示例方程求解代码

在继续学习之前，不妨尝试编写上述代码并练习求解其他方程。

在该示例中，请注意以下几点。

- 巧妙使用 np.linspace()使我们获得了一个数组，而我们所需的答案就在其中。
- 读者可以取消注释#print(Candidates)，即删除 print 前面的#，查看 Candidates 数组中的所有数字。

对 NumPy 模块的简要介绍到此结束。接下来，我们将介绍另一个非常有用的 Python 模块：Pandas。

1.5 Pandas 概述

简而言之，Pandas 是处理数据的主要模块。该模块充满了有用的函数和工具，但在应用这些函数和工具之前，需要先了解 Pandas 的一些基础知识。

Pandas 最强大的工具是它的数据结构，称为 DataFrame。简而言之，DataFrame 是一种具有良好接口和良好可编码性的二维数据结构。

DataFrame 非常有用。当使用 Pandas 读取数据源时，数据会被重组并作为 DataFrame 进行显示。一起来尝试一下。

我们将使用著名的成人数据集（adult.csv）来练习和学习 Pandas 的不同功能。如图 1.12 所示，可以先导入 Pandas，然后读取并显示数据集。在此代码中，.head()请求默认输出前 5 行数据，而.tail()则可以显示数据末尾的 5 行。

```
In [17]:  import pandas as pd

          adult_df = pd.read_csv('adult.csv')
          adult_df.head()
Out[17]:
```

	age	workclass	fnlwgt	education	education-num	marital-status	occupation	relationship	race
0	39	State-gov	77516	Bachelors	13	Never-married	Adm-clerical	Not-in-family	White
1	50	Self-emp-not-inc	83311	Bachelors	13	Married-civ-spouse	Exec-managerial	Husband	White
2	38	Private	215646	HS-grad	9	Divorced	Handlers-cleaners	Not-in-family	White
3	53	Private	234721	11th	7	Married-civ-spouse	Handlers-cleaners	Husband	Black
4	28	Private	338409	Bachelors	13	Married-civ-spouse	Prof-specialty	Wife	Black

图 1.12　使用 pd.read_csv()读取 adult.csv 文件并显示它的前 5 行

成人数据集有 6 个连续特性（attribute）和 8 个分类特性。由于篇幅限制，图片中只能包含部分数据；但是，仔细观察图 1.12 可以发现，在输出的底部带有一个滚动条，滚动它可以查看其余特性。

提示：

这里所讲的特性其实就是指数据中的列，在数据分析和机器学习中常称之为特征（feature）。所谓“连续特性”就是指包含数字值的列，如图 1.12 中的 age（年龄）和 education-num（受教育年限）列；“分类特性”就是指包含分类值的列，如 workclass（工作种类）列和 race（种族）列。workclass（工作种类）列中的 State-gov（州政府）、Self-emp-not-inc（自雇非公司）和 Private（私营企业）以及 race（种族）列中的 White（白人）、Black（黑人）都是分类值。

读者可以尝试图 1.12 中的代码并研究一下其中包含的特性（列）。除了 fnlwgt，此数据集中的其他特性都是不言自明的。例如，education 表示受教育程度，martial-status 表示婚姻状况，occupation 表示职业，relationship 表示关系。至于 fnlwgt，表示的则是最终权重（Final Weight），由人口普查局计算，表示每行代表的总体比率。

良好编程实践建议：

始终了解自己所要处理的数据集是一种很好的做法。

这个过程总是从确保理解每个特性开始，就像我们刚才所做的那样。如果刚刚收到一个数据集并且不知道每个特性是什么（即不明白每一列的含义），则需要咨询数据集提供者。有些数据的专业性确实是很强的，不能想当然猜测其含义。

还有其他步骤也可以了解数据集。在这里我们只是简单提一下，学习完本章之后，读者将知道如何操作。

- 步骤 1：理解刚才解释的每个特性。
- 步骤 2：检查数据集的形状。数据集有多少行和列？这很容易。例如，只需尝试使用 adult_df.shape 并查看结果即可。
- 步骤 3：检查数据是否有缺失值。
- 步骤 4：计算平均值、中位数和标准差等数值属性的汇总值，并计算分类属性的所有可能值。
- 步骤 5：可视化特性。对于数字特性，可以使用直方图或箱线图，对于分类特性，可以使用条形图。

正如读者刚刚看到的，在不知不觉中，我们正在享受 Pandas DataFrame 的好处。因此，更好地理解 DataFrame 的结构很重要。简单地说，DataFrame 就是 Series 的集合。Series 是另一种 Pandas 数据结构，它基本上等同于一维数组。

为了更好地理解这一点，现在不妨尝试调用一下成人数据集的某些列。每一列都是 DataFrame 的一个属性（property），因此要访问它，只需在 DataFrame 之后使用.ColumnName 即可。例如，你可以尝试运行 adult_df.age 来查看这一列中的年龄值。

请尝试运行所有列并观察结果，如果在该过程中遇到一些错误，不必担心；因为我们将很快解决这些问题。图 1.13 显示了如何检查数据结构类型。

```
In [18]:  type(adult_df.age)
   Out[18]: pandas.core.series.Series

In [19]:  type(adult_df)
   Out[19]: pandas.core.frame.DataFrame
```

图 1.13　检查 adult_df 和 adult_df.age 的类型

如图 1.13 所示，adult_df 是 DataFrame 类型，而其中的一列则是 Series 类型。其实，不仅每个特性都是一个 Series，而且每一行也是一个 Series。

要访问 DataFrame 的每一行，读者需要在 DataFrame 之后使用.loc[]。括号之间是每一行的索引。读者可以回到图 1.12 并仔细观察一下 df_adult.head()的输出，可以看到每一行都由一个索引表示。

索引并不一定都是数字形式的，下文将介绍如何调整 Pandas DataFrame 的索引，但是，当使用默认属性的 pd.read_csv()读取数据时，将分配数字索引。

读者可以尝试访问一些行并研究输出结果。例如，可以通过运行 adult_df.loc[1]访问第二行。然后再运行 type(adult_df.loc[1])以确认每一行都是一个 Series。

单独访问时，DataFrame 的每一列或每一行都是一个 Series。列 Series 和行 Series 的唯一区别在于，列 Series 的索引是 DataFrame 的索引，而行 Series 的索引则是列名称。

图 1.14 比较了 adult_df 第一行的索引和 adult_df 第一列的索引。

```
In [20]:  adult_df.loc[0].index
   Out[20]: Index(['age', 'workclass', 'fnlwgt', 'education', 'education-num',
                  'marital-status', 'occupation', 'relationship', 'race', 'sex',
                  'capitalGain', 'capitalLoss', 'hoursPerWeek', 'nativeCountry',
                  'income'],
                 dtype='object')

In [21]:  adult_df.age.index
   Out[21]: RangeIndex(start=0, stop=32561, step=1)
```

图 1.14　查看列 Series 和行 Series 的索引

现在我们已经了解了 Pandas 数据结构，接下来看看如何访问其中呈现的值。

1.6　Pandas 数据访问

Pandas Series 和 DataFrames 的最大优势之一是它们为我们提供了出色的访问权限。我们将从 DataFrames 开始，然后再讨论 Series，因为两者之间有很多共同点。

1.6.1　Pandas DataFrame 访问

由于 DataFrame 是二维的，因此我们将首先介绍如何访问行，然后是列。最后将介绍如何访问每个值。

1.6.2　访问 DataFrame 行

访问 DataFrame 行需要的两个关键字是.loc[]和.iloc[]。要了解它们之间的区别，读者需要知道每个 Pandas Series 或 DataFrame 都带有两种类型的索引：默认索引或分配的索引。

默认索引是在读取时自动分配给数据集的整数。但是，Pandas 允许用户更新它们。可以使用函数.set_index()来完成该操作。

例如，假设希望确保 adult_df 中的所有索引都有 5 位数字，这样索引就不是从 0 到 32 651（运行 len(adult_df)可以查看 adult_df 的行数），而应该是从 10 000 到 42 651。图 1.15 使用了 np.arange()和.set_index()来执行此操作。在此代码中，inplace=True 向.set_index()函数表明此处希望将更改应用于 DataFrame 本身。

```
In [22]:  adult_df.set_index(np.arange(10000,42561),inplace=True)

In [23]:  adult_df.set_index(np.arange(10000,42561))
   Out[23]:
```

	age	workclass	fnlwgt	education	education-num	marital-status	occupation	relationship	ra
10000	39	State-gov	77516	Bachelors	13	Never-married	Adm-clerical	Not-in-family	Whi
10001	50	Self-emp-not-inc	83311	Bachelors	13	Married-civ-spouse	Exec-managerial	Husband	Whi
10002	38	Private	215646	HS-grad	9	Divorced	Handlers-cleaners	Not-in-family	Whi

图 1.15　更新 adult_df 的索引

读者可能会奇怪，为什么使用 inplace=True 时没有显示更新后的 DataFrame 呢？

答案在.set_index()函数身上，默认情况下，它会输出已请求索引的新 DataFrame，但指定 inplace=True 时除外，因为该参数是请求将更改应用于原始 DataFrame。

现在可以通过指定.loc[]括号之间的索引来访问 DataFrame 的每一行。例如，运行 adult_df.loc[10001]会给你第二行。

这就是始终使用分配的索引访问 DataFrame 的方式。如果你缺少默认索引（预处理数据时经常如此），则可以按上述方式找 Pandas 帮忙。

可以通过.iloc[]使用默认整数索引访问数据。例如，运行 adult_df.iloc[1]也将返回第二行。换句话说，Pandas 虽然会根据用户的喜好更改索引，但在幕后，它仍然会保留其整数默认索引，并允许用户根据需要来使用。

1.6.3 访问 DataFrame 列

由于有两种方法可以访问每一行，因此也有两种方法可以访问每一列。访问列的更简单和更好的方法是知道每一列都被编码为 DataFrame 的属性。因此，可以使用.ColumnName 访问每一列。例如，运行 adult_df.age、adult_df.occupation 等，可见，以这种方式访问这些列非常容易。

但是，如果用户碰巧运行了 adult_df.education-num，则会看到如图 1.16 所示的错误。为什么会发生此错误？

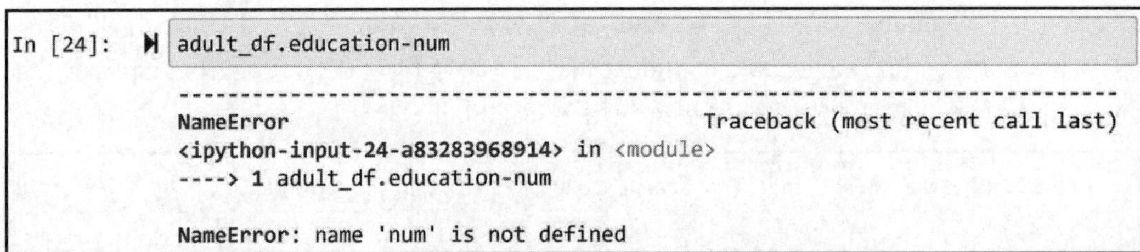

图 1.16 运行 adult_df.education-num 时出现了错误

仔细研究一下错误消息，它提示的是 name 'num' is not defined（名称'num'未定义）。这是事实，我们没有任何名为 num 的东西。这也是理解这个错误的关键。

除非出现在引号中，否则 Python 会将短横（-）解读为减法运算符。所以这一切都要归结于这一点。由于该列的名称问题，用户不能使用.ColumnName 方式来访问该列。解决问题的方式也很简单，要么修改该列的名称，要么使用我们介绍的第二种方法来访问该列。

第二种方法是将名称作为字符串传递，或者换句话说，在引号内传递。读者可以尝试运行 adult_df['education-num']，这一次不会出错了。

良好编程实践建议：

如果读者是编程新手，那么笔者的建议之一就是不要被错误吓倒，不仅如此，还应该张开双臂拥抱错误，因为它们是学习的绝佳机会。错误能教会我们更多的东西，并且印象深刻。

1.6.4　访问 DataFrame 值

假设要访问 adult_df 第 3 行 education 列的值。有很多方法可以解决这个问题。可以从列开始，先获得列 Series，再访问目标值；也可以从行开始，先获得行 Series，再访问目标值。

如图 1.17 所示，前 3 个代码块显示了这样做的不同方法。笔者最喜欢的访问值的方法是使用.at[]，它显示在最后一个代码块中。

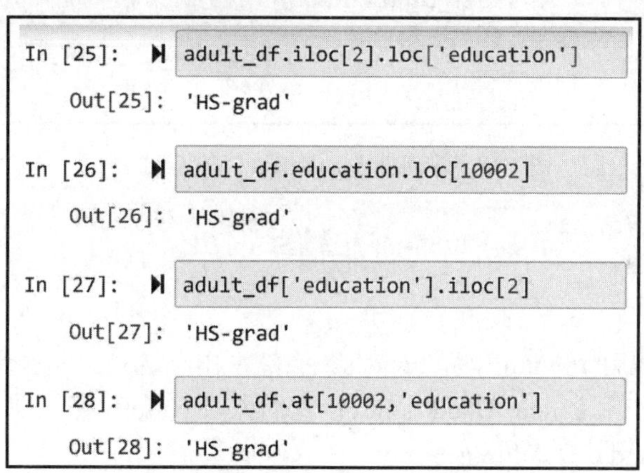

图 1.17　访问 Pandas DataFrame 记录的 4 种不同方法

喜欢使用.at[]访问值的原因有二。

- 它更简洁、更直接。
- 可以将 DataFrame 视为一个矩阵，至少看起来是如此。

1.6.5　访问 Pandas Series

对 Series 值的访问与 DataFrame 的访问非常相似，只是更简单。读者可以使用上面介绍的访问 DataFrames 的所有方法访问 Series 的值（.at[]除外）。

图 1.18 显示了这些访问方式。值得一提的是，如果要尝试第二个代码块的最后一行，那么 Python 会产生语法错误，因为数字不能是编程对象的名称。要使用此方法，必须确保 Series 索引是字符串类型。

```
In [29]:  row_series = adult_df.loc[10002]
          print(row_series.loc['education'])
          print(row_series.iloc[3])
          print(row_series['education'])
          print(row_series.education)

          HS-grad
          HS-grad
          HS-grad
          HS-grad

In [30]:  columns_series = adult_df.education
          print(columns_series.loc[10002])
          print(columns_series.iloc[2])
          print(columns_series[10002])
          # print(row_series.10002)  This will give syntax error!

          HS-grad
          HS-grad
          HS-grad
```

图 1.18　访问 Pandas Series 值的不同方法

1.7　切　片

切片（slice）适用于 NumPy 和 Pandas。当然，由于这是一本关于数据预处理的书，因此我们将更多地使用 Pandas DataFrame。让我们先对 NumPy 数组进行切片以了解切片，然后将其应用于 Pandas DataFrame。

1.7.1　对 NumPy 数组进行切片

在需要访问多个数据值时，可以对 NumPy 数组进行切片。图 1.19 显示了几个示例。

在图 1.19 示例中，my_array 是一个 4×4 矩阵，以不同的方式进行了切片。

请注意，第二个代码块不是切片，它只访问了一个值。正常访问与切片访问的区别在于任何索引输入中都存在冒号（:）。

例如，第三个代码块中的冒号表示正在请求所有列，并且输出所有列，但由于只切片第二行（index 为 1），因此输出第二行的全部内容。第四个代码块正好相反，它指定了一列并请求整行，因此输出第二列的全部内容。

```
In [31]:  my_array = np.array([[2,3,5,7],[11,13,17,19],
                                [23,29,31,37,], [41,43,47,49]])
           my_array

  Out[31]: array([[ 2,  3,  5,  7],
                  [11, 13, 17, 19],
                  [23, 29, 31, 37],
                  [41, 43, 47, 49]])

In [32]:  my_array[1,1]

  Out[32]: 13

In [33]:  my_array[1,:]

  Out[33]: array([11, 13, 17, 19])

In [34]:  my_array[:,1]

  Out[34]: array([ 3, 13, 29, 43])
```

图 1.19　对 NumPy 数组进行切片的示例

用户还可以使用冒号（:）仅指定从某个索引到另一个索引的访问。例如，在图 1.20 的第二个代码块中，虽然请求了所有列，但仅请求了第二到第四行（1:3）；在第三个代码块中，则同时对列和行进行了切片；在最后一个代码块中，则显示可以传递要包含在切片中的索引列表。

```
In [35]:  my_array

  Out[35]: array([[ 2,  3,  5,  7],
                  [11, 13, 17, 19],
                  [23, 29, 31, 37],
                  [41, 43, 47, 49]])

In [36]:  my_array[1:3,:]

  Out[36]: array([[11, 13, 17, 19],
                  [23, 29, 31, 37]])

In [37]:  my_array[1:3,0:2]

  Out[37]: array([[11, 13],
                  [23, 29]])

In [38]:  my_array[1:3,[0,2]]

  Out[38]: array([[11, 17],
                  [23, 31]])
```

图 1.20　更复杂的切片示例

1.7.2 对 Pandas DataFrame 进行切片

就像 NumPy 数组一样，Pandas DataFrame 也可以在列和行上进行切片。但是，切片功能只能在.loc[]或.iloc[]中完成。访问方法.at[]和其他访问数据的方法均不支持切片。

例如，图 1.21 中的代码将对 adult_df 进行切片以显示所有行，但仅显示从 education 到 occupation 的列。运行 adult_df.iloc[:,3:6]将产生相同的输出。

```
In [39]:  adult_df.loc[:,'education':'occupation']
Out[39]:
```

	education	education-num	marital-status	occupation
10000	Bachelors	13	Never-married	Adm-clerical
10001	Bachelors	13	Married-civ-spouse	Exec-managerial
10002	HS-grad	9	Divorced	Handlers-cleaners

图 1.21　对 Pandas DataFrame 进行切片的示例

对于初学者来说，有必要熟悉对 Pandas DataFrame 进行切片的操作，因为这是访问数据的一种非常有用的方法。接下来，让我们通过具体示例来看看切片的实用方法。

1.7.3 切片的实用示例

运行 adult_df.sort_values('education-num')。读者将看到此代码会根据 education-num 列对 DataFrame 进行排序。在 Jupyter Notebook 的默认输出中，只能看到此排序的前 5 行和后 5 行。因此，要查看指定的行，可以从整个 DataFrame 中切片行的输出，而不是按默认设置从开头和结尾切片。

图 1.22 显示了对 DataFrame 进行切片以实现这一功能的操作。

让我们来仔细看一下这段代码。

- 如前文所述，第一部分.sort_values('education-num')可以按 education-num 列对该 DataFrame 进行排序。在继续阅读之前，读者最好能自行尝试一下。注意排序后的 adult_df 的索引。它们现在看起来很混乱，这是正常的，原因是 DataFrame 现在已经按另一列排序。
- 如果想要一个与这个新顺序匹配的新索引，可以使用.reset_index()。读者也可以尝试一下该操作，运行 adult_df.sort_values('education-num').reset_index()即可看到旧索引显示为新列，并且新索引看起来与任何新读取的数据集一样有序。

```
In [40]:  adult_df.sort_values('education-num').reset_index().iloc[1:32561:3617]
Out[40]:
```

	index	age	workclass	fnlwgt	education	education-num	marital-status	occupation	relationsh
1	23248	68	Private	168794	Preschool	1	Never-married	Machine-op-inspct	Not-in-fam
3618	19607	25	Private	251854	11th	7	Never-married	Adm-clerical	Own-chi
7235	38845	31	Private	272856	HS-grad	9	Never-married	Craft-repair	Own-chi
10852	32759	56	Private	182273	HS-grad	9	Married-civ-spouse	Machine-op-inspct	Husbar
14469	10419	34	State-gov	240283	HS-grad	9	Divorced	Transport-moving	Unmarri
18086	31532	25	Self-emp-inc	98756	Some-college	10	Divorced	Adm-clerical	Own-chi
21703	17245	37	Federal-gov	40955	Some-college	10	Never-married	Other-service	Own-chi
25320	40595	43	Private	342567	Bachelors	13	Married-spouse-absent	Adm-clerical	Unmarri
28937	15200	43	Federal-gov	144778	Bachelors	13	Never-married	Exec-managerial	Not-in-fami
32554	27308	55	Self-emp-not-inc	53566	Doctorate	16	Divorced	Exec-managerial	Not-in-fami

图 1.22 对 DataFrame 进行切片的实际示例

- 添加.iloc[1:32561:3617]实现了本示例的要求。这个特定的切片可以请求第一行和之后每隔 3617 行的记录，直到 DataFrame 结束。数字 32 561 是在运行 adult_df (run len(adult_df))之后获得的行数，而 3617 则是 32 561 除以 9 的商。这个除法计算了从第一行到 adult_df 末尾的相等跳跃。注意 32 561 除以 9 是否没有余数；该代码会将读者一直带到 DataFrame 的末尾。

良好编程实践建议：

能够以这种方式对 DataFrame 进行切片在了解数据集的初始阶段是有利的。使用编程而不是 Excel 等电子表格软件进行数据操作的缺点之一是无法像在 Excel 中那样滚动浏览数据。但是，以这种方式对数据进行切片可以让用户以某种方式抵消这个缺点。

现在我们已经学会了如何访问和切片数据集，接下来还需要学习如何根据需要过滤数据。为此，我们将介绍布尔掩码，这是一种强大的过滤技术。

1.8　用于过滤 DataFrame 的布尔掩码

处理数据最简单但最强大的工具之一是布尔掩码（boolean mask，BM，也称为布尔屏蔽）。当用户想使用布尔掩码过滤 DataFrame 时，需要一个布尔值（True 或 False）的一维集合，该集合具有与要过滤的 DataFrame 行数一样多的布尔值。

图 1.23 显示了布尔掩码的示例。

```
In [41]:  twopowers_sr = pd.Series([1,2,4,8,16,32,64,128,256,512,1024])
          BM = [False,False,False,True,False,False,False,True,True,True,True]
          twopowers_sr[BM]

Out[41]:  3        8
          7      128
          8      256
          9      512
          10    1024
```

图 1.23　布尔掩码示例

上述代码分 3 个步骤演示了布尔掩码的操作。

（1）代码首先创建了一个 Pandas Series twopowers_sr，其中包含 2 的 0 到 10 次幂（$2^0, 2^1, 2^2, ..., 2^{10}$）的值。

（2）然后，设置一个布尔掩码。注意 twopowers_sr 有 11 个数值，而 BM 也有 11 个布尔值。从现在开始，在本书中，每次看到 BM，读者都可以放心地假设它代表布尔掩码。

（3）最后一行代码使用布尔掩码过滤 Series。

布尔掩码的工作方式很简单。如果布尔掩码（BM）中来自 twopowers_sr 的数值的对应项为 False，则掩码会阻止该数字，如果为 True，则掩码允许它通过。读者可以检查一下上述代码的输出是否是这种情况，如图 1.24 所示。

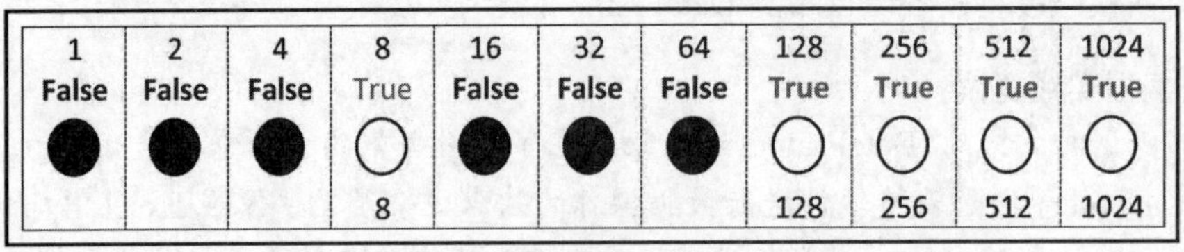

1	2	4	8	16	32	64	128	256	512	1024
False	False	False	True	False	False	False	True	True	True	True
●	●	●	○	●	●	●	○	○	○	○
			8				128	256	512	1024

图 1.24　布尔掩码的工作原理

Pandas 的优点在于用户可以使用 DataFrame 或 Series 本身来创建有用的布尔掩码。用户可以使用任何数学比较运算符来执行此操作。例如，图 1.25 首先创建了一个布尔掩码，该掩码仅将大于或等于 500 的数字设置为 True。该布尔掩码可应用于 twopowers_sr，这两种方式都可以过滤掉数字。

```
In [42]:  twopowers_sr >=500

Out[42]: 0      False
         1      False
         2      False
         3      False
         4      False
         5      False
         6      False
         7      False
         8      False
         9       True
         10      True
         dtype: bool

In [43]:  BM = twopowers_sr >=500
          twopowers_sr[BM]

Out[43]: 9       512
         10     1024
         dtype: int64

In [44]:  twopowers_sr[twopowers_sr >=500]

Out[44]: 9      512
         10    1024
         dtype: int64
```

图 1.25　过滤数据的布尔掩码示例

这两种方式都是合法的、正确的，并且有效。在第一种方式中，仍然为布尔掩码命名。如前文所述，我们使用了名称 BM 来执行此操作。然后，使用 BM 来应用布尔蒙版。在第二种方式中，动态创建和使用了布尔掩码。这意味着用户可以在一行代码中完成所有操作。笔者经常使用第一种方式，因为它使代码更具可读性。

接下来，让我们看看如何使用布尔掩码进行分析。

1.8.1　使用布尔掩码的分析示例 1

现在我们来计算一下 adult_df 中 education（受教育水平）为 Preschool（学前教育）者的平均年龄和中位年龄。

这可以使用布尔掩码轻松完成。图 1.26 首先使用 adult_df.education Series 创建 BM。

```
In [45]:  BM = adult_df.education == 'Preschool'
          print('Mean: {}'.format(np.mean(adult_df[BM].age)))
          print('Median: {}'.format(np.median(adult_df[BM].age)))

          Mean: 42.76470588235294
          Median: 41.0
```

图 1.26　上述示例的解决方案

由于 BM Series 元素与 adult_df DataFrame 一样多（思考一下为什么？），因此可以应用该 BM 对其进行过滤。一旦使用 adult_df[BM]过滤了 DataFrame，那么它就只包含 education（受教育水平）为 Preschool（学前教育）的行。因此，现在可以轻松地使用 np.mean()和 np.median()来计算这些过滤行的平均年龄和中位数。

1.8.2　使用布尔掩码的分析示例 2

现在我们来比较一下 education-num（受教育年限）低于 10 年者与受教育年限超过 10 年者的 Capital Gain（资本收益）。

其解决方案如图 1.27 所示。

```
In [46]:  BM1 = adult_df['education-num'] > 10
          BM2 = adult_df['education-num'] < 10

          print('More than 10 years of education - Capital Gain: {}'
                .format(np.mean(adult_df[BM1].capitalGain)))
          print('Less than 10 years of education - Capital Gain: {}'
                .format(np.mean(adult_df[BM2].capitalGain)))

          More than 10 years of education - Capital Gain: 2230.9397109166985
          Less than 10 years of education - Capital Gain: 492.25532059102613
```

图 1.27　上述示例的解决方案

同样，布尔掩码在这里可以提供极大的帮助。其中两个布尔掩码 BM1 和 BM2 是根据计算的需要创建的。然后，两个计算和报告显示了受教育年限超过 10 年和不到 10 年者的资本收益平均值。

1.9　用于探索 DataFrame 的 Pandas 函数

如果将 Excel 等电子表格软件与编码进行比较，就会发现编码的明显缺点之一是无法像使用 Excel 那样与数据创建有形的关系。这是一个公平的比较，因为 Excel 允许用户在数据上进行上下滚动，以便了解数据。虽然编码方式不会授予用户这种权限，但 Pandas

有一些实用的函数可以帮助我们熟悉数据。

了解数据集有两个方面。首先是了解数据的结构，如行数、列数、列名称等。其次是了解每一列的值。因此，接下来我们将首先介绍如何了解数据集的结构，然后再看看如何查看每一列的值。

1.9.1　了解数据集的结构

可以使用 Pandas Dataframe 的以下 3 个有用属性来研究数据集的结构。

- ❑ .shape 属性。
- ❑ .columns 属性。
- ❑ .info()函数。

下面将逐一进行介绍。

1.9.2　使用.shape 属性

.shape 是任何 Pandas DataFrame 的属性。它可以告诉用户 DataFrame 有多少行和列。所以，一旦将它应用到 adult_df，就可以看到 DataFrame 有 32 561 行和 15 列，如图 1.28 所示。

```
In [47]:  adult_df.shape
   Out[47]: (32561, 15)
```

图 1.28　使用 DataFrame 的.shape 属性来了解数据集

1.9.3　使用.columns 属性

.columns 允许用户查看和编辑 DataFrame 中的列名。在图 1.29 所示的代码中，可以看到 adult_df.columns 输出了 adult_df 所有列的名称。当然，用户可以在读取数据集时滚动查看所有的列；但是，当数据超过 20 列时，这是很困难的。

```
In [48]:  adult_df.columns

   Out[48]: Index(['age', 'workclass', 'fnlwgt', 'education', 'education-num',
                   'marital-status', 'occupation', 'relationship', 'race', 'sex',
                   'capitalGain', 'capitalLoss', 'hoursPerWeek', 'nativeCountry',
                   'income'],
                  dtype='object')
```

图 1.29　使用 DataFrame 的.columns 属性了解数据集

此外，.columns 还可用于更新列的名称，如图 1.30 所示。运行以下代码后，即可安全地使用 adult_df.education_num 访问相关特性。

```
In [49]:  adult_df.columns = ['age', 'workclass', 'fnlwgt', 'education',
                               'education_num', 'marital_status', 'occupation',
                               'relationship', 'race', 'sex', 'capitalGain',
                               'capitalLoss', 'hoursPerWeek', 'nativeCountry',
                               'income']
```

图 1.30　更新 DataFrame 列标题的示例

在前文中，图 1.16 显示了运行 adult_df.education-num 时出现的错误，解决该问题的方法就是将特性名称从 education-num 更改为 education_num，这样就可以使用.columnName 方法访问该属性。

1.9.4　使用.info()函数

此函数可提供有关 DataFrame 的形状和列的信息。如果运行 adult_df.info()，则将看到其他信息，例如非空值的数量以及每列下的数据类型。

1.9.5　了解数据集的值

在 Pandas 中，了解数字列的函数与了解分类列的函数是不一样的。数字列和分类列之间的区别在于，分类列不以数字表示，或者更准确地说，不携带数字信息。

要了解数值列，可以使用以下函数。

- .describe()。
- .plot.hist()。
- .plot.box()。

要了解分类列，可以使用以下函数。

- .unique()。
- .value_counts()。

下面将逐一进行介绍。

1.9.6　使用.describe()函数

此函数可以输出许多有用的统计指标，旨在汇总每列的数据。这些指标包括计数（count）、平均值（mean）、标准偏差（standard deviation，std）、最小值（minimum，min）、第一四分位数（Q1，25%）、第二四分位数（Q2，50%）或中位数（median）、第三四分位数（Q3，75%）和最大值（maximum，max）。

图 1.31 显示了 adult_df.describe()函数的执行及其输出。

```
In [50]:  adult_df.describe()
Out[50]:
```

	age	fnlwgt	education_num	capitalGain	capitalLoss	hoursPerWee
count	32561.000000	3.256100e+04	32561.000000	32561.000000	32561.000000	32561.00000
mean	38.581647	1.897784e+05	10.080679	1077.648844	87.303830	40.43745
std	13.640433	1.055500e+05	2.572720	7385.292085	402.960219	12.34742
min	17.000000	1.228500e+04	1.000000	0.000000	0.000000	1.00000
25%	28.000000	1.178270e+05	9.000000	0.000000	0.000000	40.00000
50%	37.000000	1.783560e+05	10.000000	0.000000	0.000000	40.00000
75%	48.000000	2.370510e+05	12.000000	0.000000	0.000000	45.00000
max	90.000000	1.484705e+06	16.000000	99999.000000	4356.000000	99.00000

图 1.31　使用.describe()函数了解数据集

.describe()函数输出的指标是非常有价值的汇总工具，特别是如果这些指标旨在用于算法分析的话。人类理解这些数据可能会比较困难，因此，为了汇总数据以供人类理解，我们可以使用一些更有效的工具，例如使用直方图和箱线图可视化数据。

1.9.7　用于可视化数值列的直方图和箱线图

在 Pandas 中绘制这些可视化效果是非常容易的。每个 Pandas Series 都有一个非常有用的绘图函数集合。例如，图 1.32 显示了为 age（年龄）列绘制直方图是非常简单的。

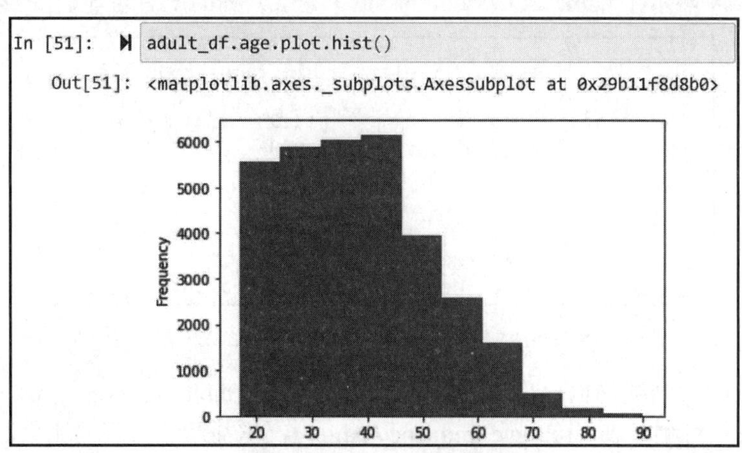

图 1.32　绘制 adult_df.age 列的直方图

要为 age（年龄）列创建箱线图，只需更改代码的最后一部分：adult_df.age.plot.box()。读者可以自行尝试。

此外，读者还可以绘制所有其他数值列的箱线图和直方图，它们对于更好、更直观地理解数据有明显的帮助。

接下来，让我们继续讨论用于分类特性的函数，首先来看看.unique()函数。

1.9.8　使用.unique()函数

如果该列包含的是分类值，则了解它的方法将完全不同。首先，需要了解列的所有可能值。.unique()函数执行的就是该功能，它将返回列的所有可能值。图 1.33 显示了 adult_df 中 relationship（关系）列的所有可能值。

```
In [52]:  adult_df.relationship.unique()

Out[52]: array(['Not-in-family', 'Husband', 'Wife', 'Own-child', 'Unmarried',
                'Other-relative'], dtype=object)
```

图 1.33　使用.unique()函数了解数据集

接下来，让我们看看.value_counts()函数。

1.9.9　使用.value_counts()函数

了解分类列的下一步是查看每个可能值发生的频率。.value_counts()函数执行的就是该功能。图 1.34 显示了 adult_df 中 relationship（关系）列的所有可能值的频率。

```
In [53]:  adult_df.relationship.value_counts()

Out[53]: Husband           13193
         Not-in-family      8305
         Own-child          5068
         Unmarried          3446
         Wife               1568
         Other-relative      981
         Name: relationship, dtype: int64
```

图 1.34　使用.value_counts()函数了解数据集

.value_counts()函数的输出也称为频率表（frequency table）。

此外还有相对频率表（relative frequency table），它显示了出现的比率，而不是每种可能值的出现次数。要获取相对频率表，只需要指定对表进行规范化即可。

```
.value_counts(normalize=True)
```

试试看！

1.9.10　用于可视化数值列的条形图

要对包含分类值的列绘制条形图是行不通的。读者可以尝试运行一下诸如 adult_df.relationship.plot.bar()之类的代码，看看会有什么问题。

要创建条形图，必须首先创建频率表。由于频率表本身就是 Pandas Series，因此可以使用它绘制条形图。图 1.35 显示了使用函数.value_counts()和.plot.bar()为 relationship（关系）列绘制条形图的方式。

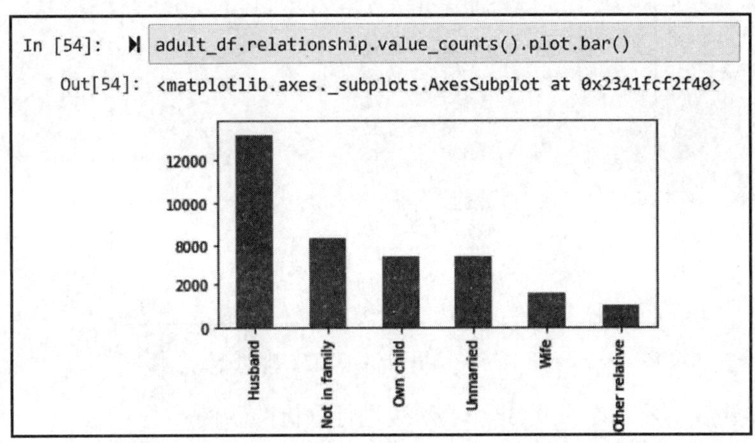

图 1.35　绘制 adult_df.relationship 列的条形图

至此，我们已经了解了如何利用 Pandas 来探索新的数据集。接下来，让我们看看 Pandas 函数，它改变了通过编程进行数据预处理和分析的游戏规则。

1.10　应用 Pandas 函数

在很多情况下，我们会希望对数据集中的每一行进行相同的计算。进行此类计算的传统方法是遍历数据，在循环的每次迭代中执行计算并保存。Python 和 Pandas 通过引入应用函数的概念改变了这种范式。

当将函数应用于 DataFrame 时，就是在请求 Pandas 为每一行运行它。

可以将函数应用于 Series 或 DataFrame。由于将函数应用于 Series 更容易一些，因此我们将首先介绍其操作，然后继续讨论如何将函数应用于 DataFrame。

1.10.1　将函数应用于 Series

假设我们想要将 adult_df.age Series 乘以 2。首先，需要编写一个函数，假设有一个输入，该输入为数字，然后将输入乘以 2，最后输出结果。

图 1.36 显示了该操作。首先定义了一个 MutiplyBy2()函数，然后使用 adult_df.age.apply(MutiplyBy2)将其应用于 Series。

```
In [55]:  def MultiplyBy2(n):
              return n*2

          adult_df.age.apply(MultiplyBy2)

Out[55]:  10000     78
          10001    100
          10002     76
          10003    106
          10004     56
                  ...
          42556     54
          42557     80
          42558    116
          42559     44
          42560    104
```

图 1.36　使用.apply()函数的示例

接下来，让我们看一个使用.apply()函数进行分析的示例。

1.10.2　应用函数——分析示例 1

对于 adult_df.fnlwgt 这个 Series 来说，它不仅没有直观的名称，而且它的值也不容易关联。如前文所述，这些值是每行代表的最终权重（总体比率）。由于这些数字既不是百分比，也不是每行代表的实际人数，因此这些值既不直观也不相关。

现在我们已经知道如何对 Series 中的每个值进行计算，因此可以用一个简单的计算来解决这个问题。如何用每个值除以该 Series 中所有值的总和？

此操作的步骤如下所示。

（1）计算 total_fnlwgt，即 fnlwgt 列中所有值的总和。

（2）定义一个 CalculatePercentage()函数。此函数可以将输入值除以 total_fnlwgt 并乘以 100（形成百分比）。

（3）将 CalculatePercentage()函数应用于 adult_df.fnlwgt Series。

请注意，以下代码不只是查看计算结果，而是将结果分配给了 adult_df.fnlwgt 本身，它将原始值替换为新计算的百分比。下面的代码没有显示代码的输出，但是读者可以在 Jupyter Notebook 上试一试，自己研究一下输出结果。

```
total_fnlwgt = adult_df.fnlwgt.sum()
def CalculatePercentage(v):
    return v/total_fnlwgt*100
adult_df.fnlwgt = adult_df.fnlwgt.apply(CalculatePercentage)
adult_df
```

1.10.3　应用 Lambda 函数

Lambda 函数是用一行表示的函数。因此，很多时候，应用 Lambda 函数可能会使编码更容易，并且有时可能会使代码更具可读性。例如，如果你想动态进行上一个示例的计算，则可以简单地应用 Lambda 函数而不是显式函数。请参阅以下代码并比较使用 Lambda 函数而不是显式函数的简洁性。

```
total_fnlwgt = adult_df.fnlwgt.sum()
adult_df.fnlwgt = adult_df.fnlwgt.apply(lambda v: v/total_fnlwgt*100)
adult_df
```

重要的是要理解，在 Lambda 函数和显式函数之间做出正确选择取决于具体情况。有时，将一个很复杂的函数硬塞进一行可能会导致编码变得更加困难，并使代码的可读性降低。例如，如果函数有多个条件语句，就会出现这种情况。

1.10.4　对 DataFrame 应用函数

将函数应用于 DataFrame 和 Series 之间的主要区别在于定义函数时。对于 Series，我们必须假设函数中会输入一个值，而对于 DataFrame，则必须假设将输入一个行 Series。因此，当定义要应用于 DataFrame 的函数时，可以使用你需要的任何列。

例如，以下代码定义并应用了一个函数，该函数将从 age（年龄）列中减去 education_num（受教育年限）。

```
def CalcLifeNoEd(row):
    return row.age - row.education_num
adult_df.apply(CalcLifeNoEd,axis=1)
```

在该示例中请注意以下 3 个方面。

（1）在定义 CalcLifeNoEd()函数时，假设输入行是 adult_df 中的一行 Series。换句话说，CalcLifeNoEd()函数是专门为应用到 adult_df 或任何以 age（年龄）和 eduction_num（受教育年限）作为列的 DataFrame 而定制的。

（2）.apply()函数紧跟在 DataFrame 本身之后，而不是在任何列之后。仔细比较一下将函数应用于 DataFrame 的代码和将函数应用于 Series 的代码，即可发现这种区别。

（3）必须包含 axis=1，这意味着我们要将函数应用于每一行而不是每一列。当然，也可以对每一列应用一个函数，但是数据分析几乎不会发生这种情况。如果有这种需要，则必须将其更改为 axis=0。

我们没有显示执行该代码之后的输出，读者可以自行尝试并研究其输出。

该操作也可以使用 Lambda 函数轻松完成。

```
adult_df.apply(lambda r: r.age-r.education_num,axis=1)
```

1.10.5　应用函数——分析示例 2

问你一个问题：如果想要赚钱多的话，你觉得是读书重要还是生活历练重要？（你可以暂停一下，认真思考得出答案，然后看看是否和下面的答案相同）。

为了回答这个问题，我们可以使用 adult_df 作为样本数据集，并从 1966 年的人口中提取出一些见解。图 1.37 中的代码首先在数据中创建了两个新列。

- lifeNoEd：未接受正规教育的年数。
- capitalNet：从 capitalGain 中减去 capitalLoss 获得的财富净值。

```
In [60]:  adult_df['lifeNoEd'] = adult_df.apply(
              lambda r: r.age-r.education_num,axis=1)

          adult_df['capitalNet'] = adult_df.apply(
              lambda r: r.capitalGain - r.capitalLoss,axis=1)

          adult_df[['education_num','lifeNoEd','capitalNet']].corr()
```

Out[60]:

	education_num	lifeNoEd	capitalNet
education_num	1.000000	-0.150452	0.117891
lifeNoEd	-0.150452	1.000000	0.051490
capitalNet	0.117891	0.051490	1.000000

图 1.37　上述示例的解决方案

要回答这个问题，我们可以检查 education_num 或 lifeNoEd 中哪一个与 capitalNet 的相关性更高。使用 Pandas 可以轻松做到这一点，因为每个 Pandas DataFrame 都带有一个函数.corr()，它可以计算 DataFrame 中数值特性的所有组合的皮尔森相关系数（Pearson correlation coefficient）。由于我们只对 education_num、lifeNoEd 和 capitalNet 之间的相关性感兴趣，因此代码的最后一行在运行.corr()函数之前排除了其他列。

从图 1.37 的输出中可以看出，虽然 lifeNoEd 和 capitalNet 之间的相关性为 0.051 490，但 education_num 和 capitalNet 之间的相关性更高，为 0.117 891。因此，我们有一些证据表明，教育在获得财务成功方面的作用比生活经验更有效。

现在读者已经了解了如何有效地应用函数进行分析，接下来让我们认识 Pandas 中另一个非常强大且有用的函数，该函数对于数据分析和预处理来说非常有价值。

1.10.6 Pandas groupby 函数

groupby 是 Pandas 最有用的分析和预处理工具之一。groupby 的英文意思是按某些东西进行分组。因此，顾名思义，groupby 函数的功能就是对数据进行分组。一般来说，可以按分类特性对数据进行分组。

如果读者熟悉 SQL 查询，就会发现 Pandas groupby 与 SQL groupby 几乎相同。对于 SQL 查询和 Pandas 查询来说，将数据单独分组不会有任何附加值或任何输出，除非它附带了其他聚合函数。

例如，如果要计算每个 marital_status（婚姻状态）分类值的行数，可以使用 groupby()函数。读者可以查看并尝试以下代码。

```
adult_df.groupby('marital_status').size()
```

还可以根据需要将 DataFrame 按多列分组。为此，用户必须以列名称列表的形式引入对 DataFrame 进行分组的列。例如，以下代码可以根据 marital_status（婚姻状态）和 sex（性别）列对数据进行分组。

```
adult_df.groupby(['marital_status','sex']).size()
```

请注意，上述示例中的 marital_status（婚姻状态）和 sex（性别）两列是作为字符串值列表引入函数的。

在上述示例中可以看到，唯一无须指定感兴趣的列即可工作的聚合函数是.size()。但是，一旦指定了要聚合数据的感兴趣的列，即可使用任何可以在 Pandas Series 或 DataFrame 上应用的聚合函数。表 1.1 显示了可以使用的所有聚合函数的列表。

表 1.1　Pandas 聚合函数列表

函　　数	说　　明
.count()	非空观察值的数量
.sum()	总和

续表

函　数	说　明
.mean()	平均值
.mad()	平均绝对偏差（mean absolute deviation）
.std()	无偏标准差（unbiased standard deviation）
.sem()	均值的无偏标准误差（Unbiased Standard Error of the Mean）
.skew()	无偏偏度（unbiased skewness）
.median()	数值的算术中位数
.min()	最小值
.max()	最大值
.mode()	众数
.Var()	无偏方差（unbiased variance）
.Describe()	Count()、mean()、std()等
.kurt()	无偏峰度（unbiased kurtosis）

例如，以下代码显示了按照 marital_status（婚姻状态）和 sex（性别）对 adult_df 进行分组的代码，并计算每个组的中位数。

```
adult_df.groupby(['marital_status','sex']).age.median()
```

在研究上述代码及其输出时，读者可以体会到.groupby()函数的分析价值。

接下来让我们看一个示例，它可以帮助读者进一步了解该函数的价值。

1.10.7　使用 groupby 的分析示例

1966 年个人的种族和性别对他们的财务状况有影响吗？

顺便说一句，adult_df 是在 1966 年收集的，因此我们可以使用它来提供对这个问题的一些见解。你也可以采取不同的方法来回答这个问题。

如图 1.38 所示，一种方法是按 race（种族）和 sex（性别）对数据进行分组，然后计算各组的 capitalNet 平均值并研究其差异。

图 1.38 中的结果表明，Amer-Indian-Eskimo（美洲印第安裔和爱斯基摩裔）和 Black（黑人）无论男女财富净值的均值都很低，Asian-Pac-Islander（亚裔和太平洋岛裔）和 White（白人）的女性（female）财富净值的均值较低，但男性（male）财富净值的均值则高得多。因此，至少对于美国人来说，1966 年个人的种族和性别对他们的财务状况有很大影响。

```
In [62]:  adult_df.groupby(['race','sex']).capitalNet.mean()

  Out[62]: race                sex
           Amer-Indian-Eskimo  Female     530.142857
                               Male       628.864583
           Asian-Pac-Islander  Female     727.583815
                               Male      1707.440115
           Black               Female     471.142765
                               Male       627.268324
           Other               Female     218.385321
                               Male      1314.438272
           White               Female     508.219857
                               Male      1266.413112
```

图 1.38　上述示例的解决方案

另一种方法是根据 race（种族）、sex（性别）和 income（收入）对数据进行分组，然后计算 fnlwgt（最终权重）的平均值。读者可以自行尝试该方法，看看是否能得出不同的结论。

1.10.8　Pandas 多级索引

我们先来了解一下什么是多级索引（multi-level index）。如果读者将 DataFrame 按多列而不是一列分组输出，则输出的索引看起来与正常情况不同。虽然输出的是 Pandas Series，但外观是不一样的。这种差异的原因就是多级索引。

图 1.39 显示了图 1.38 中.groupby()输出的索引。可以看到该 Series 的索引有两个级别，具体来说就是 race（种族）和 sex（性别）。

```
In [63]:  grb_result =adult_df.groupby(['race','sex']).capitalNet.mean()

          print(grb_result.index)

          MultiIndex([('Amer-Indian-Eskimo', 'Female'),
                      ('Amer-Indian-Eskimo',   'Male'),
                      ('Asian-Pac-Islander', 'Female'),
                      ('Asian-Pac-Islander',   'Male'),
                      (             'Black', 'Female'),
                      (             'Black',   'Male'),
                      (             'Other', 'Female'),
                      (             'Other',   'Male'),
                      (             'White', 'Female'),
                      (             'White',   'Male')],
                     names=['race', 'sex'])
```

图 1.39　多级索引的一个例子

接下来，让我们认识一些很实用并且相互关联的函数，它们可以帮助我们进行数据分析和预处理。首先要介绍的函数是.stack()和.unstack()。

1.10.9　使用.unstack()函数

.unstack()函数可以将多级索引的外层推送到列。如果多级索引只有两级，则运行.unstack()后会变成单级。同样，如果.unstack()函数针对具有多级索引的 Series 运行，则输出将是一个 DataFrame，多出来的列其实就是被推送出来的外层索引。图 1.40 演示了执行.unstack()函数时输出的外观和结构的变化。

```
In [64]:  grb_result =adult_df.groupby(['race','sex']).capitalNet.mean()
          grb_result

Out[64]:  race                sex
          Amer-Indian-Eskimo  Female     530.142857
                              Male       628.864583
          Asian-Pac-Islander  Female     727.583815
                              Male      1707.440115
          Black               Female     471.142765
                              Male       627.268324
          Other               Female     218.385321
                              Male      1314.438272
          White               Female     508.219857
                              Male      1266.413112
          Name: capitalNet, dtype: float64

In [65]:  grb_result.unstack()

Out[65]:
```

sex	Female	Male
race		
Amer-Indian-Eskimo	530.142857	628.864583
Asian-Pac-Islander	727.583815	1707.440115
Black	471.142765	627.268324
Other	218.385321	1314.438272
White	508.219857	1266.413112

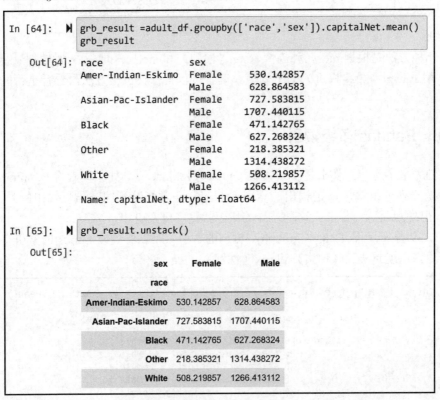

图 1.40　使用.unstack()函数的示例

如果有两个以上的级别，则多次执行.unstack()函数会一层一层地将索引的外层推送到列。如图 1.41 所示，第一个块中的代码生成 grb_result，这是一个具有三级索引的 Series。第二段代码执行.unstack()一次，并将 grb_result 中索引的外层——income（收入）推送到列。然后，第三个代码块执行了.unstack()两次，于是 grb_result 中索引的第二个外部级别，即 sex（性别）加入到 income（收入）列中。

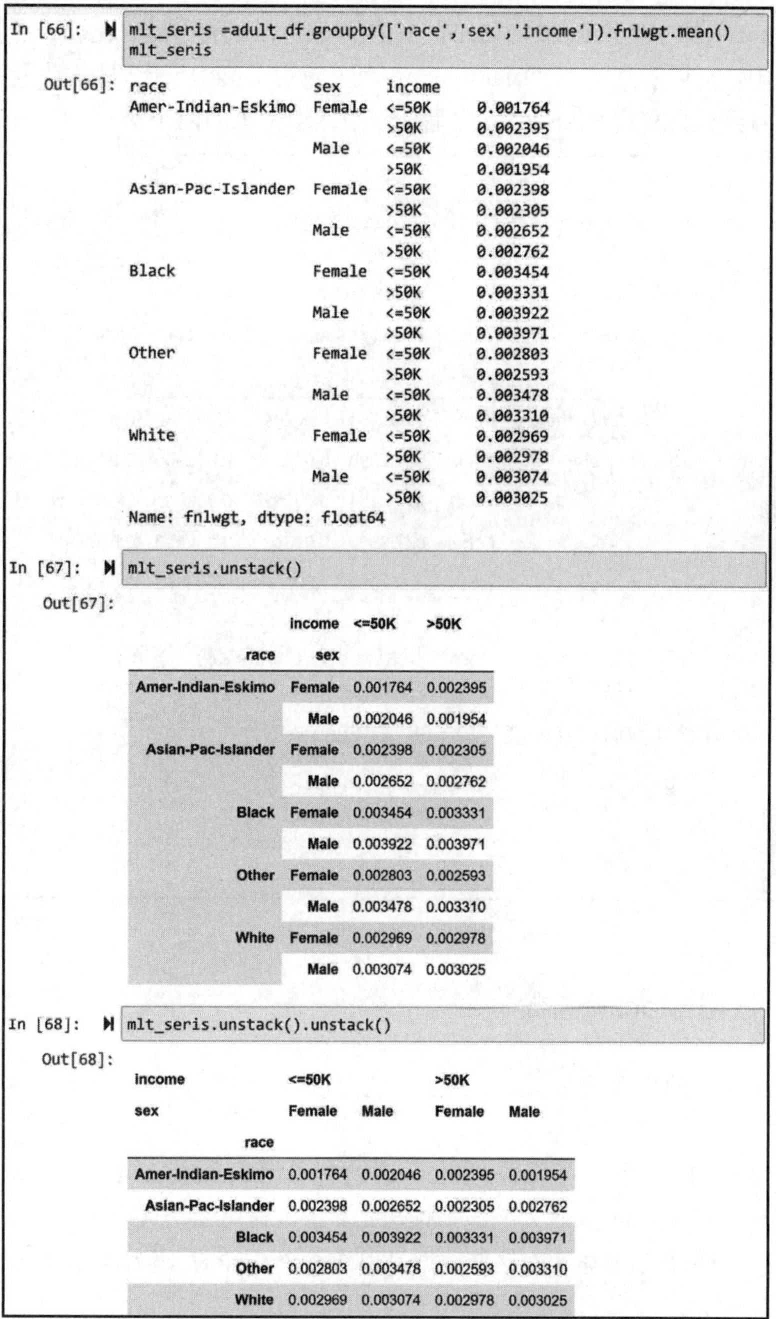

```
In [66]:  mlt_seris =adult_df.groupby(['race','sex','income']).fnlwgt.mean()
          mlt_seris

Out[66]:  race                sex     income
          Amer-Indian-Eskimo  Female  <=50K     0.001764
                                      >50K      0.002395
                              Male    <=50K     0.002046
                                      >50K      0.001954
          Asian-Pac-Islander  Female  <=50K     0.002398
                                      >50K      0.002305
                              Male    <=50K     0.002652
                                      >50K      0.002762
          Black               Female  <=50K     0.003454
                                      >50K      0.003331
                              Male    <=50K     0.003922
                                      >50K      0.003971
          Other               Female  <=50K     0.002803
                                      >50K      0.002593
                              Male    <=50K     0.003478
                                      >50K      0.003310
          White               Female  <=50K     0.002969
                                      >50K      0.002978
                              Male    <=50K     0.003074
                                      >50K      0.003025
          Name: fnlwgt, dtype: float64

In [67]:  mlt_seris.unstack()

Out[67]:
```

	income	<=50K	>50K
race	sex		
Amer-Indian-Eskimo	Female	0.001764	0.002395
	Male	0.002046	0.001954
Asian-Pac-Islander	Female	0.002398	0.002305
	Male	0.002652	0.002762
Black	Female	0.003454	0.003331
	Male	0.003922	0.003971
Other	Female	0.002803	0.002593
	Male	0.003478	0.003310
White	Female	0.002969	0.002978
	Male	0.003074	0.003025

```
In [68]:  mlt_seris.unstack().unstack()

Out[68]:
```

income	<=50K		>50K	
sex	Female	Male	Female	Male
race				
Amer-Indian-Eskimo	0.001764	0.002046	0.002395	0.001954
Asian-Pac-Islander	0.002398	0.002652	0.002305	0.002762
Black	0.003454	0.003922	0.003331	0.003971
Other	0.002803	0.003478	0.002593	0.003310
White	0.002969	0.003074	0.002978	0.003025

图 1.41　对多级索引的 Series 执行.unstack()函数的另一个示例

由于 Pandas 中的索引可以是多级的，因此列也可以具有多级。例如，在图 1.42 的第一个代码块中，可以看到输出 DataFrame 有两个级别。第二个代码块输出了 DataFrame 的列。可以看到列具有使用.unstack()之后从索引推送出来的两个级别。

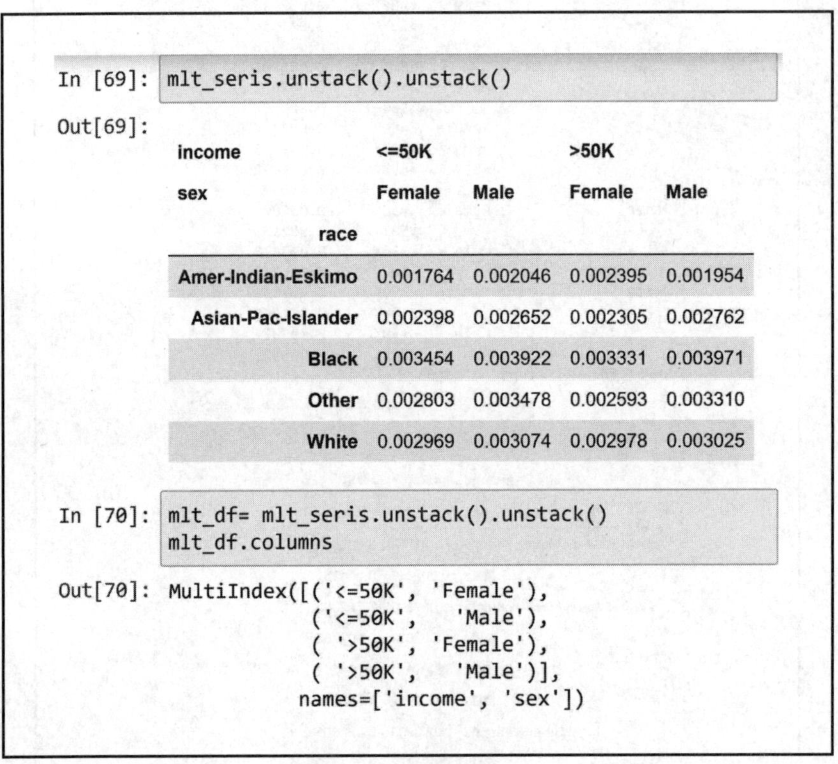

```
In [69]: mlt_seris.unstack().unstack()
```

Out[69]:

income	<=50K		>50K	
sex	Female	Male	Female	Male
race				
Amer-Indian-Eskimo	0.001764	0.002046	0.002395	0.001954
Asian-Pac-Islander	0.002398	0.002652	0.002305	0.002762
Black	0.003454	0.003922	0.003331	0.003971
Other	0.002803	0.003478	0.002593	0.003310
White	0.002969	0.003074	0.002978	0.003025

```
In [70]: mlt_df= mlt_seris.unstack().unstack()
         mlt_df.columns

Out[70]: MultiIndex([('<=50K', 'Female'),
                     ('<=50K',   'Male'),
                     ( '>50K', 'Female'),
                     ( '>50K',   'Male')],
                    names=['income', 'sex'])
```

图 1.42　多级列的示例

1.10.10　使用.stack()函数

.unstack()函数的反面就是.stack()函数，它可以将外层的列推送到索引中，以作为索引的外层。

例如，在图 1.43 中，可以看到 mlt_df 执行了两次.stack()操作。在第一个代码块中，.stack()函数将 income（收入）级别推送到索引；在第二个代码块中，.stack()函数又将 sex（性别）级别推送到索引。这使数据呈现为一个 Series，因为现在只有一列数据了。

```
In [71]: mlt_df.stack()
```

Out[71]:

	income	<=50K	>50K
race	**sex**		
Amer-Indian-Eskimo	**Female**	0.001764	0.002395
	Male	0.002046	0.001954
Asian-Pac-Islander	**Female**	0.002398	0.002305
	Male	0.002652	0.002762
Black	**Female**	0.003454	0.003331
	Male	0.003922	0.003971
Other	**Female**	0.002803	0.002593
	Male	0.003478	0.003310
White	**Female**	0.002969	0.002978
	Male	0.003074	0.003025

```
In [72]: mlt_df.stack().stack()

Out[72]: race                sex     income
         Amer-Indian-Eskimo  Female  <=50K     0.001764
                                     >50K      0.002395
                             Male    <=50K     0.002046
                                     >50K      0.001954
         Asian-Pac-Islander  Female  <=50K     0.002398
                                     >50K      0.002305
                             Male    <=50K     0.002652
                                     >50K      0.002762
         Black               Female  <=50K     0.003454
                                     >50K      0.003331
                             Male    <=50K     0.003922
                                     >50K      0.003971
         Other               Female  <=50K     0.002803
                                     >50K      0.002593
                             Male    <=50K     0.003478
                                     >50K      0.003310
         White               Female  <=50K     0.002969
                                     >50K      0.002978
                             Male    <=50K     0.003074
                                     >50K      0.003025
         dtype: float64
```

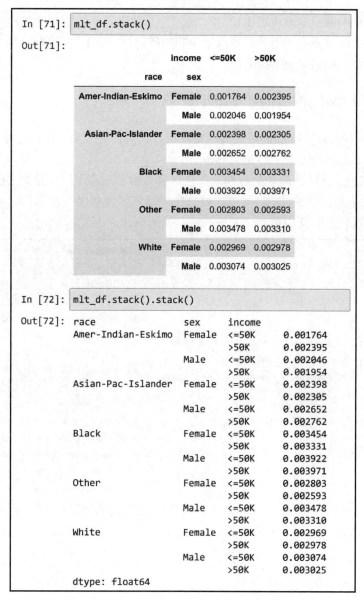

图 1.43　使用.stack()函数的示例

1.10.11　多级访问

对于 Series、具有多级索引的 DataFrame 或具有多级列的 DataFrame 来说，访问它们的值的方式略有不同。本章将在 1.12 节“练习”帮助读者熟悉这一点。

前文我们已经讨论了大量关于多级索引和列的信息。接下来我们将转向另一组函数，它们有点类似于.stack()和.unstack()函数，但又有所不同。这两个函数是.pivot()和.melt()。

1.10.12　Pandas .pivot()和.melt()函数

简而言之，.pivot()和.melt()函数可以帮助用户在两种形式的二维数据结构之间切换：宽格式（wide form）和长格式（long form）。

图 1.44 描述了这两种形式的区别。如果读者是电子表格用户，那么可能习惯使用宽格式。宽格式使用了许多列，这样就在数据集中引入了新维度。但是，长格式使用了不同的数据结构逻辑，它使用了一个索引列来包含所有相关维度。

	ReadingDateTime	NO	NO2	NOX	PM10	PM2.5
0	01/01/2017 00:00	3.5	30.8	36.2	35.7	31.0
1	01/01/2017 01:00	3.6	31.5	37.0	28.5	31.0
2	01/01/2017 02:00	2.2	27.3	30.7	22.7	31.0

wide_df

	ReadingDateTime	Species	Value
0	01/01/2017 00:00	NO	3.5
1	01/01/2017 01:00	NO	3.6
2	01/01/2017 02:00	NO	2.2
3	01/01/2017 00:00	NO2	30.8
4	01/01/2017 01:00	NO2	31.5
5	01/01/2017 02:00	NO2	27.3
6	01/01/2017 00:00	NOX	36.2
7	01/01/2017 01:00	NOX	37.0
8	01/01/2017 02:00	NOX	30.7
9	01/01/2017 00:00	PM10	35.7
10	01/01/2017 01:00	PM10	28.5
11	01/01/2017 02:00	PM10	22.7
12	01/01/2017 00:00	PM2.5	31.0
13	01/01/2017 01:00	PM2.5	31.0
14	01/01/2017 02:00	PM2.5	31.0

long_df

图 1.44　宽格式和长格式的比较

宽格式是分析和数据库设计的首选方案，而长格式则是很多原始数据所采用的格式，它对于变量的每一项观察值都会有一行。因此，在实际操作过程中，经常会有在这两种格式之间进行转换的需要。.melt()函数可以轻松地将数据集从宽格式重塑为长格式，而.pivot()函数的功能则刚好相反。

为了练习和掌握这两个函数，我们将使用 Pandas 从 wide.csv 数据集读入 wide_df，从 long.csv 数据集读入 long_df。

要在长格式和宽格式之间切换，用户需要做的就是为这些函数提供正确的输入。图 1.45 显示了.melt()函数在 wide_df 上的应用，该函数可以将其重塑为长格式。在第二个代码块中，可以看到.melt()需要以下 4 个输入。

```
In [73]:  wide_df = pd.read_csv('wide.csv')
          wide_df
```

Out[73]:

	ReadingDateTime	NO	NO2	NOX	PM10	PM2.5
0	01/01/2017 00:00	3.5	30.8	36.2	35.7	31.0
1	01/01/2017 01:00	3.6	31.5	37.0	28.5	31.0
2	01/01/2017 02:00	2.2	27.3	30.7	22.7	31.0

```
In [74]:  wide_df.melt(id_vars='ReadingDateTime',
                       value_vars=['NO','NO2','NOX','PM10','PM2.5'],
                       var_name='Species',
                       value_name='Value')
```

Out[74]:

	ReadingDateTime	Species	Value
0	01/01/2017 00:00	NO	3.5
1	01/01/2017 01:00	NO	3.6
2	01/01/2017 02:00	NO	2.2
3	01/01/2017 00:00	NO2	30.8
4	01/01/2017 01:00	NO2	31.5
5	01/01/2017 02:00	NO2	27.3
6	01/01/2017 00:00	NOX	36.2
7	01/01/2017 01:00	NOX	37.0
8	01/01/2017 02:00	NOX	30.7
9	01/01/2017 00:00	PM10	35.7
10	01/01/2017 01:00	PM10	28.5
11	01/01/2017 02:00	PM10	22.7
12	01/01/2017 00:00	PM2.5	31.0
13	01/01/2017 01:00	PM2.5	31.0
14	01/01/2017 02:00	PM2.5	31.0

图 1.45　使用.melt()函数将数据从宽格式切换到长格式的示例

- id_vars：此输入采用了起标识作用的列。
- value_vars：此输入采用了包含值的列。
- var_name：此输入采用了用户希望为标识列指定的名称，该标识列将添加到长格式中。

❑ value_name：此输入采用了用户希望为添加到长格式的新值列赋予的名称。

图 1.45 显示了使用.melt()函数将数据从宽格式切换到长格式的示例。

.pivot()函数可以将 DataFrame 从长格式重塑为宽格式。例如，图 1.46 显示了该函数在 long_df 上的应用。

```
In [75]:  long_df = pd.read_csv('long.csv')
          long_df
```

Out[75]:

	ReadingDateTime	Species	Value
0	01/01/2017 00:00	NO	3.5
1	01/01/2017 01:00	NO	3.6
2	01/01/2017 02:00	NO	2.2
3	01/01/2017 00:00	NO2	30.8
4	01/01/2017 01:00	NO2	31.5
5	01/01/2017 02:00	NO2	27.3
6	01/01/2017 00:00	NOX	36.2
7	01/01/2017 01:00	NOX	37.0
8	01/01/2017 02:00	NOX	30.7
9	01/01/2017 00:00	PM10	35.7
10	01/01/2017 01:00	PM10	28.5
11	01/01/2017 02:00	PM10	22.7
12	01/01/2017 00:00	PM2.5	31.0
13	01/01/2017 01:00	PM2.5	31.0
14	01/01/2017 02:00	PM2.5	31.0

```
In [76]:  long_df.pivot(index='ReadingDateTime',
                        columns='Species',
                        values='Value')
```

Out[76]:

Species	NO	NO2	NOX	PM10	PM2.5
ReadingDateTime					
01/01/2017 00:00	3.5	30.8	36.2	35.7	31.0
01/01/2017 01:00	3.6	31.5	37.0	28.5	31.0
01/01/2017 02:00	2.2	27.3	30.7	22.7	31.0

图 1.46　使用.pivot()函数将数据从长格式转换为宽格式的示例

与需要 4 个输入的.melt()函数不同，.pivot()函数仅需要 3 个输入。

❑ index：此输入采用了宽格式的索引。

- columns：此输入采用了长格式的列，这些列将被扩展以创建宽格式的列。
- values：此输入采用了长格式保存值的列。

1.11　小　　结

本章首先介绍了 Jupyter Notebook 的基本操作，这是本书将要使用的用户界面。然后，逐步讨论了用于数据分析和数据预处理的两个 Python 核心模块（NumPy 和 Pandas）的重要功能。在第 2 章中，我们还将了解另一个核心模块（matplotlib）的功能。这个模块将是可视化需求的核心模块。

在继续学习第 2 章之前，强烈建议读者花一些时间完成以下练习以巩固和强化学习效果。

1.12　练　　习

（1）使用 adult.csv 数据集并运行图 1.47 中显示的代码。然后回答下列问题。

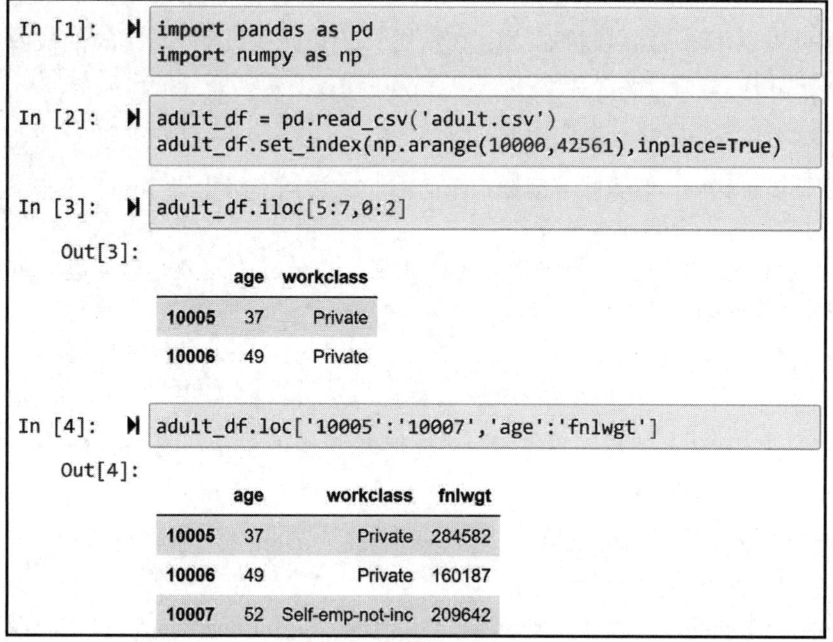

```
In [1]:  import pandas as pd
         import numpy as np

In [2]:  adult_df = pd.read_csv('adult.csv')
         adult_df.set_index(np.arange(10000,42561),inplace=True)

In [3]:  adult_df.iloc[5:7,0:2]
```

Out[3]:

	age	workclass
10005	37	Private
10006	49	Private

```
In [4]:  adult_df.loc['10005':'10007','age':'fnlwgt']
```

Out[4]:

	age	workclass	fnlwgt
10005	37	Private	284582
10006	49	Private	160187
10007	52	Self-emp-not-inc	209642

图 1.47　练习（1）

① 使用输出来回答.loc 和.iloc 在切片方面的行为有何不同。

② 在不运行只看数据的情况下，你认为 adult_df.loc['10000':'10003', 'relationship':'sex'] 的输出结果会是什么？

③ 在不运行只看数据的情况下，你认为 adult_df.iloc[0:3, 7:9]的输出结果会是什么？

（2）使用 Pandas 将 adult.csv 读入 adult_df，然后使用.groupby()函数运行以下代码，创建多级索引 Series mlt_sr。

```
import pandas as pd
adult_df = pd.read_csv('adult.csv')
mlt_seris =adult_df.groupby(['race','sex','income']).fnlwgt.mean()
mlt_seris
```

① 现在我们已经创建了一个多级索引 Series，可运行以下代码，研究其输出结果，并回答以下问题。

运行以下代码，然后回答问题：在对多级索引 Series 或 DataFrame 使用.iloc[]时，会有什么结果？

```
print(mlt_seris.iloc[0])
print(mlt_seris.iloc[1])
print(mlt_seris.iloc[2])
```

② 运行以下代码，然后回答问题：在使用.loc[]访问多级索引 Series 的最内层索引级别之一的数据时，会有什么结果？

```
mlt_seris.loc['Other']
```

③ 运行以下代码，然后回答问题：在使用.loc[]访问多级索引 Series 的非最内层索引级别之一的数据时，会有什么结果？

当读者运行以下任何一行代码时，都会得到一个错误，这就是该问题的重点。研究错误并尝试回答问题。

```
mlt_seris.loc['Other']
mlt_seris.loc['<=50K']
```

④ 运行以下代码，然后回答问题：在处理多级索引 Series 或 DataFrame 时，.loc[]或.iloc[]的使用有何不同？

```
print(mlt_seris.loc['Other']['Female']['<=50K'])
print(mlt_seris.iloc[12])
```

（3）对于本次练习，读者需要使用一个新数据集：billboard.csv。可访问以下网址以查看当天最新的歌曲排名。

https://www.billboard.com/charts/hot-100

该数据集在 80 列中显示了 317 首歌曲的信息和排名。前 4 列是 artist（歌手）、track（曲目）、time（时间）和 date_e。第一列是歌曲曲目的直观描述。date_e 列显示歌曲进入热门 100 榜单的日期。其余 76 列是每周结束时从 w1 到 w76 的歌曲排名。

请使用 Pandas 下载并读取此数据集并回答以下问题。

① 编写一行代码，以很好地了解每列有多少空值。如果列中没有任何非空值，则可以删除该列。

② 使用 for 循环，绘制并研究余下 w 列中的值。

③ 该数据集是宽格式的。使用适当的函数将它转换为长格式，并将转换后的 DataFrame 命名为 mlt_df。

④ 编写代码，每隔 1200 行显示 mlt_df 的记录。

⑤ 运行以下代码并回答问题：这是否也可以通过使用布尔掩码来完成？

```
mlt_df.query('artist == "Spears, Britney"')
```

⑥ 使用 e 中的方法或布尔掩码来提取 Britney Spears 在此数据集中拥有的所有独特歌曲。

⑦ 在 mlt_df 中，显示歌曲“Oops!.. I Did It Again”进入前 100 名的所有星期。

（4）本练习将使用 LaqnData.csv。该数据集的每一行都显示了以下 5 种空气污染物之一的每小时测量记录：NO、NO_2、NOX、PM_{10} 和 $PM_{2.5}$。这些数据是在 2017 年全年在伦敦的一个地点收集的。使用 Pandas 读取数据并执行以下任务。

① 该数据集有 6 列。其中 3 列名为 Site（地点）、Units（单位）和 Provisional or Ratified（临时或批准），没有添加任何信息值，因为它们在整个数据集中是相同的。使用以下代码删除它们。

```
air_df.drop(columns=['Site','Units','Provisional or Ratified'],
inplace=True)
```

② 该数据集是长格式的。应用适当的函数将其转换为宽格式。将转换后的 Dataframe 命名为 pvt_df。

③ 绘制并研究 pvt_df 各列的直方图和箱线图。

（5）继续使用 LaqnData.csv 执行以下操作。

① 运行以下代码，查看其输出，然后研究代码以理解此代码每一行的作用。

```
air_df = pd.read_csv('LaqnData.csv')
air_df.drop(columns=['Site','Units','Provisional or Ratified'],
```

```
inplace=True)
datetime_df = air_df.ReadingDateTime.str.split('',expand=True)
datetime_df.columns = ['Date','Time']
date_df = datetime_df.Date.str.split('/',expand=True)
date_df.columns = ['Day','Month','Year']
air_df = air_df.join(date_df).join(datetime_df.Time).
drop(columns=['ReadingDateTime','Year'])
air_df
```

② 运行以下代码，查看其输出，然后研究代码以理解该代码的作用。

```
air_df = air_df.set_index(['Month','Day','Time','Species'])
air_df
```

③ 运行以下代码，查看其输出，然后研究代码以理解该代码的作用。

```
air_df.unstack()
```

④ 将上述代码的输出与练习（4）中的 pvt_df 进行比较。它们是否相同？

⑤ 解释.melt()/.pivot()这一对函数和.stack()/.unstack()这一对函数之间的区别和相似之处。

⑥ 如果要在.stack()/.unstack()之间为.melt()选择一个对应项，你会选择哪一个？

第 2 章　Matplotlib 简介

Matplotlib 是从数据可视化的首选模块。该模块不仅可以绘制许多不同的图形，而且还能够根据需要设计和自定义图形。Matplotlib 为数据分析和数据预处理提供了大量有效的可视化功能。

在开始学习该模块之前，需要让大家知道，本章并不是一个全面的 Matplotlib 教学指南，而是一个概念、函数和示例的集合，在后续章节的数据分析和数据预处理中将会使用到这些基础知识和操作技巧。

在第 1 章“NumPy 和 Pandas 简介”中，其实已经部分涉及该模块。例如，在 1.9.7 节“用于可视化数值列的直方图和箱线图”中，即利用了 Matplotlib 进行绘图。

本章将首先介绍 Matplotlib 可以绘制的主要图形，然后讨论可视化效果的一些设计和更改功能。此外还将让读者了解 Matplotlib 的子图绘制功能，这将使数据分析人员能够创建更复杂和有效的可视化效果。

本章包含以下主题。

- 在 Matplotlib 中绘图。
- 修改绘图的可视化效果。
- 绘制子图。
- 调整并保存结果。
- Matplotlib 辅助进行数据预处理的示例。

2.1　技 术 要 求

在本书配套的 GitHub 存储库中可以找到本章使用的所有代码和数据集。该配套 GitHub 存储库的网址如下。

https://github.com/PacktPublishing/Hands-On-Data-Preprocessing-in-Python

本书的每一章都有一个文件夹，其中包含所有使用的代码和数据集。

2.2　在 Matplotlib 中绘图

使用 Matplotlib 绘制可视化效果很容易。读者需要的只是正确的输入和对数据的正确理解。

在 Matplotlib 中主要使用 5 种可视化效果：直方图（histogram）、箱线图（boxplot，也称为箱形图）、条形图（bar chart）、折线图（line plot）和散点图（scatter plot）。接下来，就让我们通过具体示例来认识一下它们。

2.2.1　使用直方图或箱线图可视化数值特征

在 1.9.7 节"用于可视化数值列的直方图和箱线图"中，已经使用 Pandas 绘制了直方图，但它内部实际上调用的是 Matplotlib 模块，因此，完全可以使用 Matplotlib 绘制相同的图。图 2.1 显示了导入 Matplotlib 的常见方法。这里有两点要注意。

（1）使用 plt 别名，因为其他人都在使用它。

（2）导入的是 matplotlib.pyplot 而不是 matplotlib，因为我们需要从 matplotlib 获取的所有功能都在.pyplot 下。

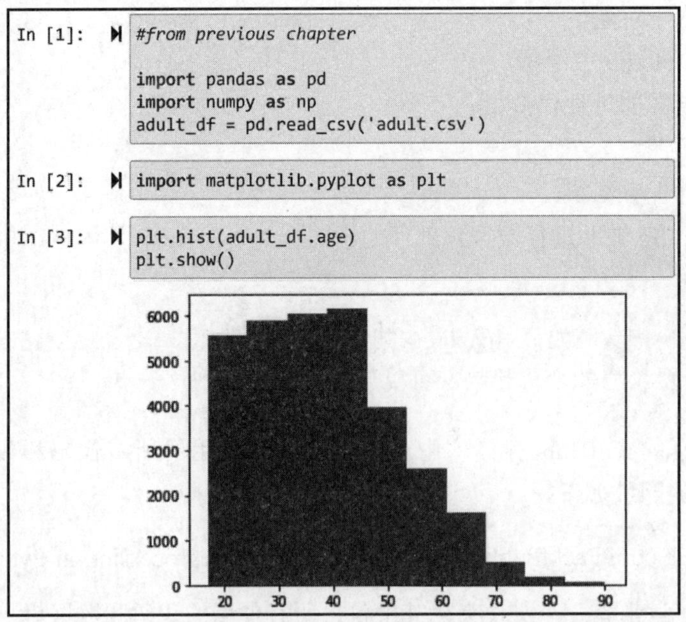

图 2.1　使用 Matplotlib 绘制 adult_df.age 的直方图

从图 2.1 的第 3 个代码块可见，使用 Matplotlib 绘制直方图是非常容易的。读者需要做的就是将要绘制的数据输入 plt.hist()。最后一行代码 plt.show()是始终要添加的内容，以强制 Jupyter Notebook 仅显示绘图结果，而不显示绘图附带的其余输出。读者也可以运行 plt.hist(adult_df.age)以查看差异。

图 2.2 显示了使用 plt.boxplot()为相同数据绘制箱线图的结果。通过指定 vert=False 还要求水平绘制箱线图，以便可以直观地比较箱线图和前面的直方图。

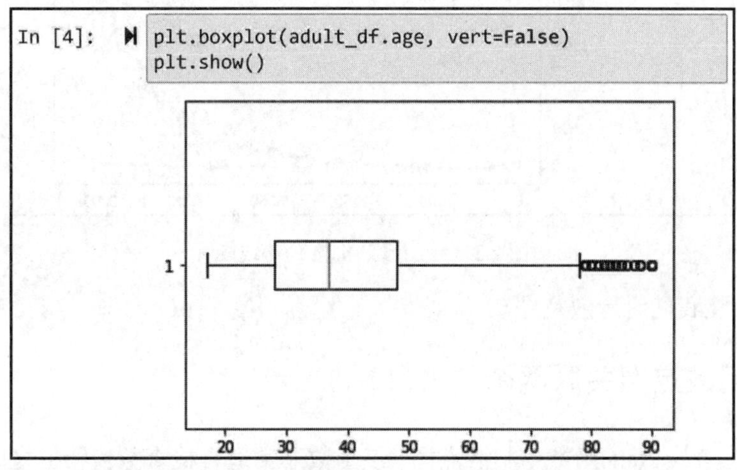

图 2.2　使用 Matplotlib 绘制 adult_df.age 的箱线图

至此，我们已经掌握了 Matplotlib 模块两个主要图形的绘制方法。接下来，让我们看看折线图的绘制。

2.2.2　使用折线图观察数据趋势

折线图不仅适用于时间序列数据，而且经常用于显示趋势。时间序列数据的一个很好的例子是股票价格。例如，Amazon 公司的股票价格每时每刻都在变化，如果有人想直观地观察这些股票价格的变化趋势，可以使用折线图做到这一点。

我们将使用 Amazon 和 Apple 公司的股票价格来展示折线图在趋势中的应用。以下代码显示了如何使用 pd.read_csv()函数加载 Amazon Stock.csv 和 Apple Stock.csv 文件中的数据。这两个文件分别包含 2000 年至 2020 年 Amazon 和 Apple 公司的股票价格。

```
amz_df = pd.read_csv('Amazon Stock.csv')
apl_df = pd.read_csv('Apple Stock.csv')
```

图 2.3 显示了使用 plt.plot()函数绘制股票收盘价的折线图。

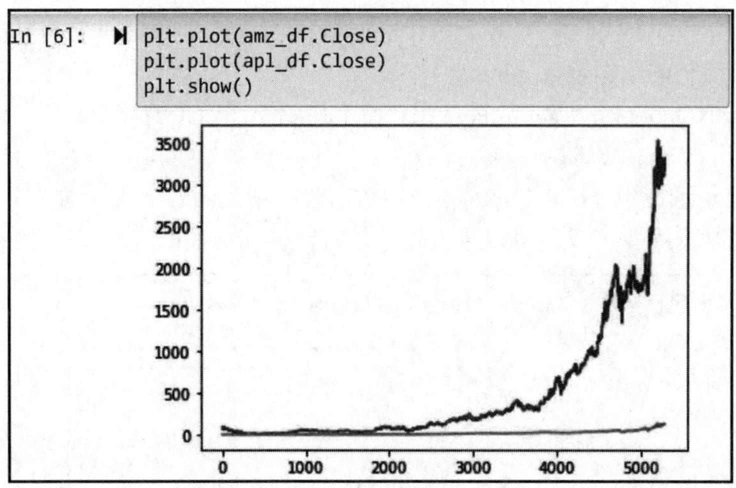

图 2.3　绘制股票价格趋势线图

接下来，让我们看看散点图。

2.2.3　使用散点图关联两个数值属性

可以使用 plt.scatter()函数绘制散点图。该函数非常适合检查数值特征之间的关系。例如，图 2.4 显示了 2000 年到 2020 年 Amazon 和 Apple 公司股票价格之间的关系。这个散点图中的每个点代表 2000 年到 2020 年的一个交易日。

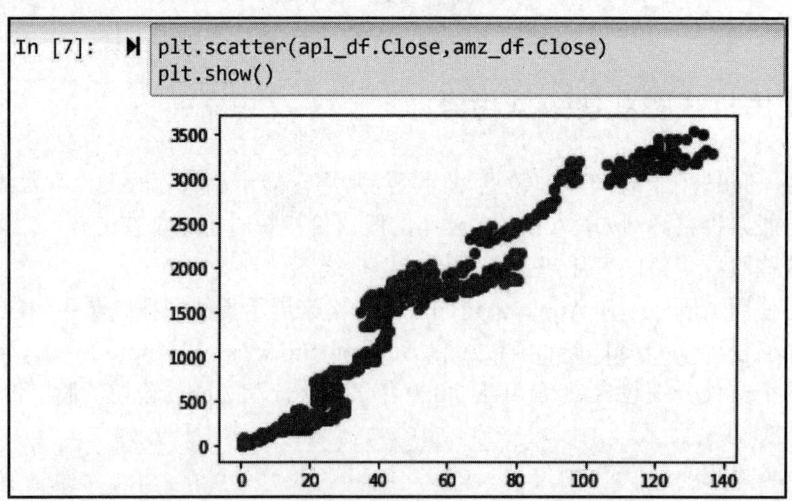

图 2.4　绘制 Amazon 和 Apple 公司股票趋势的散点图

到目前为止，我们已经熟悉了使用 Matplotlib 绘图及其分析功能。接下来，不妨看看如何以简单而有效的方式编辑其可视化效果。

2.3　修改绘图的可视化效果

Matplotlib 模块允许修改绘图结果，以便满足用户的需求。在修改可视化对象之前，读者首先需要知道要修改的可视化对象部分的名称。图 2.5 显示了这些可视化效果的解剖结构，是查找要修改的可视化对象名称的一个很好的参考。

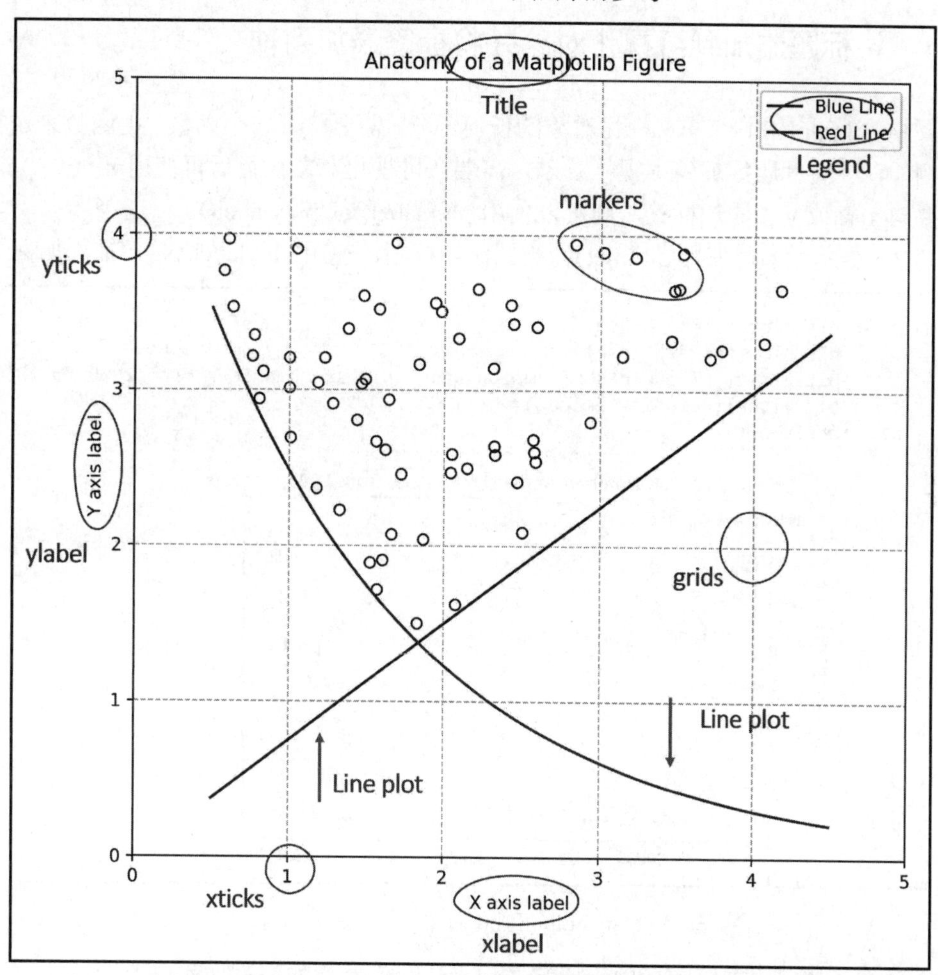

图 2.5　Matplotlib 绘图结构剖析

原　文	译　文	原　文	译　文
Title	标题	yticks	y 轴刻度
Legend	图例	ylabel	y 轴标签
markers	标记	xticks	x 轴刻度
grids	网格	xlabel	x 轴标签
Line plot	折线图		

在接下来的示例中，我们将讨论如何修改可视化对象的标题和标记，以及可视化对象轴的标签和刻度。这些都是我们可能需要的修改。

2.3.1　将标题添加到可视化对象并将标签添加到轴

要修改 Matplotlib 绘图可视化对象的任何部分，需要执行一个函数，由函数来进行修改。例如，要将标题添加到可视化对象，需要在可视化对象执行后再使用 plt.title() 。此外，要向 x 轴或 y 轴添加标签，则可以使用 plt.xlabel()或 plt.ylabel()。

图 2.6 显示了如何使用 plt.title()为绘图添加标题，使用 plt.ylabel()向 y 轴添加标签。

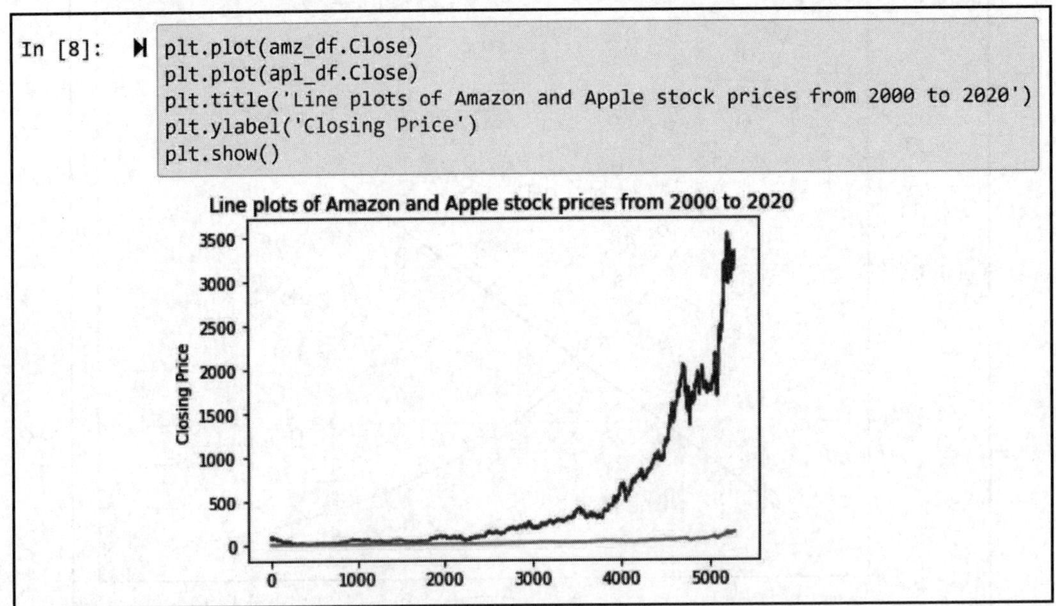

图 2.6　向 Matplotlib 可视化对象添加标题和标签的示例

在掌握了如何添加绘图标题和标签之后，让我们看看如何添加和修改图例。

2.3.2　添加图例

要将图例添加到 Matplotlib 可视化对象，可执行以下两个步骤。

（1）在将每一段数据引入到 Matplotlib 时添加相关标签。

（2）执行完可视化绘图后，还需要执行 plt.legend()。

图 2.7 显示了如何通过这两个步骤向折线图添加图例。

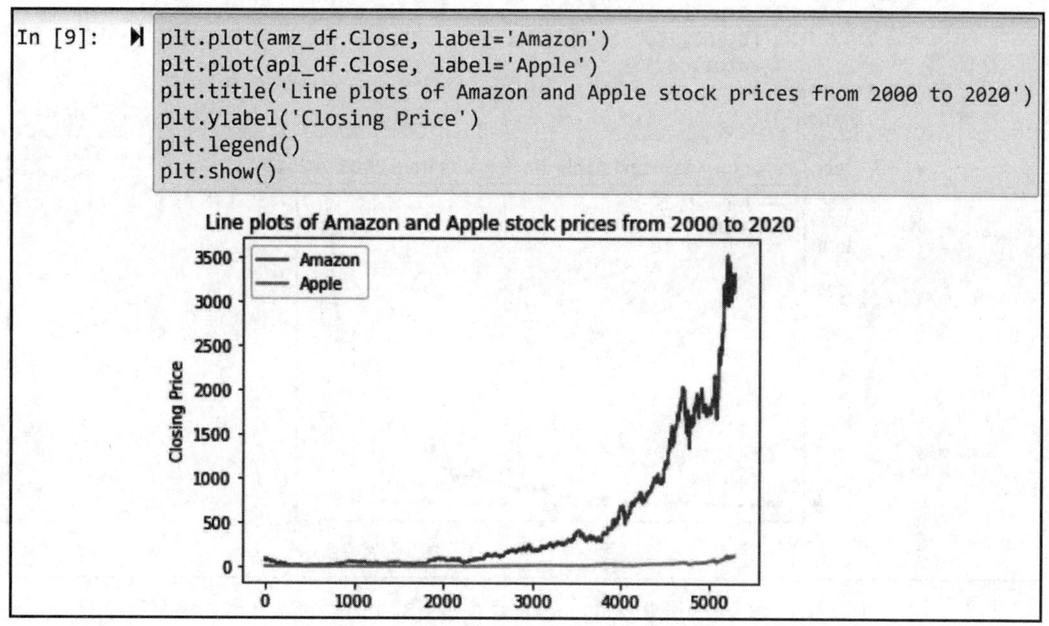

图 2.7　向 Matplotlib 可视化对象添加图例

接下来，我们将学习如何编辑 x 轴或 y 轴刻度。

2.3.3　修改刻度

修改刻度可能是对 Matplotlib 可视化效果的所有修改中最复杂的。

让我们以折线图为例来讨论一下这是如何完成的，掌握了该图的修改方法之后，读者可以轻松地将其推广到其他可视化效果。

在成功修改刻度之前，读者需要了解 plt.plot()函数的工作原理。首次引入折线图时，可以将 x 轴显式引入 plt.plot()函数。在此前的几幅折线图中，我们并没有显式引入 x 值，因此 plt.plot()函数假定 x 轴的整数值。但是，请注意输出的可视化效果，其中仅将 x 表示为 6 个值 0、1000、2000、3000、4000 和 5000。

图 2.8 显示了如何用更细分的刻度而不是仅仅 6 个整数来表示所有交易日。用户希望在刻度中表示的整数可以被简单地引入 plt.xticks()函数。此外，还可以使用 rotation（旋转）属性来更改刻度的角度，使它们显示得更清晰而不会相互拥挤在一起。

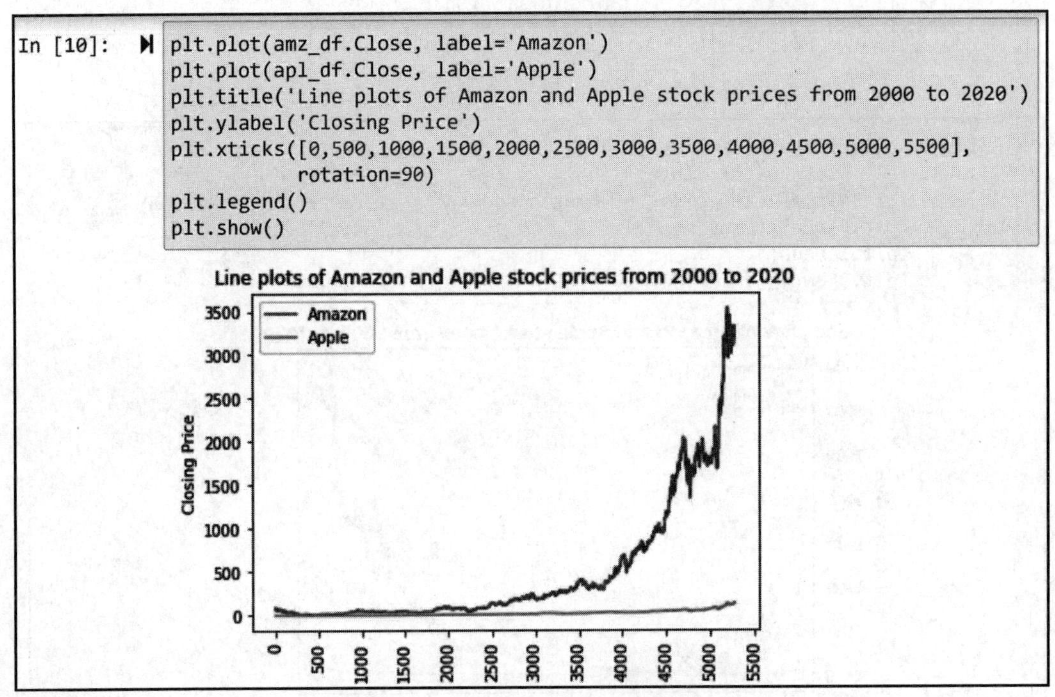

图 2.8　修改 Matplotlib 可视化对象刻度的示例 1

图 2.8 中的刻度虽然已经更细化，但是，看起来仍然不够直观（例如，我们在一瞬间很难反应过来 2000 这个整数表示的是哪一天），如果要用交易日的实际日期重新表示这些代表交易日的整数，那又该怎么办呢？

这也可以使用 plt.xticks()函数轻松完成。只不过在引入要表示的整数之后，我们还需要将这些整数的相应日期值引入函数。

图 2.9 中的代码提供了如何完成此操作的示例。

（1）将要表示的整数输入为 np.arange(0,len(amz_df),250)。请注意，该代码并没有输入整数，而是使用 np.arange()函数来生成这些整数。也可以运行 np.arange(0,len(apl_df),250)并研究其输出。

（2）在 plt.xticks()中也引入了替换对应物，即这些交易日的日期。它们是使用 amz_df

中的 Date（日期）列引入的。amz_df.Date[0:len(amz_df):250]代码确保替换表示是它们在整数表示中的相关对应物。请注意——我们仅使用了 amz_df，因为我们知道 amz_df 和 apl_df 的 Date（日期）列是相同的。

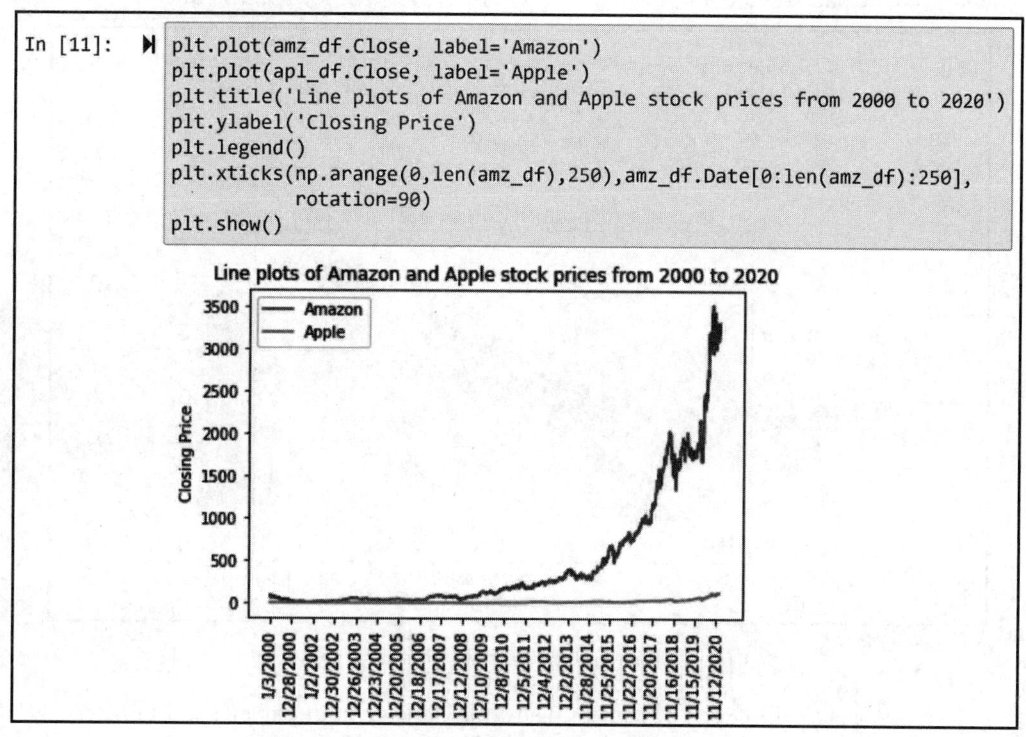

图 2.9　修改 Matplotlib 可视化对象刻度的示例 2

请注意，上述代码中的数字 250 是通过反复试验达到的（基本上和每年的股票交易日数相符）。我们寻找的是一个不会使 xticks 过于拥挤或过于稀疏的增量。读者也可以尝试使用其他增量运行代码并研究可视化效果。

2.3.4　修改标记

我们在这里展示的唯一使用标记（marker）的可视化效果是散点图。要修改标记的颜色和形状，只需在执行 plt.scatter()时指定它们即可。该函数接收两个输入，用于以用户想要的方式绘制可视化效果。

marker 输入采用用户要绘制的标记的形状，color 输入采用它的颜色。图 2.10 显示了如何通过输入 marker='x'和 color='green'将 Matplotlib 散点图的默认蓝点更改为绿色十字。

由于本书是黑白印刷的，因此读者看不到蓝绿颜色的变化，但是如果读者自己尝试该代码，则会看到此变化。或者，读者也可以通过以下地址下载本书屏幕截图/图表的彩色图像。

https://static.packt-cdn.com/downloads/9781801072137_ColorImages.pdf

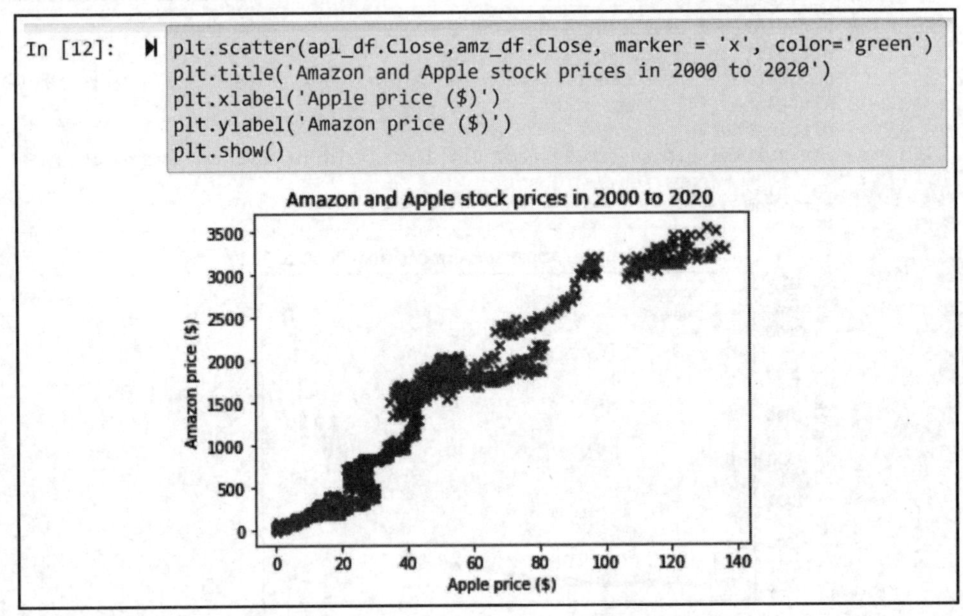

图 2.10　在 Matplotlib 可视化对象中修改标记的示例

图 2.10 中的代码还显示了使用 plt.title()、plt.xlabel()和 plt.ylabel()修改可视化对象的标题及其轴标签的另一个示例。

读者可以使用许多标记形状和标记颜色选项。要研究这些选项，可以访问 Matplotlib 官方网站的以下网页。

- 标记：https://matplotlib.org/stable/api/markers_api.html。
- 颜色：https://matplotlib.org/stable/gallery/color/named_colors.html。

到目前为止，我们已经学习了如何使用 Matplotlib 创建和修改可视化效果。接下来，我们将介绍另一个有用的功能，它允许将多个可视化效果彼此相邻组织在一起。

2.4　绘 制 子 图

绘制子图（subplot）在某些情况下是一个非常有用的数据分析和数据预处理工具。当我们想要填充多个可视化对象并以特定方式将它们彼此相邻组织在一起时，即可使用子图。

在 Matplotlib 中创建子图的逻辑是独特而有趣的。要绘制子图，首先需要计划和决定你打算拥有的可视化效果的数量及其类似矩阵的组织方式。例如，下面的示例有两个可视化对象，这些可视化对象将组织成一个两行一列的矩阵。知道了这些之后，即可开始编写代码。

请按以下步骤操作。

（1）Matplotlib 子图的逻辑是用一行代码宣布用户即将开始为每个特定的可视化提供代码。plt.subplot(2,1,1)代码行表示用户想要一个包含两行一列的子图，并且将要运行第一个可视化对象的代码。

（2）一旦完成了第一个可视化，即可运行另一个 plt.subplot()，但这一次宣布的是打算开始另一个可视化。例如，通过运行 plt.subplot(2,1,2)，即可宣布已经完成了第一个可视化效果，并且即将开始引入第二个可视化效果。

图 2.11 显示了绘制子图的示例。

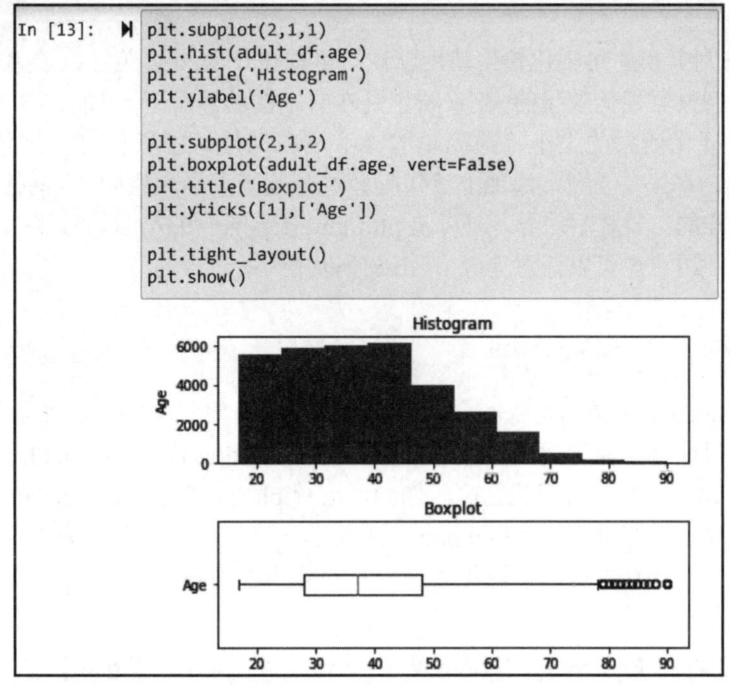

图 2.11　使用子图的示例

请注意 plt.subplot()的前两个输入在整个子图中保持不变，因为它们指定了子图的矩阵式组织方式，并且它们应该始终相同。

plt.tight_layout()函数最好在完成所有可视化效果并即将显示整个子图后使用。此函数将确保每个可视化对象都适应自己的边界并且没有重叠。读者也可以在去掉 plt.tight_layout()的情况下运行图 2.11 中的代码块并研究输出结果的差异。

至此，我们已经学会了如何绘制和设计可视化效果，然后对其进行修改。接下来，让我们看看如何调整绘图的大小并将它们保存在计算机上。

2.5 调整并保存结果

现在，我们可以按照自己想要的任何分辨率保存 Matplotlib 可视化效果。但是，在调整分辨率和保存可视化效果之前，我们可能还需要略做调整。因此，让我们看看如何调整可视化效果，然后以特定分辨率进行保存。

2.5.1 调整大小

Matplotlib 对其所有可视化输出使用默认的可视化尺寸（6×4 英寸，1 英寸=2.54 厘米），我们可能需要调整可视化效果的大小（特别是在有子图的情况下，可能需要更大的输出）。

要调整可视化效果的大小，最简单的方法是在开始请求任何可视化效果之前运行 plt.figure(figsize=(6,4))。当然，添加上述代码并不会改变大小，因为输入的值与 Matplotlib 默认大小是一样的。要观察差异，可以将 plt.figure(figsize=(9,6)) 添加到图 2.11 中的代码并运行。当然，用户也可以任意更改 figsize 值以找到最适合的值。

2.5.2 保存

使用 plt.savefig()函数即可保存和调整输出图形的分辨率。此函数将采用用户要创建的文件的名称以保存可视化效果，并采用每英寸点数（dots per inch，DPI）表示分辨率。图形的 DPI 值越高，其分辨率就越高。例如，运行 plt.savefig('visual.png',dpi=600)即可将可视化对象保存在计算机名为 visual.png 的文件中，该文件位于 Jupyter Notebook 文件所在的同一目录下，并且保存的可视化效果的 DPI 分辨率为 600。

2.6 Matplotilb 辅助进行数据预处理的示例

了解新数据集的一个好方法是可视化它的列。数值列最好使用直方图或箱线图进行可视化。但是，两者结合的效果是最好的，尤其当箱线图是垂直绘制的时候。

本节示例的要求为：使用 Matplotlib 的 subplot()函数以 2×5 矩阵形式组织可视化效果，绘制 adult_df 的所有数值列的直方图和箱线图。确保每一列的直方图和箱线图都在同一个子图列中。此外，还需要将可视化对象保存在名为 ColumnsVsiaulization.png 的文件中，分辨率为 900 DPI。

以下代码显示了此示例的解决方案。

```
Numerical_colums = ['age', 'education_num', 'capitalGain',
'capitalLoss', 'hoursPerWeek']
plt.figure(figsize=(20,5))
for i,col in enumerate(Numerical_colums):
    plt.subplot(2,5,i+1)
    plt.hist(adult_df[col])
    plt.title(col)
for i,col in enumerate(Numerical_colums):
    plt.subplot(2,5,i+6)
    plt.boxplot(adult_df[col],vert=False)
    plt.yticks([])
plt.tight_layout()
plt.savefig('ColumnsVsiaulization.png', dpi=900)
```

运行上述代码后，如果执行成功，则可以检查 Jupyter Notebook 文件所在的目录，此时其中应该已经包含了 ColumnsVisualization.png 文件。打开该文件即可看到由 Matplotlib 创建的高质量可视化效果，如图 2.12 所示。

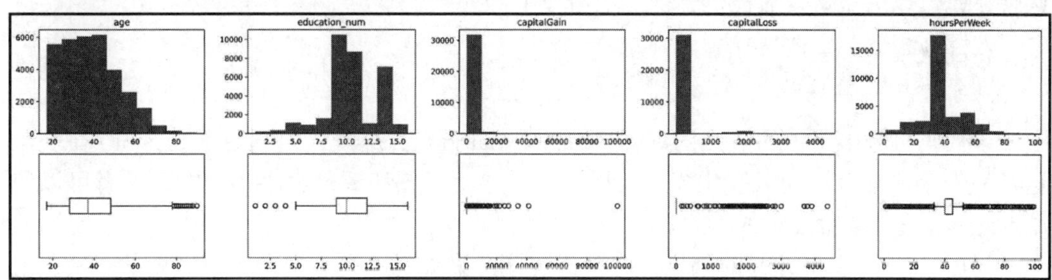

图 2.12　根据 adult_df 数值列绘制的直方图和箱线图

恭喜读者顺利完成本章！现在，我们配备了可视化工具，这些工具对于数据分析和数据预处理来说非常方便。

2.7　小　　结

本章学习了如何创建 Matplotlib 可视化效果并根据需要修改其设计。此外还学习了如何绘制 Matplotlib 子图并将它们组织在一个可视化对象中，以创建更复杂的可视化对象。最后，还介绍了如何调整可视化效果并以所需的分辨率保存它们以供日后使用。

第 3 章将讨论有关数据的一些基本课程，以帮助读者掌握成功进行数据预处理所必需的概念。在此之前，需要花一些时间完成以下练习以巩固和强化学习成果。

2.8 练　　习

（1）使用 adult.csv 和布尔掩码解决以下问题。

① 计算该数据中每个种族的 education-num（受教育年限）的平均值和中位数。

② 绘制 education-num（受教育年限）的直方图，其中包括数据中每个种族的数据。

③ 绘制一个比较箱线图，比较每个种族的 education-num（受教育年限）。

④ 创建一个子图，将②中的可视化效果（直方图）放在③的可视化效果（比较箱线图）之上。

（2）重复练习（1）中①的分析，但这次使用 groupby()函数。

比较使用布尔掩码与 groupby()函数的运行时间。

（提示：可以导入 time 模块然后使用.time()函数。）

（3）在完成第 1 章“NumPy 和 Pandas 简介”中的练习（4）之后（如果尚未完成，则现在就可以去做），对已创建的 pvt_df 运行以下代码。

```
import seaborn as sns
sns.pairplot(pvt_df)
```

该代码可输出所谓的散点图矩阵（scatter matrix）。这段代码利用了 Seaborn 模块，这是另一个非常有用的可视化模块。要练习其绘制子图和调整大小的功能，读者可以使用 Seaborn 重复本章介绍的操作。

（提示：使用 plt.subplot()执行此操作对读者来说可能有点困难。不妨先试一试，出现问题之后再通过搜索引擎了解一下 plt.subplot2grid()。）

请注意——如果读者以前从未使用过 Seaborn 模块，则需要先将其安装在你的 Anaconda 上。这很简单，只需在 Jupyter Notebook 中运行以下代码即可。

```
conda install seaborn
```

第 3 章　数　　据

本章将介绍对数据的概念性理解，并介绍对有效数据预处理至关重要的数据的概念、定义和理论。

首先，本章将揭开"数据"一词的神秘面纱，并给出最适合数据预处理的定义。

其次，我们将阐释通用的数据结构、表以及用来描述它的通用语言。

再次，还将讨论 4 种类型的数据值及其对数据预处理的意义。

最后，本章还将深入剖析术语信息（information）和模式（pattern）的统计意义及其对数据预处理的意义。

本章包含以下主题。

- 数据的定义。
- 最通用的数据结构——表。
- 数据值的类型。
- 信息与模式。

3.1　技术要求

在本书配套的 GitHub 存储库中可以找到本章使用的所有代码示例以及数据集，具体网址如下。

https://github.com/PacktPublishing/Hands-On-Data-Preprocessing-in-Python/tree/main/Chapter03

3.2　数据的定义

数据的定义是什么？如果我们向各个领域的不同专业人士提出这个问题，那么应该会得到各种各样的答案。每次教授与数据相关的课程，笔者都会在开始时向学生们提出这个问题，总是得到各种各样的答案。以下是学生们在被问到这个问题时给出的一些常见答案。

- ❑ 事实和统计数据。
- ❑ 数据库中的记录集合。
- ❑ 信息。
- ❑ 存储在计算机中或由计算机使用的事实、图形或信息。
- ❑ 数字、声音和图像。
- ❑ 记录和交易。
- ❑ 报表。
- ❑ 计算机操作的东西。

上述所有答案从某种意义上来说都是正确的，因为不同情况下的术语“数据”可以用来指代前面的所有内容。所以，下次当有人说“我们在分析数据后得出某某结论”时，我们就知道我们的第一个问题应该是什么了。是的，我们首先应该了解他所指的“数据”究竟是什么，明白其数据的准确含义。

我们也可以试着来回答这个问题，什么是数据？本书的主题是使用 Python 进行数据预处理。因此，从数据预处理的角度来看，我们需要退后一步，提供一个更通用、更全面的定义。在这里，我们将数据定义为：代表现实测量结果或模型的符号或标志。这些符号和标志本身在用于更高级别的约定和理解（higher-level conventions and understandings，HLCU）之前是无用的。

该定义中有两点值得赞许。

- ❑ 该定义是通用的，它包含了我们能想象到的所有类型的数据，包括前面笔者学生们提供的类型。
- ❑ 它表达了所有其他定义中的隐含假设——HLCU 的存在。

如果没有 HLCU，那么数据就是一堆毫无意义的符号和标志。

注意：

本章将大量使用 HLCU 这一缩写，因此读者最好能够牢记它的含义：更高级别的约定和理解。

在人工智能（artificial intelligence，AI）出现之前，我们可以肯定地说 HLCU 几乎总是人类语言和理解。但是，现在算法和计算机正在成为一种合法的，并且在某些方面更强大的针对数据的 HLCU。

3.2.1 HLCU 的意义

对于数据预处理，首先要决定的是将使用的 HLCU。也就是说，要为什么 HLCU 准备数据？如果数据是为人类理解而准备的，那么其结果将与为计算机和算法准备的数据大不相同。不仅如此，HLCU 还可能因算法而异。

人类理解与计算机作为 HLCU 之间的明显区别之一是：人类一次不能消化理解超过两到三个维度的数据。能够处理更大维度和大小的数据是算法和计算机的标志。

两个 HLCU 之间存在重要且独特的关系，我们需要先了解这些关系才能进行有效的数据预处理。因此，接下来让我们先来了解一下 DIKW 金字塔，我们将用它来讨论该区别。

3.2.2　DIKW 金字塔

数据、信息、知识和智慧（data, information, knowledge, and wisdom，DIKW）也称为智慧层次结构或数据金字塔，显示了这 4 个要素中每一个要素的相对重要性和丰富性。

图 3.1 显示了各个阶段之间的事务性步骤，即处理、认知和判断。此外，该图明确指出，只有作为最稀有和最重要的元素的智慧才属于未来，而其他 3 个元素，即知识、信息和数据，则属于过去。

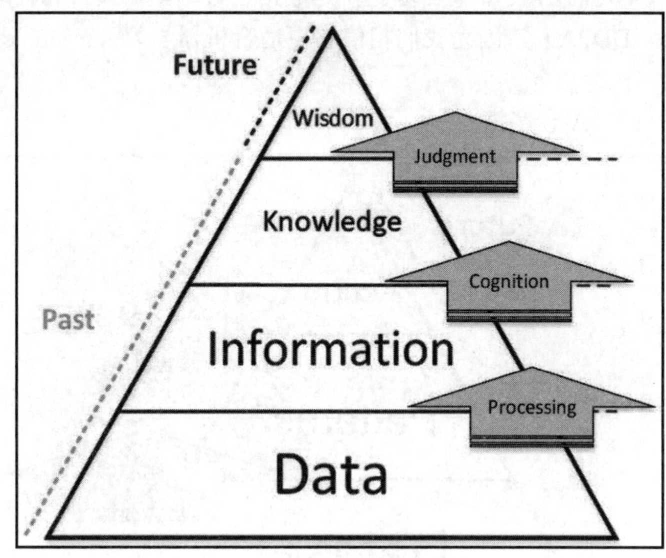

图 3.1　DIKW 金字塔

原　　文	译　　文	原　　文	译　　文
Future	未来	Cognition	认知
Past	过去	Information	信息
Wisdom	智慧	Processing	处理
Judgment	判断	Data	数据
Knowledge	知识		

这 4 个要素的定义如下。

- 数据：符号的集合，不能回答任何问题。
- 信息：处理过的数据，可以回答 who（何人）、when（何时）、where（何地）和 what（何事）之类的问题。
- 知识：信息的描述性应用，可以回答 how（如何）之类的问题。
- 智慧：知识的体现和对 why（原因）的理解。

虽然 DIKW 金字塔在许多数据分析书籍和文章中被一再引用，但我们可以看到该金字塔的 HLCU 是人类语言和理解力。

这就是为什么即使金字塔很有意义，它仍然不能完全适用于今天的数据分析。

3.2.3　机器学习和人工智能的 DIKW 更新

有鉴于此，我们已将 DIKW 金字塔更新为数据、数据集、模式和行动（data, dataset, pattern, and action，DDPA），因为我们相信它更适合机器学习（machine learning，ML）和人工智能。

图 3.2 显示了 DDPA 金字塔。

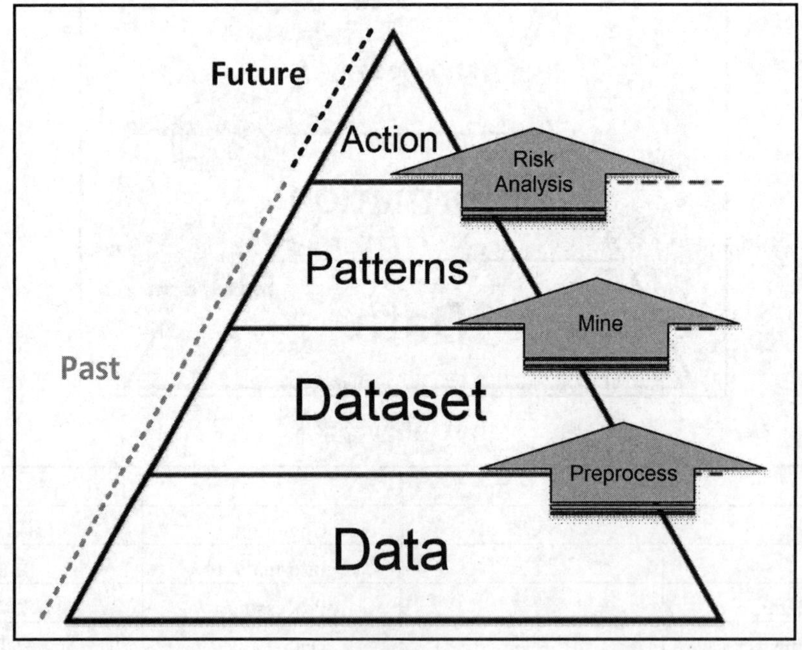

图 3.2　DDPA 金字塔

原　文	译　文	原　文	译　文
Future	未来	Mine	挖掘
Past	过去	Dataset	数据集
Action	行动	Preprocess	预处理
Risk Analysis	风险分析	Data	数据
Patterns	模式		

DDPA 的所有 4 个要素的定义如下。

- 数据：来自所有数据资源的所有可能数据。
- 数据集：从所有可用数据源中选择的相关数据的集合，已经清洗过和组织好。
- 模式：数据集中有趣且有用的趋势和关系。
- 行动：根据已识别的模式做出的决定。

让我们来看看 DDAP 金字塔的 4 个元素之间的 3 个事务性步骤。

（1）预处理（preprocess）是选择相关数据，为下一步做准备。

（2）挖掘（mine）就是将挖掘算法应用于数据以寻找模式。

（3）最后，风险分析（risk analysis）是指考虑已识别模式的不确定性并做出决定。

DDPA 金字塔显示了数据预处理的关键作用，即能够从数据中推动行动的目标。数据的预处理可能是从 D 到 A（即，从数据到行动）最重要的一步。

当然，并非世界上的所有数据都对推动行动有用，并且已开发的数据挖掘算法也无法在所有类型的数据中找到模式。

3.2.4　数据分析的 DIKW 更新

重要的是要记住，数据预处理绝对不仅与机器学习和人工智能有关。在使用数据可视化工具进行分析数据时，数据预处理也起着举足轻重但略有不同的作用。

DIWK 和 DDPA 金字塔都不能很好地应用于数据分析。如前文所述，DIWK 是为人类语言和理解而设计的，DDPA 是我们为算法和计算机创建的（因此它更适合机器学习和人工智能），而数据分析则属于这两者之间，其中既涉及人类，又涉及计算机。

有鉴于此，我们设计了另一个专门用于数据分析的金字塔及其独特的 HLCU。由于数据分析的 HLCU 既是人类又是计算机，因此数据、数据集、可视化和智慧（data, dataset, visualization, and wisdom，DDVW）金字塔是其他两个金字塔的组合。

DDVW 的所有 4 个要素的定义如下，如图 3.3 所示。

- 数据：来自所有数据资源的所有可能数据。
- 数据集：从所有可用数据源中选择并为下一步组织的相关数据集合。

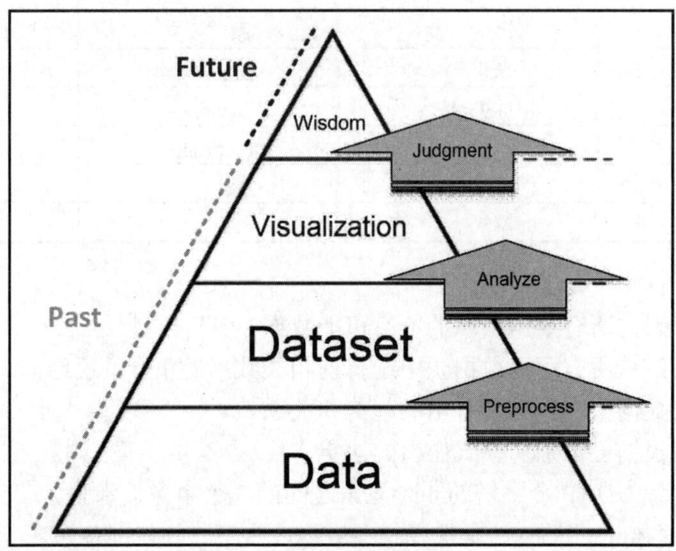

图 3.3　DDVW 金字塔

原　文	译　文	原　文	译　文
Future	未来	Analyze	分析
Past	过去	Dataset	数据集
Wisdom	智慧	Preprocess	预处理
Judgment	判断	Data	数据
Visualization	可视化		

- 可视化：数据集中发现的内容的可理解表示（类似于 DIKW 中的知识，即信息的描述性应用）。
- 智慧：知识的体现和对原因的理解（与 DIKW 中的智慧相同）。

虽然 DDVW 的第一个事务性步骤与 DDPA 的第一个步骤相似（都是预处理），但第二个和第三个步骤是不同的。DDVW 的第二个事务性步骤是分析。这就是数据分析师所做的，即使用技术来做以下事情。

（1）探索数据集。

（2）检验假设。

（3）报告相关发现。

数据分析师向决策者报告自己的发现时，最容易理解的方式是可视化图表。决策者将通过理解这种可视化结果并使用自己的判断（DDVW 的第三个事务性步骤）来获得智慧。

3.2.5 用于数据分析的数据预处理与用于机器学习的数据预处理

数据预处理是数据分析和机器学习的关键步骤。但是，重要的是要认识到，为数据分析所做的预处理与为机器学习所做的预处理有很大的不同。

如 DDPA 所示，机器学习的唯一 HLCU 是计算机和算法。另一方面，如 DDVW 所示，数据分析的 HLCU 首先是计算机，然后切换到人类。因此，从某种意义上说，为机器学习所做的数据预处理更简单，因为只有一个 HLCU 需要考虑。但是，当对数据进行预处理以执行数据分析时，需要考虑计算机和人类两个 HLCU。

现在我们已经很好地理解了数据的含义，接下来，让我们换个角度学习一些围绕数据的重要概念。将要讨论的下一个概念有助于进一步区分数据分析和机器学习。

3.2.6 大数据的 3 个 V

有助于区分机器学习和数据分析的一个非常有用的概念是大数据的 3 个 V。这 3 个 V 是容量（volume）、多样性（variety）和速度（velocity）。

一般的经验法则是，当数据量大、种类多、速度快时，就需要考虑机器学习和人工智能而不是数据分析。作为一般性的经验法则，这可能是正确的，但它有一个前提，那就是当且仅当你在经过适当的数据预处理后仍具有大量多样且高速的数据。因此，数据预处理在这里起着重要作用。这 3 个 V 的详细解释如下。

- 容量：拥有的数据点的数量。可以粗略地将数据点视为 Excel 电子表格中的行。因此，如果收集的现象或实体多次出现，则数据量会很大。例如，如果 Facebook 有兴趣研究其在美国的用户，那么这些数据的容量就是 Facebook 在美国的用户数量。注意，Facebook 的这项研究中的数据点是该平台的美国用户。
- 多样性：拥有的不同数据源的数量，这些数据源可提供有关数据点的全新信息和视角。可以粗略地将数据的多样性视为 Excel 电子表格中的列数。继续 Facebook 的例子，Facebook 拥有用户的姓名、出生日期和电子邮件等信息。但 Facebook 也可以通过包括行为列来增加这些数据的多样性，例如最近一周的访问次数、帖子的数量等。Facebook 的多样性并不止于此，因为它还拥有用户可能正在使用的其他服务，例如 Instagram 和 WhatsApp。Facebook 可以通过包含来自其他服务的相同用户的行为数据来增加多样性。
- 速度：获取新数据对象的速率。例如，Facebook 美国用户数据的获取速度远高于 Facebook 员工数据的获取速度。但 Facebook 美国用户数据的获取速度又远低于 Facebook 美国帖文数据的获取速度。注意是什么改变了数据的速度，它是用户收集的现象或实体发生的频率。

3.2.7　3 个 V 对数据预处理的重要性

大量涉及人类理解的数据分析无法容纳大容量、多种类和高速度的数据。当然，有时是由于缺乏适当的数据预处理，才会出现高 V 的情况。成功数据预处理的一个重要因素是包含与分析相关的数据。仅仅因为必须挖掘具有高 V 的数据来准备数据集，这并不足以成为放弃数据分析而转为使用机器学习的理由。

接下来，我们将从纯粹的概念开始讨论数据本身及其组织方式。

3.3　最通用的数据结构——表

无论数据有多复杂和高 V，即使想要进行数据可视化或机器学习，成功的数据预处理总是会生成一张表。在成功的数据预处理结束时，我们希望创建一个可以进行挖掘、分析或可视化的表。可将此表称为数据集。图 3.4 显示了表及其结构元素。

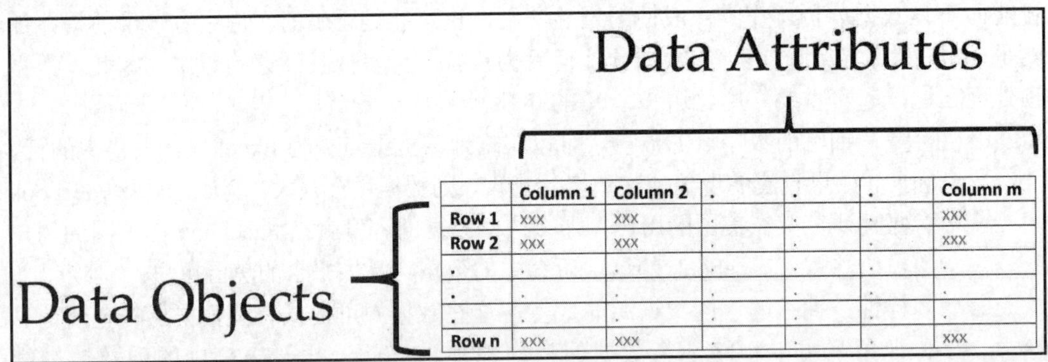

图 3.4　表数据结构

原　文	译　文
Data Attributes	数据特性
Data Objects	数据对象

如图 3.4 所示，对于数据分析和机器学习，常使用特定的关键字来谈论表的结构：数据对象（data objects）和数据特性（data attributes）。

3.3.1　数据对象

相信读者已经看到并成功理解了许多表，也创建了许多表。但笔者可以肯定，许多人根本不会注意到表的概念基础，因为我们很容易就可以创建和理解它们。事实上，表的概念基础是它对数据对象的定义。

数据对象有许多不同的名称，例如数据点、行、记录、示例、样本、元组等。但是，如读者所知，要使表有意义，就需要数据对象的概念定义。我们需要知道该表针对哪些现象、实体或事件呈现值。

数据对象的定义是所有行共享的实体、概念、现象或事件。例如，将有关客户的信息表放在一起的实体是“客户”的概念。表格的每一行代表一个客户，并提供了有关他们的更多信息。

某些表的数据对象的定义很简单，但并非总是如此。读取新表时要弄清楚的第一个概念是：表的数据对象的假设定义是什么。解决此问题的最佳方法是提出以下问题。

表中所有列都描述的一个实体是什么？

一旦找到了这样一个实体，则说明你已经找到了数据对象的定义。

3.3.2　强调数据对象的重要性

对于数据预处理，数据对象的定义变得更加重要。很多时候，数据分析师或机器学习工程师需要首先设想数据需要预处理获得的最终表。这张表需要既现实又有用。所谓“现实”和“有用”是什么意思？可以看以下解释。

- 现实：表格需要有现实意义，这包括我们创建的表格的数据、技术和访问。例如，我们可以想象创建一个有关新婚夫妇的数据表，其中包含他们结婚第一个月的列，例如他们接吻的次数，或者他们彼此发生口角的次数，可以为此建立一个通用模型，以预测这对夫妻的婚姻是否会成功。在这种情况下，数据对象的定义是新婚夫妇，所有想象的列都描述了这个实体。但是，在现实生活中制作出这样一个表并收集其数据是非常困难的。顺便说一句，华盛顿大学的 John Gottman 和牛津大学的 James Murry 确实创建了这个模型，但只有 700 对夫妇愿意在讨论有争议的话题时被记录下来，并愿意与研究人员分享他们关系的最新情况。
- 有用：想象中的表格也需要对分析目标有用。例如，假设我们以某种方式可以访问所有新婚夫妇第一个月的视频记录。这些录音存储在单独的文件中，按天组织。因此，我们着手对数据进行预处理，计算每个记录的亲吻次数和发生口角事件的数量，并将它们存储在一个表中。该表的数据对象定义是一对新婚夫妇一天的录像。这个数据对象定义对预测夫妻婚姻成功的分析目标有用吗？没用。想要预测夫妻婚姻是否会成功，需要对大量数据进行不同的整理，其数据对象只能是新婚夫妇，而不是一对新婚夫妇一天的录像。

3.3.3 数据特性

如图 3.4 所示，表的列称为特性。特性也可以使用不同的名称（如列、变量、特征和维度）。例如，在数学中，更可能提到变量或维度；在编程中，会经常使用变量；而在机器学习中，常称之为特征。

特性是表中数据对象的描述者。每个特性都描述了所有数据对象的一些东西。例如，在为新婚夫妇设想的表中，亲吻次数和发生口角的数量就是该表的特性。

3.4 数据值的类型

为了成功进行数据预处理，需要从两个不同的角度了解不同类型的数据值：分析和编程。本节将介绍这两种视角的数据值类型，然后阐释它们之间的关系和联系。

3.4.1 从分析的角度看数据类型

从分析的角度来看，值有 4 种主要类型：标称（nominal，也称为名义值）、序数（ordinal，也称为有序值）、区间标度（interval-scaled）和比率标度（ratio-scaled）。在文献中，这 4 种类型的值属于 4 种类型的数据特性。原因是每个特性的值类型必须保持不变，因此，也可以将值类型外推到特性类型，如图 3.5 所示。

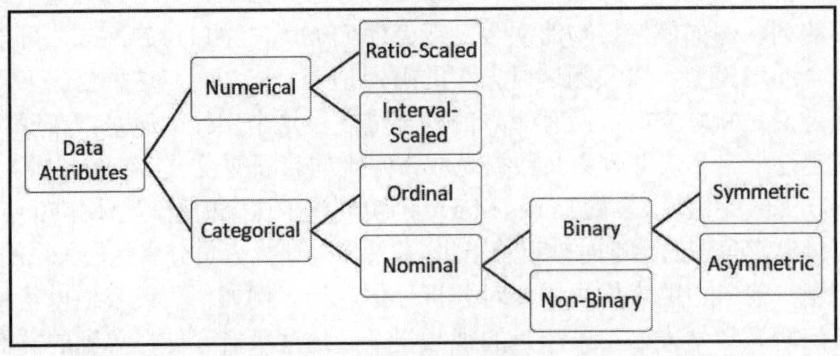

图 3.5　数据特性的类型

原　　文	译　　文	原　　文	译　　文
Data Attributes	数据特性	Nominal	标称
Numerical	数值	Binary	二元
Ratio-Scaled	比率标度	Symmetric	对称
Interval-Scaled	区间标度	Asymmetric	非对称
Categorical	分类	Non-Binary	非二元
Ordinal	序数		

图 3.5 显示了特性类型树。提到的 4 种类型在中间。在树中可以看到，标称和序数特性称为分类特性，也称为定性（qualitative）特性；而区间标度和比率标度特性则称为数值特性，也称为定量（quantitative）特性。

3.4.2　标称特性

顾名思义，标称特性（也称为名义特性）就是指对象的命名。除了作为对象名称或对象类别的一组简单字母和符号之外，该特性没有描述其他信息。

当数据对象是个人时，标称特性的一个突出示例就是性别。虽然此特性的显示方式可能不同，但它包含的信息是两种人类性别的简单名称。我们已经看到过以多种方式表示的这些信息。图 3.6 显示了可以表示性别这一标称特性的所有不同方式。无论类别如何呈现，此类别收集的信息是指个人是男性还是女性。

男性	Male	男	M	0	1	1
女性	Female	女	F	1	0	2

图 3.6　性别标称特性的不同表示

当数据对象是个人时，标称特性的其他示例还包括头发颜色、肤色、眼睛颜色、婚姻状况或职业等。关于标称特性，重要的是要记住，它们不包含任何其他信息，仅有名称。

3.4.3　序数特性

顾名思义，序数特性包含与某些类型的顺序有关的更多信息。例如，当数据对象是个人时，教育水平就是序数特性的主要示例。虽然高中、学士、硕士和博士都是指教育学位名称，但它们之间存在着公认的顺序。

没有人能在逻辑上对诸如性别之类的标称特性值之间的重要性、价值或认可度给出任何顺序。但是，对学位进行高低排序则是完全可以接受的，因为某人获得学士学位所花费的资源（时间、金钱和精力）都超过了高中。

序数特性的其他示例还包括课程字母等级（A、B、C、D）、专业排名（助理教授、副教授和正教授）和调查率（完全同意、同意、中立、不同意、完全不同意）等。

到目前为止，我们知道序数特性可以包含比标称特性更多的信息。同时，序数特性本身的意义是有限的，因为它们并不包含序数特性区别于其他序数特性的每个可能值。这样讲可能不容易理解，让我们来举个例子。

我们知道，一般来说，拥有博士学位的个人 A 可能比拥有学士学位的个人 B 能够更好地完成一项研究任务。但是，我们不能说个人 A 一定会比个人 B 快 20 个小时完成该项研究任务。简单地说，序数特性不包含允许数据对象之间进行区间比较的信息。

3.4.4　区间标度特性

这些特性包含比序数特性更多的信息，因为它们允许数据对象之间的区间比较。通过从序数特性到区间特性的过渡，我们也从符号和类别切换到了数字比较（即从分类特性转换到数值特性）。

数字可以帮助我们了解数据对象之间存在着多大的差异。例如，当数据对象是个人时，高度就是一个区间标度特性。

假设 Roger Federer 的身高是 6 英尺 1 英寸(6'1"),则每个人都会同意他比 Juan Martín del Potro 矮 5 英寸，因为后者的身高是 6 英尺 6 英寸（6'6"）。

当数据对象是个人时，区间标度特性的另一个例子是体重。

当数据对象为天时，则以华氏度或摄氏度为单位的温度测量值也是区间标度特性的一个示例。

区间标度特性的局限性在于我们不能将它们用于基于比率的比较。例如，我们能说一个人的身高是另一个人的两倍吗？也许读者认为能，但答案是不能。原因是人类身高的概念没有有意义的零。也就是说，没有身高为零的个体。

据记载，世界上最矮的成年男性是 Chandra Bahadur Dangi，他的身高是 1 英尺 10 英寸（1'10"，约等于 0.56 米）。此外，据报道身高 8 英尺 3 英寸（8'3"，约等于 2.51 米）的 Robert Wadlow 是世界上最高的成年人。如图 3.7 所示，读者可以将成年人的平均高度与记录的极端值进行比较。

这两个极端身高值可能会改变我们对成年男性身高的印　象。当然，如果去掉这两个极端值，我们会感觉更舒服一点。这种不适的原因是身高是我们大脑的区间标度特性。在日常生活中，我们很少会遇到特别高的人或特别矮的人。如果说一个人比另一个人高几厘米或矮几厘米，那么这对大多数人来说是完全可以接受的，但是如果一个人声称自己比世界上最矮的人高 3 倍以上，那就没几个人会接受这个说法了。

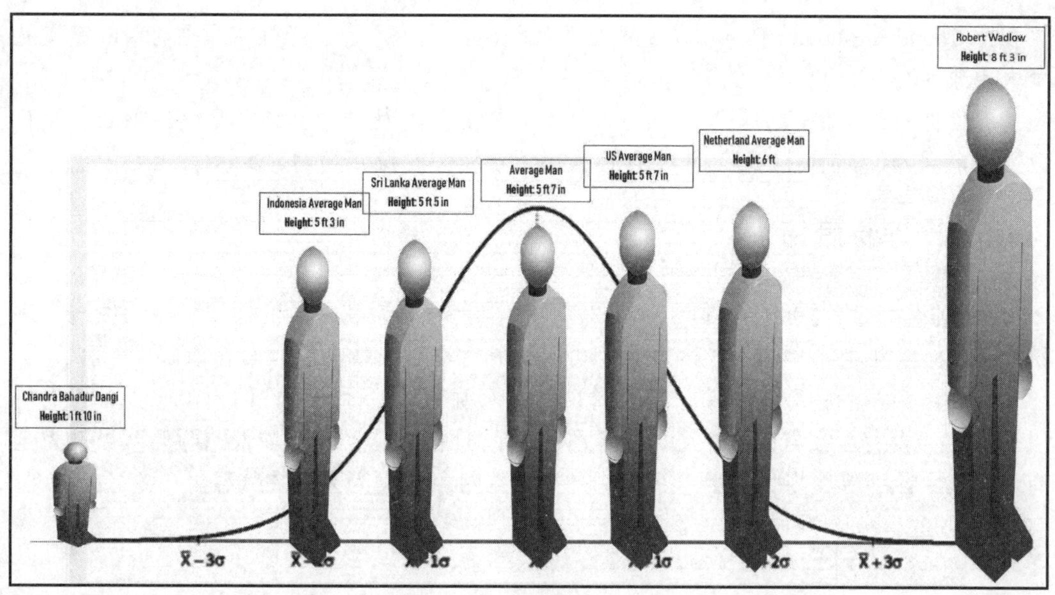

图 3.7　成年男性身高分布

原　文	译　文
Chandra Bahadur Dangi Height：1ft 10 in	Chandra Bahadur Dangi 身高：1 英尺 10 英寸
Indonesia Average Man Height：5ft 3 in	印度尼西亚男性平均身高： 5 英尺 3 英寸
SriLanka Average Man Height：5ft 5 in	斯里兰卡男性平均身高： 5 英尺 5 英寸
Average Man Height：5ft 7 in	全球男性平均身高： 5 英尺 7 英寸（约等于 1.70 米）
US Average Man Height：5ft 7 in	美国男性平均身高： 5 英尺 7 英寸
Netherland Average Man Height：6ft	荷兰男性平均身高： 6 英尺
Robert Wadlow Height：8ft 3 in	Robert Wadlow 身高： 8 英尺 3 英寸

假设你的身高是 1.90 米，那么简单计算一下，你可能会说自己比世界上最矮的人高 3.39 倍。虽然这个数字是正确的（1.90/0.56 = 3.39），但是你并不能说“我比世界上最矮的人高 3.39 倍”，因为“世界上最矮的人”是人类身高概念中的零。充其量，你可以说

“我比 Chandra Bahadur Dangi 高 3.39 倍”。但要做到这一点，必须将数据对象的定义从个人更改为对象。

即使你有一个很矮的室友，而且你每天都看到他，从数学上讲，身高的乘法是没有意义的，因为没有绝对的零。没有任何人可以将他们的身高归为零。

3.4.5 比率标度特性

当我们转向比率标度特性时，上面讲到的限制——无法对区间标度特性的值进行乘法或除法——也就不存在了，因为我们可以找到比率标度特性的固有零值。

例如，当我们的数据对象是个人时，月收入就是比率标度特性的一个例子。我们可以想象一个没有月收入的人。此时如果你说你的月收入是另外一个人的两倍，那是完全有道理的。比率标度特性的另一个示例是当数据对象定义为天时的气温。

3.4.6 二元特性

二元特性（binary attribute）是只有两种可能性的标称特性。例如，出生时的性别是男性或女性，因此出生时被分配的性别（sex assigned at birth，SAAB）就是一个典型的二元特性。

二元特性有两种类型：对称（symmetric）和非对称（asymmetric）。

- 对称二元特性（如 SAAB）是指这两种可能性中的任何一种发生的频率是一样的，并且对分析具有相同的重要性。
- 非对称二元特性是指两种可能性之一发生的频率较低，但通常更重要。例如，COVID 核酸检测的结果（阴性和阳性）就是一个非对称的二元特性，其中阳性结果发生的频率较低，但在分析中却更为重要。

读者可能会认为对称二元特性比非对称二元特性更常见，但是，这与现实相去甚远。读者可以试着想想其他对称的二元特性，看看能数出几个。

传统上，非对称二元特性中的罕见可能性由正数（或 1）表示，而更常见的可能性由负数（或 0）表示。

3.4.7 理解特性类型的重要性

随着分析方法变得越来越复杂，它也将变得更容易出错并且可能永远都发现不了。例如，用户可能无意中将使用整数编码的标称特性输入到将这些值视为实数的算法中。

在这种情况下，用户所做的其实是将在现实中没有依据的数据对象之间随机假设的关系输入到一个无法独立思考的模型中。有关此示例，请参见 3.7 节“练习”。

3.4.8 从编程的角度看数据类型

从编程的角度来看，值无外乎包括数字、字符串或布尔值之类的类型，其中数字又可以被识别为整数或浮点数，仅此而已。

整数是指从零到无穷大的整数。例如，0、1、2、3 等都是整数值。

浮点数既包含小数又包含整数。它们可以是正数或负数，并且有小数点。例如，1.54、−25.1243 和 0.1 都是浮点数。

也许读者能看到这里面存在的问题——从分析的角度来看，可能有标称特性或序数特性，但计算机只能将它们显示为字符串。同样，从分析的角度来看，可能具有区间标度特性或比率标度特性，但计算机只能将它们显示为数字。编程值类型和分析值类型之间唯一完全匹配的是可以完全用布尔值表示的二元特性。

图 3.8 显示了分析和编程这两种视角之间特性（值）类型的映射。当用户正在开发有效预处理数据的技能时，这种映射应该成为用户的第二天性。例如，用户应该了解使用布尔值、字符串或整数表示序数特性的选项，以及每个选项的含义（参见 3.7 节“练习”）。

<table>
<tr><th colspan="2">分析视角</th><th>编程视角</th></tr>
<tr><td rowspan="2">标称特性</td><td>二元特性</td><td rowspan="3">布尔值或字符串</td></tr>
<tr><td>非二元特性</td></tr>
<tr><td colspan="2" rowspan="2">序数特性</td></tr>
<tr><td>整数</td></tr>
<tr><td colspan="2">区间标度特性</td><td rowspan="2">整数或浮点数</td></tr>
<tr><td colspan="2">比率标度特性</td></tr>
</table>

图 3.8 分析和编程视角之间的值类型映射

到目前为止，我们已经阐述了数据的定义以及数据特性的类型。接下来，将讨论对成功的数据预处理至关重要的两个高级概念：信息和模式。

3.5 信息与模式

在了解数据预处理所需的所有必要定义和概念之前，我们还需要再介绍两个概念：信息（information）和模式（pattern）。

3.5.1　理解“信息”这个词的日常用法

首先需要提醒的是，“信息”一词有两个很具体但又区别很大的用法。第一个用法是日常使用的“信息”，意思是“关于某人或某事的事实或细节”。这是牛津英语词典对“信息”的定义。虽然统计学家和数据分析师也会使用这个词的日常用法，但更多时候“信息”这个词还有其他用途。

3.5.2　“信息”一词的统计用途

对于统计学家和数据分析师来说，术语“信息”也可以指一个特性在整个数据对象中的值变化。换句话说，信息用于指代特性添加到数据对象总体空间知识中的内容。这样的表述可能会让读者感到困惑，别着急，让我们来看一个具体的示例数据集 customer_df，如图 3.9 所示，该数据集非常小，仅有 10 个数据对象和 4 个特性。以下数据集的数据对象的定义是 customers（客户）。

```
In [1]:  import pandas as pd
         customer_df = pd.read_excel('Customers Dataset.xlsx')
         customer_df
```

Out[1]:

	Customer Name	Store	Last week number of visits	Last week Purchase $
0	Abu Irvine	Starbuck - Claremont Village	5	33.43
1	Colleen Melendez	Starbuck - Claremont Village	4	11.32
2	Lyla-Rose Ruiz	Starbuck - Claremont Village	1	9.48
3	Riley-Jay Manning	Starbuck - Claremont Village	2	15.50
4	Ieuan Carroll	Starbuck - Claremont Village	4	17.96
5	Renesmae Lawson	Starbuck - Claremont Village	5	19.84
6	Lawrence Medina	Starbuck - Claremont Village	3	23.21
7	Ben O'Connor	Starbuck - Claremont Village	1	6.12
8	Adnaan Kim	Starbuck - Claremont Village	6	36.16
9	Abbigail Dunlap	Starbuck - Claremont Village	2	6.88

图 3.9　读取 Customers Dataset.xlsx 并查看其记录

接下来，我们将通过该数据集详细阐释“信息”一词在统计学上的意义。

3.5.3　分类特性的统计信息

在图 3.9 示例中，Customer Name（客户名称）是一个标称特性，该特性添加到该数据集的空间知识的值变化是标称特性的最大可能值。每个数据对象在该特性下都有一个完全不同的值。从统计上来说，这个特性的信息量是非常高的。

Store（门店）特性的情况正好相反。该特性添加了标称特性可能添加的最小可能信息。也就是说，该特性下的每个数据对象的值都是相同的，全部是 Starbuck-Claremont Village（Claremont Village 星巴克店）。发生这种情况时，我们应该删除该特性并查看是否可以更新数据对象的定义。例如，如果我们将该数据对象的定义更改为 Starbucks customers of Claremont Village store（Claremont Village 星巴克店的客户），则可以安全地删除该特性，因为我们已经保留了其信息。

3.5.4　数字特性的统计信息

数字特性的统计信息有点不一样。对于数值特性，可以计算一个称为方差（variance）的度量来查看每个数值特性具有多少信息。

方差是一种统计指标，用于捕获一组数字之间的分布。它是通过每个数字与所有数字的平均值的平方距离之和来计算的。一个特性的方差越高，该特性的信息就越多。例如，在图 3.9 示例中，Last week number of visits（最近一周访问次数）特性的方差为 3.12，Last week Purchase $（最近一周购买额）特性的方差为 109.63 美元。如图 3.10 所示，使用 Pandas 计算方差非常容易。

```
In [2]:  customer_df.var()

   Out[2]: Last week number of visits       3.122222
           Last week Purchase $           109.628044
           dtype: float64
```

图 3.10　计算 customer_df 中数值特性的方差

如果特性具有相似的范围，则我们可以说 Last week Purchase $（最近一周购买额）特性比 Last week number of visits（最近一周访问次数）特性具有更多信息。但是，这两个特性的取值范围完全不同，这使得两个方差值无法直接进行比较。有一种方法可以解决这个问题，即对两个特性进行归一化，然后计算它们的方差。本书后面将会详细阐释规一化（normalization）的概念。

3.5.5　数据冗余——呈现相似信息的特性

如果数据集的数据对象中，值的变化与另一个特性的变化过于相似，则称该特性为冗余。要检查数据冗余，可以为我们怀疑的呈现相似信息的变量绘制散点图。例如，图 3.11 即绘制了 customer_df 的 Last week Purchase $（最近一周购买额）特性和 Last week number of visits（最近一周访问次数）两个数值特性的散点图。

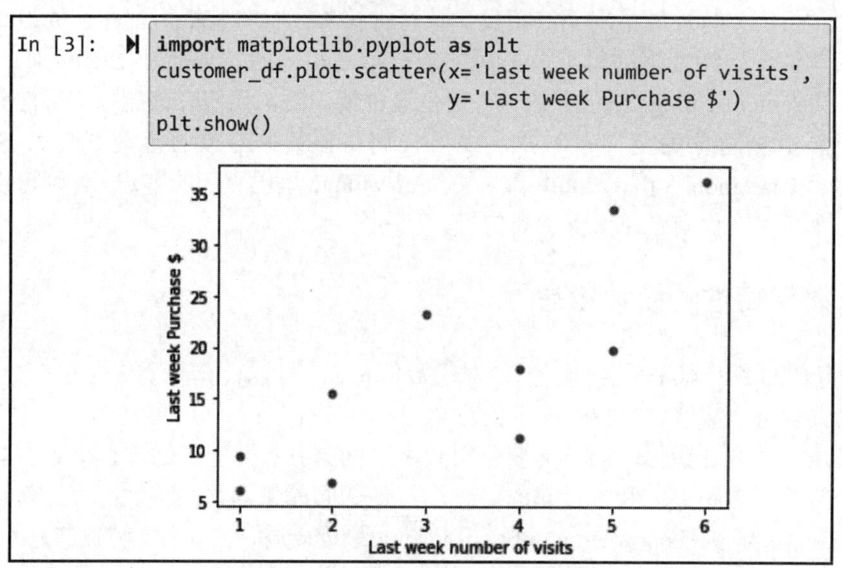

```
In [3]:  import matplotlib.pyplot as plt
         customer_df.plot.scatter(x='Last week number of visits',
                                  y='Last week Purchase $')
         plt.show()
```


图 3.11　绘制两个特性的散点图

可以看到，似乎随着访问次数的增加，购买额也增加了。

3.5.6　通过相关系数调查数据冗余情况

还可以使用相关系数来调查数据冗余情况。

相关系数（correlation coefficient）值介于-1 和 1 之间，其含义可以做如下解读。

- 当该值接近 0 时，表示两个特性没有显示相似的信息。
- 当两个数值特性之间的相关系数更接近谱的两端（-1 或+1）时，表明这两个特性显示出相似的统计信息，可能其中一个是冗余的。
- 当两个特性具有显著的正相关系数（大于 0.7）时，意味着如果一个特性的值增加，那么另一个特性的值也会增加。

- 另一方面，当两个特性具有显著的负相关系数（小于-0.7）时，则意味着一个特性的值增加将导致另一个特性的值减少。

图 3.12 使用了.corr()函数计算 customer_df 中数值特性之间的相关系数。

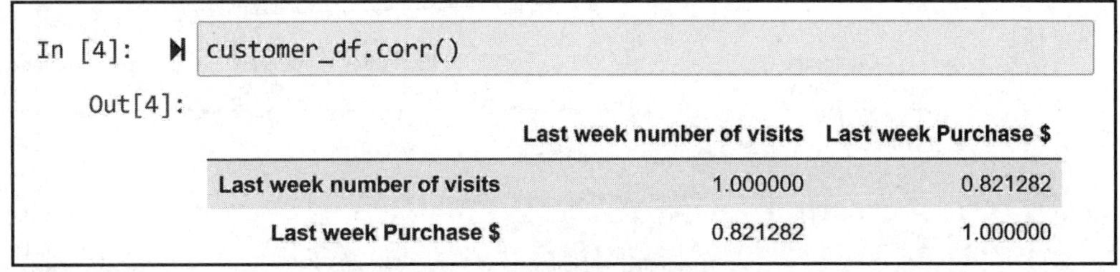

```
In [4]:  customer_df.corr()
Out[4]:
```

	Last week number of visits	Last week Purchase $
Last week number of visits	1.000000	0.821282
Last week Purchase $	0.821282	1.000000

图 3.12　计算 customer_df 中数字特性对的相关系数

图 3.12 显示 Last week Purchase $（最近一周购买额）特性和 Last week number of visits（最近一周访问次数）两个数值特性的相关系数为 0.82，这被认为具有很高的相关性，表明两个数值特性之一可能是多余的。根据经验法则，高相关性的截止值是 0.7。也就是说，如果相关系数高于 0.7 或低于-0.7，则可能存在数据冗余的情况。

现在我们对术语“信息”有了很好的理解，接下来不妨看看术语“模式”。

3.5.7 “模式”一词的统计意义

“信息”一词在统计学上的含义是数据集的数据对象中一个特性的值变化，而“模式”一词在统计学上的含义则是数据对象中多个特性值的变化。对于跨数据集的数据对象，其多个特性的每个特定值的变化称为模式。

重要的是要理解，大多数模式既无用也无趣。数据分析师的工作是从数据中找到有趣且有用的模式并将其呈现出来。此外，机器学习工程师的工作是简化模型，该模型可以从数据中收集预期和有用的模式，并根据收集的模式做出计算决策。

3.5.8 查找和使用模式的示例

我们发现，customer_df 的两个数值特性之间的关系在以下情况下可以被认为是有用的。

Claremont Village 星巴克店的经理犯了一个大错，不小心从记录中删除了 Last week Purchase $（最近一周购买额）中 10 个客户的值，但幸运的是她知道数据分析的力量，而 Last week number of visits（最近一周访问次数）特性的值是完好无损的。图 3.13 显示了她删除记录之后的数据集。

```
In [5]: customer2_df = pd.read_excel('Customers Dataset 2.xlsx')
        customer2_df
Out[5]:
```

	Customer Name	Store	Last week number of visits	Last week Purchase $
0	Nelson Rivera	Starbuck - Claremont Village	3	NaN
1	Abbigail Felix	Starbuck - Claremont Village	1	NaN
2	Kelly North	Starbuck - Claremont Village	2	NaN
3	Aneesa Moran	Starbuck - Claremont Village	5	NaN
4	Ammara Ritter	Starbuck - Claremont Village	7	NaN
5	Elise Valenzuela	Starbuck - Claremont Village	1	NaN
6	Jaidan Gay	Starbuck - Claremont Village	4	NaN
7	Alejandro Mercer	Starbuck - Claremont Village	3	NaN
8	Arisha Whittaker	Starbuck - Claremont Village	5	NaN
9	Mehmet Power	Starbuck - Claremont Village	2	NaN

图 3.13　读取 Customers Dataset 2.xlsx 并查看其记录

Claremont Village 星巴克店的经理在看到 Last week Purchase $（最近一周购买额）特性和 Last week number of visits（最近一周访问次数）特性之间的高度相关性后，可以使用简单的线性回归方法提取所有数据中存在的模式。在训练回归模型后，经理即可使用它来估计包含缺失值的客户的购买金额。

简单线性回归（simple linear regression，SLR）是一种统计方法，其中一个数值特性（X）的值与另一个数值特性（Y）的值相关联。在统计方面，当我们观察到两个数值特性之间的密切关系时，即可调查是否可以通过 X 预测 Y。

图 3.14 演示了如何应用 Seaborn 模块中的.regplot()函数以可视化已拟合到 customer_df 中前 10 个客户数据的线性回归线。

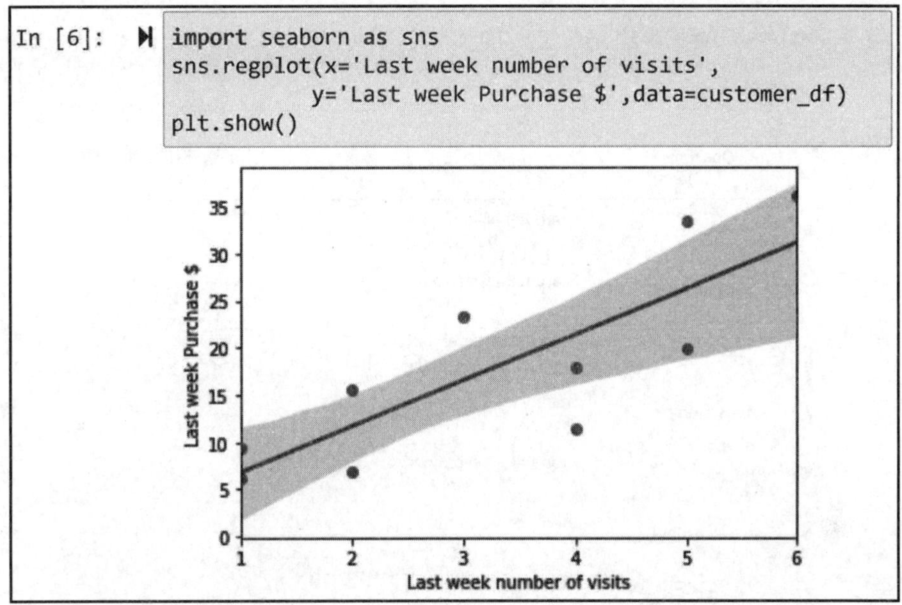

图 3.14　使用.regplot()显示 Last week Purchase $（最近一周购买额）和 Last week number of visits（最近一周访问次数）两个特性之间的回归线

Seaborn 模块的安装：

如果读者从未使用过 Seaborn 模块，则必须先安装它。

在 Anaconda 上安装该模块非常简单。在 Jupyter Notebook 中打开一个代码块并运行以下代码行即可。

```
conda install seaborn
```

该拟合回归模型的公式如下所示。

```
Last Week Purchase $ = 1.930 + 4.867 × Last week number of visits
```

现在，这个公式即可估计 customer2_df 的缺失值。图 3.15 显示了如何将上述公式应用于 customer2_df 以计算缺失值。

Claremont Village 星巴克店的经理通过这种方式挽救了局面，将所有缺失值替换为基于数据中可靠模式的估计值。

本书目前尚未介绍线性回归（详见第 6 章“预测”）。但是，在此示例中，已经使用线性回归来演示在数据集中提取和使用模式以进行分析的实例。这样做是为了理解“有用的模式”是什么意思，并提取和打包模式以供日后使用。

```
In [7]:  customer2_df['Last week Purchase $'] =  customer2_df[
             'Last week number of visits'].apply(lambda v:1.930 + 4.867 *v)
         customer2_df
```

Out[7]:

	Customer Name	Store	Last week number of visits	Last week Purchase $
0	Nelson Rivera	Starbuck - Claremont Village	3	16.531
1	Abbigail Felix	Starbuck - Claremont Village	1	6.797
2	Kelly North	Starbuck - Claremont Village	2	11.664
3	Aneesa Moran	Starbuck - Claremont Village	5	26.265
4	Ammara Ritter	Starbuck - Claremont Village	7	35.999
5	Elise Valenzuela	Starbuck - Claremont Village	1	6.797
6	Jaidan Gay	Starbuck - Claremont Village	4	21.398
7	Alejandro Mercer	Starbuck - Claremont Village	3	16.531
8	Arisha Whittaker	Starbuck - Claremont Village	5	26.265
9	Mehmet Power	Starbuck - Claremont Village	2	11.664

图 3.15　使用提取出的模式（回归方程）和.apply()函数来估计和替换缺失值

3.6　小　　结

在学习完本章之后，相信读者已经对数据、数据类型、信息和模式有了基本的了解。理解这些概念对于成功进行数据预处理至关重要。

第 4 章将阐释数据库在数据分析和数据预处理中所扮演的重要角色。但是，在继续第 4 章的学习之前，建议读者花一些时间完成以下练习以巩固和强化学习成果。

3.7　练　　习

（1）请 5 位同事或同学为术语“数据”提供一个定义。

① 记录这些定义并注意它们之间的相似之处。

② 用你自己的话，定义本章提出的包罗万象的数据定义。

③ 指出②中定义的两个重要方面。

④ 将同事或同学对数据的 5 个定义与你自己的包罗万象的数据定义进行比较，并指出它们的异同。

（2）本练习将使用 covid_impact_on_airport_traffic.csv 数据集。回答下列问题。该数据集来自 Kaggle.com，其网址如下。

https://www.kaggle.com/terenceshin/covid19s-impact-on-airport-traffic

该数据集显示了新冠疫情期间进出美国机场的交通量。其关键特性是 PercentOfBaseline（基线的百分比），它显示了特定日期进出美国机场的交通量与美国新冠疫情大流行之前的时间范围（2020 年 2 月 1 日至 3 月 15 日）相比的比率。

① 该数据集的数据对象的最佳定义是什么？

② 数据中是否有任何特性只有一个值？使用.unique()函数进行检查。如果有，则从数据中删除它们并更新数据对象的定义。

③ 其余特性包含的是什么类型的值？

④ PercentOfBaseline 特性有多少统计信息？

（3）本练习将使用 US_Accidents.csv 数据集。回答下列问题。该数据集来自 Kaggle.com，其网址如下。

https://www.kaggle.com/sobhanmoosavi/us-accidents

该数据集显示了 2016 年 2 月至 2020 年 12 月在美国发生的所有车祸。

① 该数据集的数据对象的最佳定义是什么？

② 数据中是否有任何特性只有一个值？使用.unique()函数进行检查。如果有，则从数据中删除它们并更新数据对象的定义。

③ 其余特性包含的是什么类型的值？

④ 该数据集的数值特性有多少统计信息？

⑤ 比较数值特性的统计信息，看看它们中的任何一个是否是数据冗余的候选者。

（4）本练习将使用 fatal-police-shootings-data.csv 数据集。在美国，围绕警察杀人事件发生了很多辩论、讨论、对话和抗议活动。《华盛顿邮报》一直在收集美国所有致命的警察枪击事件的数据。政府和公众都可以使用该数据集，它包含与这些致命的警察枪击事件相关的日期、年龄、性别、种族、地点和其他情况信息。读者可以从以下网址下载最新版本的数据。

https://github.com/washingtonpost/data-police-shootings

① 该数据集的数据对象的最佳定义是什么？

② 数据中是否有任何特性只有一个值？使用.unique()函数进行检查。如果有，则从数据中删除它们并更新数据对象的定义。

③ 其余特性包含的是什么类型的值？

④ 该数据集的数值特性有多少统计信息？

⑤ 比较数值特性的统计信息，看看它们中的任何一个是否是数据冗余的候选者。

（5）本练习将使用 electrical_prediction.csv 数据集。图 3.16 显示了该数据集的前 5 行和一个线性回归模型，用于根据工作日和日平均温度预测用电量。

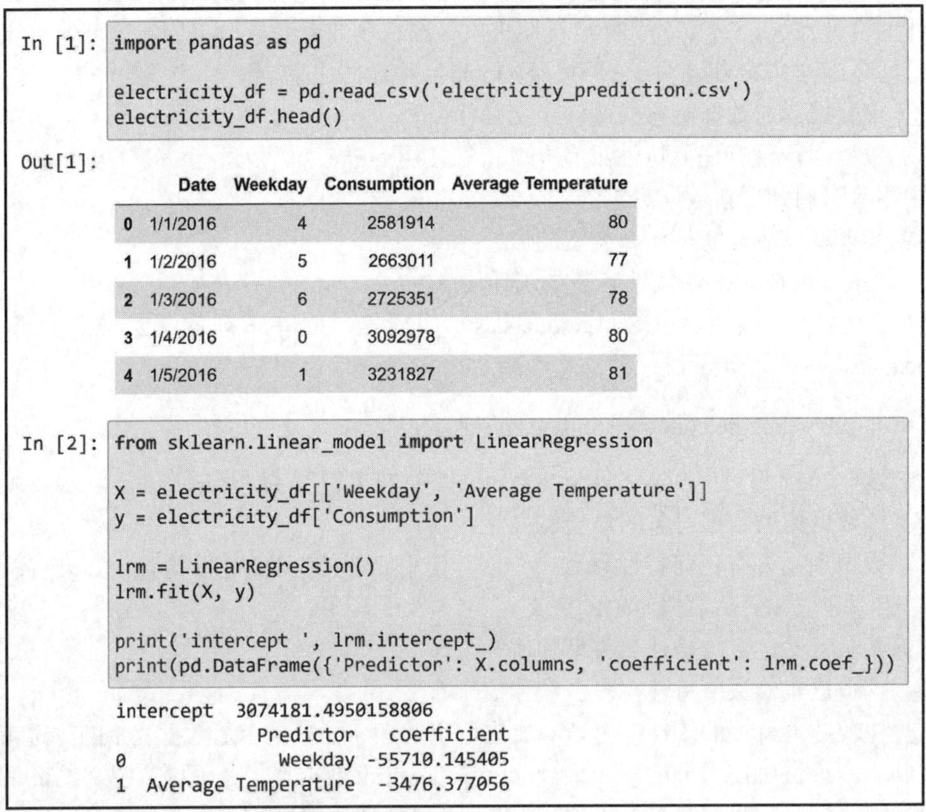

```
In [1]: import pandas as pd

        electricity_df = pd.read_csv('electricity_prediction.csv')
        electricity_df.head()
Out[1]:
```

	Date	Weekday	Consumption	Average Temperature
0	1/1/2016	4	2581914	80
1	1/2/2016	5	2663011	77
2	1/3/2016	6	2725351	78
3	1/4/2016	0	3092978	80
4	1/5/2016	1	3231827	81

```
In [2]: from sklearn.linear_model import LinearRegression

        X = electricity_df[['Weekday', 'Average Temperature']]
        y = electricity_df['Consumption']

        lrm = LinearRegression()
        lrm.fit(X, y)

        print('intercept ', lrm.intercept_)
        print(pd.DataFrame({'Predictor': X.columns, 'coefficient': lrm.coef_}))

        intercept  3074181.4950158806
                     Predictor   coefficient
        0              Weekday -55710.145405
        1  Average Temperature  -3476.377056
```

图 3.16　练习（5）的屏幕截图

① 从数据中推导出的回归模型如下。

```
Consumption = 3074181.5 - 55710.1×Weekday - 3476.4×Average Temperature
```

② 该分析的根本错误是什么？描述它并为其提供可能的解决方案。

（6）本练习将使用 adult.csv 数据集。在第 1 章“NumPy 和 Pandas 简介”和第 2 章“Matplotlib 简介”中都使用了该数据集。使用 Pandas 读取该数据集并将其命名为 adult_df。

① education（受教育程度）特性包含的是什么类型的值？

② 运行 adult_df.education.unique()，研究其结果，并解释该代码的作用。

③ 根据自己的理解，对运行问题②的代码之后的输出结果进行排序。

④ 运行 pd.get_dummies(adult_df.education)，研究其结果，并解释该代码的作用。

⑤ 运行 adult_df.sort_values(['education-num']).iloc[1:32561:1200]，研究其结果，并解释该代码的作用。

⑥ 比较问题③的答案和从问题⑤中了解到的内容，思考在问题③中提出的顺序是否正确？

⑦ education（受教育程度）特性是一个序数特性——将序数特性从分析角度转换为编程角度，涉及在布尔表示、字符串表示和整数表示之间进行选择。读者可以选择 education（受教育程度）特性的以下 3 种表示。

```
adult_df.education
pd.get_dummies(adult_df.education)
adult_df['education']
```

⑧ 每个选择都有其优缺点。请选择以下每个语句描述的编程数据表示。

- ❑ 如果使用该编程值表示来呈现序数特性，则不会向数据添加任何偏差或假设，但处理数字的算法无法使用该特性。
- ❑ 如果使用该编程值表示来呈现序数特性，则数据可以被只取数字的算法使用，但是数据的大小会变得更大，并且可能需要担心计算成本。
- ❑ 如果使用该编程值表示来呈现序数特性，则不会有大小或计算问题，但会假设一些可能不正确的统计信息，并且可能会产生偏差。

3.8 参考资料

John M. Gottman, James D. Murray, Catherine C. Swanson, Rebecca Tyson, and Kristin R. Swanson. The Mathematics of Marriage: Dynamic Nonlinear Models（婚姻的数学：动态非线性模型）. MIT Press, 2005.

第 4 章 数 据 库

在数据预处理和数据分析中，数据库扮演着重要的技术性角色。但是，围绕着它们在分析中的作用，仍存在着很多误解。虽然使用数据库本身也可以进行简单的分析和数据预处理，但这些任务并不是数据库的设计目的。相比之下，数据库是有效和高效地记录和检索数据的技术解决方案。

本章将首先讨论数据库在有效分析和预处理中的技术作用，然后再列举和介绍不同类型的数据库。最后，我们还将介绍 5 种不同的连接数据库和从数据库中提取数据的方法。

本章包含以下主题。

- 数据库的定义。
- 数据库类型。
- 连接到数据库并从中提取数据。

4.1 技术要求

在本书配套的 GitHub 存储库中可以找到本章使用的所有代码示例以及数据集，具体网址如下。

https://github.com/PacktPublishing/Hands-On-Data-Preprocessing-in-Python/tree/main/Chapter04

4.2 数据库的定义

数据库可能有若干种不同的定义，所有这些定义都可能是正确的，但有一个定义最适合我们讨论的数据分析的目的，即：数据库（database）是一种有效且高效地存储和检索数据的技术解决方案。

4.2.1 从数据库到数据集

虽然数据库确实是数据分析的技术基础，但有效的分析并不会在其中发生，这是一件好事，因为我们希望数据库擅长其应做的事情：有效和高效地存储和检索数据。数据库更强调的是快速、准确和安全。当然，还应该能够满足我们在快速共享和同步方面的需求。

当我们想要从数据库中获取一些数据用于分析时，很容易忘记数据库不是以分析为目的而是以设计为目的的。因此，数据库中的数据是以一种服务于其功能的方式进行组织——有效和高效地存储和检索数据——而不是为了分析目的而组织的，这不足为奇。

数据分析的第一步是从各种数据库和来源中定位和收集数据，并将其重组为一个数据集，该数据集有可能回答有关决策环境的问题。图 4.1 说明了数据分析的这一重要步骤。

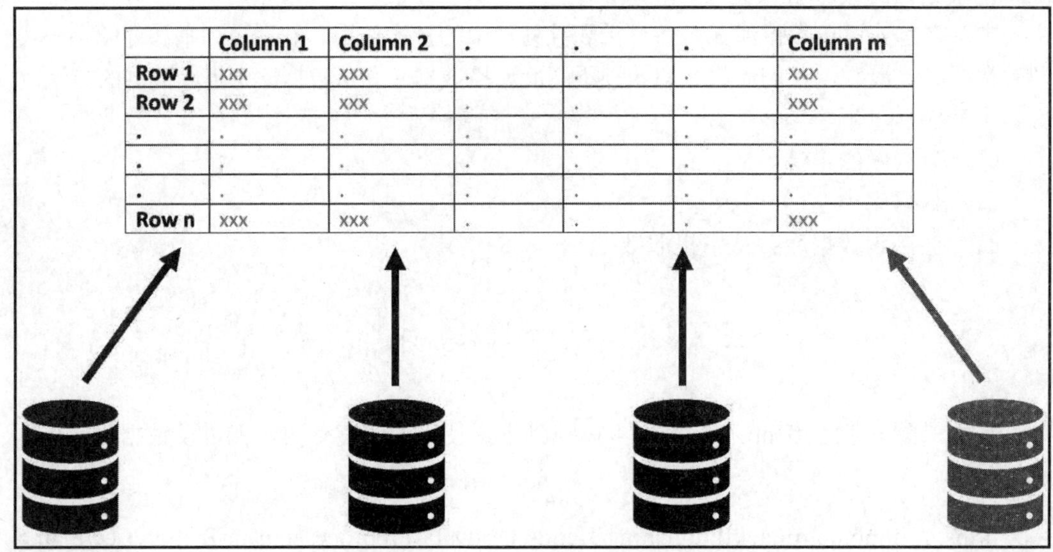

图 4.1　从数据库到数据集

数据有时可能来自一个数据库，但这同样需要将数据重新组织成一个数据集，以满足分析的需求。当我们将数据重组为数据集时，需要密切关注数据集对数据对象的定义。只有在定义数据对象之后，数据集才能满足我们的分析需求。

4.2.2　理解数据库和数据集之间的区别

数据库和数据集不是同一个概念，但经常被错误地互换使用。如前文所述，我们将数据库定义为一种有效且高效地存储和检索数据的技术解决方案，但是，数据集（dataset）则是出于特定原因对某些数据的特定组织方式和表示。

对于数据分析而言，虽然数据来自数据库，但最终会被重组为数据集。该数据集定义中的“特定原因”就是分析目标，而数据集的“特定组织方式和表示”则是为了支持该目标。

例如，假设我们想要使用温度、湿度和风速等天气数据来预测加利福尼亚州雷德兰兹市每小时的用电量。对于此类分析，需要一个数据集，其数据对象的定义是雷德兰兹市的一个小时。特性则是平均温度、平均湿度、平均风速和电力消耗。请注意，所有这些特性都描述了数据对象——在雷德兰兹市的一个小时。这就是该数据集的设计，它支持基于天气数据预测雷德兰兹市每小时用电量的分析目标。

在雷德兰兹市，天气数据和用电数据来自不同的数据库。天气数据来自5个数据库，收集了全市5个地点的数据，每个数据库每15分钟记录一次周围的天气数据。用电数据则来自全市唯一的供电公司，其数据库每5分钟记录一次全市用电量。

数据分析师需要将这6个数据库中的数据整理并重组为上述数据集，以便根据天气预测每小时的用电量。

4.3　数据库类型

主要有4种类型的数据库。

- 关系数据库（或SQL数据库）。
- 非结构化数据库（NoSQL）。
- 分布式数据库。
- 区块链。

这些数据库之间的区别并不是技术上的删减和修补。例如，分布式数据库本质上是多个位置的不同类型数据库的组合。

本节将详细讨论这些类型的数据库，以便更好地了解数据库根据不同情况的需要组织数据的方式。我们还将简要讨论数据库类型的异同及其优缺点。

为什么需要知道数据预处理的数据库类型？

这4种数据库中的每一种都以不同的方式组织和存储数据。

由于数据分析过程总是涉及从各种数据库中查找和收集数据，因此了解不同类型的数据库有以下两个重要目的。

（1）了解可以获得什么样的数据。

（2）更重要的是，将相关数据重新组织到我们设计的数据集中时，需要首先了解其来源的组织和结构。

4.3.1　数据库的差异化元素

在讨论这 4 种类型的数据库之前，不妨先来了解一下使用各种类型的数据库可能需要哪些元素。具体元素如下。

- 结构化水平。
- 存储位置。
- 权限。

4.3.2　数据结构化水平

没有结构的数据是一堆没有用处或无意义的符号和标志。所以，不要被“非结构化数据库”这个术语误导，因为每一个可用的数据都至少需要一些结构。结构化的数据越多，使用时所需的处理就越少。当然，结构化数据的成本很高，而且并不总是明智的。

当数据被结构化时，它不仅可能占用更多空间，而且在记录之前还需要资源来预处理数据。另一方面，结构化的优点是，当数据在某个场合被充分结构化时，它可以被一次又一次地使用。因此，确定需要多少结构化数据的方法是平衡考虑结构化的成本和收益。

例如，许多企业都将基本客户数据作为其核心资产，构建这样的数据所带来的好处很容易超过其成本，但在许多情况下，构建客户电子邮件、语音和社交媒体数据的成本对于中小型企业来说似乎过于庞大。

图 4.2 显示了结构化数据的成本和收益之间的相互作用。随着数据更加结构化，结构化的成本自然会上升。但作为回报，必须每天处理非结构化数据的成本也会下降，直到结构化数据平台显示出其好处。通过综合考虑成本和收益，我们可以找到合适的数据结构化水平。

结构化数据的最佳水平会因情况而异，也会因数据而异。例如，某些数据，如视频、声音和社交媒体数据，每次用于不同目的时可能都需要进行特定的预处理。这意味着每次使用它时，无论如何都需要进行数据重组，因此结构化数据不会带来任何好处，也没有经济意义。此外，这些类型的数据往往很大，并且只需要不时地构造其中的一个独特片段，而我们事先不知道是哪个片段。在这种情况下，提前对整个数据进行结构化并不具有经济意义，因为我们不知道将来需要对哪一部分数据进行结构化。图 4.3 显示了这种情况。

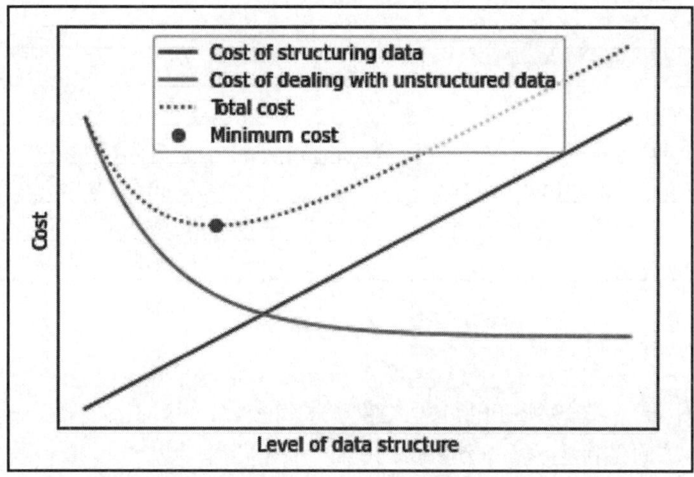

图 4.2　一般情况下结构化数据的成本和收益之间的相互作用

原　文	译　文
Cost	成本
Level of data structure	数据结构化水平
Cost of structuring data	结构化数据的成本
Cost of dealing with unstructured data	处理未结构化数据的成本
Total cost	总成本
Minimum cost	最低成本

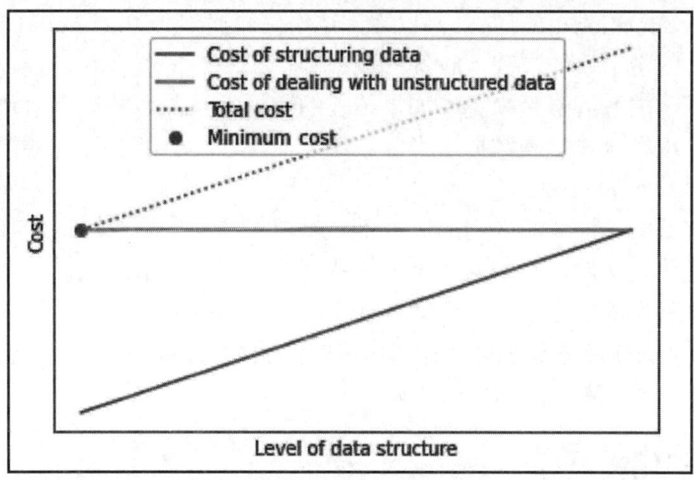

图 4.3　特定情况下结构化数据的成本和收益之间的相互作用

原　　文	译　　文
Cost	成本
Level of data structure	数据结构化水平
Cost of structuring data	结构化数据的成本
Cost of dealing with unstructured data	处理未结构化数据的成本
Total cost	总成本
Minimum cost	最低成本

4.3.3　存储位置

出于多种原因，数据库所在的地理位置也很重要，这些原因包括数据安全性、数据可用性、数据可访问性，当然还有运营成本。

4.3.4　权限

在选择合适的数据库类型时，有以下两个关键问题需要考虑。

（1）这些数据属于谁？

（2）谁应该有权更新它？

4.3.5　关系数据库

关系数据库（relational database）也称为结构化数据库（structured database），它是数据收集和管理的生态系统，其中收集的数据和传入的数据都必须符合数据之间预定义的一组关系。对于关系数据库来说，如果传入的数据不是关系数据库所预期的，则无法存储数据。在以这种方式更新数据库生态系统之前，这些类型的传入数据预计会出现在新的生态系统中。

某些类型的数据有很大的区别，以至于更新数据库的生态系统以使其符合预期只会阻碍数据库的目标。此外，对于某些类型的数据，我们可能不确定是否要对它们进行足够的投资以改变它们的生态系统。例如，视频、语音和社交媒体数据往往较大，它们通常就是这种情况。对于这些类型的数据，通常的做法是放弃更改关系数据库以适应它们，并将它们存储在不需要太多结构化的数据库类型中。

4.3.6　非结构化数据库

NoSQL 也称为非结构化数据库（unstructured database），它正是无法结构化数据的存储问题的解决方案。此外，非结构化数据库还可以用作目前没有资源构建的数据的临时房屋。

术语“非结构化数据库”当然不是字面意思。如前文所述，完全非结构化的数据将是一堆没有价值的符号和标志。术语“非结构化数据库”只是为了与“结构化数据库”进行区分以表示它与关系数据库的不同。接下来，让我们通过一个示例来理解结构化和非结构化数据之间的实际区别。

4.3.7　一个需要结合结构化和非结构化数据库的实际示例

自 1956 年以来，Seif and Associates 律师事务所一直活跃于民法和刑法领域。过去，该事务所保留了每份法律文件、每份备忘录、每份上诉书、每张发票等纸质副本。1998 年，该公司进行了一次重大的 IT 改革，并创建了一个关系数据库，用于跟踪所有法律和业务活动。支持公司的关系数据库是高度结构化的，并允许公司使用 4 种不同类型的报告，只有这种高度结构化的数据库才允许这样做。例如，数据库可以报告每个律师助理每月分配的法律任务。

所有发送给法院的文件和发送给客户的发票都不是数据库中的数据对象，而是根据数据库的要求生成的。例如，每次通过检查数据库中的发票编号来生成发票，并读取与发票相关的项目和价格。一旦在数据库中找到所有这些数据，有一个专门的软件就会将它们放在一起并即时打印出一张发票。

由于 1998 年的 IT 改革本身就是一项重大任务，因此该公司从未有机会将 1956 年至 1998 年的纸质副本数字化。然而，一年前，该公司决定减轻自己携带所有这些纸质副本的负担。现在，该公司将这些文件的扫描版本保存在非结构化数据库中。但即使数据都在非结构化数据库中，他们也无法从该数据库中获取详细报告，因为这些数据都是扫描的图片而非文字，未经过结构化处理。

有一家 AI 公司最近在与该公司接洽，并提出他们可以使用 AI 技术来制作其 1956 年至 1998 年的扫描文件的数字副本，并将其包含在结构化数据库中。该公司经过讨论后得出的结论是，构建结构化数据的成本（AI 公司的报价）没有达到或超过构建结构化数据的可能收益。因此，该公司决定为这些扫描记录建立一个非结构化数据库就足够了，因为它们仅出于法律目的而记录，如果需要任何这些文件，非结构化数据库也有足够的索引，因此可以在 5 到 10 分钟内找到这些文件。

4.3.8　分布式数据库

当我们想到结构化或非结构化数据库时，通常假设每个数据库在物理上位于一个站点或一台计算机上。但是，这很容易成为错误的假设。为数据库设置多个位置/站点/计算机的原因有很多，例如更高的数据可用性、更低的运营成本和卓越的数据安全性。简单来说，分布式数据库就是数据库的集合（结构化、非结构化或两者的组合），其数据物理存储在多个位置。当然，对于最终用户来说，它感觉上就像是一个数据库。

云计算的基础是分布式数据库。例如，Amazon Web Service（AWS）就是一个巧妙连接的全球分布式数据库网络，它提供具有高可用性和安全性的数据库空间，并可以根据客户的实际使用情况对其进行计费。

4.3.9 区块链

我们通常假设一个数据库归一个人或一个组织所有。虽然在许多情况下这是一个正确的假设，但是当中心所有权不利于运作时，区块链就是一个更好的解决方案。

区块链的典型特征就是去中心化，这也是比特币在众多数字货币中脱颖而出的众多原因之一。虽然银行对数据库的集中式管理权限为数据安全提供了一些保证，但如果银行认为有必要，他们还将拥有技术授权，可以切断客户的资金来源。当然，区块链只是一种数据库替代品，它在提供数据安全的同时没有中心权限。

区块链的缺点是它的所有数据都存储在块中，每个块只能保存少量信息。此外，关系数据库容易生成的复杂而详细的报告无法由区块链创建。

到目前为止，我们已经讨论了一些重要的主题。

- 什么是数据库？
- 不同类型的数据库。
- 为什么我们需要各种类型的数据库？

接下来，让我们看看如何连接数据库并获取所需数据。

4.4 连接到数据库并从中提取数据

对于从事数据分析和数据预处理的分析师来说，他们需要具备连接数据库并从中提取所需数据的技能。有若干种方法可以解决这个问题。本节将介绍这些方式，分享它们的优缺点，并通过示例来演示如何做到这一点。

我们将介绍以下 5 种连接数据库的方式。

- 直接连接。
- 网页连接。
- API 连接。

- ❑ 请求连接。
- ❑ 公开共享。

4.4.1　直接连接

当被允许直接访问数据库时，意味着用户可以从数据库中提取自己想要的任何数据。这是从数据库中提取数据的好方法，但它也有以下缺点。

- ❑ 除非数据库所有者完全信任你，否则你很少被授予直接访问数据库的权限。
- ❑ 你需要具备与数据库交互以从中提取数据的技能。

连接到关系数据库需要了解的脚本称为结构化查询语言（structured query language，SQL）。在 SQL 中，每次要从数据库中提取数据时，都可以使用 SQL 语言编写查询。W3Schools.com 上免费提供了学习 SQL 的绝佳资源，其网址如下。

https://www.w3schools.com/sql/

关于初学者学习 SQL 的建议：

如果读者不熟悉 SQL，则应确保至少了解以下概念：SQL 表、主键和外键，以及以下操作符。

SELECT、DISTINCT、WHERE、AND、OR、ORDER BY、LIKE、JOIN、GROUP BY、COUNT()、MIN()、MAX()、AVE()、SUM()、HAVING 和 CASE。

当用户编写了正确的查询时，需要以某种方式将其发送到数据库并能够取回结果，为此，用户需要建立与数据库的连接。有一些带有交互式用户界面的软件可以帮助我们做到这一点。此类软件包括 Microsoft Access、SQL Server Management Studio（SSMS）和 SQLite。

好消息是还可以使用 Python 模块 sqlite3 创建到数据库的连接。我们将使用 Chinook 示例数据库来练习使用 Python 和模块 sqlite3 连接到数据库。

图 4.4 使用统一建模语言（unified modeling language，UML）显示了 Chinook 数据库。该示例数据库有 11 个表，它们通过主键相互连接，以创建一个数据库，该数据库旨在支持销售音乐曲目的中小型企业。数据库的UML有助于理解表之间的连接并设计查询以从数据库中提取数据。

图 4.5 显示了如何组合使用 Pandas 和 sqlite3 模块，以创建与数据库的连接，并将数据从数据库读取到 Pandas DataFrame。代码为此目的使用了函数 pd.read_sql_query()。该函数需要两个输入：一个字符串形式的查询和一个连接。该代码使用了 sqlite3.connect()函数创建一个连接，然后将 Connection 和 query_txt 传递给 pd.read_sql_query()函数以在

DataFrame 中获取请求的数据。

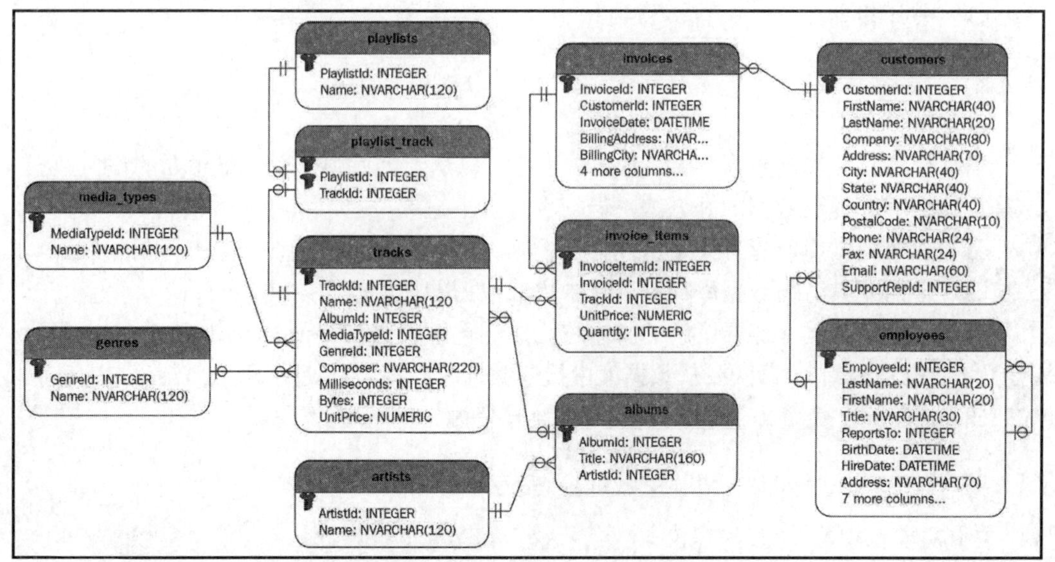

图 4.4　Chinook 数据库的 UML

来源：sqlitetutorial.net。

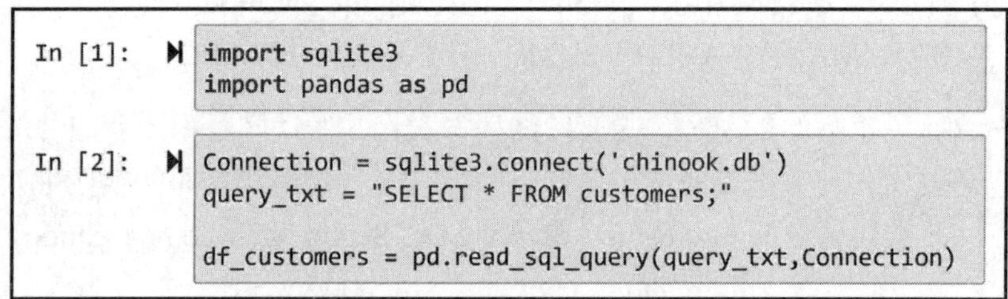

```
In [1]:  import sqlite3
         import pandas as pd

In [2]:  Connection = sqlite3.connect('chinook.db')
         query_txt = "SELECT * FROM customers;"

         df_customers = pd.read_sql_query(query_txt,Connection)
```

图 4.5　使用 sqlite3 模块创建到 chinook.db 的连接

到目前为止，我们已经介绍了连接数据库的 5 种方式之一：直接连接。接下来看看剩下的 4 种方式：网页连接、API 连接、请求连接和公开共享。

4.4.2　网页连接

有时，数据库的所有者仅给予用户数据库的访问控制权限。由于该类型的访问受到控制，因此数据共享将按照所有者的条款进行。例如，所有者可能仅允许用户访问其数据库的某个部分。此外，所有者可能不希望用户能够一次提取所需的所有数据，而是仅在需要时提取。

网页连接是数据库所有者在提供对其数据库的受控访问时可以使用的方法之一。在以下网址可以看到一个很好的网页连接示例并与之交互。

londonair.org.uk/london/asp/datadownload.asp

打开此页面后，用户可以选择特定位置（英国伦敦市的各个地点）或特定测量值（ppm 和 ppb 等空气质量指标）。无论如何选择，该页面都会将用户带到另一个页面并让其提供更多输入，然后再向用户显示图表并为其提供 CSV 数据集。用户可以访问该网页并尝试不同的输入以下载一些数据集。

4.4.3　API 连接

提供对数据库受控访问的第二种方法是提供 API 连接。但是，与网页连接方法不同（网页将导航并响应用户的请求），通过 API 连接时，Web 服务器将处理用户的数据请求。通过 API 连接共享数据的一个很好的例子是股市数据。不同的 Web 服务可以为用户提供免费和基于订阅的 API 以访问实时股票市场数据。

4.4.4　使用 API 连接和提取数据的示例

Finnhub Stock API（finnhub.io）就是这种网络服务的一个很好的例子。Finnhub 提供对其数据库的免费和基于订阅的访问。用户可以访问和使用他们的基本股票市场数据，例如美国股票每日、每小时和每分钟的价格。通过他们的免费版本访问，用户可以请求他们的基本数据，例如股票价格，并且每分钟最多可以发送 60 个请求。如果每分钟需要处理超过 60 个请求，或者想要免费访问其中未包含的数据，则必须订阅其服务。

Finnhub 免费版足以让我们练习通过 API 访问数据。

首先，在 finnhub.io 的首页，单击 Get a Free API Key（获取免费 API 密钥），为自己获取一个 API 密钥。

然后，在 Jupyter Notebook 中输入以下代码，并将 API_Key 从我们任意输入的一串字符'abcdefghijklmnopq'更改为从 finnhub.io 中获得的免费 API 密钥。

```
import requests
stk_ticker = 'AMZN'
data_resolution = 'W'
timestamp_from = 1577865600
timestamp_to = 1609315200
API_Key = 'abcdefghijklmnopq'
Address_template = 'https://finnhub.io/api/v1/stock/
candle?symbol={}&resolution={}&from={}&to={}&token={}'
```

```
API_address = Address_template.format(stk_ticker, data_resolution,
timestamp_from, timestamp_to, API_Key)
r = requests.get(API_address)
print(r)
```

如果每一步都做对了，则会看到输出<Response [200]>，这意味着一切都很顺利。通过该代码，用户可以连接到 Finnhub 网络服务器并收集一些数据。

现在让我们一起来仔细看看这段代码。每个 API 请求都需要用一个网址表示，这是普遍正确的；对于不同的 Web 服务器，用户需要将请求转换为 Web 地址的方式可能会有所不同，但大体上是相似的。

如果用户已经运行了上述代码，那么如图 4.6 所示，当执行 print(API_address)时，将看到该 API 地址中不但包含 API 密钥，还请求了从 2020 年 1 月 1 日到 12 月 30 日的 Amazon 公司每周股票的价格。

```
In [4]:  print(API_address)

         https://finnhub.io/api/v1/stock/candle?symbol=AMZN&resolution=W&from=157786
         5600&to=1609315200&token=bsiqli7rh5rc8orbnkqg
```

图 4.6　打印 API_address

以下要点列出并解释了该网址的不同部分。

- symbol=AMZN，指定希望使用的股票代码 AMZN（表示 Amazon 公司）的价格。
- resolution=W，指定需要的是每周价格。用户可以分别使用 1、5、15、30、60、D、W 和 M 对应请求每分钟、每 5 分钟、每 15 分钟、每半小时、每小时、每天、每周和每月的股票价格。
- from=1577865600，指定需要数据的起始时间。这个数字是 2020 年 1 月 1 日的时间戳。
- to=1609315200，指定需要数据的截止时间。这个数字是 2020 年 12 月 30 日的时间戳。
- token=bsiqli7rh5rc8orbnkqg，指定此地址的 API 密钥。

TIP 如何获取时间戳数字？

时间戳就是从当前时间到 1970-1-1 00:00:00 的毫秒数，获得的方法是调用 time 模块。如果想要获取特定时间点的时间戳，可以使用 time 模块下的 mktime()函数。

此外，因为传入的时间格式有严格的要求，因此还必须进行严格定义。在 Python 中自定义时间格式需要使用 strptime()函数。具体来说，Y 表示年，m 表示月，d 表示天，H 表示小时，M 表示分钟，S 表示秒数。例如，可以在 Jupyter Notebook 中输入以下代码。

```
import time

times = time.mktime(time.strptime("2021-06-15 00:00:00",
"%Y-%m-%d %H:%M:%S"))
print(times)
```

在输出中可以看到该特定日期的时间戳数字为 1623686400。

4.4.5　后续处理

现在，读者已经理解了前面的代码并且已经收到了<Response [200]>消息，接下来需要访问和使用数据。让我们一步一步来。首先，运行并研究以下代码的输出。

```
print(r.json())
```

其输出是一个 JSON 格式的字符串，具有以下结构。

```
{
    'c': 一个包含 51 个数字的列表,
    'h': 一个包含 51 个数字的列表,
    'l': 一个包含 51 个数字的列表,
    'o': 一个包含 51 个数字的列表,
    's': 'okay',
    't': 一个包含 51 个数字的列表,
    'v': 一个包含 51 个数字的列表
}
```

该输出基本显示了 Amazon 公司 51 周股票价格的数据。以下列表显示了每个字母所代表的具体含义。

- 'c'：该期间的收盘价（closing price）。
- 'h'：该期间的最高价（highest price）。
- 'l'：该期间的最低价（lowest price）。
- 'o'：该期间的开盘价（opening price）。
- 's'：股票状态（status）。
- 't'：显示周期结束的时间戳（timestamp）。
- 'v'：该期间的交易量（trading volume）。

以这种格式显示股票数据时，对其进行处理可能不太方便，因此，读者可以将其转换为自己习惯使用的格式。运行以下代码并研究其输出。

```
AMZN_df = pd.DataFrame(r.json())
AMZN_df
```

运行上述代码后，数据将呈现在 AMZN_df 中，这是一个 Pandas DataFrame。显然，Pandas DataFrame 正是我们喜欢的一种数据结构，相信读者现在已经掌握了使用多个 Pandas 函数来操作数据。

4.4.6 综合操作

图 4.7 显示了前面创建 AMZN_df 的所有代码以及另外 7 行代码，这些代码可以将数据重组为更美观和可编码的格式。

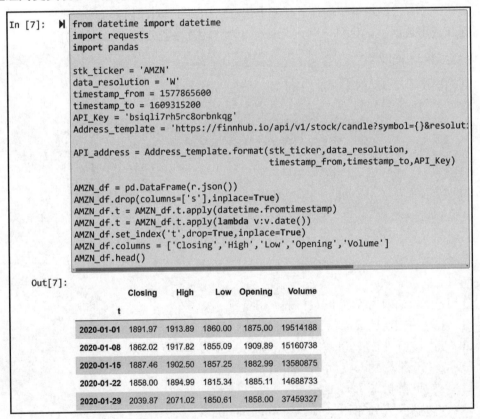

```
In [7]:  from datetime import datetime
         import requests
         import pandas

         stk_ticker = 'AMZN'
         data_resolution = 'W'
         timestamp_from = 1577865600
         timestamp_to = 1609315200
         API_Key = 'bsiqli7rh5rc8orbnkqg'
         Address_template = 'https://finnhub.io/api/v1/stock/candle?symbol={}&resolut:

         API_address = Address_template.format(stk_ticker,data_resolution,
                                               timestamp_from,timestamp_to,API_Key)


         AMZN_df = pd.DataFrame(r.json())
         AMZN_df.drop(columns=['s'],inplace=True)
         AMZN_df.t = AMZN_df.t.apply(datetime.fromtimestamp)
         AMZN_df.t = AMZN_df.t.apply(lambda v:v.date())
         AMZN_df.set_index('t',drop=True,inplace=True)
         AMZN_df.columns = ['Closing','High','Low','Opening','Volume']
         AMZN_df.head()
Out[7]:
```

t	Closing	High	Low	Opening	Volume
2020-01-01	1891.97	1913.89	1860.00	1875.00	19514188
2020-01-08	1862.02	1917.82	1855.09	1909.89	15160738
2020-01-15	1887.46	1902.50	1857.25	1882.99	13580875
2020-01-22	1858.00	1894.99	1815.34	1885.11	14688733
2020-01-29	2039.87	2071.02	1850.61	1858.00	37459327

图 4.7　使用 API 连接和拉取数据的示例

对于后面添加的 7 行代码的解释如下。

- inplace=True：当它被添加到 Pandas 函数时，表示用户希望将请求的更改应用于 DataFrame 本身。用户也可以让函数输出一个新的 DataFrame，其中包含请求的数据。此设置被添加到两行代码中。

- AMZN_df.drop(columns=['s'],inplace=True)：该行代码可以删除列 s，因为该列的所有数据对象只有一个值。
- AMZN_df.t = AMZN_df.t.apply(datetime.fromtimestamp)：该行代码可将 datatime 模块中的 datetime.fromtimestamp 函数应用到列 t。此函数可以采用时间戳并将其转换为 DateTime 对象。用户也可以运行 datetime.fromtimestamp(1609315200) 以查看此函数的工作原理。
- AMZN_df.t = AMZN_df.t.apply(lambda v:v.date())：该行代码可应用一个 lambda 函数来仅保留 DataTime 对象的日期部分，因为所有数据对象的时间都是 16:00。
- AMZN_df.set_index('t',drop=True,inplace=True)：该行代码可将列 t 设置为 DataFrame 的索引。drop=True 表示用户希望删除原始索引。
- AMZN_df.columns = ['Closing','High','Low','Opening','Volume']：该行代码可以更改 AMZN_df 列的名称。
- AMZN_df.head()：该行代码可输出一个 DataFrame，其中只有 AMZN_df DataFrame 的前 5 行。

到目前为止，我们已经介绍了连接数据库的 5 种方式中的 3 种：直接连接、网页连接和 API 连接。接下来，让我们看看剩下的两种方式：请求连接和公开共享。

4.4.7　请求连接

当用户通过上述 3 种方式中的任何一种都无权访问感兴趣的数据库，但知道有人有权访问并被授权可以与自己共享部分数据时，即可考虑使用这种类型的数据库连接。

在这种方式中，用户需要清楚地说明将从数据库中获取哪些数据。这种访问数据库的方式有其优缺点。具体信息可参考 4.6 节“练习”。

4.4.8　公开共享

这种连接数据库的方法是最不灵活的。在公开共享的方式下，数据库的所有者从他们拥有的数据库中提取一个数据集，并提供对该数据集的访问权限。例如，用户在 kaggle.com 上找到的几乎所有数据集都属于这种连接数据库的方法。

此外，data.gov 下提供的大多数数据访问也采用了这种对数据库的不灵活的访问方式。

4.5　小　　结

恭喜读者顺利完成本章的学习！现在读者应该对数据库有了深刻的理解，它将为我们寻求有效的数据预处理带来好处。

本章详细阐释了数据库在数据分析和数据预处理中的技术作用。我们还介绍了不同类型的数据库以及选择使用它们的不同情形。具体来说，数据库的差异化元素包括数据结构化水平、存储位置和权限。根据数据结构化水平，可以将数据库划分为关系数据库和非结构化数据库（但它并不是真的没有结构，只是结构化水平和关系数据库有差异）。存储位置的差异设计衍生了分布式数据库，而权限的差异则衍生了以去中心化为特点的区块链。最后，本章还介绍了连接到数据库和从数据库中提取数据的 5 种不同方法。

本书第 1 篇“技术基础”至此结束，现在，读者应该能够使用技术来有效地读取和操作数据。接下来是第 2 篇“分析目标”，它将帮助读者了解操作数据的作用。这是一个令人兴奋的部分，因为我们将看到可以使用数据来做些什么。但是，在此之前，需要花一些时间来完成以下练习，以巩固和强化学习成果。

4.6 练　　习

（1）请用自己的语言来描述数据集和数据库之间的区别。

（2）关系数据库结构化数据的优缺点是什么？至少提到两个优点和两个缺点，并用示例来说明。

（3）本章介绍了 4 种不同类型的数据库：关系数据库、非结构化数据库、分布式数据库和区块链。

① 基于图 4.8 提供的标准为 4 种类型的数据库指定排名。

	关系数据库	非结构化数据库	分布式数据库	区块链
将新数据载入到数据库的容易程度	2	1	1 或 2	N/A
将新数据类型引入到数据库的容易程度				
数据访问的可靠性	2	2	1	N/A
去中心化的权限				
创建更详细的报表的容易程度				
记录更大数据的容易程度				
运营成本管理更轻松				
需要考虑政治因素的程度	N/A	N/A	1	2
需要更多的预处理才能进行分析				

图 4.8　数据库类型排名

② 为自己的选择提供理由。

图 4.8 中已经有一些排名可以帮助读者入门。N/A 代表不适用（not applicable）。研究这些排名，并说明为什么它们是正确的。

（4）本章介绍了 5 种不同的数据库连接方式：直接连接、网页连接、API 连接、请求连接和公开共享。基于图 4.9 中指定的条件为连接数据库的 5 种方法进行排名。研究该排名并提供理由说明为什么它们是正确的。

	直接连接	网页连接	API 连接	请求连接	公开共享
访问的灵活性	1	2	2	4	5
容易出现人为通信错误	5	5	5	1	5
需要较高技术水平	1	3	2	4	5
需要了解数据库表	1	5	5	5	5
快速访问到所需的数据	1	2	2	5	4
更有利于编写代码	1	5	2	5	5
对数据库中的可能性的感知	1	3	3	2	5
最小的数据拉取时间	1	3	2	5	4
最高的数据库安全性	4	2	2	3	1

图 4.9　数据库连接方式排名

（5）以 Chinook 数据库为例，我们想调查并找到以下问题的答案。

以正能量词汇为标题的曲目与以负能量词汇为标题的曲目相比，前者的平均销售额是否更高？

在该调查中，我们将关注以下词语（附对应中文解释）。

- 负能量词汇列表。

['Evil', 'Night', 'Problem', 'Sorrow', 'Dead', 'Curse', 'Venom', 'Pain', 'Lonely', 'Beast']
['邪恶', '夜晚', '问题', '悲伤', '死亡', '诅咒', '毒液', '痛苦', '孤独', '野兽']

- 正面词列表。

['Amazing', 'Angel', 'Perfect', 'Sunshine', 'Home', 'Live', 'Friends']
['神奇', '天使', '完美', '阳光', '家', '生活', '朋友']

① 使用 Sqlite3 连接到 Chinook 数据库并执行以下查询。

```
SELECT * FROM tracks join invoice_items on tracks.TrackId
= invoice_items.TrackId
```

② 使用在前几章中学到的技能（apply 函数、group by 函数等）得出一个表，在其中列出包含正能量（positive）词汇的曲目和包含负能量（negative）词汇的曲目的平均总销

售额，如图 4.10 所示。

	TotalSale
MusicTitleTyple	
Negative	1.110000
Neither	1.174550
Positive	1.188667

图 4.10　通过 Chinook 数据库获得的表

③ 提交结论。

（6）计算 2020 年以下 12 只股票中哪只股票的涨幅最高。

股票列表如下。

```
['Baba', 'NVR', 'AAPL', 'NFLX', 'FB', 'SBUX', 'NOW', 'AMZN', 'GOOGL',
'MSFT', 'FDX', and 'TSLA']
```

为了更好地估计增长，可以在每周收盘价上同时使用公式 1 和公式 2。

公式 1 如下所示。

$$a-b$$

公式 2 如下所示。

$$(a-b)/c$$

在上述公式中，a、b、c 分别为 2020 年股票收盘价、2020 年股票价格中位数和 2020 年股票价格均值。

基于上述公式，增长最快的股票是什么？每个公式的结果有什么区别？

第 2 篇

分析目标

阅读本篇后，读者将能够使用已清洗且无问题的数据执行流行的分析。

本篇包括以下章节。

- 第 5 章，数据可视化。
- 第 6 章，预测。
- 第 7 章，分类。
- 第 8 章，聚类分析。

第 5 章　数据可视化

数据可视化是数据分析的支柱。数据可视化领域很容易激起数据分析师的兴趣，因为在绘制可视化以讲述有关数据的更好故事时，往往可以有无穷无尽的新颖性和创造力。当然，即使是最具创新性的绘图，其核心机制也是相似的。本章将介绍这些可视化的基本机制，这些机制赋予数据以生命，并允许我们比较、分析和查看其中的模式。

当我们学习这些基本机制时，将为我们的数据预处理目标开发更好的主干/技能。如果读者能完全理解数据与其可视化之间的联系，则可以更有效地预处理数据以获得有效的可视化效果。本章将使用我们已经预处理过的数据，但在后面的章节中，我们将介绍产生这些预处理数据集的概念和技术。

本章包含以下主题。

- 总结数据的总体。
- 比较数据的总体。
- 研究两个特性之间的关系。
- 添加可视化维度。
- 显示和比较趋势。

5.1　技术要求

在本书配套的 GitHub 存储库中可以找到本章使用的所有代码示例以及数据集，具体网址如下。

https://github.com/PacktPublishing/Hands-On-Data-Preprocessing-in-Python/tree/main/Chapter05

5.2　总结数据的总体

可以使用简单的工具（如直方图、箱线图或条形图等）来可视化数据集的一列值在数据对象总体中的变化。这些可视化工具非常有用，因为它们可以帮助用户一目了然地查看一个特性（特征）的值。

使用这些可视化效果的最常见原因之一是你自己需要熟悉数据集。“了解你的数据”这个术语在数据科学家中很有名，并且一次又一次地被认为是成功进行数据分析和数据预处理的最必要步骤之一。

了解数据集的意思是，理解和探索数据集每个特性的统计信息。也就是说，我们想知道每个特性具有哪些类型的值，以及这些值在数据集的总体中如何变化。

为此，我们可以使用数据可视化工具来总结每个特性的数据对象总体。针对数值和分类特性需要使用不同的工具。

- 对于数值特性，可以使用直方图或箱线图来总结。
- 对于分类特性，最好使用条形图。

接下来，让我们通过具体的示例看看如何对数据集一次性完成所有总结操作。

5.2.1 总结数值特性的示例

编写一些执行以下操作的代码。

（1）将 adult.csv 数据集读入 adult_df Pandas DataFrame。

（2）为 adult_df 的数值特性创建直方图和箱线图。

（3）将每个特性的图形以 600 mpi 的分辨率保存在单独的文件中。

在查看以下代码之前，先尝试前面的示例。

（1）导入将在本章中使用的模块。

```
import pandas as pd
import matplotlib.pyplot as plt
import numpy as np
```

（2）编写以下代码。

```
adult_df = pd.read_csv('adult.csv')
numerical_attributes = ['age', 'fnlwgt', 'education-num',
'capitalGain', 'capitalLoss', 'hoursPerWeek']
for att in numerical_attributes:
    plt.subplot(2,1,1)
    adult_df[att].plot.hist()
    plt.subplot(2,1,2)
    adult_df[att].plot.box(vert=False)
    plt.tight_layout()
    plt.show()
    plt.savefig('{}.png'.format(att), dpi=600)
```

运行此代码时，Jupyter Notebook 将显示所有 12 个图表。每个数值特性都有一个直方图和一个箱线图。该代码还将在用户的计算机上保存每个特性的直方图和箱线图的.png 文件。例如，图 5.1 就是运行上述代码后保存在笔者计算机上的 education-num.png 文件。

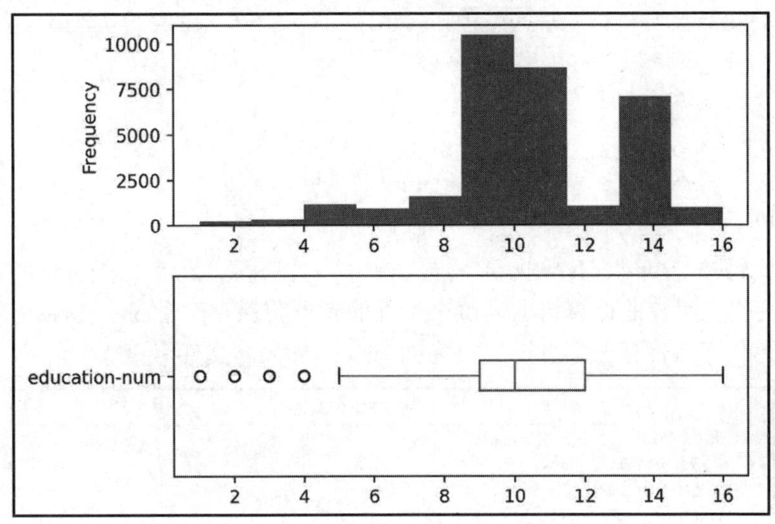

图 5.1　运行代码后保存的 education-num.png 文件

如何寻找保存在计算机上的文件？

如果在计算机上查找已保存的文件有困难，则需要了解绝对文件路径和相对文件路径之间的区别。

绝对文件路径包括根元素和完整的目录路径。但是，相对路径则是在用户已经处于特定目录中的情况下给出的。

在前面的代码示例中，使用 plt.savefig()时没有在文件路径中包含根元素，因此 Python 会正确地将其解读为相对路径，并假设用户希望将文件保存在与 Jupyter Notebook 文件相同的目录中。

在上述示例中，我们已经演示了箱线图和直方图在总结数据集的数值特性方面的应用。接下来，让我们看看另一个示例，该示例将向读者展示分类特性的类似步骤。如前文所述，对于分类特性，最好使用条形图。

5.2.2　总结分类特性的示例

编写一些执行以下操作的代码。

（1）为 adult_df 的分类特性创建条形图。

（2）将分辨率为 600 mpi 的每个特性的图形保存在单独的文件中。

在查看以下代码之前先尝试前面的示例。

```
categorical_attributes = ['workclass', 'education', 'marital-status',
'occupation', 'relationship', 'race', 'sex','nativeCountry','income']
for att in categorical_attributes:
    adult_df[att].value_counts().plot.barh()
    plt.title(att)
    plt.tight_layout()
    plt.savefig('{}.png'.format(att), dpi=600)
    plt.show()
```

运行此代码时，Jupyter Notebook 将显示所有 9 个图表。每个分类特性将有一个条形图。该代码还将在用户的计算机上为每个特性的条形图保存一个.png 文件。例如，图 5.2 就是运行上述代码后保存在笔者计算机上的 education.png 文件。

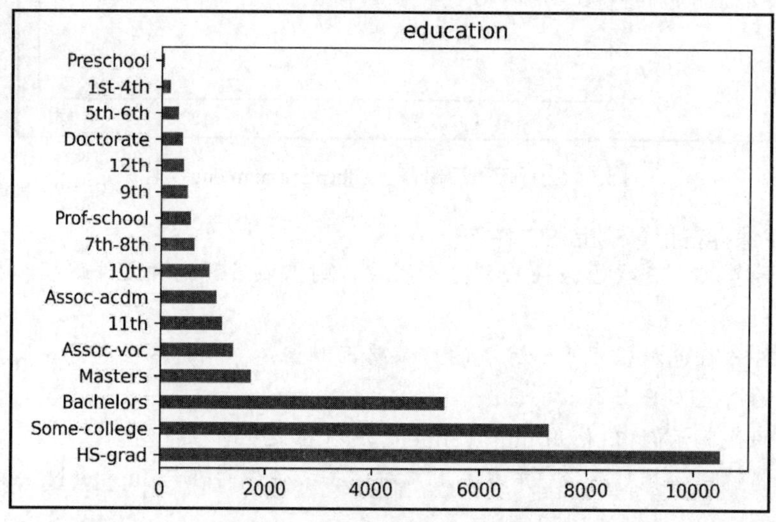

图 5.2　保存的 education.png 文件

良好编程实践建议：

从技术上讲，还可以使用饼图来总结分类特性。但是，我们建议不要这样做。原因是饼图不像条形图那样容易被人类理解。事实证明，我们在理解长度差异方面的能力要比理解饼图块差异方面的能力强得多。

到目前为止，读者已经能够创建旨在总结数据总体的可视化。接下来，我们还可以创建多个可视化并将它们放在一起以进行比较。

5.3　比较数据的总体

将不同总体的汇总结果可视化并排放置将有助于创建比较数据总体的可视化效果。这可以通过直方图、箱线图和条形图来完成。

5.3.1　使用箱线图比较总体的示例

编写一些代码，创建以下两个并排的箱线图。

- income（收入）<=50 K 的数据对象的 education-num（受教育年限）的箱线图。
- income（收入）>50 K 的数据对象的 education-num（受教育年限）的箱线图。

在查看以下代码之前，请先尝试一下前面的示例。

```
income_possibilities = adult_df.income.unique()
for poss in income_possibilities:
    BM = adult_df.income == poss
    plt.hist(adult_df[BM]['education-num'],label=poss,histtype='step')

plt.boxplot(dataForBox_dic.values(),vert=False)
plt.yticks([1,2],income_possibilities)
plt.show()
```

运行此代码后，Jupyter Notebook 将显示图 5.3。

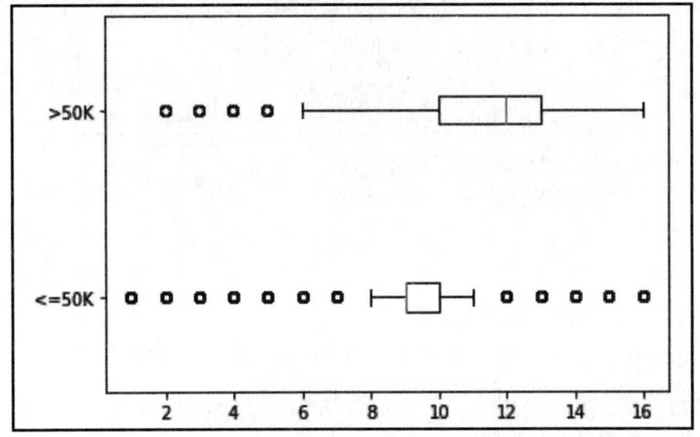

图 5.3　income<=50 K 和 income>50 K 两个总体的受教育年限箱线图

在讨论上述可视化效果之前，让我们先来浏览一下该代码。要完全理解上述代码的功能，需要了解以下 3 个概念。

（1）代码首先循环遍历我们想要包含在可视化中的所有群体。在这里，我们有两个群体：income<=50 K 的数据对象和 income>50 K 的数据对象。在循环的每次迭代中，代码都将使用布尔掩码从 adult_df 中提取每个特定群体。

（2）代码使用字典数据结构 dataForBox_dic 作为占位符。在循环的每次迭代中，代码都会添加一个新键及其特定值。在此代码中有两次迭代。第一次迭代添加“<=50K”作为第一个键，并将特定人群的所有 education-num（受教育年限）值作为键的值。所有这些值都作为 Pandas Series 分配给每个键。在第二次迭代中，代码对“>50K”执行相同的操作。

（3）循环完成后，dataForBox_dic 中填充了必要的数据，因此可以应用 plt.boxplot()来创建具有两个箱线图的可视化效果。传递 dataForBox_dic.values()而不是 dataForBox_dic 的原因是，plt.boxplot()要求传递的用于绘图的字典只有字符串作为键，而数字列表则作为键的值。用户可以在循环前后添加 print(dataForBox_dic)和 print(dataForBox_dic.values())以自行查看所有这些差异。

如图 5.3 所示，可视化效果清楚地显示了教育对于高收入的重要性。

5.3.2 使用直方图比较总体的示例

编写一些代码，在同一个绘图中创建以下两个直方图。

- income <=50 K 的数据对象的 education-num（受教育年限）的直方图。
- income >50 K 的数据对象的 education-num（受教育年限）的直方图。

在查看以下代码之前，请先尝试一下前面的示例。

```
income_possibilities = adult_df.income.unique()
for poss in income_possibilities:
    BM = adult_df.income == poss
    plt.hist(adult_df[BM]['education-num'],label=poss, histtype='step')
plt.legend()
plt.show()
```

运行此代码后，Jupyter Notebook 将显示图 5.4。

创建直方图的代码没有创建箱线图的代码复杂。主要区别在于，对于直方图，用户不需要使用占位符来为 plt.boxplot()函数准备数据。使用 plt.hist()时，可以根据需要多次调用它，Matplotlib 会将这些可视化效果叠加在一起。

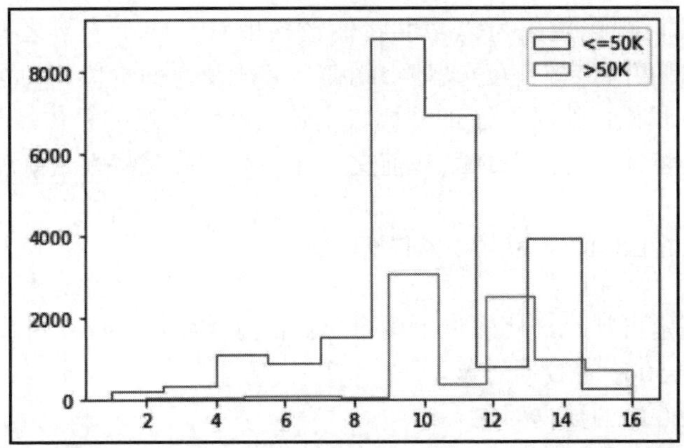

图 5.4　两个收入群体（income<=50 K 和 income>50 K）受教育年限的直方图

当然，该代码使用了两个 plt.hist()属性：label=poss 和 histtype='step'。下面解释了这两个属性的必要性。

- label=poss，将它添加到代码中时，plt.legend()可以将图例添加到可视化对象中。用户也可以尝试从代码中删除 label=poss 并研究运行更新代码时系统给出的警告。
- histtype='step'，该属性将设置直方图的类型。用户可以选择两种不同的直方图：'bar'（条形图）或'step'（阶梯形图）。可以将 histtype='step'更改为 histtype='bar'并运行代码以查看它们之间的区别。

图 5.5 是使用 plt.subplot()创建的。它将图 5.3 和图 5.4 放在一起。在这里我们没有分享代码，所以读者可以挑战一下自己，尝试自行创建它。

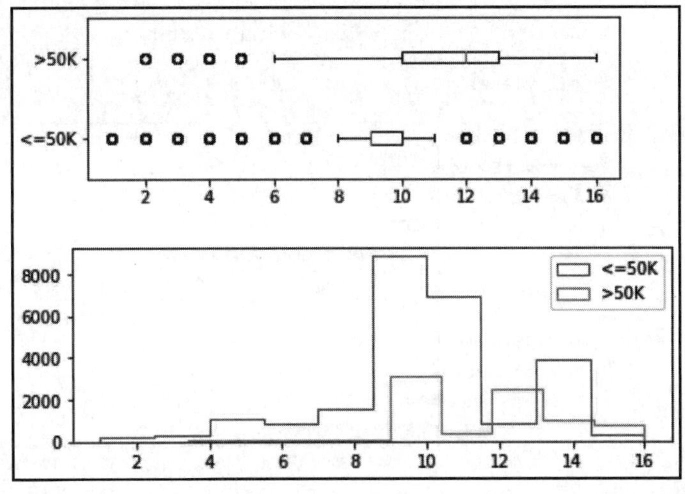

图 5.5　两个收入群体（income<=50 K 和 income>50 K）受教育年限的直方图和箱线图

这两个相邻的可视化效果可以帮助我们轻松地看到两个人群之间的差异和相似之处，这就是创建它们并将它们有意义地组织在一起所获得的价值。

到目前为止，我们已经学会了如何比较由数值特性描述的总体。接下来，让我们看看如何比较由分类特性描述的总体。和前文一样，对于分类特性最好使用条形图。

5.3.3　使用条形图比较总体的示例

使用条形图创建可视化，比较以下两个总体的分类特性 race（种族）。

- income <=50 K 的数据对象。
- income >50 K 的数据对象。

在继续阅读之前，请自行尝试一下。

读者可以通过 6 种不同但各有意义的方式来做到这一点。接下来，就让我们看看解决该问题的所有可能方式。

5.3.4　解决问题的第一种方法

图 5.6 显示了解决问题的第一种方法的代码及其输出。在该解决方法中，使用了 plt.subplot()将两个群体的条形图放在一起。

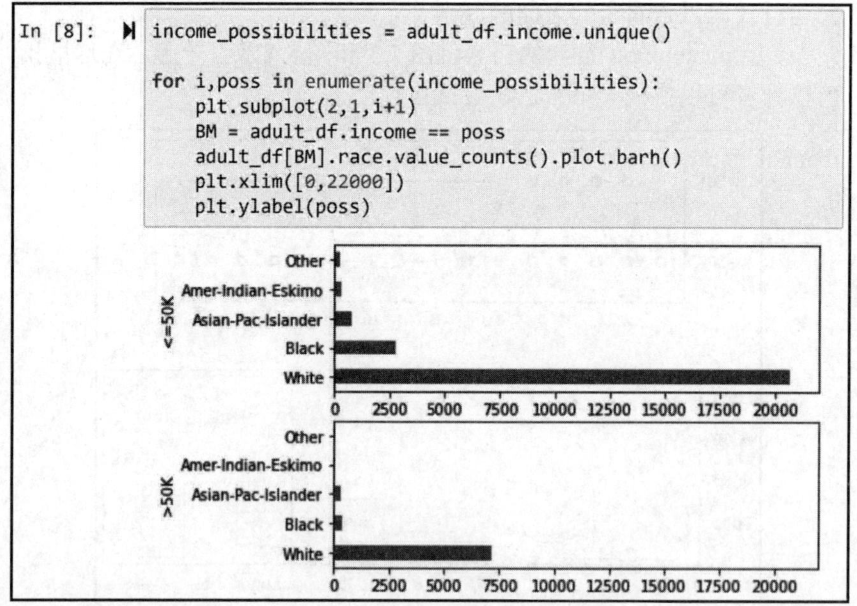

```
In [8]:  income_possibilities = adult_df.income.unique()

         for i,poss in enumerate(income_possibilities):
             plt.subplot(2,1,i+1)
             BM = adult_df.income == poss
             adult_df[BM].race.value_counts().plot.barh()
             plt.xlim([0,22000])
             plt.ylabel(poss)
```


图 5.6　解决问题的第一种方法（代码及其输出的屏幕截图）

虽然这种解决问题的方法是有效且有价值的，但条形图仍能够融合不同层次的两个群体的图表。接下来介绍的其他 5 种方式均显示了这些层次。

5.3.5　解决问题的第二种方法

图 5.7 显示了第二种方法的代码及其输出。通过这种编码方法，我们合并了图 5.6 中看到的两个可视化效果，但只有一个包含所有信息的条形图。当然，这种合并的代价是图表的 y 刻度变得更加复杂。读者可以花点时间仔细比较一下图 5.6 和图 5.7。

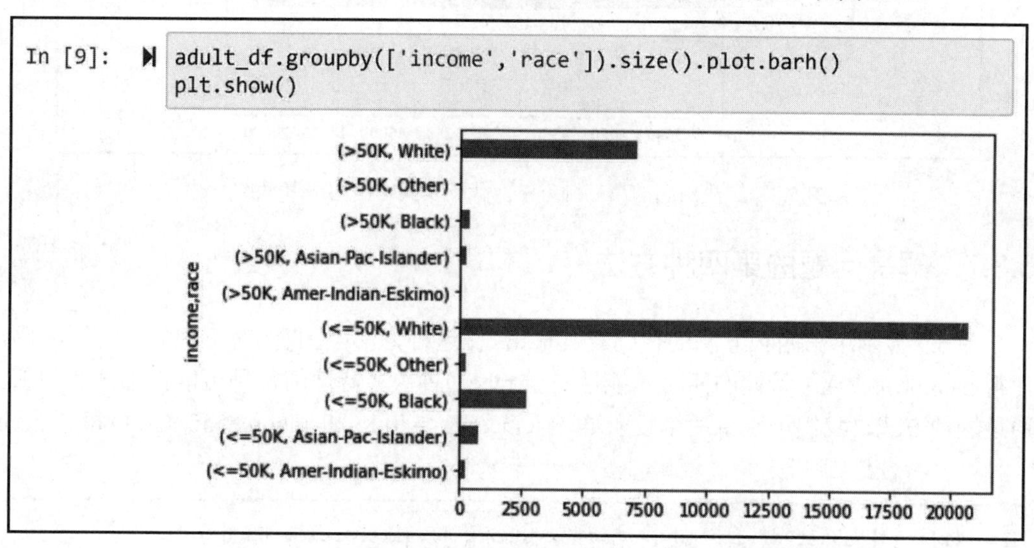

图 5.7　解决问题的第二种方法（代码及其输出的屏幕截图）

到目前为止，我们已经设法在一定程度上融合了这两个群体的条形图。接下来，让我们进行更进一步的操作——使用图例和颜色使生成的图表更强大一些。

5.3.6　解决问题的第三种方法

图 5.8 显示了第三种方法的代码及其输出。这一次，我们使用了一个图例和不同的颜色来表示 race（种族）特性下的每种可能性。

相比图 5.7 中的融合，图 5.8 的融合看起来更有效。

虽然使用上述 3 种方法对基于 income（收入）划分的两个群体进行比较都是可行的，但对 race（种族）特性进行比较并不容易。接下来，我们就来看看如何使 race（种族）特性比较的可视化更容易。

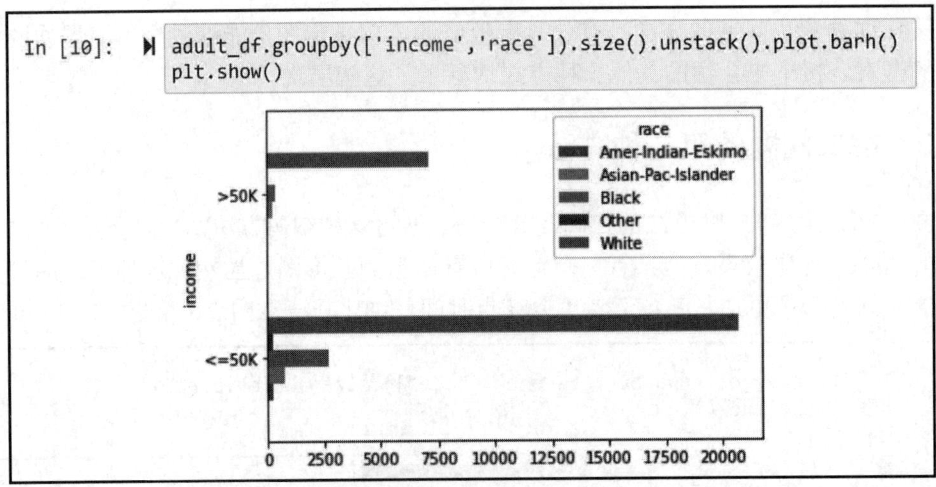

图 5.8　解决问题的第三种方法（代码及其输出的屏幕截图）

5.3.7　解决问题的第四种方法

图 5.9 显示了第四种方法的代码及其输出。在这种方法中，我们对可视化进行了编码，使得 income（收入）特性的两种可能性对于 race（种族）特性的每种可能性都彼此相邻。通过这种方式，我们可以将两个收入群体（income<=50 K 和 income>50 K）按每个 race（种族）特性进行比较。

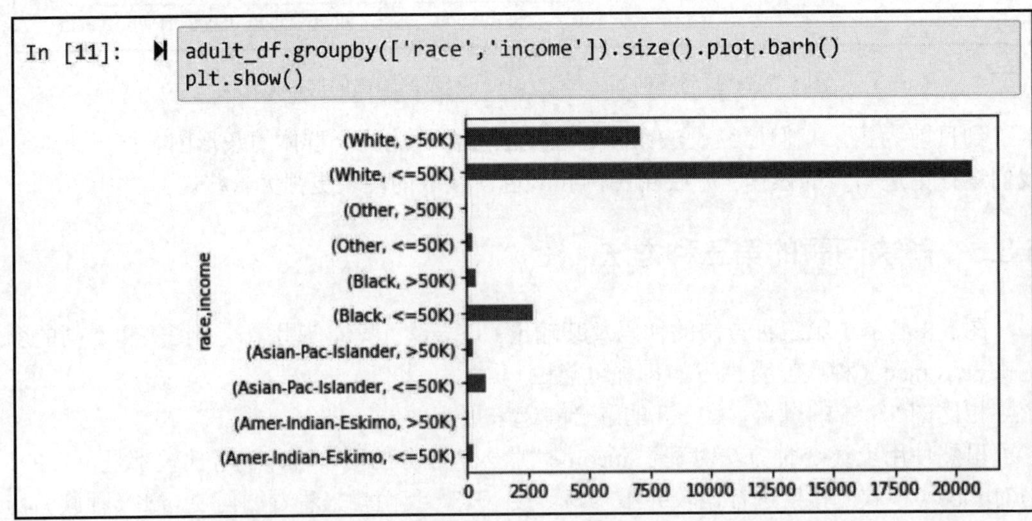

图 5.9　解决问题的第四种方法（代码及其输出的屏幕截图）

我们还可以提高上述可视化的融合层次，下一个解决问题的方法就是这样做的。

5.3.8 解决问题的第五种方法

图 5.10 显示了第五种方法的代码及其输出。这种方法和上一种方法的唯一区别是使用了图例和颜色，使得可视化效果更加美观和整洁。毫无疑问，我们可以说图 5.10 比图 5.9 更有效地解决了这个问题。为什么？

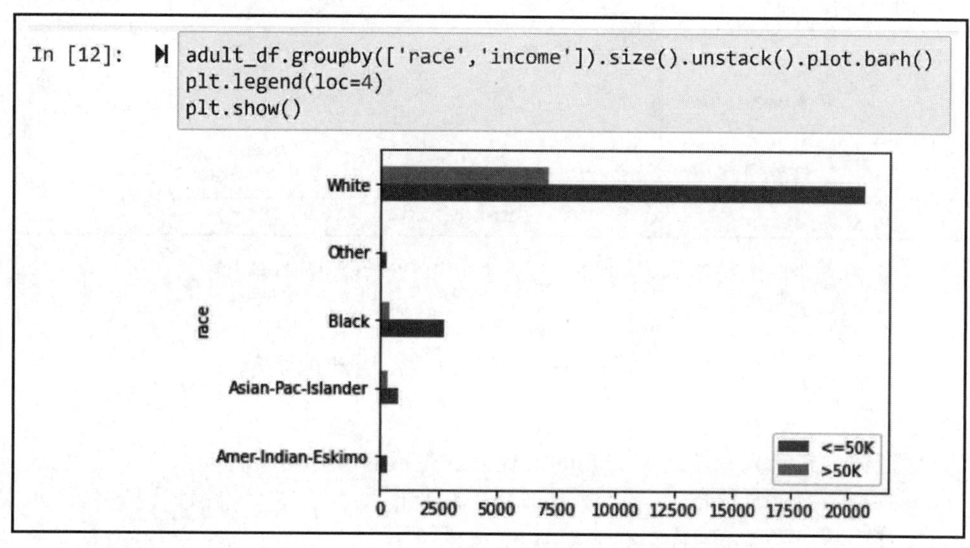

图 5.10　解决问题的第五种方法（代码及其输出的屏幕截图）

呈现该数据的最后一种方法是将每个 race（种族）分类下的两个条形图堆叠在一起，而不是让它们彼此相邻。下一个解决问题的方法将展示如何做到这一点。

5.3.9 解决问题的第六种方法

图 5.11 显示了第六种方法的代码及其输出。从该代码创建的可视化效果被称为堆叠条形图（stacked bar chart）。

当我们知道每种可能性下的数据对象总体比总体之间的比较更重要时，使用堆叠条形图而不是典型的条形图会更好。当然，如果要创建可视化对象来比较两个收入组的总体，那么使用堆叠条形图的效果就不是很好。

到目前为止，我们已经学习了如何基于一个特性来总结和比较数据对象的总体。接下来，让我们看看如何研究两个或多个特性之间存在的特定关系。

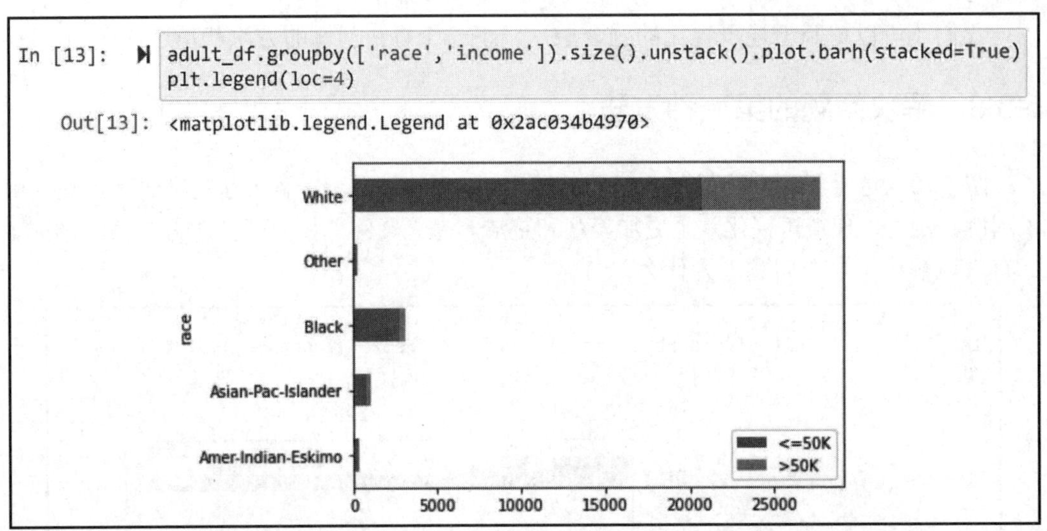

图 5.11　解决问题的第六种方法（代码及其输出的屏幕截图）

5.4　研究两个特性之间的关系

以可视化方式研究特性之间关系的最佳方法是成对进行可视化。

用于研究一对特性之间关系的工具取决于特性的类型。下文将根据以下特性对来介绍这些工具：数值-数值、分类-分类和分类-数值。

5.4.1　可视化两个数值特性之间的关系

描绘两个数值特性之间关系的最佳工具是散点图。在下面的示例中，我们将使用一个名为散点图矩阵（scatter matrix）的工具，它可以为包含数值特性的数据集创建散点图矩阵。

5.4.2　使用散点图研究数值特性之间关系的示例

在此示例中，我们将使用一个新数据集：Universities_imputed_reduced.csv。该数据集对于数据对象的定义是 Universities in the USA（美国的大学），这些数据对象将使用以下特性进行描述。

- College Name（大学名称）。

- State（所在州）。
- Public/Private（公立/私立）。
- num_appli_rec（学生申请数）。
- num_appl_accepted（申请接受数）。
- num_new_stud_enrolled（新生入学数）。
- in-state tuition（州内学生学费）。
- out-of-state tuition（州外学生学费）。
- % fac. w/PHD（教职人员/博士权重）。
- stud./fac. Ratio（学生与教职人员比例）。
- Graduation rate（毕业率）。

这些特性的命名非常直观，不需要做进一步的解释。

要进行练习，读者需要在继续阅读之前应用自己目前所掌握的技术来探索这个新数据集。它将为读者的理解提供极大的帮助。

以下代码使用了 Seaborn 模块的 pariplot()函数为 uni_df DataFrame 中数值特性的每一对组合创建散点图。如果读者之前从未使用过 Seaborn 模块，则需要先进行安装。有关安装 Seaborn 的操作，可参见 3.5.8 节“查找和使用模式的示例”。

```
import seaborn as sns
uni_df = pd.read_csv('Universities_imputed_reduced.csv')
sns.pairplot(uni_df)
```

运行上述代码后，Jupyter Notebook 将显示图 5.12。使用该图可以研究 uni_df 中任意两个特性之间的关系。例如，读者可以看到 num_appl_accepted（申请接受数）和 num_new_stud_enrolled（新生入学数）之间有很强的关系，这是有道理的。因为随着接受申请数量的增加，新生入学人数也会相应地增加。

此外，通过研究图 5.12 中散点图矩阵的最后一列或最后一行，可以逐一研究毕业率与其他所有特性的关系。通过这项研究可以发现，Graduation rate（毕业率）特性与 in-state tuition（州内学生学费）和 out-of-state tuition（州外学生学费）的关系最强。有趣的是，Graduation rate（毕业率）与其他特性如 num_new_stud_enrolled（新生入学数）、% fac. w/PHD（教职人员/博士权重）、stud./fac. Ratio（学生与教职人员比例）等都没有很强的关系。

现在我们已经练习了通过制作可视化效果来研究数值特性之间的关系，接下来，让我们对分类特性做同样的研究。

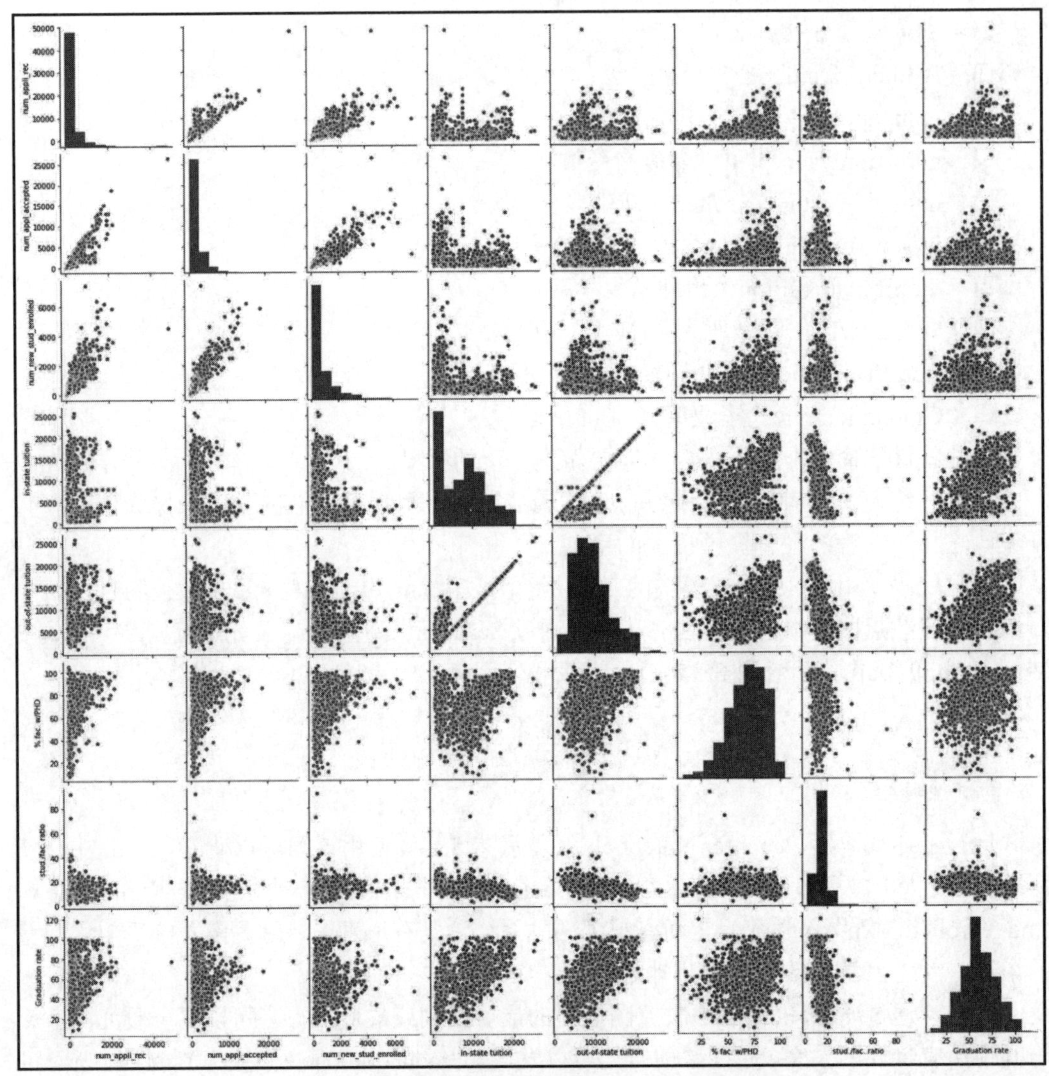

图 5.12　uni_df DataFrame 的散点图矩阵

5.4.3　可视化两个分类特性之间的关系

检查两个分类特性之间关系的最佳可视化工具是颜色编码的列联表（contingency table）。列联表是一个矩阵，它显示了数据对象在两个特性的所有可能值组合中的频率。虽然用户也可以为数值特性创建列联表，但在大多数情况下这样做并不会产生有效的可视化结果；所以，列联表几乎总是用于分类特性。

5.4.4　使用列联表检查两个二元分类特性之间关系的示例

在本示例中，让我们来看看在 adult_df 的数据对象中，两个分类特性 sex（性别）和 income（收入）之间是否存在关系。为了检查这种关系，可以使用列联表。

图 5.13 显示了如何使用 pd.crosstab() Pandas 函数完成此操作。该函数可以获取两个特性并为它们输出列联表。

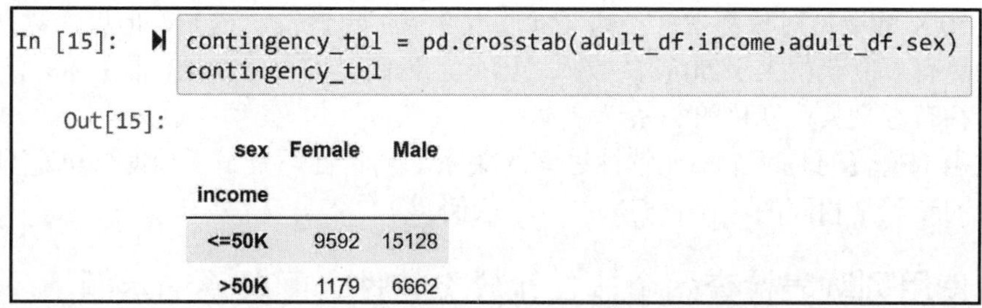

```
In [15]:  contingency_tbl = pd.crosstab(adult_df.income,adult_df.sex)
          contingency_tbl
Out[15]:
```

sex	Female	Male
income		
<=50K	9592	15128
>50K	1179	6662

图 5.13　为两个分类特性 adult_df.sex 和 adult_df.income 创建列联表的代码和输出

在图 5.13 输出的列联表中可以看到，大约 11%的女性数据对象的收入大于 50 K，而大约 30%的男性数据对象的收入大于 50 K。为了从列联表中得出这样的结论，通常会做一些简单的计算，比如计算每个性别的收入总额的相对百分比。但是，我们也可以对列联表进行颜色编码，这样即可不需要这些额外的步骤。图 5.14 显示了使用 Seaborn 模块中的 sns.heatmapt()函数执行此操作的过程。

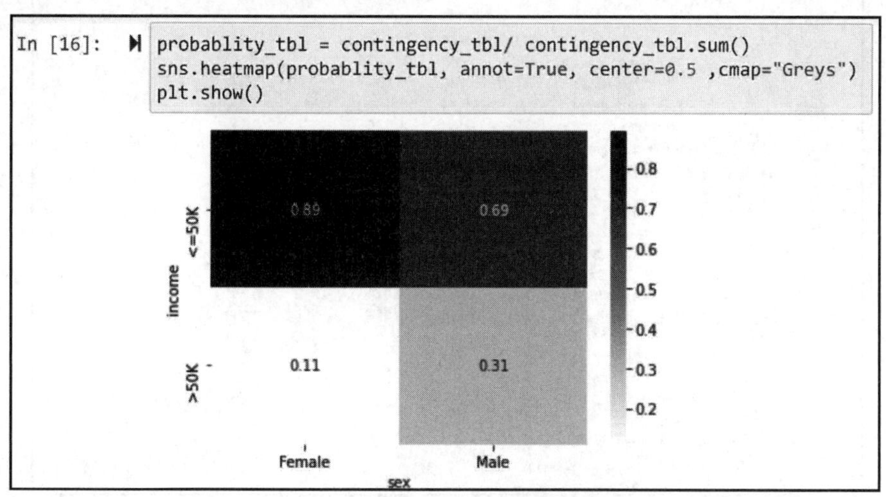

```
In [16]:  probablity_tbl = contingency_tbl/ contingency_tbl.sum()
          sns.heatmap(probablity_tbl, annot=True, center=0.5 ,cmap="Greys")
          plt.show()
```


图 5.14　将图 5.13 中的列联表转换为热图

从原始列联表创建颜色编码列联表的两个步骤如下。

（1）从列联表中创建一个概率表（probability table），方法是将每一列的值除以该列中所有值的总和。

（2）使用 sns.heatmap()函数创建颜色编码的列联表。除了输入上一步计算的概率表（probablity_tbl），还需要添加 3 个输入：annot=True、center=0.5 和 cmap="Greys"。读者可以逐个删除它们并运行图 5.14 中显示的相同代码以了解添加的每个参数的作用。

现在，通过简单查看图 5.14 中颜色编码的列联表即可看到，虽然无论男女，income<=50 K 的数据对象都占大多数（女性近 9 成，男性仅 7 成），但男性数据对象确实比女性更有可能获得大于 50 K 的收入。因此，我们可以得出结论，性别和收入之间确实存在一种有意义且可视化的关系。

上述示例检查的是两个二元特性之间的关系。当特性不是二元值时，创建颜色编码的列联表的步骤是相同的。让我们来看一个示例。

5.4.5　使用列联表检查两个非二元分类特性之间关系的示例

在继续阅读之前，读者不妨自行尝试一下，创建一个可视化对象，检查 adult_df 中数据对象的 race（种族）和 occupation（职业）特性之间的关系。

图 5.15 显示了此示例的代码和正确输出。

```
In [17]:  contingency_tbl = pd.crosstab(adult_df.occupation,adult_df.race)
          probablity_tbl = contingency_tbl/ contingency_tbl.sum()
          sns.heatmap(probablity_tbl, annot=True, center=0.5 ,cmap="Greys")
          plt.show()
```

occupation \ race	Amer-Indian-Eskimo	Asian-Pac-Islander	Black	Other	White
Adm-clerical	0.11	0.14	0.17	0.1	0.12
Armed-Forces	0.0035	0	0.00034	0	0.00027
Craft-repair	0.15	0.091	0.084	0.11	0.14
Exec-managerial	0.1	0.14	0.084	0.044	0.14
Farming-fishing	0.035	0.016	0.014	0.044	0.035
Handlers-cleaners	0.077	0.024	0.062	0.048	0.043
Machine-op-inspct	0.066	0.061	0.094	0.16	0.061
Other-service	0.12	0.13	0.2	0.16	0.096
Priv-house-serv	0	0.0041	0.0096	0.012	0.0043
Prof-specialty	0.12	0.19	0.082	0.12	0.14
Protective-serv	0.028	0.015	0.035	0.02	0.02
Sales	0.091	0.11	0.087	0.1	0.12
Tech-support	0.014	0.045	0.024	0.012	0.031
Transport-moving	0.087	0.029	0.058	0.056	0.052

图 5.15　为两个非二元分类特性 adult_df.race 和 adult_df.occupation 创建列联表热图

在该颜色编码表中，可以清楚地看到以下模式。

- race（种族）特性值为 White（白人）的数据对象更有可能具有 Craft-repair（维修技艺）、Exec-managerial（执行管理）或 Prof-specialty（专家学者）的 occupation（职业）特性值。
- race（种族）特性值为 Black（黑人）的数据对象更有可能拥有 Adm-clerical（行政文员）和 Other-service（服务行业）的 occupation（职业）特性值。
- race（种族）特性值为 Asian-Pac-Islander（亚裔和太平洋岛裔）的数据对象更有可能具有 Prof-specialty（专家学者）的 occupation（职业）特性值。
- race（种族）特性值为 Amer-Indian-Eskimo（美洲印第安裔和爱斯基摩裔）的数据对象更有可能具有 Craft-repair（维修技艺）的 occupation（职业）特性值。

同样，使用列联表可以看到，adult_df 中数据对象的 race（种族）和 occupation（职业）之间存在可视化且有意义的关系。

到目前为止，我们已经学会了如何可视化相同类型的特性对之间的关系，即数值-数值特性对和分类-分类特性对。接下来，让我们看看如何可视化非匹配特性对（即数值-分类特性对）之间的关系。

5.4.6　可视化数值特性和分类特性之间的关系

数值-分类特性对的可视化更具挑战性的原因是显而易见的：特性的类型不同。为了能够可视化分类特性和数值特性之间的关系，必须将其中一个特性转换为另一种类型的特性。一般来说，最好将数值特性转换为分类特性，然后使用列联表检查两个特性之间的关系。以下示例显示了如何做到这一点。

5.4.7　检查分类特性和数值特性之间关系的示例

现在让我们来创建一个可视化以检查 adult_df 中数据对象的 race（种族）和 age（年龄）特性之间的关系。

age（年龄）特性是数值特性，race（种族）特性是分类特性。因此，首先需要将 age（年龄）转换为分类特性，然后可以使用列联表来可视化它们的关系。

图 5.16 显示了这些步骤。

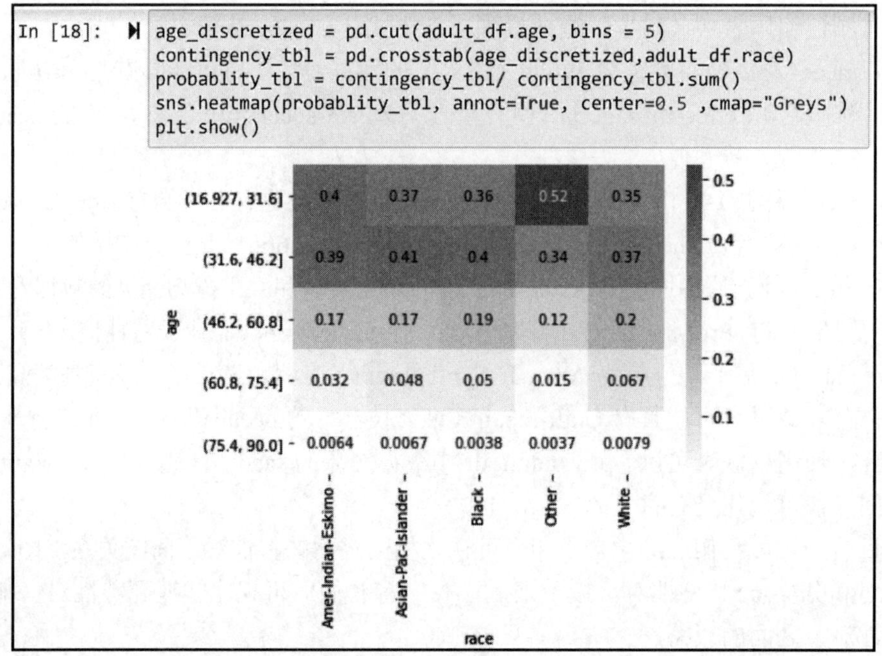

图 5.16　为分类特性（adult_df.race）和数值特性（adult_df.age）创建热图

图 5.16 中显示的解决方案包含以下 3 个步骤。

（1）使用 pd.cut() Pandas 函数将 adult_df.age 转换为具有 5 种可能性的分类特性。本示例选择了将年龄划分为 5 档（bins = 5），这是任意的，但这是一个很好的数字，除非有充分的理由将数据分组到不同数量的 bin 中。离散化（discretization）就是我们所说的将数值特性转换为分类特性；这就是为什么该代码使用了 age_discretized 作为转换后的 adult_df.age 特性的名称。

（2）使用 pd.crosstab() Pandas 函数为 age_discretized 和 adult_df.race 创建列联表。

（3）使用步骤（2）创建的列联表创建概率表，然后使用 sns.heatmap()函数创建颜色编码的列联表。

图 5.16 输出的可视化结果显示这两个特性之间存在有意义且可视化的关系。具体而言，race（种族）特性包含 other（其他）值的数据对象比 race（种族）特性为 White（白人）、Black（黑人）、Asian-Pac-Islander（亚裔和太平洋岛裔）和 Amer-Indian-Eskimo（美洲印第安裔和爱斯基摩裔）的数据对象更年轻。

此示例演示了将数值特性转换为分类特性以检查其与另一个分类特性关系的常见场景。虽然这几乎是在所有情况下解决此问题的最佳方法，但在某些情况下，将分类特性转换为数值特性可能是有利的。以下示例显示了进行此转换的罕见情况。

5.4.8　检查分类特性和数值特性之间关系的另一个示例

现在让我们来创建一个可视化以检查 adult_df 中数据对象的 education（受教育程度）和 age（年龄）特性之间的关系。

本示例同样有一个分类特性和一个数值特性。但是，这一次的分类特性有两个特点，使我们可以选择不太常见的方式来处理这种情况。这两个特点如下。

- education（受教育程度）是一个序数分类特性，而不是一个标称分类特性。
- 可以通过一些合理的假设将该特性制成数值特性。

将序数特性转换为数值特性的默认方法是排序转换（ranking transformation）。例如，可以对 education（受教育程度）特性执行排序转换，并将 adult_df.education 下的每个可能性替换为整数。有趣的是，adult_df 数据集已经有了另一个特性，即 education（受教育程度）特性的排序转换，这个转换之后的特性称为 education-num（受教育年限）。图 5.17 展示了这两个特性之间的一一对应关系。

education	Preschool	1st-4th	5th-6th	7th-8th	9th	10th	11th	12th	HS-grad	Some-college	Assoc-voc	Assoc-acdm	Bachelors	Masters	Prof-school	Doctorate
education-num	1	2	3	4	5	6	7	8	9	10	11	12	13	14	15	16

图 5.17　adult_df 中的 education（受教育程度）和 education-num（受教育年限）特性之间的一对一关系

读者可以通过运行以下代码自行查看图 5.17 中描绘的两个特性之间的关系。

```
adult_df.['education','education-num']).size()
```

运行此代码时，读者会看到.groupy()函数不会根据 education-num（受教育年限）的可能性进行拆分。原因是这两个特性之间存在一对一的关系。

现在，我们有了 education-num（受教育年限）特性的数字版本，可以使用散点图来可视化 education-num（受教育年限）和 age（年龄）之间的关系。

图 5.18 显示了该代码和可视化。

通过该可视化的关系可以看到，education-num（受教育年限）和 age（年龄）这两个特性是不相关的。

为了练习，我们也可以反过来做这个分析：将年龄离散化并创建一个列联表，看看是否会得出相同的结论。

图 5.19 显示了此分析的代码和输出的可视化效果。

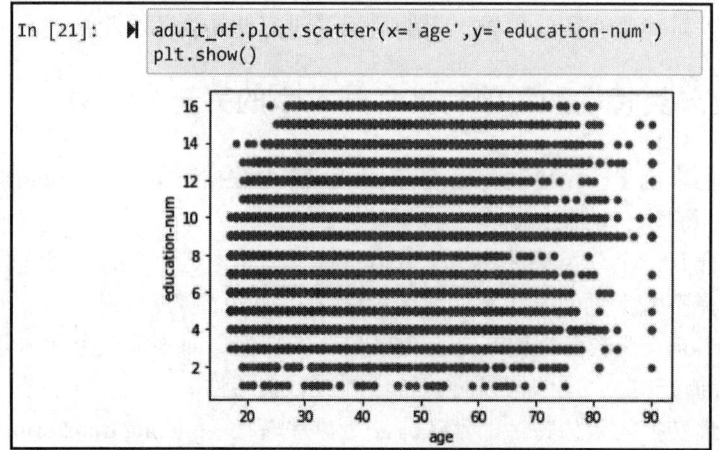
In [21]:
adult_df.plot.scatter(x='age',y='education-num')
plt.show()
education-num
age

图 5.18　为分类特性（adult_df.education）和数值特性（adult_df.age）创建散点图

```
In [22]:  age_discretized = pd.cut(adult_df['age'], bins = 5)
          contingency_tbl = pd.crosstab(adult_df.education,age_discretized)
          probablity_tbl = contingency_tbl/ contingency_tbl.sum()
          sns.heatmap(probablity_tbl, annot=True, center=0.5 ,cmap="Greys")
          plt.show()
```

education \ age	(16.927, 31.6]	(31.6, 46.2]	(46.2, 60.8]	(60.8, 75.4]	(75.4, 90.0]
10th	0.036	0.018	0.032	0.043	0.029
11th	0.058	0.022	0.026	0.033	0.025
12th	0.021	0.0088	0.0088	0.01	0.0041
1st-4th	0.0032	0.0042	0.0076	0.012	0.017
5th-6th	0.0084	0.0084	0.013	0.02	0.029
7th-8th	0.011	0.012	0.031	0.067	0.12
9th	0.015	0.012	0.018	0.03	0.033
Assoc-acdm	0.032	0.04	0.026	0.014	0.017
Assoc-voc	0.038	0.053	0.036	0.031	0.025
Bachelors	0.15	0.19	0.15	0.13	0.12
Doctorate	0.003	0.014	0.023	0.028	0.021
HS-grad	0.31	0.32	0.34	0.34	0.31
Masters	0.02	0.068	0.082	0.051	0.075
Preschool	0.0012	0.0013	0.002	0.0038	0
Prof-school	0.0065	0.024	0.022	0.027	0.037
Some-college	0.28	0.2	0.18	0.16	0.13

图 5.19　为分类特性（adult_df.education）和数值特性（adult_df.age）创建热图

可以看到，这种可视化效果也给人一种感觉，即 education-num（受教育年限）和 age（年龄）这两个特性是互不相关的。

到目前为止，我们已经学习了如何总结一个数据的总体、比较不同的总体，以及如何可视化各种特性之间的关系。接下来，我们将学习如何为可视化添加维度。

5.5　添加可视化维度

到目前为止，我们创建的可视化只有两个维度。当使用数据可视化作为一种讲述故事或分享发现的方式时，有很充分的理由不要为可视化效果添加太多维度。例如，包含太多维度的可视化效果可能会让观众眼花缭乱，抓不住重点。但是，当可视化对象被用作检测数据模式的探索性工具时，能够为可视化对象添加维度可能正是数据分析师所需要的。

有许多方法可以向可视化对象添加维度，例如使用颜色、大小、色调和线条样式等。在这里，我们将介绍 3 种最常用的方法，即通过使用颜色、大小和时间来添加维度。

本节将演示为散点图添加维度，但这种技术也可以很轻松地外推到其他可视化效果。以下示例展示了向散点图添加额外维度的重要价值。

5.5.1　五维散点图示例

本示例将使用 WH Report_preprocessed.csv 数据集创建一个可视化，显示此数据集中以下 5 列之间的交互。

- Healthy_life_expectancy_at_birth（出生时的期望寿命）。
- Log_GDP_per_capita（人均 GDP 对数值）。
- Year（年份）。
- Continent（大陆）。
- Population（人口）。

为了解决该问题，需要逐步执行。

本示例采用的数据集取自 The World Happiness Report（世界幸福报告），其中包括 2010 年至 2019 年 122 个国家/地区的数据。在开始使用本示例的解决方案之前，需要读者花一些时间自行探索该数据集。

学习的建议：

随着我们学习的分析、算法和代码越来越复杂，页面中已经没有足够的空间来展示本书中涵盖的每个新数据集。每次在本书中引入新数据集时，我们强烈建议读者按照第 1 章“NumPy 和 Pandas 简介”中介绍的方法探索这些数据集。该建议当然也适用于本示例使用的 WH Report_preprocessed.csv 数据集。

以下代码使用了 plt.subplot()和 plt.scatter()函数将以下 3 个维度组合在一起：Healthy_life_expectancy_at_birth（出生时的期望寿命）、Log_GDP_per_capita（人均 GDP 对数值）和 Year（年份）。

```
country_df = pd.read_csv('WH Report_preprocessed.csv')
plt.figure(figsize=(15,8))
year_poss = country_df.year.unique()
for i,yr in enumerate(year_poss):
    BM = country_df.year == yr
    X= country_df[BM].Healthy_life_expectancy_at_birth
    Y= country_df[BM].Log_GDP_per_capita
    plt.subplot(2,5,i+1)
    plt.scatter(X,Y)
    plt.title(yr)
    plt.xlim([30,80])
    plt.ylim([6,12])
plt.show()
plt.tight_layout()
```

上述代码的输出如图 5.20 所示。该可视化将设法实现以下重要的事情。

- 该图同时显示了 3 个维度。
- 该图显示了国家/地区在 X 和 Y 维度上的向上和向右移动。这种移动有可能讲述全球在 Healthy_life_expectancy_at_birth（出生时的期望寿命）和 Log_GDP_per_capita（人均 GDP 对数值）两个维度上取得成功的故事（即平均期望寿命和人均 GDP 都在不断增加）。

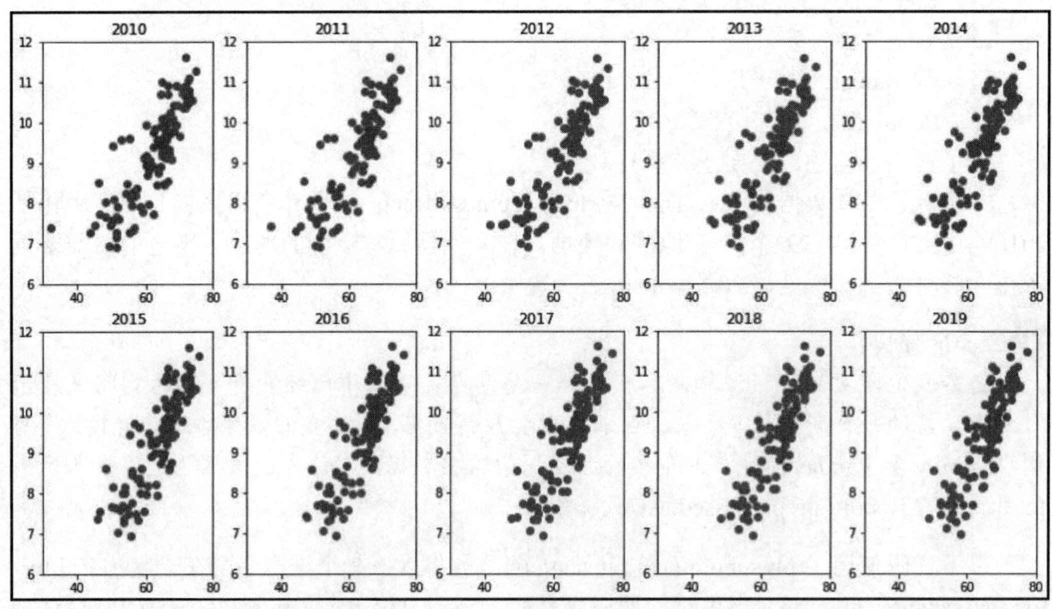

图 5.20　WH Report_preprocessed.csv 数据集的 3 个维度

但是，在显示 2010 年至 2019 年期间国家/地区的移动时，该可视化效果仍显得比较粗糙，实际上我们可以做得更好。

现在，我们希望通过将时间因素无缝集成到一个可视化中来改进图 5.20，而不必使用子图。图 5.21 显示了这一目标。该图是交互式的，通过滑动顶部小部件上的控制栏，可以更改可视化的年份，从而在 Healthy_life_expectancy_at_birth（出生时的期望寿命）和 Log_GDP_per_capita（人均 GDP 对数值）两个维度下看到国家/地区的移动。当然，在纸面上是不可能做到这一点的。

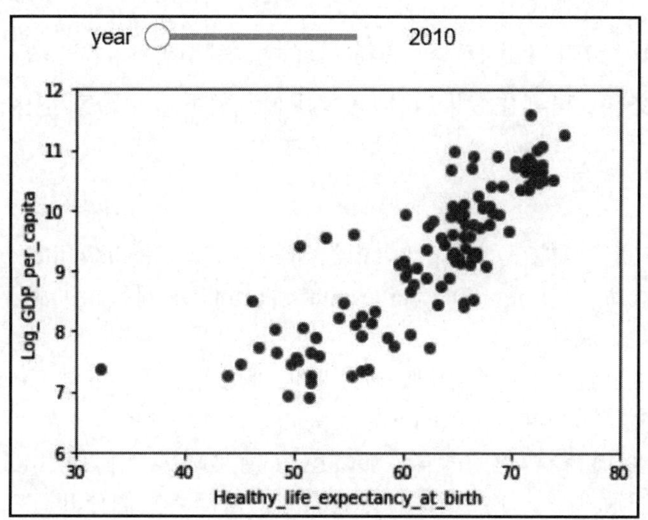

图 5.21　WH Report_preprocessed.csv 数据集的 3 个维度使用滑动条小部件

要实现这一目标，必须分两个步骤执行。

（1）创建一个函数，输出相应年份的可视化效果。

（2）使用新模块和编程对象来创建滑动条。

以下代码创建了交互式可视化所需的函数。

```
def plotyear(year):
    BM = country_df.year == year
    X= country_df[BM].Healthy_life_expectancy_at_birth
    Y= country_df[BM].Log_GDP_per_capita
    plt.scatter(X,Y)
    plt.xlabel('Healthy_life_expectancy_at_birth')
    plt.ylabel('Log_GDP_per_capita')
    plt.xlim([30,80])
    plt.ylim([6,12])
    plt.show()
```

在创建此函数之后，即可通过多次调用该函数来绘制不同年份的可视化效果。例如，运行 plotyear(2011)、plotyear(2018)和 plotyear(2015)。如果一切正常，则每次运行都会得到一个新的散点图。

在有一个运行良好的 plotyear()函数之后，即可编写并运行以下代码，这会生成图 5.21 所示的交互式可视化效果。为了创建这种交互式可视化效果，可以使用 ipywidgets 模块中的 interact 和 widgets 编程对象。

```
from ipywidgets import interact, widgets
interact(plotyear,year=widgets.
IntSlider(min=2010,max=2019,step=1,value=2010))
```

在成功创建交互式可视化效果后，即可使用控制栏并看到国家/地区向右上角的移动。

5.5.2　第四个维度

到目前为止，我们只能在可视化效果中包含 3 个维度：Healthy_life_expectancy_at_birth（出生时的期望寿命）、Log_GDP_per_capita（人均 GDP 对数值）和 Year（年份）。因此还有两个维度要集成到其中。

使用散点图可以包含前两个维度，使用时间可包含第三个维度 Year（年份）。现在可使用颜色来包含第四个维度：Continent（大陆）。

以下代码可以为已经构建的内容添加颜色。请密切注意如何使用 for 循环遍历所有大陆并将每个大陆的数据一一添加到可视化对象中，从而将它们分开。

```
Continent_poss = country_df.Continent.unique()
colors_dic={'Asia':'b', 'Europe':'g', 'Africa':'r', 'South America':'c',
'Oceania':'m', 'North America':'y', 'Antarctica':'k'}
def plotyear(year):
    for cotinent in Continent_poss:
        BM1 = (country_df.year == year)
        BM2 = (country_df.Continent ==cotinent)
        BM = BM1 & BM2
        X = country_df[BM].Healthy_life_expectancy_at_birth
        Y= country_df[BM].Log_GDP_per_capita
        plt.scatter(X,Y,c=colors_dic[cotinent], marker='o',
        linewidths=0.5, edgecolors='w', label=cotinent)
        plt.xlabel('Healthy_life_expectancy_at_birth')
        plt.ylabel('Log_GDP_per_capita')
        plt.xlim([30,80])
        plt.ylim([6,12])
        plt.legend()
```

```
        plt.show()
interact(plotyear,year=widgets.
IntSlider(min=2010,max=2019,step=1,value=2010))
```

成功运行上述代码后，读者将获得另一个交互式可视化效果。图 5.22 显示了年份控制栏设置为 2015 时的可视化效果。

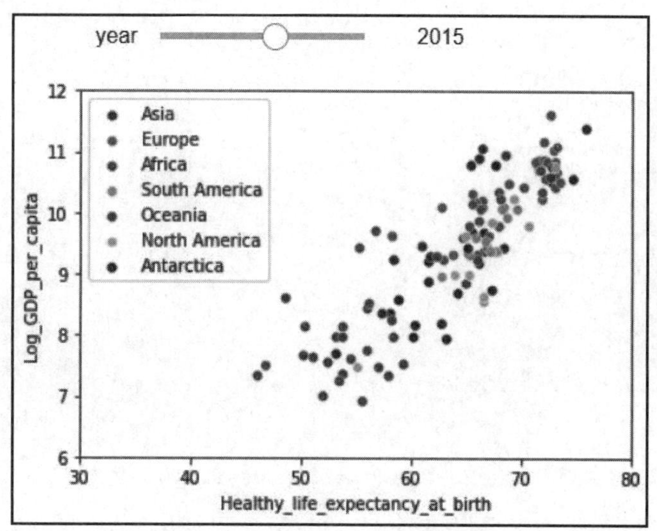

图 5.22　WH Report_preprocessed.csv 数据集的 4 个维度的绘图，使用了滑动条微件和颜色

原　文	译　文	原　文	译　文
Asia	亚洲	Oceania	大洋洲
Europe	欧洲	North America	北美洲
Africa	非洲	Antarctica	南极洲
South America	南美洲		

上述可视化效果的互动不仅增加了额外的维度，而且为我们要讲述的故事增加了更多的元素。例如，在图 5.22 中可以看到，虽然世界各个国家/地区都在向右上角移动，但是各大洲之间的差异明显，欧洲大陆领先，亚洲大陆参差不齐，而非洲大陆则整体落后。

5.5.3　第五个维度

到目前为止，我们在一个可视化中包含了 4 个维度：Healthy_life_expectancy_at_birth（出生时的期望寿命）、Log_GDP_per_capita（人均 GDP 对数值）、Year（年份）和 Continent（大陆）。现在可以添加第五个维度，即 population（人口），可以使用标记的大小来表示这一点。以下代码可以将 population（人口）这一维度表示为标记的大小。

```
Continent_poss = country_df.Continent.unique()
colors_dic={'Asia':'b', 'Europe':'g', 'Africa':'r', 'South America':'c',
Oceania':'m','North America':'y','Antarctica':'k'}
country_df.sort_values(['population'], inplace = True, ascending=False)
def plotyear(year):
    for cotinent in Continent_poss:
        BM1 = (country_df.year == year)
        BM2 = (country_df.Continent ==cotinent)
        BM = BM1 & BM2
        size = country_df[BM].population/200000
        X = country_df[BM].Healthy_life_expectancy_at_birth
        Y= country_df[BM].Log_GDP_per_capita
        plt.scatter(X,Y,c=colors_dic[cotinent], marker='o',
        s=size, inewidths=0.5, edgecolors='w', label=cotinent)
    plt.xlabel('Healthy_life_expectancy_at_birth')
    plt.ylabel('Log_GDP_per_capita')
    plt.xlim([30,80])
    plt.ylim([6,12])
    plt.legend(markerscale=0.5)
    plt.show()
interact(plotyear,year=widgets.
IntSlider(min=2010,max=2019,step=1,value=2010))
```

成功运行上述代码后，读者将获得另一个交互式可视化效果。图 5.23 显示了 year（年份）控制栏设置为 2019 时的可视化效果。

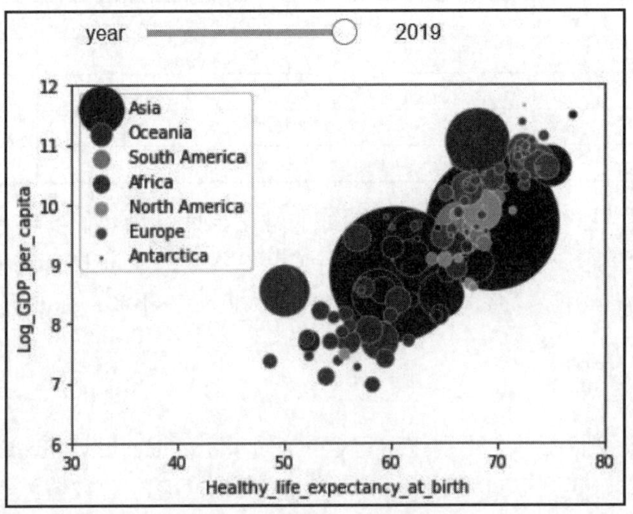

图 5.23　在一个可视化绘图中包含了 WH Report_preprocessed.csv 数据集的 5 个维度，使用了滑动条微件、颜色和大小

原　文	译　文	原　文	译　文
Asia	亚洲	Oceania	大洋洲
Europe	欧洲	North America	北美洲
Africa	非洲	Antarctica	南极洲
South America	南美洲		

上述代码可能有 3 个部分会让读者感到困惑。让我们一起来看看它。

```
country_df.sort_values(['population'], inplace = True, ascending=False)
```

在包含上述代码之后，人口较多的国家/地区将首先被添加到可视化效果中，因此，它们的标记将进入背景，不会掩盖人口较少的国家/地区。

```
size = country_df[BM].population/200000
```

添加上述代码是为了缩小人口总数过大的国家/地区的标记。这个数字是经过一些试验和错误后才发现的。

```
plt.legend(markerscale=0.5)
```

添加 markerscale=0.5 是为了缩放图例中显示的标记，如果没有该设置，标记会比较大。读者可以从代码中删除 markerscale=0.5 以自行比较结果。

恭喜，现在读者已经能够创建一个五维散点图了。

到目前为止，我们已经学习了一些很有用的可视化技术和概念，例如汇总和比较总体、研究特性之间的关系以及添加可视化维度。接下来，让我们看看如何使用 Python 来显示和比较数据的趋势。

5.6　显示和比较趋势

当数据对象由彼此高度相关的特性描述时，即可对其趋势（trend）进行可视化。这种数据集的一个很好的例子是时间序列数据（time series data）。

5.6.1　时间序列数据和折线图

时间序列数据集具有由时间特性描述的数据对象，并且它们之间的持续时间相等。例如，图 5.24 即显示了一个时间序列数据集，它包含了 Amazon 和 Apple 公司股票在 2020 年前 10 个交易日的每日收盘价。在此示例中，读者可以看到数据集的所有特性都具有时间性质，并且它们之间具有相同的一天持续时间。

Date	1/2/2020	1/3/2020	1/6/2020	1/7/2020	1/8/2020	1/9/2020	1/10/2020	1/13/2020	1/14/2020	1/15/2020
Amazon	1898.01	1874.97	1902.88	1906.86	1891.97	1901.05	1883.16	1891.3	1869.44	1862.02
Apple	74.3335	73.6108	74.1974	73.8484	75.0364	76.6302	76.8035	78.4443	77.3851	77.0534

图 5.24　时间序列数据示例（Amazon 和 Apple 公司的每日股价）

可视化时间序列数据的最佳方法是使用折线图。在第 2 章“Matplotlib 简介”中，即提供了使用折线图显示和比较趋势的示例。

折线图在股市分析中非常流行。在使用搜索引擎搜索股票代码时，即可看到显示价格趋势的折线图。它还为读者提供了更改可视化价格趋势的持续时间的选项，例如分时线、日 K 线、周 K 线、月 K 线和年 K 线等。

折线图在股市分析中很流行，在其他领域也非常有用。任何包含时间序列数据的数据集都可以利用折线图来显示趋势。接下来就让我们看一个比较趋势的示例。

5.6.2　可视化和比较趋势的示例

现在可以使用 WH Report_preprocessed.csv 数据集创建一个可视化文件，显示和比较 2010 年和 2019 年期间所有大洲的 Perceptions_of_corruption（腐败程度感知）特性的趋势。需要指出的是，我们只需要 2010 年和 2019 年这两年的数据。

在继续阅读之前读者可以先试试以下示例。这个例子可以通过我们目前所学的编程和可视化工具轻松解决。以下代码将创建请求的可视化。

```
country_df = pd.read_csv('WH Report_preprocessed.csv')
continent_poss = country_df.Continent.unique()
byContinentYear_df = country_df.groupby(['Continent','year']).
Perceptions_of_corruption.mean()
Markers_options = ['o', '^','P', '8', 's', 'p', '*']
for i,c in enumerate(continent_poss):
    plt.plot([2010,2019], byContinentYear_df.loc[c,[2010,2019]],
    label=c, marker=Markers_options[i])
plt.xticks([2010,2019])
plt.legend(bbox_to_anchor=(1.05, 1.0))
plt.title('Aggregated values per each continent in 2010 and 2019')
plt. label('Perceptions_of_corruption')
plt.show()
```

在研究此代码的不同部分之前，不妨来看看图 5.25 的可视化效果告诉我们的故事。

这些可视化效果清楚地显示了以下 5 点。

- 对于大多数大陆，如非洲、北美洲、亚洲和欧洲，Perceptions_of_corruption（腐败程度感知）有所下降。
- 在所有这些有改善的大陆中，欧洲的 Perceptions_of_corruption（腐败程度感知）下降最快。
- 亚洲的进步快于北美，因此与 2010 年相比，2019 年亚洲的表现优于北美。
- Perceptions_of_corruption（腐败程度感知）增加的两个大陆是南美洲和南极洲（译者注：此处数据疑似有误，因为南极洲是唯一没有人员定居的大陆。在 WH Report_preprocessed.csv 数据集中，属于南极洲的只有一个国家——Georgia，即苏联加盟共和国，属于西亚国家。）
- 大洋洲的 Perceptions_of_corruption（腐败程度感知）值没有改变，因此，该大陆已达到所有大陆中 Perceptions_of_corruption（腐败程度感知）最低的状态。

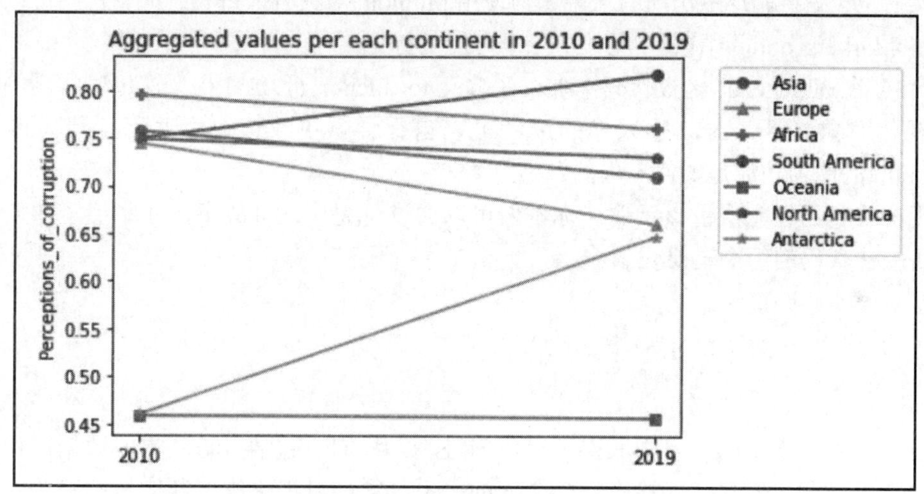

图 5.25　比较 2010 年和 2019 年不同大陆的 Perceptions_of_corruption 的折线图

原　文	译　文	原　文	译　文
Asia	亚洲	North America	北美洲
Europe	欧洲	Antarctica	南极洲
Africa	非洲	Aggregated values per each continent in 2010 and 2019	按大陆聚合的 2010 年和 2019 年的腐败程度感知值
South America	南美洲		
Oceania	大洋洲		

现在让我们来仔细研究一下上述代码的不同元素。

（1）下面这行代码可以根据 Continent（大陆）和 year（年份）这两个特性对数据进行分组，然后计算 Perceptions_of_corruption（腐败程度感知）特性的聚合函数.mean()。这个分组的结果记录在 byContinentYear_df 中，它是一个 DataFrame。

```
byContinentYear_df = country_df.groupby(
['Continent','year']
).Perceptions_of_corruption.mean()
```

解决方案的其余部分将使用此 DataFrame 中的数字来绘制可视化的不同元素。读者也可以单独运行 print(byContinentYear_df)来查看结果。这将有助于读者理解该解决方案。

（2）为了更好地区分大陆，该代码使用了标记。

首先，代码创建了一个可能的标记列表供以后使用。以下代码行可执行此操作。

```
Markers_options = ['o', '^','P', '8', 's', 'p', '*']
```

然后，代码将循环遍历所有大陆，当使用 plt.plot()函数引入每一行时，代码可以使用 marker=Markers_options[i]来分配其中一个可能的标记。

（3）在 plt.legend()函数代码中加入了 box_to_anchor=(1.05, 1.0)，这可以将图例框放在可视化对象之外。对此感兴趣的读者可以自行尝试更改该数字并运行代码以了解 Matplotlib 的此项功能是如何工作的。

现在我们已经完成了该示例。你不但可以通过可视化来讲故事，还掌握了如何利用创建可视化代码的每个重要元素。

5.7　小　　结

祝贺读者在本章的学习中取得了出色的进步。我们一起学习了基本的数据可视化范例，例如总结和比较总体、检查特性之间的关系、添加可视化维度和比较趋势等。这些可视化技术在有效的数据分析中非常有用。

本章使用的所有数据都经过清洗和预处理，因此我们才可以专注于学习数据分析的可视化目标。对数据可视化的更深入理解将帮助读者在数据预处理方面变得更加有效，这反过来又促进了更可靠的数据可视化和分析。

在接下来的章节中，我们将继续学习其他数据分析目标，即预测、分类和聚类，然后再开始介绍有效的预处理技术。

在继续学习之前，还需要花一些时间完成以下练习以巩固和强化所学的知识。

5.8　练　　习

（1）本练习将使用 Universities_imputed_reduced.csv 数据集。绘制以下可视化内容。

① 使用箱线图比较公立和私立大学两个总体的学生/教职人员比例（使用 stud./fac. ratio 特性）。

② 使用直方图比较公立和私立大学两个总体的学生/教职人员比例（使用 stud./fac. ratio 特性）。

③ 使用子图将①和②的结果相互叠加，以创建一种更好的比较两个总体的可视化效果。

（2）本练习将继续使用 Universities_imputed_reduced.csv 数据集。绘制以下可视化内容。

① 使用条形图比较该数据集中所有州的公立和私立大学比率。在该示例中，我们比较的总体是州。

② 基于各州拥有的大学总数对州进行排序，以此改进可视化结果。

③ 创建一个堆叠条形图，显示和比较不同州公立和私立大学的百分比。

（3）本例将使用 WH Report_preprocessed.csv 数据集。绘制以下可视化。

① 创建一个可视化效果，比较所有幸福指数之间的关系。

② 使用在①中创建的可视化效果来报告具有强关系的幸福指数，并对这些关系进行解释。

③ 通过计算它们的相关系数来确认发现和描述的关系，并将这些新信息添加到描述中以改进它们。

（4）本练习将继续使用 WH Report_preprocessed.csv 数据集。绘制以下可视化内容。

① 绘制一个可视化对象，检查 Continent（大陆）和 Generosity（慷慨指数）两个特性之间的关系。

② 基于①的可视化结果，这两个特性之间是否存在关系？解释原因。

（5）本练习将使用 wickham.csv 数据集。绘制以下可视化内容。

① 这个数据集中的数值特性是什么？绘制两个不同的图来总结数值特性的数据对象的总体。

② 该数据集中的分类特性是什么？绘制每个分类特性的图，总结每个特性的数据对象的总体。

③ 绘制一幅可视化图，检查 outcome（结果）与 smoker（吸烟者）之间的关系。读者注意到这个可视化有什么令人惊讶的地方了吗？

④ 为了揭开在③中观察到的关系的神秘面纱，请运行以下代码，并研究它创建的可视化效果。

```
person_df = pd.read_csv('whickham.csv')
person_df['age_discretized'] = pd.cut(person_df.age, bins= 4,
labels=False)
person_df.groupby(['age_discretized','smoker']).outcome.
value_counts().unstack().unstack().plot.bar(stacked=True)
plt.show()
```

使用上述代码创建的可视化效果，解释对③所做的令人惊讶的观察。

⑤ 为④创建的可视化效果有多少个维度？如何设法向条形图添加维度？

（6）本练习将使用 WH Report_preprocessed.csv 数据集。

① 使用此数据集创建一个五维散点图，以显示以下 5 个特性之间的相互作用。

- year（年份）。
- Healthy_life_expectancy_at_birth（出生时的期望寿命）。
- Social_support（社会支持）。
- Life_Ladder（生活阶梯）。
- population（人口）。

使用控制栏表示 year（年份），使用标记大小表示 population（人口），使用标记颜色表示 Social_support（社会支持），用 x 轴表示 Healthy_life_expectancy_at_birth（出生时的期望寿命），y 轴表示 Life_Ladder（生活阶梯）。

② 与在①中创建的可视化效果进行交互和研究，并报告观察结果。

什么是生活阶梯指数：

生活阶梯指数就是受访者生活水平的自我感受。它要求受访者想象一个阶梯，其中 0 代表最糟糕的生活，10 代表最美好的生活，然后让他们回答自己现在的生活处于哪级阶梯。2010 年中国的生活阶梯指数为 4.653，2019 年为 5.144，相形之下，阿富汗（Afghanistan）2010 年的生活阶梯指数为 4.758，2019 年为 2.375。美国 2010 年的生活阶梯指数为 7.164，2019 年为 6.944。

（7）本练习将继续使用 WH Report_preprocessed.csv 数据集。

① 创建一个可视化对象，显示该数据集中所有国家/地区的 Generosity（慷慨指数）特性的变化趋势。为了避免视觉混淆，所有国家/地区的折线图都使用灰色，不要使用图例。

② 使用蓝色和较粗的线（linewidth=1.8）为 United States（美国）、China（中国）和 India（印度）这 3 个国家/地区再添加 3 个线图。制定可视化效果，使其仅展示这 3 个

国家的图例。图 5.26 显示了该可视化效果。

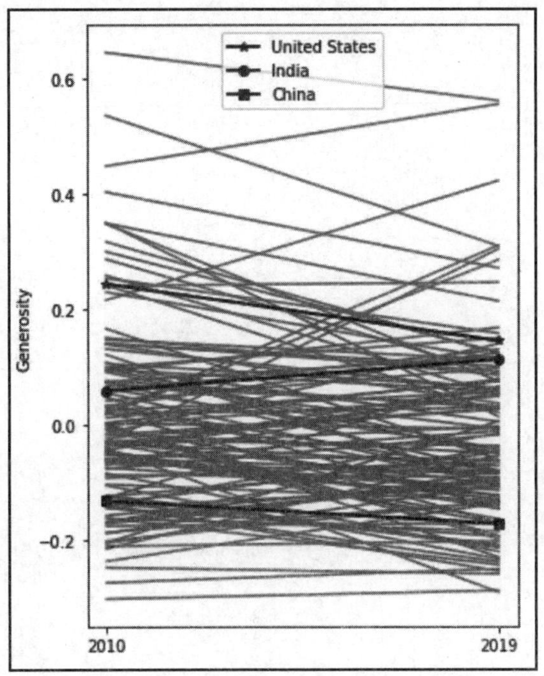

图 5.26　比较 2010 年和 2019 年所有国家/地区的慷慨指数的折线图，重点是美国、印度和中国

③ 通过该可视化结果报告你的观察结论。确保在观察中参考了所有折线图（灰色和蓝色）。

第 6 章　预　　测

使用数据预测未来正变得越来越有可能。不仅如此，很快我们就会发现，能够执行成功的预测建模将不再是竞争优势——它将成为生存的必要条件。为了提高预测建模的有效性，许多人都将关注重点放在用于预测的算法上；但是，你也可以采取许多有意义的步骤，通过执行更有效的数据预处理来提高预测的成功率。这就是本书的最终目标：学习如何更有效地预处理数据。本章将朝着这个目标迈出非常重要的一步。

本章将学习预测建模的基础知识。当我们学习数据预处理的概念和技术时，即可依靠这些基础来做出更好的数据预处理决策。

虽然可以将许多不同的算法应用于预测建模，但这些算法的基本概念都是相同的。本章在介绍这些基础知识之后，将介绍其中两种在复杂性和透明度方面彼此不同的算法：线性回归（linear regression）和多层感知器（multi-layer perceptron，MLP）。

本章包含以下主题。

- ❑ 预测模型。
- ❑ 线性回归。
- ❑ MLP。

6.1　技 术 要 求

在本书配套的 GitHub 存储库中可以找到本章使用的所有代码示例以及数据集，具体网址如下。

https://github.com/PacktPublishing/Hands-On-Data-Preprocessing-in-Python/tree/main/Chapter06

6.2　预 测 模 型

使用数据预测未来不但令人兴奋，而且被认为是可行的。在数据分析领域，有两种类型的未来预测，概述如下。

- ❑ 预测一个数值。例如，预测明年 Amazon 公司的股票价格。

- 预测一个标签或类别。例如，预测客户是否可能停止购买你的服务而转向你的竞争对手。

总地来说，当我们使用术语预测（prediction）时，意思就是指预测一个数值。而预测一个标签或类别时，使用的术语则是分类（classification）。本章将关注数据分析的预测目标，第 7 章将介绍分类。

对未来数值的预测也分为两大类：预测（forecast）和回归分析（regression analysis）。在将注意力转向回归分析之前，我们将简要解释一下 Forecast。

6.2.1 Forecast

在数据分析中，Forecast 是指用于预测时间序列数据未来数值的技术。Forecast 预测的不同之处在于它对时间序列数据的应用。例如，最简单的 Forecast 方法是简单移动平均线（simple moving average，SMA）。在这种方法下，用户将使用最近的数据点来预测时间序列数据中未来数据点的数值。

6.2.2 使用 Forecast 来预测未来的示例

现在来看一个使用移动平均线（moving average，MA）进行预测的示例。图 6.1 显示了密西西比州立大学（Mississippi State University，MSU）从 2006 年到 2021 年收到的学生申请数量。

Year	2006	2007	2008	2009	2010	2011	2012	2013	2014	2015	2016	2017	2018	2019	2020	2021
N_Applications	5778	5140	6141	7429	7839	9300	9864	10449	11117	10766	12701	13930	13817	17363	18269	16127

图 6.1　2006 年至 2021 年 MSU 申请数量

图 6.2 使用了折线图可视化图 6.1 中显示的数据。

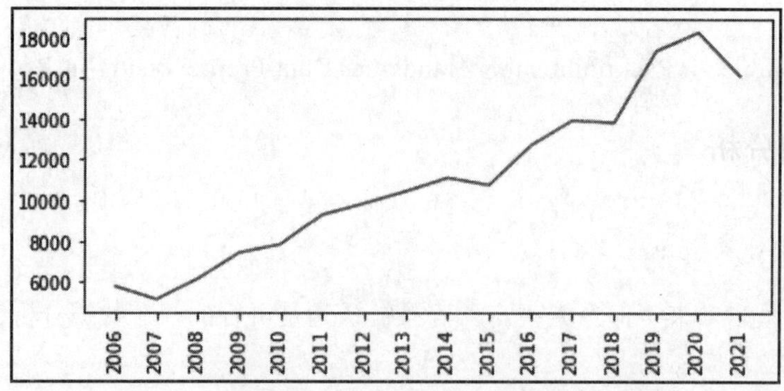

图 6.2　2006 年至 2021 年 MSU 申请数量的折线图

出于提前规划目的，MSU 想知道他们将在 2022 年收到多少新申请。解决此问题的方式之一就是使用 MA 方法。

对于此方法，我们需要指定用于预测的数据点数。这通常用 n 表示。本示例将使用 5 个数据点（n=5）。在这种情况下，你将在预测中使用 2017、2018、2019、2020 和 2021 年的数据。简单地说，就是计算这些年的平均申请数量，并将其用作明年的估计预测。13 930、13 817、17 363、18 269、16 127 的平均值为 15 901.2，可以作为 2022 年申请数量的预估。

图 6.3 描述了 n=5 的 MA 应用。

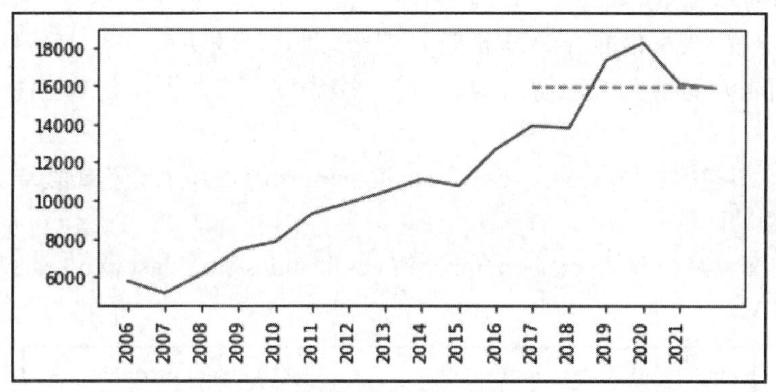

图 6.3　简单 MA 预测方法对 2006 年至 2021 年 MSU 申请数量的应用

使用时间序列数据进行预测还有更复杂的方法，例如加权移动平均、指数平滑和双指数平滑等。

本书无意介绍这些方法，因为所有时间序列数据所需的数据预处理都是相同的。但是，读者要从预测中记住的是，这些方法适用于单维时间序列数据进行预测。

例如，在上述 MSU 示例中，我们拥有的唯一数据维度是 N_Applications 特性。

这种一维性与我们将介绍的下一个预测方法形成鲜明对比。与 Forecast 相反，回归分析将发掘多个特性之间的关系以估计其中一个特性的数值。

6.2.3　回归分析

回归分析将使用预测特性（predictor attribute）和目标特性（target attribute）之间的关系来处理预测数值的任务。

所谓目标特性就是我们有兴趣预测其数值的特性。目标特性也称为因变量，它和术语因变量特性（dependent attribute）是同一个意思。因变量特性的含义来源于目标特性的值取决于其他特性；这些特性就是预测特性，也称为自变量（predictor）或自变量特性

（independent attribute）。

有许多不同的方法可用于回归分析。只要这些方法试图通过找到自变量特性和因变量特性之间的关系来预测因变量特性，即可将这些方法归类为回归分析。

线性回归（linear regression）是最简单但广泛使用的回归分析方法之一，当然，其他技术如 MLP 和回归树（regression tree）也归类在回归分析下。

6.2.4 设计回归分析以预测未来值的示例

例如，对明年 MSU 申请数量的预测也可以使用回归分析进行建模。图 6.4 显示了有可能预测 Number of applications（申请数量）因变量特性的两个自变量特性。在此示例中可以看到，预测模型涉及多个维度；我们有 3 个维度——两个自变量特性和一个因变量特性。

第一个自变量特性 Previous year football performance（上一年橄榄球表现），是指 MSU 大学橄榄球队的胜场率。

第二个自变量特性是 Average number of applications from last two years（过去两年的平均申请数量）。

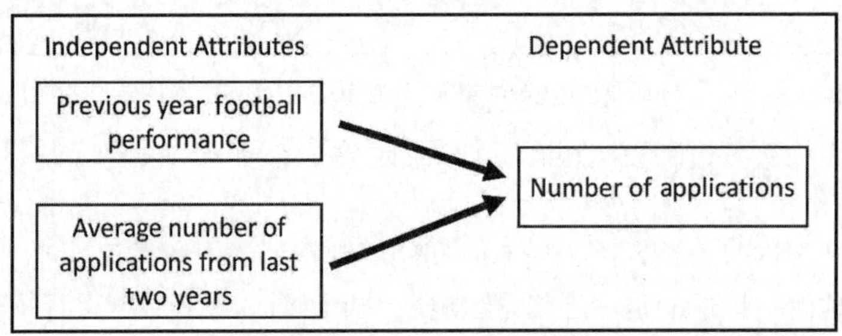

图 6.4 回归分析示例

原文	译文
Independent Attributes	自变量特性
Dependent Attribute	因变量特性

第二个自变量特性很有趣，因为它表示用户可以将 Forecast 方法与回归分析结合起来，具体做法就是将 Forecast 方法的值作为回归分析的自变量特性。过去两年的平均申请数量就是 SMA 方法的值（n=2）。

如何找到可能的自变量特性：

找到适当的自变量特性对于在回归分析中预测感兴趣的特性（因变量特性）具有非

常重要的作用。设想和收集可能的自变量是执行成功回归分析的最重要部分。

到目前为止，读者已经在本书中学到了很多有用的技能，这些技能可以帮助读者设想可能的自变量。在第 4 章“数据库”中积累的知识将使读者能够想象哪些特性是可能的自变量，并搜索和收集这些数据。

在第 12 章“数据融合和集成”中，还将介绍集成来自不同来源的数据以支持回归分析所需的所有技能。

一旦确定了自变量特性和因变量特性，即可完成回归分析并对其建模。接下来，我们将使用适当的算法来查找这些特性之间的关系，并使用这些关系进行预测。本章将介绍两种截然不同的算法：线性回归和 MLP。

6.3　线 性 回 归

“线性回归”这个名称本身就已经揭示了所有你需要知道的信息——“回归”表示该方法将执行回归分析，而“线性”则表示该方法假设特性之间存在线性关系。

为了找到特性之间的可能关系，线性回归假设并使用一个通用公式进行建模，该公式可将 Target（因变量特性）与 Predictor（自变量特性）关联起来。该公式如下所示。

$$\text{Target} = \beta_0 + \beta_1 \times \text{Predictor1} + \beta_2 \times \text{Predictor2} + \cdots + \beta_N \times \text{Predictor}N$$

该公式使用了参数方法。在公式中，N 代表的是自变量的数量，它显示了线性回归的通用公式。

线性回归的工作原理非常简单。该方法首先估计 β 的值，使公式能很好地拟合数据，然后使用估计的 β 值进行预测。

接下来让我们通过一个示例来学习该方法。该示例将同样要求预测密西西比大学（MSU）新学年申请者的数量。

6.3.1　应用线性回归方法的示例

到目前为止，我们已经确定了自变量特性和因变量特性，因此可以显示此示例的线性回归公式。该公式如下所示。

$$\text{N\_Applications} = \beta_0 + \beta_1 \times \text{P\_Football\_Performance} + \beta_2 \times \text{SMA2}$$

在 MSU applications.csv 数据集中已经包含了估计 β 所需的所有特性。

让我们先读取该数据集，然后进行简单探索。图 6.5 显示了读取数据和整个数据集的代码及其运行结果。

```
In [1]:  import pandas as pd
         msu_df = pd.read_csv('MSU applications.csv')
         msu_df.set_index('Year',drop=True,inplace=True)
         msu_df
```

Out[1]:

Year	P_Football_Performance	SMAn2	N_Applications
2006	0.273	5778.0	5778
2007	0.273	5778.0	5140
2008	0.250	5459.0	6141
2009	0.615	5640.5	7429
2010	0.333	6785.0	7839
2011	0.417	7634.0	9300
2012	0.692	8569.5	9864
2013	0.538	9582.0	10449
2014	0.615	10156.5	11117
2015	0.538	10783.0	10766
2016	0.769	10941.5	12701
2017	0.692	11733.5	13930
2018	0.462	13315.5	13817
2019	0.692	13873.5	17363
2020	0.615	15590.0	18269
2021	0.462	17816.0	16127

图 6.5　读取并显示 MSU applications.csv 数据集

该数据集包含以下特性。

- P_Football_Performance：该特性是 MSU 橄榄球队在上一学年的整体胜率。
- SMAn2：该特性是 n=2 时 SMA 的计算值。例如，2009 年这一行的 SMAn2 是 2008 年和 2007 年 N_Applications 特性的平均值。在继续阅读之前应确认此计算。
- N_Applications：与我们在图 6.1 和图 6.2 中看到的数据相同。这是我们有兴趣预测的因变量特性。

我们将导入 scikit-learn 模块，使用 msu_df 估计这些 β 值，所以首先需要在 Anaconda 平台上安装该模块。运行以下代码将安装该模块。

```
conda install scikit-learn
```

安装之后，每次都需要导入该模块才能开始使用，就像我们一直在使用的其他模块一样。当然，由于 scikit-learn 相当大，因此我们每次都会准确地导入想要使用的内容。例如，以下代码可仅从该模块中导入 LinearRegression 函数。

```
from sklearn.linear_model import LinearRegression
```

现在可以使用该函数通过 msu_df 计算模型的 β 值。只需要以适当的方式将数据引入 LinearRegression()函数即可。

这可以分 4 步完成，具体如下所示。

（1）指定自变量和因变量特性，具体方法就是指定 X 和 y 变量列表。X 为自变量，y 为因变量。请参阅以下代码片段。

```
X = ['P_Football_Performance','P_2SMA']
Y = 'N_Applications'
```

（2）使用列表 X 和 Y 从 msu_df 创建两个单独的数据集：data_X 和 data_y。

data_X 是一个包含所有自变量特性的 DataFrame，而 data_y 是一个 Series，它是因变量特性。以下代码显示了这一点：

```
data_X = msu_df[X]
data_y = msu_df[y]
```

虽然步骤（1）和步骤（2）可以与步骤（3）合并；但是，读者最好能保持代码的干净整洁，至少在开始阶段强烈建议读者跟随我们的操作步骤。

（3）创建模型并引入数据。下面的代码将做到这一点。我们将创建一个线性回归模型并将其命名为 lm，然后将数据引入其中。

```
lm = LinearRegression()
lm.fit(data_X, data_y)
```

当读者运行该代码时，几乎没有任何反应，但不用担心——模型已经完成了它的工作，我们只需要在下一步中访问估计的 β 值即可。

（4）估计的 β 值已经在经过训练的 lm 模型内。可以使用 lm.intercept_访问 $\beta 0$（b0），使用 lm.coef_显示 $\beta 1$（b1）和 $\beta 2$（b2）。以下代码可打印出所有 $\beta 0$（b0）实例。

```
print('intercept (b0) ', lm.intercept_)
coef_names = ['b1','b2']
print(pd.DataFrame({'Predictor': data_X.columns,
                    'coefficient Name':coef_names,
                    'coefficient Value': lm.coef_}))
```

成功运行这 4 个步骤后，即可估算出 β 值。我们确实一步一步地展示和解释了上述代码，但是所有这些通常都是在一块代码中完成的。图 6.6 显示了上述代码行和来自步骤（4）的报告结果。

```
In [2]:  from sklearn.linear_model import LinearRegression

         X = ['P_Football_Performance','SMAn2']
         y = 'N_Applications'

         data_X = msu_df[X]
         data_y = msu_df[y]

         lm = LinearRegression()
         lm.fit(data_X, data_y)

         print('intercept (b0) ', lm.intercept_)
         coef_names = ['b1','b2']
         print(pd.DataFrame({'Predictor': data_X.columns,
                             'coefficient Name':coef_names,
                             'coefficient Value': lm.coef_}))

         intercept (b0)  -890.7106225983407
                         Predictor coefficient Name  coefficient Value
         0  P_Football_Performance                b1        5544.961933
         1                   SMAn2                b2           0.907032
```

图 6.6　将 msu_df 数据拟合到 LinearRegression()并报告 β 值

现在我们已经估计出了回归模型的 β 值，可以将它引入训练好的模型。下面显示了训练好的回归公式。

$$\text{N\_Applications} = -890.71 + 5544.96 \times \text{P\_Football\_Performance} + 0.91 \times \text{SMAn2}$$

接下来，让我们看看如何使用经过训练的回归公式进行预测。

6.3.2　使用经过训练的回归公式进行预测

要使用该公式预测 2022 年密西西比大学的学生申请数量，需要将该大学 2022 年的 P_Football_performance 和 SMAn2 特性放在一起。找到这些值的过程如下。

- P_Football_performance：在撰写本章时（2021 年 4 月），2020-21 大学橄榄球赛季已经结束，密西西比大学取得了 11 场比赛中的 4 胜，达到 0.364 的获胜率。
- SMAn2：2021 年和 2020 年该大学的 N_Applications 值分别为 18 269 和 16 127。这两个数字的平均值为 17 198。

以下是预测 2022 年 N_Applications 值的计算。

$$N_{Applications} = -890.71 + 5544.96\times0.364 + 0.91\times17\ 198 = 16\ 777.83$$

当然，读者不必自己做这样的计算，我们这样做只是出于讲解的需要。

可以使用所有 scikit-learn 预测模型都附带的.predict()函数来完成该计算。图 6.7 显示了如何做到这一点。

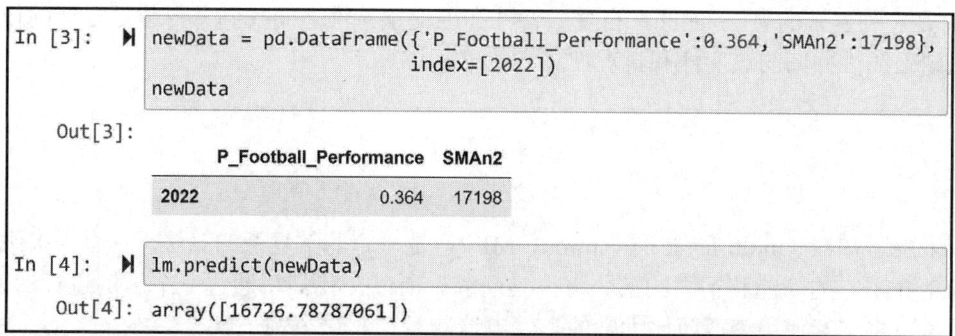

```
In [3]:  newData = pd.DataFrame({'P_Football_Performance':0.364,'SMAn2':17198},
                             index=[2022])
         newData
Out[3]:
```

	P_Football_Performance	SMAn2
2022	0.364	17198

```
In [4]:  lm.predict(newData)
Out[4]:  array([16726.78787061])
```

图 6.7　使用.predict()函数计算密西西比大学 2022 年的申请数量

可以看到，图 6.7 中的编程计算和我们的手动公式计算有一些区别。手动计算的值为 16 777.82，而编程计算的结果则是 16 726.78。造成这种差异的原因是手动计算时进行了四舍五入，而.predict()函数得出的值 16 726.78 更准确。

注意：

通常而言，线性回归和回归分析是一个非常成熟的分析领域。有许多评估方法和过程来确保我们创建的模型具有良好的质量。本书不会涉及这些概念，因为本章的目标是介绍可能需要数据预处理的技术。通过了解这些技术的机制，读者将能够更有效地执行数据预处理。

现在我们已经完成了该项预测，可以回过头来看看线性回归的工作原理。在这里，线性回归实现了以下两个目标。

（1）线性回归利用其通用线性公式来寻找自变量特性和因变量特性之间的关系。每个自变量特性的 β 系数告诉用户自变量特性如何与因变量特性相关。例如，SMAn2 的系数 $\beta 2$ 为 0.91。这意味着即使密西西比大学橄榄球队输掉了所有比赛（这使得 N_Football_Performance 的值为零），明年的学生申请数量也将是一个公式：−890.71+0.91×SMan2。

（2）线性回归公式将估计的关系封装在一个公式中，可用于未来的观察。

这两个方面，即关系的提取和估计以及为未来数据对象的估计封装公式，对于任何预测模型的正确工作都是必不可少的。

线性回归的可取之处在于它看待和处理这些问题的简单性。这种简单性有助于理解线性回归的工作原理并理解它提取的模式。但是，如果自变量特性和因变量特性之间的关系更加复杂，或者二者之间属于非线性的关系，那么线性回归这样的简单工具可能就无能为力了。

因此，接下来我们将简要介绍另一种预测算法，它位于和线性回归相反的另一端。MLP 是一种复杂的算法，能够在自变量特性和因变量特性之间找到并封装更复杂的模式，但它缺乏线性回归的透明性和直观性。

6.4 MLP

多层感知器（multi-layer perceptron，MLP）是一个非常复杂的算法，它有很多细节，抽象地介绍它的功能和不同的部分将很难理解。所以，我们将通过一个示例进行深入探索。本节将继续使用密西西比大学的学生申请数量预测这个例子。

如前文所述，线性回归使用的是公式，而 MLP 则使用神经元网络将自变量特性连接到因变量特性。图 6.8 显示了此类网络的示例。

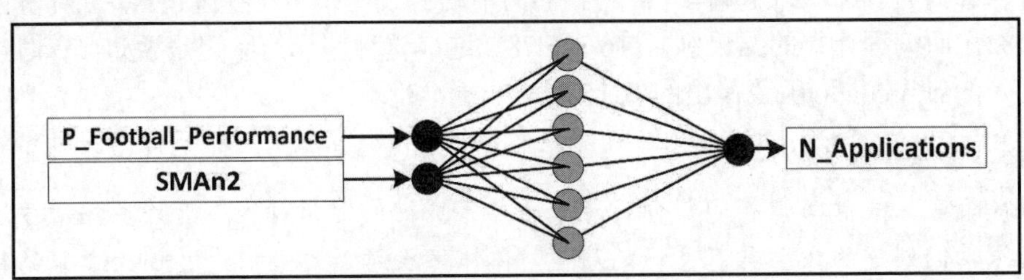

图 6.8　密西西比大学的学生申请数量预测 MLP 网络示例

每个 MLP 网络都有 5 个不同的部分。让我们通过图 6.8 来具体看看这些部分。

- 神经元：图 6.8 中的每个圆圈都称为一个神经元。神经元可以在输入层、输出层和隐藏层中。下文将介绍 3 种树类型的层。
- 输入层：这是一个神经元层，通过它可以将值输入到网络中。在预测任务中，每个自变量特性在输入层中都有一个神经元。在图 6.8 中，可以看到输入层中有两个神经元，一个神经元对应于一个自变量特性。
- 输出层：这也是一个神经元层，神经网络的处理值来自该层。在预测任务中，每个因变量特性在输出层中都有一个神经元。通常情况下，只有一个因变量特性。这也是图 6.8 所示的情况，因为我们的预测任务只有一个因变量特性，所以网络在输出层中也只有一个神经元。
- 隐藏层：这是在输入层和输出层之间的一层或多层神经元。隐藏层的数量和每个隐藏层中的神经元数量可以而且应该根据所需的模型复杂性和计算成本水平进行调整。例如，图 6.8 中只有一个隐藏层，该隐藏层中有 6 个神经元。

- 连接：将一层的神经元连接到下一层的线称为连接（connection）。这些连接从一层到下一个层必须存在；穷举连接意味着左侧层的所有神经元都连接到其右侧层的所有神经元。

现在我们已经了解了上述 MLP 网络的每个部分，接下来，让我们看看如何让 MLP 找到自变量特性和因变量特性之间的关系。

6.4.1　MLP 的工作原理

MLP 的工作原理与线性回归有相似的地方，但也有不同之处。我们先来了解它们的相似性，然后再讨论它们之间的区别。

MLP 和线性回归的相似之处如下。

- 线性回归依靠其结构化公式来捕捉自变量特性和因变量特性之间的关系。MLP 则是依赖其网络结构来捕获相同的关系。
- 线性回归估计的是 β 值，它是一种使用其结构化公式来拟合数据的方法，从而找到自变量特性和因变量特性之间的关系。

  MLP 同样要为其结构上的每个连接估计一个值，以使其拟合数据。这些值称为连接权重（connection's weight）。

  因此，线性回归和 MLP 都是使用数据来更新自己，以便它们可以使用预定义的结构来解释数据。
- 一旦通过数据正确估计了线性回归的 β 值和 MLP 的连接权重，则这两种算法都可以用于预测新情况。

综上所述，这两种算法非常相似；但是，它们也有许多不同之处。具体如下。

- 线性回归算法的结构化公式是固定且简单的，而 MLP 的结构则是可调整的，并且可以设置得非常复杂。从本质上讲，MLP 结构的隐藏层和神经元越多，算法就越能够捕获更复杂的关系。
- 线性回归依赖于经过验证的数学公式来估计 β 值，而 MLP 则必须求助于启发式算法和计算来估计数据的最佳连接权重。

用于估计 MLP 连接权重的最著名的启发式方法称为反向传播（backpropagation，BP）。启发式算法本质上非常简单；但是，对其进行编码并使其正常工作则需要一定的技巧。好的一面是我们不必担心编码的问题，因为可以使用稳定的模块。但是，在了解如何使用这些模块之前，不妨先来了解一下它的简单思路。

6.4.2 反向传播

对于反向传播来说，其工作原理是首先为每个连接权重分配一个介于-1 和 1 之间的随机数。这是完全随机完成的，称为 MLP 的随机初始化（random initialization）。

在 MLP 的随机初始化之后，该算法将能够预测任何输入数据对象的值。当然，这些预测将是错误的。反向传播就是使用这些错误和误差的程度来学习。

每次数据对象公开给 MLP 网络时，MLP 都会预测它的因变量特性。如前文所述，这种预测是错误的，至少在一开始是这样。因此，反向传播将计算每次公开时的网络误差，在网络上则是向后移动，并更新网络的连接权重，这样，如果再次公开相同的数据对象，则误差量会少一点。

数据集中的所有数据对象将多次公开给神经网络。每次所有数据对象都公开在 MLP 网络中时，称之为一个学习时期（epoch of learning）。反向传播使网络经历了足够多的学习时期，因此该网络的总体误差量是可以接受的。

现在我们对 MLP 及其估计连接权重的主要启发式有了大致的了解，接下来，让我们一起看一个使用 scikit-learn 模块通过 MLP 执行预测任务的示例。

6.4.3 应用 MLP 进行回归分析的示例

要使用 scikit-learn 模块实现 MLP，需要采取与线性回归相同的 4 个步骤，具体如下。

（1）指定自变量特性和因变量特性。

（2）创建两个单独的数据集：data_X 和 data_y。

（3）创建模型并引入数据。

（4）预测。

以下代码片段显示了将这 4 个步骤应用于密西西比大学新学年的学生申请数量问题。它显示了首先从 sklearn.neural_network 模块导入的 MLPRegressor 类。

```
from sklearn.neural_network import MLPRegressor
X = ['P_Football_Performance','SMAn2']
y = 'N_Applications'
data_X = msu_df[X]
data_y = msu_df[y]
mlp = MLPRegressor(hidden_layer_sizes=6, max_iter=10000)
mlp.fit(data_X, data_y)
mlp.predict(newData)
```

该代码与前面示例中用于线性回归的代码几乎相同，只是有一些细微的变化。让我们来简单比较一下。

- 我们没有使用 LinearRegression()创建 lm，而是使用 MLPRegressor()创建了 mlp。
- LinearRegression()函数不需要任何输入，因为线性回归是一种没有超参数的简单算法。但是，MLPRegressor()则至少需要以下两个输入。
  - hidden_layer_sizes=6：该输入可指定网络结构。数字 6 表示隐藏层有 6 个神经元。这与图 6.8 中的网络设计是一致的。
  - max_iter=10000：该输入指定在模块放弃学习、达成收敛之前至少需要 10 000 个时期（epoch）的学习。

如果读者成功运行几次上述代码，则将观察到以下两个总体趋势。

- 代码每次都会为 newData 输出一个略有不同的预测，但值都在 18 000 左右。
- 在某些运行中，代码也可能会产生警告。该警告是：即使经过 10 000 个时期的学习，MLP 算法也无法收敛。

接下来，让我们仔细讨论一下这两个趋势。

6.4.4　MLP 每次运行都会获得不同的预测结果

让我们来看看第一个观察结果：代码每次都会为 newData 输出一个稍有不同的预测，但值都在 18 000 左右。

MLP 是一种基于随机的算法。你应该还记得我们之前解释过的反向传播学习，每次初始化网络时，都会为每个连接分配一个介于-1 和 1 之间的随机数。然后更新这些值，以便网络更好地拟合数据；但是，由于其初始化值是随机的，因此结果也会有所不同。

另一方面，虽然基于随机模型会产生不同的结论，但它们也有一致的地方，那就是最终获得的值都在 18 000 左右。这表明基于随机的过程能够在数据中找到相似且有意义的模式。

6.4.5　MLP 算法无法收敛

现在让我们讨论第二个观察结果：在某些运行中，代码也可能会产生警告。该警告是，即使经过 10 000 个时期的学习，MLP 算法也无法收敛。

由于我们永远不知道基于随机的算法何时会收敛，因此必须对学习的时期数设置一个上限。事实上，拥有 10 000 个时期的学习是非常高的，之所以能设置这么高的时期数，是因为该数据只有 16 个数据对象。MLPRegressor()的 max_iter 的默认值为 200。这意味着如果没有指定 max_iter=10000 超参数，则函数将假定 max_iter=200。在这种情况下，意味着算法不会更频繁地收敛，并且其结论将不太一致。读者可以自行尝试并观察上述模式。

注意：

MLP 是一种非常复杂而灵活的算法；本节仅讨论了它的两个超参数（hidden_layer_sizes 和 max_iter），但它其实还有更多超参数。要成功使用 MLP，需要先对其进行调整。所谓“对算法进行调整”就是找到最适合数据集的超参数。本节不会讨论如何调整 MLP，因为我们的重点是数据预处理，对算法只要有一个基本的了解即可。

此外，与线性回归一样，在实现 MLP 之前应严格评估其有效性和可靠性。出于同样的原因，本书也不会讨论这些概念和技术。

6.5 小　　结

本章讨论了使用数据进行预测的基本概念和技术。

我们将预测分为：① 预测数值；② 预测事件和标签。

在数据挖掘任务中，术语预测（prediction）用于预测数值，而分类（classification）则用于预测事件和标签。本章介绍了预测，第 7 章将介绍分类。

在继续阅读之前，需要花一些时间完成以下练习以巩固学习成果。

6.6 练　　习

（1）MLP 有可能创建比线性回归更准确的预测模型。这种说法大体上是正确的。本练习将探究该说法被视为正确的原因之一。请回答下列问题。

① 下面的公式显示了我们用来连接密西西比大学新学年的学生申请数量问题的因变量特性和自变量特性的线性公式。计算并报告该线性回归可以使用的系数，以将该公式拟合到数据中。

$$\text{N\_Applications} = \beta_0 + \beta_1 \times \text{P\_Football\_Performance} + \beta_2 \times \text{SMA2}$$

② 图 6.8 显示了用来连接密西西比大学新学年的学生申请数量问题的因变量特性和自变量特性的 MLP 网络结构。计算并报告 MLP 网络可以使用的连接权重，以使该网络拟合到数据中。

③ 使用①和②中的答案来说明为什么 MLP 神经网络在创建更准确的预测模型方面

具有更大的潜力。

（2）本练习将使用 ToyotaCorolla_preprocessed.csv 数据集。该数据集包含以下列。

- Age（车龄）。
- Mileage_KM（公里数）。
- Quarterly_Tax（季度税）。
- Weight（车辆自重）。
- Fuel_Type_CNG（燃料类型：压缩天然气）。
- Fuel_Type_Diesel（燃料类型：柴油）。
- Fuel_Type_Petrol（燃料类型：汽油）。
- Price（价格）。

该数据集中的每个数据对象都是一辆二手丰田卡罗拉汽车。我们想要使用该数据集来预测二手丰田卡罗拉汽车的价格。

① 将数据读入 car_df Pandas DataFrame。

② 使用在第 5 章“数据可视化”中学到的技能来进行数据可视化，以显示 Price（价格）特性与其余特性之间的关系。

③ 使用②中的可视化效果来描述每个特性与 Price（价格）特性的关系。

④ 为所有特性创建一个相关矩阵，并报告你在②和③中调查的关系的相关值。

⑤ 你在②和③中进行的目视调查是否在④中得到确认？对于哪些类型的特性，③的结论在④中没有得到证实？

⑥ 执行线性回归来预测 Price（价格）特性的值。使用检测到的所有与 Price（价格）特性有实质关系的特性作为自变量特性。预测具有以下规格的汽车的价格。

Age（车龄）：74 个月；Mileage_KM（公里数）：124 057；Quarterly_Tax（季度税）：69；Weight（车辆自重）：1050。汽车燃料类型是汽油。

⑦ 实现 MLP 算法来预测 Price（价格）特性。使用在⑥中使用的所有特性，并预测⑥ 中提供的同一辆车的价格。

在一个隐藏层中使用 15 个神经元（hidden_layer_sizes），并将 max_iter 设置为 100。

⑧ 按照⑥中指定的特性，该车的实际价格为 7950。现在读者可以比较哪个算法执行了更好的预测。

第 7 章　分　　类

在第 6 章“预测”中讨论了如何预测数值，本章则把注意力转向预测分类值。本质上，它就是分类：预测未来的分类值。预测的重点是估计未来的一些数值，而分类则是预测未来事件是否会发生。例如，本章将讨论分类如何预测个人是否会拖欠贷款。

本章还将讨论预测和分类之间的异同，并介绍两种最著名的分类算法：决策树（decision tree）和 k 近邻查询（k-nearest neighbor，KNN）。

本章提供了对分类算法的基本理解，并演示了如何使用 Python 完成分类算法，但是，本章不是对于分类问题的全面讨论。相反，我们仅专注于其基本概念，重点仍然是为数据预处理做好准备。

本章包含以下主题。

- 分类模型。
- KNN。
- 决策树。

7.1　技 术 要 求

在本书配套的 GitHub 存储库中可以找到本章使用的所有代码示例以及数据集，具体网址如下。

https://github.com/PacktPublishing/Hands-On-Data-Preprocessing-in-Python/tree/main/Chapter07

7.2　分 类 模 型

在第 6 章“预测”中，详细介绍了预测建模。分类就是一种预测建模，具体来说，分类也是一种回归分析，只不过其中的因变量特性是分类值而不是数值。

尽管分类是预测建模的一个子集，但由于其非常有用，因此也成为数据挖掘最受关注的领域之一。今天，在现实世界中的许多机器学习（machine learning，ML）解决方案的核心都是分类算法。尽管其具有广泛的应用和复杂的算法，但分类的基本概念仍是相当简单的。

和预测一样，分类也需要指定自变量特性（predictor）和因变量特性（target）。一旦知道了这些特性并且有一个包含这些特性的数据集，即可使用分类算法。

分类算法和预测算法一样，需要寻找自变量特性和因变量特性之间的关系，这样就可以通过新数据对象的自变量特性的值来猜测（分类）新数据对象的类别。

接下来，让我们通过一个示例来理解这些抽象的概念。

7.2.1　分类模型的设计示例

当你申请贷款时，分类算法将在你是否能获得贷款方面发挥重要作用。实际案例中使用的分类模型往往非常复杂，具有许多自变量特性。但是，这些算法依赖的两个最重要的信息就是你的收入和信用评分。

在这里，我们将介绍这些复杂分类的简单版本。图 7.1 中显示的分类模型设计示例使用了 Income（收入）和 Credit Score（信用评分）作为自变量特性，它将对申请人是否会拖欠还款进行分类。Default?（是否会违约？）二元特性就是该分类模型设计中的因变量特性。

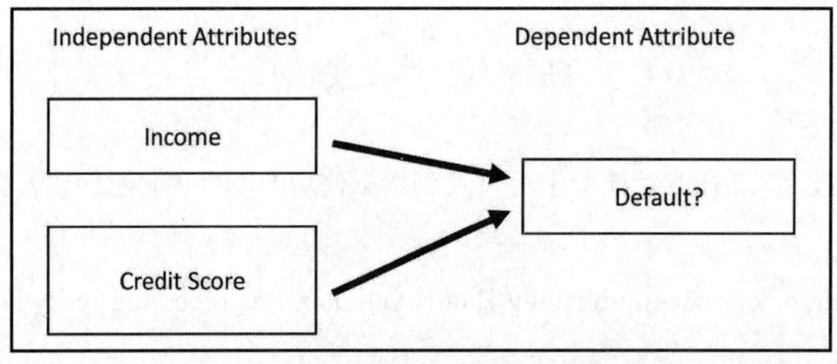

图 7.1　贷款申请问题的分类设计

原　文	译　文
Independent Attributes	自变量特性
Dependent Attribute	因变量特性

如果将图 7.1 与图 6.4 进行比较，那么读者可能会说预测和分类之间几乎没有区别；这样说倒也不算全错。预测和分类确实几乎相同，但有一个很简单的区别：分类的因变量特性是分类的，而预测的因变量特性是数字的。对于这两种数据挖掘任务，这种微小

的区别却能导致算法和分析上的大幅变化。

7.2.2　分类算法

目前，有许多经过充分研究、设计和开发的分类算法。事实上，分类算法比预测算法要多。随便举几个例子，如 k 近邻查询（k-nearest neighbor，KNN）、决策树（decision tree，DT）多层感知器（multi-layer perceptron，MLP）、支持向量机（support vector machine，SVM）和随机森林（random forest）等。

其中一些算法既可用于预测，也可用于分类。例如，在第 6 章“预测”中，我们就介绍了 MLP；虽然 MLP 本质上是为预测任务而设计的，但可以对其进行修改，以便它也可以成功处理分类问题。另一方面，决策树算法本质上是为分类而设计的，但也可以对其进行修改以解决预测问题。

本章将简要介绍其中两种算法：KNN 和决策树。

7.3　KNN

KNN 是最简单的分类算法之一，几乎所有介绍分类算法的文章或图书都会从它开始讲起。简单来说，KNN 就是从训练数据集中找到新数据对象的 K 个最近邻，并使用这些数据对象的标签来给新数据对象分配可能的标签。

接下来，我们通过示例来具体了解一下 KNN。

7.3.1　使用 KNN 进行分类的示例

我们将继续研究之前介绍的贷款申请问题。在完成分类设计后，可以将 Income（收入）和 Credit Score（信用评分）指定为自变量特性，Default?（是否会违约？）作为因变量特性。图 7.2 显示了一个可以支持这种分类设计的数据集。该数据集来自 CustomerLoan.csv 文件。

现在，假设我们要使用上述数据来为年收入为 98 487 美元且信用评分为 785 的客户是否会拖欠贷款进行分类。

由于本示例仅包含 3 个维度，因此可以通过可视化的方式来执行和理解 KNN 算法。图 7.3 一目了然地展示了我们想要解决的分类问题。

	income	score	default
0	78479	800	NO
1	95483	801	NO
2	101641	815	NO
3	104234	790	NO
4	108726	795	NO
5	112845	750	NO
6	114114	799	NO
7	114799	801	NO
8	119147	805	NO
9	119976	790	NO
10	84519	740	Yes
11	86504	753	Yes
12	89292	750	Yes
13	93941	706	Yes
14	97262	777	Yes
15	102658	680	Yes
16	103760	740	Yes
17	104451	730	Yes
18	107388	789	Yes
19	107400	690	Yes

图 7.2　CustomerLoan.csv 文件

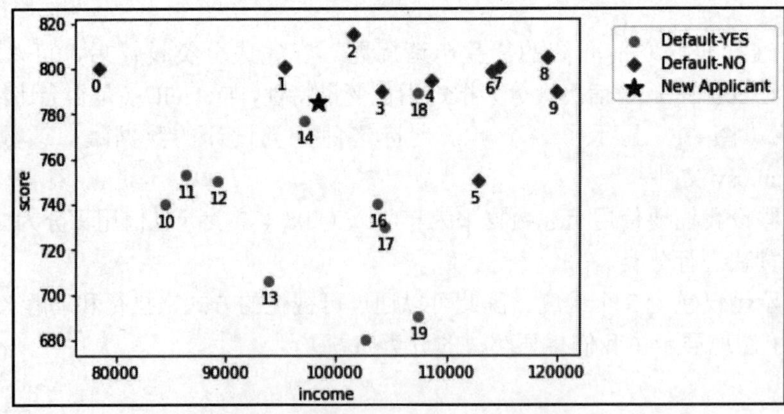

图 7.3　贷款申请问题的可视化结果

原　文	译　文	原　文	译　文
Default-YES	还贷违约	New Applicant	新申请贷款者
Default-NO	不违约		

执行 KNN 的第一步是确定 K 值。基本上，我们需要确定希望作为分类依据的最近邻居的数量。本示例假设使用 K=4。

调整 KNN 算法：

与许多其他数据挖掘算法类似，要成功使用 KNN 进行分类，需要调整算法。调整 KNN 意味着找到最佳的 K 数量，这将使 KNN 在每个案例研究中都达到最佳性能。本书不会在学习算法时介绍调优，我们的主要目的还是为了执行更成功的数据预处理。

当 K=4 时，可以很容易地通过图 7.3 看到，新申请贷款者（年收入为 98 487 美元且信用评分为 785 的客户）的 4 个最近邻居是数据对象 1、2、3 和 14。因为有四分之三的最近数据对象的标签为 Default -NO（不违约），所以可将新的申请人归类为 Default-NO（不违约）。

虽然 KNN 就其机制而言如此简单，但创建一个实现该算法的计算机程序却十分困难。这是为什么？有以下 3 个原因。

- 本示例是为了阐释 KNN 的机制，因此使用了一个只有 3 个维度的例子。使用散点图和颜色，即可清晰显示问题并总结需要处理的所有数据。但是现实世界的问题可能远不止 3 个维度。
- 虽然人类能够目视并找到最近的邻居，但计算机不能仅仅“看到”哪些是最近的邻居。计算机程序需要计算新数据对象与数据集中所有数据对象之间的距离，以便找到 K 最近邻。
- 如果出现平局会怎样？例如，在图 7.3 中，我们目前看到的 4 个最近邻居是数据对象 1、2、3 和 14，其中 14 是还贷违约者，所以可以轻松将新的申请人归类为 Default-NO（不违约），但如果 3 也是还贷违约者呢？该如何处理？

对我们来说，好消息是不需要担心任何这些问题，因为我们可以简单地使用包含此算法的可靠模块。数据分析师可以从 sklearn.neighbors 模块中导入 KNeighborsClassifier 并将其应用到当前示例中。

7.3.2　数据归一化

在可以应用 KNN 算法之前，还需要解决以下两个问题。

（1）如果从未在 Anaconda Navigator 上使用过 sklearn 模块，则必须安装它。运行以下代码将安装该模块。

```
conda install scikit-learn
```

（2）对数据进行归一化（normalize）。这是一个数据预处理的概念，下文在深入了解它时会进行详细介绍，在这里可以先简单讨论一下它的必要性。

在应用 KNN 之前需要对数据进行归一化的原因是：通常情况下，自变量特性的尺度相互是不同的，如果数据未归一化，则数字较大的特性最终会在 KNN 算法的距离计算中更重要，有效地抵消了其他自变量特性的作用。在本示例中，income（收入）的取值范围是 78 479～119 976，而 score（信用评分）的取值范围是 680～815。如果要使用这些尺度计算数据对象之间的距离，那么相比于收入来说，信用评分根本就不重要。

因此，为了避免特性的尺度影响算法的机制，必须在使用 KNN 之前对数据进行归一化。当一个特性被归一化时，它的值将被转换，以便更新的特性范围变成 0～1，而不影响特性在数据对象之间的相对差异。

以下代码可以将 CustomerLoan.csv 文件读入到 application_df DataFrame 中，并在 application_df 中创建两个新列，它们是原始数据中两列的规一化转换结果。

```
applicant_df = pd.read_csv('CustomerLoan.csv')
applicant_df['income_Normalized'] = (applicant_df.income
- applicant_df.income.min())/(applicant_df.income.max() -
applicant_df.income.min())
applicant_df['score_Normalized'] = (applicant_df.score
- applicant_df.score.min())/(applicant_df.score.max() -
applicant_df.score.min())
```

上述代码使用以下公式创建了两个新列。

$$\text{归一化值}=\frac{\text{原始值}-\text{最小值}}{\text{最大值}-\text{最小值}}$$

前面的代码已经使用上述公式将 income（收入）列转换为 income_Normalized 列，将 score（信用评分）转换为 score_Normalized 列。图 7.4 显示了此数据转换的结果。

读者可以花点时间研究一下图 7.4。具体来说，就是对比一下 income（收入）列和 score（信用评分）列与其归一化之后的版本（income_Normalized 列和 score_Normalized 列）之间的关系。读者会注意到原始特性下的值与其归一化版本之间的相关距离和顺序都不会改变。要明白这一点，需要在原始特性及其归一化版本中找到最小值和最大值，并研究它们。

注意，图 7.4 中最后一行的数据就是我们要分类的新贷款申请者。

	income	score	default	income_Normalized	score_Normalized
0	78479	800	NO	0.000000	0.888889
1	95483	801	NO	0.409765	0.896296
2	101641	815	NO	0.558161	1.000000
3	104234	790	NO	0.620647	0.814815
4	108726	795	NO	0.728896	0.851852
5	112845	750	NO	0.828156	0.518519
6	114114	799	NO	0.858737	0.881481
7	114799	801	NO	0.875244	0.896296
8	119147	805	NO	0.980023	0.925926
9	119976	790	NO	1.000000	0.814815
10	84519	740	Yes	0.145553	0.444444
11	86504	753	Yes	0.193387	0.540741
12	89292	750	Yes	0.260573	0.518519
13	93941	706	Yes	0.372605	0.192593
14	97262	777	Yes	0.452635	0.718519
15	102658	680	Yes	0.582669	0.000000
16	103760	740	Yes	0.609225	0.444444
17	104451	730	Yes	0.625877	0.370370
18	107388	789	Yes	0.696653	0.807407
19	107400	690	Yes	0.696942	0.074074
20	98487	785	NaN	0.482155	0.777778

图 7.4　转换后的 applicant_df DataFrame

7.3.3　应用 KNN 算法

现在数据已经准备好了，可以应用 sklearn.neighbors 中的 KneighborsClassifier 模块来进行预测。可以分 4 个步骤执行此操作，具体如下。

（1）导入 KneighborsClassifier 模块。

```
from sklearn.neighbors import KNeighborsClassifier
```

（2）指定自变量特性和因变量特性。以下代码可以将自变量特性保留在 X 中，将因变量特性保留在 y 中。

请注意删除数据的最后一行，因为这是我们要对其执行预测的数据行。.drop(index=[20]) 部分将处理这种删除操作。

```
predictors = ['income_Normalized','score_Normalized']
target = 'default'
Xs = applicant_df[predictors].drop(index=[20])
y= applicant_df[target].drop(index=[20])
```

（3）创建一个 KNN 模型，将数据拟合到其中。以下代码显示了这是如何完成的。

```
knn = KNeighborsClassifier(n_neighbors=4)
knn.fit(Xs, y)
```

（4）现在，knn 已准备好对新的数据对象进行分类。以下代码显示了如何分离数据集的最后一行并使用 knn 对其进行预测。

```
newApplicant = pd.DataFrame({'income_Normalized':
applicant_df.iloc[20].income_Normalized,'score_Normalized':
applicant_df.iloc[20].score_Normalized},index = [20])
predict_y = knn.predict(newApplicant)
print(predict_y)
```

如果将前面的 4 个代码片段放在一起，则可以获得如图 7.5 所示的输出，其中还报告了对 newApplicant 的预测结果。

```
In [7]:  from sklearn.neighbors import KNeighborsClassifier

         predictors = ['income_Normalized','score_Normalized']
         target = 'default'

         Xs = applicant_df[predictors].drop(index=[20])
         y= applicant_df[target].drop(index=[20])

         knn = KNeighborsClassifier(n_neighbors=4)
         knn.fit(Xs, y)

         newApplicant = pd.DataFrame({'income_Normalized':
                                      applicant_df.iloc[20].income_Normalized,
                                      'score_Normalized':
                                      applicant_df.iloc[20].score_Normalized},
                                     index = [20])
         predict_y = knn.predict(newApplicant)
         print(predict_y)

         ['NO']
```

图 7.5　使用 sklearn.neighbors 进行分类

图 7.5 中的输出结果，即 newApplicant 的分类，证实了前面我们解释 KNN 时得出的结论：KNN 会将该申请人分类为不违约者。

到目前为止，读者已经了解了分类模型，还理解了 KNN 算法的工作原理，以及如何从 sklearn.neighbors 模块中获取 KneighborsClassifier，以将 KNN 应用于数据集。接下来，让我们看看另一种分类算法：决策树。

7.4　决　策　树

和 KNN 算法一样，决策树算法也可以进行分类，但它们处理分类任务的方式有很大的不同。KNN 会找到最相似的数据对象进行分类，而决策树则是首先使用树状结构汇总数据，然后使用该结构执行分类。

让我们通过一个具体示例来了解决策树。

7.4.1　使用决策树进行分类的示例

使用 sklearn.tree 中的 DecisionTreeClassifier，即可将决策树算法（decision tree algorithm）应用于 applicant_df。使用决策树所需的代码几乎与 KNN 相同。我们先来看看代码，然后解释它们之间的异同。

```
from sklearn.tree import DecisionTreeClassifier
predictors = ['income','score']
target = 'default'
Xs = applicant_df[predictors].drop(index=[20])
y= applicant_df[target].drop(index=[20])
classTree = DecisionTreeClassifier()
classTree.fit(Xs, y)
predict_y = classTree.predict(newApplicant)
print(predict_y)
```

上述代码与 KNN 代码有两处不同。具体如下。

- 由于其工作原理的不同，决策树不需要对数据进行归一化，这就是在 predictors = ['income','score']这一行代码使用原始特性的原因。而 KNN 使用的则是归一化版本。
- 很明显，决策树使用的是 DecisionTreeClassifier()而非 KneighborsClassifier()。此外，这里的分类模型命名为 classTree，而 KNN 中的分类模型则是 knn。

注意：

读者可能已经注意到，在 Python 中任何预测模型（预测和分类）的代码都非常相似。以下是每个模型都可以采用的一般性步骤。

（1）导入包含要使用的算法的模块。

（2）将数据分为自变量特性和因变量特性。

（3）使用导入的模块创建一个模型。

（4）使用创建模型的.fit()函数将数据拟合到模型中。

（5）使用.predict()函数来预测新数据对象的因变量特性。。

7.4.2 预测结果比较

如果成功运行上述代码，读者将看到决策树与 KNN 不同，它会将 newApplicant 分类为 YES（还贷违约）。为什么会出现这种区别？让我们看看 DecisionTreeClassifier()为得出这个结论而创建的树状结构。为此，可以使用 sklearn.tree 模块中的 plot_tree()函数。尝试运行以下代码来绘制该树状结构。

```
from sklearn.tree import plot_tree
plot_tree( classTree,
           feature_names=predictors,
           class_names=y.unique(),
           filled=True,
           impurity=False)
```

上述代码将输出如图 7.6 所示内容。

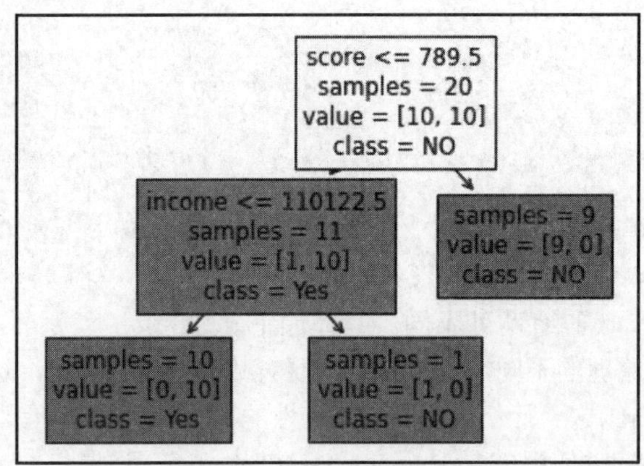

图 7.6　使用 sklearn.neighbors 进行分类

图 7.6 中的输出将直观地告诉读者为什么决策树会得出与 KNN 不同的结论。从顶部节点开始，将数据集分为两组：score（信用评分）高于 789.5 的数据对象和 score 低于该截止值的数据对象。所有信用评分高于 789.5 的数据对象都标记为 NO-default（不违约）；因此，决策树得出的结论是，如果申请人的分数高于 789.5，则应将其归类为 NO。

由于 newApplicant 的信用评分为 785，因此该规则不适用于该数据对象。要根据这种树状结构查找数据对象的类，还需要深入该结构。

从该树状结构中，我们看到信用评分低于 789.5 且收入低于 110 122.5 的数据对象已经拖欠贷款。因此，决策树到达了它所需要的规则，即当申请人信用评分低于 789.5 且收入低于 110 122.5 时，应将其归类为 YES。由于 newApplicant 的信用评分和收入都低于这些截止值，因此决策树的结论是 YES。

决策树算法的调整：

与 KNN 算法一样，决策树也需要调整以充分发挥其潜力。事实上，与 KNN 相比，决策树需要更多的调整，因为决策树有更多可以调整的超参数。

当然，出于与 KNN 相同的原因，本书不会介绍如何为其调优。。

由此可见，决策树的工作方式也很简单——决策树在不同的阶段一次又一次地将数据集分成两个部分，使用一个自变量特性，直到数据的所有部分都是纯粹的。纯粹意味着该段中的所有数据都属于同一类。

在结束本章之前，让我们花点时间讨论一下为什么这两种算法会得出不同的结论。

首先，我们需要了解，当两种不同的算法对同一个数据对象得出不同的结论时，这表明对该数据对象的分类很困难，同时也意味着该数据中可能存在数据对象的不同分类模式。

其次，由于这些算法具有不同的模式识别和决策方式，因此在算法得出不同结论时，可以按不同的方式对模式进行优先级排序。

7.5　小　　结

本章详细阐释了分类模型的基本概念和技术。具体来说，我们了解了分类和预测之间的区别，还介绍了两种著名的分类算法，并通过示例深入理解了它们。

第 8 章将介绍另一个重要的分析任务：聚类分析。我们将使用著名的 K-Means 算法来解释更多关于聚类的信息，并提供了一些示例。

在继续阅读之前，需要花一些时间完成以下练习以巩固学习成果。

7.6　练　　习

（1）本章断言，在使用 KNN 之前，需要对自变量特性进行归一化处理。这当然是对的，但是，当我们通过可视化结果肉眼执行 KNN 时，为什么能够在没有进行归一化的情况下获得相同的结论呢？（见图 7.3）

（2）在将决策树应用于贷款申请问题时，我们并没有对数据进行归一化。为了练习和更深入的理解，现在可以将决策树应用于归一化数据，并回答以下问题。

① 决策树的结论是否改变了？这是为什么？用算法的机制来解释。

② 决策树的树状结构是否发生了变化？以什么方式？这种变化是否对树状结构的使用方式产生了有意义的影响？

（3）本练习将使用 Customer Churn.csv 数据集。该数据集是从一家伊朗电信公司的数据库中随机收集的 12 个月内的数据。总共 3150 行，每行代表一个客户，包含 9 列信息。此数据集中的特性如下。

- Call Failure（呼叫失败）：呼叫失败的次数。
- Complaints（投诉）：二进制值（0：无投诉；1：投诉）。
- Subscription Length（订阅时长）：订阅总月数。
- Seconds of Use（使用秒数）：通话总秒数。
- Frequency of Use（使用频率）：通话总数。
- Frequency of SMS（短信频率）：短信总数。
- Distinct Called Numbers（不同被叫号码）：不同电话的总数。
- Status（状态）：二进制值（1：活动；0：非活动）。
- Churn（流失）：二进制值（1：流失；0：非流失）——类标签。

除 Churn（流失）特性之外的所有其他特性都是前 9 个月的汇总数据。Churn（流失）标签是客户在 12 个月末的状态。3 个月是指定的计划间隔。

在获得上述数据之后，我们想使用该数据集来预测以下客户是否会在 3 个月内流失。

Call Failure（呼叫失败）：8。

Complaints（投诉）：1。

Subscription Length（订阅时长）：40。

Seconds of Use（使用秒数）：4472。

Frequency of Use（使用频率）：70。

Frequency of SMS（短信频率）：100。

Distinct Called Numbers（不同被叫号码）：25。

Status（状态）：1。

为此，请执行以下步骤。

① 将数据读入 Pandas customer_df DataFrame。

② 使用在第 5 章“数据可视化”中掌握的技能，对数据进行可视化，显示 Churn（流失）特性与其他特性之间的关系。

③ 使用步骤②中的可视化结果来描述每个特性与 Churn（流失）特性的关系。

④ 执行 KNN 以使用与 Churn（流失）有关系的所有特性来预测上述客户是否会流失。需要先归一化数据吗？使用 K=5。

⑤ 重复步骤④，但这次使用 K=10。结论会一样吗？

⑥ 现在使用决策树算法进行分类。需要归一化数据吗？使用 max_depth=4。决策树算法的结论和 KNN 算法的结论有区别吗？

max_depth 是决策树算法的超参数，用于控制学习的深度。分配的数字是从树根开始的最大拆分数。

⑦ 画出决策树的树状结构并解释该决策树是如何得出它的结论的。

第8章 聚类分析

现在读者已进入本书第2篇的最后一章。聚类分析（clustering analysis）是另一种有用且流行的模式识别工具。

如前文所述，在执行分类或预测时，算法会找到有助于在自变量特性和因变量特性之间建立关系的模式。但是，聚类分析没有因变量特性，因此它在模式识别中没有此类事项。

聚类是一种算法模式识别工具，没有先验目标。通过聚类，用户可以调查和提取数据集中存在的固有模式。

由于这些差异，分类和预测被称为监督学习（supervised learning，也称为有监督学习），而聚类则被称为无监督学习（unsupervised learning）。

本章将通过示例帮助读者理解聚类分析。然后将介绍最流行的聚类算法：k-means。我们还将执行一些 k-means 聚类分析，并使用质心分析检查聚类输出。

本章包含以下主题。

- 聚类模型。
- k-means 算法。

8.1 技术要求

在本书配套的 GitHub 存储库中可以找到本章使用的所有代码示例以及数据集，具体网址如下。

https://github.com/PacktPublishing/Hands-On-Data-Preprocessing-in-Python/tree/main/Chapter08

8.2 聚类模型

在前面的章节中，我们已经学习了如何在数据分析中执行预测和分类任务，因此本章将学习聚类分析。在聚类中，我们将努力对数据集中的数据对象进行有意义的分组。

接下来，让我们通过一个示例学习聚类分析。

8.2.1 使用二维数据集的聚类示例

在此示例中，我们将使用 WH Report_preprocessed.csv 数据集根据 2019 年名为 Life_Ladder（生活阶梯）和 Perceptions_of_corruption（腐败程度感知）的两个分数对国家/地区进行聚类。

以下代码可将数据读入 report_df 并使用布尔掩码将数据集预处理为 report2019_df，其中仅包含 2019 年的数据。

```
report_df = pd.read_csv('WH Report_preprocessed.csv')
BM = report_df.year == 2019
report2019_df = report_df[BM]
```

上述代码的结果是我们将获得一个 DataFrame，即 reprot2019_df，它按照提示的要求只包含 2019 年的数据。

由于我们只有两个维度来执行聚类，因此可以利用散点图根据所讨论的两个特性——Life_Ladder（生活阶梯）和 Perceptions_of_corruption（腐败程度感知）来可视化所有国家/地区之间的关系。

可以分两步创建散点图。

（1）创建散点图，具体创建方法见第 5 章“数据可视化”。

（2）遍历 report2019_df 中的所有数据对象，并使用 plt.annotate()对散点图中的每个点进行注释。

```
plt.figure(figsize=(12,12))
plt.scatter(report2019_df.Life_Ladder,
report2019_df.Perceptions_of_corruption)
for _, row in report2019_df.iterrows():
    plt.annotate(row.Name, (row.Life_Ladder,
    row.Perceptions_of_corruption))
plt.xlabel('Life_Ladder')
plt.ylabel('Perceptions_of_corruption')
plt.show()
```

上述代码的输出如图 8.1 所示。

由于该数据只有两个维度，所以可在图 8.1 中根据 Life_Ladder（生活阶梯）和 Perceptions_of_corruption（腐败程度感知）查看彼此相似度更高的国家/地区组。例如，图 8.2 根据之前的散点图圈出了若干个国家/地区组。对于位于多个聚类边界内的国家/地区，可以将它分配到其中一个聚类。

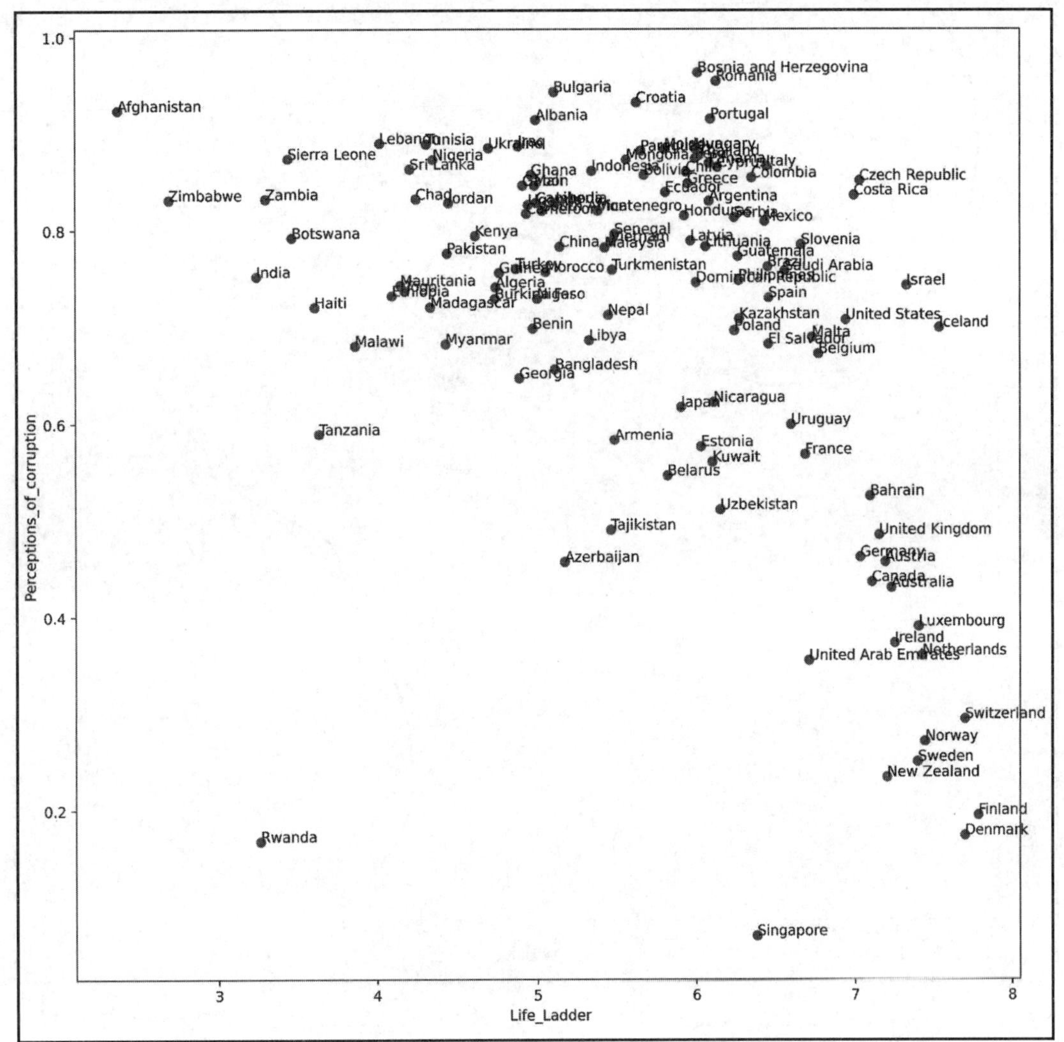

图 8.1　基于 2019 年 Life_Ladder（生活阶梯）和 Perceptions_of_corruption（腐败程度感知）两个幸福指数的国家/地区散点图

在图 8.2 中，可以看到所有国家/地区被有意义地分为 6 个聚类。其中一个聚类只有一个数据对象——Rwanda（卢旺达），这是非洲中东部的一个主权国家。表明该数据对象是基于 Life_Ladder（生活阶梯）和 Perceptions_of_corruption（腐败程度感知）特性的异常值。

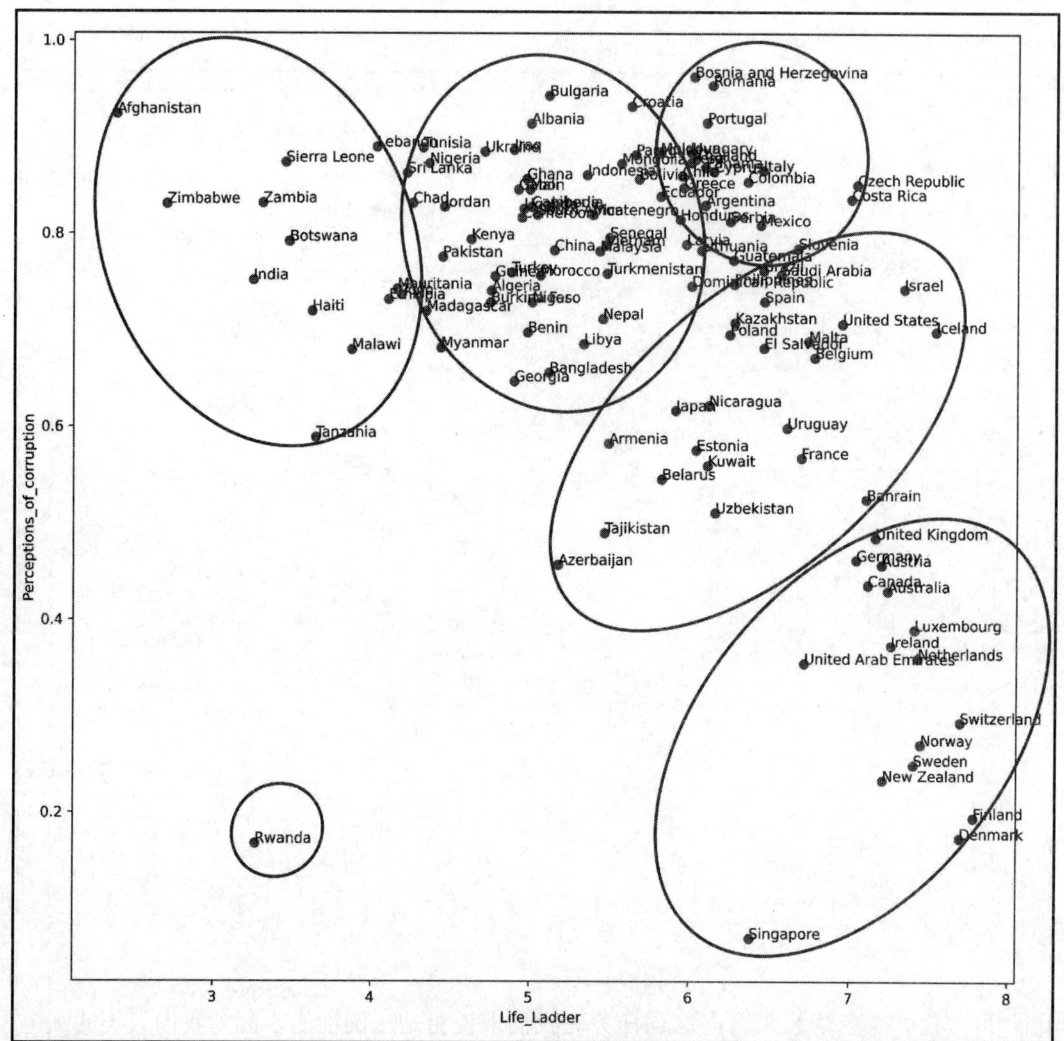

图 8.2　基于 2019 年 Life_Ladder（生活阶梯）和 Perceptions_of_corruption（腐败程度感知）两个幸福指数的国家/地区散点图和聚类

这里的关键术语是有意义的聚类（meaningful cluster）。所以，让我们用这个例子来理解“有意义的聚类”是什么意思。图 8.2 中的 6 个聚类之所以有意义，原因如下。

- ❑ 相同聚类中的数据对象在 Life_Ladder（生活阶梯）和 Perceptions_of_corruption（腐败程度感知）下具有相似的值。
- ❑ 不同聚类中的数据对象在 Life_Ladder（生活阶梯）和 Perceptions_of_corruption

（腐败程度感知）下具有不同的值。

综上所述，“有意义的聚类”是指对聚类进行分组，使相同聚类的成员相似，而不同聚类的成员不同。

在二维上进行聚类时，也就是说我们只有两个特性，聚类的任务很简单，如前面的例子所示。但是，当维度数量增加时，使用可视化方式查看数据模式的能力会降低或变得不可能。

在接下来的示例中，我们将了解当有两个以上特性时可视化聚类的难度。

8.2.2 使用三维数据集的聚类示例

本示例将使用 WH Report_preprocessed.csv 数据集。尝试根据 2019 年名为 Life_Ladder（生活阶梯）、Perceptions_of_corruption（腐败程度感知）和 Generosity（慷慨指数）的 3 个幸福指数对这些国家/地区进行聚类。

以下代码创建了一个散点图，它将使用颜色添加第三个维度。

```
plt.figure(figsize=(12,12))
plt.scatter(report2019_df.Life_Ladder,
            report2019_df.Perceptions_of_corruption,
            c=report2019_df.Generosity,cmap='binary')
plt.xlabel('Life_Ladder')
plt.ylabel('Perceptions_of_corruption')
plt.show()
```

运行上述代码将创建图 8.3。图 8.3 将 Life_Ladder（生活阶梯）可视化为 x 维度，将 Perceptions_of_corruption（腐败程度感知）可视化为 y 维度，并将 Generosity（慷慨指数）可视化为颜色。标记越亮，慷慨得分越低；标记越深，慷慨得分越高。

读者可以尝试使用图 8.3 中的可视化结果，一次根据 3 个特性找到有意义的数据对象聚类。读者可能会毫无头绪，这项任务对我们来说将是压倒性的，因为我们人类的大脑不擅长执行需要同时处理两个以上维度的任务。

图 8.3 没有包括国家/地区名称，因为即使没有它们，我们也很难使用这个图进行聚类。添加国家/地区标签只会让我们更加无从下手。

这个示例的目的不是为了完成它，但我们得出的结论非常重要：当数据有两个以上的维度时，需要依靠数据可视化和大脑以外的工具来进行有意义的聚类。

我们用于执行高维聚类的工具是算法和计算机。有许多不同类型的聚类算法具有不同的工作机制。本章将介绍最流行的聚类算法：k-means。该算法简单、可扩展且对聚类有效。

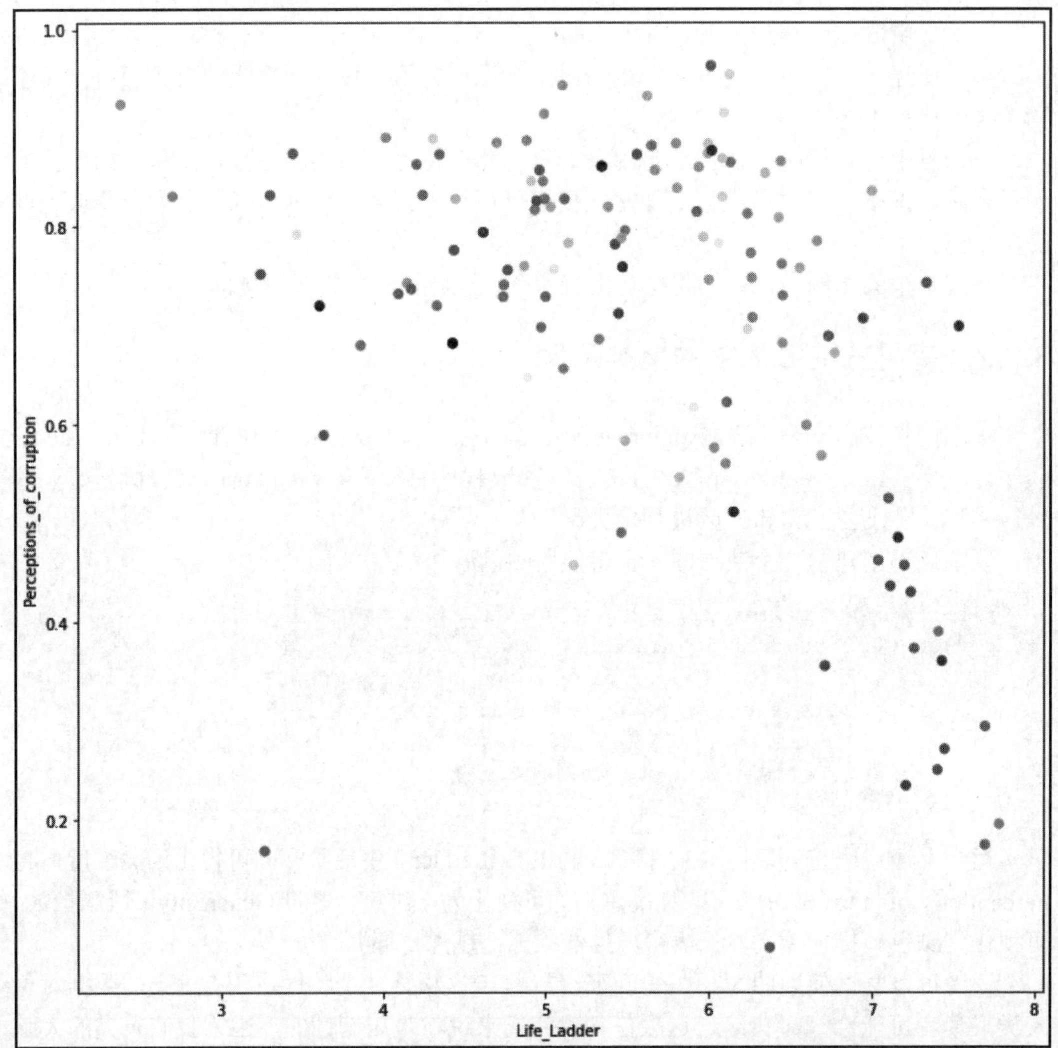

图 8.3　基于 2019 年 Life_Ladder（生活阶梯）、Perceptions_of_corruption（腐败程度感知）和 Generosity（慷慨指数）3 个幸福指数的国家/地区散点图

8.3　k-means 算法

k-means 是一种基于随机的启发式聚类算法。基于随机意味着算法在相同数据上的输出在每次运行时可能不同，而启发式则意味着该算法没有达到最优解。当然，根据经验，

我们知道它提供了一个很好的解决方案。

k-means 将使用一个简单的循环对数据对象进行聚类。图 8.4 显示了该算法执行的步骤，以及启发式在数据中查找聚类的循环。

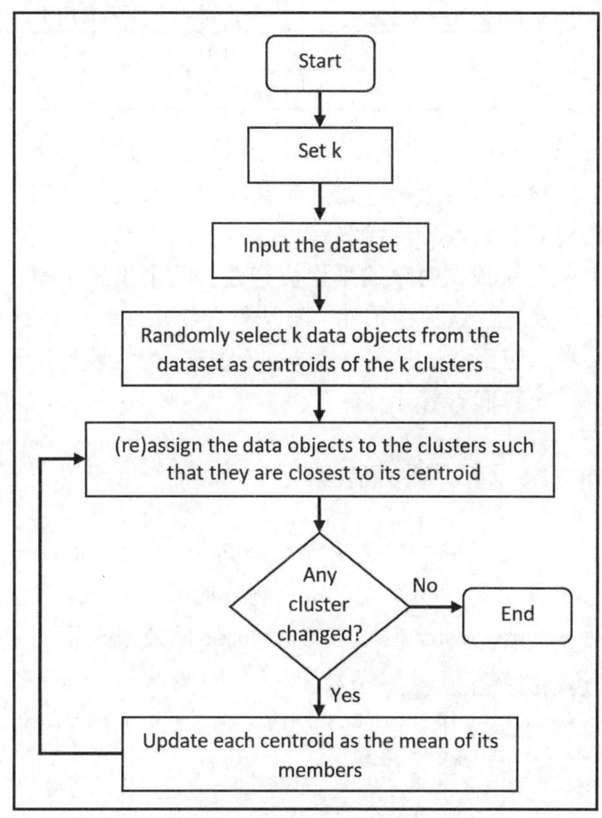

图 8.4　k-means 流程图

原　　文	译　　文
Start	开始
Set k	设置 k 值
Input the dataset	输入数据集
Randomly select k data objects from the dataset as centroids of the k clusters	从数据集中随机选择 k 个数据对象作为 k 个聚类的质心
(re)assign the data objects to the clusters such that they are closest to its centroid	（重新）将数据对象分配给聚类，使它们最接近其质心
Any cluster changed?	是否有任何聚类出现了变化

续表

原　文	译　文
Yes	是
Update each centroid as the mean of its members	将每个质心更新为其成员的平均值
No	否
End	结束

如图 8.4 所示，该算法首先随机选择 k 个数据对象作为聚类质心。然后，将数据对象分配给最接近其质心的聚类。接下来，通过聚类中所有数据对象的平均值更新质心。随着质心的更新，数据对象被重新分配给最接近其质心的聚类。现在，随着聚类的更新，质心将更新为聚类中所有新数据对象的平均值。最后两个步骤不断发生，直到更新质心后聚类中没有变化。一旦达到这种稳定性，算法就会终止。

从编码的角度来看，应用 k-means 算法与应用迄今为止我们所了解的任何其他算法都非常相似。接下来，让我们看看其具体示例。

8.3.1　使用 k-means 对二维数据集进行聚类

本章前面使用了 Life_Ladder（生活阶梯）和 Perceptions_of_corruption（腐败程度感知）两个特性将国家/地区分为 6 个聚类。本示例将使用 k-means 算法确认相同的聚类。

以下代码将使用 sklearn.cluster 模块中的 KMeans 函数来执行此聚类。

```
from sklearn.cluster import KMeans
dimensions = ['Life_Ladder','Perceptions_of_corruption']
Xs = report2019_df[dimensions]
kmeans = KMeans(n_clusters=6)
kmeans.fit(Xs)
```

上述代码分 4 行执行 KMeans 聚类。

（1）dimensions = ['Life_Ladder','Perceptions_of_corruption']：该行代码指定了要用于聚类的数据的特性。

（2）xs = report2019_df[dimensions]：该行代码可将用于聚类的数据分开。

（3）kmeans = KMeans(n_clusters=6)：该行代码创建了一个 k-means 模型，准备将输入的数据划分到 6 个聚类中。

（4）kmeans.fit(Xs)：该行代码可将要聚类的数据集引入到步骤（3）创建的模型中。

成功运行上述代码之后，几乎没有任何反应。但是，我们已经执行了聚类，并且可以使用 kmeans.labels_ 访问每一行的聚类成员。以下代码使用了循环、kmeans.labels_ 和布尔掩码来输出每个聚类的成员。

```
for i in range(6):
    BM = kmeans.labels_==i
    print( 'Cluster {}: {}'.format(
          i,report2019_df[BM].Name.values))
```

图 8.5 将上述两个代码块放在一起，并显示了该代码的输出。

```
In [10]:  from sklearn.cluster import KMeans
          dimensions = ['Life_Ladder','Perceptions_of_corruption']
          Xs = report2019_df[dimensions]
          kmeans = KMeans(n_clusters=6)
          kmeans.fit(Xs)

          for i in range(6):
              BM = kmeans.labels_==i
              print('Cluster {}: {}'.format(i,report2019_df[BM].Name.values))

          Cluster 0: ['Australia' 'Austria' 'Bahrain' 'Canada' 'Denmark' 'Finland' 'G
          ermany'
           'Iceland' 'Ireland' 'Israel' 'Luxembourg' 'Netherlands' 'New Zealand'
           'Norway' 'Sweden' 'Switzerland' 'United Kingdom']
          Cluster 1: ['Albania' 'Algeria' 'Armenia' 'Azerbaijan' 'Bangladesh' 'Benin'
           'Bulgaria' 'Burkina Faso' 'Cambodia' 'Cameroon' 'China' 'Gabon' 'Georgia'
           'Ghana' 'Guinea' 'Indonesia' 'Iraq' 'Liberia' 'Libya' 'Malaysia' 'Mali'
           'Mongolia' 'Montenegro' 'Morocco' 'Nepal' 'Niger' 'Senegal'
           'South Africa' 'Tajikistan' 'Turkey' 'Turkmenistan' 'Uganda' 'Vietnam']
          Cluster 2: ['Argentina' 'Belarus' 'Bolivia' 'Bosnia and Herzegovina' 'Chil
          e'
           'Colombia' 'Croatia' 'Cyprus' 'Dominican Republic' 'Ecuador' 'Estonia'
           'Greece' 'Guatemala' 'Honduras' 'Hungary' 'Japan' 'Kazakhstan' 'Kuwait'
           'Latvia' 'Lithuania' 'Moldova' 'Nicaragua' 'Panama' 'Paraguay' 'Peru'
           'Philippines' 'Poland' 'Portugal' 'Romania' 'Serbia' 'Thailand'
           'Uzbekistan']
          Cluster 3: ['Afghanistan' 'Botswana' 'Haiti' 'India' 'Rwanda' 'Sierra Leon
          e'
           'Tanzania' 'Zambia' 'Zimbabwe']
          Cluster 4: ['Belgium' 'Brazil' 'Costa Rica' 'Czech Republic' 'El Salvador'
          'France'
           'Italy' 'Malta' 'Mexico' 'Saudi Arabia' 'Singapore' 'Slovenia' 'Spain'
           'United Arab Emirates' 'United States' 'Uruguay']
          Cluster 5: ['Chad' 'Ethiopia' 'Jordan' 'Kenya' 'Lebanon' 'Madagascar' 'Mala
          wi'
           'Mauritania' 'Myanmar' 'Nigeria' 'Pakistan' 'Sri Lanka' 'Togo' 'Tunisia'
           'Ukraine']
```

图 8.5　基于 2019 年 Life_Ladder（生活阶梯）和 Perceptions_of_corruption（腐败程度感知）两个幸福指数的 k-means 聚类——原始数据

运行上述代码时，读者可能会得到与图 8.5 中显示的结果不同的输出。如果多次运行相同的代码，则可能每次都会得到不同的输出。

这种不一致的原因是：k-means 是一种基于随机的算法。参考图 8.4 中的 k-means 流程图：k-means 从随机选择 k 个数据对象作为初始质心开始。由于此初始化是随机的，因此输出彼此不同。

尽管输出有所不同，但有很多国家/地区每次都会归入同一个聚类中。例如，United Kingdom（英国）和 Canada（加拿大）每次都在同一个聚类中。这意味着即使 k-means 遵循随机过程，它在数据中也找到了相同的模式。

现在，让我们比较一下使用 k-means 找到的聚类（见图 8.5）和通过可视化方法找到的聚类（见图 8.2）。即使用于聚类的数据是相同的，这些聚类的结果也是不同的。例如，Rwanda（卢旺达）在图 8.2 中是一个异常值，但在图 8.5 中它是某个聚类的成员。为什么会这样？在继续阅读之前，先思考一下这个问题。

以下代码将输出可以帮助读者回答此问题的可视化效果。

```
plt.figure(figsize=(21,4))
plt.scatter(report2019_df.Life_Ladder, report2019_
df.Perceptions_of_corruption)
for _, row in report2019_df.iterrows():
    plt.annotate(   row.Name, (row.Life_Ladder,
                    row.Perceptions_of_corruption),
                    rotation=90)
plt.xlim([2.3,7.8])
plt.xlabel('Life_Ladder')
plt.ylabel('Perceptions_of_corruption')
plt.show()
```

上述代码将产生如图 8.6 所示输出。

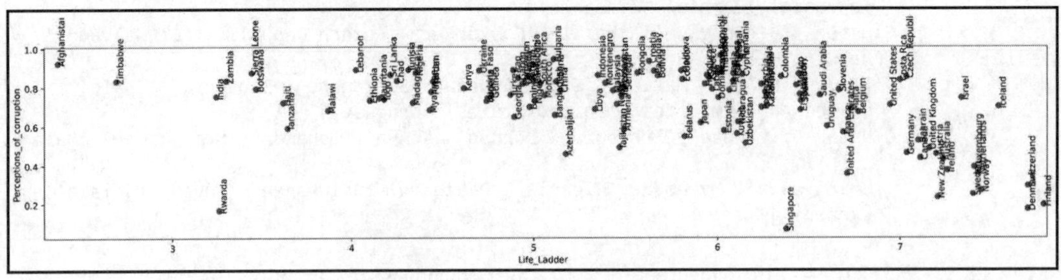

图 8.6　图 8.1 和图 8.2 的调整大小版本

图 8.6 中的输出与图 8.1 和图 8.2 的唯一区别在于，在图 8.6 的输出中，Life_Ladder（生活阶梯）和 Perceptions_of_corruption（腐败程度感知）的数值尺度已调整为相同。

Matplotlib 自动缩放了图 8.1 和图 8.2 的两个维度——Life_Ladder（生活阶梯）和 Perceptions_of_corruption（腐败程度感知）——使它们看起来具有相似的可视化范围。如果注意观察 Life_Ladder（生活阶梯）维度上 3 和 4 之间的视觉空间量，然后将其与 Perceptions_of_corruption（腐败程度感知）维度上 0.2 和 0.4 之间的视觉空间量进行比较，即可看到这一点。

因此，我们可以看到，虽然视觉空间的数量相等，但表示它们的数值却大不相同。这一认识回答了之前提出的问题：为什么图 8.5 的聚类结果与图 8.2 中直观检测到的结果完全不同？答案是这两个聚类没有使用相同的数据。图 8.2 中表示的聚类使用了数据的缩放版本，而图 8.5（k-means 聚类）中表示的聚类使用的则是原始数据。

现在我们需要回答的第二个问题是，应该使用哪个聚类输出的结果？让我们来看看如何找到正确的答案。

在使用 Life_Ladder（生活阶梯）和 Perceptions_of_corruption（腐败程度感知）这两个维度对数据对象进行聚类时，每个维度在聚类结果中应发挥多大的权重？比较好的做法是让这两个特性发挥同等作用。因此，我们要选择对两个维度赋予同等重要性的聚类。由于 k-means 聚类使用的是原始数据而不对其进行缩放，因此 Life_Ladder（生活阶梯）包含更大的数字影响了 k-means，使得 Life_Ladder（生活阶梯）优先于 Perceptions_of_corruption（腐败程度感知）特性。

为了克服这一点，在应用 k-means 或将任何其他数据对象之间的距离作为重要决定因素的算法之前，我们需要对数据进行归一化。归一化数据意味着重新调整特性，使得所有特性都表示在同一范围内。读者可能还记得，出于同样的原因，我们在第 7 章“分类”应用 KNN 之前就对数据集进行了归一化处理。

图 8.7 显示了在使用 k-means 之前对数据集进行归一化时的代码和聚类输出。在此代码中，Xs = (Xs - Xs.min())/(Xs.min()-Xs.max())用于将 Xs 中的所有特性的值重新调整为介于 0 和 1 之间。该算法代码的其余部分与本章前面尝试的代码相同。

现在可以将图 8.7 中的聚类结果与图 8.2 中显示的结果进行比较，可以发现这两种聚类方式取得了几乎相同的结果。

在本示例中，我们看到了与使用数据可视化所达到的结果相比，正确应用 k-means 算法产生有意义的聚类的方法。当然，此示例中的 k-means 聚类应用的是二维数据集。在下一个示例中，我们将看到，从编码的角度来看，将 k-means 应用于二维数据集和将该算法应用于具有更多维度的数据集之间几乎没有区别。

```
In [12]:  dimensions = ['Life_Ladder','Perceptions_of_corruption']
          Xs = report2019_df[dimensions]
          Xs = (Xs - Xs.min())/(Xs.max()-Xs.min())
          kmeans = KMeans(n_clusters=6)
          kmeans.fit(Xs)

          for i in range(6):
              BM = kmeans.labels_==i
              print('Cluster {}: {}'.format(i,report2019_df[BM].Name.values))

          Cluster 0: ['Australia' 'Austria' 'Canada' 'Denmark' 'Finland' 'Germany' 'I
          reland'
           'Luxembourg' 'Netherlands' 'New Zealand' 'Norway' 'Singapore' 'Sweden'
           'Switzerland' 'United Arab Emirates' 'United Kingdom']
          Cluster 1: ['Argentina' 'Bolivia' 'Bosnia and Herzegovina' 'Brazil' 'Chile'
           'Colombia' 'Costa Rica' 'Croatia' 'Cyprus' 'Czech Republic'
           'Dominican Republic' 'Ecuador' 'Greece' 'Guatemala' 'Honduras' 'Hungary'
           'Italy' 'Latvia' 'Lithuania' 'Mexico' 'Moldova' 'Mongolia' 'Panama'
           'Paraguay' 'Peru' 'Philippines' 'Portugal' 'Romania' 'Saudi Arabia'
           'Serbia' 'Slovenia' 'Thailand']
          Cluster 2: ['Albania' 'Algeria' 'Bangladesh' 'Benin' 'Bulgaria' 'Burkina Fa
          so'
           'Cambodia' 'Cameroon' 'China' 'Gabon' 'Georgia' 'Ghana' 'Guinea'
           'Indonesia' 'Iraq' 'Jordan' 'Kenya' 'Liberia' 'Libya' 'Malaysia' 'Mali'
           'Montenegro' 'Morocco' 'Myanmar' 'Nepal' 'Niger' 'Pakistan' 'Senegal'
           'South Africa' 'Turkey' 'Turkmenistan' 'Uganda' 'Ukraine' 'Vietnam']
          Cluster 3: ['Afghanistan' 'Botswana' 'Chad' 'Ethiopia' 'Haiti' 'India' 'Leb
          anon'
           'Madagascar' 'Malawi' 'Mauritania' 'Nigeria' 'Sierra Leone' 'Sri Lanka'
           'Tanzania' 'Togo' 'Tunisia' 'Zambia' 'Zimbabwe']
          Cluster 4: ['Armenia' 'Azerbaijan' 'Bahrain' 'Belarus' 'Belgium' 'El Salvad
          or'
           'Estonia' 'France' 'Iceland' 'Israel' 'Japan' 'Kazakhstan' 'Kuwait'
           'Malta' 'Nicaragua' 'Poland' 'Spain' 'Tajikistan' 'United States'
           'Uruguay' 'Uzbekistan']
          Cluster 5: ['Rwanda']
```

图 8.7　基于 2019 年 Life_Ladder（生活阶梯）和 Perceptions_of_corruption（腐败程度感知）两个幸福指数的 k-means 聚类——标准化数据

8.3.2　使用 k-means 对多于二维的数据集进行聚类

本小节将使用 k-means 算法根据以下幸福指数在 report2019_df DataFrame 中形成 3 个有意义的国家/地区聚类。

- ❑ Life_Ladder（生活阶梯）。
- ❑ Log_GDP_per_capita（人均 GDP 对数值）。
- ❑ Social_support（社会支持）。
- ❑ Healthy_life_expectancy_at_birth（出生时的期望寿命）。
- ❑ Freedom_to_make_life_choices（做出人生选择的自由程度）。

- Generosity（慷慨指数）。
- Perceptions_of_corruption（腐败程度感知）。
- Positive_affect（积极影响）。
- Negative_affect（消极影响）。

运行以下代码将会形成 3 个有意义的聚类并输出每个聚类的成员。

```
dimensions = [ 'Life_Ladder', 'Log_GDP_per_capita', 'Social_support',
'Healthy_life_expectancy_at_birth', 'Freedom_to_make_life_choices',
'Generosity', 'Perceptions_of_corruption', 'Positive_affect',
'Negative_affect']
Xs = report2019_df[dimensions]
Xs = (Xs - Xs.min())/(Xs.max()-Xs.min())
kmeans = KMeans(n_clusters=3)
kmeans.fit(Xs)
for i in range(3):
    BM = kmeans.labels_==i
    print('Cluster {}: {}' .format(i,report2019_df[BM].Name.values))
```

上述代码与图 8.7 中代码之间的唯一区别是第一行，其中选择了数据的多个维度。在此之后的代码都是相同的，原因是 k-means 可以处理与输入一样多的维度。

k-means 支持多少个聚类：

选择聚类的数量是执行成功的 k-means 聚类分析中最具挑战性的部分。该算法本身不适合找出数据中有多少有意义的聚类。因此，当数据的维度增加时，在数据中找到有意义的聚类数量是一项比较困难的任务。

虽然没有一种完美的解决方案可以在数据集中找到有意义的聚类数量，但用户也可以采用若干种不同的方法。本书不会讨论聚类分析的知识，因为我们对聚类分析的了解已足以执行有效的数据预处理。

到目前为止，我们已经学会了如何使用 k-means 来形成有意义的聚类。接下来，让我们看看如何使用质心分析方法来评估这些聚类。

8.3.3　质心分析

质心分析（centroid analysis）本质上是一项规范的数据分析任务，一旦找到有意义的聚类即可进行该项分析。执行质心分析可以了解形成每个聚类的原因，并深入了解导致聚类形成的数据模式。

这种分析本质上是找到每个聚类的质心并将它们相互比较。颜色编码的表格或热图对于比较质心非常有用。

以下代码使用循环和布尔掩码查找质心，然后使用 Seaborn 模块中的 sns.heatmap()函数绘制颜色编码表。

在运行上一小节的代码片段后，即可运行以下代码。

```
import seaborn as sns
clusters = ['Cluster {}'.format(i) for i in range(3)]
Centroids = pd.DataFrame(0.0, index = clusters, columns = Xs.columns)
for i,clst in enumerate(clusters):
    BM = kmeans.labels_==i
    Centroids.loc[clst] = Xs[BM].median(axis=0)
sns.heatmap(Centroids, linewidths=.5, annot=True, cmap='binary')
plt.show()
```

上述代码将输出如图 8.8 所示热图。

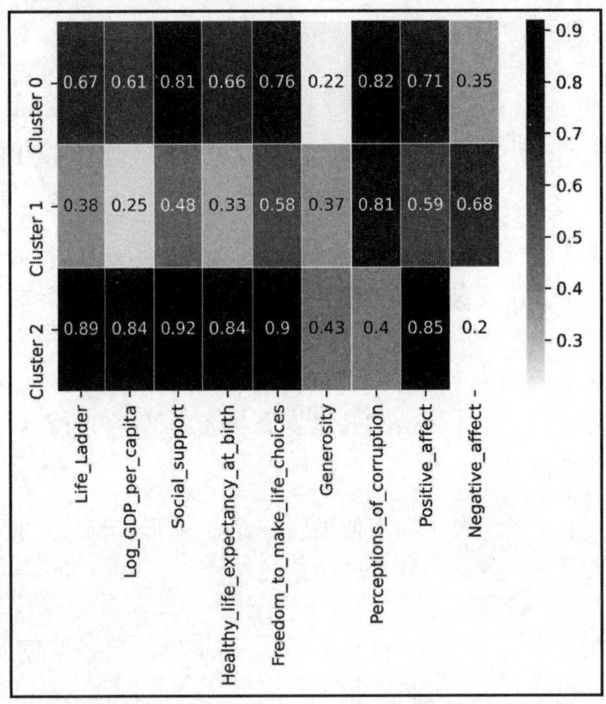

图 8.8　使用 sns.heatmap()执行质心分析

在分析图 8.8 中的热图之前，请允许笔者给读者提个醒。由于 k-means 是一种基于随机的算法，因此读者的输出结果可能与图 8.8 的输出不同。读者应该能从数据中看到相同的模式，只不过聚类名称可能不同。

在如图 8.8 所示的热图中，可以看到 Cluster0 在所有聚类中的幸福度得分最高，因此可以将此聚类标记为 Very Happy（非常幸福）。

另一方面，Cluster 2 在除 Generosity（慷慨指数）和 Perception_of_corruption（腐败程度感知）之外的所有指数中均排名第二，因此可将该聚类标记为 Happy but Crime-ridden（幸福但犯罪猖獗）。

最后，Cluster 1 几乎所有幸福指数的值都最低，但 Geneoristy（慷慨指数）在所有质心中排名第二；因此可称该聚类为 Unhappy but Generous（不幸福但很慷慨）。

8.4　小　　结

本章详细介绍了聚类分析和一些可以用来执行它的技术。在本书的第 2 篇中，我们了解了 4 个最受欢迎的数据分析目标——数据可视化、预测、分类和聚类，并讨论了如何通过编程来实现它们。

在第 3 篇中，我们将开始数据预处理之旅。这包括数据清洗、数据融合和集成、数据缩减以及数据转换。这些过程是整个数据预处理拼图的一部分，将它们有效地组合在一起，即可改进数据预处理并提高数据分析的质量。

在继续阅读之前，需要花一些时间完成以下练习，以巩固和强化学习的成果。

8.5　练　　习

（1）用你自己的语言回答以下两个问题。每个问题限 200 字内。

① 分类和预测有什么区别？

② 分类和聚类有什么区别？

（2）在进行聚类分析之前，可以参考图 8.6 思考关于数据归一化的必要性。随着对这个过程的新认识，你是否想改变 7.6 节“练习”中第（1）题的答案呢？

（3）本章将使用 WH Report_preprocessed.csv 数据集，通过 2019 年的数据形成有意义的国家/地区聚类。本练习需要用到 2010—2019 年的数据。

请执行以下步骤。

① 使用.pivot()函数重构数据，以便 Year（年份）和幸福指数的每个组合都有一列。也就是说，Year（年份）的数据是以长格式记录的，而我们想把它改成宽格式。将生成

的数据命名为 pvt_df。删除 pvt_df 中的 Population（人口）和 Continent（大陆）列。

② 归一化 pvt_df 并将其分配给 Xs。

③ 使用 k-means 和 Xs 在数据对象中找到 3 个聚类。报告每个聚类的成员。

④ 使用热图执行质心分析。由于此聚类有很多列，读者可能需要调整热图的大小以便可以将其用于分析。确保已命名每个聚类。

（4）本练习将使用 Mall_Customers.xlsx 数据集来形成 4 个有意义的客户聚类。以下步骤将帮助读者正确执行此操作。

① 使用 pd.read_excel()将数据加载到 customer_df。

② 将 CustomerID 设置为 customer_df 的索引，并将 Gender（性别）列进行二进制编码。这意味着用 0 替换其中的 Male（男性）值，用 1 替换 Female（女性）值。

③ 清洗列的名称：Gender（性别）和 Age（年龄）保持不变，将原来的 Annual Income (k$)列名称修改为 Annual_income（年收入），将 Spending Score (1-100)列名称修改为 Spending_score（消费积分）。

④ 归一化 customer_df 并将其加载到 Xs 变量中。

⑤ 使用 k-means 和 Xs 在数据对象中找到 4 个聚类。报告每个聚类的成员。

⑥ 使用热图进行质心分析。确保已命名每个聚类。

⑦ 思考一下，为什么要在步骤②中对 Gender（性别）特性进行二进制编码？

第 3 篇

预 处 理

本篇将学习如何使用 Python 执行数据清洗、数据集成、数据缩减和数据转换，以便为成功的分析准备数据。

本篇包括以下章节。

- 第 9 章，数据清洗 1 级——清洗表。
- 第 10 章，数据清洗 2 级——解包、重组和重制表。
- 第 11 章，数据清洗 3 级——处理缺失值、异常值和误差。
- 第 12 章，数据融合与数据集成。
- 第 13 章，数据归约。
- 第 14 章，数据转换。

第 9 章　数据清洗 1 级——清洗表

在确保具备基础技术（本书第 1 篇）和分析技能（本书第 2 篇）之后，现在我们可以开始讨论有效的数据预处理。我们将从数据清洗开始这一旅程。

本书将数据清洗分为 3 个级别：清洗 1 级、2 级和 3 级。随着级别向上移动，需要掌握的数据清洗的概念也将变得更加深入和复杂。我们将详细阐释这些清洗级别的具体内容，它们有何不同，以及哪些类型的情况需要执行哪个级别的数据清洗。此外，对于每个级别的数据清洗，我们还将提供不同的数据源示例。

本章将重点关注数据清洗 1 级——清洗表，后续两章则将专门讨论数据清洗 2 级——解包、重组和重制表，以及数据清洗 3 级——处理缺失值、异常值和误差。

本章包含以下主题：

- 数据清洗的工具和目标。
- 数据清洗级别。
- 数据清洗 1 级——清洗表的示例。

9.1　技术要求

在本书配套的 GitHub 存储库中可以找到本章使用的所有代码示例以及数据集，具体网址如下。

https://github.com/PacktPublishing/Hands-On-Data-Preprocessing-in-Python/tree/main/Chapter09

9.2　数据清洗的工具和目标

任何数据分析项目中最激动人心的时刻之一就是当你拥有一个你认为包含有效实现项目目标所需的所有数据的数据集时。这个时刻通常出现于以下情形。

- 你已为分析项目完成数据收集任务。
- 你已经完成了来自不同数据源的广泛数据集成。数据集成是一项非常重要的技能，在第 12 章“数据融合和集成”中将对此展开详细介绍。

- 你已获得共享的数据集，它包含你需要的一切。

无论你是如何获得数据集的，这都是一个激动人心的时刻。但请注意，在分析数据之前，你通常还有许多步骤需要执行。首先要做的就是清洗数据集。

要了解和进行数据清洗，需充分了解以下 3 个方面。

- 数据分析的目标：我们为什么要清洗数据集？换句话说，一旦数据集被清洗，我们将如何使用它？
- 数据分析工具：将使用什么工具来执行数据分析？Python（Matplotlib/sklearn）、Excel、MATLAB，还是 Tableau？
- 数据清洗级别：数据集的哪些方面需要清洗？清洗仅限于表面（例如，仅修改列的名称），还是更深入（如确保记录的值是正确的）？

接下来，我们将逐一进行研究。

9.2.1 数据分析目标

虽然听起来数据清洗可以单独进行，它不需要过多关注分析的目标，但在实际工作中，多数时候并非如此。换句话说，在清洗数据时，用户需要知道将对数据集执行哪些分析。不仅如此，还需要准确了解分析以及用户想到的算法将如何使用和操作数据。

到目前为止，本书已经介绍了 4 种不同的数据分析目标：数据可视化、预测、分类和聚类。我们了解了这些分析目标以及如何操纵数据来实现这些目标。数据分析师需要对这些目标有更深刻的理解，以便能够更好地执行数据清洗。通过了解清洗数据后将如何使用数据，我们可以就如何清洗数据做出更好的决策。也就是说，对分析目标的更深入理解将指导我们执行更有效的数据清洗。

9.2.2 数据分析工具

用户打算使用的软件工具也将在如何进行数据清洗方面发挥重要作用。例如，如果打算使用 MATLAB 进行聚类分析，并且用户已经在 Python 中完成了数据清洗，拥有 Pandas DataFrame 格式的完整数据，则需要将数据转换为 MATLAB 可以读取的结构。也许用户可以使用.to_csv()将 DataFrame 保存为.csv 文件并在 MATLAB 中打开该文件，因为.csv 文件几乎与任何软件兼容。

9.3 数据清洗级别

数据清洗过程既有高层次的目标，也有许多细节。不仅如此，为不同项目执行数据清洗需要做的事情可能完全不同。因此，我们不可能对如何进行数据清洗给出明确的分步说明，但是却可以将数据清洗过程大致分为 3 个级别，如下所示。

（1）1 级：清洗表。

（2）2 级：解包、重组和重制表。

（3）3 级：评估和纠正值。

在本章和接下来的两章中，我们将分别介绍属于上述级别之一的各种数据清洗情形。在此之前我们可以先简单了解一下它们的内容及区别。

9.3.1　数据清洗 1 级——清洗表

这种级别的清洗完全取决于表的外观。数据清洗 1 级之后的表具有以下 3 个特征。

- 采用标准数据结构。
- 具有可编码且直观的列标题。
- 每一行都有唯一的标识符。

9.3.2　数据清洗 2 级——重组和重制表

此级别的清洗与用户需要的数据集的数据结构类型和格式有关。大多数情况下，用户用于分析的工具决定了数据的结构和格式。例如，如果需要使用 plt.boxplot() 创建多个箱线图，则可以将每个箱线图的数据分开（详见 5.3.1 节“使用箱线图比较总体的示例”）。

9.3.3　数据清洗 3 级——评估和纠正值

此级别的清洗与数据集中记录值的正确与否和缺失与否有关。在此级别的清洗中，用户应该确保记录的值是正确的，并且以最能支持分析目标的方式呈现。这一级别的数据清洗是数据清洗过程中最具技术性和理论性的部分。

对于该级别的数据清洗而言，不仅需要知道将使用的工具如何处理数据，还需要了解如何根据分析过程的目标来更正、组合或删除数据。处理缺失值和处理异常值是此级别数据清洗的主要组成部分。

到目前为止，我们已经了解了数据清洗的 3 个最重要的维度：数据分析的目标、数据分析的工具和数据清洗级别。接下来，我们将了解这 3 个维度（分析目标、分析工具和数据清洗级别）在有效数据清洗中的作用。

9.3.4　将分析的目标和工具映射到数据清洗级别

图 9.1 显示了这 3 个维度的映射。经过数据清洗 1 级的处理之后，我们将拥有一个包

含标准数据结构的表。花时间确保已执行此级别的数据清洗将使下一个数据清洗级别和数据分析过程更容易。

在不知道对数据集执行哪一种分析任务的情况下，执行 1 级数据清洗不会有什么问题，但是，如果在不知道打算使用哪些软件工具或分析的情况下进行 2 级或 3 级数据清洗，则是不明智的。图 9.1 显示，最好在了解工具和分析目标后，才执行 2 级数据清洗，在了解数据分析目标后，才执行 3 级数据清洗。

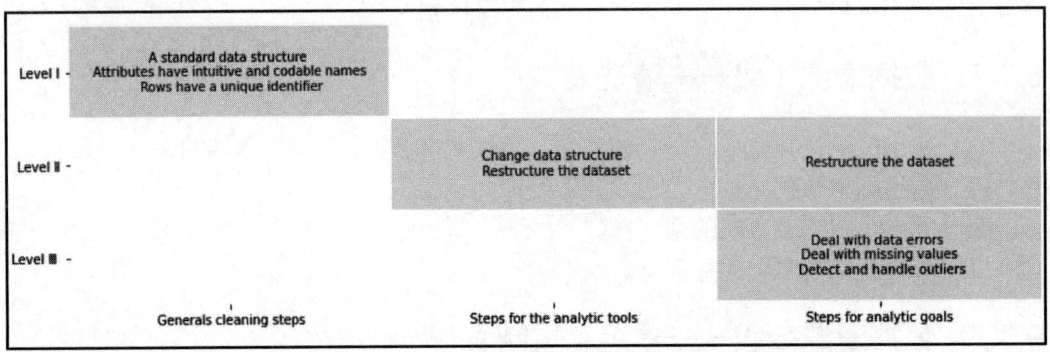

图 9.1　3 个不同级别数据清洗的一般步骤和特定步骤

原　文	译　文
Level I	数据清洗 1 级
Level II	数据清洗 2 级
Level III	数据清洗 3 级
A standard data structure Attributes have intuitive and codable names Rows have a unique identifier	标准数据结构 特性具有直观且可编码的名称 行具有唯一标识符
Generals cleaning steps	常规清洗步骤
Change data structure Restructure the dataset	改变数据结构 重构数据集
Steps for the analytic tools	分析工具的步骤
Restructure the dataset	重构数据集
Deal with data errors Deal with missing values Detect and handle outliers	处理数据误差 处理缺失值 检测和处理异常值
Steps for analytic goals	分析目标的步骤

接下来，让我们看看数据清洗 1 级的示例。

9.4　数据清洗 1 级——清洗表的示例

数据清洗 1 级的数据预处理步骤是最简单的。大多数情况下，用户可能无须执行 1 级数据清洗（因为很多数据集都已经达到 1 级清洗后的标准）。当然，拥有经过 1 级清洗的数据集将是非常有益的，因为它将使其余的数据清洗过程和数据分析变得更加容易。

如前文所述，经过 1 级清洗之后的数据集将具有以下特征。

- ❑ 采用标准和首选的数据结构。
- ❑ 具有可编码且直观的列标题。
- ❑ 每行都有一个唯一标识符。

为了更好地理解上述特征，让我们来看看具体示例。

9.4.1　示例 1——不明智的数据收集

有时用户可能会遇到未以最佳方式收集和记录的数据源。当数据收集过程由不具备适当数据库管理技能的某人或某个小组完成时，就会出现这些情况。不管发生这种情况的原因是什么，用户都可以访问需要进行大量预处理的数据源，然后才能将其放入一个标准数据结构中。

例如，假设你受雇于某次竞选活动，利用数据的力量来帮助推动选举。Omid 是在你之前被聘用的，他对选举的政治方面了解很多，但对数据和数据分析知之甚少。你已被分配加入 Omid 并帮助处理他的任务。

在第一次会议中，你意识到自己的任务是分析美国第 45 任总统唐纳德·特朗普的演讲。为了让你跟上进度，Omid 微笑着告诉你，他已经完成了数据收集过程，现在需要做的就是分析；他向你展示了他计算机上的一个文件夹，其中包含唐纳德·特朗普在 2019 年和 2020 年发表的每一次演讲的文本文件（.txt）。图 9.2 显示了 Omid 计算机上的文件夹。

查看该文件夹后，你立即意识到必须先进行数据预处理，然后才能考虑进行任何分析。为了与 Omid 建立良好的工作关系，你不要直接告诉他需要完成一项庞大的数据预处理任务；相反，你夸他的数据收集得非常棒，可以用作数据预处理的基石。你提到这些文件的命名遵循可预测的顺序，这一点非常好。该顺序是城市名称在前，然后是月份的 3 个字母，接着是一位或两位日期数字，最后是年份的四位数字。

由于你精通 Pandas DataFrame，因此建议将该数据处理为 DataFrame，Omid 欣然接受了该建议。

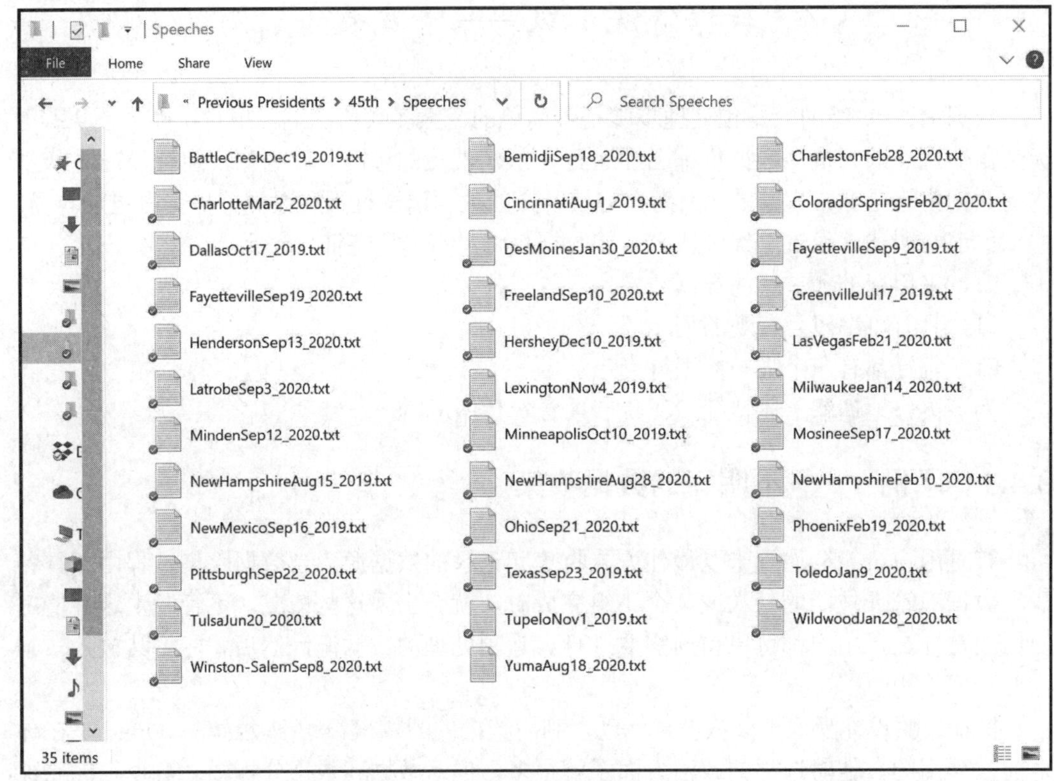

图 9.2　不明智的数据收集示例

你可以执行以下步骤将数据处理为 DataFrame。

（1）访问文件名，以便可以使用它们来打开和读取每个文件。请注意：虽然你也可以自己输入文件名（因为只有 35 个），但是，我们建议使用编程方式来做到这一点，因为我们要学习的是可扩展的技能：假设有 100 万个而不是 35 个文件，那么显然只能通过编程方式处理。

以下代码展示了如何使用 os 模块中的 listdir()函数轻松做到这一点。

```
from os import listdir
FileNames = listdir('Speeches')
print(FileNames)
```

（2）为数据创建一个占位符。在该步骤中，需要想象在该数据清洗过程完成后的数据集会是什么样子的。我们希望有一个包含每个文件名称及其内容的 DataFrame。

以下代码使用了 Pandas 模块创建此占位符。

```
import pandas as pd
speech_df = pd.DataFrame(index=range(len(FileNames)),
columns=['File Name','The Content'])
print(speech_df)
```

（3）打开每个文件并将其内容插入到在步骤（2）创建的 Speech_df 中。

以下代码将循环遍历 FineNames 的元素。由于每个元素都是可打开和读取文件的文件名之一，因此可以使用 open()和.readlines()函数。

```
for i,f_name in enumerate(FileNames):
    f = open('Speeches/' + f_name, "r", encoding='utf-8')
    f_content = f.readlines()
    f.close()
    speech_df.at[i,'File Name'] = f_name
    speech_df.at[i,'The Content'] = f_content[0]
```

完成这 3 个步骤后，即可运行 Print(speech_df)并研究一下输出结果。在这里，你可以看到 Speech_df 具有 1 级清洗数据 3 个特征中的 2 个。

- 该数据集具有第一个特征，因为它现在是一个标准数据结构，这也是你的首选。
- 数据集在处理成 speech_df 后，还具有第三个特征，因为每一行都有一个唯一的索引。可以运行 speech_df.index 来查看该索引。你可能会惊喜地发现我们没有采取任何措施就获得了这种清洗之后的特征。这是 Pandas 自动为我们完成的。

但是，在第二个特征方面我们还需要做得更好。虽然文件名和内容列名称都足够直观，但它们的可编码性却不尽如人意。

可以使用 df['ColumnName']方法而不是 df.ColumnName 来访问它们，如下所示。

（1）运行 speech_df['File Name']和 speech_df['The Content']；你将看到可以使用此方法轻松访问每一列。

（2）运行 speech_df.File Name 和 speech_df.The Content；你会得到出错提示。这是为什么呢？

回忆一下，在第 1 章“NumPy 和 Pandas 简介”中其实已经提到过这种错误，研究一下图 1.16 所示的错误即可知道，此处出错的原因和该图是一样的。

因此，要在使用 Pandas DataFrame 时使列标题可编码，需要遵循以下准则。

- 尽量缩短栏目标题，以免不直观。例如，上述示例中的 The Content 可以简单修改为 Content。
- 避免在列名中使用空格和可能的编程运算符（如-、+、=、%和&）。如果必须使用多个单词作为列名，则可以使用驼峰命名法（如 FileName）或使用下画线

（如 File_Name）。

读者可能已经注意到，在本小节前面的代码示例中，使用了不符合上述准则的列标题。例如，应该使用 columns=['FileName','Content']而不是 columns=['FileName','The Content']。确实如此，笔者在前面那样做就是为了在此解释这一点。因此，在继续操作之前读者也可以返回去修改一下自己的代码，或者直接使用以下代码将列名更改为可编码版本。

```
speech_df.columns = ['FileName','Content']
```

本示例至此结束。总结一下，我们必须明确采取行动以确保数据采用标准数据结构，并且还具有直观且可编码的列名称。此外，我们使用的工具 Pandas 还会自动给每一行添加唯一标识符。

9.4.2 示例 2——重新索引

在此示例中，我们要对 TempData.csv 数据集执行 1 级数据清洗。图 9.3 显示了如何使用 Pandas 将数据读入 DataFrame。

```
In [7]:  air_df = pd.read_csv('TempData.csv')
         air_df
Out[7]:
```

	Temp	Year	Month	Day	Time
0	79.0	2016	1	1	00:00:00
1	79.0	2016	1	1	00:30:00
2	79.0	2016	1	1	01:00:00
3	77.0	2016	1	1	01:30:00
4	78.0	2016	1	1	02:00:00
...	...	...	...	...	...
20448	77.0	2016	12	31	22:00:00
20449	77.0	2016	12	31	22:30:00
20450	77.0	2016	12	31	23:00:00
20451	77.0	2016	12	31	23:00:00
20452	77.0	2016	12	31	23:30:00

20453 rows × 5 columns

图 9.3　将 TempData.csv 读入 Pandas DataFrame

我们对该数据集的第一次评估表明，该数据采用了一个标准数据结构，列标题直观且可编码，每一行都有一个唯一标识符。看起来已经符合了数据清洗 1 级的标准，那么是不是不需要执行 1 级数据清洗了？

经过仔细观察后发现，Pandas 分配的默认索引虽然是唯一的，但却对识别行没有什么帮助。使用 Year（年）、Month（月）、Day（日）和 Time（时间）列作为行的索引会更好。因此，在此示例中，我们希望使用多个列重新索引该 DataFrame。

我们将使用 Pandas 多级索引（Multi-Level Index）功能（详见 1.10.8 节"Pandas 多级索引"）。这可以通过使用 Pandas DataFrame 的.set_index()函数轻松完成。

但是，在这样做之前，我们可以删除 Year（年）列，因为它的值只有 2016。要确认这一点，可以运行 air_df.Year.unique()。

在删除 Year（年）列时，为了不丢失此数据集属于 2016 年的数据这个信息，可以将 DataFrame 的名称更改为 air2016_df。

```
air2016_df = air_df.drop(columns=['Year'])
```

现在已经删除了不必要的列，可以使用.set_index()函数重新索引 DataFrame。

```
air2016_df.set_index(['Month','Day','Time'],inplace=True)
```

如果在运行上述代码后打印 air2016_df，那么你将得到具有多级索引的 DataFrame，如图 9.4 所示。

			Temp
Month	**Day**	**Time**	
1	**1**	**00:00:00**	79.0
		00:30:00	79.0
		01:00:00	79.0
		01:30:00	77.0
		02:00:00	78.0
...	**...**	**...**	...
12	**31**	**22:00:00**	77.0
		22:30:00	77.0
		23:00:00	77.0
		23:00:00	77.0
		23:30:00	77.0

20453 rows × 1 columns

图 9.4　包含多级索引的 air2016_df

此处我们的成就是，不仅每一行都有一个唯一的索引，而且这些索引可以用来有意义地识别每一行。例如，我们可以通过运行 air2016_df.loc[2,24,'00:30:00'] 获取 2 月 24 日午夜后 30 分钟的温度值。

本示例关注了 1 级数据清洗之后的第三个特征：每一行都有一个唯一的标识符。在接下来的示例中，我们将关注第二个特征：具有可编码且直观的列名称。

9.4.3　示例 3——直观但很长的列标题

本示例将使用 OSMI Mental Health in Tech Survey 2019.csv 数据集，该数据集网址如下。

https://osmihelp.org/research

图 9.5 显示了将该数据集读入 response_df 的代码，然后使用.head()函数显示该数据的第一行。

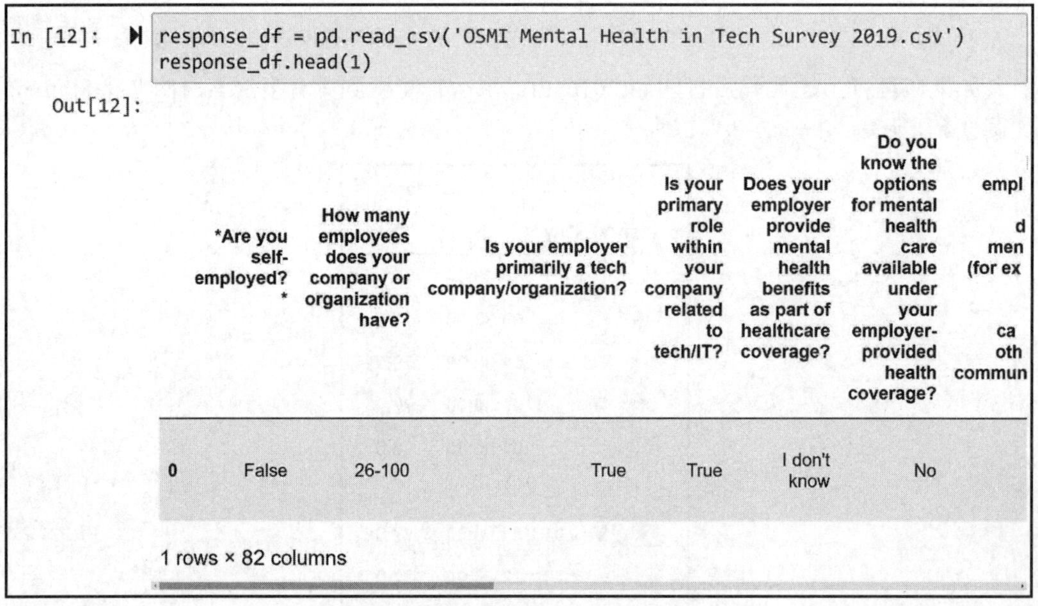

图 9.5　将数据读入 response_df 并显示其第一行

从编程和可视化的角度来看，使用具有很长的列标题的数据集可能会很困难。例如，如果想访问该数据集的第 6 列，则必须输入以下代码行。

```
response_df['Do you know the options for mental health care
available under your employer-provided health coverage?']
```

对于无法为列提供简短直观标题的情况，需要使用列字典。这个思路是使用一个键而不是每个列的完整标题，这在一定程度上也很直观但明显更短。如果需要，字典还可以通过相关键提供对完整标题的访问。

以下代码使用了 Pandas Series 创建列字典。

```
keys = ['Q{}'.format(i) for i in range(1,83)]
columns_dic = pd.Series(response_df.columns,index=keys)
```

上述代码将创建列字典的过程分为两个步骤。

（1）代码创建了 keys 变量，它是列标题的较短替代项列表。这是使用列表推导式（list comprehension）技术完成的。

（2）代码创建了一个名为 columns_dic 的 Pandas Series，其索引是 keys，值是 response_df.columns。

上述代码运行成功后，columns_dic 这个 Pandas Series 就可以充当字典。例如，如果运行 columns_dic['Q4']，那么它将为用户提供第 4 列的完整标题。

接下来，还需要更新 response_df 的列，这可以通过简单的一行代码来完成。

```
response_df.columns = keys
```

完成此操作后，response_df 将具有简短且同样直观的列标题，通过这些列标题还可以轻松访问其完整描述。图 9.6 显示了执行上述步骤后的 response_df 转换版本。

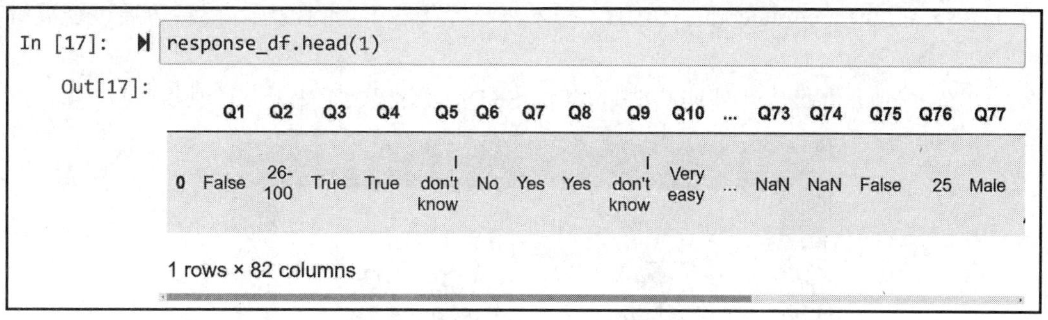

In [17]: response_df.head(1)

Out[17]:

	Q1	Q2	Q3	Q4	Q5	Q6	Q7	Q8	Q9	Q10	...	Q73	Q74	Q75	Q76	Q77
0	False	26-100	True	True	I don't know	No	Yes	Yes	I don't know	Very easy	...	NaN	NaN	False	25	Male

1 rows × 82 columns

图 9.6　显示已清洗的 response_df 的第一行

在此示例中，我们采取措施确保满足 1 级数据清洗的第二个特征，因为该数据集在第一个和第三个特征方面处于良好状态。

到目前为止，我们已经通过具体示例学习并实践了一些数据清洗操作。在第 10 章中，将学习并查看二级数据清洗的示例。

9.5　小　　结

本章详细阐释了 3 个不同级别的数据清洗及其相关性，以及分析的目标和工具。此外，我们还详细介绍了 1 级数据清洗，并进行了一些练习。

第 10 章将重点讨论数据清洗 2 级。在继续阅读之前，需要花一些时间完成以下练习以巩固和强化本章知识点。

9.6　练　　习

（1）用自己的语言解释分析目标和数据清洗之间的关系。

回答应涵盖以下问题。

① 数据清洗是否是数据分析的一个单独步骤并且可以单独进行？换句话说，是否可以在不了解分析过程的情况下执行数据清洗？

② 如果问题①的答案是否定的，那么是否有任何类型的数据清洗可以单独进行？

③ 在分析目标和数据清洗的关系中，分析工具的作用是什么？

（2）有一家机场想要分析其停车场使用情况，该机场采用了单光束红外探测器（single beam infrared detector，SBID）技术来统计从停车场到机场，然后再通过登机口的人数。

如图 9.7 所示，每次红外连接被阻塞时，SBDI 都会记录下来，发出乘客进出的信号。

图 9.7　单光束红外探测器（SBID）工作原理示例

遗憾的是，安装 SBID 的人没有掌握最新最好的数据库技术，因此他们将系统设置为将每天的记录存储在 Excel 文件中。Excel 文件以创建记录的日期命名。假设你已被该机场招聘，工作职责就是帮助处理和分析数据。

你的经理允许你访问一个名为 SBID_Data.zip 的压缩文件。此压缩文件包含 14 个文件，每个文件包含 2020 年 10 月 12 日至 2020 年 10 月 25 日之间一天的数据。经理通知你，出于安全原因，他无法与你共享全部 3 000 个文件。他要求与你共享的 14 个文件执行以下操作。

① 编写一些代码，可以自动将所有文件合并到一个 Pandas DataFrame 中。

② 创建一个显示每小时平均机场客流量的条形图。

③ 标注并描述你在本练习中执行的数据清洗步骤。

第 10 章　数据清洗 2 级——解包、重组和重制表

在 1 级数据清洗中，我们关心的是数据集整洁与否和可编码的组织方式。如前文所述，1 级数据清洗可以单独完成，而不必关注接下来需要什么数据。但是，2 级数据清洗则更深入，它更多地和准备用于分析的数据集以及用于此过程的工具有关。换句话说，在 2 级数据清洗中，我们已经有一个相当干净的数据集，并且是标准数据结构，但需要考虑的是分析如何完成，这涉及分析本身需要的特定结构，或者计划用于分析的工具。

本章将重点讨论 3 个经常发生的 2 级数据清洗示例。注意，与 1 级数据清洗示例仅涉及数据源不同，2 级数据清洗示例必须与分析任务相结合。

本章包含以下主题。

- 示例 1——解包数据并重新构建表。
- 示例 2——重组表。
- 示例 3——执行 1 级和 2 级数据清洗。

10.1　技 术 要 求

在本书配套的 GitHub 存储库中可以找到本章使用的所有代码示例以及数据集，具体网址如下。

https://github.com/PacktPublishing/Hands-On-Data-Preprocessing-in-Python/tree/main/Chapter10

10.2　示例 1——解包数据并重新构建表

本示例将使用已经 1 级清洗过的 Speech_df 数据集来创建条形图。

在 9.4.1 节“示例 1——不明智的数据收集”中，我们已经清洗了这个 DataFrame。1 级清洗后的 speech_df 数据库只有两列：FileName 和 Content。为了能够创建条形图可视化效果，还需要多个列，例如演讲月份、vote（投票）/tax（税收）/campaign（竞选）/economy（经济）这 4 个词在每次演讲中重复的次数等列。虽然 1 级清洗后的 speech_df 数据集包

含所有这些信息，但它们是隐藏在 FileName 和 Content 两列中的。

下面是我们需要的信息列表和存储这些信息的相应 speech_df 列。

- 演讲月份：此信息位于 FileName 列中。
- vote（投票）/tax（税收）/campaign（竞选）/economy（经济）这 4 个词在每次演讲中重复出现的次数：此信息位于 Content 列中。

图 10.1 显示了本示例的预览结果。

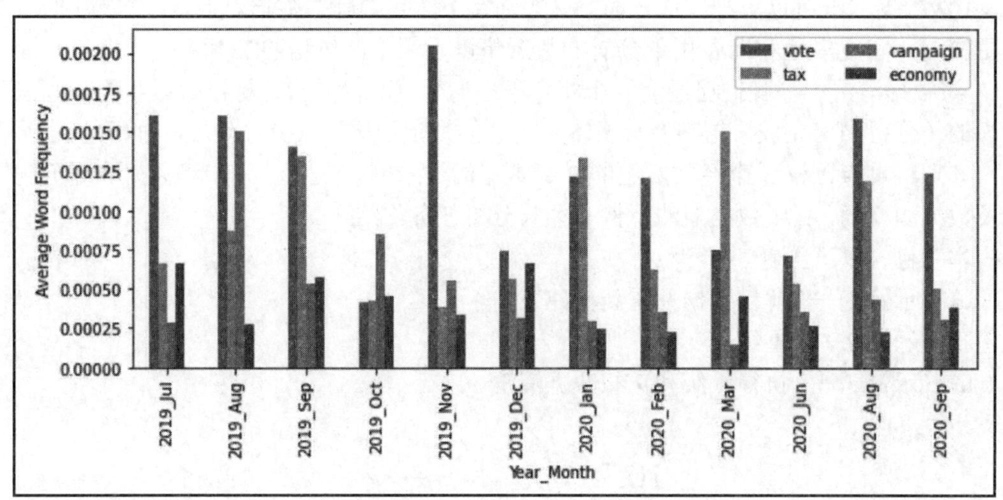

图 10.1　speech_df 中 vote（投票）/tax（税收）/campaign（竞选）/economy（经济）等词每月演讲时出现的平均频率

因此，为了能够满足分析目标，即创建图 10.1 中的可视化结果，我们需要解包两列中的数据，然后重新构建表以进行可视化。

让我们一步一步来。首先解包 FileName，然后解包 Content，最后为所请求的可视化重制表。

10.2.1　解包 FileName

让我们先来看一下 FileName 列的值。为此，读者可以运行 speech_df.FileName 并研究此列下的值。你会注意到这些值遵循可预测的模式。其模式为 CitynameMonthDD_YYYY.txt。

Cityname 是发表演讲的城市名称，Month 是发表演讲时月份的 3 个字母，DD 代表月份日期的一位或两位数字，YYYY 表示演讲年份的 4 位数字，.txt 是文件扩展名。所有值都遵循这种模式。

在 FileName 列包含有关数据集中演讲的以下信息。

- City（城市）：发表演讲的城市。
- Date（日期）：发表演讲的日期。
- Year（年份）：发表演讲的年份。
- Month（月份）：发表演讲的月份。
- Day（日期）：发表演讲的日期。

现在可以使用我们的编程技巧来解包 FileName 列，并将上述信息作为单独的列包含在其中。可以先计划一下解包，然后通过代码来实现。

以下是在解包过程中需要采取的步骤。

（1）提取 City（城市）：使用 CitynameMonthDD_YYYY.txt 模式中的 Month（月份）来提取城市。基于此模式，Month（月份）之前的所有内容都是 Cityname（城市名称）。

（2）提取 Date（日期）：使用已提取的 Cityname（城市名称）提取 Date（日期）。

（3）从 Date（日期）中提取 Year（年份）、Month（月份）、Day（日期）。

现在通过代码来实现上述计划。

（1）提取 City（城市）：以下代码将创建 SeparateCity()函数并将其应用于 Pandas speech_df.FileName Series。

SeparationCity()函数将循环遍历先创建的 Months 列表以查找代表月份的 3 个字母单词，该单词用于每个文件名。然后，可以使用.find()函数和 Python 字符串的切片功能来返回城市名称。

```
Months = ['Jan','Feb','Mar','Apr','May','Jun','Jul','Aug',
'Oct','Sep','Nov','Dec']
def SeperateCity(v):
    for mon in Months:
        if (mon in v):
            return v[:v.find(mon)]
speech_df['City'] = speech_df.FileName.apply(SeperateCity)
```

注意：

在此必须使用 Month 作为 Cityname 和日期之间的分隔符。如果文件的命名约定更有条理，则可以做得更容易一些。在 speech_df.FileName 列中，有些日期用一位数字表示，如 LatrobeSep3_2020.txt，而有些日期则用两位数字表示，如 BattleCreekDec19_2019.txt。如果所有日期都以两位数表示（例如，使用 LatrobeSep03_2020.txt 而不是 LatrobeSep3_2020.txt），那么从编程的角度来看，解包列的任务会简单得多。有关示例，请参见本章后面的 10.6 节“练习”。

（2）提取 Date（日期）：以下代码可创建 SeparateDate()函数并将其应用于 speech_df。此函数使用已提取的城市作为起点，使用.find()函数将日期与城市分开。

```
def SeperateDate(r):
    return r.FileName[len(r.City):r.FileName.find('.txt')]
speech_df['Date'] = speech_df.apply(SeparateDate,axis=1)
```

每次处理日期信息时，最好确保 Pandas 知道该记录是一个 datetime 编程对象，以便可以使用它的属性，例如按日期排序或访问日、月和年的值。

以下代码使用 pd.to_datetime()函数将表示日期的字符串转换为 datetime 编程对象。要有效地使用 pd.to_datetime()函数，则需要编写表示日期的字符串所遵循的格式模式。在本示例中，格式模式是'%b%d_%Y'，这意味着字符串以 3 个字母的月份表示（%b）开头，然后是表示日期的数字（%d），接下来是下画线（_），最后是 4 位数的年份（%Y）。

```
speech_df.Date = pd.to_datetime(speech_df.Date,format='%b%d_%Y')
```

为了能够提出正确的格式模式，读者需要知道每个指令的含义，如%b、%d 等。有关这些指令的完整列表，可访问以下网址。

https://docs.python.org/3/library/datetime.html#strftime-and-strptime-behavior

（3）从 Date（日期）中提取 Year（年份）、Month（月份）、Day（日期）：以下代码可创建 extractDMY()函数并将其应用于 speech_df 以向每一行添加 3 个新列。

请注意，该代码利用了一个事实，即 speech_df 列是一个 datetime 编程对象，具有诸如.day 和.month 之类的属性，可以相应访问每个日期的日和月。

```
def extractDMY(r):
    r['Day'] = r.Date.day
    r['Month'] = r.Date.month
    r['Year'] = r.Date.year
    return r
speech_df = speech_df.apply(extractDMY,axis=1)
```

运行上述代码片段后，即可成功解包 speech_df 的 FileName 列。由于打包在 FileName 中的所有信息都没有显示在其他列下，因此可以通过运行以下命令删除此列。

```
speech_df.drop(columns=['FileName'],inplace=True)
```

在解包另一列 Content 之前，让我们先来看看数据的状态。图 10.2 显示了数据的前 5 行。

现在我们已经将 FileName 解包为 5 个新列，分别称为 City（城市）、Date（日期）、Day（日）、Month（月）和 Year（年），这朝着最终目标迈出了一步：有了该数据即可创建如图 10.1 所示的 x 轴。

```
In [25]:  speech_df.head()
Out[25]:
```

	Content	City	Date	Day	Month	Year
0	Thank you. Thank you. Thank you to Vice Presid...	BattleCreek	2019-12-19	19	12	2019
1	There's a lot of people. That's great. Thank y...	Bemidji	2020-09-18	18	9	2020
2	Thank you. Thank you. Thank you. All I can say...	Charleston	2020-02-28	28	2	2020
3	I want to thank you very much. North Carolina,...	Charlotte	2020-03-02	2	3	2020
4	Thank you all. Thank you very much. Thank you ...	Cincinnati	2019-08-01	1	8	2019

图 10.2　解包 FileName 后的 speech_df

接下来，让我们看看如何解包 Content。

10.2.2　解包 Content

解包 Content 列与解包 FileName 列有所不同。由于 FileName 列仅包含有限的信息量，因此我们能够解开该列提供的所有内容。但是，Content 列包含大量信息，因此需要通过多种不同方式对其进行解包。当然，我们只需要解包 Content 列下的一小部分内容，即只需要知道 vote（投票）/tax（税收）/campaign（竞选）/economy（经济）4 个词的使用频率。

可以逐步从 Content 列中解包我们需要的内容。以下代码创建了 FindWordRatio()函数并将其应用于 speech_df。该函数使用 for 循环向 DataFrame 添加 4 个新列，上述 4 个单词中的每一个对应一列。每个单词的计算也很简单：每个单词的返回值是该单词在语音中的总出现次数（row.Content.count(w)）除以语音中的总词数（total_n_words）。

```
Words = ['vote','tax','campaign','economy']
def FindWordRatio(row):
    total_n_words = len(row.Content.split(' '))
    for w in Words:
        row['r_{}'.format(w)] = row.Content.count(w)/total_n_words
    return row
speech_df = speech_df.apply(FindWordRatio,axis=1)
```

运行上述代码后生成的 speech_df 将有 10 列，如图 10.3 所示。

到目前为止，我们已经对该表进行了重组，因此正在接近绘制图 10.1——我们已经获得了 x 轴和 y 轴的信息。当然，在可以看到图 10.1 之前，还需要进一步修改该数据集。

```
In [27]:  speech_df.head()
```

Out[27]:

	Content	City	Date	Day	Month	Year	r_vote	r_tax	r_campaign	r_econon
0	Thank you. Thank you. Thank you to Vice Presid...	BattleCreek	2019-12-19	19	12	2019	0.000561	0.000505	0.000224	0.0006
1	There's a lot of people. That's great. Thank y...	Bemidji	2020-09-18	18	9	2020	0.000710	0.000237	0.000533	0.0000
2	Thank you. Thank you. Thank you. All I can say...	Charleston	2020-02-28	28	2	2020	0.000950	0.000317	0.000106	0.0000
3	I want to thank you very much. North Carolina,...	Charlotte	2020-03-02	2	3	2020	0.000750	0.001500	0.000150	0.0004
4	Thank you all. Thank you very much. Thank you ...	Cincinnati	2019-08-01	1	8	2019	0.001713	0.000857	0.001224	0.0002

图 10.3　从 Content 中提取所需信息后的 speech_df

10.2.3　重制一个新表以进行可视化

到目前为止，我们已经为分析目标清洗了 speech_df。但是，图 10.1 中的表需要每一行是唐纳德 • 特朗普在一个月内的演讲，而 speech_df 中的每一行都是唐纳德 • 特朗普的演讲之一。换句话说，为了能够绘制可视化，我们需要重新构建一个新表，以便数据对象的定义是“唐纳德 • 特朗普在一个月内的演讲”，而不是“唐纳德 • 特朗普的一次演讲”。

“唐纳德 • 特朗普在一个月内的演讲”这一数据对象的新定义是一些“唐纳德 • 特朗普的演讲”数据对象的聚合。

当我们需要重新构建数据集以使其对数据对象的新定义是当前数据对象定义的聚合时，需要执行以下两个步骤。

（1）创建一个列，该列可以是重新构建的数据集的唯一标识符。

（2）使用可以在应用聚合函数时重新构建数据集的函数。可以做到这一点的 Pandas 函数是.groupby()和.pivot_table()。

现在可以在 speech_df 上执行这两个步骤以创建名为 vis_df 的新 DataFrame，这是分析目标所需的重新构建的表。

（1）以下代码将应用一个 Lambda 函数，该函数可以附加每一行的 Year 和 Month 属性，以创建一个名为 Y_M 的新列。这个新列将是我们尝试创建的新格式数据集的唯一标识符。

```
Months = ['Jan','Feb','Mar','Apr','May','Jun','Jul','Aug',
'Oct','Sep','Nov','Dec']
lambda_func = lambda r: '{}_{}'.format(r.Year,Months[r.Month-1])
speech_df['Y_M'] = speech_df.apply(lambda_func,axis=1)
```

上述代码在单独的行中创建了 Lambda 函数（lambda_func），以使代码更具可读性。读者也可以跳过此步骤，并且可以动态创建 Lambda 函数。

（2）以下代码使用.pivot_table()函数将 speech_df 重新构建为 vis_df。如果读者忘记了.pivot_table()函数是如何工作的，建议返回复习一下本书 1.10.12 节“Pandas. pivot()和.melt()函数”。

```
Words = ['vote','tax','campaign','economy']
vis_df = speech_df.pivot_table( index= ['Y_M'],
values= ['r_{}'.format(w) for w in Words],
aggfunc= np.mean)
```

上述代码使用了.pivot_table()函数的 aggfunc 属性，这在 1.10.12 节“Pandas .pivot()和.melt()函数”中没有提到。aggfunc 的理解其实很简单：当.pivot_table()的 index 和 values 中的值需要由多个值聚合而来时，.pivot_table()将使用传递给 aggfunc 的函数（本示例中为 np.mean）将多个值聚合为一个值。

上述代码还使用了列表推导式来指定值。该列表推导式是。

```
['r_{}'.format(w) for w in Words]
```

它本质上是来自 speech_df 的 4 列的列表。读者可以单独运行该列表推导式并研究其输出。

（3）也可以使用.groupby()将数据重新格式化为 vis_df。以下是可选代码。

```
vis_df = pd.DataFrame({
    'r_vote': speech_df.groupby('Y_M').r_vote.mean(),
    'r_tax': speech_df.groupby('Y_M').r_tax.mean(),
    'r_campaign': speech_df.groupby('Y_M').r_campaign.mean(),
    'r_economy': speech_df.groupby('Y_M').r_economy.mean()})
```

虽然上述代码可能感觉更直观，因为使用.groupby()函数可能比使用.pivot_table()更容易，但使用.pivot_table()函数的代码更具可扩展性。

可扩展性更好的代码：

编写代码时，应尽可能避免为一组项目重复同一行代码。例如，在上述两个代码块的第二个可选方案中，使用了.groupby()函数 4 次，4 个单词中的每一个都使用一次。如果需要对 100 000 个单词进行分析，而不止是 4 个单词该怎么办？反过来，第一种选择当然更具可扩展性，因为单词作为列表传递并且代码将是相同的，无论列表中的单词数量如何。

至此，你已经创建了重制的 vis_df，我们创建它是为了绘制图 10.1。图 10.4 显示了这个新构建的 vis_df。

Y_M	r_campaign	r_economy	r_tax	r_vote
2019_Aug	0.001499	0.000270	0.000872	0.001596
2019_Dec	0.000316	0.000665	0.000558	0.000739
2019_Jul	0.000283	0.000660	0.000660	0.001603
2019_Nov	0.000551	0.000333	0.000385	0.002048
2019_Oct	0.000533	0.000572	0.001340	0.001398
2019_Sep	0.000843	0.000448	0.000419	0.000409
2020_Aug	0.000428	0.000222	0.001189	0.001577
2020_Feb	0.000353	0.000224	0.000625	0.001206
2020_Jan	0.000299	0.000240	0.001331	0.001215
2020_Jun	0.000356	0.000267	0.000535	0.000713
2020_Mar	0.000150	0.000450	0.001500	0.000750
2020_Oct	0.000306	0.000386	0.000504	0.001235

图 10.4　vis_df

现在我们已经有了 vis_df，剩下的就是以条形图的形式表示 vis_df 中的信息。接下来，让我们看看这是如何完成的。

10.2.4　可视化绘图

图 10.4 和图 10.1 基本上呈现了相同的信息，只不过图 10.4 使用了表（vis_df）来呈现信息，而图 10.1 使用的是条形图。换句话说，我们几乎已经完成任务了，只剩下最后一步：创建所请求的可视化绘图。

下面列出了创建图 10.1 中可视化效果的代码。在运行以下代码之前请注意，必须先导入 matplotlib.pyplot 模块。读者可以使用 import matplotlib.pyplot as plt 来执行该操作。

```
column_order = vis_df.sum().sort_values(ascending=False).index
row_order = speech_df.sort_values('Date').Y_M.unique()
vis_df[column_order].loc[row_order].plot.bar(figsize=(10,4))
plt.legend(['vote','tax','campaign','economy'],ncol=2)
plt.xlabel('Year_Month')
plt.ylabel('Average Word Frequency')
plt.show()
```

上述代码创建了两个列表：column_order 和 row_order。正如它们的名字所暗示的那样，这些列表是列和行在可视化对象上显示的顺序。column_order 是基于单词出现率总和的单词列表，而 row_order 则是基于它们在日历中的自然顺序的 Y_M 列表。

本示例演示了 2 级数据清洗的不同技术，我们学习了如何解包列并为分析工具和目标重新组织数据。下一个示例将介绍如何执行数据预处理以重组数据集。

重组（restructure，也称为重新构造）和重制（reformulation，也称为重新构建）数据集有什么区别？当数据对象的定义需要针对新数据集进行更改时，我们倾向于使用重制；相反，当表结构不支持我们的分析目标或工具时，则使用重组，我们必须使用替代结构（如字典）。在本示例中，我们只是将数据对象的定义从“唐纳德·特朗普的一次演讲”更改为“唐纳德·特朗普在一个月内的演讲”，因此可将其称为数据集的重制。

本示例学习了如何解包列和重制表。接下来，让我们看看需要重组表的情况。

10.3　示例 2——重组表

本示例将使用 Customer Churn.csv 数据集。该数据集包含一家电信公司的 3150 名客户的记录。这些行由人口统计列（如性别和年龄）和活动列（例如 9 个月内的不同呼叫次数）等进行描述。该数据集还指定了每个客户在收集客户活动数据 9 个月后的 3 个月是否流失。从电信公司的角度来看，客户流失是指客户停止使用本公司的服务，并从本公司的竞争对手那里获得服务。

我们将使用箱线图来比较流失客户和非流失客户这两个群体的以下活动列。

- Call Failure（呼叫失败）。
- Subscription Length（订阅时长）。
- Seconds of Use（使用秒数）。
- Frequency of Use（使用频率）。
- Frequency of SMS（短信频率）。
- Distinct Called Numbers（不同被叫号码）。

首先将 Customer Churn.csv 文件读入 customer_df DataFrame。图 10.5 显示了此步骤。

```
In [34]:  customer_df = pd.read_csv('Customer Churn.csv')
          customer_df.head(1)

Out[34]:
```

	Call Failure	Complains	Subscription Length	Seconds of Use	Frequency of use	Frequency of SMS	Distinct Called Numbers	Status	Churn
0	8	0	38	4370	71	5	17	1	

图 10.5　执行 1 级数据清洗前的 customer_df

可以看到该数据集需要一些 1 级数据清洗。虽然列标题很直观，但它们可以变得更具可编码性。以下代码行将确保列也是可编码的。

```
customer_df.columns = ['Call_Failure', 'Complains',
'Subscription_Length', 'Seconds_of_Use', 'Frequency_of_use',
'Frequency_of_SMS', 'Distinct_Called_Numbers', 'Status', 'Churn']
```

在继续之前，请确保在运行上述代码后研究 customer_df 的新状态。

现在数据集已经进行了 1 级清洗，接下来可以关注 2 级数据清洗。

本示例需要绘制 6 个箱线图。让我们先关注第一个箱线图；其余部分将遵循相同的数据清洗过程。

我们的重点是创建多个箱线图，将流失客户的 Call_Failure（呼叫失败）特性与非流失客户的特性进行比较。箱线图是一种分析工具，它需要比数据集更简单的数据结构。箱线图只需要一个字典。

数据集和字典有什么区别？数据集是包含由列描述的行的表。在 3.3 节“最通用的数据结构——表”中，指定表的黏合剂是每一行所代表的数据对象的定义。每列还描述了多个行。另一方面，字典是一种更简单的数据结构，其中的值与唯一键相关联。

对于要绘制的箱线图，我们需要的字典有两个键——churn（流失）和 non-churn（非流失），每个总体由一个键表示。每个键的值是每个总体的 Call_Failure 记录的集合。请注意，与具有两个维度（行和列）的表数据结构不同，字典只有一个维度。

以下代码显示了如何使用 Pandas Series 作为字典来为箱线图准备数据。在这段代码中，box_sr 是一个 Pandas Series，它有两个键，分别称为 0 和 1，其中 0 表示非流失客户，1 表示流失客户。该代码使用了循环和布尔掩码来过滤流失和非流失数据对象，并将它们记录在 box_sr 中。

```
churn_possibilities = customer_df.Churn.unique()
box_sr = pd.Series('',index = churn_possibilities)
for poss in churn_possibilities:
    BM = customer_df.Churn == poss
    box_sr[poss] = customer_df[BM].Call_Failure.values
```

在继续之前，可执行 print(box_sr)并研究它的输出。与数据的初始结构相比，请注意该数据结构的简单性。

现在我们已经为要使用的分析工具重组了数据，该数据已经准备好用于可视化。以下代码使用 plt.boxplot()来可视化在 box_sr 中准备的数据。在运行以下代码之前，不要忘记将 matplotlib.pyplot 作为 plt 导入。

```
plt.boxplot(box_sr,vert=False)
plt.yticks([1,2],['Not Churn','Churn'])
plt.show()
```

如果上述代码成功运行，则计算机将显示多个箱线图以比较两个总体。

到目前为止，我们已经绘制了一个箱线图，用于比较流失客户和非流失客户的 Call_Failure 特性。

现在让我们创建一些代码，以对所有请求的列执行相同的过程和可视化，从而比较这两个总体。如前文所述，这些列是 Call Failure（呼叫失败）、Subscription Length（订阅时长）、Seconds of Use（使用秒数）、Frequency of use（使用频率）、Frequency of SMS（短信频率）和 Distinct Called Numbers（不同被叫号码）。

以下代码使用了循环和 plt.subplot()来组织此分析所需的 6 个可视化对象，使它们彼此相邻。图 10.6 显示了该代码的输出。绘制箱线图所需的数据重组发生在图 10.6 中所示的每个箱线图上。作为实践，请尝试在以下代码中发现并研究它们。

```
select_columns = ['Call_Failure', 'Subscription_Length',
'Seconds_of_Use', 'Frequency_of_use', 'Frequency_of_SMS',
```

```
'Distinct_Called_Numbers']
churn_possibilities = customer_df.Churn.unique()
plt.figure(figsize=(15,5))
for i,sc in enumerate(select_columns):
    for poss in churn_possibilities:
        BM = customer_df.Churn == poss
        box_sr[poss] = customer_df[BM][sc].values
    plt.subplot(2,3,i+1)
    plt.boxplot(box_sr,vert=False)
    plt.yticks([1,2],['Not Churn','Churn'])
    plt.title(sc)
plt.tight_layout()
plt.show()
```

成功执行上述代码后，将获得如图 10.6 所示的可视化结果。

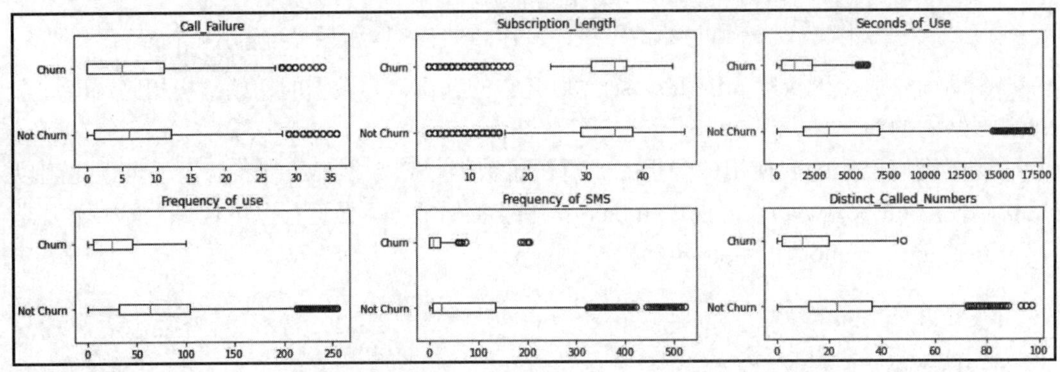

图 10.6　示例 2——重组表格的最终解决方案

如果读者不知道上述代码中 enumerate()、plt.subplot()和 plt.tight_layout()函数的功能，建议复习本书第 1 章“NumPy 和 Pandas 简介”和第 2 章“Matplotlib 简介”。

在此示例中，我们探讨了需要重组数据以便为选择的分析工具箱线图做好准备的情况。接下来，让我们研究一个更复杂的情况：需要执行数据集重组和重制来进行预测。

10.4　示例 3——执行 1 级和 2 级数据清洗

本示例将使用 Electric_Production.csv 数据集进行预测。我们感兴趣的是能够预测从当前时日起 1 个月时长的每月电力需求。这里 1 个月的差距是在预测模型中设计的，以便来自模型的预测具有决策价值；也就是说，决策者将有时间对预测值做出反应。

我们将使用线性回归来执行该预测。该预测的自变量特性和因变量特性如图 10.7 所示。

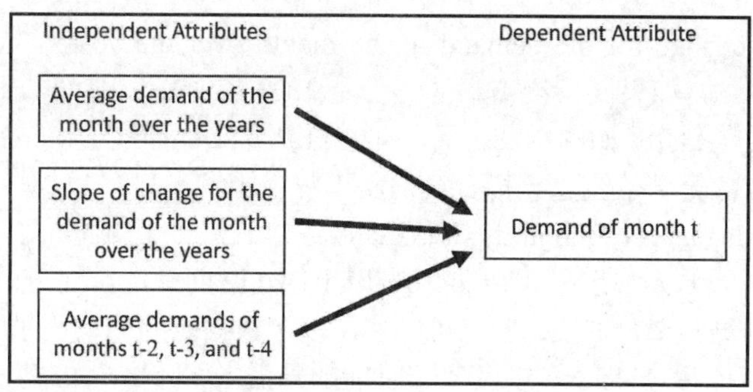

图 10.7　本示例预测任务所需的自变量和因变量特性

原　文	译　文
Independent Attributes	自变量特性
Dependent Attribute	因变量特性
Average demand of the month over the years	历年月平均需求
Slope of change for the demand of the month over the years	历年月需求变化斜率
Average demands of months t−2, t−3, and t−4	t−2、t−3 和 t−4 月的平均需求
Demand of month t	t 月的需求

让我们看一下图 10.7 中显示的自变量特性。

- Average demand of the month over the years（历年月平均需求）：例如，如果我们要预测需求的月份是 2022 年 3 月，则可以使用前些年每个 3 月的需求平均值。所以，我们将整理历史月需求，时间是从数据收集过程开始（1985 年）到 2021 年的 3 月，并计算其平均值，如图 10.8 所示。

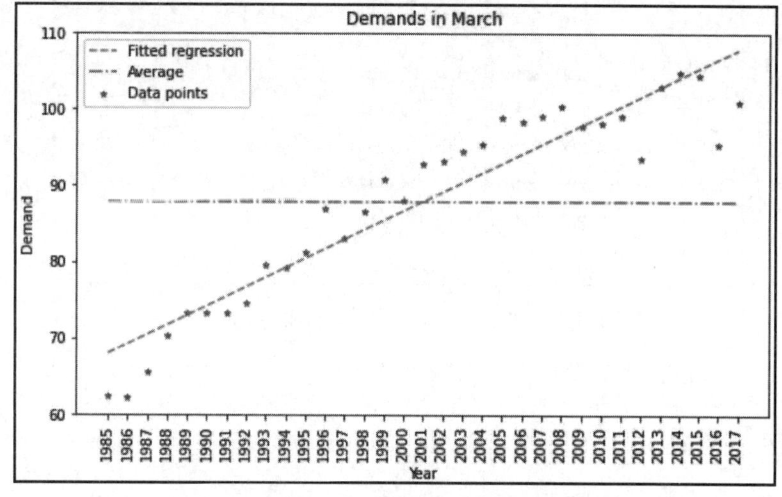

图 10.8　提取 3 月的前两个自变量特性的示例

- Slope of change for the demand of the month over the years（历年月需求变化斜率）：例如，如果要预测需求的月份是 2022 年 3 月，则可以使用历年来 3 月份的需求变化斜率。如图 10.8 所示，可以在历年 Demand in March（3 月份的需求）数据点上拟合一条线。该拟合线的斜率将用于预测。
- Average demands of months t−2, t−3, and t−4（t−2、t−3 和 t−4 月的平均需求）：在图 10.7 中，t、t−2、t−3 和 t−4 符号用于创建时间参考。这个时间参考是，如果我们要预测某个月的需求，则可以使用以下数据点的平均需求：2 个月前的月需求、3 个月前的月需求，以及 4 个月前的月需求。例如，如果我们想要预测 2021 年 3 月的月度需求，则需要计算 2021 年 1 月、2020 年 12 月和 2020 年 11 月的平均值。请注意，我们跳过了 2021 年 2 月，因为这是我们计划的决策间隔。

现在我们对数据分析的目标有了清晰的认识，接下来将重点关注数据的预处理。让我们从读取数据开始，并介绍其 1 级数据清洗过程。图 10.9 显示了将 Electric_Production.csv 文件读入 month_df 并显示该数据前 5 行和后 5 行的代码。

```
In [39]:  month_df = pd.read_csv('Electric_Production.csv')
          month_df
```

Out[39]:

	DATE	IPG2211A2N
0	1/1/1985	72.5052
1	2/1/1985	70.6720
2	3/1/1985	62.4502
3	4/1/1985	57.4714
4	5/1/1985	55.3151
...	...	...
392	9/1/2017	98.6154
393	10/1/2017	93.6137
394	11/1/2017	97.3359
395	12/1/2017	114.7212
396	1/1/2018	129.4048

397 rows × 2 columns

图 10.9　执行 1 级数据清洗之前的 month_df

可以看到，month_df 需要执行 1 级数据清洗。

10.4.1　执行 1 级清洗

对 month_df 数据集可执行以下 1 级数据清洗步骤。

- 第 2 列的标题可以更直观。
- DATE（日期）列的数据类型可以切换为 datetime，以便可以利用 datetime 对象的编程属性。
- 可以改进由 Pandas 分配给数据的默认索引，因为 DATE（日期）列将提供更好和更唯一的标识。

以下代码可执行上述 1 级数据清洗。

```
month_df.columns = ['Date','Demand']
month_df.set_index(pd.to_datetime(month_df.Date,
format='%m/%d/%Y'),inplace=True)
month_df.drop(columns=['Date'],inplace=True)
```

现在读者可以打印 month_df 并仔细观察其新状态。

接下来，让我们看看需要执行的 2 级数据清洗。

10.4.2　执行 2 级清洗

仔细查看图 10.7 和图 10.9 可能会给读者一种印象，即图 10.7 中描述的预测模型是不可能实现的，因为图 10.9 中的数据集只有一列，而预测模型却需要 4 个特性。这既是正确的观察，也是错误的观察。虽然数据只有一个值列是正确的观察，但图 10.7 中建议的自变量特性却可以通过某些列解包和重组，这意味着需要执行 2 级数据清洗。

首先可以构建一个 DataFrame，然后将当前表重组为该 DataFrame。下面的代码创建了 predict_df，这是将用于预测任务的表结构。

```
attributes_dic={'IA1':'Average demand of the month',
'IA2':'Slope of change for the demand of the month', 'IA3':
'Average demands of months t-2, t-3 and t-4', 'DA': 'Demand of month t'}
predict_df = pd.DataFrame(index=month_df.iloc[24:].index,
columns= attributes_dic.keys())
```

在创建新表结构 predict_dt 时，可考虑以下因素。

- 上述代码使用了 attributes_dic 字典创建直观且简洁的列，这些列也是可编码的。由于 predict_df 需要包含相当长的列标题（见图 10.7），而字典则允许标题列简洁、直观和可编码，同时还可以通过 attributes_dic 访问标题的较长版本。这是 1 级数据清洗的一种形式（详见 9.4.3 节“示例 3——直观但很长的列标题”），但是，既然我们是创建这个新表的人，那么为什么不从经过 1 级清洗的表结构开始呢？
- 我们创建的表结构 predict_df 使用了 month_df 的索引，但不是其全部。它使用除前 24 行之外的所有行，如代码中所指定的 month_df.iloc[24:].index。为什么不包括前 24 个索引？这缘于第二个自变量特性：Slope of change for the demand of the month over the years（历年月需求变化斜率）。由于所描述的预测模型需要每个月的需求变化斜率，因此对于 predict_df 中的前 24 行 month_df，我们无法获得有意义的斜率值。这是因为我们每个月至少需要两个历史数据点才能计算第二个自变量特性的斜率。

图 10.10 总结了对 month_df 执行 2 级数据清洗时所需完成的工作。左边的 DataFrame 显示了 month_df 的前 5 行和后 5 行，而右边的 DataFrame 则显示了 predict_df 的前 5 行和后 5 行。可以看到，predict_df 其实是空的，因为我们只是创建了一个支持预测任务的空表结构。接下来还需要使用 month_df 的数据填充 predict_df。

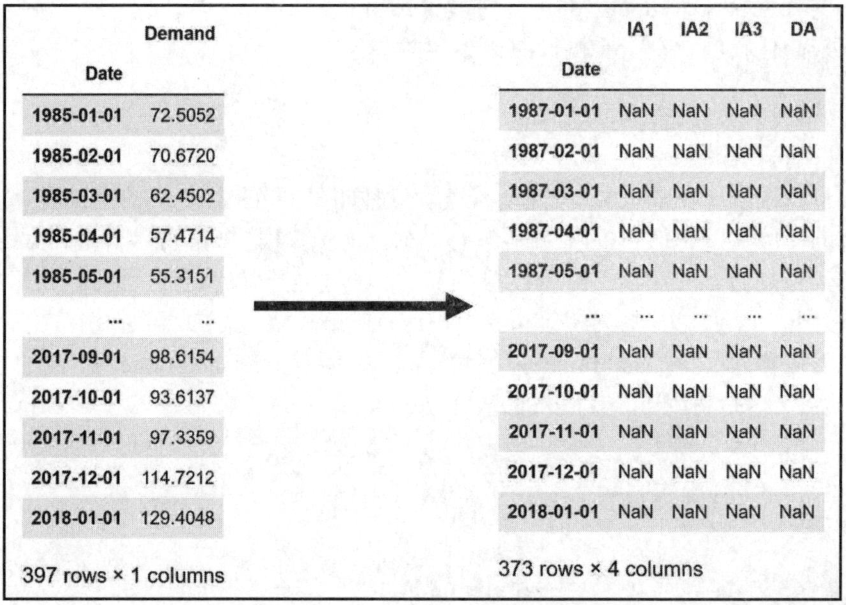

Date	Demand
1985-01-01	72.5052
1985-02-01	70.6720
1985-03-01	62.4502
1985-04-01	57.4714
1985-05-01	55.3151
...	...
2017-09-01	98.6154
2017-10-01	93.6137
2017-11-01	97.3359
2017-12-01	114.7212
2018-01-01	129.4048

397 rows × 1 columns

→

Date	IA1	IA2	IA3	DA
1987-01-01	NaN	NaN	NaN	NaN
1987-02-01	NaN	NaN	NaN	NaN
1987-03-01	NaN	NaN	NaN	NaN
1987-04-01	NaN	NaN	NaN	NaN
1987-05-01	NaN	NaN	NaN	NaN
...	...	...	...	...
2017-09-01	NaN	NaN	NaN	NaN
2017-10-01	NaN	NaN	NaN	NaN
2017-11-01	NaN	NaN	NaN	NaN
2017-12-01	NaN	NaN	NaN	NaN
2018-01-01	NaN	NaN	NaN	NaN

373 rows × 4 columns

图 10.10　示例 3 执行 2 级数据清洗的总结

接下来，我们将按以下顺序填充 predict_df 中的列：DA、IA1、IA2 和 IA3。

10.4.3　填充 DA

这是最简单的列填充过程。只需指定要放置在 predict_df.DA 下的 month_df.Demand 的正确部分即可。图 10.11 显示了代码及其对 predict_df 的影响。

可以看到，predict_df.DA 已正确填充。接下来，还需要填充 predict_df.IA1。

```
In [44]:  predict_df.DA = month_df.loc['1987-01-01':].Demand
          predict_df
```

Out[44]:

Date	IA1	IA2	IA3	DA
1987-01-01	NaN	NaN	NaN	73.8152
1987-02-01	NaN	NaN	NaN	70.0620
1987-03-01	NaN	NaN	NaN	65.6100
1987-04-01	NaN	NaN	NaN	60.1586
1987-05-01	NaN	NaN	NaN	58.8734
...	...	...	...	...
2017-09-01	NaN	NaN	NaN	98.6154
2017-10-01	NaN	NaN	NaN	93.6137
2017-11-01	NaN	NaN	NaN	97.3359
2017-12-01	NaN	NaN	NaN	114.7212
2018-01-01	NaN	NaN	NaN	129.4048

373 rows × 4 columns

图 10.11　填充 predict_df.DA 的代码及其结果

10.4.4　填充 IA1

要计算 IA1，即 Average demand of the month over the years（历年月平均需求），需要能够使用月份的值过滤 month_df。为了创建这样的功能，以下代码可将 Lambda 函数映射到 month_df 并提取每行的月份。

```
month_df['Month'] = list(map(lambda v:v.month, month_df.index))
```

在继续之前，读者可以输出 month_df 并研究一下它的新状态。

以下代码将创建 ComputeIA1()函数，该函数使用 month_df 过滤出 predict_df.IA1 下每个单元格的正确值所需的数据点。

创建完成后，ComputeIA1()函数将应用于 predict_df。

```
def ComputeIA1(r):
    row_date = r.name
    wdf = month_df.loc[:row_date].iloc[:-1]
    BM = wdf.Month == row_date.month
    return wdf[BM].Demand.mean()
predict_df.IA1 = predict_df.apply(ComputeIA1,axis=1)
```

函数 ComputeIA1()被编写为应用于 predict_df 行，它将执行以下步骤。

（1）使用计算过的 row_date 过滤 month_df，去除日期在 row_date 之后的数据点。

（2）使用布尔掩码来保持数据点，其月份与行的月份（row_date.month）相同。

（3）计算过滤之后的数据点的平均需求，然后返回。

注意：

顺便解释一下，上述代码中创建的 wdf 变量是 Working DataFrame（工作 DataFrame）的缩写。因此，wdf 其实就是笔者每次在循环或函数中需要 DataFrame 但之后不再需要它时使用的一个缩写。

成功运行上述代码后，应确保输出 predict_df，同时应研究一下它的新状态。

至此，我们已经填充了 DA 和 IA1。接下来，还需要填充 IA2。

10.4.5 填充 IA2

要填充 IA2，可遵循与填充 IA1 相同的步骤。不同之处在于，创建并应用于 predict_df 以计算 IA2 值的函数更复杂一些。

对于 IA1，我们创建并应用了 ComputeIA1()函数，而对于 IA2，则可以相应地创建并应用 ComputeIA2()函数，只不过 ComputeIA2()要更复杂。

以下代码显示了如何创建和应用 ComputeIA2()函数。读者可以尝试研究该代码并理解它是如何工作的。

```
from sklearn.linear_model import LinearRegression
def ComputeIA2(r):
    row_date = r.name
    wdf = month_df.loc[:row_date].iloc[:-1]
    BM = wdf.Month == row_date.month
    wdf = wdf[BM]
    wdf.reset_index(drop=True,inplace=True)
    wdf.drop(columns = ['Month'],inplace=True)
    wdf['integer'] = range(len(wdf))
    wdf['ones'] = 1
    lm = LinearRegression()
    lm.fit(wdf.drop(columns=['Demand']), wdf.Demand)
    return lm.coef_[0]
predict_df.IA2 = predict_df.apply(ComputeIA2,axis=1)
```

上述代码与填充 IA1 的代码有相似的地方，也有不同之处。

相似的地方是，ComputeIA1()函数和 ComputeIA2()函数都从过滤 month_df 开始，以获取仅包含计算值所需的数据对象的 DataFrame。读者可能会注意到 def ComputeIA1(r):和 def ComputeIA2(r):下的 3 行代码是相同的。两者的区别从这里开始。

由于计算 IA1 是计算一系列值的平均值的简单问题，因此 ComputeIA1()的其余部分非常简单。但是，对于 ComputeIA2()来说，代码需要对过滤后的数据点进行线性回归，以便计算历年来变化的斜率。

ComputeIA2()函数使用了 sklearn.linear_model 的 LinearRegression 来找到拟合的回归方程，然后返回模型的计算系数。

成功运行上述代码后，应确保输出 predict_df，同时应研究一下它的新状态。

要了解 ComputeIA2()函数查找 predict_df.IA2 下每个单元格的变化斜率的方式，可参见图 10.12，其中显示了用于计算 predict_df.IA2 下的一个单元格的斜率的代码及其输出。图 10.12 计算的是索引为 2017-10-01 的行的 IA2 值。

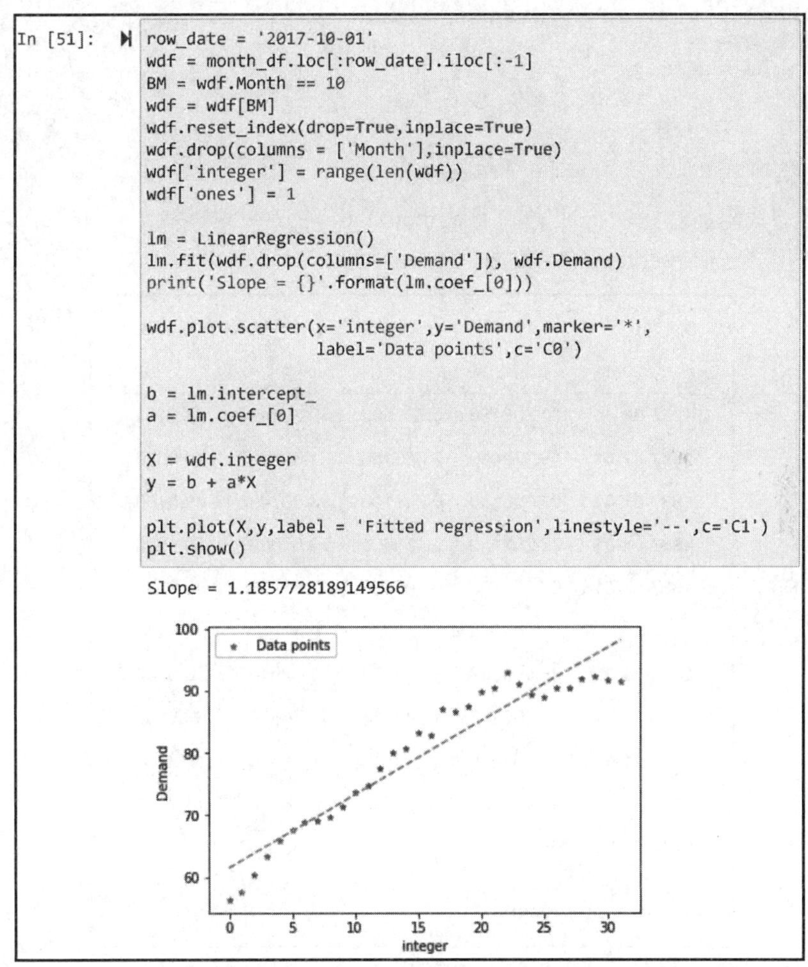

In [51]:
row_date = '2017-10-01'
wdf = month_df.loc[:row_date].iloc[:-1]
BM = wdf.Month == 10
wdf = wdf[BM]
wdf.reset_index(drop=True,inplace=True)
wdf.drop(columns = ['Month'],inplace=True)
wdf['integer'] = range(len(wdf))
wdf['ones'] = 1
lm = LinearRegression()
lm.fit(wdf.drop(columns=['Demand']), wdf.Demand)
print('Slope = {}'.format(lm.coef_[0]))
wdf.plot.scatter(x='integer',y='Demand',marker='*',
label='Data points',c='C0')
b = lm.intercept_
a = lm.coef_[0]
X = wdf.integer
y = b + a*X
plt.plot(X,y,label = 'Fitted regression',linestyle='--',c='C1')
plt.show()
Slope = 1.1857728189149566
Data points
Demand
integer
100
90
80
70
60
0
5
10
15
20
25
30

图 10.12　predict_df 一行的斜率（IA2）计算示例

至此，我们已经填充完毕 DA、IA1 和 IA2。接下来将填充 IA3。

10.4.6　填充 IA3

在所有自变量特性中，IA3 是最容易处理的。IA3 是 t−2、t−3 和 t−4 月的平均需求。以下代码可创建 ComputeIA3()函数并将其应用于 predict_df。该函数使用 predict_df 的索引来查找 2 个月前、3 个月前和 4 个月前的需求值。它通过使用.loc[:row_date]过滤掉 row_date 之后的所有数据，然后使用.iloc[-5:-2]从底部仅保留剩余数据的第四、第三和第二行来实现这一点。数据过滤过程完成后，将返回 3 个需求值的平均值。

```
def ComputeIA3(r):
    row_date = r.name
    wdf = month_df.loc[:row_date].iloc[-5:-2]
    return wdf.Demand.mean()
predict_df.IA3 = predict_df.apply(ComputeIA3,axis=1)
```

一旦上述代码运行成功，即完成了对 month_df 的 2 级数据清洗。图 10.13 显示了在创建和清洗步骤之后 predict_df 的状态。

	IA1	IA2	IA3	DA
Date				
1987-01-01	72.905450	0.800500	59.291467	73.8152
1987-02-01	69.329450	-2.685100	61.669767	70.0620
1987-03-01	62.336150	-0.228100	67.097433	65.6100
1987-04-01	57.252150	-0.438500	70.670867	60.1586
1987-05-01	55.564400	0.498600	69.829067	58.8734
...	...	...	...	...
2017-09-01	86.105297	1.378406	102.129167	98.6154
2017-10-01	79.790228	1.185773	107.746067	93.6137
2017-11-01	82.692128	1.190510	106.566800	97.3359
2017-12-01	95.164994	1.421533	100.386767	114.7212
2018-01-01	101.272830	1.537419	96.521667	129.4048

373 rows × 4 columns

图 10.13　经过 2 级清洗之后的 predict_df

数据集经过 2 级清洗之后，即已为预测做好了准备，用户可以使用任何预测算法来预测未来每个月的需求。在下一小节中，我们将应用线性回归来创建预测工具。

10.4.7　进行分析——使用线性回归创建预测模型

首先，我们将从 sklearn.linear_model 导入 LinearRegression 以将数据拟合到回归方程。如第 6 章“预测”所述，要将预测算法应用于数据，需要将数据分成自变量特性和因变量特性。一般来说，我们使用 X 表示自变量特性，使用 y 表示因变量特性。以下代码可执行这些步骤并将数据输入模型。

```
from sklearn.linear_model import LinearRegression
X = predict_df.drop(columns=['DA'])
y = predict_df.DA
lm = LinearRegression()
lm.fit(X,y)
```

在执行了上述代码之后，几乎什么也没有发生，但分析已经执行。可以使用 lm 来访问估计的 β 值并执行预测。

以下代码可从 lm 中提取 β 值。

```
print('intercept (b0) ', lm.intercept_)
coef_names = ['b1','b2','b3']
print(pd.DataFrame({'Predictor': X.columns,
                    'coefficient Name':coef_names,
                    'coefficient Value': lm.coef_}))
```

使用上述代码的输出，可以计算出以下回归方程。

$$\text{DA} = -25.75 + 1.29 \times \text{IA1} + 1.43 \times \text{IA2} + 0.15 \times \text{IA3}$$

为了找出该预测模型的质量，可以查看模型在因变量特性 DA 中找到模式的能力。图 10.14 显示了绘制线性回归模型的实际和拟合数据的代码。

从图 10.14 中可以看出，该模型已经能够很好地捕捉数据中的趋势，是一个很好的模型，可以用来预测未来的数据点。

在继续阅读之前，不妨花点时间考虑一下我们为设计和实现有效的预测模型所做的一切。我们采取的大部分步骤都是数据预处理步骤，而不是分析步骤。由此可见，执行有效的数据预处理将使读者在数据分析方面更加成功。

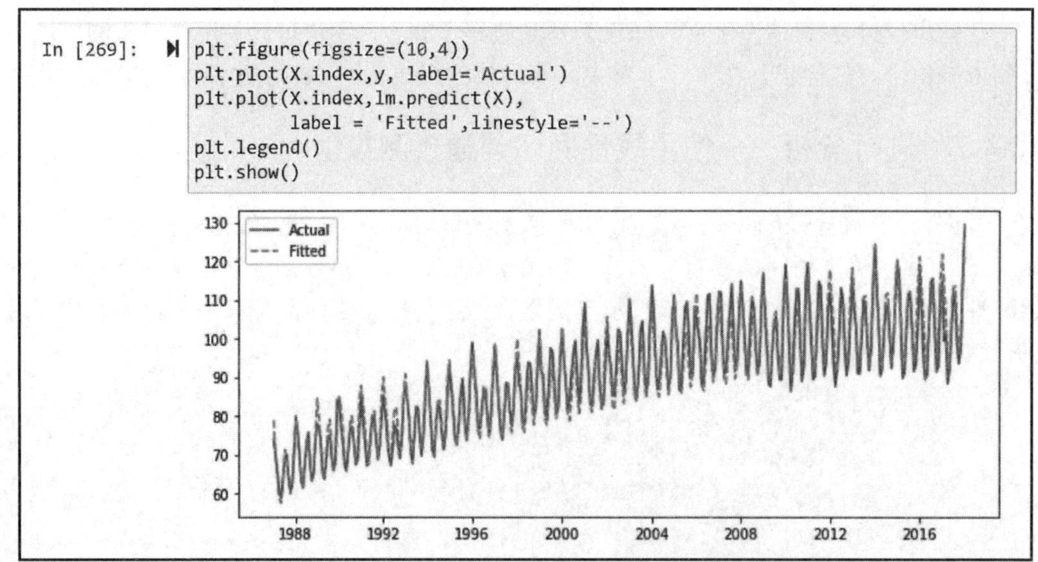

```
In [269]:  plt.figure(figsize=(10,4))
           plt.plot(X.index,y, label='Actual')
           plt.plot(X.index,lm.predict(X),
                    label = 'Fitted',linestyle='--')
           plt.legend()
           plt.show()
```


图 10.14　使用线性回归比较 predict_df 的实际值和预测值

10.5　小　　结

本章通过 3 个示例演示了如何有效地预处理数据集并满足分析目标。

第 11 章将重点介绍 3 级数据清洗。此级别的数据清洗是最艰难的数据清洗级别，因为它需要对数据预处理的分析目标有更深入的了解。

在继续阅读之前，需要花一些时间完成以下练习以巩固和强化所学的知识。

10.6　练　　习

（1）本题讨论数据集重组和重制之间的区别。请回答下列问题。

① 用你自己的语言描述数据集重组和数据集重制之间的区别。

② 在 10.4 节“示例 3——执行 1 级和 2 级数据清洗”中，将数据从 month_df 移动到 predict_df。这采用的是数据集重组还是重制方法？我们介绍的重组和重制之间的区别是否足以帮助你区分这两种方法？如果不能，那么你认为哪些区别才是重要的？

（2）本练习将使用 LaqnData.csv，该数据集的每一行都显示了以下 5 种空气污染物之一的每小时测量记录：NO、NO_2、NO_X、PM_{10} 和 $PM_{2.5}$。其网址如下。

https://www.londonair.org.uk/LondonAir/Default.aspx

对此数据集执行以下步骤。

① 使用 Pandas 将数据集读入 air_df。

② 使用.unique()函数识别只有一个可能值的列，然后将它们从 air_df 中删除。

③ 将 readingDateTime 列解包为两个名为 Date（日期）和 time（时间）的新列。这可以通过不同的方式来完成。

以下是有关执行此解包必须采用的 3 种方法的一些线索。

- 使用 air_df.apply()。
- 使用 air_df.readingDateTime.str.split(' ',expand=true)。
- 使用 pd.to_datetime()。

④ 使用本章介绍的操作技巧创建如图 10.15 所示的可视化效果。这 5 个折线图中的每条线代表相关空气颗粒的 1 天读数。

⑤ 标注并解释你在本练习中执行的数据清洗步骤。例如，你是否必须重制一个新数据集来绘制可视化？指定执行的每个步骤的数据清洗级别。

（3）本练习将使用 stock_index.csv。此文件包含纳斯达克（Nasdaq）、标准普尔（Standard & Poor's，S&P）和道琼斯（Dow Jones）股票指数从 2019 年 11 月 7 日到 2021 年 6 月 10 日的每小时数据。每行数据代表交易日的一个小时，每行包括 3 个股票指数中的开盘价（Opening）、收盘价（Closing）和交易量（Volume）。开盘价是开市一小时的指数值，收盘价是尾市一小时的指数值，成交量则是该小时内发生的交易量。

本练习将执行聚类分析，以了解我们在 2020 年经历了多少不同类型的交易日。

使用可以在 stock_df.csv 数据集中找到的以下特性，我们希望使用 k-means 算法将 2020 年的股票交易日分为 4 个聚类。

- nasdaqChPe：纳斯达克交易日变化百分比。
- nasdaqToVo：纳斯达克交易日的总交易量。
- dowChPe：道琼斯指数在交易日的变化百分比。
- dowToVo：道琼斯交易日的总交易量。
- sNpChPe：标准普尔在交易日的变化百分比。
- sNpToVo：标准普尔交易日的总交易量。
- N_daysMarketClose：周末市场收盘前的天数；周一为 5，周二为 4，周三为 3，周四为 2，周五为 0。

确保通过热图执行质心分析来完成聚类分析，并为每个聚类命名。完成聚类分析后，标记并描述你在本练习中执行的数据清洗步骤。

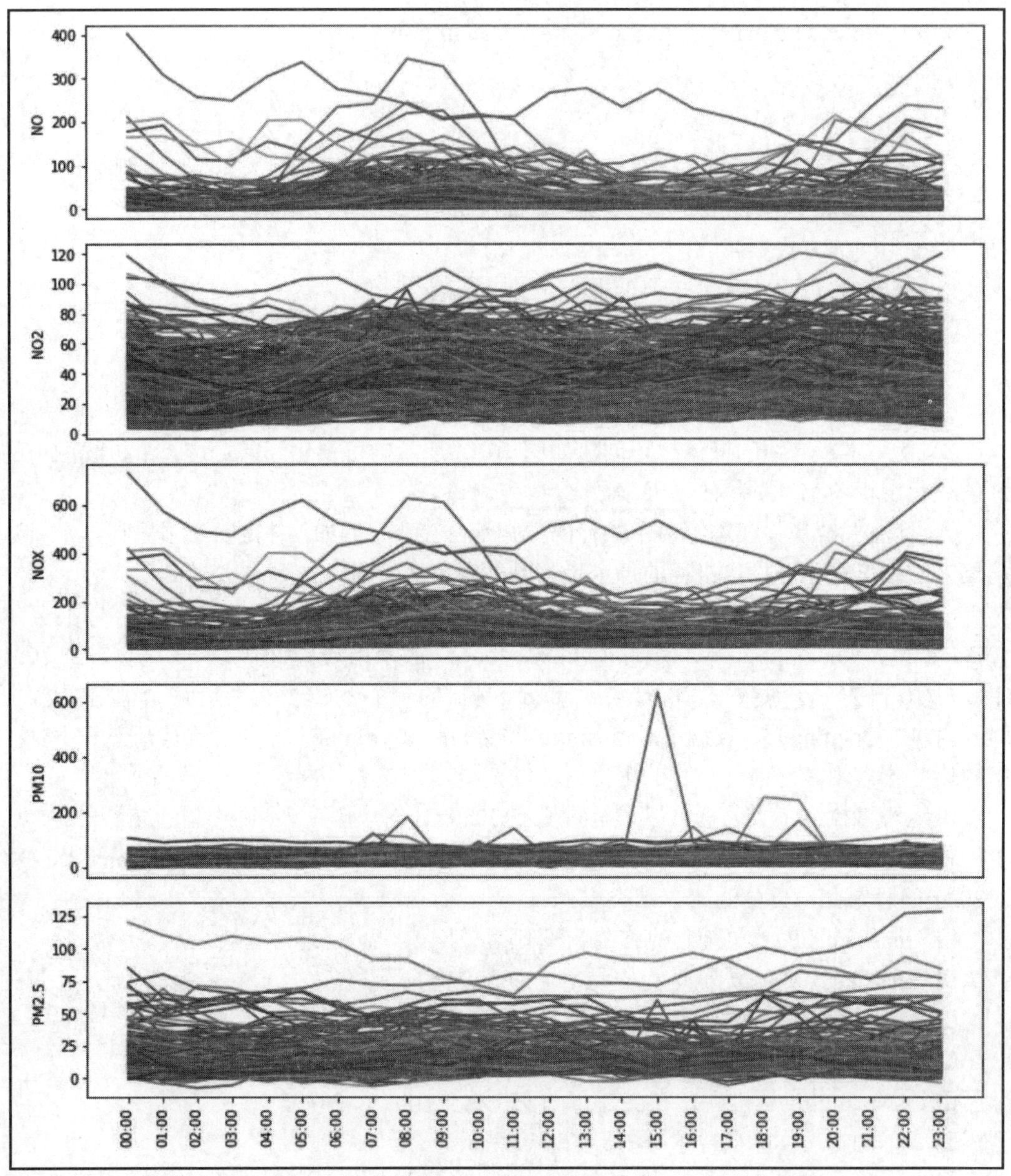

图 10.15　air_df 总结

第 11 章　数据清洗 3 级——处理缺失值、异常值和误差

在数据清洗 1 级中，只是清洗了表，并没有关注数据结构或记录的值；在数据清洗 2 级中，强调的是有一个支持分析目标的数据结构，但仍然没有过多关注记录值的正确性或适当性，因为这是数据清洗 3 级的目标。

在数据清洗 3 级中，将重点关注记录值，并采取措施确保解决数据记录值的 3 个问题。

首先，我们将确保检测到数据中的缺失值，了解为什么会发生这种情况，并采取适当的措施来解决这些问题。

其次，我们将确保采取了适当的措施，以保证记录的值是正确的。

最后，我们将确定数据中的极端点已被检测到，并已采取适当的措施来解决它们。

数据清洗 3 级与数据分析目标和工具的关系类似于 2 级。虽然数据清洗 1 级可以在不关注数据分析目标和工具的情况下单独完成，但数据清洗 2 级和 3 级必须在了解分析目标和工具的情况下完成。

本章包含以下主题。

- 缺失值。
- 处理缺失值。
- 异常值。
- 处理异常值。
- 误差。

11.1　技术要求

在本书配套的 GitHub 存储库中可以找到本章使用的所有代码示例以及数据集，具体网址如下。

https://github.com/PacktPublishing/Hands-On-Data-Preprocessing-in-Python/tree/main/Chapter11

11.2 缺 失 值

顾名思义，缺失值就是我们期望拥有但却没有的值。用最简单的术语来说，缺失值是我们想要用于分析目标的数据集中的空单元格。

图 11.1 显示了包含缺失值的数据集示例——第一个和第三个学生的平均学分绩点（Grade Point Average，GPA）缺失，第五个学生的 Height（身高）值缺失，第六个学生的 Personality Type（性格类型）值缺失。

	Gender	Height	Year	GPA	Personality Type
1	1	190	Sophomore		ISTJ
2	1	189	Freshman	3.81	ESNJ
3	0	160	Freshman		ISTJ
4	1	181	Sophomore	3.95	INTP
5	1		Freshman	3.62	ISTJ
6	0	184	Freshman	3.87	
7	0	172	Junior	3.31	ISTP

图 11.1　包含缺失值的数据集示例

在 Python 中，缺失值不会以空白的形式呈现——它们会通过 NaN 呈现，NaN 是 Not a Number 的缩写。虽然 Not a Number 的字面意思并没有完全捕捉到有缺失值的所有可能情况，但在 Python 中，每当有缺失值时都会使用 NaN。

图 11.2 显示了一个 Pandas DataFrame，它读取并呈现了图 11.1 中表示的表格。比较这两个屏幕截图后，读者会看到图 11.1 中每个为空的单元格在图 11.2 中都包含 NaN。

	Gender	Height	Year	GPA	Personality Type
0	1	190.0	Sophomore	NaN	ISTJ
1	1	189.0	Freshman	3.81	ESNJ
2	0	160.0	Freshman	NaN	ISTJ
3	1	181.0	Sophomore	3.95	INTP
4	1	NaN	Freshman	3.62	ISTJ
5	0	184.0	Freshman	3.87	NaN
6	0	172.0	Junior	3.31	ISTP

图 11.2　Pandas 中出现缺失值的数据集示例

现在我们已经知道什么是缺失值，以及它们在分析环境 Python 中是如何呈现的。遗憾的是，缺失值并不总是以标准方式呈现。例如，在 Pandas DataFrame 上使用 NaN 是呈现缺失值的标准方式。但是，不了解的人可能已经使用了一些内部协议来呈现缺失值，并提供替代方案，例如 MV、None、99999 和 N/A 之类的值。如果缺失值没有以标准方式呈现，则处理它们的第一步就是纠正它。在这种情况下，可以将数据集的作者认为是缺失值的值检测为缺失值，并将其替换为 np.nan。

即使缺失值以标准方式呈现，当数据集很大时，也不能依靠目测数据来检测和理解缺失值。因此，接下来让我们看看如何检测缺失值，尤其是对于较大的数据集。

11.2.1　检测缺失值

每个 Pandas DataFrame 都有两个函数——.info()和.isna()，它们在检测哪些特性有缺失值和有多少缺失值方面非常有用。

接下来，让我们看看如何使用这两个函数来检测数据集是否存在缺失值以及缺失值的数量。

11.2.2　检测缺失值的示例

Airdata.csv 空气质量数据集包括来自 3 个地点的 2020 年每小时记录。该数据集除了 A、B 和 C 3 个位置的 NO_2 读数外，还包含 DateTime（日期时间）、Temperature（温度）、Humidity（湿度）、Wind_Speed（风速）和 Wind_Direction（风向）读数。图 11.3 显示了将文件读入 air_df DataFrame 的代码，并显示了该数据集的前 5 行和后 5 行。

可以用来检测数据的任何列是否有任何缺失值的第一种方法是使用.info()函数。图 11.4 显示了该函数在 air_df 上的应用。

如图 11.4 所示，air_df 有 8784 行（条目）数据，但 NO2_Location_A、NO2_Location_B 和 NO2_Location_C 列的 non-null（非空值）则少于 8784，这意味着这些特性有缺失值。

找出哪些特性有缺失值的第二种方法是使用 Pandas Series 的.isnan()函数。Pandas DataFrames 和 Pandas Series 都有.isnan()函数，它可以输出相同的数据结构，所有单元格都用布尔值填充，指示单元格是否为 NaN。图 11.5 使用.isnan()函数计算 air_df 中每个特性的 NaN 条目数。

在图 11.5 中，可以看到 A、B、C 3 个位置的 NO_2 读数都有缺失值。这证实了我们在图 11.4 中使用.info()函数执行的缺失值检测结果。

```
In [3]:  air_df = pd.read_csv('Airdata.csv')
         air_df
Out[3]:
```

	DateTime	Temperature	Humidity	Wind_Speed	Wind_Direction	NO2_Location_A	NO2_
0	1/1/2020 0:00	2.180529	87	1.484318	75.963760	39.23	
1	1/1/2020 1:00	1.490529	89	2.741678	113.198590	38.30	
2	1/1/2020 2:00	1.690529	85	3.563818	135.000000	NaN	
3	1/1/2020 3:00	1.430529	84	2.811690	129.805570	37.28	
4	1/1/2020 4:00	0.840529	86	1.800000	126.869896	29.97	
...	...	...	...	...	...	...	
8779	12/31/2020 19:00	4.920528	72	4.553679	251.565060	53.44	
8780	12/31/2020 20:00	4.990529	74	3.259938	186.340200	49.80	
8781	12/31/2020 21:00	4.360529	84	10.587917	252.181120	43.32	
8782	12/31/2020 22:00	3.820529	88	8.435069	219.805570	39.88	
8783	12/31/2020 23:00	3.170529	89	6.792466	212.005390	39.04	

8784 rows × 8 columns

图 11.3　将 Airdata.csv 读入 air_df

```
In [4]:  air_df.info()

         <class 'pandas.core.frame.DataFrame'>
         RangeIndex: 8784 entries, 0 to 8783
         Data columns (total 8 columns):
          #   Column           Non-Null Count  Dtype
         ---  ------           --------------  -----
          0   DateTime         8784 non-null   object
          1   Temperature      8784 non-null   float64
          2   Humidity         8784 non-null   int64
          3   Wind_Speed       8784 non-null   float64
          4   Wind_Direction   8784 non-null   float64
          5   NO2_Location_A   8664 non-null   float64
          6   NO2_Location_B   8204 non-null   float64
          7   NO2_Location_C   8652 non-null   float64
         dtypes: float64(6), int64(1), object(1)
         memory usage: 549.1+ KB
```

图 11.4　使用.info()检测 air_df 中的缺失值

```
In [5]:  print('Number of missing values:')
         for col in air_df.columns:
             n_MV = sum(air_df[col].isna())
             print('{}:{}'.format(col,n_MV))

         Number of missing values:
         DateTime:0
         Temperature:0
         Humidity:0
         Wind_Speed:0
         Wind_Direction:0
         NO2_Location_A:120
         NO2_Location_B:580
         NO2_Location_C:132
```

图 11.5　检测 air_df 中的缺失值

现在我们已经知道如何检测缺失值，那么，这些缺失值是怎么来的呢？接下来就让我们看看哪些情况会导致缺失值。

11.2.3　缺失值的原因

可能出现缺失值的原因有很多。了解为什么出现缺失值对于有效处理缺失值非常重要，因为它也可以提供很多有用的信息。

以下列表提供了可能导致缺失值的最常见原因。

- 人为错误。
- 受访者可能拒绝回答调查问题。
- 参加调查的人不理解问题。
- 提供的值是一个明显的错误，所以它被删除了。
- 没有足够的时间来回答问题。
- 由于缺乏有效的数据库管理而丢失了记录。
- 故意删除和跳过数据收集（可能具有欺诈意图）。
- 参与者在研究中途退出。
- 第三方篡改或阻止数据收集。
- 遗漏的观察。
- 传感器故障。
- 编程错误。

在以数据分析师的身份处理数据时，有时我们所拥有的只是数据，而无从向他人咨询有关数据的问题。因此，重要的是对数据保持好奇，并想象缺失值背后的原因。当读者必须猜测可能导致缺失值的原因时，牢记上述列表并理解这些原因将会有所帮助。

当然，如果读者可以接触到了解数据的人，则找出缺失值原因的最佳方式就是咨询他们。

不管是什么原因导致了缺失值，从数据分析的角度来看，可以将所有缺失值分为 3 种类型。了解这些类型对于决定如何处理缺失值非常重要。

11.2.4　缺失值的类型

特性中的一个缺失值或一组缺失值可能属于以下 3 种类型之一。

- 完全随机缺失（missing completely at random，MCAR）。
- 随机缺失（missing at random，MAR）。
- 非随机缺失（missing not at random，MNAR）。

这些类型的缺失值之间存在顺序关系。MCAR 最容易处理，MAR 其次，而 MNAR 则最难处理。

当我们没有任何理由相信这些值由于任何系统原因而丢失时，则可以认为它是 MCAR。当缺失值被归类为 MCAR 时，具有缺失值的数据对象可以是任何数据对象。例如，如果空气质量传感器由于互联网连接的随机波动而无法与其服务器通信以保存记录，则该缺失值就属于 MCAR 类型。这是因为任何数据对象都可能发生互联网连接问题，但它恰好发生在它包含缺失值的那些地方。

另一方面，当数据中的某些数据对象更有可能包含缺失值时，则可以认为它是 MAR。例如，如果风速有时会导致传感器发生故障并使其无法给出读数，则在大风中发生的缺失值即可归类为 MAR。理解 MAR 的关键在于，导致缺失值的系统原因并不总是导致缺失值，而是增加了数据对象缺失值的概率。

最后，当我们确切地知道哪个数据对象将具有缺失值时，则可以认为它是 MNAR。例如，如果排放过多空气污染物的发电厂为了避免向政府支付罚款而篡改传感器，那么由于这种情况而未收集的数据对象将被归类为 MNAR。

找出 MNAR 缺失值发生的原因并阻止它们发生通常是数据分析项目的首要任务。

接下来，让我们看看如何使用数据分析工具诊断缺失值的类型。

11.2.5　缺失值的诊断

具有缺失值的特性实际上包含两个变量的信息：一个是它自身，另一个是隐藏特性。该隐藏特性是一个二元特性，当存在缺失值时其值为 1，否则为 0。

要弄清楚缺失值的类型（MCAR、MAR 和 MNAR），我们需要做的就是调查具有缺失值的特性的隐藏二元变量与数据集中的其他特性之间是否存在关系。下面基于每种缺失值类型讨论了这二者的关系类型。

- MCAR：隐藏的二元变量应该与其他特性之间不存在有意义的关系。
- MAR：隐藏的二元变量至少与一个其他特性之间存在有意义的关系。
- MNAR：隐藏的二元变量至少与一个其他特性之间存在很强的关系。

下文将分别讨论具有不同缺失值类型的 3 种情况，并且将使用数据分析工具包来帮助诊断这些类型。

我们将继续使用之前看到的 air_df 数据集。在图 11.5 中可以看到，NO2_Location_A、NO2_Location_B 和 NO2_Location_C 分别有 120、580 和 132 个缺失值。我们将逐一诊断每一列中的缺失值。

11.2.6　诊断 NO2_LOCATION_A 中的缺失值

为了诊断缺失值的类型，可以使用两种方法：可视化方法和统计方法。必须为数据集中的所有特性运行这些诊断方法。

air_df 数据中有 4 个数值特性：Temperature（温度）、Humidity（湿度）、Wind_Speed（风速）和 Wind_Direction（风向）。

该数据中还有一个 DateTime（日期时间）特性，可以解包为 4 个分类特性：month（月）、day（日）、hour（小时）和 weekday（周工作日）。

需要运行分析的方式对于数值特性和分类特性是不同的。因此，我们将先了解数字特性，然后将注意力转向分类特性。

下文将先从 Temperature（温度）数值特性开始。此外，我们将先进行可视化诊断，然后再进行统计诊断。

11.2.7　根据温度诊断缺失值

该可视化诊断是通过比较以下两个总体的温度值来完成的。

第一个总体是 NO2_Location_A 有缺失值的数据对象，第二个总体是 NO2_Location_A 没有缺失值的数据对象。

在第 5 章“数据可视化”中介绍了如何使用数据可视化来比较总体，这里将应用这些技术。可以使用箱线图或直方图来实现。因此本小节将同时使用两者——首先是箱线图，然后是直方图。

图 11.6 显示了比较两个总体的代码和箱线图。该代码与我们在第 5 章“数据可视化”中学习过的内容非常相似，因此我们将只讨论可视化的含义。

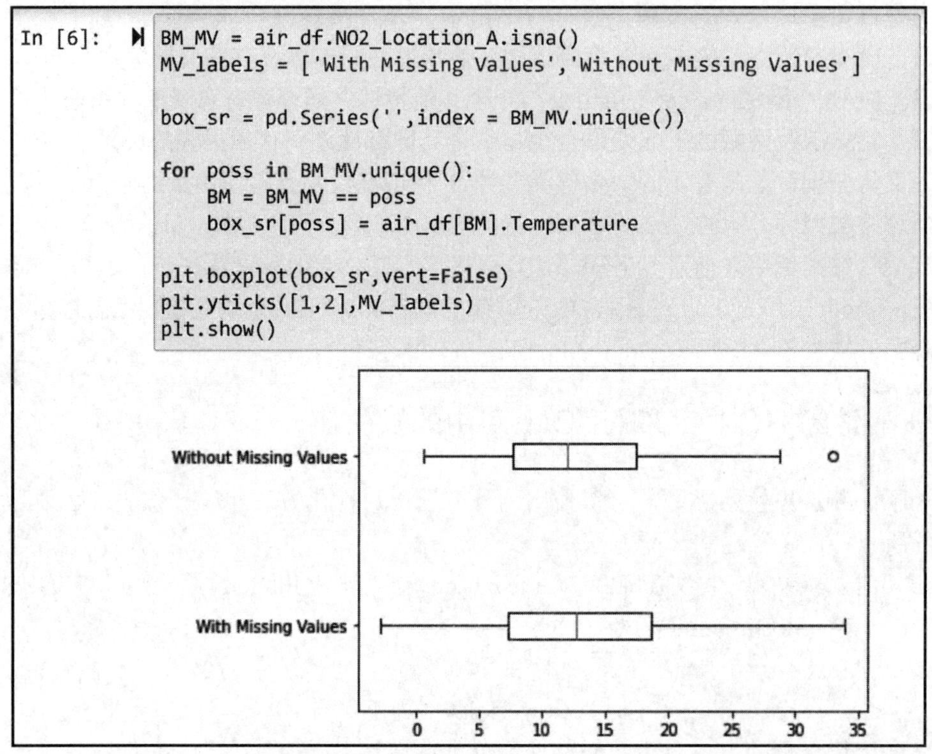

```
In [6]:  BM_MV = air_df.NO2_Location_A.isna()
         MV_labels = ['With Missing Values','Without Missing Values']

         box_sr = pd.Series('',index = BM_MV.unique())

         for poss in BM_MV.unique():
             BM = BM_MV == poss
             box_sr[poss] = air_df[BM].Temperature

         plt.boxplot(box_sr,vert=False)
         plt.yticks([1,2],MV_labels)
         plt.show()
```


图 11.6　使用温度箱线图诊断 NO2_Location_A 中缺失值的代码

研究一下图 11.6 中的箱线图，可以看到 With Missing Values（有缺失值）和 Without Missing Values（无缺失值）这两个总体之间的温度值没有有意义的变化。这表明温度变化不会导致或影响 NO2_Location_A 下缺失值的出现。

也可以使用直方图进行此分析。图 11.7 显示了创建直方图并比较有缺失值和无缺失值这两个总体的代码。

图 11.7 证实了使用箱线图时得出的相同结论。由于我们没有看到两个总体之间存在显著差异，因此可得出结论，Temperature（温度）值不会影响或导致缺失值的发生。

最后，我们还可以使用一种统计方法来确认这一点。这个统计方法就是双样本 t 检验（tow-sample t-test）。双样本 t 检验可以评估数值特性的值在两组之间是否存在显著差异。本示例中的两组就是 NO2_Location_A 下有缺失值的数据对象和 NO2_Location_A 下没有缺失值的数据对象。

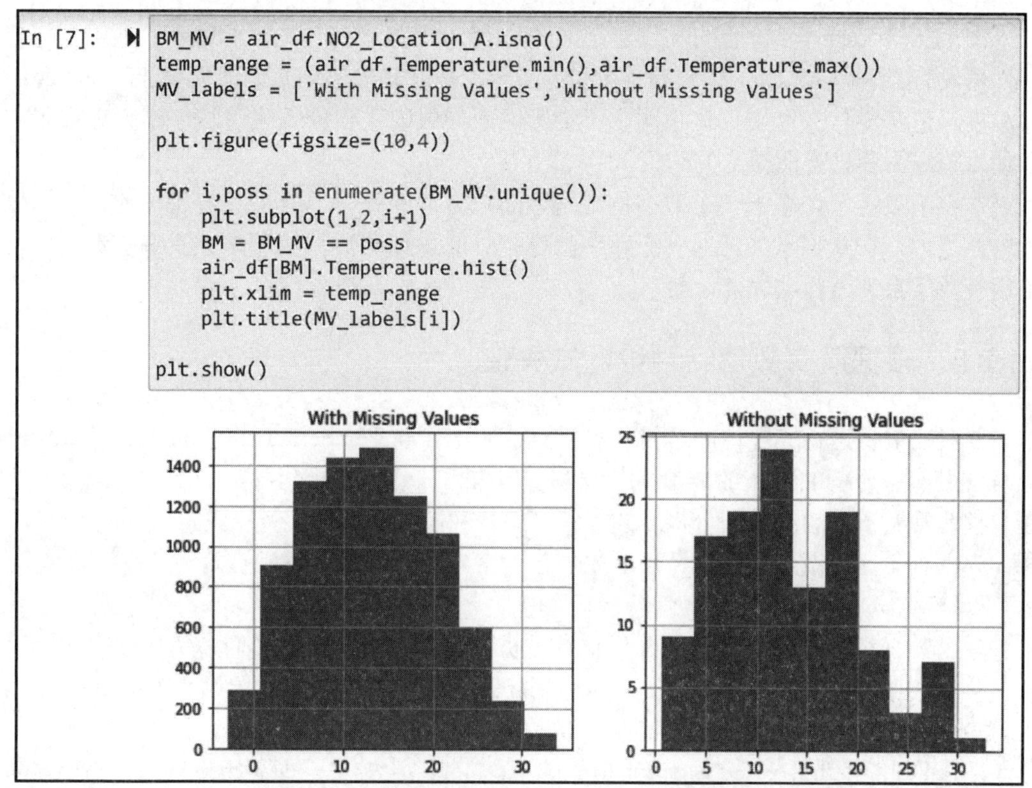

```
In [7]:  BM_MV = air_df.NO2_Location_A.isna()
         temp_range = (air_df.Temperature.min(),air_df.Temperature.max())
         MV_labels = ['With Missing Values','Without Missing Values']

         plt.figure(figsize=(10,4))

         for i,poss in enumerate(BM_MV.unique()):
             plt.subplot(1,2,i+1)
             BM = BM_MV == poss
             air_df[BM].Temperature.hist()
             plt.xlim = temp_range
             plt.title(MV_labels[i])

         plt.show()
```


图 11.7　使用温度直方图诊断 NO2_Location_A 中缺失值的代码

简而言之，双样本 t 检验的工作原理就是：假设两组之间的特性值没有显著差异，然后计算假设正确时两组数据相似的概率。这个概率称为 p 值（p-value）。因此，如果 p 值非常小，那么我们就有有意义的证据来怀疑双样本 t 检验的假设可能是错误的。

可以使用 Python 轻松地进行任何假设检验。图 11.8 使用了 scipy.stats 模块中的 ttest_ind 函数进行双样本 t 检验。

```
In [8]:  from scipy.stats import ttest_ind
         BM_MV = air_df.NO2_Location_A.isna()
         ttest_ind(air_df[BM_MV].Temperature, air_df[~BM_MV].Temperature)

Out[8]:  Ttest_indResult(statistic=0.05646499065315542, pvalue=0.9549726689684548)
```

图 11.8　使用 t 检验评估 NO2_Location_A 中的 Temperature（温度值）在有缺失值和没有缺失值的数据对象之间是否不同

如图 11.8 所示，要使用 ttest_ind()函数，需传递两个数字组。

图 11.8 中双样本 t 检验的 p 值非常大——0.95（满分为 1），这意味着“两组之间的特性值没有显著差异”这一假设是成立的，即无论是有缺失值还是无缺失值，Temperature（温度）值都没什么区别，这说明它不会影响或导致缺失值的发生。这一结论证实了前面使用箱线图和直方图得出的结论。

本小节展示了仅基于一个数字特性来诊断缺失值的代码。其余数值特性的代码和分析与此类似。在掌握了如何对一个数字特性执行此操作之后，接下来让我们看看如何使用所有数字特性进行缺失值诊断。

11.2.8　根据所有数值特性诊断缺失值

要对缺失值进行完整诊断，需要对所有特性进行与 Temperature（温度）特性类似的分析。虽然该分析的每个部分都易于理解，但由于该诊断分析包含许多部分，因此它需要一种非常有条理的编码和分析方式。

为了有条理地做到这一点，可首先创建一个函数来执行上述所有 3 个分析，这些分析可以针对 Temperature（温度）进行。

除了数据集，该函数还需要采用执行分析的数字特性的名称和布尔掩码（对于具有缺失值的数据对象，该布尔掩码为 True，对于没有缺失值的数据对象则为 False）。该函数可输出箱线图、直方图和输入特性的双样本 t 检验的 p 值。

图 11.9 中的代码显示了如何创建此函数。该代码比较长，如果想复制它，需要在本书配套的 GitHub 存储库中进行查找（详见 11.1 节“技术要求”）。

简单地说，图 11.9 中代码就是图 11.6、图 11.7 和图 11.8 所示代码的参数化和组合版本。运行上述代码后，即创建了一个 Diagnose_MV_Numerical()函数。运行以下代码将对数据中的所有数值特性运行该函数，它可以让用户调查 NO2_Location_A 的缺失值是否由于系统原因而与数据集中的数字特性相关联。

```
numerical_attributes = ['Temperature', 'Humidity', 'Wind Speed',
'Wind Direction']
BM_MV = air_df.NO2_Location_C.isna()
for att in numerical_attributes:
    print('Diagnosis Analysis of Missing Values for {}:'.format(att))
    Diagnose_MV_Numerical(air_df,att,BM_MV)
    print('- - - - - - - - - - divider - - - - - - - - - ')
```

运行上述代码将生成 4 份诊断报告，每个数字特性一份。每个报告都包含 3 个部分：使用箱线图进行诊断、使用直方图进行诊断和使用双样本 t 检验进行诊断。

研究上述代码片段的后续报告表明，NO2_Location_A 下缺失值的趋势不会根据数据中任何一个数值特性的值而改变。

```
In [10]:  from scipy.stats import ttest_ind
          def Diagnose_MV_Numerical(df,str_att_name,BM_MV):
              MV_labels = {True:'With Missing Values',False:'Without Missing Values'}

              labels=[]
              box_sr = pd.Series('',index = BM_MV.unique())
              for poss in BM_MV.unique():
                  BM = BM_MV == poss
                  box_sr[poss] = df[BM][str_att_name].dropna()
                  labels.append(MV_labels[poss])

              plt.boxplot(box_sr,vert=False)
              plt.yticks([1,2],labels)
              plt.xlabel(str_att_name)
              plt.show()

              plt.figure(figsize=(10,4))

              att_range = (df[str_att_name].min(),df[str_att_name].max())

              for i,poss in enumerate(BM_MV.unique()):
                  plt.subplot(1,2,i+1)
                  BM = BM_MV == poss
                  df[BM][str_att_name].hist()
                  plt.xlim = att_range
                  plt.xlabel(str_att_name)
                  plt.title(MV_labels[poss])

              plt.show()

              group_1_data = df[BM_MV][str_att_name].dropna()
              group_2_data = df[~BM_MV][str_att_name].dropna()

              p_value = ttest_ind(group_1_data,group_2_data).pvalue

              print('p-value of t-test: {}'.format(p_value))
```

图 11.9　创建 Diagnose_MV_Numerical()函数，用于根据数字特性诊断缺失值

接下来，我们将对分类特性进行类似的编码和分析。就像对数值特性所做的那样，可以先对一个特性进行诊断，然后创建可以一次输出所有分析的代码。我们将进行诊断的第一个特性是 weekday（周工作日）。

11.2.9　根据周工作日诊断缺失值

读者可能会感到困惑，因为 air_df 数据集没有名为 weekday 的分类特性，确实如此，但是解包 air_df.DataTime 特性即可获得以下特性：month（月）、day（日）、hour（小时）和 weekday（周工作日）。

如果读者认为这听起来像是 2 级数据清洗，那么你又想对了。为了能够更有效地进行 3 级数据清洗，我们需要先进行一些 2 级数据清洗。以下代码可执行上述 2 级数据清洗。

```
air_df.DateTime = pd.to_datetime(air_df.DateTime)
air_df['month'] = air_df.DateTime.dt.month
air_df['day'] = air_df.DateTime.dt.day
air_df['hour'] = air_df.DateTime.dt.hour
air_df['weekday'] = air_df.DateTime.dt.day_name()
```

运行上述代码后，在继续阅读之前，请检查 air_df 的新状态并研究添加到其中的新列。读者将看到 month（月）、day（日）、hour（小时）和 weekday（周工作日）分类特性被解包到它们自己的特性中。

2 级数据清洗完成后，即可根据 weekday（周工作日）分类特性对 air_df.NO2_Location_A 列中的缺失值进行诊断。

在第 5 章“数据可视化”中已经介绍过，条形图是一种数据可视化技术，可用于根据分类特性比较总体。图 11.10 显示了适用于本示例的可视化代码和输出结果（对于该代码的解释可参考 5.3.4 节“解决问题的第一种方法”）。

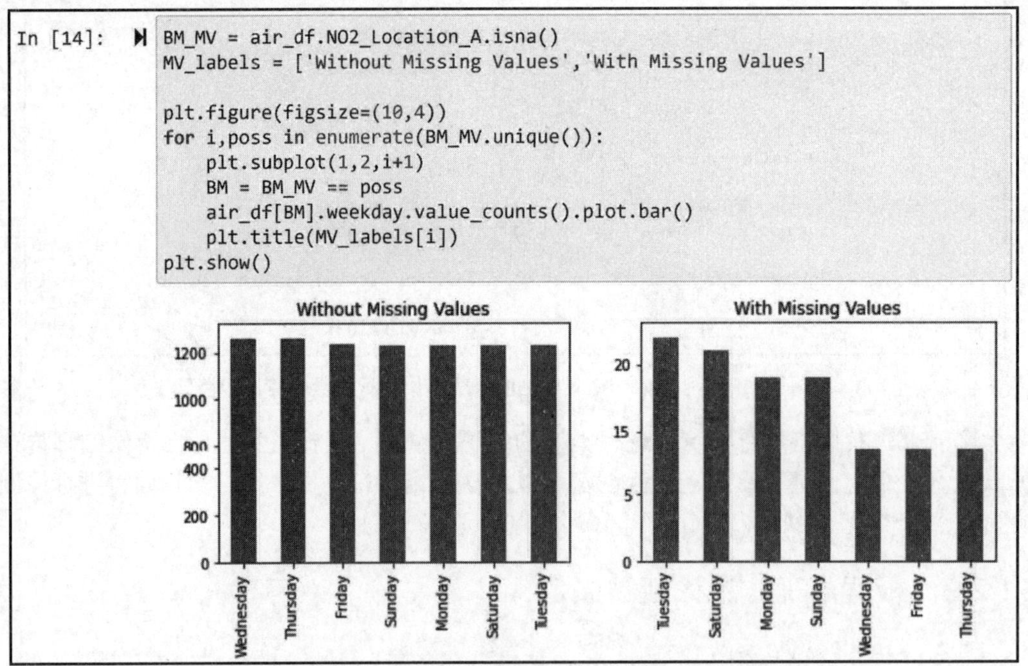

图 11.10　使用条形图评估 NO2_Location_A 中具有缺失值和没有缺失值的数据对象之间的周工作日值是否不同

通过图 11.10 可以看到，缺失值可能是随机发生的，并且没有有意义的趋势来相信由于 airt_df.weekday 的值的变化而导致缺失值发生的系统原因。

也可以使用卡方独立性检验（chi-square test of independence）进行类似的诊断。简而言之，对于本示例，该测试假设缺失值的出现和 weekday（周工作日）特性之间没有关系。基于这个假设，测试计算一个 p 值，它是假设为 True 时数据相关的概率。使用该 p 值，即可确定是否有任何证据怀疑缺失值的系统原因。

什么是 p 值：

这是本章第二次提到 p 值。p 值在所有统计检验中都是相同的概念，并且具有相同的含义。每个统计检验都会假设一些东西，这称为零假设（null hypothesis，也称为原假设），并且 p 值是根据该假设和观察结果（数据）计算的。p 值是在零假设为 True 的情况下，已经发生的数据正在发生的概率。

使用 p 值的一个流行的经验法则是采用著名的 5%显著性水平（significance level）。0.05 显著性水平表示如果 p 值大于 0.05，则没有任何证据怀疑零假设不正确。虽然这是一个相当好的经验法则，但最好还是能了解 p 值，然后用数据可视化来补充统计检验。

图 11.11 显示了使用 scipy.stats 中的 chi2_contingency()执行的卡方独立性检验。

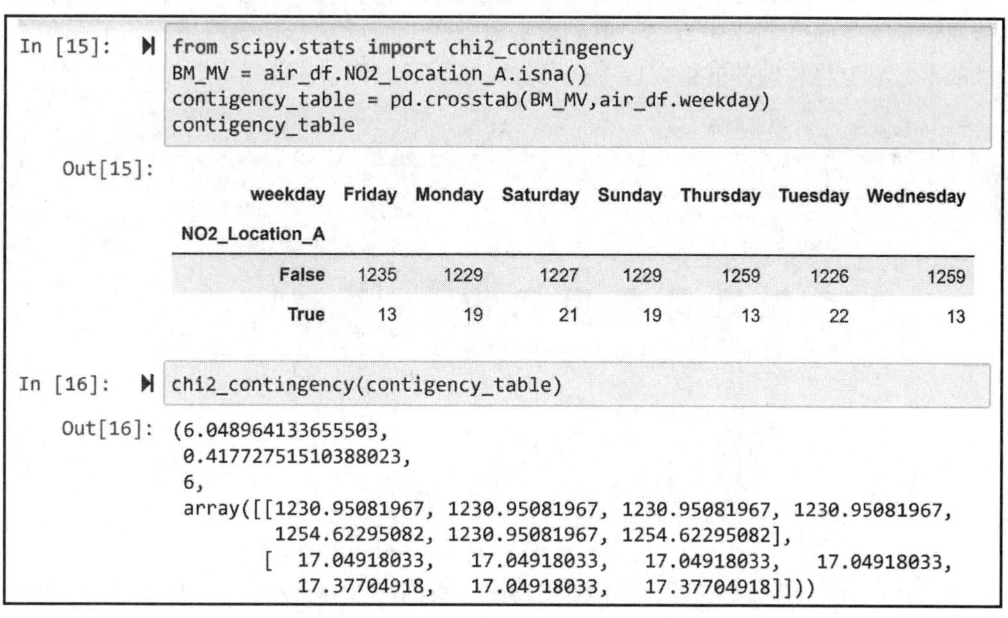

```
In [15]: from scipy.stats import chi2_contingency
         BM_MV = air_df.NO2_Location_A.isna()
         contigency_table = pd.crosstab(BM_MV,air_df.weekday)
         contigency_table
```

Out[15]:

weekday	Friday	Monday	Saturday	Sunday	Thursday	Tuesday	Wednesday
NO2_Location_A							
False	1235	1229	1227	1229	1259	1226	1259
True	13	19	21	19	13	22	13

```
In [16]: chi2_contingency(contigency_table)

Out[16]: (6.048964133655503,
          0.41772751510388023,
          6,
          array([[1230.95081967, 1230.95081967, 1230.95081967, 1230.95081967,
                  1254.62295082, 1230.95081967, 1254.62295082],
                 [  17.04918033,   17.04918033,   17.04918033,   17.04918033,
                    17.37704918,   17.04918033,   17.37704918]]))
```

图 11.11　使用卡方独立性检验来评估 NO2_Location_A 中具有缺失值和没有缺失值的数据对象之间的周工作日值是否不同

首先，该代码使用 pd.crosstab()创建一个列联表（contingency table），它是一个可视化工具，用于研究两个分类特性之间的关系（详见 5.4.3 节“可视化两个分类特性之间的关系”）。

然后，代码将 contigency_table 传递给 chi2_contingency()函数以执行检验。该检验输出了一些值，但并不是所有的值都有用。p 值是第二个值，即 0.4127。

p 值为 0.4127 证实了在图 11.10 中所做的观察，即 air_df.NO2_Location_A 中缺失值的出现和 weekday（周工作日）的值之间没有关系，缺失值的出现确实可能是随机的。

本小节展示了仅基于一个分类特性来诊断缺失值的代码。其余分类特性的代码和分析与此类似。在掌握了如何为一个分类特性执行此操作之后，接下来我们将创建相应的代码，使用所有分类特性进行缺失值诊断。

11.2.10　根据所有分类特性诊断缺失值

要对缺失值进行完整诊断，需要对所有其他分类特性执行与 weekday（周工作日）特性类似的分析。要以有序方式执行此操作，可以首先创建一个函数来执行前面在 weekday（周工作日）特性上完成的两个分析（即条形图和卡方独立性检验）。使用本示例数据集时，函数将采用要执行分析的分类特性的名称和布尔掩码（布尔掩码对于具有缺失值的数据对象为 True，对于没有缺失值的数据对象为 False）。该函数将输出条形图和输入特性的卡方独立性检验的 p 值。以下代码片段显示了如何创建此函数。

```
from scipy.stats import chi2_contingency
def Diagnose_MV_Categorical(df,str_att_name,BM_MV):
    MV_labels = {True:'With Missing Values', False:'Without
    Missing Values'}
    plt.figure(figsize=(10,4))
    for i,poss in enumerate(BM_MV.unique()):
        plt.subplot(1,2,i+1)
        BM = BM_MV == poss
        df[BM][str_att_name].value_counts().plot.bar()
        plt.title(MV_labels[poss])
    plt.show()
    contigency_table = pd.crosstab(BM_MV,df[str_att_name])
    p_value = chi2_contingency(contigency_table)[1]
    print('p-value of Chi_squared test: {}' .format(p_value))
```

上述代码片段其实就是图 11.10 和图 11.11 中代码的参数化和组合版本。运行上述代码创建 Diagnose_MV_Categorical()函数后，即可运行以下代码，对数据中的所有分类特性运行此函数，这使得读者可以调查 NO2_Location_A 的缺失值是否与数据集中的分类特性有关，它们之间是否存在系统性原因。

```
categorical_attributes = ['month', 'day','hour', 'weekday']
BM_MV = air_df.NO2_Location_A.isna()
for att in categorical_attributes:
    print('Diagnosis Analysis for {}:'.format(att))
    Diagnose_MV_Categorical(air_df,att,BM_MV)
    print('- - - - - - - - - - - divider - - - - - - - - - - ')
```

运行上述代码时，它将生成 4 份诊断报告，每个分类特性一份。每份报告分为两部分，如下所示。

- 使用条形图进行诊断。
- 使用卡方独立性检验进行诊断。

研究报告表明，NO2_Location_A 下缺失值的趋势不会因为数据中任何一个分类特性的值而改变。

结合前面所诊断的数值特性以及刚刚了解的分类特性，确实可以看到该数据中没有任何特性，即 Temperature（温度）、Humidity（湿度）、Wind_Speed（风速）、Wind_Direction（风向）、month（月）、day（日）、hour（小时）和 weekday（周工作日），可能影响缺失值的趋势。基于上述对缺失值进行的所有诊断，我们得出结论，NO2_Location_A 中的缺失值属于 MCAR 类型。

在确定了 NO2_Location_A 中缺失值的类型之后，还可以分别对 NO2_Location_B 和 NO2_Location_C 的缺失值运行类似的诊断。接下来，我们将先诊断 NO2_LOCATION_B 中的缺失值。

11.2.11　诊断 NO2_LOCATION_B 中的缺失值

要诊断 NO2_Location_B 中的缺失值，需要进行与 NO2_Location_A 完全相同的分析。其编码部分非常简单，因为此前已经完成了大部分工作。以下代码使用了前面已经创建的 Diagnose_MV_Numerical()和 Diagnose_MV_Categorical()函数来运行所有需要的诊断，以确定在 NO2_Location_B 下发生哪些类型的缺失值。

```
categorical_attributes = ['month', 'day','hour', 'weekday']
numerical_attributes = ['Temperature', 'Humidity',
'Wind_Speed', 'Wind_Direction']
BM_MV = air_df.NO2_Location_B.isna()
for att in numerical_attributes:
    print('Diagnosis Analysis for {}:'.format(att))
    Diagnose_MV_Numerical(air_df,att,BM_MV)
```

```
    print('- - - - - - - - - divider - - - - - - - - - ')
for att in categorical_attributes:
    print('Diagnosis Analysis for {}:'.format(att))
    Diagnose_MV_Categorical(air_df,att,BM_MV)
    print('- - - - - - - - - divider - - - - - - - - - ')
```

当运行上述代码时，会生成一个很长的报告，调查发生缺失值的趋势是否可能受到任何分类特性或数字特性的值的影响。

研究该报告后，可以看到有几个特性似乎与缺失值的出现存在有意义的关系。这些特性是 Temperature（温度）、Wind_Speed（风速）、Wind_Direction（风向）和 month（月）。图 11.12 显示了 Wind_Speed（风速）的诊断分析，它与缺失值的关系最强。

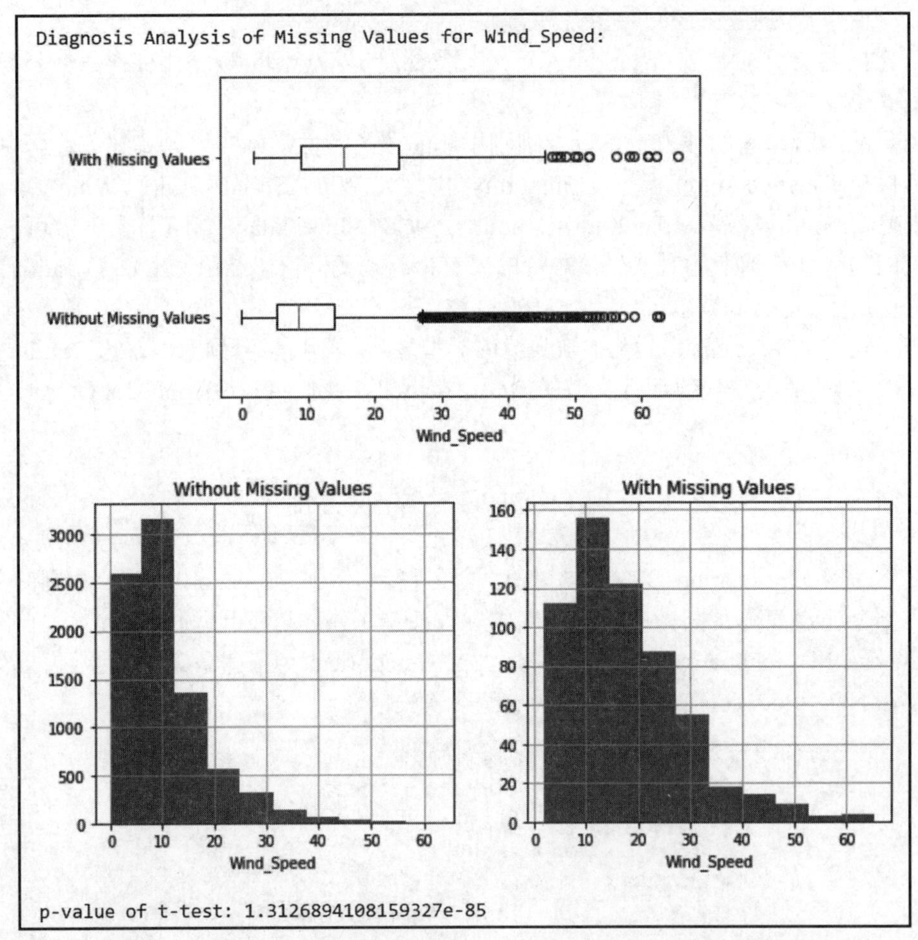

图 11.12　基于 Wind_Speed（风速）特性的 NO2_Location_B 中缺失值的诊断

在图 11.12 中，可以看到所有 3 个分析工具都显示在 NO2_Location_B 下，具有缺失值的数据对象和没有缺失值的数据对象之间 Wind_Speed（风速）的值存在显著差异。简而言之，较高的 Wind_Speed（风速）值往往会增加 NO2_Location_B 出现缺失值的机会。

在此诊断之后，可以将结果与出售空气质量传感器的公司分享。以下是发送给该公司的电子邮件。

尊敬的先生/女士：

我们写这封电子邮件是为了与您分享我们从贵公司那里购买的序列号为 231703612 的电化学传感器的故障模式。当温度较低且风速较高时，传感器似乎会跳过记录。我们想让贵公司知道这个问题的存在，如果您能告诉我们贵公司对这种模式的看法，我们将不胜感激。

此致

敬礼！

×××分析团队

×年×月×日

几天之后，我们收到了以下回复邮件。

亲爱的×××分析团队：

感谢您分享的有关电化学传感器问题的信息。

您分享的内容与我们最近的发现一致。我们了解到，您列出的传感器型号在大风条件下容易出现故障。

对于未来的情况，您可能会遇到与序列号以 2317 开头的传感器类似的问题。

对于给您带来的不便，我们深表歉意，并且非常乐意为您提供 50%的折扣，让您购买我们不会出现此故障的全新传感器。如果您希望使用此折扣，请引用此电子邮件与我们的销售部门联系。

顺颂

夏安！

×××半导体有限公司

×年×月×日

现在我们知道了为什么会在 NO2_Location_B 下出现一些缺失值。我们知道的情况是，Temperature（温度）的值会导致缺失值的出现增加，因此可以断定 NO2_Location_B 下的缺失值属于 MAR 类型。

这里要问的一个好问题是，如果高 Wind_Speed（风速）值是缺失值的罪魁祸首，那么为何缺失值也显示出与 Temperature（温度）、Wind_Direction（风向）和 month（月）这 3 个特性的有意义的模式？原因是 Wind_Speed（风速）特性与 Temperature（温度）、Wind_Direction（风向）和 month（月）特性有很强的关系。

使用你在 5.4 节“研究两个特性之间的关系”中学到的知识，将其用于 Wind_Speed（风速）特性与 Temperature（温度）、Wind_Direction（风向）和 month（月）特性之间关系的分析，即可发现它们之间的强关系。由于这些强关系的存在，使得其他特性看起来也会影响缺失值的趋势。但是从我们与传感器制造商的沟通中可知，情况并非如此。真正的原因只有一个，那就是 Wind_Speed（风速）。

到目前为止，我们已经能够诊断 NO2_Location_A 和 NO2_Location_B 下的缺失值。接下来，将对 NO2_Location_C 进行诊断。

11.2.12　诊断 NO2_LOCATION_C 中的缺失值

仅需修改 NO2_Location_B 中缺失值诊断代码内的一行，即可诊断 NO2_Location_C 中的缺失值。具体来说，就是将以下第 3 行代码：

```
BM_MV = air_df.NO2_Location_B.isna()
```

修改为：

```
BM_MV = air_df.NO2_Location_C.isna()
```

应用更改并运行代码后，读者将获得基于数据中所有分类特性和数字特性的诊断报告。在继续阅读之前，读者可以尝试阅读并解释该诊断报告。

该诊断报告显示了缺失值趋势与大多数特性之间的关系，即 Temperature（温度）、Humidity（湿度）、Wind_Speed（风速）、Wind_Direction（风向）、month（月）、day（日）、hour（小时）和 weekday（周工作日）。当然，与 weekday（周工作日）特性的关系最强。图 11.13 显示了基于 weekday（周工作日）的缺失值诊断。该图中的条形图显示缺失值仅发生在星期六，并且卡方独立性检验的 p 值非常小。

基于 hour（小时）和 day（天）的诊断也显示了有意义的模式。限于篇幅，这里我们没有打印 hour（小时）和 day（天）特性的诊断报告，但是读者可以自行查看刚刚创建的报告。仅当 hour（小时）特性的值为 10、11、12、13、14、15、16、17、18、19 和 20 时，或者 day（天）特性的值为 25、26、27、28 和 29 时，才会出现缺失值。从这些报告中，可以推断缺失值可预测地发生在每个月的最后一个星期六上午 10 点到晚上 8 点。这

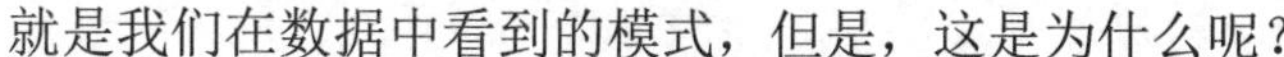
就是我们在数据中看到的模式，但是，这是为什么呢？

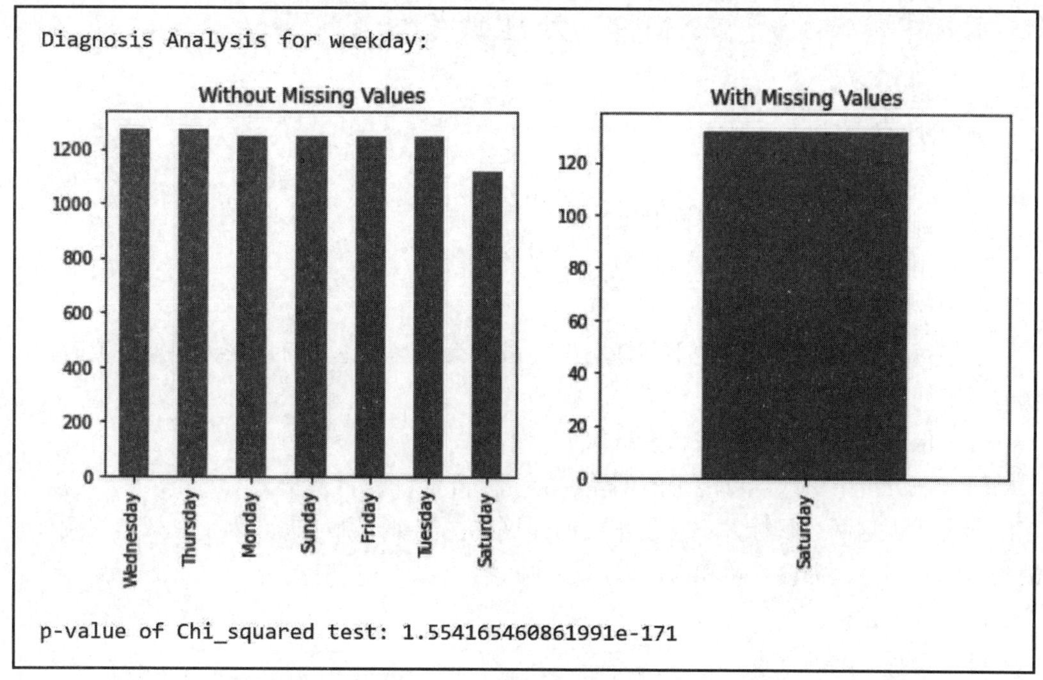

图 11.13　基于 weekday（周工作日）特性的 NO2_Location_C 中缺失值的诊断

在将发现的这一模式告知 C 地的地方当局后，他们立即进行了调查，这才揭开了谜团。原来 C 地发电厂的一群员工一直在利用发电厂的资源从事各种加密货币的开采活动。这种资源滥用仅发生在每月的最后一个星期六，因为该发电厂有一个在周末一整天进行定期和预防性维护的制度。由于这群员工一直在偷偷摸摸地掩盖自己的踪迹并避免被抓到，他们决定篡改为调节电厂空气污染而安装的传感器。但他们不知道的是，篡改数据收集设备会在数据集上留下蛛丝马迹，而这样貌似不起眼的痕迹对于高级数据分析师来说，却是有据可查且非常明显的。

最后一条信息和诊断使我们得出结论，NO2_Location_C 中的缺失值是一个 MNAR 值。由于最初收集数据的直接原因，这些值被遗漏了。很多时候，当数据集包含大量 MNAR 缺失值时，数据集就会变得毫无价值，并且在有意义的分析中没有价值。处理 MNAR 缺失值的第一步是防止它们再次发生。

在掌握了如何检测和诊断缺失值之后，接下来要做的自然就是处理缺失值。

11.3 处理缺失值

处理缺失值有以下 4 种不同的方法。

- 保持原样。
- 删除具有缺失值的数据对象（行）。
- 删除具有缺失值的特性（列）。
- 估计和填补一个值。

上述每一个策略都可能是不同情况下的最佳策略。无论如何，在处理缺失值时，我们有以下两个目标。

- 保留尽可能多的数据和信息。
- 在分析中引入尽可能少的偏差。

同时实现这两个目标并不总是可能的，这往往需要平衡考虑。为了有效地找到处理缺失值的平衡点，需要了解和考虑以下事项。

- 分析目标。
- 分析工具。
- 产生缺失值的原因。
- 缺失值的类型（MCAR、MAR、MNAR）。

在大多数情况下，当你对上述事项有足够的了解时，处理缺失值的最佳方案自然就会显现。接下来，我们将详细介绍处理缺失值的 4 种方法中的每一种，然后通过一些示例将学到的知识付诸实践。

11.3.1 第一种方法——保持缺失值不变

正如本小节标题所暗示的，这种方法将缺失值保持原封不动，并进入数据预处理的下一阶段。这种方法是在以下两种情况下处理缺失值的最佳方法。

首先，如果你需要与其他人共享此数据，并且你不一定是要使用它进行分析的人，则可以使用此策略。这种方式允许他们根据分析需求决定如何处理缺失值。

其次，如果你将使用的数据分析目标和数据分析工具都可以无缝处理缺失值，那么保持原样是最好的方法。

例如，在第 7 章“分类”中学习的 K 近邻查询（k-nearest neighbors，KNN）算法可以调整、处理缺失值，而无须删除任何数据对象。读者应该记得，KNN 算法将计算数据对象之间的距离以找到最近的邻居。因此，每次计算具有缺失值的数据对象与其他数据对象之间的距离时，都会为缺失值假定一个值。假定值的选择方式是尽量降低其影响，使其不起作用。换句话说，只有当一个具有缺失值的数据对象的非缺失值表现出非常高的相似度，从而抵消了缺失值的假设值的负面影响时，它才会被选为最近邻之一。

可以看到，如果 KNN 以这种方式进行调整，则最好保留缺失值，以便同时满足列出的处理缺失值的两个目标：保留尽可能多的信息并避免在分析中引入偏差。

虽然上述对 KNN 算法的修改是文献中公认的方法，但不能保证每个具有 KNN 特征的分析工具都包含上述修改，以便算法可以处理缺失值。例如，如果数据集有缺失值，则在 sklearn.neighbors 模块中使用的 KNeighborsClassifier 会返给用户一个错误。因此，如果打算使用此分析工具，就不能使用保持原样的方法，而必须使用其他方法之一。

11.3.2　第二种方法——删除具有缺失值的数据对象

必须非常小心地选择这种方法，因为它可能违背成功处理缺失值的两个目标：不向数据集中引入偏差，以及不从数据中删除有价值的信息。

例如，当数据集中的缺失值属于 MNAR 或 MAR 类型时，就应该避免删除具有缺失值的数据对象，因为这样做意味着用户将删除数据集总体中有意义的不同部分。

即使缺失值是 MCAR 类型，在转向删除数据对象之前，也应该首先尝试寻找其他处理缺失值的方法。一言以蔽之，从数据集中删除数据对象仅应作为穷尽其他方法时的最后手段。

11.3.3　第三种方法——删除具有缺失值的特性

当数据集中的大多数缺失值来自一个或两个特性时，可以考虑将删除该特性作为处理缺失值的一种方式。当然，如果该特性是关键特性，没有它将无法继续进行项目，则关键特性中缺少太多值意味着该项目是不可行的。但是，如果该特性对项目不是绝对必要的，那么删除具有太多缺失值的特性可能是正确的方法。

当一个特性中的缺失值数量足够大（约超过 25%）时，估计和填补缺失值就变得毫无意义，删除该特性比估计缺失值要好。

11.3.4　第四种方法——估计和填补缺失值

这种方法是使用数据分析师的知识、理解和分析工具来填补缺失值。术语填补（impute）抓住了对数据集所做的本质——这是填充的值而不是缺失值，它可能会导致分析中出现偏差。如果缺失值属于 MCAR 或 MAR 类型，并且数据分析师选择的分析无法处理具有缺失值的数据集，则估算缺失值可能是最好的方法。

有 4 种通用方法来估计缺失值。以下列表概述了这些方法。

- 使用一般集中趋势（均值、中位数或众数）进行填补。这对于 MCAR 缺失值来说效果更佳。
- 使用更相关的一组数据的集中趋势填补缺失值。这对于 MAR 缺失值来说效果更好。
- 回归分析（regression analysis）。该方法不太理想，但如果必须继续处理具有 MNAR 缺失值的数据集，则此方法更适合此类数据集。
- 插值（interpolation）。当数据集是时间序列数据集并且缺失值是 MCAR 类型时，此方法效果较好。

关于估计和填补过程的一个常见误解是，我们希望用最准确的替代值来填补缺失值，但这根本就是做不到的。

在进行估算时，我们的目标不是最好地预测缺失值的值，而是使用能为分析产生最小偏差的值进行估算。例如，对于聚类分析，如果数据集有 MCAR 缺失值，则使用总体集中趋势进行填补是最好的。原因是在对数据对象进行分组的过程中，集中趋势值会起到中立投票的作用，如果将包含缺失值的数据对象推入一个聚类的一部分，那么这不应该是由于填补值造成的。

在了解了处理缺失值的不同方法之后，让我们看看如何选择正确的方法处理缺失值。

11.3.5　选择正确的方法处理缺失值

图 11.14 总结了迄今为止处理缺失值时所讨论的内容。该图表明，在处理缺失值时选择正确的方法必须从 4 个方面来了解：分析目标、分析工具、缺失值的原因和缺失值的类型（MCAR、MAR、MNAR）。

接下来，让我们通过一些示例将理论知识付诸实践。

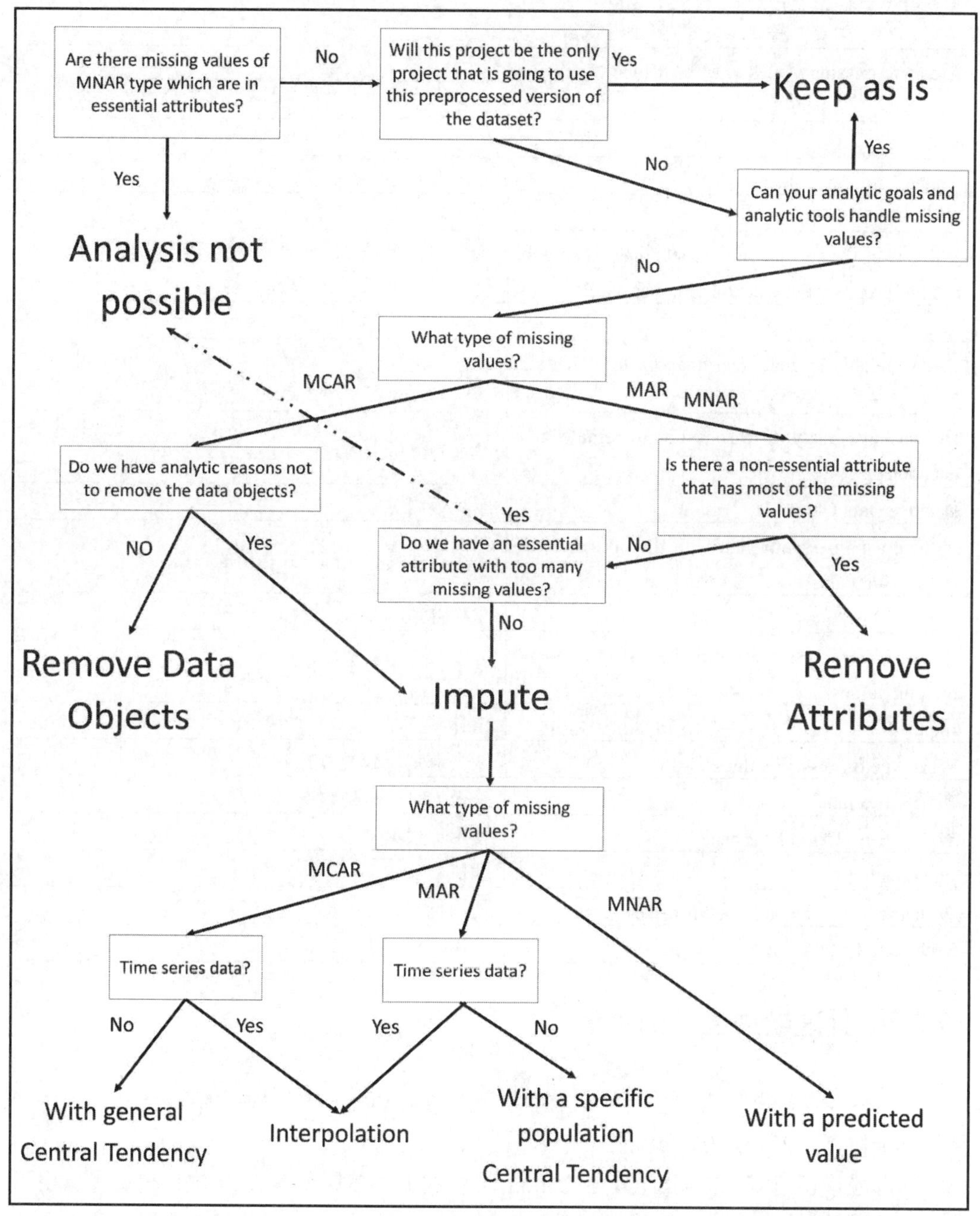

图 11.14　选择处理缺失值方法的示意图

原　文	译　文
Are there missing values of MNAR type which are in essential attributes?	在必要的特性中是否存在 MNAR 类型的缺失值？
Yes	是
Analysis not possible	分析不可行
No	否
Will this project be the only project that is going to use this preprocessed version of the dataset?	这个项目会是唯一使用该数据集预处理版本的项目吗？
Keep as is	保持原样
Can your anlytic goals and analytic tools handle missing values?	分析目标和分析工具能否处理缺失值？
Do we have analytic reasons not to remove the data objects?	是否有分析上的理由不能删除数据对象？
Remove Data Objects	删除数据对象
Is there a non-essential attribute that has most of the missing values?	是否存在具有大部分缺失值的非必要特性？
Remove Attributes	删除特性
Do we have an essential attribute with too many missing values?	是否有一个缺失值过多的基本特性？
Impute	填补
What type of missing values?	缺失值是什么类型的？
Time series data?	是否为时间序列数据？
With general Central Tendency	使用一般集中趋势
Interpolation	插值
With a specific population Central Tendency	使用特定总体的集中趋势
With a predicted value	使用预测的值

11.3.6 处理缺失值示例 1

本示例的问题陈述为：使用本章前面检测和诊断的 air_df 的缺失值，绘制一个条形图，显示位置 A 每小时的平均 NO_2 值。

读者应该还记得，air_df.NO2_Location_A 中的缺失值属于 MCAR 缺失值类型。由于该缺失值不是 MNAR 类型，并且条形图可以轻松处理缺失值，因此可以选择处理缺失值的策略为：保持原样。图 11.15 显示了它创建的代码和条形图。

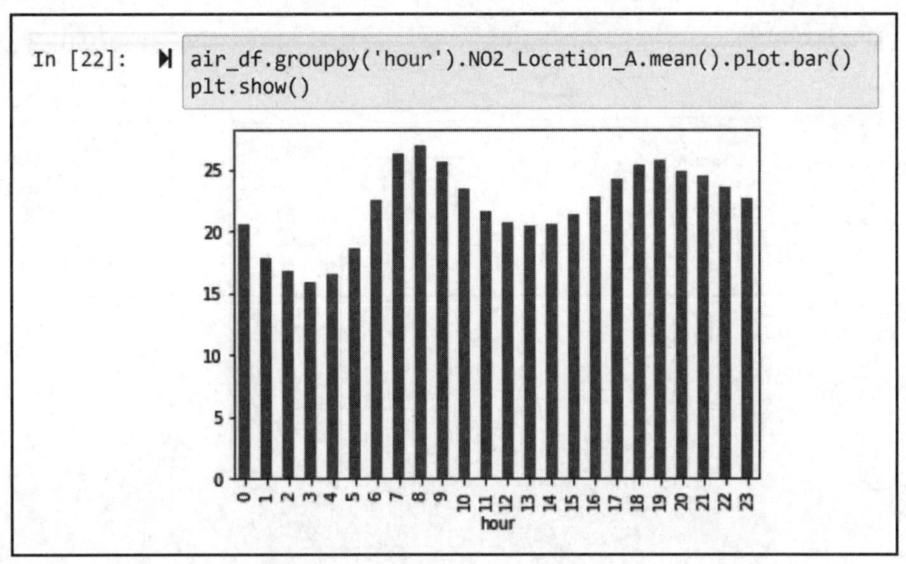

图 11.15　处理 NO2_Location_A 的缺失值以绘制小时条形图

在图 11.15 中，可以看到.groupby()和.mean()函数能够处理缺失值。当数据被聚合并且缺失值的数量不显著时，数据的聚合即可处理缺失值而不进行填补。实际上，.mean()函数忽略了具有缺失值的特性的存在，并根据具有值的数据对象计算平均值。

11.3.7　处理缺失值示例 2

本示例的问题陈述为：使用本章前面检测和诊断的 air_df 的缺失值，绘制一个折线图来比较位置 A 每月第一天的 NO_2 变化。

我们知道 air_df.NO2_Location_A 中的缺失值属于 MCAR 类型；但是，假设我们不知道折线图是否可以处理缺失值，因此可以尝试一下，看看保持原样的策略是否有效。图 11.16 显示了我们需要的折线图，没有处理缺失值。

在图 11.16 中可以看到，由于缺失值的存在，折线图有多条线都被切断。如果该图形已经满足分析需要，那么我们的任务就完成了，不需要做进一步的处理。但是，如果要处理缺失值并删除折线图中的空白点，则需要使用插值。因为缺失值属于 MCAR 类型，并且该数据是时间序列数据。以下代码片段显示了如何处理缺失值，然后绘制完整的折线图。

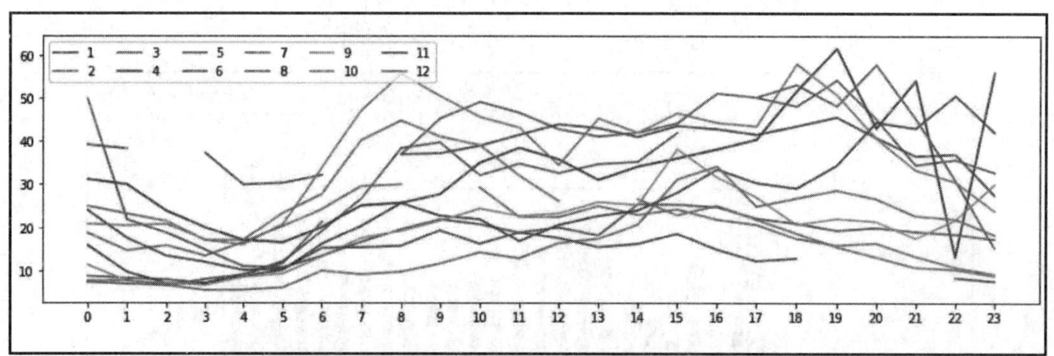

图 11.16　每个月第一天 NO2_Location_A 的日线图

```
NO2_Location_A_noMV = air_df.NO2_Location_A.interpolate(
method='linear')
month_poss = air_df.month.unique()
hour_poss = air_df.hour.unique()
plt.figure(figsize=(15,4))
for mn in month_poss:
    BM = (air_df.month == mn) & (air_df.day ==1)
    plt.plot(NO2_Location_A_noMV[BM].values, label=mn)
plt.legend(ncol=6)
plt.xticks(hour_poss)
plt.show()
```

上述代码片段使用.interploate()函数来填补缺失值。当使用 method='linear'时，该函数可使用其前后数据点的平均值进行估算。它看起来就像是用尺子连接了空白点。读者可以运行上述代码并将其输出与图 11.16 进行比较。

11.3.8　处理缺失值示例 3

本示例的问题陈述为：使用 air_df 绘制一个条形图，比较位置 A 和位置 B 平均每小时的 NO_2 值。

读者应该还记得 air_df.NO2_Location_A 中的缺失值属于 MCAR 类型，而 air_df.NO2_Location_B 中的缺失值则属于 MAR 类型。由于两个特性都没有 MNAR 缺失值，并且条形图可以处理缺失值，因此可以使用保持原样策略。图 11.17 显示了为这种情况创建条形图所需的代码。

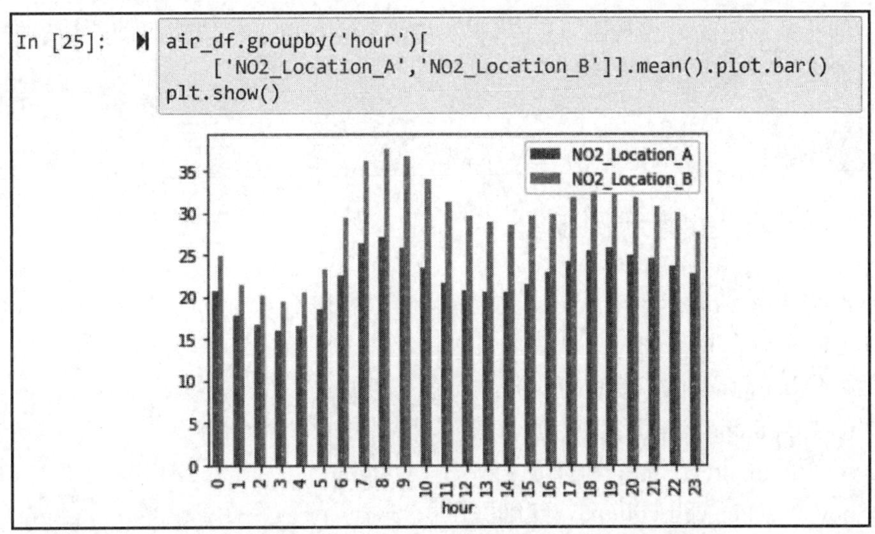

图 11.17　处理 NO2_Location_A 和 NO2_Location_B 的缺失值以绘制小时条形图

11.3.9　处理缺失值示例 4

本示例的问题陈述为：使用 air_df 绘制一个条形图，比较位置 A、位置 B 和位置 C 平均每小时的 NO_2 值。

读者应该还记得，NO2_Location_A、NO2_Location_B 和 NO2_Location_C 中的缺失值分别是 MCAR、MAR 和 MNAR 类型。

如前文所述，处理 MCAR 和 MAR 缺失值比处理 MNAR 缺失值要容易得多。对于 MCAR 和 MAR，我们已经看到可以使用保持原样的策略。

对于 MNAR，我们需要回答这个问题：MNAR 缺失值是必不可少的特性吗？

回答这个问题需要对分析目标有深刻的理解。在以下两种不同的分析情况下，可能必须以不同的方式处理缺失值。

- 一种情况是，空气污染监管机构要求提供条形图。在这种情况下，我们无法忽略 NO2_Location_C 中的 MNAR 缺失值，因此需要拒绝他们的请求（因为这项分析任务是不可行的），转为通知监管机构，数据中存在关键特性的缺失值。如果在这种情况下勉强绘制条形图，则会产生误导，因为缺失值是由于数据篡改造成的，目的是淡化空气污染数据。
- 另一种情况是，想要调查不同地区常见空气污染的研究人员要求提供条形图。在这种情况下，即使缺失值属于 MNAR 类型，它们背后的系统性原因对分析目标来说也不是必不可少的。因此，可以对所有 3 列使用保持原样的策略。此时创建条形图的方式与图 11.17 非常相似。运行以下代码即可创建请求的可视化效果。

```
air_df.groupby('hour') [['NO2_Location_A', 'NO2_Location_B',
'NO2_Location_C']].mean().plot.bar()
```

11.3.10 处理缺失值示例 5

本示例将使用 kidney_disease.csv 数据集对慢性肾脏病（chronic kidney disease，CKD）病例和非 CKD 病例进行分类。

该数据集显示了 400 名患者的数据，具有 5 个独立特性。

- ❑ rc（red blood cell，红细胞）。
- ❑ sc（serum creatinine，血清肌酐）。
- ❑ pcv（packed cell volume，红细胞压积）。
- ❑ sg（specific gravity，尿比重）。
- ❑ hemo（hemoglobin，血红蛋白）。

当然，该数据集还具有一个名为 diagnosis（诊断）的因变量特性，其中患者被标记为 CKD 或非 CKD。本示例使用的分类算法为决策树算法。

在刚开始探索该数据集时，可以注意到该数据集有缺失值，在使用 11.2 节“缺失值”中检测缺失值的代码后，可得出结论，rc、sc、pcv、sg 和 hemo 的缺失值数量分别为 131、17、71、47 和 52。这意味着 rc、sc、pcv、sg 和 hemo 下缺失值的百分比分别为 32.75%、4.25%、17.75%、11.75%和 13%。

在继续阅读之前，读者可以自行尝试检测数据集并确认上述信息。

当缺失值的数量跨越不同的特性并且比例很高（超过15%）时，大多数缺失值可能发生在相同的数据对象中，这对分析来说可能是非常有问题的。因此，在开始诊断每个特性的缺失值之前，可以使用 Seaborn 模块中的 heatmap()函数来可视化整个数据集中的缺失值。图 11.18 显示了代码及其生成的热图。

图 11.18 中的热图显示，缺失值在数据对象中有些分散，不同特性下的缺失值肯定不是来自特定数据对象。

接下来，我们将注意力转向每个特性的缺失值诊断。执行完前面所介绍的缺失值类型诊断之后，可以得出以下结论。

- ❑ sc 特性的缺失值属于 MCAR 类型。
- ❑ rc、pcv、sg 和 hemo 的缺失值属于 MAR 类型。
- ❑ 所有 MAR 缺失值的趋势与 diagnosis（诊断）因变量特性高度相关。

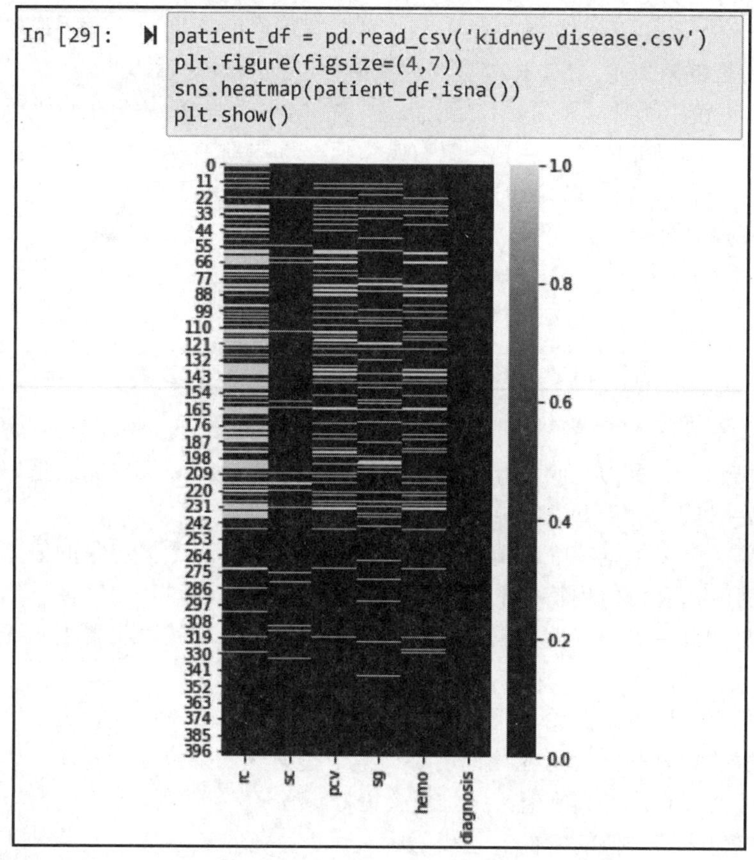

图 11.18　使用 Seaborn 可视化 kidney_disease.csv 中的缺失值

在继续阅读之前，读者可以自行尝试检测缺失值类型并确认上述信息。

现在我们对缺失值的类型有了更好的了解，接下来需要将注意力转向分析目标和工具的因素。本示例将使用决策树算法进行分类。如果我们要处理缺失值，在算法中使用数据集之前，首先需要考虑算法如何使用数据，然后尝试选择同时优化处理缺失值两个目标的策略。如前文所述，处理缺失值有以下两个目标。

- ❑ 保留尽可能多的数据和信息。
- ❑ 在分析中引入尽可能少的偏差。

决策树算法本质上并不是为处理缺失值而设计的，而且决策树算法工具——sklearn.tree 模块中的 DecisionTreeClassifier()函数——在输入数据有缺失值的情况下会出错。这意味着保持原样策略是不可行的。

我们也意识到，一些缺失值的趋势可以作为因变量特性的自变量。这很重要，因为如果估算缺失值，则可能会从数据集中删除这些有价值的信息。这里所说的有价值的信息是：某些特性的缺失值（MAR 类型的缺失值）可预测因变量特性。

因此，无论使用哪种填补方法，都应该为具有 MAR 缺失值的每个特性添加一个二元特性到数据集中，以描述该特性是否具有缺失值。这些新的二元特性将被添加到分类任务的自变量特性中，以预测诊断因变量特性。

以下代码片段显示了将这些二进制特性添加到 patient_df 数据集。

```
patient_df['rc_BMV'] = patient_df.rc.isna().astype(int)
patient_df['pcv_BMV'] = patient_df.pcv.isna().astype(int)
patient_df['sg_BMV'] = patient_df.sg.isna().astype(int)
patient_df['hemo_BMV'] = patient_df.hemo.isna().astype(int)
```

读者可以先运行上述代码行，并在继续阅读之前研究一下 patient_df 的状态。

现在让我们将注意力转向估算缺失值。如果读者不记得决策树算法是如何处理分类任务的，请返回复习第 7 章“分类”。

决策树算法可以根据特性的值将数据对象连续分组，当数据对象的值大于或小于特性的中心趋势时，有可能用特定的标签进行分类。因此，通过使用特性的集中趋势进行填补，不会在数据集中引入偏差。也就是说，填补值不会导致分类器更频繁地预测一个标签而不是另一个标签。

因此，我们可以得出结论，用特性的集中趋势进行估算是解决缺失值的合理方法。现在需要回答的问题是：究竟应该使用哪种集中趋势——中位数还是均值？该问题的答案是，如果特性没有很多异常值，则均值会更好。

在调查了包含缺失值的特性的箱线图后，读者会发现 sc 异常值过多，其余特性均未高度偏态。因此，在以下代码片段中，patient_df.sc 特性使用了 patient_df.sc.median()估算，而其他包含缺失值的特性则使用了均值进行估算。

```
patient_df.sc.fillna(patient_df.sc.median(),inplace=True)
patient_df.fillna(patient_df.mean(),inplace=True)
```

上述代码片段使用了.fillna()函数，这在填补缺失值时非常有用。运行上述代码后，即可重新创建如图 11.18 所示的热图，以查看数据中缺失值的状态。

现在我们已经完成了缺失值的检测、诊断和处理。数据集已针对分类任务进行了预处理。接下来要做的就是运行决策树算法。以下代码片段修改自第 7 章“预测”。

```
from sklearn.tree import DecisionTreeClassifier, plot_tree
predictors = ['rc', 'sc', 'pcv', 'sg', 'hemo', 'rc_BMV', 'pcv_BMV',
'sg_BMV', 'hemo_BMV']
target = 'diagnosis'
Xs = patient_df[predictors]
```

```
y= patient_df[target]
classTree = DecisionTreeClassifier(min_impurity_decrease= 0.01,
min_samples_split= 15)
classTree.fit(Xs, y)
```

上述代码片段创建了一个决策树模型并使用了预处理的数据对其进行训练。请注意：min_impurity_decrease= 0.01 和 min_samples_split= 15 是该决策树算法的超参数，它们可使用调整过程进行调整。

以下代码片段使用经过 classTree 训练的决策树模型来直观地绘制其决策树以供分析和使用。

```
from sklearn.tree import plot_tree
plt.figure(figsize=(15,15))
plot_tree(  classTree,
            feature_names=predictors,
            class_names=y.unique(),
            filled=True,
            impurity=False)
plt.show()
```

成功运行上述代码将创建如图 11.19 所示的输出。

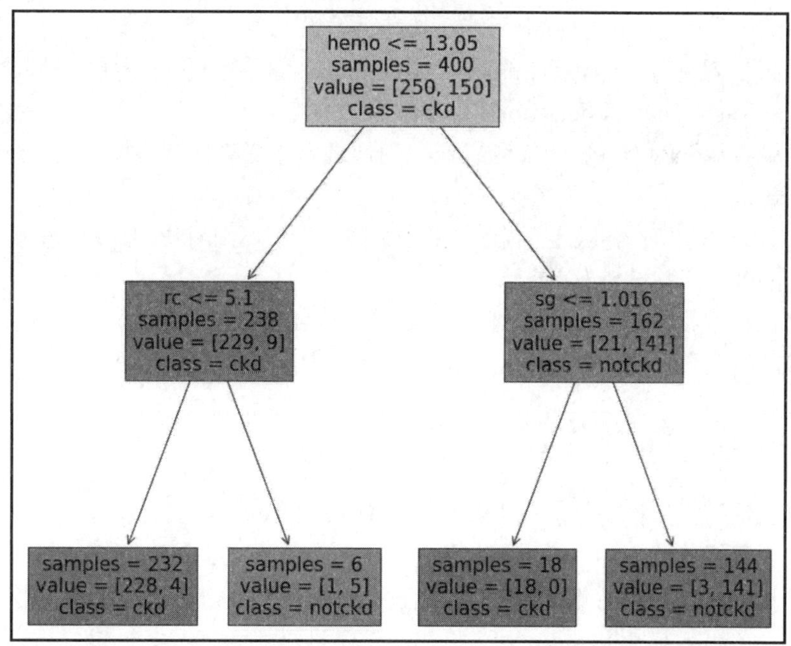

图 11.19　预处理过的 kidney_disease.csv 数据源的训练决策树

现在可以使用上述决策树来对入院患者做出诊断。

现在读者已经能够从技术和分析的角度检测、诊断和处理缺失值。接下来，我们将讨论极值点和异常值的问题。

11.4 异 常 值

异常值（outlier）也称为极值点（extreme point），是指其值与总体的其他值差异太大的数据对象。从以下 3 个角度来看，能够识别和处理异常值非常重要。

- 异常值可能是数据错误，应予以检测和删除。
- 非错误的异常值可能会扭曲对异常值的存在非常敏感的分析工具的结果。
- 异常值可能是欺诈性条目。

接下来，我们将首先介绍可用于检测异常值的工具，然后再讨论如何根据具体分析情况处理它们。

11.4.1 检测异常值

用于检测异常值的工具取决于所涉及的特性数量。

- 如果仅对基于一个特性的异常值检测感兴趣，则称之为单变量异常值检测（univariate outlier detection）。
- 如果要基于两个特性来检测它们，则称之为双变量异常值检测（bivariate outlier detection）。
- 如果要基于两个以上的特性来检测异常值，则称之为多变量异常值检测（multivariate outlier detection）。

接下来，我们将介绍可用于上述每个类别的异常值检测的工具。此外还将单独介绍如何检测时间序列数据的异常值，因为有更好的工具可以做到这一点。

11.4.2 单变量异常值检测

用于单变量异常值检测的工具取决于特性的类型。

- 对于数值特性，可以使用箱线图或[Q1−1.5×IQR, Q3+1.5×IQR]统计范围。
- 对于单一的分类特性来说，异常值的概念没有太大意义，但可以使用频率表或条形图等工具来检测。

以下两个示例具有单变量异常值检测功能。在这些示例中，将使用 response.csv 和

columns.csv 文件。这两个文件用于记录在斯洛伐克进行的一项调查的日期。它们均来自 Kaggle 网站，其网址如下。

https://www.kaggle.com/miroslavsabo/young-people-survey

1 级数据清洗有一个很重要的考量，就是数据中应采用直观且可编码的特性名称，为此该数据集使用了两个文件来保存记录。columns.csv 文件保留了可编码的特性标题及其完整标题，而文件 response.csv 则有一个数据对象表（受访者对于调查的回答），其特性使用可编码标题命名。

图 11.20 显示了将这两个文件读入 Pandas DataFrame 的代码以及输出的两个 DataFrames 的前两行。

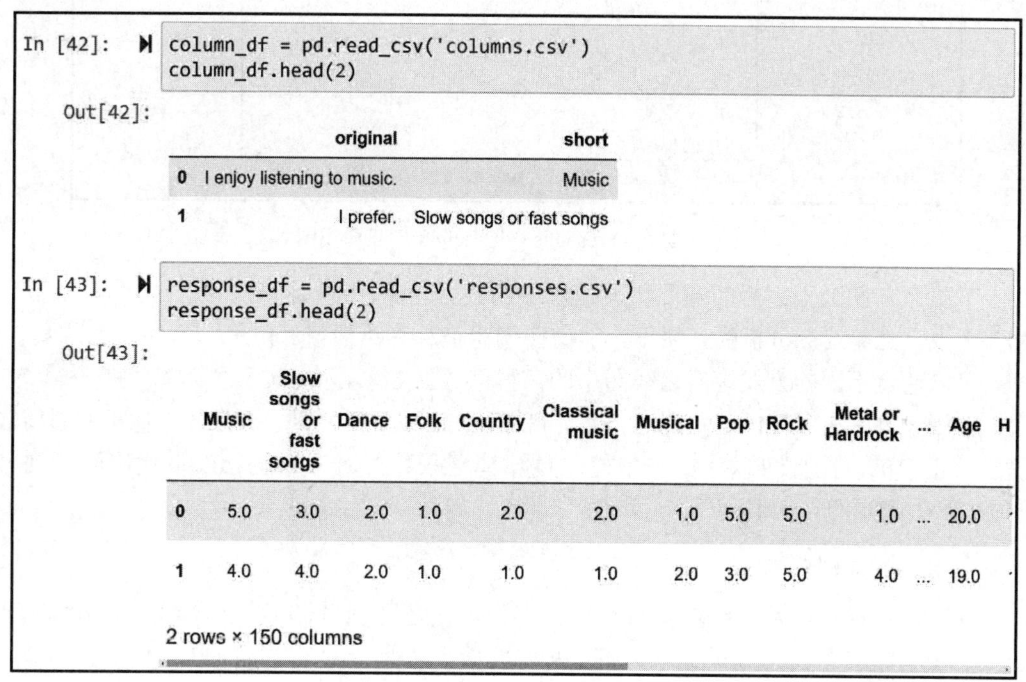

图 11.20　将 response.csv 和 columns.csv 读入 response_df 和 column_df 并显示它们

接下来，让我们看看针对数值特性的单变量异常值检测的第一个示例。

11.4.3　单个数值特性异常值检测示例

本示例将检测 response_df.Weight 数值特性中的异常值。有两种方式可以解决这个问题，并且两种方式都会得出相同的结论。

第一种方式是可视化，这可以使用箱线图。图 11.21 显示了为 response_df.Weight 创建箱线图的代码。

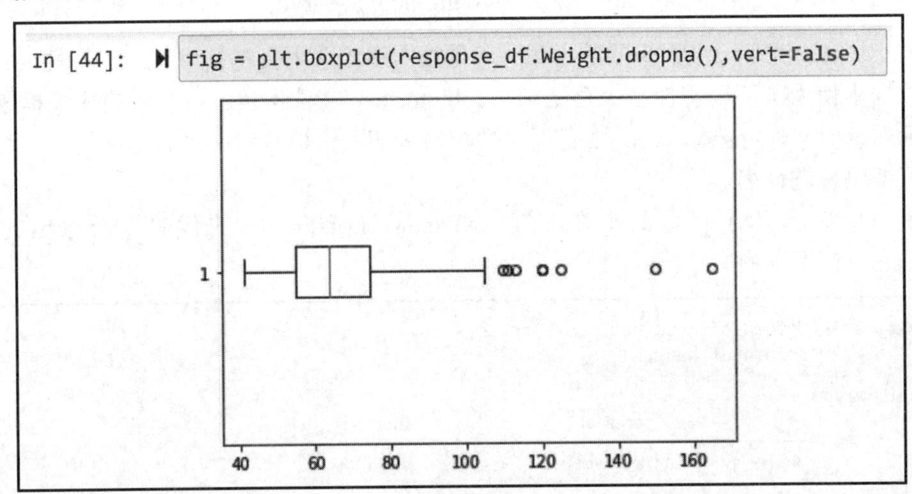

图 11.21　为 response_df.Weight 创建箱线图

下限之前和上限之后的圆圈代表数据中的数据对象，这些对象在统计上与其余数字相差太大。在箱线图分析的背景下，这些圆圈也被称为离群值（flier）。

可以通过不同的方式访问箱线图中的离群值数据对象。

首先，可以在可视化上做到这一点。在图 11.21 中可以看到，Weight（体重）的离群值是大于 105，因此可以使用布尔掩码过滤掉这些数据对象。运行以下代码即可列出图 11.21 中显示的异常值。

```
response_df[response_df.Weight>105]
```

其次，可以直接从箱线图本身访问离群值。注意看图 11.21，会发现绘图函数的输出——在本例中为 plt.boxplot()——首次被分配给一个新变量（在本例中为 fig）。本书之前的示例之所以没这么做，是因为数据可视化的最终目标是可视化本身，不需要访问可视化的细节，但是，在本示例中，需要访问离群值并找出它们的值，以避免可能的可视化错误。

类似方式也可以应用于 Matplotlib 可视化的所有方面。如果运行 print(fig)并研究其结果，则将看到 fig 是一个字典，其键是可视化的不同元素。由于本例中的可视化是箱线图，因此这些元素是 caps、whiskers、fliers、boxes 和 median。

箱线图中的元素：

箱线图（box plot）也称为盒须图（box and whisker plot），caps、whiskers、fliers、boxes 和 median 这些元素在箱线图中均有直观表示。

- boxes：盒子本身。盒子的顶部是第 3 四分位数（Q3），盒子的底部是第 1 四分位数（Q1）。
- whiskers：也就是盒须图中所说的“胡须”，这些线条从盒子上下边界的两侧向最小值和最大值延伸。
- caps：是指须线的上下限。须线的下限为 Q1−1.5 × IQR，上限为 Q3 + 1.5 × IQR。
- fliers：是指离群值。超出 caps 的值就是离群值。
- median：中位数，用盒子（方框）中的粗线表示。

每个键都与一个或多个 matplotlib.lines.Line2D 编程对象的列表相关联，这是 Matplotlib 在其内部流程中使用的一个编程对象，但在这里可使用它来给出离群值。

每个 matplotlib.lines.Line2D 对象都有.get_data()函数，该函数可以提供绘图上显示的值。例如，运行以下代码即可提供在图 11.21 中显示为离群值的体重值。

```
fig['flyers'][0].get_data()
```

我们不需要使用箱线图来查找异常值，因为箱线图本身会使用以下公式来计算箱线图的上限（upper cap）和下限（lower cap）。Q1 是数据的第 1 四分位数，Q3 是数据的第 3 四分位数。分位数的一种常见度量是四分位距（interquartile range，IQR），即第 3 四分位数（Q_3）和第 1 四分位数（Q_1）之间的距离。

$$\text{Upper Cap} = Q3 + 1.5 \times IQR$$

$$\text{Lower Cap} = Q1 - 1.5 \times IQR$$

$$IQR = Q3 - Q1$$

不在上限和下限之间的任何值都将被标记为异常值。

以下代码使用了.quantile()函数和上述公式来输出 Weight（体重）的异常值。

```
Q1 = response_df.Weight.quantile(0.25)
Q3 = response_df.Weight.quantile(0.75)
IQR = Q3-Q1
BM = (response_df.Weight > (Q3+1.5 *IQR)) | (response_df.Weight
< (Q1-1.5 *IQR))
response_df[BM]
```

使用上述两种方法中的任何一种，可以看到有 9 个数据对象的体重值在统计上与其余数据对象相差较大。这些异常的 Weight（体重）值为 120、110、111、120、113、125、

165、120 和 150。在继续阅读之前，读者可以使用上述两种方法确认该结果。

接下来，让我们看看基于分类特性检测异常值的示例。

11.4.4　单个分类特性异常值检测示例

本示例将检测 response_df.Education 分类特性中的异常值。为了检测单个分类特性的异常值，可以使用频率表或条形图。

按照第 5 章“数据可视化”中介绍的技巧，可运行以下代码来获取频率表。

```
response_df.Education.value_counts()
```

运行以下代码将创建一个条形图。

```
response_df.Education.value_counts().plot.bar()
```

在运行这两行代码之后，可以看到 Education（受教育程度）值为 doctorate degree（博士学位）的数据对象在这一分类特性中是异常值。

现在我们已经掌握了用于单变量异常值检测的工具。接下来，让我们将注意力转向双变量异常值检测。

11.4.5　双变量异常值检测

单变量异常值检测仅涉及一个特性，双变量异常值检测则跨越两个特性。在双变量异常值检测中，当数据对象两个特性的值的组合与其他组合的差异太大时，则该数据对象即为异常值。与单变量异常值检测类似，用于双变量异常值检测的工具取决于特性的类型。

- 对于数值-数值特性，最好使用散点图。
- 对于数值-分类特性，最好使用多个箱线图。
- 对于分类-分类特性，可以使用颜色编码的列联表。

接下来，让我们分别看看分类和数字特性的 3 种可能配对组合的异常值检测示例。

11.4.6　跨越两个数值特性检测异常值的示例

本示例将检测由两个数值特性 response_df.Height 和 response_df.Weight 描述的异常值。在检测两个数值特性的异常值时，最好使用散点图。运行 response_df.plot.scatter(x='Weight', y='Height')将产生如图 11.22 所示的输出。

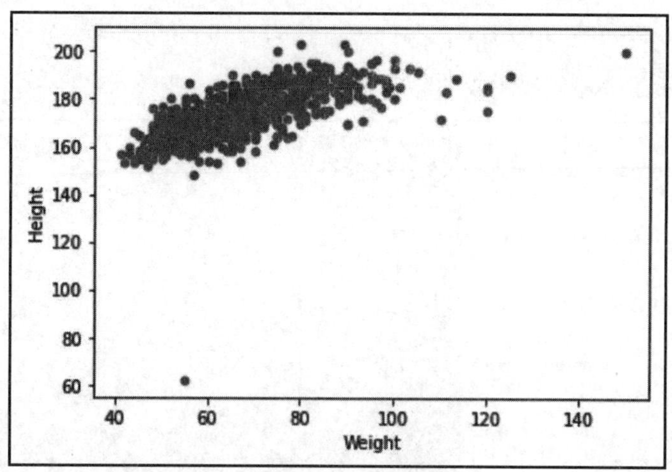

图 11.22　检测 response_df.Weight 和 response_df.Height 异常值的散点图

在图 11.22 中可以清楚地看到两个异常值，一个是 Weight（体重）值大于 140，一个是 Height（身高）值小于 70。为了过滤掉这两个异常值，可以使用布尔掩码。以下代码片段显示了如何做到这一点。

```
BM = (response_df.Weight>130) | (response_df.Height<70)
response_df[BM]
```

运行上述代码时，可以看到 3 个数据对象。如果检查这些数据对象的 Height（身高）和 Weight（体重）值，则会看到其中一个缺少 Height（身高）值，因此不会显示在散点图上。

本示例演示了两个特性都是数值特性时双变量异常值的检测。接下来，让我们看看两个特性都是分类特性时的双变量异常值检测示例。

11.4.7　跨越两个分类特性检测异常值的示例

本示例将跨越两个分类特性 response_df.God（宗教信仰态度）和 response_df.Education（受教育程度）检测其组合的异常值。由于这两个特性都是分类特性，因此最好使用列联表来检测异常值。

运行 pd.crosstab(response_df['Education'],response_df['God'])将创建一个列联表。为了帮助查看异常值，可以使用 Seaborn 模块中的.heatmap()将表转换为热图。以下代码段中显示的代码将从列联表中创建一个热图。

```
cont_table = pd.crosstab(response_df['Education'],response_df['God'])
```

```
sns.heatmap(cont_table,annot=True, center=0.5 ,cmap="Greys")
```

图 11.23 显示了上述代码生成的热图。

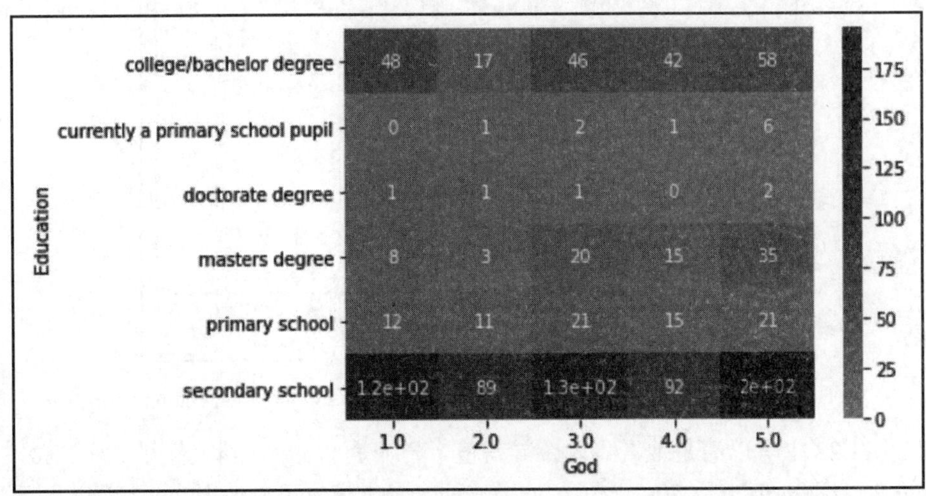

图 11.23　用颜色编码的列联表来检测 response_df.God 和 response_df.Education 的异常值

从图 11.23 中可以看到，存在数据对象跨 response_df.God 和 response_df.Education 的一些值组合为 1 的情况。为了过滤掉这些异常值，也可以使用布尔掩码，但由于分类特性的值会导致大量输入，因此最好使用另一个 Pandas DataFrame 函数。顾名思义，.query() 函数可以根据特性值对 DataFrame 进行过滤。

运行以下代码（一次一行），即可过滤掉已经找到为异常值的每个数据对象。

```
response_df.query('Education== "currently a primary school
pupil" & God==2')
response_df.query('Education== "currently a primary school
pupil" & God==4')
response_df.query('Education== "doctorate degree" & God==1')
response_df.query('Education== "doctorate degree" & God==2')
response_df.query('Education== "doctorate degree" & God==3')
```

本示例介绍了分类-分类双变量异常值检测。接下来，让我们看看数值-分类双变量异常值检测示例。

11.4.8　跨越数值-分类两个特性检测异常值的示例

本示例将跨越两个特性检测异常值，其中一个特性 response_df.Education 为分类特性，而另一个特性 response_df.Age 则为数值特性。在对一个数值特性和一个分类特性执行双变量异常值检测时，可以使用多个箱线图。实际上就是为分类特性的每个类别创建一个跨越数值特性的箱线图。运行 sns.boxplot(x=response_df.Age,y=response_df.Education)将创建如图 11.24 所示的箱线图，它可用于异常值检测。

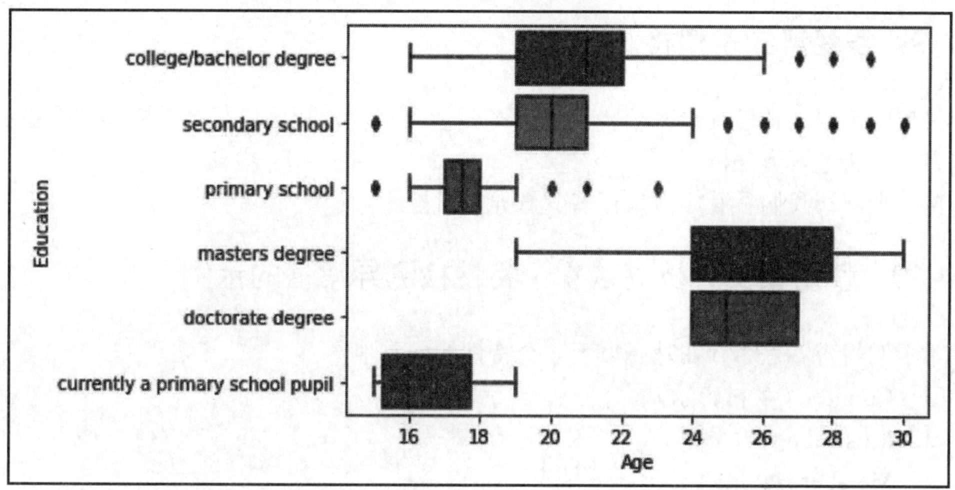

图 11.24　检测 response_df.Age 和 response_df.Education 异常值的多个箱线图

这是我们在本书中第一次使用 sns.boxplot()。在第 5 章“数据可视化”中学习了如何使用 Matplotlib 做到这一点。在继续阅读之前，读者也可以尝试使用 Matplotlib 重新创建箱线图，会看到使用 Seaborn 函数要容易得多。

查看图 11.24 中的多个箱线图，可以看到在以下 3 个 Education（受教育程度）类别中有一些离群值。

- college/bachelor degree（大专/学士学位）。
- secondary school（中学）。
- primary school（小学）。

要过滤掉这些异常值，可以使用布尔掩码或 query()函数。以下代码显示了如何创建一个布尔掩码以包含所有离群值。

```
BM1 = (response_df.Education=='college/bachelor degree') &
(response_df.Age>26)
BM2 = (response_df.Education == 'secondary school') &
((response_df.Age>24) | (response_df.Age<16))
BM3 = (response_df.Education == 'primary school') & ((response_
df.Age>19) | (response_df.Age<16))
```

```
BM = BM1 | BM2 | BM3
response_df[BM]
```

到目前为止，我们已经成功学习了如何执行单变量和双变量异常值检测。接下来，让我们看看多变量异常值检测。

11.4.9 多变量异常值检测

跨越两个以上特性的异常值检测称为多变量异常值检测。进行多变量异常值检测的最佳方法是通过聚类分析。

接下来，让我们看看如何执行多变量异常值检测。

11.4.10 使用聚类分析跨越 4 个特性检测异常值的示例

本示例将查看是否存在基于以下 4 个特性的异常值。

- Country（乡村音乐）。
- Musical（音乐剧）。
- Metal or Hardrock（金属或硬摇滚）。
- Folk（民谣）。

如果读者在 columns_df 上查看这些特性的完整描述，就会发现这些特性描述的是受访者对于这 4 种音乐的喜好程度。如前文所述，执行多变量异常值检测的最佳方法是聚类分析。在第 8 章“聚类分析”中介绍了 k-means 算法，因此，本示例将使用该算法来查看是否存在异常值。

如果 k-means 算法仅将一个数据对象或少数几个数据对象分组到一个聚类中，那么这将是数据中存在多变量异常值的线索。

读者应该还记得，k-means 算法的一大弱点是必须指定聚类的数量 k。为了确保 k-means 算法的弱点不会妨碍有效的异常值检测并为分析提供最大的成功机会，本示例将使用不同的 k 值：2、3、4、5、6 和 7。这需要分多个步骤进行，具体如下。

（1）创建一个 Xs 特性，其中包括将要用于聚类分析的特性。以下代码片段显示了这是如何完成的。

```
dimensions = ['Country', 'Metal or Hardrock', 'Folk', 'Musical']
Xs = response_df[dimensions]
```

（2）检查是否有缺失值。可以使用 Xs.info()快速检测缺失值。

（3）如果有缺失值，则需要做类似图 11.18 的分析，检查所有缺失值是否来自其中一个数据对象。如果是这种情况，则需要关注一个数据对象具有两个以上缺失值的问题。当然，如果缺失值似乎在 Xs 中随机发生，则可以用 Q3+1.5×IQR 来填补它们。

为什么不使用集中趋势（如均值）填补它们呢？原因是，如果用集中趋势进行估算，就会降低将缺失值的数据对象检测为异常值的可能性。我们不想通过缺失值填补来帮助可能成为异常值的数据对象。

在本示例中，缺失值分布在多个数据对象和 Xs 的各个维度上。因此，可使用以下代码行用 Q3+IQR×1.5 填补缺失值。

```
Q3 = Xs.quantile(0.75)
Q1 = Xs.quantile(0.25)
IQR = Q3 - Q1
Xs = Xs.fillna(Q3+IQR*1.5)
```

（4）使用以下代码对数据集进行归一化。

```
Xs = (Xs - Xs.min())/(Xs.max()-Xs.min())
```

（5）使用循环按照不同的 k 值进行聚类分析并报告其结果。以下代码行显示了如何做到这一点。

```
from sklearn.cluster import KMeans
for k in range(2,8):
    kmeans = KMeans(n_clusters=k)
    kmeans.fit(Xs)
    print('k={}'.format(k))
    for i in range(k):
        BM = kmeans.labels_==i
        print('Cluster {}: {}'.format(i,Xs[BM].index.values))
    print('--------- Divider ----------')
```

一旦上述代码成功运行，即可滚动查看其打印结果，可以查看在任何 k 值下，k-means 算法是否将一个或少数几个数据对象分组到一个聚类中。本示例的结论是：Xs 中不存在多变量异常值。

11.4.11　时间序列异常值检测

时间序列数据中的异常值最好使用折线图检测，原因是时间序列的连续记录之间存在密切关系，这种密切关系是检查记录正确性的最佳方法。读者需要做的就是根据最接近的连续记录来评估记录的值，这很容易使用折线图完成。

本章将提供一个时间序列异常值检测的示例，详见 11.6.4 节“系统误差和正确异常值的示例”。

至此，我们已经讨论了所有 3 种可能的异常值检测——单变量、双变量和多变量，接下来，让我们看看如何处理异常值。

11.5　处理异常值

在要分析的数据集中检测到异常值后，接下来要做的就是有效地处理异常值。常见的处理异常值的方法如下。

- ❑ 保持原样。
- ❑ 替换为上限或下限。
- ❑ 执行对数变换。
- ❑ 删除具有异常值的数据对象。

接下来，我们将详细讨论上述每种方法。

11.5.1　第一种方法——保持原样

虽然感觉上可能不应该是这样，尤其是在经历了这么多圈来检测异常值之后，但在大多数分析用例中，保持原样（什么都不做）就是最佳策略。原因是我们使用的大多数分析工具都可以轻松处理异常值。事实上，如果用户知道要使用的分析工具可以处理异常值，那么可能一开始就不会执行异常值检测。但是，异常值检测本身可能就是用户需要的分析，或者说用户使用的分析工具很容易出现异常值。

表 11.1 列出了本书中曾经讨论过的所有分析工具/目标，并指定了相应的处理异常值的最佳方法。

表 11.1　分析目标和工具的汇总表以及处理异常值（如果存在）的最佳方法

分析目标/工具	容易出现异常值	处理异常值的最佳策略
可视化：汇总总体/直方图	是	❑ 保持原样 ❑ 删除具有异常值的数据对象
可视化：汇总总体/箱线图	否	❑ 保持原样
可视化：汇总总体/条形图	否	❑ 保持原样
可视化：比较总体	否	❑ 保持原样
可视化：两个特性之间的关系/散点图	可能出现异常值	❑ 保持原样 ❑ 删除具有异常值的数据对象 ❑ 执行对数变换

续表

分析目标/工具	容易出现异常值	处理异常值的最佳策略
可视化：两个特性之间的关系/列联表	否	❑ 保持原样
可视化：添加可视化维度/添加大小和颜色	是	❑ 替换为上限或下限
可视化：可视化并比较趋势/折线图	否	❑ 保持原样
预测：回归	是	❑ 删除具有异常值的数据对象 ❑ 替换为上限或下限
预测：MLP	否	❑ 保持原样
分类：决策树	否	❑ 保持原样
分类：KNN	是	❑ 替换为上限或下限
聚类：k-means	可能出现异常值	❑ 保持原样 ❑ 替换为上限或下限

如表 11.1 所示，在大多数分析情况下，最好采用第一种方法：保持原样，什么都不做。接下来，让我们看看第二种方法。

11.5.2　第二种方法——替换为上限或下限

当满足以下标准时，应用这种方法可能是明智的。

- ❑ 异常值是单变量的。
- ❑ 分析目标或工具对异常值敏感。
- ❑ 不想因为删除数据对象而丢失信息。
- ❑ 值的突然变化不会导致分析结论发生重大变化。

如果满足上述标准，则在这种方法中，异常值将被替换为正确的上限或下限。在 11.4.3 节“单个数值特性异常值检测示例”中，已经非常清晰地阐释了上限和下限的统计概念。它们也是任何箱线图的重要组成部分。

采用这种方法时，可以用特性的 Q1−1.5×IQR 下限替换比其余数据对象小太多的单变量异常值，用特性的 Q3+1.5×IQR 上限替换比其余数据对象大太多的单变量异常值。

11.5.3　第三种方法——执行对数变换

这种方法不仅是一种处理异常值的方法，也是一种有效的数据转换技术。作为一种处理异常值检测的方法，它只适用于某些情况。

当特性遵循指数分布时，某些数据对象与总体的其余部分有很大差异是正常的。例如，绝大多数人的年收入可能只有 10 万元上下，但是也有不少人年收入有数百万甚至上亿元。在这种情况下，应用对数变换将是最好的方法。

11.5.4 第四种方法——删除具有异常值的数据对象

当其他方法不可行或解决不了问题时，可以考虑一种简单的方法：删除具有异常值的数据对象。这是我们最不喜欢的方法，只应在绝对必要时使用。

之所以说应尽量避免使用这种方法，是因为它将导致数据不正确。很多异常值的值其实是正确的（例如姚明身高 226 厘米），只不过与总体的其余部分差异太大而已。仅当分析工具无法处理这种实际总体时，才可以考虑删除它。

注意：

至于何时以及是否应该采用因异常值而删除数据对象的方法，我们想与读者分享一个重要的建议。

首先，仅将此方法应用于读者为特定分析而创建的数据集的预处理版本，不应该从源数据删除异常值。因为当前分析项目需要删除具有异常值的数据对象这一事实并不意味着所有分析都需要删除它。

其次，明确告知受众分析结果，使他们意识到这种结果是在处理了异常值之后产生的。

现在我们已经知道了处理异常值的所有 4 种方法，接下来不妨看看如何选择最佳方法。

11.5.5 选择处理异常值的恰当方法

必须根据分析目标和分析工具来选择处理异常值的恰当方法。如表 11.1 所示，在大多数情况下，处理异常值的最佳方法是保持原样，什么也不做。如果需要其他方法，则请确保仅将该方法应用于用户为当前分析而创建的数据的预处理版本，并避免更改源数据集。

处理异常值所需要的知识已经介绍得差不多了，下面让我们看几个例子以便将学到的知识付诸实践。

11.5.6 处理异常值示例 1

在 11.4.3 节“单个数值特性异常值检测示例”中，可以看到 response_df.Weight 特性有一些异常值。我们想要使用直方图来绘制总体在该特性上的分布。

由于我们的分析最终目标是可视化总体分布，异常值的存在可能会占用一些可视化空间，因此移除它们可以打开该可视化空间。

以下代码片段显示了如何为 response_df.Weight 特性创建两个直方图版本，一个包含了异常值，另一个不包含异常值。

```
response_df.Weight.plot.hist(histtype='step')
plt.show()
BM = response_df.Weight<105
response_df.Weight[BM].plot.hist(histtype='step')
plt.show()
```

上述代码将产生如图 11.25 所示的输出。

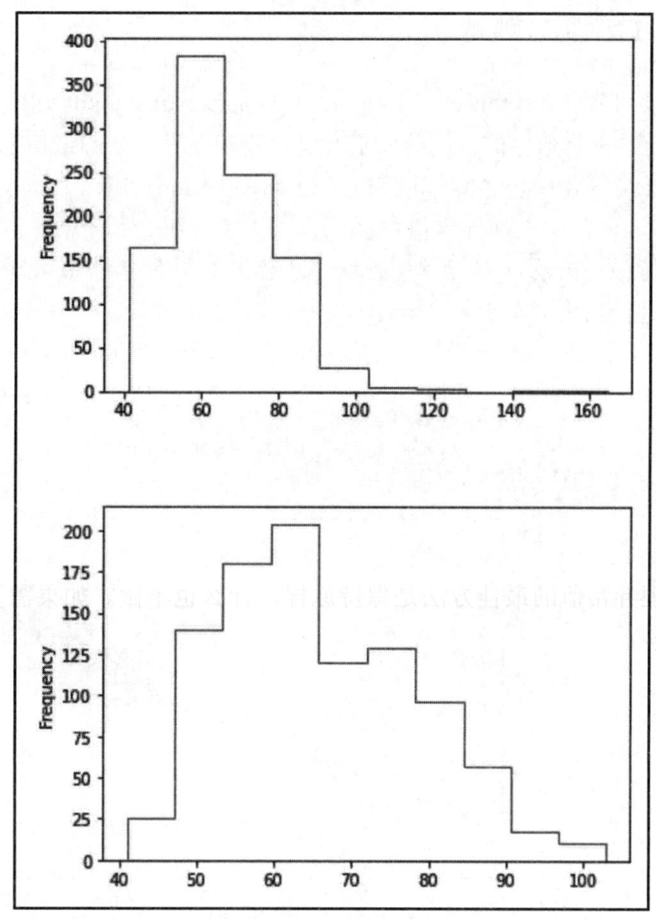

图 11.25　response_df.Weight 的直方图，上图包含异常值，下图不包含异常值

在图 11.25 中，从分析的角度来看，读者可能会想象两种可视化效果都更合适的情况。

例如，如果有兴趣查看大多数样本在 40 到 100 之间的频率变化，那么没有异常值的直方图会更好。另一方面，如果了解总体的真实表示是分析的最终目标，那么显然包含异常值的直方图将是理想的。

在前面的代码中，从数据预处理的角度来看，请注意，为了创建不包含异常值的直方图，我们并没有编辑 response_df，而是动态创建了一个 DataFrame，这样做只是为了创建没有异常值的直方图。

接下来，让我们看看另一个示例。

11.5.7　处理异常值示例 2

假设我们想要可视化 response_df.Height 和 response_df.Weight 这两个特性之间的关系。由于这两个特性都是数字的，因此我们知道可视化这种关系的最佳方法是散点图。此外，我们还希望在可视化中包含线性回归（linear regression，LR）线，以增加其分析值。

如前文所述，LR 容易出现异常值，现在也可以借此机会了解一下其原因。

首先采用保持原样方法（对异常值什么也不做），并创建一个可视化来查看如果数据中包含异常值进行回归分析会发生什么。

图 11.26 显示了使用 Seaborn 模块中的.regplot()函数创建散点图的代码和可视化结果。

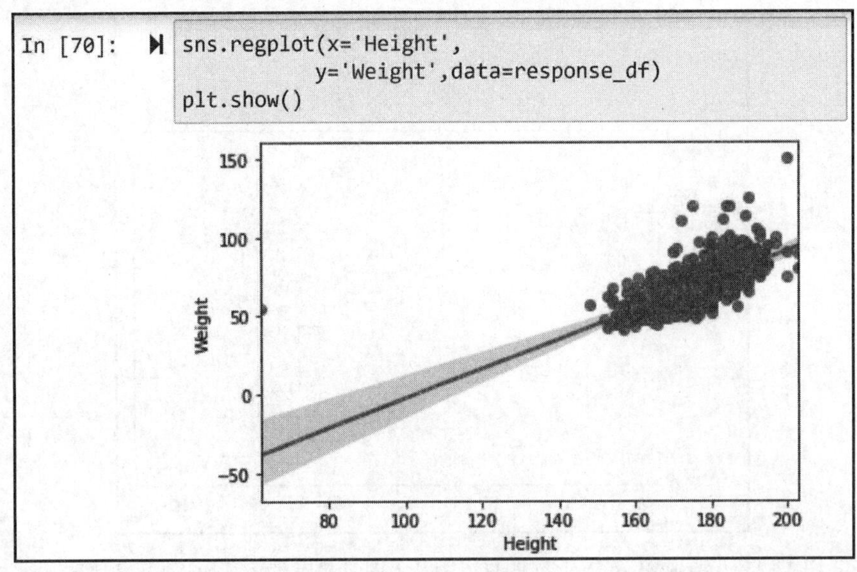

图 11.26　在不处理异常值的情况下可视化 response_df.Height 和 response_df.Weight 之间关系的散点图

在图 11.26 中可以看到，我们在图 11.22 中检测到的异常值正在消耗可视化空间，并且不允许关系完全显示出来。

图 11.27 显示了在可视化的最后一步删除异常值的代码及其输出结果。

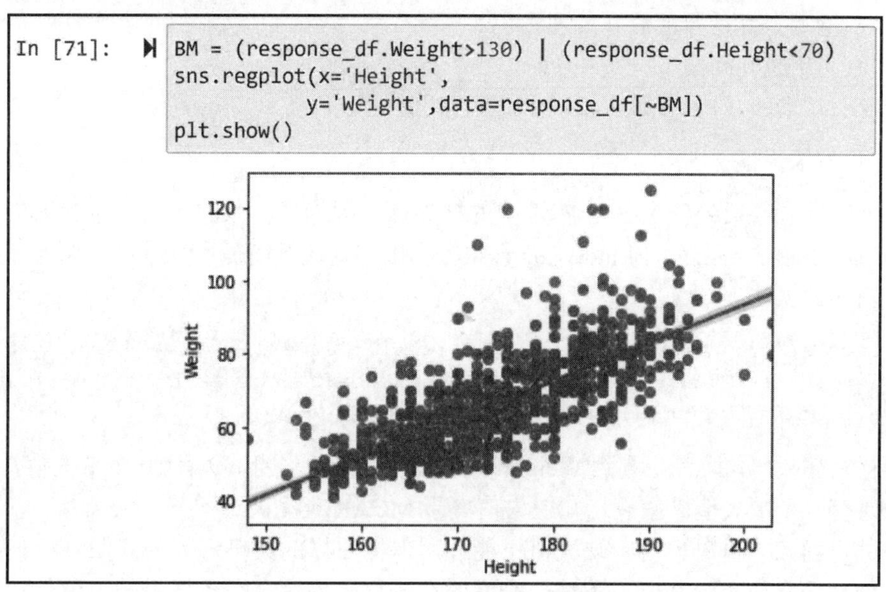

图 11.27　在处理异常值之后绘制的可视化 response_df.Height 和 response_df.Weight 之间关系的散点图

比较图 11.26 和图 11.27 可以发现，在删除了两个异常值之后，可视化结果更好地显示了 response_df.Height 和 response_df.Weight 两个变量之间的关系。在图 11.28 中可以清晰看到，身高更高者通常体重更重。

11.5.8　处理异常值示例 3

我们在上一个示例中看到了身高和体重之间的线性关系，本示例将使用回归来捕捉 Weight（体重）、Height（身高）和 Gender（性别）之间的线性关系，并以此来预测 Weight（体重）。换句话说，我们希望找到以下公式中 β_0 和 β_1 的值。

$$\text{Weight} = \beta_0 + \beta_1 \times \text{Height} + \beta_2 \times \text{Gender}$$

正如我们在表 11.1 中看到的，回归分析对异常值很敏感。在图 11.26 中观察到，Weight（体重）和 Height（身高）都有异常值。此外还需要检查 Gender（性别）是否有异常值。

该示例相对复杂，所以需按以下步骤操作。

（1）处理缺失值。

（2）检测单变量异常值并处理它们。

（3）检测双变量异常值并处理它们。

（4）检测多变量异常值并处理它们。

（5）应用线性回归。

让我们从步骤（1）开始。

1. 处理缺失值

本示例首先需要处理这 3 个特性中的缺失值，因为当输入的数据中包含缺失值时，来自 sklearn.linear_model 的 LinearRegression 会出错。以下代码片段显示了如何开始预处理此示例的数据。

```
select_attributes = ['Weight','Height','Gender']
pre_process_df = pd.DataFrame(response_df[select_attributes])
pre_process_df.info()
```

运行上述代码，读者会看到 Weight（体重）和 Height（身高）有 20 个缺失值，Gender（性别）有 6 个缺失值。假设已知缺失值属于 MCAR 类型。

在进行回归分析时，对于缺失值不能使用保持原样的策略，因为回归分析使用的工具不能处理异常值。填补值也不是一个好的选择，因为这会在数据中产生偏差。因此，唯一可行的选择就是删除数据对象。以下代码可使用.dropna()函数删除具有缺失值的数据对象。

```
pre_process_df.dropna(inplace=True)
```

运行此代码后，可重新运行 pre_process_df.info()以确认 pre_process_df 不再有缺失值。

在确定 pre_process_df 中没有缺失值之后，即可将注意力转向检测和处理异常值。因为线性回归容易出现异常值，因此还需要检测数据中是否具有单变量、双变量或多变量异常值。

2. 检测单变量异常值并处理它们

图 11.28 显示了在此示例中为数字特性创建箱线图和为分类特性创建条形图的代码。

在图 11.28 中，可以看到 Height（身高）和 Weight（体重）都有异常值，但 Gender（性别）没有。因此，在进行线性回归分析之前，还需要处理异常值。如表 11.1 所示，可以使用以下两种方法之一来处理异常值。

- ❑ 删除具有异常值的数据对象。
- ❑ 替换为上限或下限。

但是，哪种方法更好呢？当数据对象是单变量异常值时，最好使用第二种方法，因为替换统计上限或下限将有助于保留数据对象，同时减轻异常值对数据对象的负面影响。

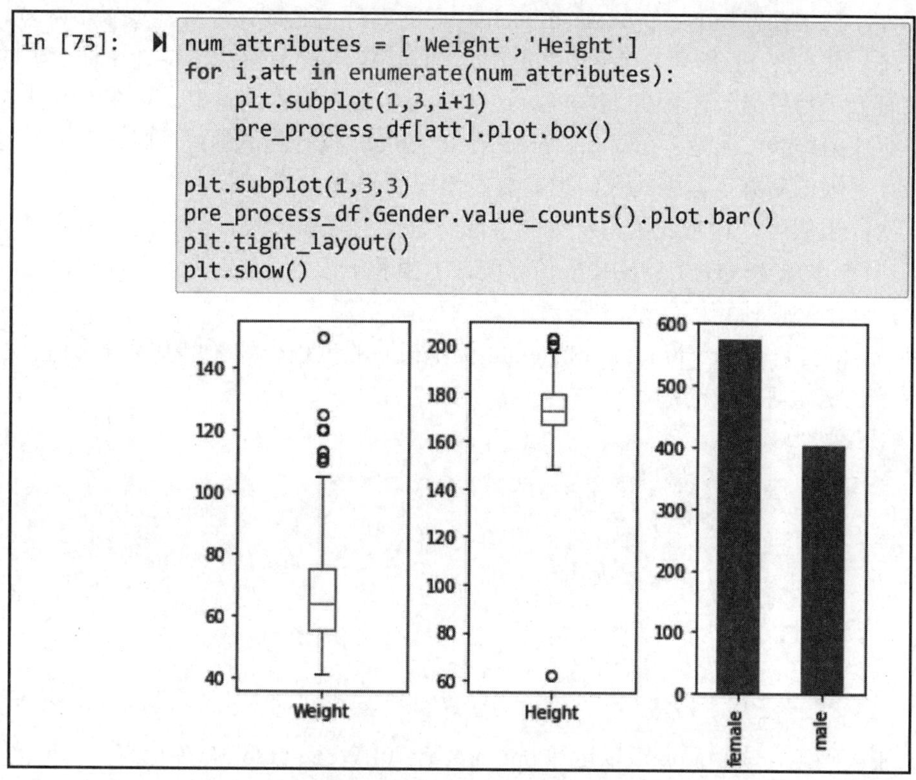

In [75]:
num_attributes = ['Weight','Height']
for i,att in enumerate(num_attributes):
    plt.subplot(1,3,i+1)
    pre_process_df[att].plot.box()
plt.subplot(1,3,3)
pre_process_df.Gender.value_counts().plot.bar()
plt.tight_layout()
plt.show()
Weight
Height
female
male

图 11.28　绘制数字特性的箱线图和分类特性的条形图

另一种方法也普遍适用——当数据对象是双变量或多变量异常值时，最好删除它们。这是因为这些异常值将不允许回归模型捕获非异常值数据对象之间的模式。

在双变量异常值中的双变量是分类-数值特性对的特殊情况下，用特定总体的上限或下限替换异常值也可能是明智的。

因此，我们可以首先处理单变量异常值，将它们替换为统计上限和上限。以下代码可将 pre_process_df.Weight 的离群值替换为特性的统计上限。

```
Q3 = pre_process_df.Weight.quantile(0.75)
Q1 = pre_process_df.Weight.quantile(0.25)
IQR = Q3 - Q1
upper_cap = Q3+IQR*1.5
BM = pre_process_df.Weight > upper_cap
pre_process_df.loc[pre_process_df[BM].index,'Weight'] = upper_cap
```

运行上述代码后，即可运行 pre_process_df.Weight.plot.box()来查看异常值是否得到处理。另外，在继续替换 pre_process_df.Height 中的离群值之前，还要注意以下两点。

首先，通过图 11.28 可以看到，pre_process_df.Weight 只有大于特性统计上限的离群值而没有低于特性统计下限的离群值，这就是为什么在上述代码中，没有用特性的统计下限进行任何替换。但是，在对 pre_process_df.Height 执行相同的过程时，由于存在低于特性统计下限的离群值，因此代码也需要做相应的修改。

其次，虽然可以让箱线图本身提取特性的统计上限和下限，但我们还是分别使用了公式 Q1−1.5×IQR 和 Q3+1.5×IQR 来计算统计上限和上限，这是因为当我们有自己的计算公式时，就不必让计算机做无谓的绘图而浪费计算资源。

接下来，可以对 pre_process_df.Height 执行相同的过程来处理单变量异常值。以下代码显示了这是如何完成的：

```
Q3 = pre_process_df.Height.quantile(0.75)
Q1 = pre_process_df.Height.quantile(0.25)
IQR = Q3 - Q1
lower_cap = Q1-IQR*1.5
upper_cap = Q3+IQR*1.5
BM = pre_process_df.Height < lower_cap
pre_process_df.loc[pre_process_df[BM].index,'Height'] = lower_cap
BM = pre_process_df.Height > upper_cap
pre_process_df.loc[pre_process_df[BM].index,'Height'] = upper_cap
```

上述代码运行成功后，可以运行 pre_process_df.Weight.plot.box()检查异常值的状态。

现在我们已经处理了单变量异常值，接下来看看是否有双变量或多变量异常值。

3. 检测双变量异常值并处理它们

运行 pre_process_df.plot.scatter(x='Height', y='Weight')将表明该数据没有基于 Height（身高）和 Weight（体重）数值特性的双变量异常值。但是，运行以下代码则会告诉我们，在 Height（身高）和 Gender（性别）以及 Weight（体重）和 Gender（性别）特性对下确实存在双变量异常值。

```
plt.subplot(1,2,1)
sns.boxplot(y=pre_process_df.Height, x=pre_process_df.Gender)
plt.subplot(1,2,2)
sns.boxplot(y=pre_process_df.Weight, x=pre_process_df.Gender)
plt.tight_layout()
```

成功运行上述代码将创建如图 11.29 所示的输出。

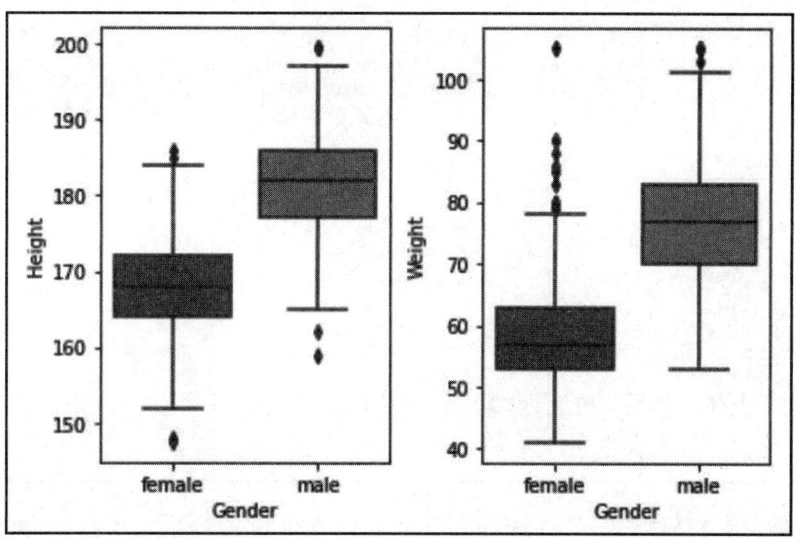

图 11.29　用于研究身高-性别和体重-性别的数值-分类特性对下的双变量异常值的多个箱线图

鉴于图 11.29 中已识别出双变量异常值，故需要处理它们。由于这些双变量异常值是在分类-数值特性中的，因此可以用特定总体的上限或下限来替换它们。

以下代码替换了 Height-Gender 特性对的异常值。

```
for poss in pre_process_df.Gender.unique():
    BM = pre_process_df.Gender == poss
    wdf = pre_process_df[BM]
    Q3 = wdf.Height.quantile(0.75)
    Q1 = wdf.Height.quantile(0.25)
    IQR = Q3 - Q1
    lower_cap = Q1-IQR*1.5
    upper_cap = Q3+IQR*1.5

    BM = wdf.Height > upper_cap
    pre_process_df.loc[wdf[BM].index,'Height'] = upper_cap

    BM = wdf.Height < lower_cap
    pre_process_df.loc[wdf[BM].index,'Height'] = lower_cap
```

类似地，以下代码可替换 Weight-Gender 特性对的异常值。

```
for poss in pre_process_df.Gender.unique():
    BM = pre_process_df.Gender == poss
    wdf = pre_process_df[BM]
```

```
Q3 = wdf.Weight.quantile(0.75)
Q1 = wdf.Weight.quantile(0.25)
IQR = Q3 - Q1
lower_cap = Q1-IQR*1.5
upper_cap = Q3+IQR*1.5

BM = wdf.Weight > upper_cap
pre_process_df.loc[wdf[BM].index,'Weight'] = upper_cap

BM = wdf.Weight < lower_cap
pre_process_df.loc[wdf[BM].index,'Weight'] = lower_cap
```

成功运行上述代码后，再运行如图 11.30 所示的代码，即可看到这些双变量异常值已得到处理，它们已经不存在了。

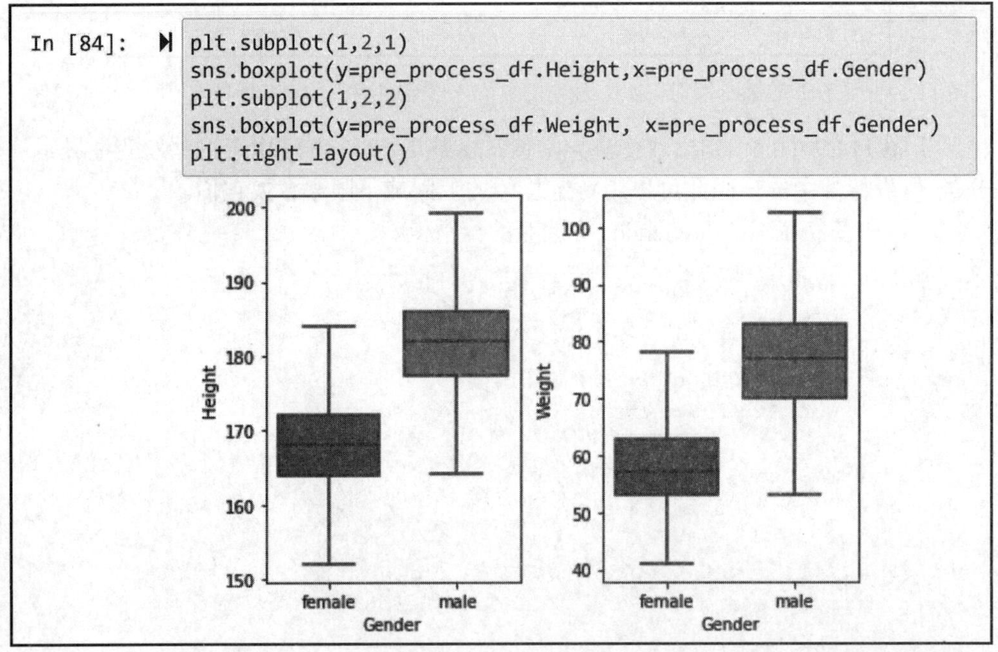

图 11.30　检查 Height-Gender 和 Weight-Gender 这两个数值-分类特性对的双变量异常值状态

接下来，还需要查看是否有任何多变量异常值，如果有的话，看看如何处理它们。

4．检测多变量异常值并处理它们

检测多变量异常值，标准方法是使用聚类分析；但是，当 3 个特性中有两个是数字特性而另一个是分类特性时，则可以使用特定的可视化技术进行异常值检测。

以下代码为 Gender（性别）分类特性的每种可能性创建了身高和体重的散点图。

```
Cat_attribute_poss = pre_process_df.Gender.unique()
for i,poss in enumerate(cat_attribute_poss):
    BM = pre_process_df.Gender == poss
    pre_process_df[BM].plot.scatter(x='Height',y='Weight')
    plt.title(poss)
    plt.show()
```

运行上述代码将创建如图 11.31 所示的可视化结果。

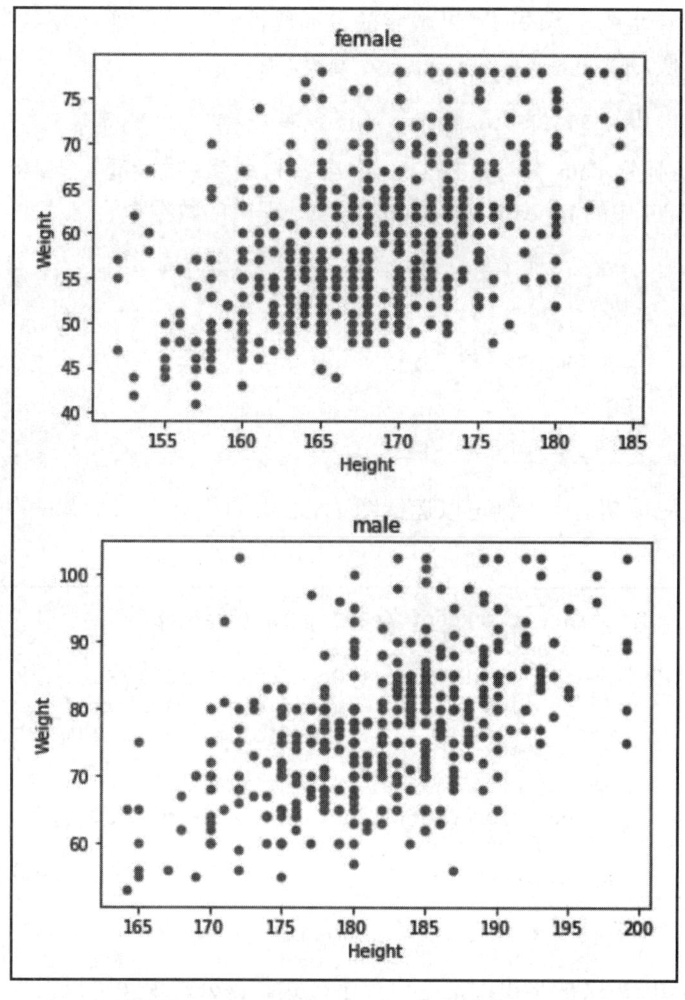

图 11.31　数字特性的散点图，每个 Gender（性别）特性的可能性

观察图 11.31 可以得出结论，数据中不存在多变量异常值。如果有的话，唯一的选择就是删除它们，因为异常值会对线性回归性能产生负面影响。此外，如前文所述，用上限和下限替换异常值也不是多变量异常值的选择。

在处理了异常值和缺失值之后，即可使用线性回归来估计 Height（身高）、Gender（性别）和 Weight（体重）之间的关系，并以此来预测 Weight（体重）。

5. 应用线性回归

在将线性回归应用于 pre_process_df 之前，还需要进行另一个预处理步骤。请注意 Gender（性别）特性是分类的而不是数字的，而线性回归只能处理数字。因此，以下代码可执行数据转换，以便对该特性进行二元编码。

```
pre_process_df.Gender.replace({'male':0,'female':1},inplace=True)
```

以下代码分别在 data_X 和 data_Y 中准备自变量特性和因变量特性，然后使用 sklearn.linear_model 中的 LinearRegression()将预处理后的数据拟合到模型中。

```
from sklearn.linear_model import LinearRegression
X = ['Height','Gender']
y = 'Weight'
data_X = pre_process_df[X]
data_y = pre_process_df[y]
lm = LinearRegression()
lm.fit(data_X, data_y)
```

如果上述代码成功运行，则可以运行图 11.32 中的代码，从训练好的 lm 值中获取估计的 β 值。

```
In [88]:  print('intercept (b0) ', lm.intercept_)
          coef_names = ['b1','b2']
          print(pd.DataFrame({'Predictor': data_X.columns,
                              'coefficient Name':coef_names,
                              'coefficient Value': lm.coef_}))

          intercept (b0)  -51.10382582783839
            Predictor coefficient Name  coefficient Value
          0    Height               b1           0.704025
          1    Gender               b2          -8.602017
```

图 11.32　从训练好的 lm 值中提取 β 值

现在可以从图 11.32 的输出中推导出以下公式。该公式现在可以根据 Height（身高）和 Gender（性别）值预测个体的 Weight（体重）值。

$$\text{Weight} = -51.1038 + 0.7040 \times \text{Height} - 8.6020 \times \text{Gender}$$

例如，笔者是一名身高为 189.5 厘米的男性（0），要预测我的体重，可使用以下公式计算。

$$\text{Weight} = -51.1038 + 0.7040 \times 189.5 - 8.6020 \times 0 = 82.3042$$

结果很不错，但是我现在的体重是 86 公斤，所以有 4 公斤左右的误差。

11.5.9　处理异常值示例 4

本示例将重复前面的例子，但这一次，我们想使用多层感知器（multilayer perceptron，MLP）根据性别和身高来预测体重。

本示例和上一个例子的数据预处理的区别在于 MLP 对异常值有弹性，所以不需要担心数据集有异常值。当然，Gender（性别）特性的缺失值和二元编码还是需要处理的。以下代码将重新创建 pre_process_df，处理缺失值，并执行 Gender（性别）特性的二元编码转换。

```
select_attributes = ['Weight','Height','Gender']
pre_process_df = pd.DataFrame(response_df[select_attributes])
pre_process_df.dropna(inplace=True)
pre_process_df.Gender.replace({'male':0,'female':1},inplace=True)
```

运行上述代码后，pre_process_df 即可用于 MLP。以下代码分别在 data_X 和 data_Y 中准备自变量特性和因变量特性，然后使用 sklearn.linear_model 中的 MLPRegressor()将预处理后的数据拟合到模型中。

```
from sklearn.neural_network import MLPRegressor
X = ['Height','Gender']
y = 'Weight'
data_X = pre_process_df[X]
data_y = pre_process_df[y]
mlp = MLPRegressor(hidden_layer_sizes=5, max_iter=2000)
mlp.fit(data_X, data_y)
```

一旦上述代码运行成功，即可使用训练好的 mlp 特性来执行预测。以下代码片段显示了如何使用 mlp 根据笔者的身高和性别值提取体重值的预测。

```
newData = pd.DataFrame({'Height':189.5,'Gender':0}, index=[0])
mlp.predict(newData)
```

运行上述代码后的预测结果是 80.0890。读者应该还记得 MLP 是一个随机变量，每次运行它时，都会获得一个新的结果。无论如何，由于笔者的体重是 86 公斤，因此 mlp 有大约 6 公斤的误差。而在上一个示例中，lm 有 4 公斤左右的误差，这是否意味着 lm 比 mlp 更准确？答案是不一定。需要有更多的测试数据才能做出比较。

接下来，让我们再看另一个示例，该示例的目的是处理异常值以应用聚类分析。

11.5.10　处理异常值示例 5

本示例将使用 chicago_population.csv。该数据集中的数据对象是美国芝加哥市（Chicago）的社区。这些数据对象由以下特性描述。

- population：社区人口。
- income：社区的平均收入。
- latino：拉丁裔在人口中的百分比。
- black：黑人在人口中的百分比。
- white：白人在人口中的百分比。
- asian：亚裔在人口中的百分比。
- other：其他种族在人口中的百分比。

芝加哥市长想为这 77 个社区指定 5 名通信联络人。办公室的数据分析师建议使用 k-means 聚类将社区分为 5 个组，并根据聚类组的特征指定适当的联络人。

本示例需按以下步骤操作。

（1）检测和处理缺失值。

（2）检测单变量异常值并处理它们。

（3）检测双变量和多变量异常值并处理它们。

（4）应用 k-means 算法。

让我们从步骤（1）开始。

1. 检测和处理缺失值

现在可以将文件读入 community_df Pandas DataFrame 并检查数据集中是否存在缺失值。以下代码显示了这是如何完成的。

```
community_df = pd.read_csv('chicago_population.csv')
community_df.info()
```

上述代码的输出显示了 community_df 中没有缺失值，自然也就省略了处理的步骤。接下来，需要检测异常值并处理它们。

2. 检测单变量异常值并处理它们

以下代码使用了 sns.boxplot()创建所有数字特性的箱线图。

```
numerical_atts = ['population', 'income', 'latino', 'black',
'white', 'asian','other']
plt.figure(figsize=(12,3))
for i,att in enumerate(numerical_atts):
    plt.subplot(1,len(numerical_atts),i+1)
    sns.boxplot(y=community_df[att])
plt.tight_layout()
plt.show()
```

运行上述代码将创建如图 11.33 所示的输出。

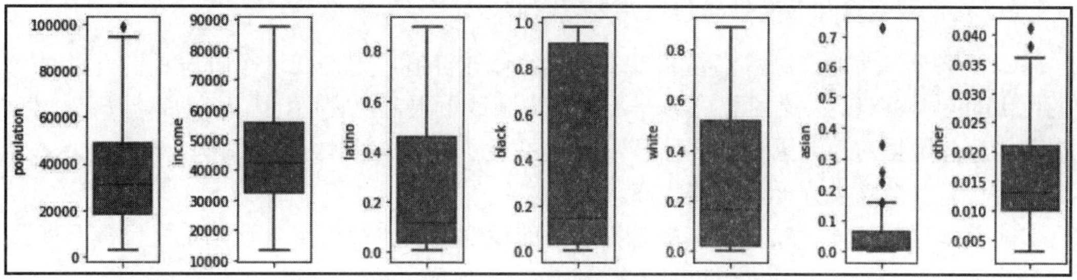

图 11.33　community_df 中所有数值特性的箱线图

在图 11.33 中可以看到，在 population（人口）、asian（亚裔）和 other（其他）特性中存在一些单变量异常值。

由于本示例打算使用 k-means 算法将社区聚类为 5 个同质组以分配通信联络人，因此处理这些异常值的最佳方法是用统计上限或下限替换它们，这样就不会因为异常值的极端值影响聚类的结果。

请注意，在知道要应用 k-means 聚类分析之前，这并不是处理异常值的唯一或最佳方法。例如，如果要使用聚类分析来找出数据中的固有模式，那么处理异常值的最好方法就是保持原样，什么都不做。

以下代码使用了与 11.5.8 节“处理异常值示例 3”中类似的代码来过滤异常值，然后将它们替换为适当的上限。请注意，此代码比示例 3 更智能，因为处理异常值的过程在一个循环中进行了参数化。

```
pre_process_df = community_df.set_index('name')
candidate_atts = ['population','asian','other']
for att in candidate_atts:
```

```
    Q3 = pre_process_df[att].quantile(0.75)
    Q1 = pre_process_df[att].quantile(0.25)
    IQR = Q3 - Q1
    lower_cap = Q1-IQR*1.5
    upper_cap = Q3+IQR*1.5
    BM = pre_process_df[att] < lower_cap
    candidate_index = pre_process_df[BM].index
    pre_process_df.loc[candidate_index,att] = lower_cap
    BM = pre_process_df[att] > upper_cap
    candidate_index = pre_process_df[BM].index
    pre_process_df.loc[candidate_index,att] = upper_cap
```

运行上述代码后，单变量异常值将被替换为适当的统计上限或下限。

3. 检测双变量和多变量异常值并处理它们

本示例没有增加检测双变量和多变量异常值的价值，因为在这个阶段我们可以对它们使用的唯一策略是什么都不做——不能用上限或下限替换它们，因为有多个数字特性；也不能删除数据对象，因为需要所有数据对象至少在一个聚类中。因此，pre_process_df 的当前状态就是聚类分析的最佳状态。

随着数据预处理完成，本例中唯一剩下的步骤就是执行聚类。这正是我们接下来要做的。

4. 应用 k-means 算法

以下代码片段显示了第 8 章“聚类分析”中 k-means 聚类代码的调整版本。

```
From sklearn.cluster import Kmeans
dimensions = ['population', 'income', 'latino', 'black',
'white', 'asian','other']
Xs = pre_process_df[dimensions]
Xs = (Xs - Xs.min())/(Xs.max()-Xs.min())
kmeans = Kmeans(n_clusters=5)
kmeans.fit(Xs)
```

一旦成功运行上述代码，聚类就形成了。图 11.34 显示了可以用来提取聚类的代码和该代码的输出结果。

还可以对刚刚形成的聚类进行质心分析。质心分析的代码详见 8.3.3 节“质心分析”。读者可以找到该代码并根据本示例的需要对其进行调整。如图 11.35 所示的热图为质心分析的结果。请注意，由于 k-means 是一种随机算法，因此读者的热图会有所不同。但是，数据中出现的模式应该是相似的。

```
In [97]:  for i in range(5):
               BM = kmeans.labels_==i
               print('Cluster {}: {}'.format(i,pre_process_df[BM].index.values))

           Cluster 0: ['Armour Square' 'Douglas' 'McKinley Park' 'Bridgeport']
           Cluster 1: ['Montclare' 'Belmont Cragin' 'Hermosa' 'Avondale' 'Logan Squar
           e'
            'Humboldt Park' 'South Lawndale' 'Lower West Side' 'East Side'
            'Hegewisch' 'Archer Heights' 'Brighton Park' 'New City' 'West Elsdon'
            'Gage Park' 'Clearing' 'West Lawn' 'Chicago Lawn' 'Ashburn']
           Cluster 2: ['Rogers Park' 'West Ridge' 'Uptown' 'Lincoln Square' 'North Par
           k'
            'Albany Park' 'Irving Park' 'Near West Side' 'Loop' 'Near South Side'
            'Hyde Park' 'Edgewater']
           Cluster 3: ['Austin' 'West Garfield Park' 'East Garfield Park' 'North Lawnd
           ale'
            'Oakland' 'Fuller Park' 'Grand Boulevard' 'Kenwood' 'Washington Park'
            'Woodlawn' 'South Shore' 'Chatham' 'Avalon Park' 'South Chicago'
            'Burnside' 'Calumet Heights' 'Roseland' 'Pullman' 'South Deering'
            'West Pullman' 'Riverdale' 'West Englewood' 'Englewood'
            'Greater Grand Crossing' 'Auburn Gresham' 'Washington Heights'
            'Morgan Park']
           Cluster 4: ['North Center' 'Lake View' 'Lincoln Park' 'Near North Side' 'Ed
           ison Park'
            'Norwood Park' 'Jefferson Park' 'Forest Glen' 'Portage Park' 'Dunning'
            'West Town' 'Garfield Ridge' 'Beverly' 'Mount Greenwood' "O'Hare"]
```

图 11.34　提取 community_df 中的数据对象聚类

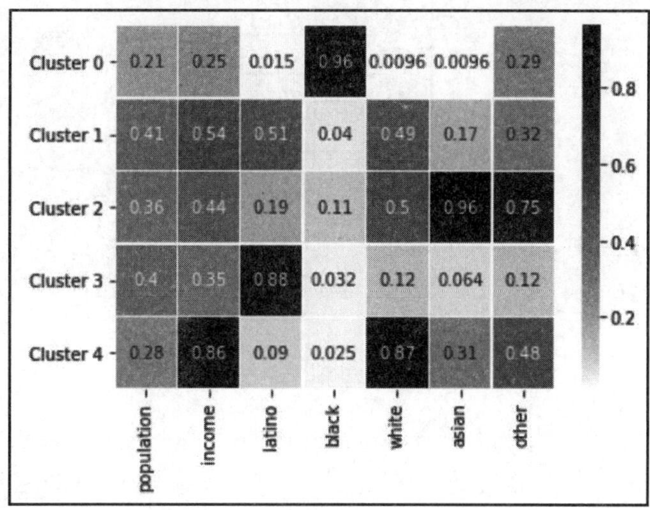

图 11.35　已形成聚类的质心分析

在图 11.35 中可以看到，每个聚类中的社区都有明显的不同，这个结果对于指定通信联络人将非常有帮助。

到目前为止，我们已经演示了如何检测和处理缺失值和异常值的示例。接下来，让我们看看如何检测误差并在数据集中处理它们。

11.6 误　差

误差（error）是任何数据收集和测量中不可避免的一部分。以下公式最能体现这一事实。

Data = True Signal + Error

真实信号（true signal）是我们试图以数据的形式测量和呈现的现实，但由于测量系统或数据呈现的无能，我们无法捕捉到真实信号。因此，误差就是真实信号与记录数据之间的差异。

例如，假设我们购买了 7 个温度计，想要使用这 7 个温度计准确计算室温。在给定的时间点，从这些温度计得到如图 11.36 所示的读数。

温度计 1	70.16
温度计 2	69.94
温度计 3	70.35
温度计 4	69.83
温度计 5	70.01
温度计 6	70.38
温度计 7	70.12

图 11.36　从 7 个温度计获得的读数

当你看到图 11.36 时，你会说房间的温度（即真实信号）是多少？答案是无法测量或捕获真实信号。使用 7 个温度计，我们也许能够得到更准确的读数，但无法消除误差。

11.6.1　误差类型

有两种类型的误差：随机误差（random error）和系统误差（systematic error）。这两种误差的最大区别在于随机误差是无法避免的，但系统误差则是可以避免的。

由于不可避免的不一致和测量设备的局限性，数据往往会发生随机误差。在上面 7 个温度计的例子中看到的就是一个随机误差的例子。另一个例子是在通过社会调查来衡量人们的意见时由于不可避免的误传和误解而发生的随机误差。

另一方面，系统误差则是可避免的不一致性，这是由于在整个数据收集过程中持续存在的问题而发生的。系统误差的发生基于随机误差之上，这意味着随机误差总是存在的。例如，如果使用未校准的温度计来测量室温，由于设备无法捕获真实信号，因此会出现随机误差，但由于未校准温度计而导致的误差则是系统误差。

11.6.2　处理误差

通常可以根据误差的类型以不同的方式处理误差。

随机误差是不可避免的，充其量可以使用平滑或聚合方式来减轻它们。后续章节将介绍与此相关的技术：数据按摩和转换。

系统性误差则是可以避免的，一旦发现，应该始终采取以下步骤来处理它们。

（1）调整和改进数据收集方式，使得以后不再发生系统误差。

（2）如果有其他数据资源，则尽量使用其他数据资源来找到正确的值，如果没有，则将系统误差视为缺失值。

上述步骤（2）提出将系统误差作为缺失值处理，这对读者来说应该是一个好消息，因为读者已经拥有许多强大的工具和技术来检测和处理缺失值。

11.6.3　检测系统误差

检测系统误差并不容易，它们很可能会被忽视并对分析结果产生负面影响。检测系统误差的最佳机会是在前文检测异常值部分学到的技术。当检测到异常值并且无法解释为什么异常值是正确的时，即可得出结论：该异常值是系统误差。以下示例将有助于阐明这种区别。

11.6.4　系统误差和正确异常值的示例

本示例将要分析 CustomerEntries.xlsx。该数据集包含 2020 年 10 月 1 日至 2020 年 11 月 24 日期间来自当地咖啡店的大约 2 个月的来客数据。分析的目标是分析一天中的时间，以了解来客高峰发生的时间和日期。

图 11.37 显示了将文件读入 hour_df Pandas DataFrame 的代码，以及使用.info()函数根据缺失值评估数据集状态的代码。

在图 11.37 中可以看到，该数据集没有缺失值。

```
In [99]:  hour_df = pd.read_excel('CustomerEnteries.xlsx')
          hour_df.info()

          <class 'pandas.core.frame.DataFrame'>
          RangeIndex: 495 entries, 0 to 494
          Data columns (total 3 columns):
           #   Column       Non-Null Count  Dtype
          ---  ------       --------------  -----
           0   Date         495 non-null    datetime64[ns]
           1   Time         495 non-null    int64
           2   N_Cusotmers  495 non-null    int64
          dtypes: datetime64[ns](1), int64(2)
          memory usage: 11.7 KB
```

图 11.37　将 CustomerEntries.xlsx 读入 hour_df 并使用.info()函数检查异常值

接下来，让我们将注意力转向检查异常值。由于该数据集本质上是一个时间序列，因此最好使用折线图来查看是否存在异常值。

图 11.38 显示了运行 hour_df.N_Customers.plot()以创建折线图的代码及其输出结果。

```
In [100]:  hour_df.N_Customers.plot()
           plt.show()
```

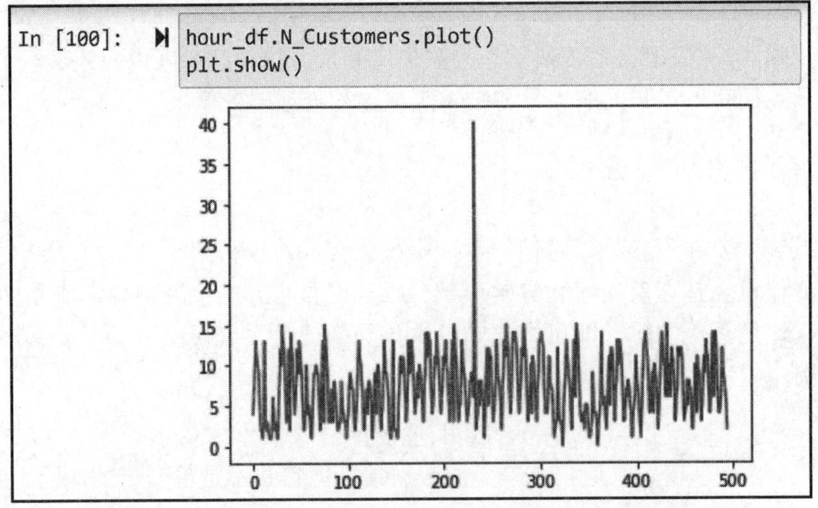

图 11.38　绘制 hour_df.N_Customers 的折线图以检查异常值

在图 11.38 中可以清楚地看到，200 和 300 索引之间存在异常值。

运行 hour_df[hour_df.N_Customers>20]将显示该异常值发生在索引 232 中，该索引的时间戳为 2020 年 10 月 26 日 16 点。

为了检查该异常值是否是系统错误，可以使用其他来源进行佐证调查，我们意识到当天没有发生任何异常情况，该记录可能只是手动数据输入错误。这表明它是一个系统误差，因此需要采取以下两个步骤来处理该系统误差。

（1）将此系统误差通知负责数据收集的实体，并要求它们采取适当措施，以防止将来再次发生此类误差。

（2）如果没有办法在合理的时间和精力内使用其他资源找到正确的值，则可以将该数据输入视为缺失值并用 np.nan 替换它。以下代码可以解决这个问题。

```
err_index = hour_df[hour_df.N_Cusotmers>20].index
hour_df.at[err_index,'N_Customers']=np.nan
```

成功运行上述代码之后，读者应该重新运行 hour_df.N_Customers.plot()以检查 day_df 的异常值状态。图 11.39 显示了新的折线图。

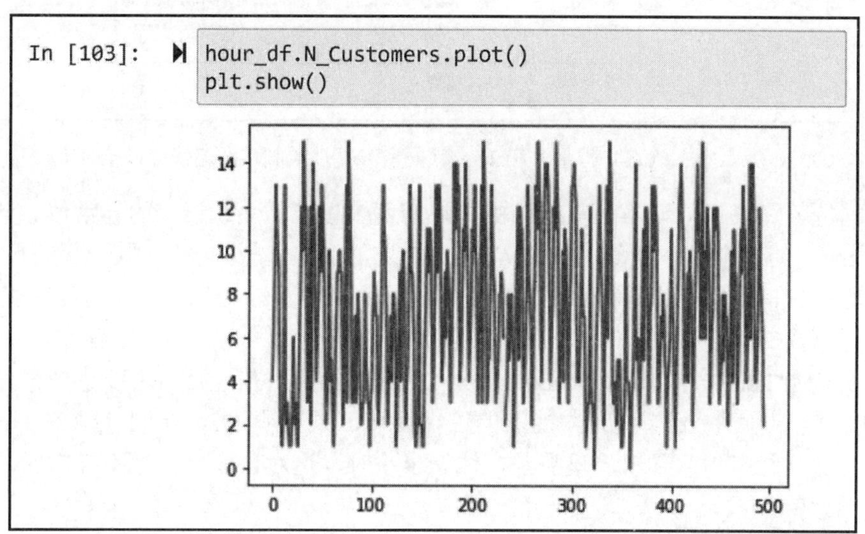

图 11.39　绘制 hour_df.N_Customers 的折线图以在处理系统误差后检查异常值

在图 11.39 中可以看到，已经没有了单变量异常值。

虽然时间序列看起来像是一个单变量数据集，但它并不是单变量的，因为我们总是可以通过执行 2 级数据清洗来解包新列，例如 month（月）、day（日）、weekday（周工作日）、hour（小时）和 minute（分钟）。在本示例数据集中，时间和数据已经分开了，所以可进行下面的双变量异常值检测。

如前文所述，对数值-分类特性对执行双变量异常值检测的最佳方法是使用多个箱线图。图 11.40 显示了 sns.boxplot(y=hour_df.N_Customers, x=hour_df.Time)的输出，这是多个箱线图，我们需要查看 hour_df.N_Customers 和 hour_df.Time 特性是否存在双变量异常值。

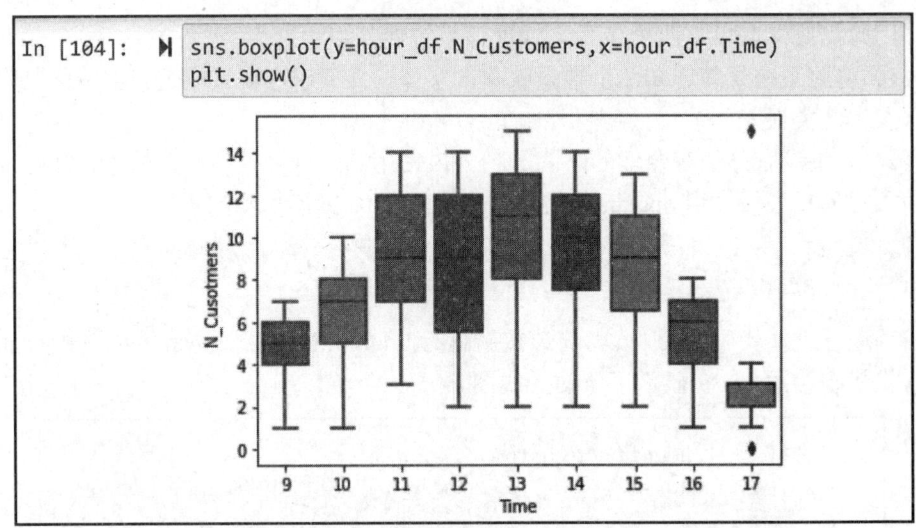

图 11.40　为 N_Customers（客户数量）和 Time（时间）特性绘制多个箱线图以检查双变量异常值

仔细观察图 11.40，确实可以看到另外还有两个可能是系统误差的异常值。第一个是 N_Customers 的最小值，为 0，在 Time 值 17 之下。该值与其余数据是一致的，时间值 17（也就是下午 5 点）似乎来客数量最少，在那个时间偶尔没有客户也不难理解。

但是，同一时间（下午 5 点）的第二个离群值似乎有点让人不可思议。运行 hour_df.query("Time==17 and N_Customers>12")过滤该离群值之后，可以看到该异常值发生在 2020 年 11 月 17 日。经过与店家的佐证调查，原来是 2020 年 11 月 17 日下午 4 点 25 分，一个自行车俱乐部来店里喝茶，休息半小时，这对该店来说是不寻常的。因此，数据输入没有误差，这只是一个正确的异常值。

在预处理 hour_df 之后，它现在有一个缺失值（被 np.nan 替换的系统误差）和两个双变量异常值。知道了这一点之后，即可进入最后一步——分析。

可以绘制一个条形图来显示和比较该咖啡店每个工作小时（Time）的 N_Customers（客户数量）的集中趋势，这也是进行此分析所需的可视化结果。条形图可以很容易地根据数据的聚合处理缺失值以计算集中趋势。由于在该数据集中有异常值，因此可以选择使用中位数而非均值作为该分析的集中趋势指标。运行以下代码将创建条形图。

```
hour_df.groupby('Time').N_Customers.median().plot.bar()
```

通过本示例可知，用于检测和处理系统误差的技术其实就是在本章前面关于缺失值和异常值的小节中介绍过的那些技术。简而言之，当我们找不到任何支持理由认为异常值是正确值时，即可将其视为系统误差，因此可以作为缺失值处理。

11.7 小　结

本章详细讨论了数据清洗 3 级涵盖的操作。我们一起学习了如何检测和处理缺失值、异常值和误差。对于这么长的一章来说，这样简短的总结似乎太过笼统，但正如我们所见，检测、诊断和处理这 3 个问题（缺失值、异常值和误差）中的每一个都可能有很多细节和微妙之处。完成本章相当于完成一项重大工程，现在读者应该知道如何检测、诊断和处理在处理数据集时可能遇到的所有这 3 个问题。

第 12 章将转到另一个重要的数据预处理领域，那就是数据融合和集成。在继续阅读之前，需要花点时间完成以下练习以巩固和强化学习成果。

11.8 练　习

（1）本练习将使用 Temperature_data.csv。该数据集中包含一些缺失值。

请执行下列操作。

① 将文件读入 Pandas DataFrame 后，检查该数据集是否已经符合 1 级清洗后的标准，如果不符合，则立即对它执行 1 级清洗，并解释清洗操作。

② 检查该数据集是否符合 2 级清洗后的标准，如果不符合，则立即对它执行 2 级清洗，并解释清洗操作。

③ 该数据集中包含缺失值。请查看具体有多少，并运行诊断以查看它们是哪些类型的缺失值。

④ 该数据集中是否有异常值？

⑤ 如果分析目标是绘制多个箱线图以显示几个月内温度的集中趋势和变化，则应该如何以最佳方式处理缺失值？在处理缺失值后绘制要求的可视化结果。

（2）本练习将使用 Iris_wMV.csv 文件。Iris 数据集包括 3 种鸢尾花（iris flower）的 50 个样本，共 150 行数据。每朵花都用它的 Sepal（萼片）和 Petal（花瓣）的长度或宽度来描述。PetalLengthCm 列有一些缺失值。

① 确认 PetalLengthCm 有 5 个缺失值。

② 找出缺失值的类型（MCAR、MAR、MNAR）。

③ 如果分析的最终目标是绘制以下可视化结果，则应该以何种最佳方式处理缺失值？列举本章中处理缺失值的 4 种方法，并说明该方法适合或不适合的原因。

④ 绘制图 11.41 中的可视化结果两次，一次是在采用保持原样的方法之后，一次是在填补适当的鸢尾物种的集中趋势值之后。比较两个输出结果并解释它们的差异。

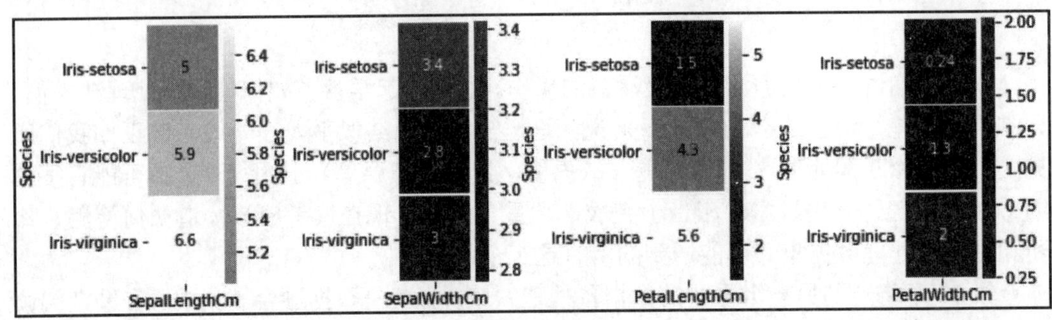

图 11.41　可视化结果

（3）本练习将使用 imdb_top_1000.csv。有关此数据集的更多信息，请访问以下链接。

https://www.kaggle.com/harshitshankhdhar/imdb-dataset-of-top-1000-movies-and-tvshows

对此数据集执行以下步骤。

① 将文件读入 movie_df，列出数据集需要的 1 级数据清洗步骤。实施列出的项目（如果有的话）。

② 本示例将使用决策树分类算法，使用以下列来预测 IMDB_rating 值。

- Certificate（电影分级）。
- Runtime（放映时长）。
- Genre（电影类型）。
- Gross（票房收入）。

对于该分析目标，列出需要完成的 2 级数据清洗，然后实施它们。

③ 该数据集是否存在关于缺失值的问题？如果存在，则它们属于哪些类型？考虑到②中列出的数据分析目标，应该如何以最佳方式处理它们？

④ 使用 sklearn.tree 中的函数创建 RegressTree，该回归树将是一个可以使用 Certificate（电影分级）、Runtime（放映时长）、Genre（电影类型）和 Gross（票房收入）特性预测 IMDB_rating 值的预测模型。具体代码如下。

```
DecisionTreeRegressor(max_depth=5, min_impurity_decrease=0,
min_samples_split=20, splitter='random')
```

上述代码已经为你设置了调整参数，以便 DecisionTreeRegressor 算法可以更好地执行。训练该模型后，绘制获得的训练树并检查 Gross（票房收入）特性是否已经用于预测

IMDB_rating 值。

⑤ 运行下面的代码，然后解释一下 summary_df 是什么。

```
dt_predicted_IMDB_rating = RegressTree.predict(Xs)
mean_predicted_IMDB_rating = np.ones(len(y))*y.mean()
summary_df = pd.DataFrame({'Prediction by Decision Tree':
dt_predicted_IMDB_rating, 'Prediction by mean':
mean_predicted_IMDB_rating, 'Actual IMDB_rating': y})
```

⑥ 运行以下代码并解释它创建的可视化结果。你可以从该可视化结果中了解到哪些信息？

```
summary_df['Decision Tree Error'] = abs(summary_
df['Prediction by Decision Tree']- summary_df['Actual IMDB_rating'])
summary_df['Mean Error'] = abs(summary_df['Prediction by
mean'] - summary_df['Actual IMDB_rating'])
plt.figure(figsize=(2,10))
table = summary_df[['Decision Tree Error','Mean Error']]
sns.heatmap(table, cmap='Greys')
```

（4）本练习将使用两个 CSV 文件：response.csv 和 columns.csv。这两个文件用于记录在斯洛伐克进行的一项社会调查的数据。要访问 Kaggle 上的数据，请使用以下链接。

https://www.kaggle.com/miroslavsabo/young-people-survey

对此数据源执行以下练习。

① 本次调查中是否有受访者因年龄而被怀疑为异常值？如果有的话，有多少？请在单独的 DataFrame 中列出它们。

② 根据受访者对 Country（乡村音乐）和 Hard Rock（硬摇滚音乐）的喜爱程度，本次调查中是否有受访者被怀疑是异常值？如果有的话，有多少？请在单独的 DataFrame 中列出它们。

③ 本次调查中是否有受访者因体重指数（body mass index，BMI）或受教育水平（Education）而被怀疑为异常值？如果有的话，有多少？请在单独的 DataFrame 中列出它们。

BMI 可以使用以下公式计算。

$$BMI = \frac{Weight}{Height^2}$$

对于上述公式，Weight（体重）必须以公斤为单位，Height（身高）以米为单位。

在该数据集中，Weight（体重）以公斤（kg）为单位记录，但 Height（身高）则以厘米（cm）为单位记录，故必须转换为米（m）。

④ 本次调查中是否有受访者因 BMI 和 Age（年龄）而被怀疑为异常值？如果有的话，有多少？请在单独的 DataFrame 中列出它们。

⑤ 本次调查中是否有受访者因 BMI 和 Gender（性别）而被怀疑为异常值？如果有的话，有多少？请在单独的 DataFrame 中列出它们。

（5）欺诈检测最常见的方法之一是使用异常值检测。本练习将使用 creditcard.csv 数据集。该数据集的网址如下。

https://www.kaggle.com/mlg-ulb/creditcardfraud

该数据可用于评估异常值检测对信用卡欺诈检测的有效性。请注意，此数据源中的大多数列都是经过处理的值，以维护数据匿名性。

请执行以下步骤。

① 检查数据集的状态，看看是否存在缺失值并解决它们（如果有的话）。

② Class（类别）列显示交易是否为欺诈交易，通过该列找出数据集中的交易中有多少百分比是欺诈性的。

③ 使用数据可视化或适当的统计集（如有必要，两者都可使用），指定哪些单变量异常值与 Class（类别）列有关系。换句话说，如果该列的值是异常值，那么我们可能会怀疑存在欺诈活动。哪种统计检验适合这种情况？

④ 首先使用 k-means 算法将交易按照与③中的 Class（类别）列有关系的特性分组为 200 个聚类。然后，过滤掉少于 50 个交易的聚类成员。在这些聚类中是否包含严重的欺诈性交易？

⑤ 如果存在任何包含严重欺诈交易的聚类，对其进行质心分析。

（6）在第 5 章“数据可视化”和第 8 章“聚类分析”中，都使用了 WH Report_preprocessed.csv 数据集，它是 WH Report.csv 的预处理版本。现在读者已经学习了许多数据预处理技能，因此可以自行预处理该数据集。

请执行以下步骤。

① 检查数据集的状态，看看是否存在缺失值。

② 检查数据集的状态，看看是否存在异常值。

③ 我们希望根据这些国家/地区多年来的幸福指数对它们进行聚类。基于这些分析目标，处理缺失值的问题。

④ 根据③列出的目标，处理异常值。

⑤ 在进行聚类之前，数据是否需要执行任何 1 级或 2 级数据清洗？如果需要，请为 k-means 聚类准备数据集。

⑥ 执行 k-means 聚类，将国家/地区分成 3 组，并进行聚类时所有可能的分析。

（7）指定下列项目是随机误差还是系统误差。

① 数据中存在这些类型的误差，因为实验室购买的温度计可以给出千分之一度的精确读数。

② 数据中存在这些类型的误差，因为调查记录是由 5 位不同的测量员收集的，他们参加了 5 次严格的培训课程。

③ 数据中存在这些类型的误差，因为在进行社会调查中询问薪资问题时，没有“我不想回答”的选项。

④ 数据中存在这些类型的误差，因为相机被篡改，所以抢劫没有被记录下来。

（8）再次研究图 11.14 并按照该图运行前 3 个练习，记下导致你对缺失值做出决定的路径。你是否已采取未在该示意图中列出的措施处理缺失值？能否有一个更复杂的示意图，以便包括所有可能性？如果能，是为什么？如果不能，又是为什么？

（9）解释为什么以下陈述不正确：行中可能有大量的 MCAR 缺失值。

第 12 章　数据融合与数据集成

在很多人看来，数据预处理就是指数据清洗。这其实是一种流行的误解，虽然数据清洗确实是数据预处理的主要部分，但关于这个主题还有其他重要领域。本章就将介绍数据预处理中的另外两个重要领域：数据融合和数据集成。简而言之，数据融合和数据集成与混合两个或多个数据源以实现分析目标有很大关系。

本章将首先阐释数据融合和数据集成之间的异同，然后介绍有关数据融合和数据集成的 6 个常见挑战，最后通过 3 个完整的分析示例演示如何进行处理。

本章包含以下主题。

- 关于数据融合和数据集成。
- 数据融合和集成方面的常见挑战。
- 数据集成示例 1（挑战 3 和 4）。
- 数据集成示例 2（挑战 2 和 3）。
- 数据集成示例 3（挑战 1、3、5 和 6）。

12.1　技术要求

在本书配套的 GitHub 存储库中可以找到本章使用的所有代码示例以及数据集，具体网址如下。

https://github.com/PacktPublishing/Hands-On-Data-Preprocessing-in-Python/tree/main/Chapter12

12.2　关于数据融合和数据集成

在大多数情况下，数据融合（data fusion）和数据集成（data integration）是可以互换使用的术语，但它们之间存在概念和技术上的区别。我们很快就会讲到这些内容。下面让我们从两者的共同点和它们的含义开始。

每当分析目标所需的数据来自不同的来源时，在执行数据分析之前，需要将数据源集成到分析目标所需的一个数据集中。图 12.1 直观地总结了这种集成。

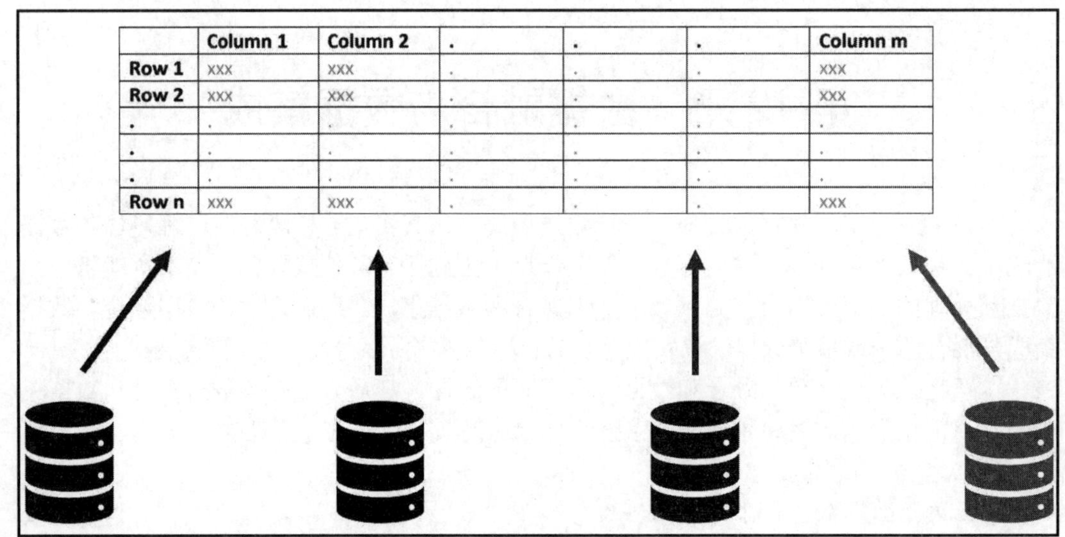

图 12.1　不同来源的数据集成

在现实世界中，数据集成比图 12.1 要困难得多。在可以集成之前，你需要克服许多挑战。这些挑战可能是由于限制数据可访问性的组织隐私策略和安全问题而形成的。但是，在需要集成不同的数据源时，即使假设这些问题不会成为障碍，也还会有其他问题出现，因为每个数据源都是根据收集者的需求、标准、技术和意见来收集和构建的，所以无论其正确性如何，数据的结构方式总是会存在差异，因此，数据集成是一项颇具挑战性的工作。

本章将介绍我们经常面临的数据集成挑战并学习如何克服它们。在此之前，不妨先来了解一下数据融合和数据集成之间的区别。

12.2.1　数据融合与集成

如前文所述，数据集成和数据融合都和混合多个数据源有关。

- 对于数据集成来说，由于所有数据源都具有相同的数据对象定义，因此混合操作更容易。或者也可以通过简单的数据重组或转换，使得数据对象的定义相同。当数据对象的定义相同并且数据对象在数据源之间的索引相似时，混合数据源就变得很容易；也许一行代码即可解决问题。

  总结一下：数据集成要做的事情就是，匹配跨数据源的数据对象的定义，然后混合数据对象。

- 另一方面，当数据源与数据对象的定义不同时，需要进行数据融合。通过重组和简单的数据转换，无法跨数据源创建相同的数据对象定义。

  对于数据融合来说，往往需要想象一个对所有数据源都可能的数据对象的定义，然后对数据做出假设。我们必须基于这些假设重组数据源。这样，数据源才能处于具有相同数据对象定义的状态。在这种情况下，混合数据源的行为变得非常容易，并且可以在一行代码中完成。

接下来，让我们通过两个例子来尝试理解两者之间的区别。它们一个需要数据集成，一个需要数据融合。

12.2.2　数据集成示例

想象一下，有一家公司想要分析其广告效果。该公司需要提供两列数据——每位客户的总销售额和每位客户的广告支出总额。由于销售部门和营销部门各自维护和管理着他们的数据库，每个部门将负责创建包含相关信息的客户列表。完成此操作后，他们需要连接来自两个来源的每个客户的数据。这种联系可以依靠真实客户的存在来建立，所以不需要做任何假设。无须更改即可连接此数据。这就是数据集成的一个典型示例，两个来源的数据对象的定义都是客户。

12.2.3　数据融合示例

想象一个依靠现代科技种田的农民，他希望看到灌溉（水的分布）对产量的影响。农民有关于其水站分配的水量和农场每个点的收获量的数据。每个固定水站都有一个传感器，并计算和记录分配的水量。此外，每次联合收割机中的刀片移动时，机器都会计算并记录收割量和位置。

在此示例中，数据源之间没有明确的联系。在前面的例子中，明确的联系是数据对象的定义——客户。但是，本示例没有这样的联系，所以我们需要做出假设并更改数据，以便连接成为可能。本示例中的情况可能类似于图 12.2。蓝点代表水站，而灰色点则代表收获点。

为了执行数据融合，我们需要不同的假设集和预处理集来组合或融合这些数据源。接下来，让我们看看这些使数据融合成为可能的假设是什么样子的。

如果将数据对象定义为收获的地块会怎么样？换句话说，就是将数据对象定义为收获点。然后，根据水站与每个收获点的接近程度，计算出一个数字，代表该点接收的水量。每个水站都可以有一个范围半径作为特性。收获点越接近该水站，收获的该水站的水量就越多。

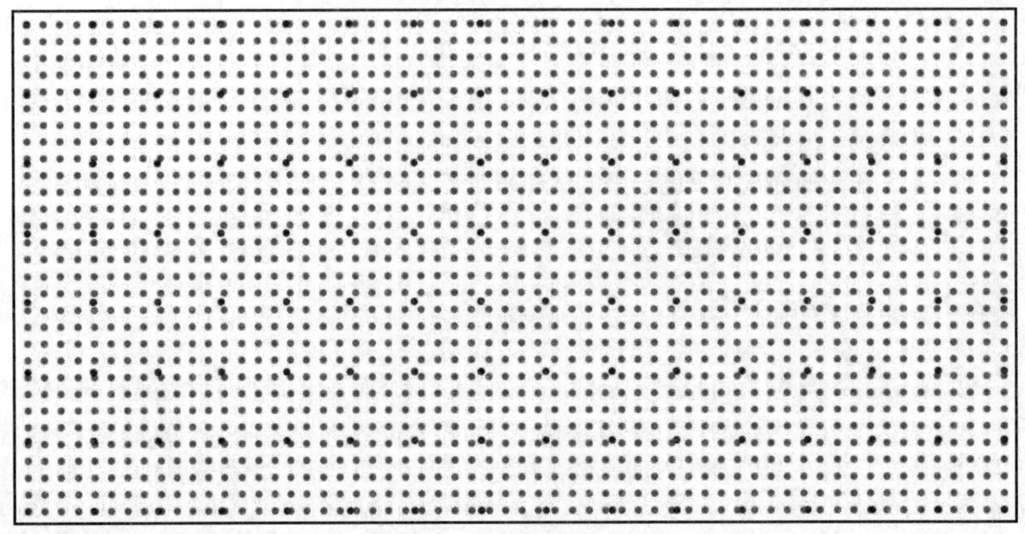

图 12.2　水站和收获点

我们不知道有多少水到达收获点，但可以对此做出假设。这些假设可能是简单分配的，也可能是基于一些仔细的实验或研究。

本示例必须提出两个数据源中都不存在的数据对象的定义，然后必须对收集到的数据做出许多假设，以便可以融合数据源。

在本章末尾的练习（8）中，提供了进行数据融合的练习。

本章将使用术语“数据集成”代表数据融合和数据集成这两种操作。当读者需要深入了解它们之间的区别时，可以返回阅读本节。

接下来，我们将介绍数据集成的两个方向。

12.2.4　数据集成方向

数据集成可能发生在两个不同的方向。

- 第一个方向是通过添加特性。可以考虑用更多描述特性来补充数据集。在这个方向上，我们拥有需要的所有数据对象，但其他来源也许能够丰富该数据集。
- 第二个方向是通过添加数据对象。我们可能有多个具有不同数据对象的数据源，集成它们将导致具有更多数据对象的总体，这些数据对象代表将要分析的总体。

让我们通过两个示例来更好地理解数据集成的两个方向。

12.2.5　通过添加特性进行数据集成的示例

12.2.2 节“数据集成示例”和 12.2.3 节“数据融合示例”中讨论的示例都是通过添加特性进行数据集成的。在这些示例中，我们的目标是通过包含更多对分析目标有益或必要的特性来补充数据集。在这两个示例中，讨论了需要通过添加特性来执行数据集成的情况。接下来，让我们看看通过添加数据对象进行数据集成的示例。

12.2.6　通过添加数据对象进行数据集成的示例

在前面介绍的第一个示例（数据集成示例）中，我们想要集成来自销售和营销部门的客户数据。数据对象和客户相同，但不同的数据库包含分析目标所需的数据。现在，假设该公司有 5 个区域管理机构，每个管理机构都负责保存其客户的数据。在这种情况下，数据集成将在每个管理机构提出一个数据集之后进行，该数据集包括每个客户的总销售额和每个客户的广告支出总额。这种类型的集成使用了包括不同客户数据的 5 个数据源，即称为通过添加数据对象执行数据集成。

在前面介绍的第二个示例（数据融合示例）中，我们的目标是融合一个地块的灌溉和产量数据。无论如何定义数据对象以服务于分析目的，最终，我们将只分析一个地块。因此，允许数据源融合的不同假设集可能导致数据对象数量不同，但地块保持不变。当然，让我们想象一下，我们想要集成的数据不止一个地块，那就应该通过添加数据对象进行数据集成。

到目前为止，我们已经了解了数据集成的不同方面，数据集成是什么以及它的目标。我们还介绍了数据集成的两个方向。接下来，让我们看看数据集成和数据融合的六大挑战。

12.3　数据融合和集成方面的常见挑战

虽然每个数据集成任务都是独一无二的，但读者会经常面临一些挑战。本章将详细介绍这些挑战，并通过示例讨论应对这些挑战的技能。

12.3.1　挑战 1——实体识别

当通过添加特性来集成数据源时，可能会出现实体识别挑战，或者如文献中所说的实体识别（entity identification）问题。其挑战在于：所有数据源中的数据对象都是相同的现实世界实体，具有相同的数据对象定义，但由于数据源中的唯一标识符，它们不容易连接。

例如，在 12.2.2 节“数据集成示例”中，销售部门和营销部门没有为所有客户使用统一的客户唯一标识符。由于缺乏数据管理，当他们想要集成数据时，必须弄清楚数据源中的各个客户。

12.3.2　挑战 2——不明智的数据收集

顾名思义，这种数据集成挑战是由于不明智的数据收集造成的。例如，不是使用集中式数据库，而是将不同数据对象的数据存储在多个文件中。在第 9 章“数据清洗 1 级——清洗表”中也讨论了这个挑战。在继续阅读之前，不妨返回并查看 9.4.1 节“示例 1——不明智的数据收集”。这一挑战可以被视为 1 级数据清洗或数据集成挑战。无论如何，在这些情况下，我们的目标是确保将数据集成到一种标准数据结构中。当添加数据对象时，就会发生这种类型的数据集成挑战。

12.3.3　挑战 3——索引格式不匹配

当我们开始通过添加特性来集成数据源时，可以使用 Pandas DataFrame .join()函数来连接两个具有相同索引的 DataFrame 的行。要使用这个很有价值的函数，集成的 DataFrame 需要具有相同的索引格式；否则，该函数将不会连接行。

图 12.3 展示了组合 temp_df 和 electric_df 这两个 DataFrame 的 3 种尝试。temp_df 包含 2016 年每小时的温度（temp 列），而 electric_df 则包含同一年每小时的用电量（consumption 列）。由于索引格式不匹配，前两次尝试（第一排和第二排）均未成功。

以第一排的尝试为例，虽然两个 DataFrame 都使用 Date（日期）和 Time（时间）进行索引，并且都显示相同的日期和时间，但尝试.join()函数将产生 cannot join with no overlapping index names（无法在没有重叠索引名称的情况下连接）错误。这是为什么呢？答案是因为两个 DataFrame 的索引格式不同。

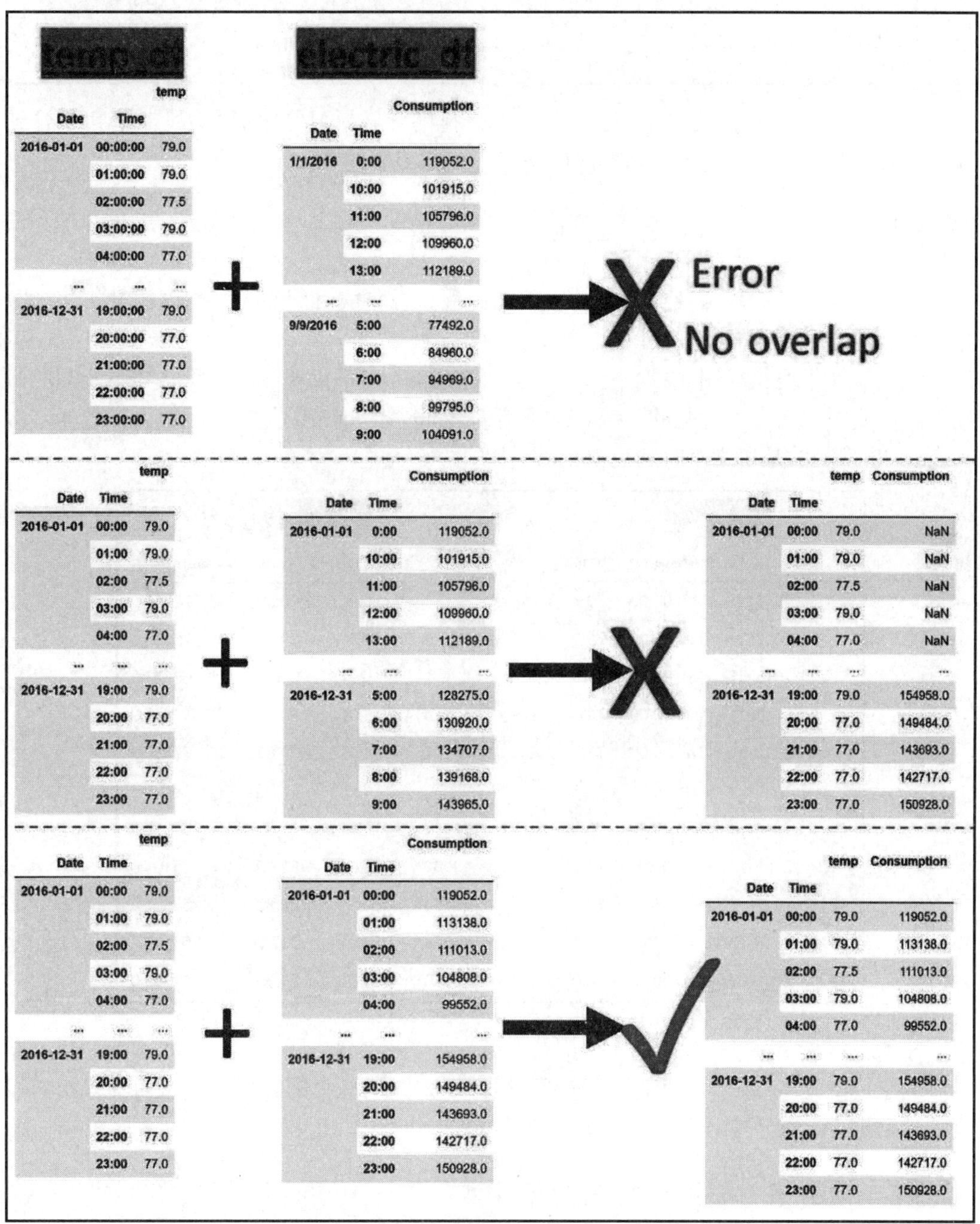

图 12.3　组合两个数据源时索引格式不匹配的示例

原　文	译　文	原　文	译　文
Error	错误	No overlap	无重叠

在图 12.3 中，虽然第二排的尝试优于第一排的尝试，但仍然不成功。读者可以仔细观察，看看是否能弄清楚为什么集成的输出中有这么多的 NaN。

12.3.4　挑战 4——聚合不匹配

通过添加特性来集成数据源时会出现此挑战。在集成时间间隔不相同的时间序列数据源时，就会出现这个挑战。

例如，如果要集成图 12.4 中的两个 DataFrame，则不仅要解决索引格式不匹配的问题，还需要面对聚合不匹配的问题。这是因为 temp_df 携带的是每小时的温度数据，而 electric_df 携带的是每半小时的用电量。

temp_df

	Timestamp	temp
0	2016-01-01T00:00:00	79.0
1	2016-01-01T01:00:00	79.0
2	2016-01-01T02:00:00	77.5
3	2016-01-01T03:00:00	79.0
4	2016-01-01T04:00:00	77.0
...	...	...
8726	2016-12-31T19:00:00	79.0
8727	2016-12-31T20:00:00	77.0
8728	2016-12-31T21:00:00	77.0
8729	2016-12-31T22:00:00	77.0
8730	2016-12-31T23:00:00	77.0

electric_df

	Date	Time	Consumption
0	12/1/2017	0:00:00	72650.0
1	12/1/2017	0:30:00	70553.0
2	12/1/2017	1:00:00	68277.0
3	12/1/2017	1:30:00	67611.0
4	12/1/2017	2:00:00	67388.0
...	...	...	...
19051	1/1/2016	21:30	56059.0
19052	1/1/2016	22:00	55107.0
19053	1/1/2016	22:30	55609.0
19054	1/1/2016	23:00	58199.0
19055	1/1/2016	23:30	57539.0

图 12.4　组合两个数据源时聚合不匹配的示例

为了应对这一挑战，我们将不得不重组一个来源或两个来源，以使它们具有相同级别的数据聚合。接下来，让我们看看另一个挑战。

12.3.5　挑战 5——重复数据对象

当通过添加数据对象来集成数据源时，就会出现这个挑战。当源包含也在其他源中的数据对象时，则集成数据源时，集成的数据集中将存在相同数据对象的副本。

例如，想象有一家提供不同类型医疗保健服务的医院。对于某个项目，我们需要收集医院所有患者的社会经济数据。这家想象中的医院没有集中的数据库，因此所有部门的任务是返回一个包含他们提供服务的所有患者的数据集。在集成来自不同科室的所有数据集后，读者应该可以看到单个患者会有多行重复记录，因为他接受了医院不同科室的护理服务，每个科室都收集了他的社会经济数据。

12.3.6　挑战 6——数据冗余

这个挑战的名称似乎也适合之前的挑战 5，但在文献中，术语数据冗余（data redundancy）常用于一种独特的情况。与之前的挑战不同，当读者通过添加特性来集成数据源时，可能会面临这一挑战。

顾名思义，数据集成后，有些特性可能是冗余的。这种冗余可能很浅显，例如两个特性具有不同的标题但数据是一样的。或者，这种冗余也可能藏得更深。对于更深层次的数据冗余来说，冗余特性可能具有不同的标题，其数据也与其他特性不同，但冗余特性的值其实可以从其他特性中导出。

例如，将数据源集成到客户数据集中之后，我们有以下 6 个特性：年龄、平均订单金额、距离上次访问的天数、每周访问频率、每周购买金额和满意度分数。如果使用这 6 个特性来对客户进行聚类，就会犯一个数据冗余方面的错误。在本示例中，每周访问频率、每周购买金额和平均订单金额这些特性虽然是不同的，但每周购买金额的值可以从每周访问频率和平均订单金额中得出。这样一来，在不经意间，我们就会在聚类分析中赋予客户访问和购买金额更多的权重。

我们应该面对分析目标和数据分析工具所带来的数据冗余挑战。例如，如果使用决策树算法来预测客户的满意度分数，就不必担心数据冗余。这是因为决策树算法只使用有助于其性能的特性。

但是，如果要使用线性回归来完成相同的任务，那么不删除每周购买金额，就会遇到问题。这是因为相同的信息存在多个特性中会混淆线性回归。这有以下两个原因。

首先，线性回归算法必须在输入时使用所有自变量特性。

其次，该算法需要提出一组同时适用于所有数据对象所有自变量特性的权重。在回归分析中，这种情况称为共线性（collinearity），应该避免。

现在我们已经了解了数据集成的 6 个常见挑战，接下来，让我们看一些示例，它们各自包含了一些挑战。

12.4 数据集成示例 1（挑战 3 和 4）

本示例有两个数据源。第一个是从持有用电数据的当地电力供应商那里获取的（其数据集为 Electricity Data 2016_2017.csv），而另一个则是从当地气象站获取的，包括温度数据（其数据集为 Temperature 2016.csv）。现在我们想看看是否能提供一个可视化结果来回答用电量是否会受到天气影响的问题。

首先可以使用 pd.read_csv()函数将这些 CSV 文件读入两个名为 electric_df 和 temp_df 的 Pandas DataFrame。在将数据集读入这些 DataFrame 之后，即可查看它们以了解其数据结构。读者会注意到以下问题。

- ❑ electric_df 的数据对象定义是 15 分钟的用电量，而 temp_df 的数据对象定义则是每 1 小时的温度。这表明我们必须面对数据集成的聚合不匹配挑战（挑战 4）。
- ❑ temp_df 仅包含 2016 年的数据，而 electric_df 则包含 2016 年的数据以及 2017 年部分时间的数据。
- ❑ temp_df 和 electric_df 都没有可用于跨两个 DataFrame 连接数据对象的索引。这表明我们也将不得不面对索引格式不匹配的挑战（挑战 3）。

为了克服这些问题，可执行以下步骤。

（1）从 electric_df 中删除 2017 年的数据对象。以下代码可使用布尔掩码和.drop()函数来执行此操作。

```
BM = electric_df.Date.str.contains('2017')
dropping_index = electric_df[BM].index
electric_df.drop(index = dropping_index,inplace=True)
```

成功运行上述代码后，查看 electric_df 的状态。会看到 electric_df 在 2016 年的数据为每半小时记录一次。

（2）在 toelectric_df 中添加一个标题为 Hour（小时）的新列。该列的值可以从 Time（时间）特性中解包。以下代码使用了.apply()函数做到这一点。

```
electric_df['Hour'] = electric_df.Time.apply(lambda v:
'{}:00'.format(v.split(':')[0]))
```

（3）新建数据结构，数据对象定义为每小时用电量。下面的代码使用.groupby()函数来创建 integrate_sr。这个 Pandas 的 integrate_sr Series 是一个临时使用的数据结构，将在后面的步骤中用于集成。

```
integrate_sr = electric_df.groupby(['Date','Hour']).Consumption.sum()
```

这里要问的是，为什么要使用.sum()聚合函数而不是.mean()？答案是因为数据的性质。一个小时的用电量恰好是 2 个半小时的用电量之和。

（4）现在将注意力转向 temp_df。可以在 temp_df 中添加 Date（日期）和 Hour（小时）列，它们的值可以从 Timestamp（时间戳）列解包获得。以下代码将通过应用显式函数来完成此操作。

首先创建解包 Timestamp（时间戳）列的函数。

```
def unpackTimestamp(r):
    ts = r.Timestamp
    date,time = ts.split('T')
    hour = time.split(':')[0]
    year,month,day = date.split('-')
    r['Hour'] = '{}:00'.format(int(hour))
    r['Date'] = '{}/{}/{}'.format(int(month),int(day),year)
    return(r)
```

然后，将该函数应用于 temp_df DataFrame。

```
temp_df = temp_df.apply(unpackTimestamp,axis=1)
```

在成功运行上述代码后，检查 temp_df 的状态，然后进行下一步。

（5）对于 temp_df，将 Date（日期）和 Hour（小时）特性设置为索引，然后删除 Timestamp（时间戳）列。以下代码可执行此操作。

```
temp_df=temp_df.set_index(['Date','Hour']).drop(columns=['Timestamp'])
```

在成功运行上述代码后，检查 temp_df 的状态，然后再继续下一步。

（6）在所有这些重新格式化和重组完成之后，即可使用.join()函数来集成两个源。本示例困难的部分是使用.join()之前的内容。应用.join()函数本身是非常简单的。

```
integrate_df =temp_df.join(integrate_sr)
```

注意，integrate_sr 从步骤（3）开始就作为一种临时数据结构存在。

在继续阅读之前，可以花点时间研究一下 integrate_df 的状态。

（7）重置 integrate_df 的索引，因为不再需要该索引来进行集成，也不需要这些值来进行可视化。运行以下代码可解决该问题。

```
integrate_df.reset_index(inplace=True)
```

（8）创建全年用电量的折线图，用颜色将温度这一维度添加到折线图中。这个可视化效果如图 12.5 所示。

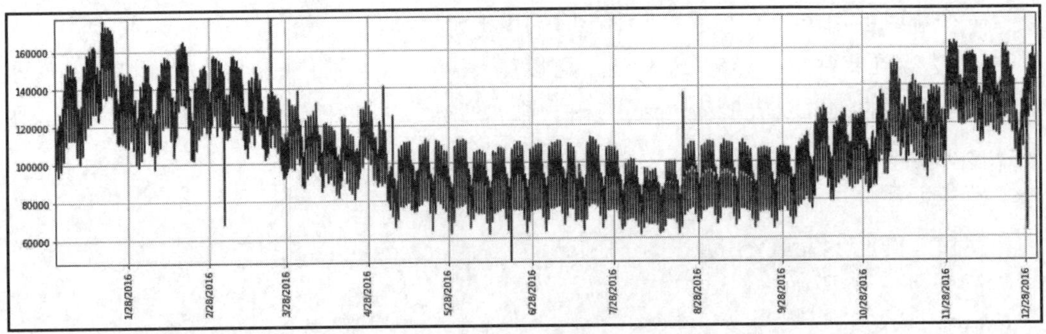

图 12.5　用温度的颜色编码的用电量折线图

以下代码创建了此可视化结果。

```
days = integrate_df.Date.unique()
max_temp, min_temp = integrate_df.temp.max(), integrate_df.temp.min()
green =0.1
plt.figure(figsize=(20,5))
for d in days:
    BM = integrate_df.Date == d
    wdf = integrate_df[BM]
    average_temp = wdf.temp.mean()
    red = (average_temp - min_temp)/ (max_temp - min_temp)
    blue = 1-red
    clr = [red,green,blue]
    plt.plot(wdf.index,wdf.Consumption,c = clr)
BM = (integrate_df.Hour =='0:00') & (integrate_df.Date.
str.contains('/28/'))
plt.xticks(integrate_df[BM].index,integrate_df[BM].Date,rotation=90)
plt.grid()
plt.margins(y=0,x=0)
plt.show()
```

上述代码将许多部分组合在一起以实现可视化。该代码最重要的方面如下。

- 该代码创建了 days（日期）列表，其中包含来自 Integrate_df 的所有唯一日期。总地来说，上述代码是一个遍历 days（日期）列表的循环，并且对于每个唯一的日期，绘制用电量的折线图并将其添加到前后日期中。每一天的折线图颜色由当天的平均温度决定，这个平均温度就是 temp.mean()。

- 可视化中的颜色是根据 RGB 颜色代码创建的。RGB 代表红色（red）、绿色（green）和蓝色（blue）。所有颜色都可以通过使用这 3 种颜色的组合来创建。读者可以指定组合中每种颜色的数量，Matplotlib 会生成该颜色。对于 Matplotlib 来说，这些颜色可以取 0 到 1 之间的值。

  在这里，我们知道，当 green 设置为 0.1，并且 red 和 blue 之间存在 blue = 1 - red 关系时，即可创建一个能够很好地表示冷热颜色的红蓝光谱。该光谱可用于显示更热和更冷的温度。

  为实现这一功能，可以计算温度的最大值和最小值（分别使用 max_temp 和 min_temp 表示），然后在恰当的时间计算 clr 的 red、green 和 blue 元素以作为颜色值传递给 plt.plot()函数。
- 布尔掩码（boolean mask，BM）和 plt.xticks()用于在 x 轴上包含每个月的 28 日，这样就不会有杂乱的 x 轴。

现在来仔细观察一下图 12.5 中显示的分析值。可以看到 temp（温度）和 Consumption（用电量）之间有清晰的关系：随着天气变冷，用电量也随之增加。

如果不集成这两个数据源，则无法绘制这种可视化。通过体验此可视化的附加分析价值，读者还可以理解数据集成的价值，并掌握如何处理挑战 3（索引格式不匹配）和挑战 4（聚合不匹配）的技巧。

12.5　数据集成示例 2（挑战 2 和 3）

本示例将使用 Taekwondo_Technique_Classification_Stats.csv 数据集和 table1.csv 数据集，其网址如下。

https://www.kaggle.com/ali2020armor/taekwondo-techniques-classification

这些数据集由 2020 Armor 收集，这是有史以来第一家电子计分背心和应用程序提供商。该公司网址如下。

https://2020armor.com/

这两个数据集中包括了 6 名跆拳道运动员的传感器读数，他们拥有不同程度的经验和专业级别。本示例的分析目标是想看看运动员的性别、年龄、体重和经验是否会影响他们在执行以下技术动作时可以创造的冲击力水平。

- Roundhouse/Round Kick（横踢，R）。

- Back Kick（后踢，B）。
- Cut Kick（下劈，C）。
- Punch（拳击，P）。

数据存储在两个单独的文件中。我们将使用 pd.read_csv()来读取 table1.csv 到 athlete_df，读取 Taekwondo_Technique_Classification_Stats.csv 到 unknown_df。在继续阅读之前，读者可以花点时间研究一下 athlete_df 和 unknown_df，并评估它们的状态以进行分析。

经过分析，很明显，为 athlete_df 选择的数据结构很容易理解。athlete_df 的数据对象定义就是跆拳道运动员，即每一行代表一个跆拳道运动员。

但是，unknown_df 数据结构就不容易理解并且有些混乱。出现这种情况的原因是，即使它使用了一个很常见的数据结构——表——也是不合适的。在第 3 章“数据”中已经介绍过，最通用的数据结构是表，但是，将表连接在一起的黏合剂是数据对象的一种可以理解的定义，而本示例中的 unknown_df 并没有这样的数据对象。因此，本示例将面临的主要数据集成挑战是挑战 2——不明智的数据收集。

为了在面临不明智的数据收集挑战时集成数据，需要数据结构及其设计来支持以下两点。

- 数据结构可以包含所有文件的数据。
- 数据结构可用于上述分析。

如前文所述，athlete_df 数据集简单易懂，但是 unknown_df 中的信息包括什么？将它们放在一起分析之后可发现，unknown_df 中的信息其实就是 athlete_df 中 6 名跆拳道运动员的传感器读数。通过研究 unknown_df，我们还意识到每个运动员已经将上述 4 种技术动作中的每一种都进行了 5 次。这些技术动作在 unknown_df 中使用字母 R、B、C 和 P 进行编码：R 代表横踢，B 代表后踢，C 代表下劈，P 代表拳击。

运行以下代码将创建一个名为 performance_df 的空 Pandas DataFrame。该数据集的设计可以使 athlete_df 和 unknown_df 集成其中。

```
designed_columns = ['Participant_id', 'Gender', 'Age', 'Weight',
'Experience', 'Technique_id', 'Trial_number', 'Average_read']
n_rows = len(unknown_df.columns)-1
performance_df = pd.DataFrame(index=range(n_rows),columns
=designed_columns)
```

可以看到，我们为 performance_df 设计的行数（n_rows）是 unknown_df 中的列数减去 1：len(unknown_df.columns)-1。在填充 performance_df 时，读者会明白为什么要这样做。

图 12.6 显示了上述代码创建的 performance_df。

	Participant_id	Gender	Age	Weight	Experience	Technique_id	Trial_number	Average_read
0	NaN	NaN	NaN	NaN	NaN	NaN	NaN	NaN
1	NaN	NaN	NaN	NaN	NaN	NaN	NaN	NaN
2	NaN	NaN	NaN	NaN	NaN	NaN	NaN	NaN
3	NaN	NaN	NaN	NaN	NaN	NaN	NaN	NaN
4	NaN	NaN	NaN	NaN	NaN	NaN	NaN	NaN
...	...	...	...	...	...	...	...	...
115	NaN	NaN	NaN	NaN	NaN	NaN	NaN	NaN
116	NaN	NaN	NaN	NaN	NaN	NaN	NaN	NaN
117	NaN	NaN	NaN	NaN	NaN	NaN	NaN	NaN
118	NaN	NaN	NaN	NaN	NaN	NaN	NaN	NaN
119	NaN	NaN	NaN	NaN	NaN	NaN	NaN	NaN

图 12.6　填充前的空 performance_df DataFrame

由于该数据集的收集不明智，因此本示例不能使用.join()等简单函数进行数据集成。相反，我们需要使用循环来遍历 unknown_df 和 athlete_df 的许多记录，并逐行甚至要逐个单元格地填充 performance_df。

以下代码将同时使用 athlete_df 和 unknown_df 来填充 performance_df。具体操作过程如下。

（1）对 athlete_df 执行一些 1 级数据清洗，以便在循环中访问这个 DataFrame 变得更容易。以下代码负责为 athlete_df 执行这些清洗步骤。

```
athlete_df.set_index('Participant ID',inplace=True)
athlete_df.columns = ['Sex', 'Age', 'Weight', 'Experience', 'Belt']
```

在运行上述代码之后，读者可以自行研究一下 athlete_df 的状态。在继续阅读之前，请确保了解每一行代码的作用。

（2）现在 athlete_df 更干净了，可以开始创建并运行填充 performance_df 的循环。

如图 12.7 所示，循环将遍历 unknown_df 中的所有列。除了 unknown_df 中的第一列，每一列都包含一行 performance_df 中的信息。因此，在遍历 unknown_df 列的每次迭代中，将填充 performance_df 中的一行。要填充 performance_df 中的每一行，数据必须同时来自

athlete_df 和 unknown_df。我们将使用从 athlete_df 和 unknown_df 中了解的结构。

```
In [23]:  techniques = ['R','B','C','P']
          index = 0
          for col in unknown_df.columns:
              if(col[0] in techniques):
                  performance_df.loc[index,'Technique_id'] = col[0]
                  performance_df.loc[index,'Trial_number'] = unknown_df[col][1]

                  P_id = unknown_df[col][0]
                  performance_df.loc[index,'Participant_id'] = P_id
                  performance_df.loc[index,'Gender'] = athlete_df.loc[P_id].Sex
                  performance_df.loc[index,'Age'] = athlete_df.loc[P_id].Age
                  performance_df.loc[index,'Weight'] = athlete_df.loc[P_id].Weight
                  performance_df.loc[
                      index,'Experience'] = athlete_df.loc[P_id].Experience
                  BM = unknown_df[col][2:].isna()
                  performance_df.loc[
                      index,'Average_read'] = unknown_df[
                      col][2:][~BM].astype(int).mean()
                  index +=1
```

图 12.7　填充 performance_df 的代码

注意：

本章有一些非常大的代码实例，图 12.7 就是如此。要复制此代码，可查看本书配套 GitHub 存储库中的 chapter12 文件夹。

（3）图 12.7 中的代码运行成功后，performance_df 会被填满。在继续阅读之前，读者可以输出 performance_df 以检查其状态。

（4）现在数据集成已经完成，可以将注意力转移到数据分析目标上。以下代码将基于 Gender（性别）、Age（年龄）、Weight（体重）和 Experience（经验）创建 Average_read（平均读数）的箱线图。

```
select_attributes = ['Gender', 'Age', 'Experience', 'Weight']
for i,att in enumerate(select_attributes):
    plt.subplot(2,2,i+1)
    sns.boxplot(data = performance_df,
                y='Average_read', x=att)
plt.tight_layout()
plt.show()
```

运行上述代码后，将创建如图 12.8 所示的可视化结果。

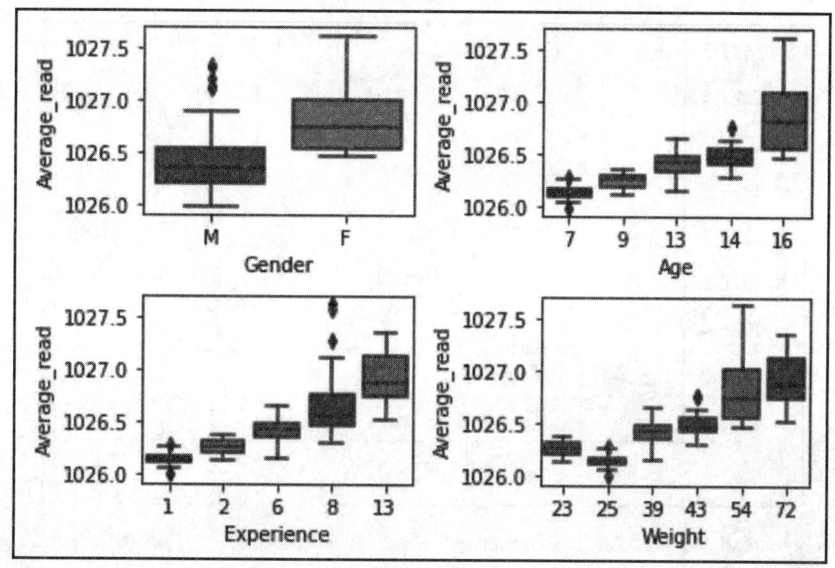

图 12.8　基于 Gender（性别）、Age（年龄）、Weight（体重）和 Experience（经验）创建 Average_read（平均读数）的箱线图

在图 12.8 中可以看到，Average_read（平均读数）与 Gender（性别）、Age（年龄）、Weight（体重）和 Experience（经验）之间存在有意义的关系。简而言之，这些特性都可以改变运动员所执行技术动作的冲击力水平。例如，可以看到，随着运动员经验的增加，其所执行的技术动作的冲击力水平也会增加。

我们还可以看到一个令人惊讶的趋势：女运动员所执行的技术动作的冲击力明显高于男运动员的冲击力。看到这个惊人的趋势后，可以检视一下 athlete_df。我们发现数据中只有一名女运动员，所以不能将这种可视化的趋势当真。

在继续下一个数据集成示例之前，你还可以尝试创建更高维度的可视化。以下代码创建了多个箱线图，其中包括 Average_read（平均读数）、Experience（经验）和 Technique_id（技术动作 ID）维度。

```
sns.boxplot(data = performance_df, y= 'Average_read', x='Experience',
hue='Technique_id')
```

运行上述代码后，将创建如图 12.9 所示的可视化结果。

在继续阅读之前，需要仔细观察图 12.9，看看是否可以发现更多的关系和模式。

接下来，让我们学习本章最后一个示例。这将是一个涵盖不同方面的复杂例子。

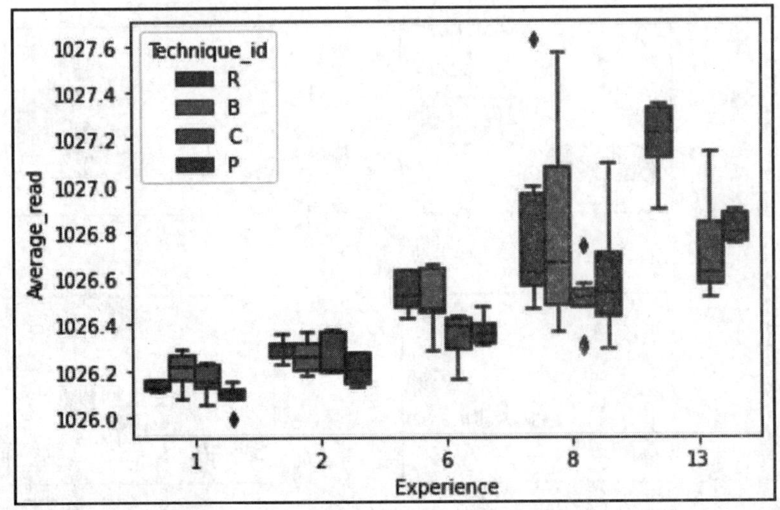

图 12.9　Average_read（平均读数）、Experience（经验）和 Technique_id（技术动作 ID）的三维箱线图

12.6　数据集成示例 3（挑战 1、3、5 和 6）

本示例想要弄清楚是什么让一首歌上升到 *Billboard* 歌曲榜前 10 名并保持至少 5 周。*Billboard* 杂志发布了一份每周热门排行榜，根据美国的销量、广播播放和在线流媒体对流行歌曲进行排名，该排名的网址如下。

https://www.billboard.com/charts/hot-100

本示例将集成 3 个 CSV 文件来进行分析。这 3 个文件是 billboardHot100_1999-2019.csv、songAttributes_1999-2019.csv 和 artistDf.csv，它们来自以下网址。

https://www.kaggle.com/danield2255/data-on-songs-from-billboard-19992019

这将是一个很长的例子，涉及多方面的操作。在此类数据集成挑战中如何组织自己的思路和工作非常重要。因此，在继续阅读之前，需要花一些时间了解这 3 个数据源并制订相应计划，这将是一个非常有价值的做法。

现在让我们一起来考虑如何解决这个问题。这些数据集似乎是从不同来源收集的，因此在 3 个数据文件中的任何一个或所有数据文件中都可能存在重复的数据对象。将文件分别读入 billboard_df、songAttributes_df 和 artist_df 后，我们需要检查其中是否存在重复的数据对象，这意味着我们将需要处理挑战 5——重复数据对象。

12.6.1　检查重复的数据对象

我们必须对每个文件都这样做。从 billboard_df 开始，然后对 songAttributes_df 和 Artist_df 执行同样的操作。

12.6.2　检查 billboard_df 中的重复项

以下代码将 billboardHot100_1999-2019.csv 文件读入 Billboard_df，然后创建一个名为 wsr 的 Pandas Series。这里的名称 wsr 是 working series（工作 series）的缩写。在 10.4.4 节“填充 IA1”中解释过，当需要一个临时 DataFrame 来进行一些分析时，可以创建一个 wdf（working dataframe），wsr 的命名与此类似。

在本示例中，wsr 用于创建一个由 Artists（艺术家）、Name（名称）和 Week（周）列组合而成的新列，因此可以使用它来检查数据对象是否唯一。

这种多列检查的原因很明显，因为可能有来自不同艺术家的不同的同名歌曲；每个艺术家都可能有不止一首歌曲；或者，同一首歌曲可能有不同的每周报告。因此，要检查 billboard_df 中数据对象的唯一性，我们需要以下代码。

```
billboard_df = pd.read_csv('billboardHot100_1999-2019.csv')
wsr = billboard_df.apply(lambda r: '{}-{}-{}'.format(
r.Artists,r.Name,r.Week),axis=1)
wsr.value_counts()
```

运行上述代码后，输出结果显示，除 2005-09-14 这一周由 50 Cent 演唱的歌曲 Outta Control 之外，所有数据对象都仅出现了一次。运行以下代码将过滤掉这两个数据对象。

```
billboard_df.query("Artists == '50 Cent' and Name=='Outta Control'  \
                   and Week== '2005-09-14'")
```

图 12.10 显示了运行此代码的结果。

在图 12.10 中可以看到这两行几乎是相同的，没有必要同时拥有它们，因此可以使用.drop()函数来删除这两行之一。

```
billboard_df.drop(index = 67647,inplace=True)
```

上述代码运行成功后，似乎什么都没有发生。这是由于使用了 inplace=True，它将使 Python 更新 DataFrame 而不是输出新的 DataFrame。

```
In [27]:  billboard_df.query("Artists == '50 Cent' and Name=='Outta Control' \
                     and Week== '2005-09-14'")
```

Out[27]:

	Unnamed: 0	Artists	Name	Weekly.rank	Peak.position	Weeks.on.chart	Week	Date
67588	67589	50 Cent	Outta Control	25	25.0	9.0	2005-09-14	August 6, 2005
67647	67648	50 Cent	Outta Control	92	NaN	NaN	2005-09-14	August 6, 2005

图 12.10　过滤 bilboard_df 中的重复项

现在我们确定了 bilboard_df 中每一行的唯一性，接下来可以继续对 songAttributes_df 执行同样的操作。

12.6.3　检查 songattributes_df 中的重复项

可以使用非常相似的代码和方法来查看 songAttributes_df 中是否有任何重复项。以下代码已针对新的 DataFrame 进行了更改。

首先，代码将 songAttributes_1999-2019.csv 文件读入 songAttributes_df，然后创建新列并使用.value_counts()检查重复项，这是每个 Pandas Series 都支持的函数。

```
songAttribute_df = pd.read_csv('songAttributes_1999-2019.csv')
wsr = songAttribute_df.apply(lambda r: '{}---{}'.format(
r.Artist,r.Name),axis=1)
wsr.value_counts()
```

运行上述代码后，即可看到 songAttributes_df 中有很多歌曲都有重复行。

我们需要找出这些重复的原因。可以过滤掉一些重复的歌曲并研究它们。例如，从顶部开始，可以分别运行以下代码行来研究它们的输出。

```
songAttribute_df.query("Artist == 'Jose Feliciano' and
Name == 'Light My Fire'")
songAttribute_df.query("Artist == 'Dave Matthews Band' and
Name == 'Ants Marching - Live'")
```

在研究了这些代码的输出后，我们会意识到重复存在的原因有两个。

首先，同一首歌可能有不同的版本。

其次，数据收集过程可能来自不同的资源。

上述研究还表明，这些重复项的特性值虽然不相同，但非常相似。

为了能够进行这种分析，需要为每首歌曲仅设置一行。因此，我们需要删除所有重复歌曲的行，或者聚合它们。这两者都可能是正确的做法，具体取决于实际情况。在本示例中，我们将删除除第一个之外的所有重复项。

以下代码将循环遍历 songAttributes_df 中具有重复数据对象的歌曲，并使用.drop()删除所有重复数据对象，第一个除外。首先，代码将创建 doFrequencies——do 是 data object（数据对象）的缩写，它是一个 Pandas Series，显示 songAttributes_df 中每首歌曲的频率，并循环遍历 doFrequencies 中频率高于 1 的元素。

```
songAttribute_df = pd.read_csv('songAttributes_1999-2019.csv')
wsr = songAttribute_df.apply(lambda r: '{}---{}'.format(r.Name,
r.Artist),axis=1)
doFrequencies = wsr.value_counts()
BM = doFrequencies>1
for i,v in doFrequencies[BM].iteritems():
    [name,artist] = i.split('---')
    BM = ((songAttribute_df.Name == name) & (songAttribute_
    df.Artist == artist))
    wdf = songAttribute_df[BM]

    dropping_index = wdf.index[1:]
    songAttribute_df.drop(index = dropping_index, inplace=True)
```

如果读者尝试运行上述代码，会发现它需要很长时间。笔者的计算机上花了大约 30 分钟。在这些情况下，最好在代码中添加一些元素，让用户了解代码已经运行了多少以及还需要多少时间。图 12.11 中的代码与上述代码相同，但添加了更多元素以创建报告运行时进度的机制。因此，建议读者改为运行以下代码。

在这样做之前，建议读者比较上述两个代码段并研究如何添加报告机制。

不要忘记，在运行图 12.11 中的代码之前，需要导入 time 模块。time 模块是一个优秀的模块，它允许我们处理时间和差异。

一旦成功运行了上述代码（这需要一段时间），songAttributes_df 就不会出现重复数据对象的问题。

```
In [34]:  songAttribute_df = pd.read_csv('songAttributes_1999-2019.csv')
          wsr = songAttribute_df.apply(lambda r: '{}---{}'
                                       .format(r.Name,r.Artist),axis=1)
          doFrequencies = wsr.value_counts()

          BM = doFrequencies>1
          n_totalSongs = sum(BM)
          print('Total processings: ' + str(n_totalSongs))

          t = time.time()
          i_progress = 0
          for i,v in doFrequencies[BM].iteritems():
              [name,artist] = i.split('---')
              BM = ((songAttribute_df.Name == name) &
                    (songAttribute_df.Artist == artist))

              wdf = songAttribute_df[BM]
              dropping_index = wdf.index[1:]
              songAttribute_df.drop(index = dropping_index, inplace=True)

              i_progress +=1
              if(i_progress%500==0):
                  print('Processed: ' + str(i_progress))
                  process_time = time.time() - t
                  print('Elapsed: ' + str(round(process_time,1)) + ' s')
                  estimate_finish = round((n_totalSongs-i_progress) *
                                          (process_time/500)/60,1)

                  print('To finish: ' + str(estimate_finish)+ 'mins')
                  t = time.time()
                  print('-----------------------------------')
```

图 12.11　删除重复项的代码，添加了报告进度的元素

接下来，我们将检查 artist_df 是否包含重复项，如果存在则处理它们。

12.6.4　检查 artist_df 中的重复项

检查 artisit_df 中数据对象的唯一性比之前讨论的两个 DataFrame 更容易。原因是 artist_df 中只有一个标识列。songAttribute_df 和 billboard_df 有 2 个和 3 个标识列。

以下代码可将 artistDf.csv 读入 artisit_df 并使用.value_counts()函数检查 artisit_df 中的所有行是否都是唯一的。

```
artist_df = pd.read_csv('artistDf.csv')
artist_df.Artist.value_counts()
```

运行上述代码并研究其结果后，读者将看到代表艺术家 Reba McEntire 显示了两行。

运行以下代码将过滤出这两行。

```
artist_df.query("Artist == 'Reba McEntire'")
```

图 12.12 显示了运行此代码的结果。

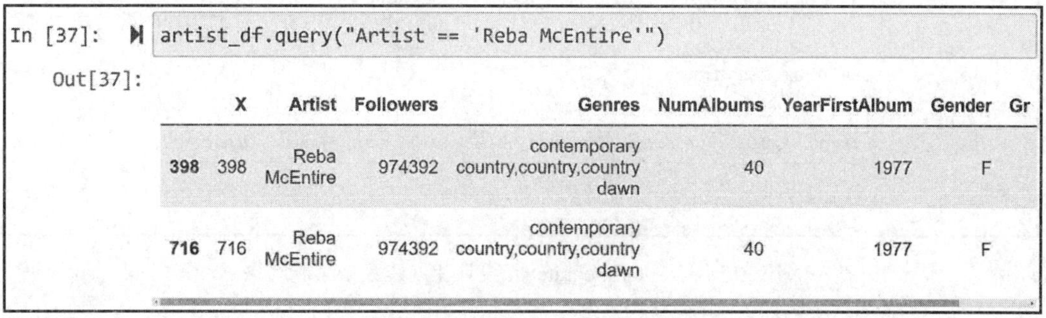

```
In [37]: artist_df.query("Artist == 'Reba McEntire'")
Out[37]:
```

	X	Artist	Followers	Genres	NumAlbums	YearFirstAlbum	Gender	Gr
398	398	Reba McEntire	974392	contemporary country,country,country dawn	40	1977	F	
716	716	Reba McEntire	974392	contemporary country,country,country dawn	40	1977	F	

图 12.12　过滤 Artist_df 中的重复项

在图 12.12 中可以看到，这两行是相同的，因此没有必要同时拥有它们。可使用.drop()函数删除其中一行。

```
artist_df.drop(index = 716, inplace=True)
```

上述代码运行成功后，似乎什么都没有发生。这是由于使用了 inplace=True，它将使 Python 更新 DataFrame 而不是输出新的 DataFrame。

现在我们知道所有的 DataFrame 只包含唯一的数据对象。读者也可以利用这些知识来解决数据集成的挑战性任务。

如果从终点开始，效果也许会更好。接下来，我们将设想并创建在数据集成过程结束时拥有的 DataFrame 的结构。

12.6.5　设计数据集成结果的结构

由于涉及两个以上的数据源，因此对数据集成的结果有远见是至关重要的。做到这一点的最好方法是设想和创建一个数据集，其数据对象的定义及其特性有可能回答我们的分析问题，同时可以由现有的数据源填充。

图 12.13 显示了可以创建包含所列特征的数据集的代码。数据对象的定义是歌曲，而特性可以使用 3 个 DataFrame 之一来填充。一旦 songIntegrate_df 填充完成，它就可以帮助我们回答是什么让一首歌曲一路登上 *Billboard* 前 10 名并保持至少 5 周的问题。

```
In [39]:  songIntegrate_df = pd.DataFrame(
              columns = ['Name', 'Artists', 'Top_song', 'First_date_on_Billboard',
                         'Acousticness', 'Danceability', 'Duration', 'Energy',
                         'Explicit', 'Instrumentalness', 'Liveness', 'Loudness',
                         'Mode', 'Speechiness', 'Tempo', 'TimeSignature', 'Valence',
                         'Artists_n_followers', 'n_male_artists', 'n_female_artists',
                         'n_bands', 'artist_average_years_after_first_album',
                         'artist_average_number_albums'])
          songIntegrate_df
```

Out[39]:

Name	Artists	Top_song	First_date_on_Billboard	Acousticness	Danceability	Duration	Ene

0 rows × 23 columns

图 12.13　为 songIntegrate_df 设计和创建数据集成结果

可以看到，songIntegrate_df 中大多数预想的特性都是直观的。让我们来看看那些可能不那么明显的特性。

- Top_song（热门歌曲）：一个二进制特性，描述该歌曲是否曾经在 *Billboard* 排行的前 10 首歌曲中并且至少持续 5 周时间。
- First_date_on_Billboard（进入热门排行榜的第一个日期）：歌曲出现在 *Billboard* 热门排行榜上的第一个日期。
- Acousticness、Danceability、Duration、Energy、Explicit、Instrumentalness、Liveness、Loudness、Mode、Speechiness、Tempo、TimeSignature 和 Valence：这些都是歌曲的艺术特性。这些特性将从 songAttribute_df 集成到 songIntegrate_df 中。
- Artists_n_followers（艺术家粉丝数量）：艺术家在社交媒体上的粉丝的数量。如果有超过一位艺术家，则将使用他们的粉丝数量的总和。
- n_male_artists（男性艺术家数量）和 n_female_artists（女性艺术家数量）：是显示艺术家性别的特性。如果是一位女性艺术家制作了这首歌曲，则其值将分别为 0 和 1。如果有两位男性艺术家制作了这首歌，则其值将分别为 2 和 0。
- n_bands（乐队数量）：参与制作歌曲的乐队数量。
- artist_average_years_after_first_album（艺术家在第一张专辑后的平均年数）：试图捕捉艺术家在第一张专辑后的平均年数。如果歌曲由一位艺术家创作，则将使用单个值，当涉及多个艺术家时，将使用平均值。这些值将根据 First_date_on_Billboard 计算。
- artist_average_number_albums（艺术家平均专辑数）：试图捕捉艺术家平均专辑数，与上一个特性类似，这也是对艺术家经验的考察。如果歌曲由一位艺术家创作，则使用单个值，而当涉及多个艺术家时，将使用平均值。

提示：

歌曲的艺术特性及其解释如下。

- Acousticness（原声）：值介于 0 到 1 之间，代表音乐所含非电子音程度。
- Danceability（律动感）：值介于 0 到 1 之间，可以理解为适合跳舞程度，通常根据节拍、韵律稳定度、节拍强度和整体规律程度来计算。
- Duration（歌曲时长）：单位毫秒。
- Energy（冲击感）：值介于 0 到 1 之间，代表对音乐强度与节奏的感知，该值越高代表音乐听起来节奏越快，大声且嘈杂。
- Explicit（唱词清晰）：包含 True 或 False 逻辑值。
- Instrumentalness（歌唱部分占比）：值介于 0 到 1 之间，1 代表纯音乐。
- Liveness（现场感）：值介于 0 到 1 之间，大于 0.8 代表现场录音的可能性较大。
- Loudness（响度）：单位为分贝。
- Mode（旋律重复度）：该值仅为 0 与 1，0 代表重复度低，1 代表重复度高。
- Speechiness（朗诵比例）：0 代表无朗诵片段。
- Tempo（节拍）：单位是 BPM（每分钟节拍数）。
- TimeSignature（音符时值）：各音符之间的相对持续时间。
- Valence（效价）：指音乐带给人的心理感受，值介于 0 到 1 之间，该值越高表示音乐给人的感受更积极。

前 2 个特性将使用 billboard_df 填充，后 5 个特性将使用 artist_df 填充，其余的将使用 songAttribute_df 填充。

请注意，First_date_on_Billboard（进入热门排行榜的第一个日期）特性是临时创建的。它将从 billboard_df 填充，因此当我们开始从 artist_df 填充时，可以使用 First_date_on_Billboard（进入热门排行榜的第一个日期）来计算 artist_average_years_after_first_album（艺术家在第一张专辑后的平均年数）。

在开始从 3 个源中填充 songIntegrate_df 之前，可以再检视一下必须从 songIntcgratc_df 中删除一些歌曲的可能性。这可能变得不可避免，因为我们需要的每首歌曲文件的信息可能不存在于其他资源中。因此，本示例还需要讨论以下内容。

- 从 billboard_df 填充 songIntegrate_df。
- 从 songAttribute_df 填充 songIntegrate_df。
- 删除数据不完整的数据对象。
- 从 artist_df 填充 songIntegrate_df。
- 检查 songIntegrate_df 的状态。

- ❑ 执行分析。

看起来要讨论的内容很多，接下来，让我们首先使用 billboard_df 填充 songIntegrate_df。

12.6.6 从 billboard_df 填充 songIntegrate_df

在这一部分填充 songIntegrate_df 时，将填充前 4 个特性：Name（名称）、Artists（艺术家）、Top_song（是否进入热门排行榜前 10）和 First_date_on_Billboard（进入热门排行榜的第一个日期）。填充前两个特性非常简单，后两个特性则需要计算和汇总 billboard_df 中的一些行。

将 billboard_df 中的数据填充到 songIntegrate_df 中的挑战是双重的。

首先，两个 DataFrame 中数据对象的定义不同。songIntegrate_df 中的数据对象定义为歌曲，而 billboard_df 中的数据对象定义为歌曲热门排行榜的周报。

其次，由于 billboard_df 对数据对象的定义更加复杂，因此它还需要更多的识别特性来区分唯一的数据对象。

对于 billboard_df 来说，3 个标识特性是 Name（名称）、Artists（艺术家）和 Week（周），但对于 songIntegrate_df 来说，则只有 Name（名称）和 Artists（艺术家）。

songIntegrate_df DataFrame 是空的，不包含任何数据对象。由于我们为此 DataFrame 考虑的数据对象的定义是歌曲，因此最好在 songIntegrate_df 中为 billboard_df 中的所有唯一歌曲分配一个新行。

以下代码使用了嵌套循环遍历 billboard_df 中的所有唯一歌曲以填充 songIntegrate_df。第一个循环遍历所有唯一的歌曲名称，因此每次迭代都将处理一个唯一的歌曲名称。由于可能有不同的歌曲具有相同的歌曲名称，因此代码在第一个循环中执行以下操作。

（1）过滤所有带有迭代歌曲名称的行。

（2）找出所有制作过迭代歌曲名称的歌曲的艺术家。

（3）遍历在步骤（2）中识别的所有艺术家，并且根据第二个循环的每次迭代，在 songIntegrate_df 中添加一行。

```
SongNames = billboard_df.Name.unique()
for i, song in enumerate(SongNames):
    BM = billboard_df.Name == song
    wdf = billboard_df[BM]
    Artists = wdf.Artists.unique()
    for artist in Artists:
        BM = wdf.Artists == artist
        wdf2 = wdf[BM]
```

```
        topsong = False
        BM = wdf2['Weekly.rank'] <=10
        if(len(wdf2[BM])>=5):
            topsong = True
        first_date_on_billboard = wdf2.Week.iloc[-1]
        dic_append = {'Name':song,'Artists':artist, 'Top_
        song':topsong, 'First_date_on_Billboard': first_date_
        on_billboard}

        songIntegrate_df = songIntegrate_df.append(dic_append,
        ignore_index=True)
```

为了向 songIntegrate_df 添加一行，上述代码使用了.append()函数。此函数采用 Pandas Series 或字典将其添加到 DataFrame。在这里，我们使用的是字典；这个字典将有 4 个键，它们是我们打算从 billboard_df 填充的 songIntegrate_df 的 4 个特性——Name（名称）、Artists（艺术家）、Top_song（是否进入热门排行榜前 10）和 First_date_on_Billboard（进入热门排行榜的第一个日期）。

填充歌曲名称和艺术家是很容易的，因为我们需要做的就是插入来自 billboard_df 的值。但是，需要进行一些计算才能确定 Top_song（热门歌曲）和 First_date_on_Billboard（进入热门排行榜的第一个日期）的值。

读者可以研究上述代码，并尝试理解计算这两个特性的代码部分背后的逻辑。对于 Top_song（热门歌曲），不妨看看是否可以将该逻辑与要做的事情联系起来。对于 First_date_on_Billboard（进入热门排行榜的第一个日期），代码假设了一些关于 billboard_df 的内容。看看你是否可以检测到该假设是什么，然后研究该假设是否可靠。

现在可以尝试运行上述代码。在开始运行之前，请注意：它可能需要一段时间才能完成。当然，它不会像前面的代码运行那么长的时间，但也不会立即完成。

成功运行上述代码后，可以打印 songIntegrate_df 并研究该 DataFrame 的状态。

我们刚刚面对并解决的问题可以归类为挑战 3——索引格式不匹配。这个特殊的挑战更加困难，因为它不仅有不同的索引格式，还有不同的数据对象定义。

为了能够执行数据集成，我们必须避免将识别特性声明为索引。为什么？因为那样做无助于完成数据集成目标。当然，这也迫使我们将事情掌握在自己手中并使用循环而不是更简单的函数——在 12.4 节“数据集成示例 1（挑战 3 和 4）”和 12.5 节“数据集成示例 2（挑战 2 和 3）”中使用的就是.join()函数。

接下来，我们将从 songAttribute_df 中填充 songIntegrate_df 的一些余下特性。这会面临不同的挑战，即挑战 1——实体识别。

12.6.7　从 songAttribute_df 填充 songIntegrate_df

在这一部分的数据集成中，必须考虑的挑战是实体识别。虽然 songIntegrate_df 和 songAttribute_df 的数据对象的定义是相同的——都是歌曲，但是唯一的数据对象在两个 DataFrame 中的区分方式是不同的。

该差异的症结在于 songIntegrate_df.Artists 和 songAttribute_df.Artist 特性。请注意，Artists 是复数形式，而 Artist 是单数形式。你会看到拥有多个艺术家的歌曲在这两个 DataFrame 中的记录方式是不一样的。在 songIntegrate_df 中，一首歌的所有艺术家都包含在 songIntegrate_df.Artists 特性中，用逗号（,）分隔；而在 songAttribute_df 中，只有主艺术家被记录在 songAttribute_df.Artist 中，如果其他艺术家参与了同一首歌曲，则他们被添加到 songAttribute_df.Name 中。这使得从两个 DataFrame 中识别相同的歌曲变得非常困难。因此，在进行数据集成之前，需要有一个计划。

图 12.14 显示了相同歌曲进入两个来源的 5 种不同情形。

Situations	Description	Example	
Situation 1	- Songs with only one artist - Songs with unique song names	songIntegrate_df	Artists / Name 16 Taylor Swift You Need To Calm Down
		songAttribute_df	Artist / Name 154047 Taylor Swift You Need To Calm Down
Situation 2	- Songs with only one artist - Songs with non-unique song names To see the difference between situations 1 and 2, run and compare the following code: - songAttribute_df.query("Name == 'Sucker'") - songAttribute_df.query("Name == 'You Need To Calm Down'")	songIntegrate_df	Artists / Name 9 Jonas Brothers Sucker
		songAttribute_df	Artist / Name 21644 New Found Glory Sucker 154557 Jonas Brothers Sucker
Situation 3	- Songs with more than one artist - Both artists are recognized in both sources but in different ways	songIntegrate_df	Artists / Name 6 Ed Sheeran, Justin Bieber I Don't Care
		songAttribute_df	Artist / Name 154921 Ed Sheeran I Don't Care (with Justin Bieber)
Situation 4	- Songs with more than one artist but only songAttribute_df recognizes the second artist	songIntegrate_df	Artists / Name 12 Chris Brown No Guidance
		songAttribute_df	Artist / Name 154214 Chris Brown No Guidance (feat. Drake)
Situation 5	Songs with more than one artist but only songIntegrate_df recognizes the second artist	songIntegrate_df	Artists / Name 137 DJ Sammy, Yanou Heaven
		songAttribute_df	Artist / Name 22487 DJ Sammy Heaven

图 12.14　在集成 songIntegrate_df 和 songAttribute_df 时因为实体识别问题而遇到的 5 种情形

原　　文	译　　文
Situations	情形
Description	说明
Example	示例
Situation 1	情形 1
Songs with only one artist Songs with unique song names	只有一位艺术家的歌曲 具有独特歌曲名称的歌曲
Situation 2	情形 2
Songs with only one artist Songs with non-unique song names	只有一位艺术家的歌曲 歌曲名称不唯一的歌曲
To see the difference between situations 1 and 2, run and compare the following code:	要理解情形 1 和 2 之间的区别，可运行并比较以下代码：
Situation 3	情形 3
Songs with more than one artist Both artists are recognized in both sources but in different ways	制作者不止一位艺术家的歌曲 所有艺术家在两种数据源中都可识别，但方式不同
Situation 4	情形 4
Songs with more than one artist but only songAttribute_df recognizes the second artist	歌曲的制作者不止一位艺术家，但只有 songAttribute_df 识别第二位艺术家
Situation 5	情形 5
Songs with more than one artist but only songIntegrate_df recognizes the second artist	歌曲的制作者不止一位艺术家，但只有 songIntegrate_df 识别第二位艺术家

我们需要就这 5 种情形回答以下两个问题。

首先，我们是如何想到这 5 种情形的？

这是一个很好的问题。在处理实体识别挑战时，用户需要研究数据的来源并弄清楚如何使用来源中的识别特性。然后，可以使用计算机连接用于同一实体但编码方式不同的行。所以，这个问题的答案是，我们只是研究了这两个来源，就足以意识到这 5 种情形的存在。

其次，如何处理这些情形？

回答这个问题很简单。我们将以这些情形为基础来编写一些代码，连接两个来源的可识别歌曲以集成数据集。

图 12.15 中的代码相当长，它使用从图 12.14 中提取的 5 种情形来执行数据集成任务。该代码将循环遍历 songIntegrate_df 的行并搜索 songAttribute_df 中列出歌曲的任何行。代码使用了上述 5 种情形来作为搜索 songAttribute_df 的指南。

```
In [42]:  adding_columns = ['Acousticness','Danceability','Duration','Energy','Explicit','Instrumentalness',
                            'Liveness','Loudness','Mode','Speechiness','Tempo','TimeSignature', 'Valence']
          template = 'Index= {} - The song {} by {} was integrated using sitution {}.'
          for i, row in songIntegrate_df.iterrows():
              filled = False
              Artists = row.Artists.split(',')
              Artists = list(map(str.strip,Artists))
              # Situation 1
              BM = songAttribute_df.Name == row.Name
              if(sum(BM) == 1):
                  for col in adding_columns:
                      songIntegrate_df.loc[i,col]= songAttribute_df[BM][col].values[0]
                  filled = True
                  print(template.format(i,row.Name,row.Artists,1))
              # Situation 2
              elif(sum(BM) > 1):
                  wdf = songAttribute_df[BM]
                  if(len(Artists)==1):
                      BM2 = wdf.Artist.str.contains(Artists[0])
                      if(sum(BM2)==1):
                          for col in adding_columns:
                              songIntegrate_df.loc[i,col]= wdf[BM2][col].values[0]
                          filled = True
                          print(template.format(i,row.Name,row.Artists,2))
              # Situation 3
              if((not filled) and len(Artists)>1):
                  BM2= (songAttribute_df.Name.str.contains(row.Name)&songAttribute_df.Artist.isin(Artists))
                  if(sum(BM2)==1):
                      for col in adding_columns:
                          songIntegrate_df.loc[i,col]= songAttribute_df[BM2][col].values[0]
                      filled = True
                      print(template.format(i,row.Name,row.Artists,3))
              if(not filled):
                  # Situation 4
                  BM2 = songAttribute_df.Name.str.contains(row.Name)
                  if(sum(BM2)==1):
                      for artist in Artists:
                          if(artist == songAttribute_df[BM2].Artist.iloc[0]):
                              for col in adding_columns:
                                  songIntegrate_df.loc[i,col]= songAttribute_df[BM2][col].values[0]
                              filled = True
                              print(template.format(i,row.Name,row.Artists,4))
                  # Situation 5
                  if(sum(BM2)>1):
                      wdf2 = songAttribute_df[BM2]
                      BM3 = wdf2.Artist.isin(Artists)
                      if(sum(BM3)>0):
                          wdf3 = wdf2[BM3]
                          for i3, row3 in wdf3.iterrows():
                              if(row3.Name == row.Name):
                                  for col in adding_columns:
                                      songIntegrate_df.loc[i,col]= row3[col]
                                  filled = True
                                  print(template.format(i,row.Name,row.Artists,5))
```

图 12.15　在 songIntegrate_df 和 songAttribute_df 之间创建连接

在图 12.15 中可以看到，由于代码很长，因此对其进行了注释以帮助读者理解。Python 行注释可以使用#创建，因此，当读者看到# Situation 1 时，这意味着我们基于对情形 1 的理解创建了该代码。

现在读者可以花一些时间通过仔细研究图 12.14 和图 12.15 中的代码来了解 songIntegrate_df 和 songAttribute_df 之间的连接是如何建立的。

在成功运行上述代码后（可能需要一段时间），请花一些时间研究它提供的报告。如果读者足够仔细，就会知道每次找到歌曲之间的连接时都会打印出代码。如果连接是可能的，也会发生这种情形。请研究输出结果以查看各种情形的频率。回答下列问题。

- 哪种情形最频繁？
- 哪种情形最少见？
- songIntegrate_df 中的所有行是否都填充了在 songAttribute_df 中找到的值？

最后一个问题的答案是否定的——运行 songIntegrate_df.info()将证明，7213 行中只有 4045 行是从 songAttribute_df 填充的。关于未完全填充此数据的一个关键问题是：那些未被填充的数据（缺失值）与 Top_song（热门歌曲）是否能有意义地联系在一起。如果无关，那么 songAttribute_df 中列出的值就会变得不那么有价值，没有填充进去也无所谓。这是因为我们的目标是研究歌曲特性对歌曲成为热门歌曲的影响。所以，在继续下一个 DataFrame 的填充之前不妨来研究一下这个问题。

图 12.16 显示了两个二进制变量（songIntegrate_df.Top_song 和缺失值）的列联表，还显示了关联的卡方检验的 p 值。

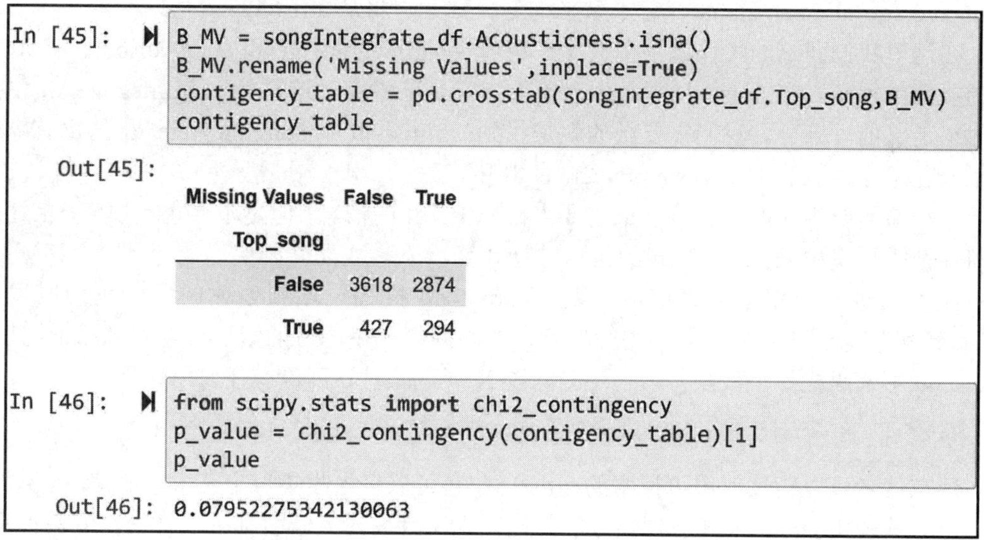

```
In [45]:
B_MV = songIntegrate_df.Acousticness.isna()
B_MV.rename('Missing Values',inplace=True)
contigency_table = pd.crosstab(songIntegrate_df.Top_song,B_MV)
contigency_table
```

Out[45]:

Missing Values	False	True
Top_song		
False	3618	2874
True	427	294

```
In [46]:
from scipy.stats import chi2_contingency
p_value = chi2_contingency(contigency_table)[1]
p_value
```

Out[46]: 0.07952275342130063

图 12.16　用于研究在与 songAttribute_df 集成后 songIntegrate_df 中的缺失值是否有意义地连接到 songIntegrate_df.Top_song 的代码及其输出

在研究了图 12.16 之后，可以得出结论：没有足够的证据来拒绝我们认为

songIntegrate_df 中的缺失值与该歌曲是否是热门歌曲没有关系的假设。

这使我们的工作更轻松，因为在开始使用 artist_df 填充 songIntegrate_df 之前，我们不需要做任何事情，只需要删除不包含值的行即可。

以下代码使用.drop()函数删除了 songIntegrate_df 中未能填充 songAttribute_df 值的行。注意，B_MV 变量来自图 12.16 中的代码。

```
dropping_index = songIntegrate_df[B_MV].index
songIntegrate_df.drop(index = dropping_index,inplace=True)
```

成功运行上述代码之后，可以运行 songIntegrate_df.info()来评估一下 DataFrame 的状态，并确保删除操作正确完成。

接下来，让我们使用 artist_df 填充 songIntegrate_df 的其余部分。

12.6.8　从 artist_df 填充 songIntegrate_df

songIntegrate_df 的最后 6 个特性，即 Artists_n_followers（艺术家粉丝数量）、n_male_artsits（男性艺术家数量）、n_female_artsits（女性艺术家数量）、n_bands（乐队数量）、artist_average_years_after_first_album（艺术家在第一张专辑后的平均年数）和 artist_average_number_album（艺术家平均专辑数），将从 artist_df 填充。

在这里我们面临的实体识别挑战比在集成 songIntegrate_df 和 songAttribute_df 时所做的要简单得多。在 artist_df 中数据对象的定义是艺术家，这只是 songIntegrate_df 中数据对象定义的一部分。我们需要做的就是找到在 artist_df 中 songIntegrate_df 的每首歌曲的唯一艺术家，然后填充到 songIntegrate_df 中。

本小节需要填充的所有特性都需要来自 artist_df 的信息，但是不会直接填充。上述所有特性都需要使用来自 artist_df 的信息进行计算。

在可以进行数据集成之前，需要对 artist_df 执行一项预处理任务。我们需要让 artist_df 可以通过艺术家的名字进行搜索，即必须将 artist_df 的索引设置为 Artist（艺术家）。以下代码执行了该操作，它还删除了 X 列，此时该列没有任何用途。

```
artist_df = artist_df.set_index('Artist').drop(columns=['X'])
```

现在读者可以尝试使用可搜索的 artist_df，它可以轻松收集每个艺术家的信息。例如，按以下方式使用 Drake 或任何你知道的其他艺术家姓名作为索引都可以轻松获取其信息。

```
artist_df.loc['Drake']
```

图 12.17 中的代码循环遍历 songIntegrate_df 的所有行，以查找有关歌曲艺术家的所需信息并填充 songIntegrate_df 的最后 6 个特性。

```
In [52]:  for i,row in songIntegrate_df.iterrows():
              Artists = row.Artists.split(',')
              Artists = list(map(str.strip,Artists))
              ArtistsIn_artist_df = True
              for artist in Artists:
                  if(artist not in artist_df.index.values):
                      ArtistsIn_artist_df= False
                      break
              if(not ArtistsIn_artist_df):
                  continue

              songIntegrate_df.loc[i,'Artists_n_followers'] = 0
              songIntegrate_df.loc[i,'n_male_artists'] = 0
              songIntegrate_df.loc[i,'n_female_artists'] = 0
              songIntegrate_df.loc[i, 'artist_average_years_after_first_album'] = 0
              songIntegrate_df.loc[i, 'artist_average_number_albums'] = 0
              songIntegrate_df.loc[i,'n_bands'] = 0

              for artist in Artists:
                  songIntegrate_df.loc[i,'Artists_n_followers'] += artist_df.loc[artist].Followers
                  if(artist_df.loc[artist]['Group.Solo']=='Solo'):
                      if(artist_df.loc[artist].Gender == 'M'):
                          songIntegrate_df.loc[i,'n_male_artists'] += 1
                      if(artist_df.loc[artist].Gender == 'F'):
                          songIntegrate_df.loc[i,'n_female_artists'] += 1

                  if(artist_df.loc[artist]['Group.Solo']=='Group'):
                      if(artist_df.loc[artist].Gender == 'M'):
                          songIntegrate_df.loc[i,'n_male_artists'] += 2
                      if(artist_df.loc[artist].Gender == 'F'):
                          songIntegrate_df.loc[i,'n_female_artists'] += 2
                      songIntegrate_df.loc[i,'n_bands'] += 1
                  First_date_on_Billboard = int(row.First_date_on_Billboard[:4])
                  songIntegrate_df.loc[i, 'artist_average_years_after_first_album'] += \
                      (First_date_on_Billboard - int(artist_df.loc[artist].YearFirstAlbum))

                  songIntegrate_df.loc[i,
                      'artist_average_number_albums'] += int(artist_df.loc[artist].NumAlbums)

              songIntegrate_df.loc[i,'artist_average_years_after_first_album'] /= len(Artists)
              songIntegrate_df.loc[i, 'artist_average_number_albums'] /= len(Artists)
```

图 12.17　填充 songIntegrate_df 的最后 6 个特性

可以看到，在每次迭代中，代码都会分离出 songIntegrate_df 中歌曲的艺术家，并检查 artists_df 是否包含该歌曲的所有艺术家的信息。如果没有，则代码将终止，因为 artist_df 中没有足够的信息来填充 6 个特性。如果此信息存在，则代码会将 0 值分配给所有 6 个新特性，然后在一些条件和逻辑计算中更新 0 值。

在深入了解这段较为复杂的代码之前，请注意以下几点。

首先，代码行相当长，所以它们可能被分割成不止一行。有两种不同的方法可以将一行代码分割成更多行。

比较好的方法称为隐式续行（implicit line continuation）；每当在圆括号（()、大括号（{）或方括号（[）后换行时，Python 会假设还有更多内容，并在查找时自动转到下一行。

另一种方法则称为显式续行（explicit line continuation），这适用于 Python 不会在下一行中寻找更多内容的地方，可以在行尾使用反斜杠（\）明确表示续行。

一般来说应尽量避免使用第二种方法。

其次要注意的是，在编写代码时使用了所谓的增强算术赋值（augmented arithmetic assignment）来节省空间。当变量的新值的计算涉及变量的旧值时，这些类型的赋值可用于避免两次写入相同的变量。例如，可以使用 x+=1 语句代替 x = x +1，或者也可以用 y/=5 代替 y = y/5。图 12.17 代码中的多个地方都使用了增强算术赋值。

读者可能已经注意到，当歌曲的 artist（艺术家）为 Group（团体）且 Gender（性别）列为 M（男性）时，代码将 n_male_artists 加 2，而当歌曲的 artist（艺术家）为 Group（团体）且 Gender（性别）列为 F（女性）时，代码将 n_female_artists 加 2。这包括一种假设，即所有团体只有两个艺术家。由于本示例没有其他来源，因此我们可以更准确地了解这些情况。这是一个合理的假设，可以使操作继续进行，同时避免对数据造成过多的偏见。当然，如果要将结果提交给任何感兴趣的决策者，则必须告知此假设。

成功运行上述代码后，即可运行 songIntegrate_df.info()以查看 songIntegrate_df 中有多少行是使用来自 artist_df 的信息完成的。读者将看到 4045 首歌曲中有 3672 首已完成。虽然这是 songIntegrate_df 的主要部分，但我们仍然需要确保缺失值不会对分析结果产生影响，因此，还需要进行与图 12.16 类似的分析。图 12.18 显示了使用更新的 songIntegrate_df 进行相同分析的结果。

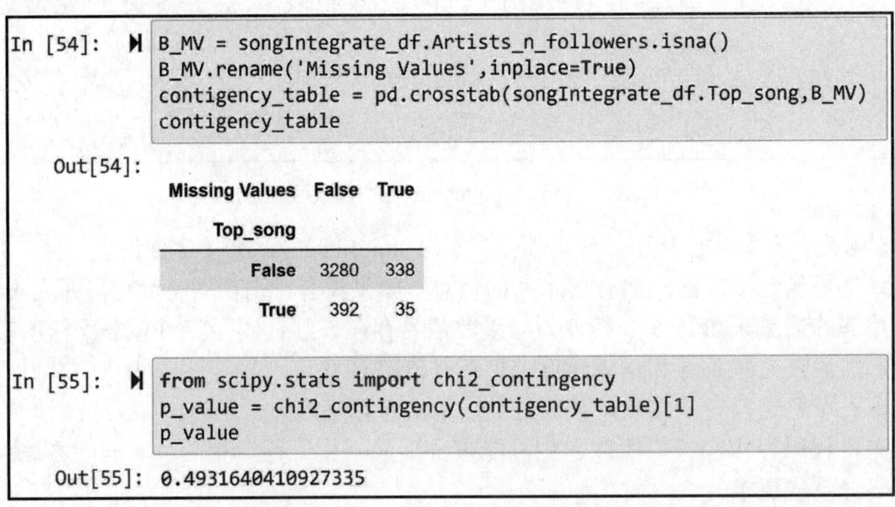

```
In [54]: B_MV = songIntegrate_df.Artists_n_followers.isna()
         B_MV.rename('Missing Values',inplace=True)
         contigency_table = pd.crosstab(songIntegrate_df.Top_song,B_MV)
         contigency_table
Out[54]:
```

Missing Values	False	True
Top_song		
False	3280	338
True	392	35

```
In [55]: from scipy.stats import chi2_contingency
         p_value = chi2_contingency(contigency_table)[1]
         p_value
Out[55]: 0.4931640410927335
```

图 12.18　用于研究在与 artist_df 集成后 songIntegrate_df 中的缺失值是否有意义地连接到 songIntegrate_df.Top_song 的代码及其输出

在仔细研究图 12.18 后可以看到，没有任何有意义的模式可以表明，某首歌曲是热门歌曲与其在填充时出现缺失值的趋势之间可能存在联系。因此，可以轻松地删除包含缺失值的行。以下代码可执行该删除操作。

```
droping_indices = songIntegrate_df[B_MV].index.values
songIntegrate_df.drop(index = droping_indices, inplace=True)
```

上述代码使用.drop()函数删除了 songIntegrate_df 中使用 artist_df 填充失败的行。注意，B_MV 变量来自图 12.18 中的代码。

现在读者已经集成了这 3 个数据源。这是由于读者对数据结构的出色理解以及在每个源中查看数据对象定义的能力而完成的。此外，读者还可以设想一个数据集，该数据集可以容纳来自所有来源的信息，并且对分析目标有用。

每当我们将来自不同来源的数据汇集在一起时，可能会无意中创建一个所谓的数据冗余案例（详见 12.3.6 节“挑战 6——数据冗余”）。因此，在进行分析之前，我们还需要解决这个问题。

12.6.9　检查数据冗余

如前文所述，这一部分涉及挑战 6——数据冗余。尽管本书之前从未处理过这个问题，但已经讨论了许多研究特性之间关系的示例。如果 songIntegrate_df 中的特性相互之间有很强的关系，那可能是数据冗余的危险信号。就这么简单。

因此，让我们研究一下本示例中数据冗余的情况。这可以分为以下两个部分。

首先，可以使用相关性分析来研究数值特性之间的关系。

然后，可以使用箱线图和 t 检验来研究数值特性和分类特性之间的关系。

如果有多个分类特性，则还需要研究分类特性之间的关系。在有多个分类特性的情况下，要评估数据冗余，可以使用列联表和卡方独立性检验。

12.6.10　检查数值特性之间的数据冗余

如前文所述，为了评估数值特性之间数据冗余的存在，可以使用相关性分析。如果两个特性之间的相关系数是两个高（我们将使用 0.7 的经验法则），则意味着这两个特性中呈现的信息过于相似，可能存在数据冗余的情况。

以下代码使用了.corr()函数来计算 num_atts 中明确列出的数值特性之间的相关性。该代码还使用布尔掩码（boolean mask，BM）来帮助我们找到大于 0.7 或小于-0.7 的相关系数。注意该代码必须包含.astype(float)的原因：在数据集成过程中，某些特性包含的值可能已经变成了字符串而不是数字。

```
num_atts = ['Acousticness', 'Danceability', 'Duration', 'Energy',
'Instrumentalness', 'Liveness', 'Loudness', 'Mode', 'Speechiness',
'Tempo', 'TimeSignature', 'Valence', 'Artists_n_followers',
'n_male_artists', 'n_female_artists', 'n_bands',
'artist_average_years_after_first_album','artist_average_number_albums']
corr_Table = songIntegrate_df[num_atts].astype(float).corr()
BM = (corr_Table > 0.7) | (corr_Table<-0.7)
corr_Table[BM]
```

成功运行上述代码后，将出现一个相关矩阵，其中大多数单元格包含的值都是 NaN，但对于相关系数大于 0.7 或小于-0.7 的单元格来说，包含的值则是 1。读者会注意到唯一标记的相关系数是在 Energy（冲击感）和 Loudness（响度）之间。

这两个特性相互关联是有道理的，它们都和音量有关。但是，由于这两个特性来自同一个来源，因此我们可以信任这些特性创建者的专业水平，他们不会毫无根据地划分出 Energy（冲击感）和 Loudness（响度）两个特性，并且这两个特性确实显示出不同的值，两者之间大约有 30% 的不同信息，这样的特性是值得保留的。

因此，我们可以得出结论，本示例数字特性之间不存在数据冗余的问题。

接下来，让我们看看分类特性和数值特性之间的关系是否太强。

12.6.11　检查数值和分类特性之间的数据冗余

和对数值特性所做的检查一样，为了评估数值和分类特性之间是否存在数据冗余，需要检查特性之间的关系。由于特性具有不同的性质——数值和分类，因此我们需要使用箱线图和 t 检验。

此时唯一已集成并具有分析值的分类特性是 Explicit（唱词清晰）特性。为什么不是 top_song（热门歌曲）特性？top_song（热门歌曲）特性确实有分析价值。事实上，它是分析的关键，但它不是从不同来源集成的。相反，它是为分析计算的。一旦进入本示例的分析部分，我们将查看该特性与所有其他特性之间的关系。

那么，为什么不是 Name（名称）或 Artists（艺术家）呢？这些只是标识列。

为什么不是 First_date_on_Billboard（进入热门排行榜的第一个日期）呢？这是一个临时特性，允许我们在需要来自多个数据源的信息时执行计算。此特性将在分析之前被删除。

以下代码创建了显示数值特性和分类特性（即 Explicit）之间关系的箱线图。此外，该代码还使用了 scipy.stats 中的 ttest_ind()函数来运行 t 检验。

```
from scipy.stats import ttest_ind
for n_att in num_atts:
    sns.boxplot(data=songIntegrate_df, y=n_att,x='Explicit')
    plt.show()
    BM = songIntegrate_df.Explicit == True
    print(ttest_ind(songIntegrate_df[BM][n_att],
                    songIntegrate_df[~BM][n_att]))
    print('-----------------divide------------------')
```

运行上述代码后，每个数值特性都会出现一个箱线图和评估 Explicit（唱词清晰）特性与数值特性之间关系的 t 检验结果。

研究输出结果后，读者会意识到 Explicit（唱词清晰）特性与除 Loudness（响度）、Mode（旋律重复度）和 Valence（效价）之外的所有数值特性都有关系。由于 Explicit（唱词清晰）特性不太可能包含任何尚未包含在数据中的新信息，因此可以考虑将 Explicit（唱词清晰）标记为可能的数据冗余。

请注意，我们不一定需要在数据预处理阶段删除 Explicit（唱词清晰）特性。如何处理数据冗余将取决于分析目标和工具。例如，如果打算使用决策树来查看导致歌曲是否为热门歌曲的多元模式，那么就不需要对数据冗余做任何事情。这是因为决策树具有选择有助于算法成功的特征（特性）的机制。另一方面，如果使用 k-means 算法对歌曲进行分组，则需要删除 Explicit（唱词清晰）特性，因为其信息已经在其他特性中引入。如果将它包含两次，那么它将在分析结果中产生偏差。

12.6.12　分析

在将数据源正确集成到 songIntegrate_df 中之后，数据集就可以进行分析了。我们的目标是回答“是什么让一首歌成为热门歌曲”的问题。数据经过预处理之后，可以采用不止一种方法来回答这个问题。本示例将使用以下两种方法。

（1）使用数据可视化来识别热门歌曲的单变量模式。

（2）使用决策树来提取多变量模式。

我们将从数据可视化过程开始。

值得一提的是，在开始分析之前，无须由于 Explicit（唱词清晰）特性被标记为冗余而删除该特性。如前文所述，决策树有一个智能的特征选择机制，所以对于数据可视化，保留 Explicit（唱词清晰）特性只会意味着更简单的可视化，而不会干扰其他可视化。

12.6.13　通过数据可视化方法寻找热门歌曲的单变量模式

为了研究是什么让一首歌成为热门歌曲，可以调查 songIntegrate_df 中所有其他特性与 Top_song（热门歌曲）特性的关系，看看是否出现了任何有意义的模式。

以下代码可为 songIntegrate_df 中的每个数值特性创建一个箱线图，以调查数值特性的值是否在热门歌曲和非热门歌曲这两个总体中发生变化。该代码还将输出t检验的结果，以统计方式回答同一个问题。此外，该代码还会输出两个总体的中位数，以防难以识别箱形图中两个总体的值之间的细微比较。

```
from scipy.stats import ttest_ind
for n_att in num_atts:
    sns.boxplot(data=songIntegrate_df, y=n_att,x='Top_song')
    plt.show()
    BM = songIntegrate_df.Top_song == True
    print(ttest_ind(songIntegrate_df[BM][n_att], songIntegrate_
    df[~BM][n_att]))
    dic = {'not Top Song Median': songIntegrate_df[~BM][n_att].
    median(), 'Top Song Median': songIntegrate_df[BM][n_att].median()}
    print(dic)
    print('-----------------divide-------------------')
```

此外，以下代码还将输出一个列联表，以显示两个分类特性（即 songIntegrate_df.Top_song 和 songIntegrate_df.Explicit）之间的关系。它还将打印出这两个分类特性的卡方独立性检验的 p 值。

```
from scipy.stats import chi2_contingency
contingency_table = pd.crosstab(songIntegrate_df.Top_song,
songIntegrate_df.Explicit)
print(contingency_table)
print('p-value = {}'.format(chi2_contingency(contingency_table)[1]))
```

在研究了上述两段代码的输出后，可得出以下结论。

- 没有证据拒绝 Top_song（热门歌曲）特性与 Duration（音乐时长）、Energy（冲击感）、Instrumentalness（歌唱部分占比）、Liveness（现场感）、Loudness（响度）、Mode（旋律重复度）、Speechiness（朗诵比例）、Explicit（唱词清晰）和 TimeSignature（音符时值）特性没有关系的零假设（null hypothesis）。这意味着无法通过查看这些特性的值来预测是否为热门歌曲。
- 热门歌曲的 Acousticness（原声）、Tempo（节拍）、n_male_artists（男性艺术家

数量）、n_bands（乐队数量）、artist_average_years_after_first_album（艺术家在第一张专辑后的平均年数）和 artist_average_number_albums（艺术家平均专辑数）特性值往往较小。

- Danceability（律动感）、Valence（效价）、Artists_n_followers（艺术家粉丝数量）、n_female_artists（女性艺术家数量）特性值较高的歌曲往往更容易成为热门歌曲。

当然，这些模式听起来太笼统了，而且事实也本应如此：因为它们是单变量的。

接下来，我们将应用决策树来找出多元模式，这可能有助于我们更好地了解歌曲如何成为热门歌曲。

12.6.14　通过决策树方法寻找热门歌曲的多变量模式

在第 7 章“分类”中已经介绍过，决策树算法以透明和能够从数据中呈现有用的多元模式而闻名。本示例将使用决策树算法来寻找导致歌曲上升到排行榜前 10 名的模式。

以下代码使用了 sklearn.tree 中的 DecisionTreeClassifier 创建一个分类模型，旨在找到自变量特性和因变量特性之间的关系。这里的因变量特性就是 Top_song（热门歌曲）。使用此数据训练模型后，代码将使用 graphviz 可视化训练后的决策树。在代码的最后，提取的图将保存在名为 TopSongDT.pdf 的文件中。成功运行该代码后，读者应该能够在与 Jupyter Notebook 相同的文件夹中找到该文件。

```
from sklearn.tree import DecisionTreeClassifier, export_graphviz
import graphviz
y = songIntegrate_df.Top_song.replace({True:'Top Song',
False:'Not Top Song'})
Xs = songIntegrate_df.drop(columns = ['Name','Artists','Top_song',
'First_date_on_Billboard'])
classTree = DecisionTreeClassifier(criterion= 'entropy',
max_depth= 10, min_samples_split= 30, splitter= 'best')
classTree.fit(Xs, y)
dot_data = export_graphviz(classTree, out_file=None,
feature_names=Xs.columns, class_names=['Not Top Song', 'Top Song'],
filled=True, rounded=True, special_characters=True)
graph = graphviz.Source(dot_data)
graph.render(filename='TopSongDT')
```

注意：

如果你以前从未在计算机上使用过 graphviz，则可能需要先安装它。

要安装 graphviz，需要做的就是运行以下代码。成功运行此代码一次后，graphviz 将永久安装在你的计算机上。

```
pip install graphviz
```

在运行前面的代码之前，请注意该代码中使用的决策树模型已经过调整。在第 7 章“分类”中提到过，调整决策树非常重要。但是，本书没有介绍如何做到这一点。本示例中的超参数及其调整值如下。

```
criterion='entropy', max_depth=10, min_samples_split=30, splitter='best'
```

成功运行前面的代码之后，TopSongDT.pdf 文件将保存在读者的计算机上，其中包含可视化的决策树。该树如图 12.19 所示。可以看到，该决策树相当大，而图书纸张的空间很小，所以无法清晰展示其中的内容。

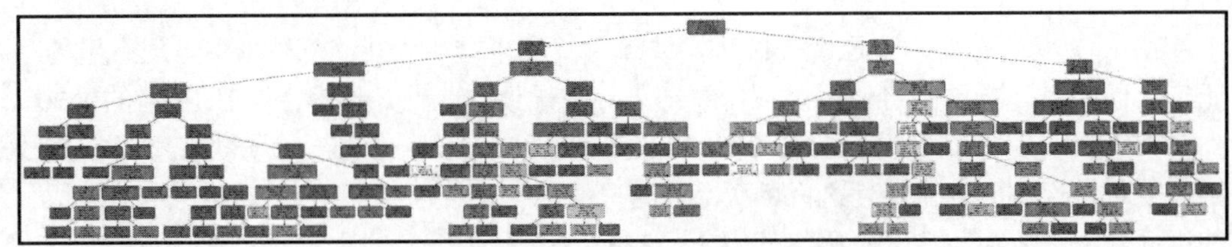

图 12.19　可视化热门歌曲的多变量模式的决策树

但是，读者仍然可以看到该数据中有很多有意义的多变量模式，这可以帮助我们预测热门歌曲。

读者可以自行打开 TopSongDT.pdf 进行研究。例如，读者会看到区分热门歌曲和非热门歌曲的最重要特性是 Artists_n_followers（艺术家粉丝数量）。再举一个例子，如果这首歌的艺术家没有非常多的粉丝，那么这首歌成为热门歌曲的最佳机会是这首歌是唱词清晰的、适合跳舞的，并且来自经验较少的艺术家。在该决策树中还有很多像这样有用的模式，读者可以继续研究 TopSongDT.pdf 以找到它们。

12.6.15　示例总结

本示例执行了许多步骤，以使 songIntegrate_df 处于能够执行分析并找到有用信息的状态。本示例采取了以下步骤。

（1）检查所有 3 个数据源中的重复项。

（2）设计集成之后的数据集的结构。

（3）通过 3 个步骤集成数据源。

（4）检查数据冗余情况。

（5）进行分析。

最后，让我们总结一下本章内容。

12.7　小　结

本章首先阐释了数据融合和数据集成的区别，然后分别介绍了 6 种常见的数据集成挑战，最后通过 3 个综合示例，演示了如何使用编程和分析工具来应对这些数据集成挑战，并对数据源进行预处理，从而实现分析目标。

第 13 章将关注另一个至关重要的数据预处理概念：数据归约。

在开始了解数据归约操作之前，需要读者花一些时间完成以下练习以巩固和强化学习成果。

12.8　练　习

（1）用你自己的语言阐述数据融合和数据集成的区别。请提供除本章给出的示例之外的其他示例进行说明。

（2）请回答以下关于“挑战 4——聚合不匹配”的问题。

- 该挑战是数据融合问题还是数据集成问题，抑或两者兼而有之？
- 解释为什么。

（3）为什么“挑战 2——不明智的数据收集”在某种程度上既可以纳入数据清洗步骤又可以纳入数据集成步骤？你认为是否有必要将不明智的数据收集这一问题归类为数据清洗或数据集成？

（4）在 12.4 节“数据集成示例 1（挑战 3 和 4）”中，使用了 Date（日期）和 Hour（小时）的多级索引来克服索引格式不匹配这一问题。请重复此示例，但这次需要通过 Python DataTime 对象使用单级索引。

（5）重新创建第 5 章“数据可视化”中的图 5.20，但这次不要直接使用 WH Report_preprocessed.csv 数据集，而是先自己集成以下 3 个文件：WH Report.csv、populations.csv 和 Countries.csv。

提示：幸福指数信息来自 WH Report.csv，国家/地区信息来自 Countries.csv，人口信息来自 populations.csv。

（6）在第 6 章“预测”的练习（2）中，使用了 ToyotaCorolla_preprocessed.csv 来创建一个预测汽车价格的模型。本练习希望读者自己进行数据预处理。使用 ToyotaCorolla.csv 回答以下问题。

① 有任何需要进行 1 级数据清洗的问题吗？如果有，请解决它们。

② 有任何需要进行 2 级数据清洗的问题吗？如果有，请解决它们。

③ 有任何需要进行 3 级数据清洗的问题吗？如果有，请解决它们。

④ 在 ToyotaCorolla.csv 中是否有任何可以被视为冗余的特性？

⑤ 从 sklearn.linear_model 应用线性回归是否必须删除冗余特性？如果是，请解释原因。如果不是，也请解释原因。

⑥ 从 sklearn.neural_network 应用 MLPRegressor 是否必须删除冗余特性？如果是，请解释原因。如果不是，也请解释原因。

（7）我们想使用 Universities.csv 文件将大学分成两个有意义的聚类。但是，该数据源存在很多问题，包括数据清洗级别 1、2、3 和数据冗余。请执行下列操作。

① 处理数据清洗问题。

② 处理数据冗余问题。

③ 使用任何必要的列找到两个有意义的聚类。

注意：排除 State（州）和 Public(1)/Private(2)（1 表示公立大学，2 表示私立大学）这 2 列。

④ 执行质心分析并命名每个聚类。

⑤ 找出新创建的分类特性聚类是否与我们故意不用于聚类的两个分类特性，即③中排除的 State（州）和 Public(1)/Private(2)（1 表示公立大学，2 表示私立大学）中的任何一列有关系。

（8）本练习将讨论一个数据融合的示例。本练习使用的案例研究已经在 12.2.3 节“数据融合示例”中介绍过，因此在继续本练习之前读者可以返回复习一下该小节的内容。

在该示例中，我们想集成 Yield.csv 和 Treatment.csv，看看水量是否会影响产量。

请执行以下操作以实现此目的。

① 使用 pd.read_csv()函数将 Yield.csv 数据集读取到 yield_df 中，将 Treatment.csv 读取到 treatment_df 中。

② 绘制 treatment_df 中水站各个点的散点图。使用颜色维度来添加从每个点分配的水量。

③ 绘制 yield_df 中农场各个点的散点图。使用颜色维度来添加从每个点收集的收获量。

④ 创建一个散点图，结合步骤②和③中的可视化效果。

⑤ 从前面各个步骤创建的散点图中可以推断出水站之间的距离是等距的。基于这个实现，计算出水点之间的距离，称之为 radius。在下面的一组计算中使用该变量。

⑥ 首先，使用以下代码创建 calculateDistance()函数。

```
import math
def calculateDistance(x1,y1,x2,y2):
    dist = math.sqrt((x2 - x1)**2 + (y2 - y1)**2)
    return dist
```

然后，使用下面的代码和刚刚创建的函数创建 waterRecieved()函数，以便可以将函数应用于 treatment_df 的行。

```
def WaterReceived(r):
    w = 0
    for i, rr in treatment_df.iterrows():
        distance = calculateDistance(rr.longitude,
        rr.latitude, r.longitude, r.latitude)
        if (distance< radius):
            w= w + rr.water * ((radius-distance)/radius)
    return w
```

⑦ 将 waterRecieved()应用于 yield_df 的行，并将每行新计算的值添加到 water 列。

⑧ 研究更新之后的 yield_df。你刚刚融合了这两个数据源。仔细研究一下这些步骤，尤其是创建 waterRecieved()函数的过程。使这种数据融合成为可能的假设是什么？

⑨ 绘制 yield_df.harvest 和 yield_df.water 特性的散点图。你可以看到 yield_df.water 对 yield_df.harvest 有任何影响吗？

⑩ 使用相关系数来确认你在上一步中的观察。

第 13 章　数 据 归 约

如前文所述，虽然数据清洗是数据预处理的重要任务，但二者并不能混为一谈。在第 12 章"数据融合与数据集成"中即介绍了与数据清洗无关的数据预处理的两个重要步骤（融合和集成），而本章又将介绍另一个重要步骤，那就是数据归约（data reduction，也称为 data reduce）。

为了成功执行分析，数据分析师应能识别需要进行数据归约的情形，并了解最佳技术及其实现方法。本章将讨论数据归约究竟是什么，或者让我们换一种说法：本章将详细介绍所谓数据归约的数据预处理步骤。

此外，本章还将阐释数据预处理的主要原因和目标。最重要的是，我们将查看数据归约工具的分类列表，详细了解它们都有些什么，能够以何种方式提供帮助，以及分析师应该如何使用 Python 来实现它们。

本章包含以下主题。

- 数据归约和数据冗余之间的区别。
- 数据归约的目标。
- 数据归约的类型。
- 执行数量上的数据归约。
- 执行维度上的数据归约。

13.1　技 术 要 求

在本书配套的 GitHub 存储库中可以找到本章使用的所有代码示例以及数据集，具体网址如下。

https://github.com/PacktPublishing/Hands-On-Data-Preprocessing-in-Python/tree/main/Chapter13

13.2　数据归约和数据冗余之间的区别

在详细讨论数据归约之前，不妨先来看看数据归约和数据冗余之间的区别。准确了解它们之间的区别有助于更好地理解数据归约的分类。

在第 12 章“数据融合和数据集成”中，讨论并查看了数据冗余挑战的一个示例。虽然数据冗余（data redundancy）和数据归约（data reduction）具有非常相似的名称，并且它们的术语使用了具有相关含义的单词，但概念却大不相同。数据冗余是指在多个特性下呈现相同的信息。如前文所述，集成数据源时通常会发生这种情况。但是，数据归约则和精简数据量有关，这主要基于以下 3 个原因。

- 高维的可视化：当我们必须将超过 3～5 个维度打包到一个可视化结果中时，这达到了人类理解的极限，所以需要降维处理。
- 计算成本：太大的数据集可能需要太多的计算。当算法处理不了时，可以考虑通过数据归约减少样本，从数据集中选出一个有代表性的样本的子集。
- 维度诅咒（curse of dimensionality）：由于特性太多，一些统计方法无法在数据中找到有意义的模式。这时可以考虑从原有的特性中删除不重要或不相关的特性，或者通过对特性进行重组来减少特性的个数。

换句话说，数据冗余是数据集可能具有的一个特征，它表示数据集中包含冗余数据，所以可能需要采取一些措施处理它。而另一方面，数据归约是由于上述三大原因分析师需要采取的一组精简数据大小的操作。

当分析师由于数据冗余而删除数据集的某些部分时，可以将删除这一部分数据的操作称为数据归约吗？毕竟，它们都是在删除和精简数据集。如果从一般意义上来理解“归约”，那么是的，数据集正在被归约；但是在数据挖掘的语境中，术语“数据归约”和“数据冗余”具有特定的含义，基于这些特定含义，该问题的答案是否定的。

现在我们已经理解了数据冗余与数据归约的区别，接下来，让我们看看如何评估数据归约。

13.3　数据归约的目标

成功的数据归约旨在同时实现以下两个目标。

首先，数据归约旨在获得数据集的精简表示，其数据量比原始数据集要小得多。

其次，它试图密切维护原始数据集的完整性，这意味着确保数据归约不会导致数据中包含偏差和关键信息丢失。

如图 13.1 所示，这两个目标可能是矛盾的，在执行数据归约操作时，必须综合权衡这两个目标，以免一个目标被另一个所掩盖。

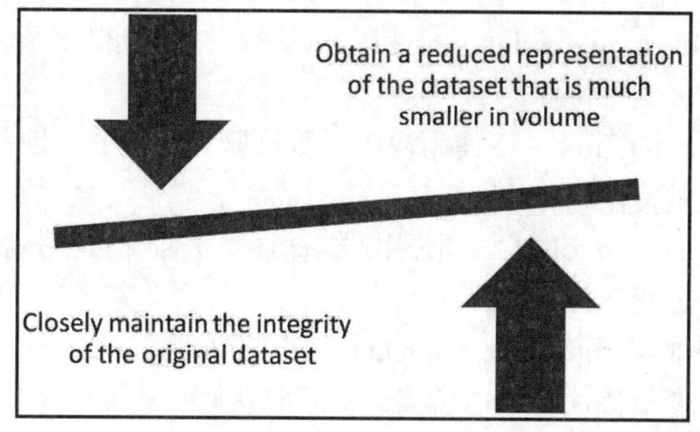

图 13.1　数据归约的平衡目标

原　文	译　文
Obtain a reduced representation of the dataset that is much smaller in volume	获得比原始数据集小得多的精简表示
Closely maintain the integrity of the original dataset	密切维护原始数据集的完整性

在研究数据归约的示例时，请牢记这两个目标，并确保满足这两个目标。当然，在深入讨论数据归约操作之前，不妨先对不同的数据归约方法进行分类，这样可以更好地理解后续将要进行的操作。

13.4　数据归约的类型

有两种类型的数据归约方法。它们被称为数量上的数据归约（numerosity data reduction）和维度上的数据归约（dimensionality data reduction）。顾名思义，前者将通过减少数据集中数据对象或行的数量来执行数据归约，而后者则将通过减少数据集中的维度或特性的数量来执行数据归约。

对于数量上的数据归约，本章将介绍 3 种方法，具体如下所示。

- 随机抽样（random sampling）：随机选择一些数据对象以避免无法承受的计算成本。
- 分层抽样（stratified sampling）：随机选择一些数据对象以避免无法承受的计算成本，同时保持样本子集的比率表示。
- 随机过抽样/欠抽样（random over sampling/under sampling）：随机选择一些数据对象以避免无法承受的计算成本，同时创建样本子集的特定表示。

对于维度上的数据归约，本章将介绍 6 种方法，具体如下所示。

- ❑ 线性回归（linear regression）：使用回归分析来研究自变量特性的预测能力，以预测特定的因变量特性。
- ❑ 决策树（decision tree）：使用决策树算法研究自变量特性的预测能力，以预测特定的因变量特性。
- ❑ 随机森林（random forest）：使用随机森林算法研究自变量特性的预测能力，以预测特定的因变量特性。
- ❑ 暴力计算降维（brute-force computational dimension reduction）：通过穷举计算尝试找出自变量特性的最佳子集，从而成功地预测因变量特性。
- ❑ 主成分分析（principal component analysis，PCA）：通过变换轴来表示数据，数据中的大部分变化由首要特性解释，并且特性相互正交。
- ❑ 函数型数据分析（functional data analysis，FDA）：通过函数表示使用更少的点来表示数据。

其中一些方法的解释可能会非常烦琐，但是不用担心，接下来我们将使用分析示例来详细介绍其中的每一个方法，这些具体示例将帮助读者理解上述所有技术。

首先让我们看看如何执行数量上的数据归约。

13.5 执行数量上的数据归约

当我们需要减少数据对象（行）的数量而不是特性（列）的数量时，执行的就是数量上的数据归约。基于该定义，其实也可以将数量上的数据归约称为样本归约。本节将介绍 3 种方法：随机抽样、分层抽样和随机过抽样/欠抽样。

让我们从随机抽样开始。

13.5.1 随机抽样

随机选择一些要包含在分析中的行称为随机抽样。我们被迫接受随机抽样的原因是当我们遇到计算限制时。换言之，当数据量大于我们的计算能力时，通常会发生这种情况。在这种情况下，可以随机选择要包含在分析中的数据对象的子集。

接下来，让我们看一个示例。

13.5.2 示例——随机抽样以加快调优速度

本示例将使用 Customer Churn.csv 数据集来训练决策树，以便它可以预测（分类）未来将流失的客户。

在继续阅读之前，请返回并学习 10.3 节“示例 2——重组表”。在该示例中，使用了可视化（特别是箱线图）来确定哪些特性有可能让我们深入了解客户未来流失的情况。本示例将做同样的事情，但是这一次，我们想要采用多变量方法，同时考虑这些特性的交互。这可以使用经过良好调优的决策树算法来完成。

本书没有介绍算法调优的技术，但在这里我们将一睹它们的风采。算法调优的标准方法之一是采用暴力（brute-force，BF）方法，这意味着使用所有可能的超参数组合，看看哪一个组合会产生最佳结果。

以下代码使用了 sklearn.model_selection 中的 GridSearchCV()函数来试验 criterion、max_depth、min_samples_split 和 min_impurity_decrease 超参数列出的可能性的所有组合。这些超参数来自于 sklearn.tree 的 DecisionTreeClassifier()模型。

```
from sklearn.tree import DecisionTreeClassifier
from sklearn.model_selection import GridSearchCV
y=customer_df['Churn']
Xs = customer_df.drop(columns=['Churn'])
param_grid = { 'criterion':['gini','entropy'], 'max_depth':
[10,20,30,40,50,60], 'min_samples_split': [10,20,30,40,50],
'min_impurity_decrease': [0,0.001, 0.005, 0.01, 0.05, 0.1]}
gridSearch = GridSearchCV(DecisionTreeClassifier(), param_grid,
cv=3, scoring='recall',verbose=1)
gridSearch.fit(Xs, y)
print(Best score: ', gridSearch.best_score_)
print(Best parameters: ', gridSearch.best_params_)
```

在继续阅读之前，读者可以尝试运行上述代码。运行该代码后，它将报告有 360 个候选模型，每个模型将在输入数据集的不同子集上拟合 3 次，总计 1080 次拟合。这 360 个候选模型的数字来自 2、6、5 和 6 的乘积，它们分别是上述代码为我们之前提到的超参数列出的可能性的数量。

上述代码将需要一段时间才能运行完成。笔者的计算机（CPU 速度为 1.3 GHz）大约需要 26 秒才能完成。这听起来可能不是很长的时间，但是别忘了该数据集仅包含大约 3000 个客户。想象一下，如果客户数量是 3000 万，那么将需要多长时间？而 3000 万客户这个数字对于今天的电信公司来说并非不可想象。

在数据集中包含 3000 万个客户的情况下，这 26 秒可能变成 26 000 秒，相当于 7 小时，只是为了调优算法就需要这么长的时间，那显然不是一个好消息。

可以用来减少这个时间量的方法之一就是随机抽样。以下代码使用 Pandas DataFrame .sample()函数实现了这样的随机抽样，该函数可以从 DataFrame 中获取我们想要的随机样本数。

```
customer_df_rs = customer_df.sample(1000, random_state=1)
y=customer_df_rs['Churn']
Xs = customer_df_rs.drop(columns=['Churn'])
gridSearch = GridSearchCV(DecisionTreeClassifier(), param_grid,
cv=3, scoring='recall',verbose=1)
gridSearch.fit(Xs, y)
print(Best score: ', gridSearch.best_score_)
print(Best parameters: ', gridSearch.best_params_)
```

可以看到，上述代码首先随机选择了 1000 个数据对象，然后应用了相同的调优代码。运行此代码后，读者将看到代码完成所需的时间将显著减少。在笔者的计算机上，它从 26 秒下降到 18 秒。

上述代码中的 random_state=1 是什么意思？这是 sklearn 模块控制随机性以进行更好尝试的巧妙方法。这意味着，如果读者多次运行上述代码，即使在代码中包含了一些随机性，每次也会得到相同的结果。更妙的是，通过为 random_state 分配相同的数字，即使我们正在进行随机性尝试，读者也可以获得与笔者相同的结果。

代码中不必包含 random_state=1，但如果包含了，读者将获得以下参数作为最佳参数。

```
{'criterion': 'entropy', 'max_depth': 10, 'min_impurity_decrease':
0.005 ,'min_samples_split':10}
```

现在我们已经知道了优化后的超参数，可以使用它们来绘制决策树并评估该数据集中导致客户流失的多变量模式。

以下代码使用了所有的数据对象来训练 DecisionTreeClassifier()，其中包括我们之前找到的优化后的超参数，以此来寻找自变量特性和因变量特性（也就是 Churn）之间的多变量关系。使用此数据训练模型后，代码使用了 graphviz 可视化训练的决策树。在代码的最后，提取的图将保存在 ChurnDT.pdf 文件中。

```
from sklearn.tree import export_graphviz
import graphviz
y=customer_df['Churn']
Xs = customer_df.drop(columns=['Churn'])
classTree = DecisionTreeClassifier(criterion= 'entropy', max_
depth= 10, min_samples_split= 10, min_impurity_decrease= 0.005)
classTree.fit(Xs, y)
dot_data = export_graphviz(classTree, out_file=None, feature_
names=Xs.columns, class_names=['Not Churn', 'Churn'],
filled=True, rounded=True, special_characters=True)
```

```
graph = graphviz.Source(dot_data)
graph.render(filename='ChurnDT')
```

注意：

如果读者以前从未在计算机上使用过 garaphvis，则必须先安装它。要安装 graphvis，需要做的就是运行以下代码。成功运行此代码后，graphvis 将永久安装在读者的计算机上。

运行以下代码，在计算机上安装 graphvis。

```
pip install graphviz
```

成功运行上述代码以后，读者应该可以在 Jupyter Notebook 文件的同一文件夹中找到 ChurnDT.pdf 文件。

图 13.2 显示了成功运行上述代码后将保存在计算机上的 ChurnDT.pdf 的内容。

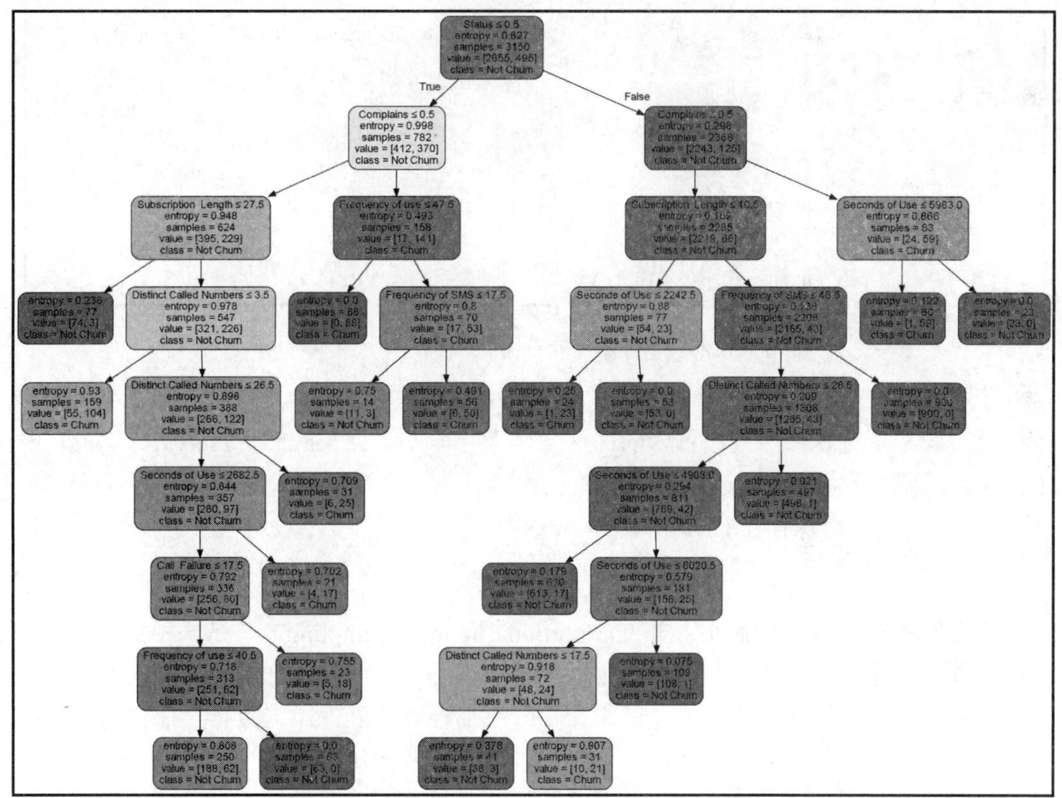

图 13.2　在 customer_df 中显示客户流失的多元模式的训练决策树

如前文所述，当我们没有计算能力来包含所有数据对象时，随机抽样很有用。关于随机抽样是否能很好地平衡如图 13.1 所示的成功数据归约的两个目标，这是值得商榷的。由于其计算能力有限，我们确实需要较小版本的数据集。通过结合完全随机性，我们为所有数据对象提供了相同的选择机会，因此在某种程度上，我们保持了数据集的完整性，并通过任意选择数据集的子集来避免引入任何偏差。

本示例可以更好地维护数据集的完整性。当涉及二元分类时，大多数时候，其中一个分类的频率要低得多。例如，在 churn_df 中，有 495 个 Churn=1 和 2655 个 Churn=0 的情况；也就是说，大约有 15.7%的情形是流失案例，84.3%是非流失案例。读者可以通过运行 customer_df.Churn.value_counts(normalize=True)看到这一点。

现在来看看当我们从 customer_df 中抽取样本时这些比率会发生什么变化。图 13.3 显示了来自 customer_df 的 3 个抽样尝试的流失率和非流失率。

```
In [7]:  for i in range(3):
             print(customer_df.sample(1000).Churn.value_counts(normalize=True))

         0    0.865
         1    0.135
         Name: Churn, dtype: float64
         0    0.85
         1    0.15
         Name: Churn, dtype: float64
         0    0.835
         1    0.165
         Name: Churn, dtype: float64
```

图 13.3　来自 churn_df 的 3 个抽样尝试，以查看样本中流失和非流失的比率

在图 13.3 中，可以看到每 3 个尝试后，比率与原始数据集的比率不匹配。这就引出了一个问题，是否有抽样方法可以确保这些比率与原始数据集匹配？答案是肯定的。其中一种方法就是分层抽样。

13.5.3　分层抽样

分层抽样也称为比例随机抽样（proportional random sampling），是一种数量上的数据归约方法。随机抽样和分层抽样的相似之处在于，在这两种抽样中，所有的数据对象都有一定的机会在抽样中被选中。区别在于分层抽样可以确保所选数据对象在原始数据集中显示相同的组表示。这些方法之间的区别如图 13.4 所示。

图 13.4 中间是一个数据集，右边是 5 个随机抽样实例，左边是 5 个分层抽样实例。该数据集包含 30 个数据对象：6 颗星星（*）和 24 个加号（+）。在这 10 个抽样实例中，每一个抽样实例都是从 30 个数据对象中选择 15 个数据对象。在继续阅读之前，请仔细

研究图 13.4 并尝试找出随机抽样和分层抽样之间的区别。

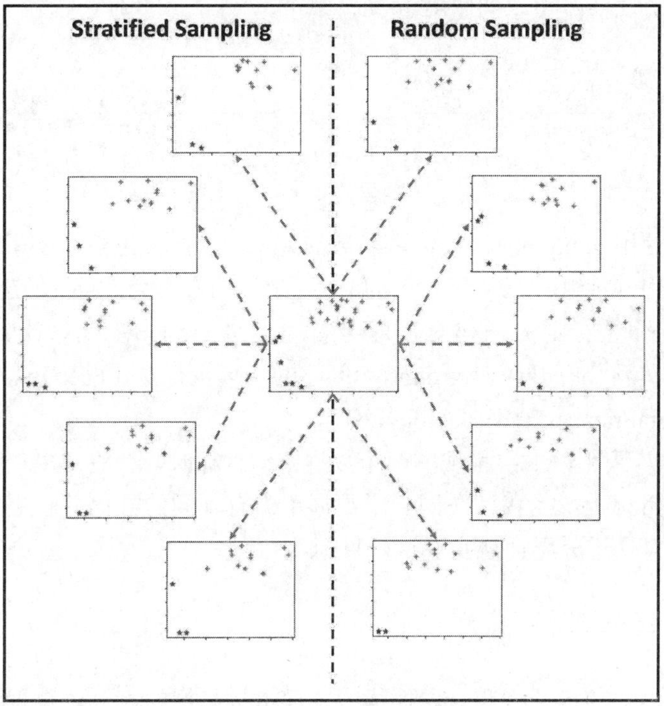

Stratified Sampling　Random Sampling

图 13.4　分层抽样与随机抽样对比

原　文	译　文	原　文	译　文
Stratified Sampling	分层抽样	Random Sampling	随机抽样

从图 13.4 中可以看到，所有分层抽样实例都有 3 颗星，但随机抽样的实例则有 2～4 颗星。这是因为分层抽样保持了组间数据的比例，而随机抽样则没有这样的限制。在原始数据中 20%（6/30）的数据对象是星星，而分层样本中同样有 20%（3/15）的数据对象是星星。但是，对于随机抽样实例来说，则没有此类限制。

13.5.4　示例——不平衡数据集的分层抽样

在前面的示例中，可以看到 customer_df 是不平衡的，因为其 15.7%的样本是流失案例，而其余 84.3%的样本则是非流失案例。本示例将讨论可以执行分层抽样的代码。

以下代码将能够获取 customer_df 的分层样本，其中包含 3150 个数据对象中的 1000 个数据对象。最后，代码将使用.value_counts(normalize=True)打印样本中流失和非流失数据对象的比率。运行该代码若干次。读者会看到，即使这个过程是完全随机的，也总是会导致相同的流失和非流失案例比率。

```
n,s=len(customer_df),1000
r = s/n
sample_df = customer_df.groupby('Churn', group_keys=False)
.apply(lambda sdf: sdf.sample(round(len(sdf)*r)))
print(sample_df.Churn.value_counts(normalize=True))
```

就上述代码使用.groupby()和.apply()函数的方式而言，它可能超出了读者的想象。这是本书第一次使用这种组合。这是一个了解这种组合的好机会。当我们想要对 DataFrame 的多个子集执行一组特定的操作时，即可首先通过.groupby()函数指定子集。在此之后，.apply()函数为我们打开了对.groupby()创建的子集执行操作的大门。在这里，sdf 代表的是 Subset DataFrame（子集 DataFrame）。

分层抽样在实现图 13.1 中呈现的两个数据归约目标时，会将更多的精力放在保持原始数据完整性的目标上。当我们在同一个数据集中有不同的群体并且想要确保表示比率是完整的时，即可通过分层抽样实现这一目标。

13.5.5　随机过抽样/欠抽样

如前文所述，在随机抽样和分层抽样中，样本被选择的机会由数据集决定，而随机过抽样/欠抽样（也称为随机过采样/欠采样）则与此不同，由于分析的需要，它将或多或少地为某些数据对象提供选择的机会。

为了理解随机过抽样/欠抽样，可以将其与分层抽样进行比较。

- 当执行分层抽样时，可基于重要特性计算子集的比率，然后执行受控的随机抽样，其中的比率和原始数据保持一致。
- 另一方面，在随机过抽样/欠抽样中，我们希望样本具有一个特定的比率；也就是说，根据分析需求决定我们想要的比率。

为了说明这一点，图 13.5 比较了来自 customer_df 的两个分层抽样实例与两个过抽样/欠抽样实例，流失客户和非流失客户之间的比率规定为 1∶1。所有样本都包含来自原始数据集 3150 个数据对象中的 500 个数据对象。

仔细研究图 13.5 中的 4 个样本，读者会注意到以下模式。

首先，它们都是不同的，这应该是由于两种抽样方法的随机性造成的。

其次，在过抽样/欠抽样的两个实例中，流失客户和非流失客户的比率发生了变化。

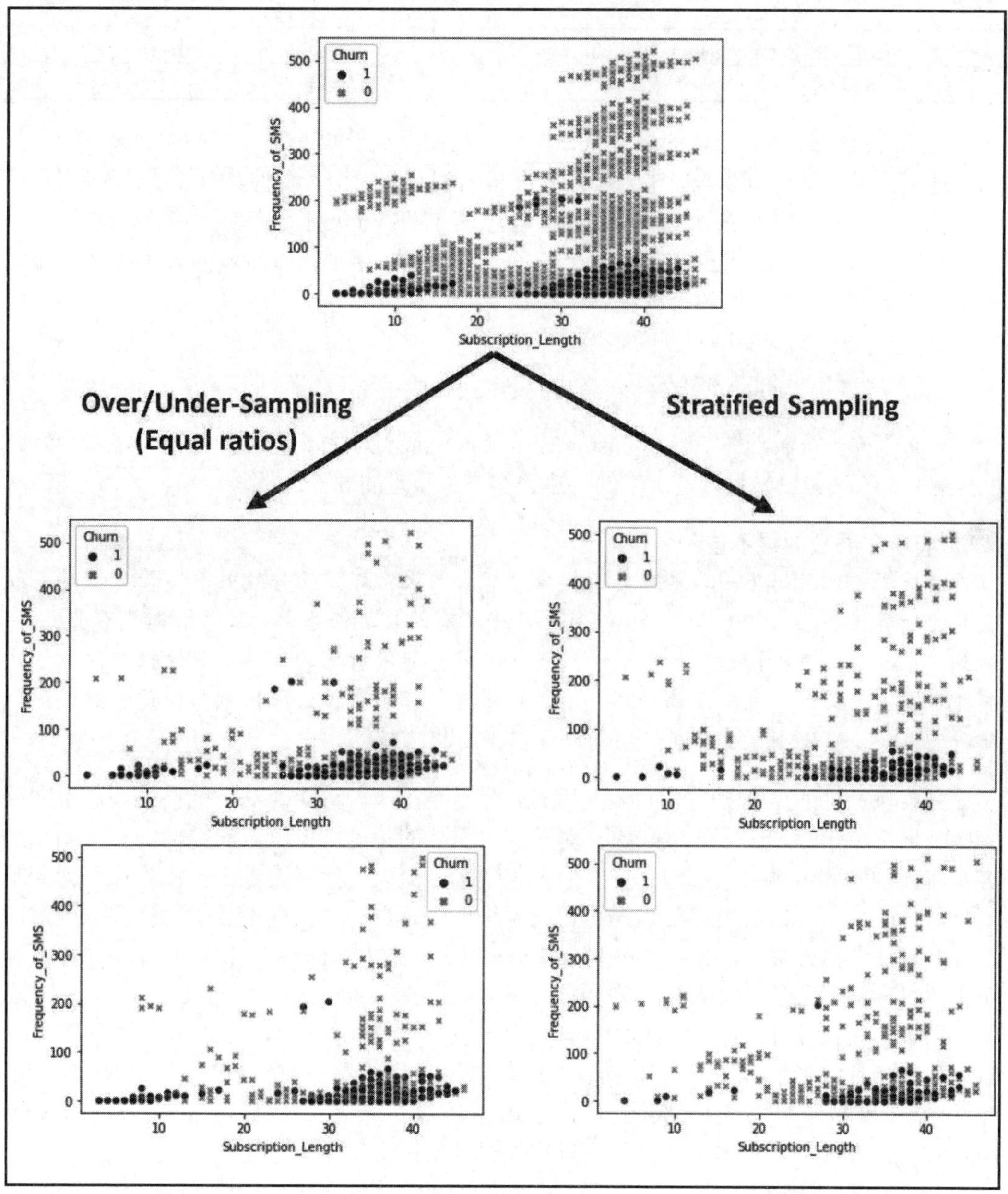

图 13.5　使用 customer_df 的分层抽样与随机过抽样/欠抽样对比

原　文	译　文
Over/Under-Sampling(Equal ratios)	过抽样/欠抽样（相等比率）
Stratified Sampling	分层抽样

可能需要过抽样/欠抽样的最常见分析情形是使用不平衡数据集（imbalanced dataset）的二进制分类。不平衡数据集是为分类而准备的表，其因变量特性具有以下两个特征。

首先，因变量特性是二元的，这意味着它只有两个分类标签。

其次，一个分类标签的数量明显多于另一个分类。例如，本章前面讨论的客户流失预测就使用了一个不平衡的数据集。

要检查这一点，可运行以下代码。

```
customer_df.Churn.value_counts(normalize=True).plot.bar()
```

它将创建一个条形图，显示 customer_df.Churn 特性中每个标签的频率。读者会看到 0 案例（非流失客户）数量是 1 案例（流失客户）数量的 5 倍。

太特殊了导致效果不佳？

使用不平衡数据集的二元分类听起来可能因为太特殊了而导致效果不佳。但是，最重要的分类任务往往都是二元的，而且在几乎所有的分类任务中，数据集都是不平衡的。例如，在新冠肺炎疫情核酸检测中，阳性样本就是非常特殊的，其与阴性样本的数量比例非常悬殊。此外，在线欺诈检测、使用传感器数据的机械故障检测和使用放射科图像执行的自动疾病检测也都存在数据集严重不平衡的问题。

需要执行过抽样/欠抽样的可能原因是：默认情况下，分类算法可能会强调从不太频繁的类标签中学习，因为一般来说，对我们更重要的正是频率较低的类标签。例如，在客户流失预测的示例中，我们更重要的是识别谁会流失，而不是谁不会流失；在新冠肺炎疫情核酸检测中，我们需要重视的是频率极低的阳性样本，而不是阴性样本。因此，在开发算法解决方案时，分析师可能会选择执行过抽样/欠抽样。这样做是为了让算法有更大的机会从不太常见的情况中学习。

用于随机执行过抽样/欠抽样的代码与分层抽样非常相似，而且比分层抽样更简单。以下代码将获取一个 customer_df 样本，其中包含 3150 个数据对象中的 500 个数据对象。流失客户和非流失客户将各有 250 个数据对象。最后，代码将使用.value_counts (normalize=True)打印样本中流失和非流失数据对象的比率。

```
n,s=len(customer_df),500
sample_df = customer_df.groupby('Churn', group_keys=False)
.apply(lambda sdf: sdf.sample(250))
print(sample_df.Churn.value_counts(normalize=True))
```

该代码是 13.5.4 节“示例——不平衡数据集的分层抽样”中代码的副本，仅进行了部分更改。为了帮助你查看修改，更新的部分已加粗显示。

在运行该代码之前，读者可以先将其与 13.5.4 节“示例——不平衡数据集的分层抽样”中的代码进行比较以研究其变化。然后，运行该代码若干次。读者会看到，即使该过程是完全随机的，它也会始终产生相同的流失和非流失案例比率。

在从数量上的数据归约切换到维度上的数据归约之前，让我们讨论一下随机过抽样/欠抽样如何实现图 13.1 中呈现的两个数据归约目标。由于分析原因，这种方法故意破坏了原始数据集的完整性（当然，由于抽样是随机执行的，随机性在一定程度上有助于保持数据集的完整性）。但是，随机过抽样/欠抽样破坏了原始数据集的完整性，这是事实。分析师之所以要进行这种破坏，是因为随机过抽样/欠抽样既可以作为数据归约策略，又可以作为数据转换策略。在下一章我们将看到，数据转换确实会出于分析目的而对数据进行更改。

过抽样/欠抽样更多地是一种数据转换技术，尽管有时它与数据归约混合在一起。此外，从技术角度来看，它与本节介绍的随机抽样和分层抽样非常相似。作为一种数据转换技术，过抽样还可能意味着重复具有较低频率类标签的数据对象，甚至还会使用具有较低频率的类标签的模拟数据对象。

注意：

除本小节之外，本书不会讨论过抽样/欠抽样，这是因为成功的过抽样/欠抽样与选择的分类算法高度相关，读者也可以将其视为任何分类算法的超参数。这意味着使用过抽样可能会提高某一种算法的性能，而另一种算法则可能会受到影响。因此，过抽样是一本更注重算法教学的图书应该详细讨论的内容。本书的重点是数据预处理。

接下来，让我们看看维度上的数据归约。

13.6　执行维度上的数据归约

当需要减少特性（列）的数量而不是数据对象（行）的数量时，即可执行维度上的数据归约。基于该定义，其实也可以将维度上的数据归约称为特征归约。当然，它还有一个更广为人知的名称，那就是降维（dimension reduction）。

为什么是特征归约（feature reduction）而不是特性归约（attribute reduction）？

有些细心的读者可能会问，既然减少的是特性（列）的数量，那么为什么不称为“特性归约”而是称为“特征归约”？在 1.5 节“Pandas 概述”中已经介绍过，本书所讲的特性其实就是指数据中的列，在数据分析和机器学习中常称之为“特征”。

本节将介绍以下 6 种降维方法。

- 线性回归（linear regression，LR）。
- 决策树（decision tree，DT）。
- 随机森林（random forest，RF）。
- 计算降维（computational dimension reduction）。
- 函数型数据分析（functional data analysis，FDA）。
- 主成分分析（principal component analysis，PCA）。

在讨论这些降维方法之前，我们必须注意有两种类型的降维方法：有监督（supervised）方法和无监督（unsupervised）方法。

- 有监督降维方法旨在减少维度以帮助预测或分类因变量特性。例如，当应用决策树算法来确定哪些多变量模式可以预测客户流失时，即可执行有监督降维方法。图 13.2 中树上未显示的特性对于预测（分类）客户流失来说都不重要。
- 另一方面，当降维没有关注预测或分类的任务，而数据降维只是为了精简数据大小或者可能是要进行数据转换时，即可执行无监督降维方法。如果读者不熟悉术语数据转换，无须担心，第 14 章将对其进行讨论。

接下来我们将详细讨论这 6 种方法中的每一种。我们不会告诉读者这些方法分别属于有监督方法还是无监督方法，读者可以自己思考。本章末尾的练习（4）还将要求读者针对每一种方法回答这个问题。

13.6.1 线性回归降维方法

在第 6 章“预测”中介绍了作为预测模型的线性回归。线性回归是一种经过充分研究和综合开发的统计方法。因此，包含此方法的库通常带有许多内置指标和假设检验，这对于分析数据集非常有用。一组这样的假设检验对于确定每个自变量特性是否在预测因变量特性中发挥重要作用非常有用。

因此，通过查看这些假设检验的结果 p 值，可以将线性回归用作降维方法。未表明相关自变量特性和因变量特性之间存在有意义关系的 p 值可用作证据，以帮助从分析中删除这些自变量特性。让我们通过一个示例来更好地理解这一点。

13.6.2 示例——使用线性回归的降维

本示例将使用 amznStock.csv 数据集，其中包含一些在 2021 年 1 月 11 日收集和计算的 Amazon（亚马逊）公司股票历史数据中计算得出的指标，用来预测 Amazon 股票第二天的变化百分比。此数据集中的因变量特性是 today_changeP。自变量特性如下。

- yes_changeP：Amazon 公司股票前一天的股价变化。
- lastweek_changeP：Amazon 公司股票前一周的股价变化。
- dow_yes_changeP：前一天道琼斯指数的变化。
- dow_lastweek_changeP：道琼斯指数前一周的变化。
- nasdaq_yes_changeP：纳斯达克 100 指数前一天的变化。
- nasdaq_lastweek_changeP：纳斯达克 100 指数前一周的变化。

笔者于 2021 年 1 月 11 日创建了此数据集，以创建 YouTube 视频 A Taste of Prediction（预测浅尝），该视频的网址如下。

https://youtu.be/_z0oHuTnMKc

要了解有关此数据集及其背后逻辑的更多信息，请参考上述 YouTube 视频。

首先来看看特性的名称，笔者认为这些特性的名称可以变得更加直观。所以，不妨先来执行一些 1 级数据清理，即创建简洁直观的特性标题。

以下代码将数据集读入 amzn_df，将 t 设置为 amzn_df 的索引，并更改了特性标题。

```
amzn_df = pd.read_csv('amznStock.csv')
amzn_df.set_index('t',drop=True,inplace=True)
amzn_df.columns = ['pd_changeP', 'pw_changeP', 'dow_pd_changeP',
'dow_pw_changeP', 'nasdaq_pd_changeP', 'nasdaq_pw_changeP', 'changeP']
```

上述代码中特性标题的更改遵循了以下 3 个简单的模式。

- _yes_标题段，代表昨天，已更新为_pd_，表示前一天（previous day）。
- _lastweek_标题段，代表上一周，已更新为_pw_，表示前一周（previous week）。
- 最后，从因变量特性中删除了 today_标题段。

现在来看一下如何使用线性回归进行降维。要将线性回归用作降维方法，必须执行线性回归，就好像要训练预测模型一样。以下是这个 amzn_df 的线性回归公式。

$$\begin{aligned}\text{changP} = &\beta 0 + \beta 1 \times \text{pdchangeP} + \beta 2 \times \text{pwchangeP} + \beta 3 \times \text{dow\_pd\_changeP} \\ &+ \beta 4 \times \text{dow\_pw\_changeP} + \beta 5 \times \text{nasdaq\_pd\_changeP} \\ &+ \beta 6 \times \text{nasdaq\_pw\_changeP}\end{aligned}$$

为了练习和复习上述公式，在继续阅读之前，可以参考 6.3.1 节“应用线性回归方法的示例”，并使用 sklearn.linear_model 中的 LinearRegression()估计上述线性回归公式中的 β 值。

尽管 LinearRegression()是用于线性回归的出色且稳定的函数，但遗憾的是，该函数不包括将线性回归用作降维方法所必需的假设检验。这就是为什么以下代码使用了 statsmodels.api 中的 OLS()函数来导入线性回归模块，该模块可以输出我们之前讨论的假设检验的结果。

```
import statsmodels.api as sm
Xs = amzn_df.drop(columns=['changeP'], index =['2021-01-12'])
Xs = sm.add_constant(Xs)
y = amzn_df.drop(index =['2021-01-12']).changeP
sm.OLS(y, Xs).fit().summary()
```

在分析其输出之前，让我们先看看上述代码可能让你感到疑惑的地方。

- 为什么要删除索引为 2021-01-12 的数据对象？
  如果打印 amzn_df，就会看到这个数据对象显示为这个 DataFrame 的最后一行，并且没有因变量特性（changeP）的值。读者还记得该数据集是在 2021 年 1 月 11 日收集和计算的吗？那时，我们还不知道 1 月 12 日的 changeP 会是什么。使用该数据集正是要尝试预测该值。
- Xs = sm.add_constant(Xs)的目的是什么？
  这行代码添加了所有行的值为 1 的列。添加的原因是确保 OLS()将包含一个常数系数，这是线性回归模型所具有的。为什么在使用 sklearn.linear_model 中的 LinearRegression()时不必包含这个？这是一个很好的问题，答案是每个模块的开发人员可以选择他们认为更好的方法来创建他们的模块。作为用户，我们需要了解如何以及何时使用什么模块。

现在我们理解了代码，可以来看看它的输出。成功运行上述代码后，读者将得到如图 13.6 所示的输出。

在继续阅读之前，回到使用 LinearRegression()估计的 β 值。这些 β 值必须与在图 13.6 中 coef 列下看到的值相同。

在图 13.6 的 P>|t|列中，可以找到自变量特性对预测因变量特性的显著性的假设检验的 p 值。

可以看到，大多数 p 值都远大于 0.05 的截止点，除了 dow_pd_changeP，它略大于截止点。根据我们对 p 值的理解，这意味着没有足够的证据来拒绝大多数自变量特性与因变量特性不相关的零假设——当然，dow_pd_changeP 除外，它与因变量特性无关的可能性很小。因此，如果要保留任何特性，则应保留 dow_pd_changeP 并删除其余特性。

在此示例中，我们使用线性回归将包含 6 个自变量特性的预测模型转变为仅包含一个自变量特性的预测模型。以下是该线性公式的简化版本。

$$\text{changeP} = \beta_0 + \beta_1 \times \text{dow\_pw\_changeP}$$

Dep. Variable:	changeP	R-squared:	0.061
Model:	OLS	Adj. R-squared:	0.044
Method:	Least Squares	F-statistic:	3.678
Date:	Fri, 27 Aug 2021	Prob (F-statistic):	0.00149
Time:	15:15:50	Log-Likelihood:	-750.72
No. Observations:	349	AIC:	1515.
Df Residuals:	342	BIC:	1542.
Df Model:	6		
Covariance Type:	nonrobust		

	coef	std err	t	P>|t|	[0.025	0.975]
const	0.2342	0.122	1.926	0.055	-0.005	0.473
pd_changeP	-0.0804	0.112	-0.719	0.473	-0.300	0.140
pw_changeP	0.0665	0.044	1.499	0.135	-0.021	0.154
dow_pd_changeP	-0.2888	0.151	-1.914	0.056	-0.586	0.008
dow_pw_changeP	0.0866	0.066	1.316	0.189	-0.043	0.216
nasdaq_pd_changeP	0.0919	0.210	0.438	0.661	-0.321	0.505
nasdaq_pw_changeP	-0.1403	0.098	-1.433	0.153	-0.333	0.052

Omnibus:	25.863	Durbin-Watson:	1.936
Prob(Omnibus):	0.000	Jarque-Bera (JB):	97.802
Skew:	-0.036	Prob(JB):	5.79e-22
Kurtosis:	5.592	Cond. No.	17.6

图 13.6　OLS()函数在所描述的线性回归模型上的结果

如果修改前面的代码以便 OLS()函数运行新模型，则可以获得如图 13.7 所示的输出。

比较图 13.6 和图 13.7 中调整后的 R^2（adjusted r-squared），这是衡量线性回归质量的可靠指标，表明数据归约有助于模型的成功。尽管图 13.7 中的模型具有更少的自变量特性，但它比图 13.6 中的模型更成功。

线性回归作为降维方法的缺点是：模型采用单变量方法来确定自变量特性是否有助于预测因变量特性。在许多情况下，自变量特性可能并不能很好地预测因变量特性，但它与其他自变量特性的交互可能会有所帮助。这就是为什么当我们想要在捕获多变量模式识别之前进行降维时，线性回归不是一个好的选择。对于这些情况，应该考虑使用其他方法，例如决策树、随机森林或计算降维等。

Dep. Variable:	changeP	R-squared:	0.053
Model:	OLS	Adj. R-squared:	0.050
Method:	Least Squares	F-statistic:	19.40
Date:	Fri, 27 Aug 2021	Prob (F-statistic):	1.42e-05
Time:	15:16:47	Log-Likelihood:	-752.14
No. Observations:	349	AIC:	1508.
Df Residuals:	347	BIC:	1516.
Df Model:	1		
Covariance Type:	nonrobust		

	coef	std err	t	P>|t|	[0.025	0.975]
const	0.1975	0.112	1.761	0.079	-0.023	0.418
dow_pd_changeP	-0.2470	0.056	-4.404	0.000	-0.357	-0.137

Omnibus:	26.140	Durbin-Watson:	1.984
Prob(Omnibus):	0.000	Jarque-Bera (JB):	99.897
Skew:	-0.037	Prob(JB):	2.03e-22
Kurtosis:	5.620	Cond. No.	2.00

图 13.7　OLS()函数在归约后的线性回归模型上的结果

接下来，让我们看看如何使用决策树作为降维方法。

13.6.3　决策树降维方法

如前文所述，决策树算法可以处理预测和分类数据挖掘任务。但是，本小节要讨论的是如何将决策树用作降维方法。其逻辑也很简单：如果某个特性是经过调整和训练的最终决策树的一部分，那么该特性一定有助于预测或分类因变量特性。

例如，在用于预测客户流失的经过调整和训练的决策树中（见图 13.2），所有 8 个特性都用于最终决策树。这表明我们不应该删除任何用于多元模式识别的自变量特性。

决策树算法是查看特性是否具有以多变量方式预测或分类因变量特性的潜力的有效方法，但它也存在以下缺点。

首先，决策树可以对是否应包含每个特性做出二元决策，但却无法查看每个自变量特性的价值。

其次，某个特性被排除在外时，可能不是因为它在任何多变量模式中都不起作用，而是因为该特性可能是有益的，但它的结构或逻辑决策树未能捕捉到特性在其中发挥作用的特定模式。

接下来，我们将学习随机森林算法，它弥补了决策树的第一个缺点；之后，我们还将学习暴力计算降维，它可以解决第二个缺点的问题。

13.6.4　随机森林降维方法

本书之前没有介绍过随机森林算法。该算法类似于决策树算法，可以处理分类和预测数据挖掘任务。当然，其独特的设计也使得随机森林成为一种主要的降维方法。

顾名思义，随机森林不是仅仅依靠一个决策树来执行分类或预测，而是以随机的方式使用许多决策树。随机森林使用的决策树是随机的，层次较少。这些较小的决策树称为弱预测器（weak predictor）或弱分类器（weak classifier）。

随机森林背后的逻辑是，我们可以使用多个更灵活的决策树（弱预测器）并将它们的预测合并到最终类或值中，而不是使用自以为是的决策树（一个强预测器）来给出一个预测。

作为一种降维方法，我们可以只看每个特性在多个弱决策树中出现的次数，并得出每个特性被使用的决策树的百分比。这将是关于选择保留或删除特性的宝贵信息。

让我们来看一个示例。

13.6.5　示例——使用随机森林进行降维

本示例将通过随机森林算法使用 Customer Churn.csv 文件来计算客户流失分类中每个特性的相对重要性。在图 13.2 中已经可以看到每个特性对一个经过调整和训练的决策树的影响。但是，本示例更感兴趣的是得到一个显示每个特性重要性的数值。

以下代码使用了 sklearn.ensemble 中的 RandomForestClassifier()来训练使用 1000 个弱决策树的随机森林模型。

```
from sklearn.ensemble import RandomForestClassifier
y=customer_df['Churn']
Xs = customer_df.drop(columns=['Churn'])
rf = RandomForestClassifier(n_estimators=1000)
rf.fit(Xs, y)
```

成功运行上述代码后（这可能需要几秒钟的运行时间），什么也不会发生。但别担心，结果已经产生了，我们只需要找到它们即可。打印 rf.feature_importances_即可查看显示自变量特性重要性的数值。

图 13.8 显示的代码创建了一个 Pandas Series，根据特性的重要性对特性进行排序，然后创建一个条形图，显示每个特性对客户流失分类的相对重要性。

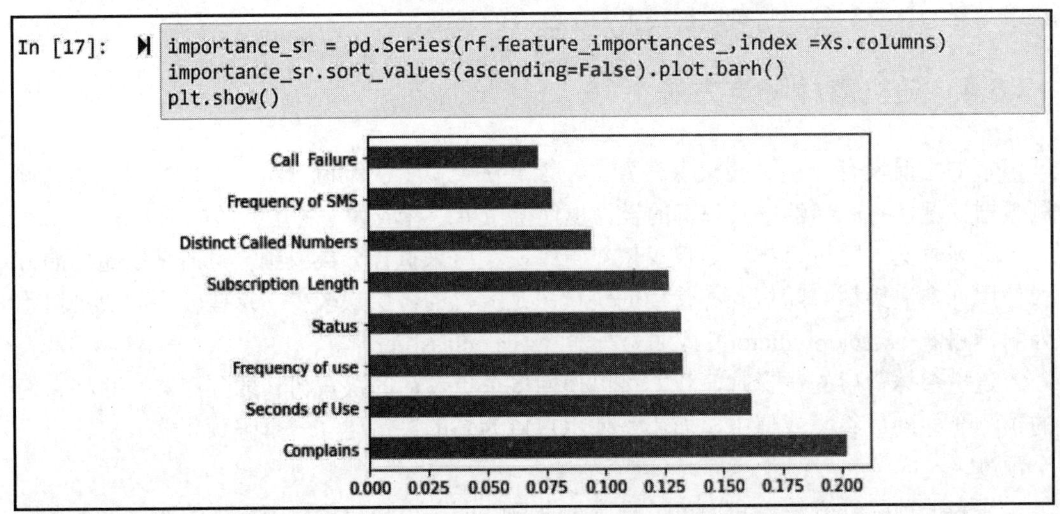

图 13.8　使用 Pandas Series 和 Matplotlib 创建条形图以显示 customer_df 中的自变量特性对客户流失分类的相对重要性

图 13.8 中显示的信息，除了对降维有价值外，也可以用于直接分析。例如，可以看到 Complains（投诉）特性的浮点值在列表中最大，这意味着客户的投诉对他们是否会流失具有非常重要的影响，并且收集到此数据的电信公司的决策者也可以将其用于积极改变。

虽然随机森林没有受到决策树在降维方面的第一个缺点的影响，但它们同样受到了第二个缺点的影响。也就是说，我们不能确定某个特性是否在随机森林中表现出足够的重要性，在这种情况下，它对于预测其他算法中的因变量特性的价值就不大了。接下来，我们将介绍另一个降维方法，即暴力计算降维，它没有这个缺点，只不过在计算上的成本非常高。让我们来详细了解一下。

13.6.6　暴力计算降维

顾名思义，暴力计算降维（brute-force computational dimension reduction）将使用暴力（穷举）方法，其中自变量特性的所有不同子集都将在算法中用于预测或分类因变量特性。在经过暴力尝试之后，即可知道自变量特性的哪种组合可以最好地预测因变量特性。

这种方法的致命弱点在于它的计算成本可能会变得非常高，特别是如果你所选择的算法的计算成本也很高的话，则更是如此。例如，使用计算降维方法通过人工神经网络（artificial neural network，ANN）找到自变量特性的最佳子集可能有更多的机会产生最佳预测器，但同时，它也可能需要大量的运行时间。

好消息是，这种方法不存在我们迄今为止所了解的其他降维方法的缺点。暴力计算降维可以与任何预测或分类算法相结合，从而消除我们对于决策树和随机森林等特定方法结果的担忧。

接下来，让我们通过一个具体示例看看暴力计算降维是什么样子的。

13.6.7　示例——为分类算法寻找自变量特性的最佳子集

本示例将在 Customer Churn.csv 文件中找到可导致 K 近邻查询（k-nearest neighbors，KNN）算法在预测客户流失时获得最佳性能的自变量特性的最佳子集。

在第 7 章“分类”中详细介绍过 KNN 算法，读者应该还记得，要成功实现 KNN，需要调整邻居的数量（K）。因此，如果想了解哪个子集将导致最佳 KNN 性能，则需要为每个自变量特性的组合调整一次 KNN。这显然会使该过程的计算成本更高。

以下代码将所有这些部分放在一起，以便可以在为它们调整 KNN 之后对自变量特性的每种组合进行试验。这段代码有很多组成部分，下面将逐一解释。

此代码如图 13.9 所示，因为它相当大。如果想复制代码而不是输入代码，可以使用本书配套 GitHub 存储库中第 13 章的对应文件。

让我们以你可能对图 13.9 中的代码有疑问的形式来解释该代码的不同部分。在继续阅读之前，你也可以自行尝试运行并理解该代码。

由于该代码的计算成本很高，因此在尝试理解代码的同时让你的计算机运行该代码可能是一个很好的主意。

- 什么是 itertools，为什么需要它？

  当需要一个复杂的嵌套循环网络来完成任务时，它是一个非常有用的模块。要创建自变量特性的每个可能组合，需要在主循环下有不同数量的嵌套循环，而使用 Python 的常规迭代功能是不可能做到的。如果读者无法理解我们的解释但是又想明白其中的原因，可以尝试编写一些代码来打印自变量特性的所有组合，然后就会明白了。

  通过使用 itertools.combinations()，我们能够在两级嵌套循环中轻松创建所有组合。

- 什么是 result_df，为什么需要它？

  这是一个 Pandas DataFrame，代码将它用作占位符，将在其中记录所有 brute_force 尝试的记录。

```
In [18]:  import itertools
          from sklearn.neighbors import KNeighborsClassifier
          from sklearn.metrics import recall_score
          from sklearn.model_selection import GridSearchCV

          in_atts = ['Call  Failure', 'Complains', 'Subscription  Length',
                     'Seconds of Use', 'Frequency of use', 'Frequency of SMS',
                     'Distinct Called Numbers', 'Status']
          n_in_atts = len(in_atts)
          result_df = pd.DataFrame(columns = ['subset_candidate','best_k',
                                              'performance'])
          customer_df_std = (customer_df - customer_df.min())/(
              customer_df.max() - customer_df.min())

          for n in range(1,n_in_atts+1):
              for atts in itertools.combinations(in_atts, r=n):
                  atts = list(atts)
                  Xs = customer_df_std[atts]
                  y= customer_df['Churn']

                  # Tune KNN
                  param_grid = {
                      'n_neighbors':[1,3,5,7]}
                  gridSearch = GridSearchCV(KNeighborsClassifier(),
                                   param_grid, cv=2, scoring='recall')
                  gridSearch.fit(Xs, y)
                  best_k= gridSearch.best_params_['n_neighbors']

                  # Train the tuned KNN
                  knn = KNeighborsClassifier(best_k)
                  knn.fit(Xs, y)

                  # Prediction
                  y_predict = knn.predict(Xs)

                  # Performance evaluation
                  dic_append = {'subset_candidate':atts, 'best_k': best_k,
                               'performance': recall_score(y,y_predict)}

                  # Recording and Reporting
                  result_df = result_df.append(dic_append, ignore_index=True)
                  print(dic_append)
```

图 13.9　在预测客户流失时，通过暴力降维优化 KNN 的性能

- 什么是召回率（recall）？为什么要使用召回率而不是准确率（accuracy）来评估我们的方法？

  召回率是二元分类任务的特定评估指标，在本案例研究中，更好的召回率比更好的准确率更重要。

  简单来说，召回率就是要求找到所有的流失客户，而准确率则是要求正确识别所有流失客户和非流失客户。本示例中的数据集是不平衡的，非流失客户占比

85%，因此，即使算法简单地将所有客户都分类为非流失客户，它也能达到 85% 的准确率，但此时相对应的它的召回率却是 0，因此，本示例更恰当地评估指标是召回率而不是准确率。

读者可以通过搜索引擎了解更多有关评估指标的信息，但如果读者目前仅需要了解数据预处理而对召回率是什么不感兴趣，则只需将其视为适当的评估指标就可以了。

- 为什么仅对 K 的[1,3,5,7]这 4 个可能值进行试验？

  这是一种用于降低计算成本的措施，如果没有它，则代码将需要很长的运行时间。

当读者完全理解了上述代码并且计算机运行完毕之后，即可按照 performance 列对 Pandas DataFrame result_df 进行排序，看看尝试之后的结果。排序代码如下。

```
result_df.sort_values('performance',ascending=False)
```

研究上述代码的输出将帮助读者得出结论，以下两种组合将产生非常成功的 KNN 分类，其召回率分数为 0.995 96。

- Complains（投诉）、Seconds of Use（使用秒数）、Frequency of use（使用频率）、Distinct Called Numbers（不同被叫号码）。
- Seconds of Use（使用秒数）、Frequency of SMS（短信频率）、Distinct Called Numbers（不同的被叫号码）。

将此示例的最终结果与图 13.8 进行比较（图 13.8 是同一案例研究中随机森林的最终结果），即可看到很多关于暴力计算降维方法的优点。

首先，可以看到对随机森林算法来说重要的东西对 KNN 算法不一定重要。例如，对于随机森林而言，Distinct Called Numbers（不同的被叫号码）特性不是很重要，但是 KNN 却可以使用它来获取最佳性能。

其次，虽然随机森林可在运行完成后提供关于特性重要性的良好可视化结果，但我们仍然需要决定排除或包含哪些特性。不过，暴力计算降维可以准确地告诉我们要包含哪些特性。

虽然暴力计算降维的这些优势听起来非常棒，但是，它是否可称为最佳方法呢？这仍然值得商榷，因为该方法的计算成本确实是一个问题。

到目前为止，本章已经提供了两种样本归约（随机抽样和分层抽样）示例和 3 种降维（线性回归、随机森林和暴力计算降维）示例。这些降维方法是特定于预测或分类的。接下来，我们将学习另外两种更通用的降维方法，它们可以用作任何任务之前的预处理步骤之一，包括分类和预测。这两种方法是主成分分析和函数型数据分析。

让我们从主成分分析开始。

13.6.8 主成分分析

主成分分析（principal component analysis，PCA）这种降维方法是文献中最著名的通用非参数降维方法。仔细研究该方法的工作原理，读者可能会看到一些相当复杂的数学公式。但是，本书不会让读者陷入数学复杂性的困境。相反，我们将通过两个示例来了解 PCA：一个示例使用的是玩具数据集，另一个示例则使用真实数据集。

接下来，让我们深入研究第一个示例。

13.6.9 示例——玩具数据集

所谓玩具数据集（toy dataset），就是指比较简单的规模很小的数据集，常用于演练各种算法。本示例将使用 PCA_toy_dataset.xlsx 文件。图 13.10 采用仪表板样式显示了以下 5 个项目。

- 将文件读入 toy_df 的代码。
- toy_df 的 Jupyter Notebook 表示。
- toy_df 的两个维度的散点图。
- toy_df 中两个特性的计算方差及其总和（总计）。
- toy_df 的相关矩阵。

通过图 13.10 可以深入了解 toy_df。例如，随便扫一眼即可知道：Dimension_1 和 Dimension_2 是强相关的。在散点图和相关矩阵中都可以看到这一点：Dimension_1 和 Dimension_2 之间的相关系数为 0.859 195。

还可以看到，toy_df 方差总计为 1026.989 474；Dimension_1 贡献了总方差的 415.315 789，而 Dimension_2 则贡献了其余部分。

PCA 查看任何数据的方式都是根据方差变化来进行的。对于 PCA 来说，toy_df 中提供了这么多信息（1026.989 474）。是的，PCA 考虑的是不同数据特性信息的变化。

对于 PCA 而言，跨两个特性呈现信息的方式是很麻烦的。因此，PCA 不喜欢 Dimension_1 呈现的某些信息与 Dimension_2 呈现的某些信息相同这一事实。别忘了，PCA 的名称是主成分分析，它一定要找到方差变化很大的主成分。

PCA 具有数据的非参数视图。对于 PCA 来说，特性只是数字变化形式的信息的持有者。因此，PCA 认为它适合转换数据，以使维度不会显示相似的信息。

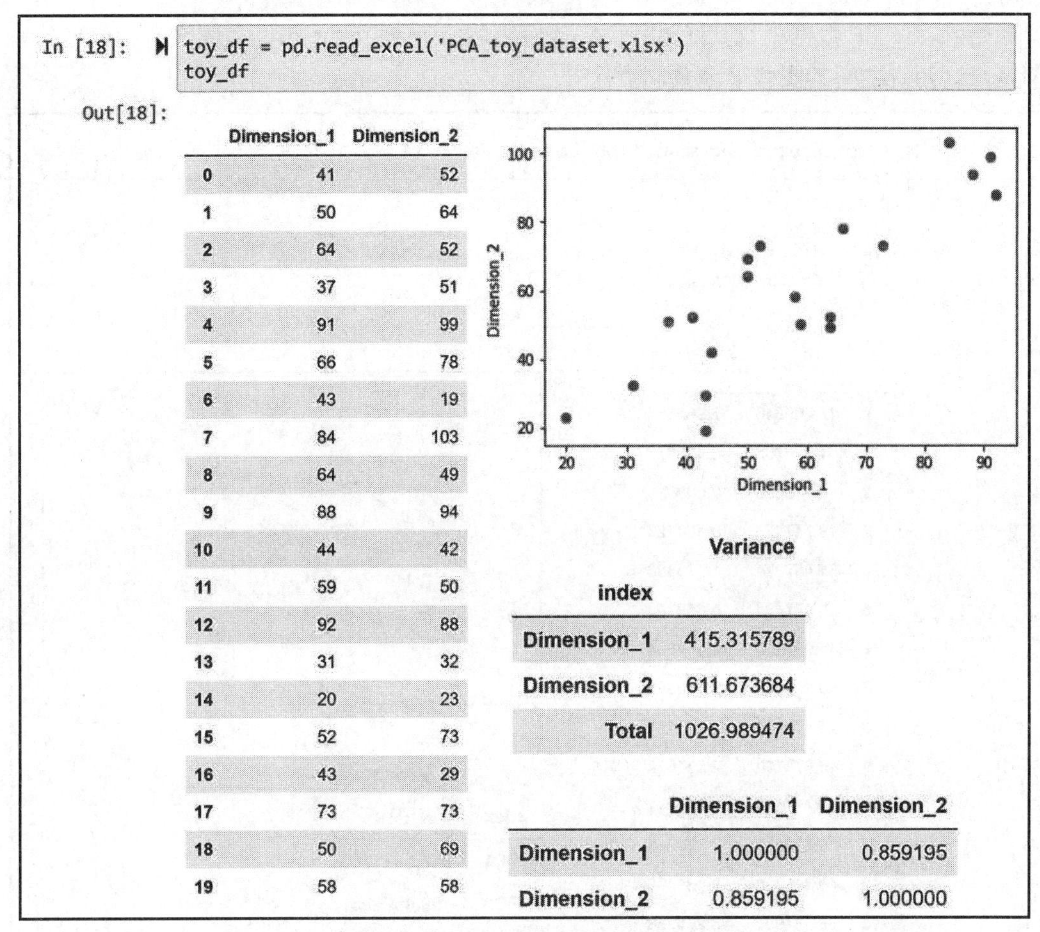

In [18]:
```
toy_df = pd.read_excel('PCA_toy_dataset.xlsx')
toy_df
```

Out[18]:

	Dimension_1	Dimension_2
0	41	52
1	50	64
2	64	52
3	37	51
4	91	99
5	66	78
6	43	19
7	84	103
8	64	49
9	88	94
10	44	42
11	59	50
12	92	88
13	31	32
14	20	23
15	52	73
16	43	29
17	73	73
18	50	69
19	58	58

index	Variance
Dimension_1	415.315789
Dimension_2	611.673684
Total	1026.989474

	Dimension_1	Dimension_2
Dimension_1	1.000000	0.859195
Dimension_2	0.859195	1.000000

图 13.10　包含 toy_df 信息和可视化效果的仪表板

在讨论 PCA 应用于数据集的转换之前，可将它们应用于 toy_df 并查看其结果。图 13.11 显示了另一个仪表板样式的可视化对象，其中显示了有关 PCA 转换的 toy_df 的信息。图 13.11 包含 5 个与图 13.10 中相似的项目。

此外，图 13.11 还包含使用 sklearn.decomposition 中的 PCA()函数转换 toy_df 的代码。

在图 13.11 中，可以看到 PCA 转换后的 toy_df 的信息和可视化结果。转换后的 toy_df 称为 toy_t_df。我们将 PCA 转换后的数据集的新列称为主成分（principal component，PC）。在这里，可以看到由于 toy_df 有两个特性，所以 toy_t_df 也相应地有两个主成分，分别称为 PC1 和 PC2。

粗略看一下图 13.11 并将其与图 13.10 进行比较后，读者可能会觉得这两个 DataFrame

（原始的 toy_df 数据集及其经过 PCA 转换之后的版本 toy_t_df）之间没有相似之处。但是，这两者之间其实有很多共同点。

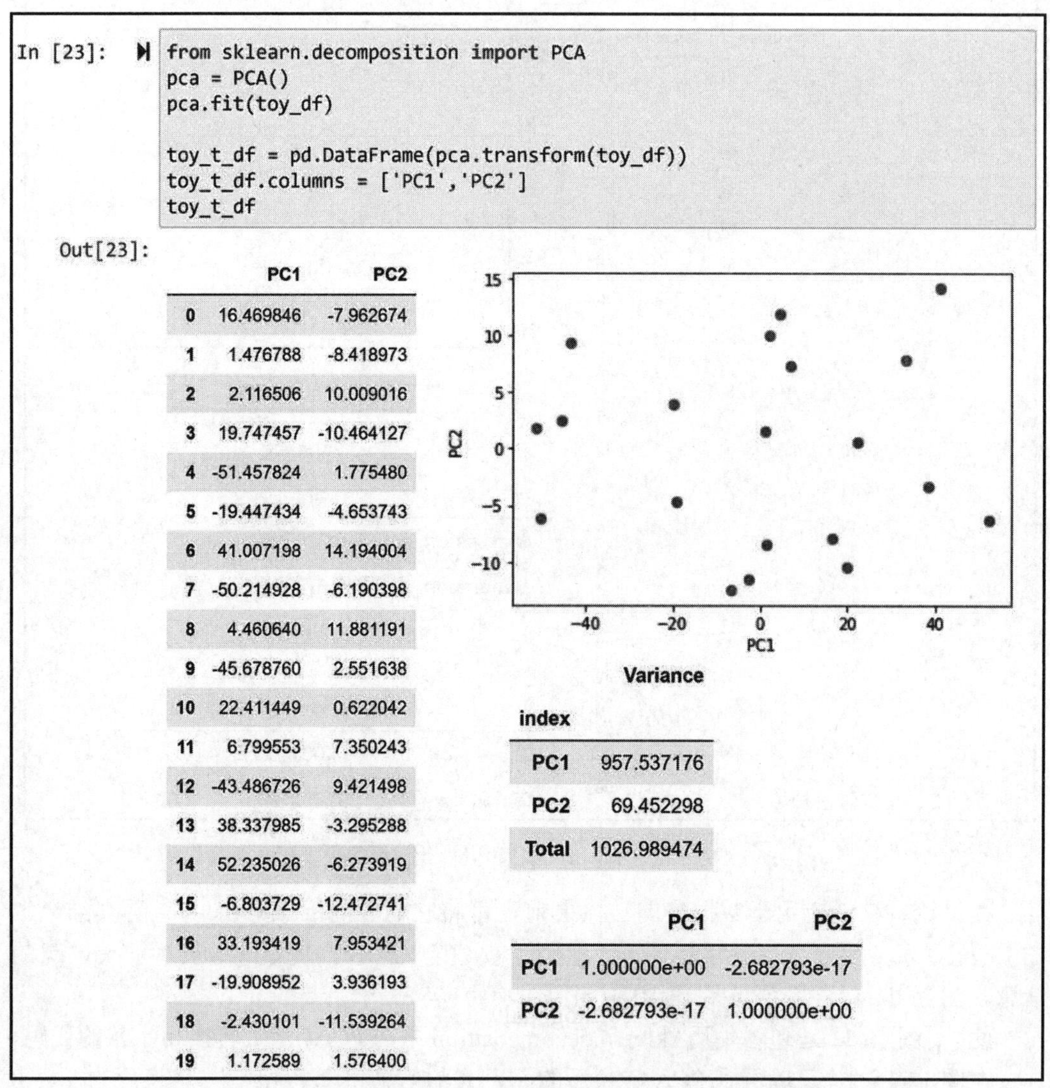

In [23]:

```
from sklearn.decomposition import PCA
pca = PCA()
pca.fit(toy_df)

toy_t_df = pd.DataFrame(pca.transform(toy_df))
toy_t_df.columns = ['PC1','PC2']
toy_t_df
```

Out[23]:

	PC1	PC2
0	16.469846	-7.962674
1	1.476788	-8.418973
2	2.116506	10.009016
3	19.747457	-10.464127
4	-51.457824	1.775480
5	-19.447434	-4.653743
6	41.007198	14.194004
7	-50.214928	-6.190398
8	4.460640	11.881191
9	-45.678760	2.551638
10	22.411449	0.622042
11	6.799553	7.350243
12	-43.486726	9.421498
13	38.337985	-3.295288
14	52.235026	-6.273919
15	-6.803729	-12.472741
16	33.193419	7.953421
17	-19.908952	3.936193
18	-2.430101	-11.539264
19	1.172589	1.576400

index	Variance
PC1	957.537176
PC2	69.452298
Total	1026.989474

	PC1	PC2
PC1	1.000000e+00	-2.682793e-17
PC2	-2.682793e-17	1.000000e+00

图 13.11　包含 PCA 转换后的 toy_df 数据集的信息和可视化效果的仪表板

首先，查看两个图中的总方差，它们都是 1026.989 474。因此，PCA 不会将信息添加到数据集中或从数据集中删除信息，它只是将变化从一个特性移动到另一个特性。

当我们旋转图 13.11 中的 Dimension_1 和 Dimension_2 的散点图时，第二个相似性就会显现出来。如图 13.12 所示，经过一些轴变换之后，它与图 13.10 中的数据相同。

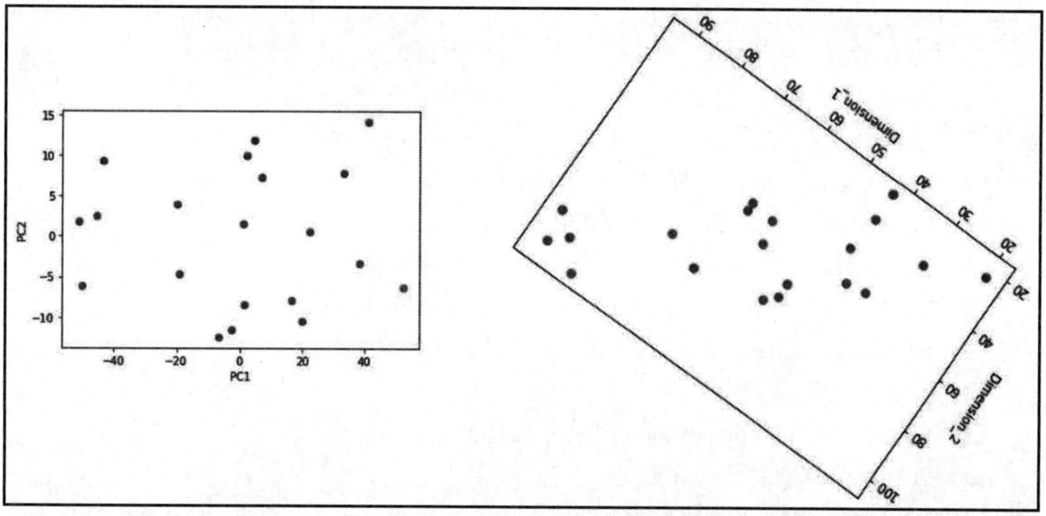

图 13.12　经过 PCA 转换后的 toy_df 数据集和可视化旋转后的 toy_df 数据集之间的比较

现在让我们来看看 PCA 对数据集的作用。简而言之，PCA 以这样一种方式转换了数据集的轴，即第一个主成分（在本例中为 PC1）携带最大可能的变化，而主成分之间的相关性（在本例中为 PC1 和 PC2）将为 0。

再次比较一下图 13.10 和图 13.11。虽然 Dimension_1 在图 13.10 的总方差 1026.989 474 变化中仅贡献了 415.315 789，但 PC1 在图 13.11 的总方差 1026.989 474 变化中却贡献了 957.537 176。因此，我们可以看到 PCA 转换成功地将大部分变化推入了第一个主成分 PC1。

此外，查看图 13.11 中的散点图和相关矩阵，可以看到 PC1 和 PC2 彼此没有关系，相关系数为零（−2.682 793e−17）。但是，在图 13.10 中却可以看到，Dimension_1 和 Dimension_2 之间的关系相当强（0.859 195）。

因此，PCA 已成功确保在此示例中 PC1 和 PC2 之间没有相关性。当两个特性彼此具有 0 相关性时，就说它们彼此正交（orthogonal）。

关于 PCA 还有更多要了解的东西，但现在我们可以通过真实的数据分析应用来学习。让我们来看下一个例子。

13.6.10　示例——非参数降维

在 8.3.2 节“使用 k-means 对多于二维的数据集进行聚类”中，使用了 k-means 算法根据 2019 年的数据将 WH Report_preprocessed.csv 数据集中的国家/地区分为 3 个聚类。本示例将使用该文件中的所有数据，而不是仅使用 2019 年的数据。此外，我们还将使用 PCA 来可视化数据中的固有模式，而不是使用聚类分析。

在 8.3.2 节“使用 k-means 对多于二维的数据集进行聚类”中，使用了以下 9 个特性对国家/地区进行聚类。

- Life_Ladder（生活阶梯）。
- Log_GDP_per_capita（人均 GDP 对数值）。
- Social_support（社会支持）。
- Healthy_life_expectancy_at_birth（出生时的期望寿命）。
- Freedom_to_make_life_choices（人生选择的自由程度）。
- Generosity（慷慨指数）。
- Perceptions_of_corruption（腐败程度感知）。
- Positive_affect（积极影响）。
- Negative_affect（消极影响）。

由于特性超过 3 个，因此无法使用可视化方法来进行该数据集的完整表示。在 PCA 的帮助下，我们可以将数据中的大部分变化推送到前几个主成分中，然后将它们可视化，这将有助于深入了解数据集中的总体趋势。

以下代码可将 WH Report_preprocessed.csv 文件读入 report_df，然后使用 Pandas.pivot()函数创建 country_df。

```
report_df = pd.read_csv('WH Report_preprocessed.csv')
country_df = report_df.pivot(index='Name', columns='year',
values=['Life_Ladder','Log_GDP_per_capita', 'Social_support',
'Healthy_life_expectancy_at_birth', 'Freedom_to_make_life_choices',
'Generosity', 'Perceptions_of_corruption', 'Positive_affect',
'Negative_affect'])
```

运行上述代码并研究 country_df 后，读者会看到数据集已被重组，数据对象的定义是针对每个国家/地区的，同时包含了 2010 年至 2019 年所有 10 年的所有幸福指数。因此，country_df 现在总共有 90 个特性。

数据重组后，以下代码将创建 Xs 并对其进行标准化。具体来说，就是使用 Xs = (Xs - Xs.mean()) / Xs.std()标准化 Xs DataFrame。

```
Xs = country_df
Xs = (Xs - Xs.mean())/Xs.std()
Xs
```

我们已经知道如何归一化（normalize）数据集。这里则使用了另一种数据转换技术：标准化（standardization）。这两种数据转换方法的区别在于使用它们的原因。对于聚类，使用的是归一化，因为它将确保所有特性的尺度相同，因此每个特性在聚类分析中具有相同的权重。但是，在应用 PCA 之前必须对数据进行标准化。这是因为标准化转换了特性，所以所有转换后的特性都会有一个相等的标准差：1。

成功运行上述代码后，运行 Xs.var()或 Xs.std()以查看标准化数据可确保每个特性在数据对象之间具有相同的方差。

为什么在应用 PCA 之前需要标准化？读者应该还记得我们对 PCA 的解释，这种方法可将每个特性视为总变化的某些变化的载体。如果一个特性碰巧有一个明显更大的方差，那么它将支配 PCA 的注意力。因此，为了确保每个特性都能得到 PCA 公平和平等的关注，需要对数据集进行标准化。

现在数据集已经准备就绪，即可应用 PCA。以下代码使用了 sklearn.decomposition 中的 PCA()函数将 Xs 转换为 Xs_t。

```
from sklearn.decomposition import PCA
pca = PCA()
pca.fit(Xs)
Xs_t = pd.DataFrame(pca.transform(Xs), index = Xs.index)
Xs_t.columns = ['PC{}'.format(i) for i in range(1,91)]
```

成功运行上述代码后，可打印转换后的数据集 Xs_t，并研究其状态。

注意：

读者可能对上述代码中的['PC{}'.format(i) for i in range(1,91)]感到困惑不解。这行代码中使用的技术称为列表推导式（list comprehension）。每当我们想用可迭代项填充集合时，即可使用列表推导式，而不是使用传统的循环。例如，如果单独运行这行代码，它会打印出 ['PC1', 'PC2', 'PC3', ..., 'PC90']。

现在你可能会问自己，PCA 成功了吗？要回答这个问题，你可以自己动手检查一下。通过简单地运行 Xs_t.var()，即可看到由每个 PC 解释的变化量。

运行此程序后，可以看到大多数变化都是由第一个 PC 解释的，但我们不知道具体有多少。一般来说，在执行 PCA 之后，可以对 PC 执行累积方差解释分析（cumulative variance explanation analysis）。

图 13.13 显示了创建 explanation_df 的代码，这是一个报告 DataFrame，用于显示每个 PC 的方差百分比，以及每个 PC 的累积方差百分比，从 PC1 开始。

在图 13.13 中，可以看到前 3 个 PC 已经占到数据总变化的 71%。按照正常理解，我们大约需要 90 个特性中的 64 个，才能解释包含 90 个特性的数据集中大约 71%的变化（64/90 = 0.71）。然而，有了 PCA 之后，我们已经将数据集转换为这样一种状态：仅使用 3 个特性即可显示数据集中 71% 的变化。

```
In [37]:  total_variance = Xs_t.var().sum()
          dic = {'variance_percentage':Xs_t.var()/total_variance,
                 'cumulative_variance_percentage':
                 Xs_t.var().cumsum()/total_variance}

          explanation_df = pd.DataFrame(dic)
          explanation_df
```

Out[37]:

	variance_percentage	cumulative_variance_percentage
PC1	4.775917e-01	0.477592
PC2	1.609550e-01	0.638547
PC3	7.197769e-02	0.710524
PC4	6.833512e-02	0.778860
PC5	5.290713e-02	0.831767
...	...	...
PC86	4.023476e-08	1.000000
PC87	6.144899e-11	1.000000
PC88	2.005157e-31	1.000000
PC89	1.969081e-33	1.000000
PC90	2.021922e-33	1.000000

90 rows × 2 columns

图 13.13　从 Xs_t 创建 explanation_df

接下来，可使用可视化技巧来绘制一个三维散点图。运行 Xs_t.plot.scatter(x='PC1', y='PC2', c='PC3', sharex=False) 将输出如图 13.14 所示的 3D 散点图。

图 13.14 中可视化的优势是已经可视化了 country_df 中 71%的信息，这是一个了不起的成就。但是，使用 PC 创建可视化的缺点是，如果使用原始特性进行可视化，则可视化中的维度将不会具有直观的含义。例如，将图 13.14 与第 8 章“聚类分析”的图 8.3 进行比较，在图 8.3 中，可以看到 x 轴显示的是 Life_Ladder（生活阶梯），而 y 轴显示的则是 Perception_of_corruption（腐败程度感知），颜色显示 Generosity（慷慨指数）。当我们查看该可视化结果时，从一个点移动到另一个点即可直观地看到值会发生哪些变化。然而，在图 13.14 中，PC1、PC2 和 PC3 只是变化的封装，我们对它们显示的内容没有直观的理解。

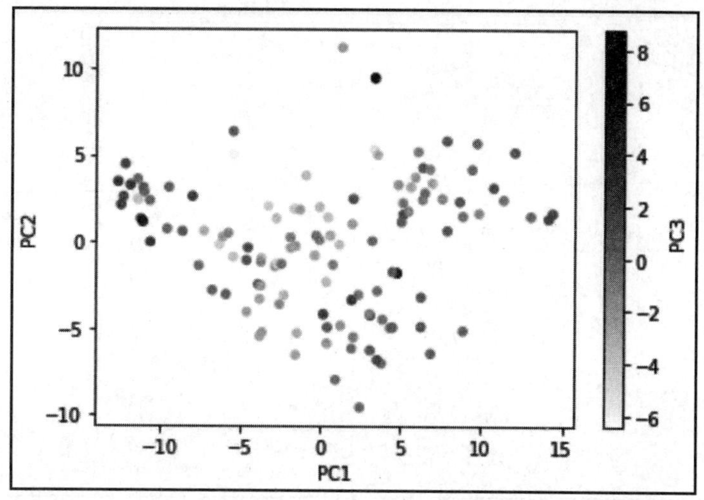

图 13.14　使用 PC1、PC2 和 PC3 可视化 country_df 中 71%的变化

这还不是事情的全部。在查看常规散点图时，我们会直观地假设 x 轴和 y 轴具有相同的权重和重要性。但是，在查看 PC 的散点图时，我们应该尝试克服这种第二天性。这样做的原因是：第一个 PC 具有更多的重要性，因为它们带有更多的变化。还需要记住的是，颜色的表示只占可视化显示的总变化的 10.1% 左右；这个 10.1%是使用公式 7.197 769e-02/0.710 524 计算获得的；这两个数字都来自图 13.13。

无论如何，通过同时关注 PC 的相关性和比例来超越我们的感知是一项艰巨的任务，尤其对于未经训练的眼睛而言更是如此。好消息是我们可以使用其他可视化技术来引导我们的眼睛。以下代码使用了一些策略来帮助了解数据点彼此之间关于 PC 的相对关系。

```
Xs_t.plot.scatter(x='PC1',y='PC2',c='PC3',sharex=False, vmin=-1/0.101,
vmax=1/0.101)
x_ticks_vs = [-2.9*4 + 2.9*i for i in range(9)]
for v in x_ticks_vs:
    plt.axvline(v,c='gray',linestyle='--',linewidth=0.5)
plt.xticks(x_ticks_vs)
y_ticks_vs = [-8.7,0,8.7]
for v in y_ticks_vs:
    plt.axhline(v,c='gray',linestyle='--',linewidth=0.5)
plt.yticks(y_ticks_vs)
plt.show()
```

在讨论策略是如何转换为上述代码之前，让我们看一下结果并将其用作了解这些策略的引导。运行上述代码后，Python 会生成图 13.15。

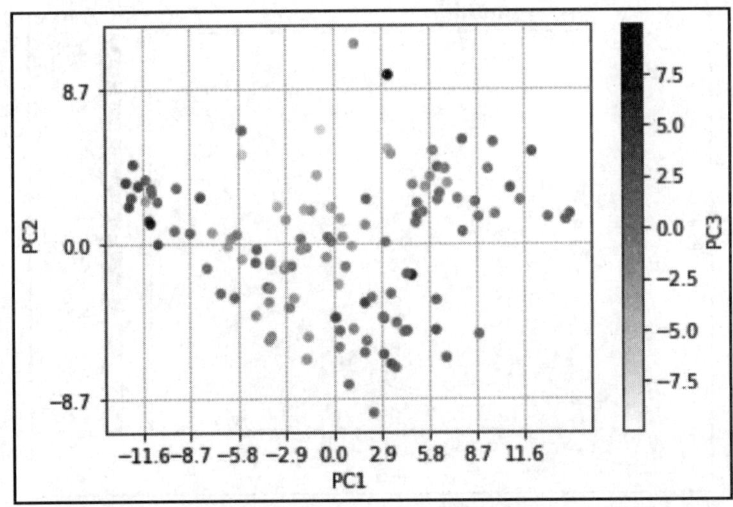

图 13.15　这是图 13.13 的重复，但包含了新的细节来引导我们了解 PC1、PC2 和 PC3 的相关性和比率

在图 13.15 中，可以看到采用了两项更改。具体如下所示。

- 绘图的 x-ticks 已更新，并相应地添加了垂直线。这些变化是使用 PC1 提供的变化量来采用的。

  类似地，绘图的 y-ticks 也已更新，并相应添加了水平线。

  数字 2.9 和 8.7 是通过反复试验计算得出的，信息取自图 13.13。

  首先，可以将图 13.13 中的 PC1 代表的百分比计算为（0.477 592/0.710 524=）67.216 828 706 700 97%，将 PC2 代表的百分比计算为（0.160 955/0.710 524=）22.652 999 757 925 132%。

  然后，使用 1 除以这些值中的每一个，即可得到 PC1 和 PC2 的两个数字 2.9 和 8.7。除以 1 是从哪里来的？想想看。

- 色谱在代表 PC3 时发生变化，并且已加宽。在这里使用了−1/0.101 到 1/0.101 的范围。此前，我们计算了 11.1%作为 PC3 携带的变化百分比。如图 13.15 所示，这种修改有助于我们不要过分重视数据对象之间 PC3 的变化。

在继续之前，让我们再做一件事来丰富该可视化效果。

我们想用国家/地区名称来注释图 13.15 中的点。由于注释所有国家/地区可能会使视觉混乱和不可读，因此本示例将只添加 50 个国家/地区；这 50 个国家/地区将使用 Pandas DataFrame.sample()函数随机选择。

我们还将使散点图变得更大一些。以下代码将执行此操作。对前面的代码所做的更改以粗体显示，以便读者可以轻松找到它们。

```
Xs_t.plot.scatter(x='PC1',y='PC2',c='PC3',sharex=False, vmin=-1/0.101,
vmax=1/0.101, figsize=(12,9))
x_ticks_vs = [-2.9*4 + 2.9*i for i in range(9)]
for v in x_ticks_vs:
    plt.axvline(v,c='gray',linestyle='--',linewidth=0.5)
plt.xticks(x_ticks_vs)
y_ticks_vs = [-8.7,0,8.7]
for v in y_ticks_vs:
    plt.axhline(v,c='gray',linestyle='--',linewidth=0.5)
plt.yticks(y_ticks_vs)
for i, row in Xs_t.sample(50).iterrows():
    plt.annotate(i, (row.PC1, row.PC2),
    rotation=50,c='gray',size=8)
plt.show()
```

成功运行上述代码后会产生如图 13.16 所示的结果。

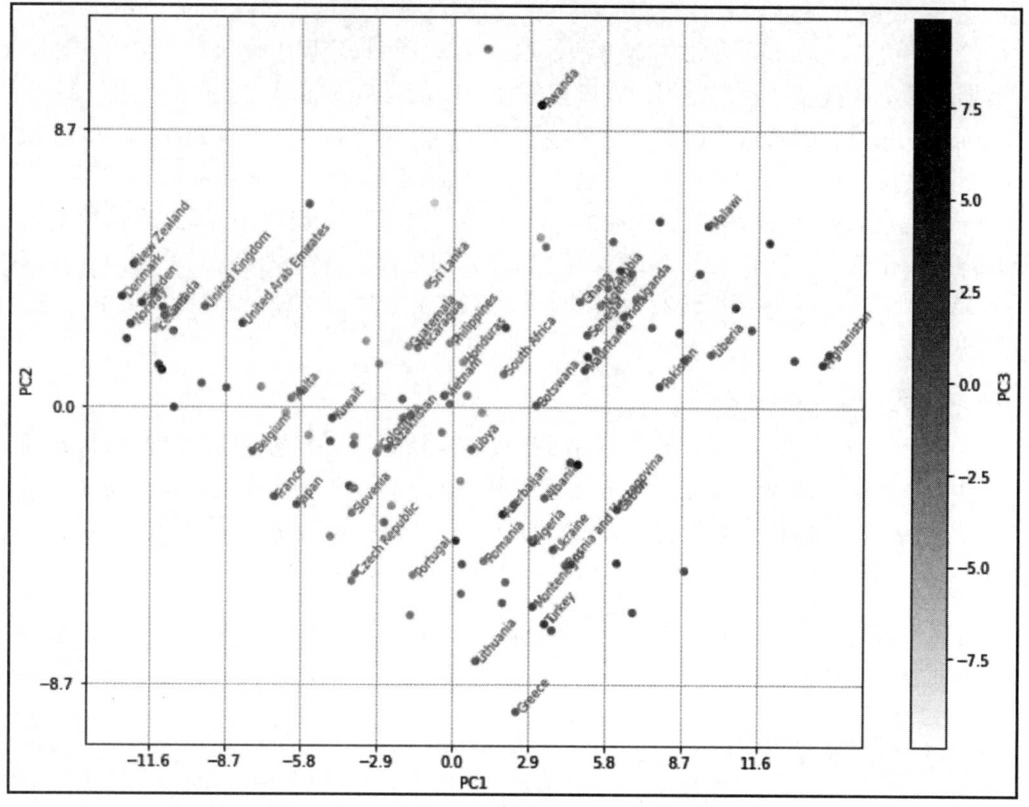

图 13.16　图 13.15 添加注释和放大之后的版本

现在，我们不必依赖聚类算法来提取数据集中固有的多变量模式，而是可以将它们可视化。对于善于通过观察发现问题的决策者来说，这种可视化是非常宝贵的，因为数据集中 71%的变化都呈现在这种可视化结果中。

在学习下一个降维方法（函数型数据分析）之前，不妨先来讨论一下 PCA 的优缺点。正如我们在这个例子中看到的，PCA 也许能够将数据集所有特性的大部分变化推送到第一个 PC 中。这非常好，因为它意味着我们可以使用更少的维度呈现更多信息。

这可以产生以下两个明显的积极影响。

首先，如本例所示，我们可以使用更少的视觉维度来可视化更多的信息。

其次，可以使用 PCA 作为一种帮助算法减少计算成本的方法。例如，本示例不必使用 90 个自变量特性，只要 3 个特性即可，而且信息损失还很小。

另一方面，使用 PCA 也会带来非常显著的负面影响。通过推动变化，PCA 有效地使转换后的数据的新维度变得毫无意义，这会剥夺分析师的一部分解读能力，因为可能分析师也不知道它究竟意味着什么。

简而言之，PCA 是一种非参数方法，这意味着它可以应用于任何数据集，并且它也许能够将数据转换到一个新空间，其中仅需要更少的维度即可呈现大部分变化。这既是它的优点，也是它的缺点。但是，对于接下来我们要介绍的函数型数据分析（FDA）来说，则刚好反过来，FDA 并不是一种适用于任何数据的方法。FDA 可能适用也可能不适用——这完全取决于分析师是否能找到一个数学函数，在可接受的程度上模仿数据。这算是它的一个缺点（普适性不如 PCA），但是，如果我们确实设法找到了该函数并应用了 FDA，则降维不会将数据转换为维度毫无意义的新空间，这就是 FDA 相比 PCA 更有优势的地方。

PCA 适用于任何数据集吗？

实际上，并不是。如果数据集的特性形成非线性关系，其包含的数据对分析目标很重要，则应避免使用 PCA。当然，在大多数日常数据集中，特性之间存在线性关系的假设是安全的。另一方面，如果捕获数据特性之间的非线性关系是必不可少的，则应该远离 PCA。

现在，读者是不是对于学习 FDA 感到非常兴奋呢？我想应该是的，因为 FDA 确实是一种非常强大和令人兴奋的方法。

13.6.11　函数型数据分析

顾名思义，函数型数据分析（functional data analysis，FDA）就是将数学函数应用于数据分析。FDA 可以是一个独立的分析工具，也可以用于降维或数据转换。在这里，我们将讨论如何将其用作降维方法。在第 14 章中，还将讨论如何使用 FDA 进行数据转换。

简单而言，作为一种降维方法，FDA 旨在找到一个能够很好地模仿数据的函数，这样我们就可以使用函数的参数来代替原始数据。

让我们通过一个例子来更好地理解这一点。

13.6.12　示例——参数化降维

在 13.6.10 节“示例——非参数降维”中，使用了 PCA 来转换 country_df，以便大多数变化（更准确地说是 71%）仅在 3 个维度上呈现，即 PC1、PC2 和 PC3。本示例将解决相同的问题，但使用参数化方法。

在继续之前，可以让 Jupyter Notebook 显示 country_df 并研究其结构。其结构如图 13.17 所示。可以看到，每个国家/地区都包含近 10 年内来自 9 个幸福指数的 90 条记录。

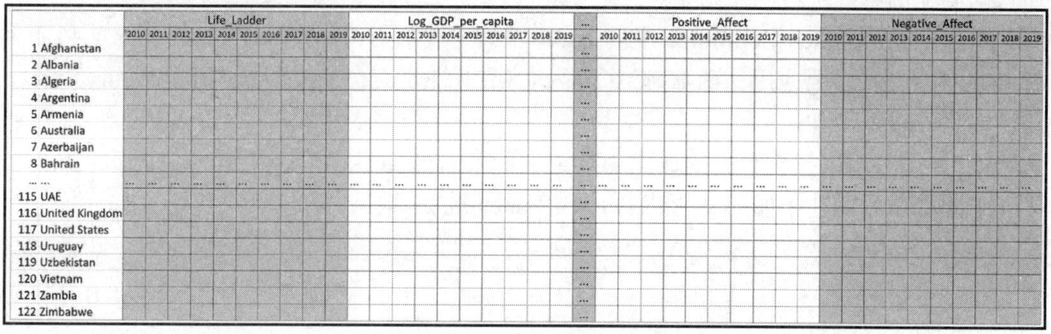

	Life_Ladder										Log_GDP_per_capita										...	Positive_Affect										Negative_Affect									
	2010	2011	2012	2013	2014	2015	2016	2017	2018	2019	2010	2011	2012	2013	2014	2015	2016	2017	2018	2019		2010	2011	2012	2013	2014	2015	2016	2017	2018	2019	2010	2011	2012	2013	2014	2015	2016	2017	2018	2019
1 Afghanistan																					...																				
2 Albania																					...																				
3 Algeria																					...																				
4 Argentina																					...																				
5 Armenia																					...																				
6 Australia																					...																				
7 Azerbaijan																					...																				
8 Bahrain																					...																				
... ...	...	...	...	...	...	...	...	...	...	...	...	...	...	...	...	...	...	...	...	...	...	...	...	...	...	...	...	...	...	...	...	...	...	...	...	...	...	...	...	...	...
115 UAE																					...																				
116 United Kingdom																					...																				
117 United States																					...																				
118 Uruguay																					...																				
119 Uzbekistan																					...																				
120 Vietnam																					...																				
121 Zambia																					...																				
122 Zimbabwe																					...																				

图 13.17　country_df 的结构

为了衡量 FDA 是否可以帮助我们转换这个数据集，不妨先可视化每个国家/地区每个幸福指数的 10 年趋势。

以下代码可填充 1098（122×9）条线图。当读者在 Jupyter Notebook 中单击 Run（运行）时，线图将开始出现。读者不必让计算机填充所有可视化效果。一旦读者觉得已经掌握了这些绘图的外观，即可中断内核。如果不知道如何停止内核，请返回参考图 1.2。

```
happines_index = ['Life_Ladder', 'Log_GDP_per_capita', 'Social_support',
'Healthy_life_expectancy_at_birth', 'Freedom_to_make_life_choices',
'Generosity', 'Perceptions_of_corruption',
'Positive_affect', 'Negative_affect']
for i,row in country_df.iterrows():
    for h_i in happines_index:
        plt.plot(row[h_i])
```

```
        plt.title('{} - {}'.format(i,h_i))
        plt.show()
```

完成此练习后，读者可能会确信线性公式能够总结所有可视化中的趋势。一般线性公式如下所示。

$$Happiness\_index = a + b * t$$

在该公式中，t 代表时间。在本示例中，它可以取列表[0, 1, 2, 3, 4, 5, 6, 7, 8, 9]中的任何一个值。对于在运行上述代码后看到的每个可视化结果，都可以努力估计 a 和 b 参数，以便如上式所示的函数可以在相当程度上表示所有的点。

在做出任何最终决定之前，不妨在可视化和统计上测试此函数的适用性。但是，由于这是我们第一次将函数拟合到数据，因此让我们对一些样本数据执行曲线拟合（curve fitting），然后使用循环将其应用于所有数据。

我们将使用的示例数据是 Afghanistan（阿富汗）的 Life_Ladder（生活阶梯），即上述代码创建的第一个可视化结果。

本示例将使用 scipy.optimize 中的 curve_fit()函数来估计阿富汗 Life_Ladder（生活阶梯）的 a 和 b 参数。要应用该函数，除了导入它（使用 from scipy.optimize import curve_fit），还需要执行以下步骤。

（1）为将用来拟合数据的数学函数定义一个 Python 函数。

下面的代码创建了如前文所述的 linearFunction()函数。

```
def linearFunction(t,a,b):
    y = a+ b*t
    return y
```

很快就会使用到 linearFunction()。

（2）为 curve_fit()函数准备数据，方法是组织 x_data 和 y_data。

以下代码显示了如何为阿富汗的 Life_Ladder（生活阶梯）完成此操作。

```
x_data = range(10)
y_data = country_df.loc['Afghanistan','Life_Ladder']
```

（3）将函数和数据传入 curve_fit()函数。

以下代码显示了如何对示例数据执行此操作。

```
from scipy.optimize import curve_fit
p, c = curve_fit(linearFunction, x_data, y_data)
```

运行上述 3 个代码块后，p 变量将具有估计的 a 和 b 参数。打印 p 将显示 a 估计为 4.379 781 82，而 b 则估计为-0.195 284 85。

为了评估这种估计的好坏，可以使用可视化结果和统计。图 13.18 显示了创建分析可视化的代码、结果、计算 r2 的代码及其结果。

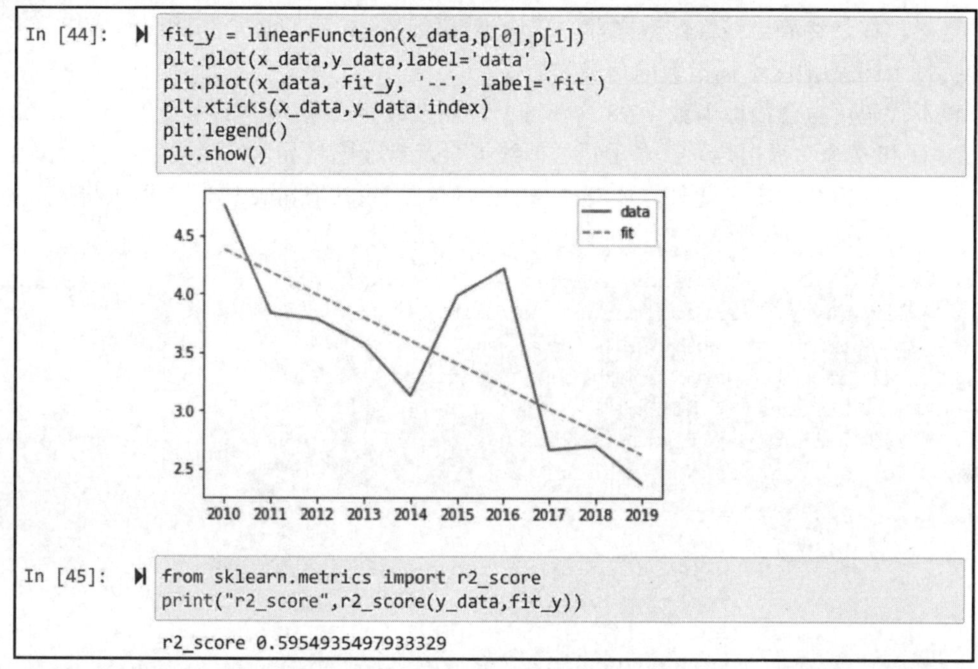
In [44]:
fit_y = linearFunction(x_data,p[0],p[1])
plt.plot(x_data,y_data,label='data')
plt.plot(x_data, fit_y, '--', label='fit')
plt.xticks(x_data,y_data.index)
plt.legend()
plt.show()
data
fit
4.5
4.0
3.5
3.0
2.5
2010 2011 2012 2013 2014 2015 2016 2017 2018 2019
In [45]:
from sklearn.metrics import r2_score
print("r2_score",r2_score(y_data,fit_y))
r2_score 0.5954935497933329

图 13.18　使用可视化和统计来评估拟合 goodness-of_fit 曲线的代码和结果

从统计学上讲，r2 是捕获和总结数据一个数字的拟合优度（goodness-of-fit）的理想指标。该指标可以取 0 到 1 之间的任何值，较高的值表示更好的拟合。此示例中的 0.59 这个值远称不上完美，但是也还算可以。

在任何情况下，我们都希望将可视化与统计数据结合起来，以获得最佳解释和决策。从视觉上看，拟合数据很好地显示了该国在 2010 年开始的位置（a）以及该国多年来的平均变化斜率（b）。尽管 r2 没有显示出完美的拟合，但可视化显示该函数仅用两个参数就完美地讲述了数据的故事。当你与 FDA 打交道时，能够捕获对分析至关重要的内容比完美契合更重要。有时，完美契合反而表明我们捕捉的是普遍趋势的噪声。

线性函数参数背后的含义：

与任何其他著名函数类似，线性函数（y=a+b*x）的参数具有直观的含义。a 参数称为截距（intercept）或常数；在本示例中，截距代表国家/地区的起点。

b 参数称为斜率（slope），它代表变化的速率和方向。在本示例中，b 恰好代表了一个国家多年来所经历的变化速度和方向。

因此，每次执行 FDA 时，必须要做的一项活动是了解可以捕获数据集基本信息的函数参数的含义。

当然，在最终确定线性函数之前，仍应继续验证——我们必须测试该函数能否很好地捕捉每个国家/地区幸福指数的信息本质。

以下代码可拟合线性函数 1098 次，每个幸福指数和国家/地区的组合各一次（122 个国家/地区和 9 个幸福指数）。对于每个曲线拟合，折线图将显示实际数据并显示拟合函数。还报告了拟合的 r2。此外，所有计算的 r2 值都记录在 rSqured_df 中以供将来分析。

```
happines_index = ['Life_Ladder', 'Log_GDP_per_capita', 'Social_support',
'Healthy_life_expectancy_at_birth', 'Freedom_to_make_life_choices',
'Generosity', 'Perceptions_of_corruption',
'Positive_affect', 'Negative_affect']
rSqured_df = pd.DataFrame(index=country_df.index,
columns=happines_index)
for i,row in country_df.iterrows():
    for h_i in happines_index:
        x_data = range(10)
        y_data = row[h_i]
        p,c= curve_fit(linearFunction, x_data, y_data)
        fit_y = linearFunction(x_data,p[0],p[1])

        rS = r2_score(y_data,fit_y)
        rSqured_df.at[i,h_i] = rS

        plt.plot(x_data,y_data,label='data' )
        plt.plot(x_data, fit_y, '--', label='fit')
        plt.xticks(x_data,y_data.index)
        plt.legend()
        plt.title('{} - {} - r2={}'.format(i,h_i,str(round(rS,2))))
        plt.show()
```

现在可以花一些时间查看上述代码填充的可视化结果。你会看到，虽然一些可视化的 r2 值和线性函数的拟合在统计值上并不高，但对于几乎所有的可视化结果，关于线性函数状态的故事都是有意义的。

为了进一步研究这一点，可创建一个包含每个幸福指数的所有 r2 值的箱线图。图 13.19 使用 Seaborn .boxplot()函数执行了此操作。

在研究了图 13.19 中的箱线图后，可以看到 Log_GDP_per_capita（人均 GDP 对数值）和 Healthy_life_expectancy_at_birth（出生时的期望寿命）的曲线拟合得非常好。这表明这两个幸福指数的趋势是最线性的。

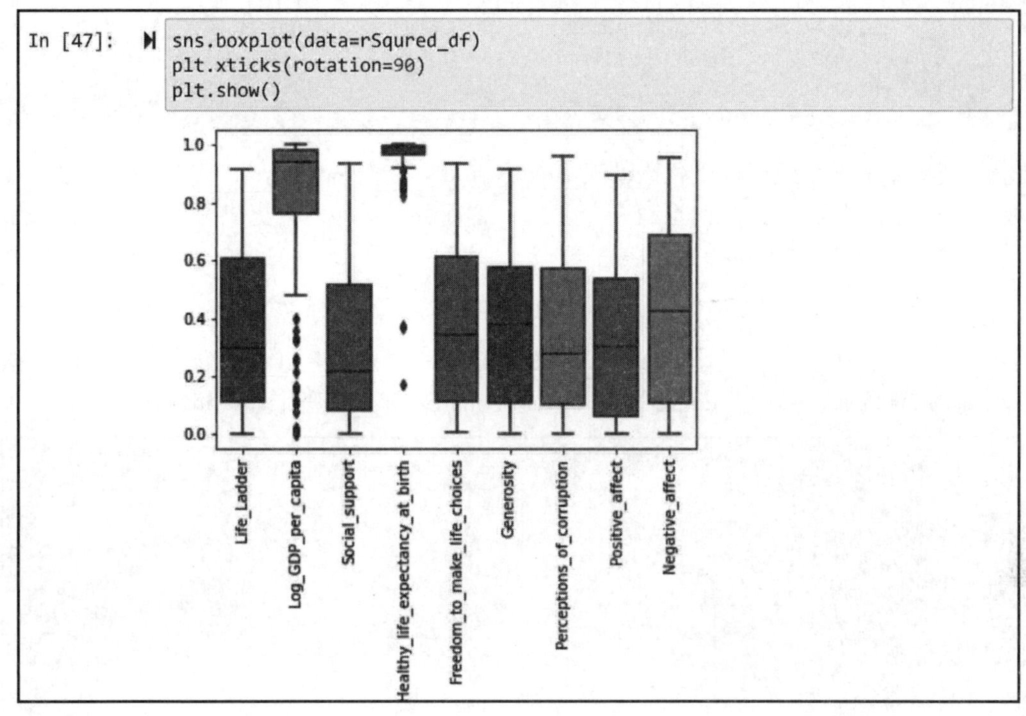

图 13.19　每个幸福指数的 r2 箱线图

从图 13.19 中可以得出结论，线性函数不是转换其他幸福指数的合适函数，并建议去绘图板上找到更适合它们的函数。虽然这也是一个有效的方向，但继续使用所有幸福指数的线性函数也是有效的。这是因为线性函数往往会捕捉到对分析很重要的本质，而拟合优度较低并不意味着参数将无法显示数据的趋势。

以下代码可创建一个函数以应用于 country_df。当应用于一行时，linearFDA()函数会循环遍历所有幸福指数，将线性函数拟合到 10 个值，并返回估计的参数 a 和 b。

```
happines_index = ['Life_Ladder', 'Log_GDP_per_capita', 'Social_support',
'Healthy_life_expectancy_at_birth', 'Freedom_to_make_life_choices',
'Generosity', 'Perceptions_of_corruption',
'Positive_affect', 'Negative_affect']
ml_index = pd.MultiIndex.from_product([happines_index,
['a','b']], names=('Hapiness Index', 'Parameter'))
def linearFDA(row):
    output_sr = pd.Series(np.nan,index = ml_index)
    for h_i in happines_index:
        x_data = range(10)
        y_data = row[h_i]
```

```
        p,c= curve_fit(linearFunction, x_data, y_data)
        output_sr.loc[(h_i,'a')] =p[0]
        output_sr.loc[(h_i,'b')] =p[1]
    return(output_sr)
```

创建函数后，可使用以下代码创建 country_t_df，它是 country_df 的 FDA 转换版本。

当然，在运行该代码之前会有一个警告。运行后，代码也会提供有关协方差无法估计的警告。这没什么好担心的。

```
country_df_t=country_df.apply(linearFDA,axis=1)
```

运行上述代码后，即可让 Jupyter Notebook 显示 country_df_t 并研究转换后的数据集。图 13.20 显示了应用于 country_df 以塑造 country_df_t 的变化程度和结构。

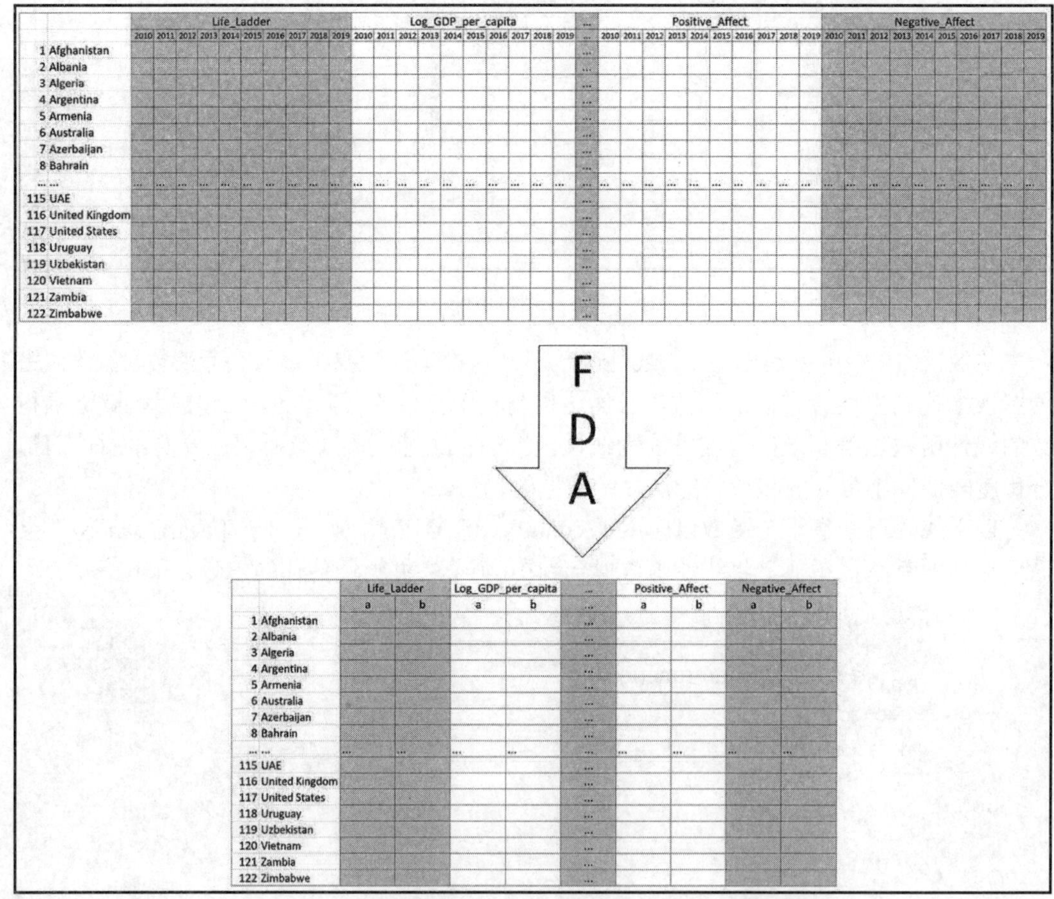

图 13.20　country_df 的原始结构及其经过 FDA 转换后的结构

在图 13.20 中可以看到，country_df_t 现在只使用了 18 个特性，而不是 country_df 的 90 个特性。在这里，FDA 所做的不仅仅是数据归约。FDA 与线性函数一起对数据进行了转换，以便将其关键特征——幸福指数的起点和变化斜率——推到表面上。

在继续之前，不妨来比较一下应用于相同数据的 FDA 方法和 PCA 方法。这里有以下 3 个关键点。

- 归约的程度：PCA 降维能够将数据归约为仅 3 个特性，而 FDA 则可以将数据归约为 18 个特性。
- 信息的丢失：这两种方法都消除了数据中的一些变化。我们知道 PCA 保留了 71%的变化，但是不知道 FDA 保留了多少变化。当然，使用 FDA 时可以控制我们有兴趣与 FDA 一起使用的变化类型，而 PCA 则不提供这种控制。
- 参数化：虽然 PCA 的新维度较少，但它们没有直观的含义，而 FDA 的归约参数则是有意义的，而且这些参数比原始特性对分析更有用。例如，在拟合阿富汗幸福指数数据时，显示截距 a 估计为 4.379 781 82，斜率 b 估计为-0.195 284 85，表明该国幸福指数起点很低，而且近 10 年来一直在走下坡路。

接下来，让我们看看在使用 FDA 转换数据源时经常使用的一些函数。

13.6.13 用于 FDA 的函数

现在让我们来了解一下 FDA 经常使用的几个函数。

在讨论该函数列表之前，有必要重申一下，这些函数可以是任何有可能捕捉数据趋势的东西。当然，本小节讨论的函数都很有名，并且常用于曲线拟合。

当读者拥有数据并希望将其应用到 FDA 时，可以试验以下 4 种函数之一，看看哪一个函数最适合分析目标。

- 指数函数（exponential function）。
- 傅里叶函数（fourier function）。
- 正弦函数（sinusoidal function）。
- 高斯函数（gaussian function）。

以下将详细介绍它们。在继续阅读之前，请注意以下警告。

注意：

这些函数中的每一个都有很多细节，如果将它们写成一本书的话，每个函数都可能占据一整章。但是，限于篇幅，本章只能对这些函数予以浮光掠影的介绍。当然，这些介绍足以能让读者很好地猜测某个函数是否适用于数据集。当数据集有多个函数可选时，强烈建议读者阅读有关该函数的更多信息，以了解其可能的变化及其参数的含义。如果读者希望成功进行函数型数据分析，那么这将是必不可少的。

让我们从指数函数开始介绍。

13.6.14　指数函数

指数函数可以捕获以指数增长或衰减为特征的内容。例如，我们知道有一种指数增长是起初增长速度缓慢但后期能迅速发力的增长。以下公式显示了该指数函数。

$$y = a \times e^{b \times x}$$

该函数的参数是 a 和 b。在这里，e 是一个称为欧拉数（euler's number）的常数，它是一个大约为 2.71 的常数。要获得准确的 e 值，需要在将 NumPy 导入为 np 之后在 Jupyter Notebook 中运行 np.exp(1)。

以下代码使用了 GoogleStock.csv 文件，该文件包含 Google 从上市之日到 2021 年 9 月 3 日（即创建此文件之日）的每日股票价格。这段代码使用了本章介绍的关于如何将函数拟合到数据集的所有内容。

```
def exponantial(x,a,b):
    y = a*np.exp(b*x)
    return y
price_df = pd.read_csv('GoogleStock.csv')
price_df.set_index('t',inplace=True)
y_data = price_df.Price
x_data = range(len(y_data))
p,c= curve_fit(exponantial, x_data, y_data,p0=[50,0])
fit_y = exponantial(x_data,p[0],p[1])
plt.plot(x_data,y_data,label='Google Stock Price Data')
plt.plot(x_data, fit_y, '--', label='fit')
plt.xticks(np.linspace(1,len(y_data),15),y_data.iloc[1::300].index,
rotation=90)
plt.legend()
plt.show()
```

运行上述代码将创建如图 13.21 所示的输出结果。

在继续讨论下一个函数之前，笔者将告诉读者一个与 scipy.optimize 中的 curve_fit() 函数有关的相当令人失望的现实。虽然这是一个足够优秀并且非常实用的函数，但它并没有完全集成，它还可以更强大。对于更复杂的函数，要让 curve_fit()估计可能的最佳参数，该函数需要一个支持。这个支持就是我们认为“参数应该是什么样的”的第一个猜测。例如，在前面的代码中，p0=[50,0]就是那个支持。

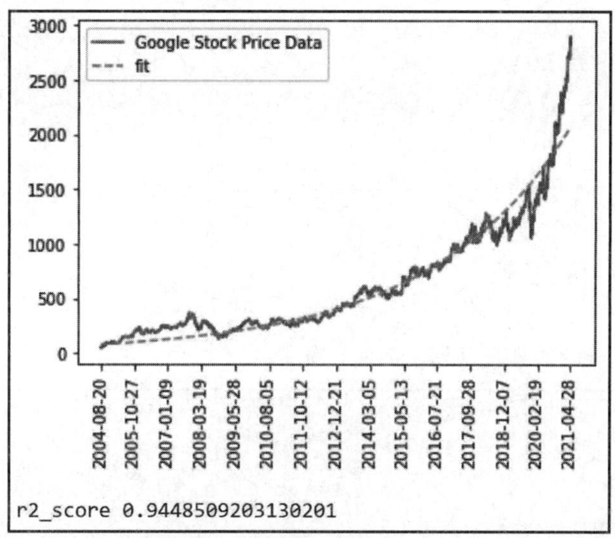

图 13.21　将指数函数拟合到 GoogleStock.csv 的输出

为了能够进行有根据的猜测以便可以帮助到 curve_fit()，分析师需要很好地理解函数参数的含义。例如，在指数函数中，*a* 称为截距，*b* 称为底（base）。

为了让 curve_fit()表现得更好，我们可以告诉它，截距应该在数字 50 附近。这个数字 50 就是 Google 股票刚开始几天的价格。

接下来，让我们看看傅里叶函数。

13.6.15　傅里叶函数

此函数是捕获振动信号（例如噪声和语音数据）的有效候选者。这些振动信号具有振荡、往复或周期性的特征，傅里叶函数可以捕捉到这些周期性的振荡和往复。以下公式显示了傅里叶函数。傅里叶函数的参数是 *a*0、*a*1、*a*2 和 *w*。

$$y = a0 + a1 \times \cos(x \times w) + b1 \times \sin(x \times w)$$

例如，以下代码使用了 Noise_data.csv 文件，该文件包含从汽车发动机收集的 200 毫秒的振动信号，用于诊断其运行是否正常。与前面的代码类似，它使用了本章所介绍的关于如何将函数拟合到数据集的所有内容。

```
def fourier(x,a0,a1,b1,w):
    y = a0 + a1*np.cos(x*w) + b1*np.sin(x*w)
    return y
noise_df = pd.read_csv('Noise_data.csv')
noise_df.set_index('t',inplace=True)
```

```
y_data = noise_df.Signal
x_data = range(len(y_data))
p,c= curve_fit(fourier, x_data, y_data,p0=[10,1000,-400,0.3])
fit_y = fourier(x_data,p[0],p[1],p[2],p[3])
plt.figure(figsize=(15,4))
plt.plot(x_data,y_data,label='Noise Data')
plt.plot(x_data, fit_y, '--', label='fit')
plt.legend()
plt.show()
print("r2_score",r2_score(y_data,fit_y))
```

运行上述代码将创建如图 13.22 所示的输出。

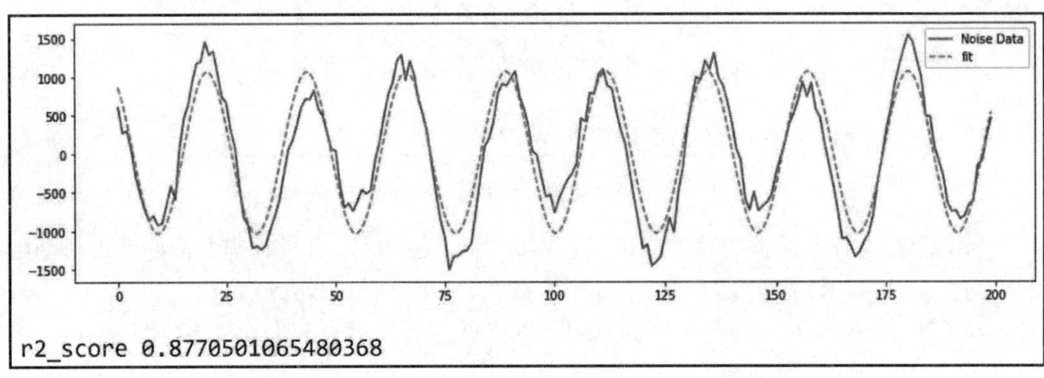

图 13.22　将傅里叶函数拟合到 Noise_data.csv 的输出

请注意，curve_fit()函数需要更强的帮助（上述代码使用了 p0=[10,1000,-400,0.3]）才能拟合数据。

接下来，让我们看看正弦函数。

13.6.16　正弦函数

该函数类似于傅里叶函数，可以捕获振荡和往复运动，因此，该函数也可以作为捕获噪声和语音数据的候选函数。

以下公式显示了正弦函数。正弦函数的参数是 $a1$、$b1$ 和 $c1$。

$$y = a1\times\sin(b1\times x + c1)$$

例如，以下代码使用了与上一个示例相同的数据（包含在 Noise_data.csv 文件中）来查看函数是否可以模拟数据。

```
def sinusoidal(x,a1,b1,c1):
    y = a1*np.sin(b1*x+c1)
    return y
```

```
noise_df = pd.read_csv('Noise_data.csv')
noise_df.set_index('t',inplace=True)
y_data = noise_df.Signal
x_data = range(len(y_data))
p,c= curve_fit(sinusoidal, x_data, y_data,p0=[1000,0.25,2.5])
fit_y = sinusoidal(x_data,p[0],p[1],p[2])
plt.figure(figsize=(15,4))
plt.plot(x_data,y_data,label='Noise Data')
plt.plot(x_data, fit_y, '--', label='fit')
plt.legend()
plt.show()
print("r2_score",r2_score(y_data,fit_y))
```

运行上述代码将创建如图 13.23 所示的输出。

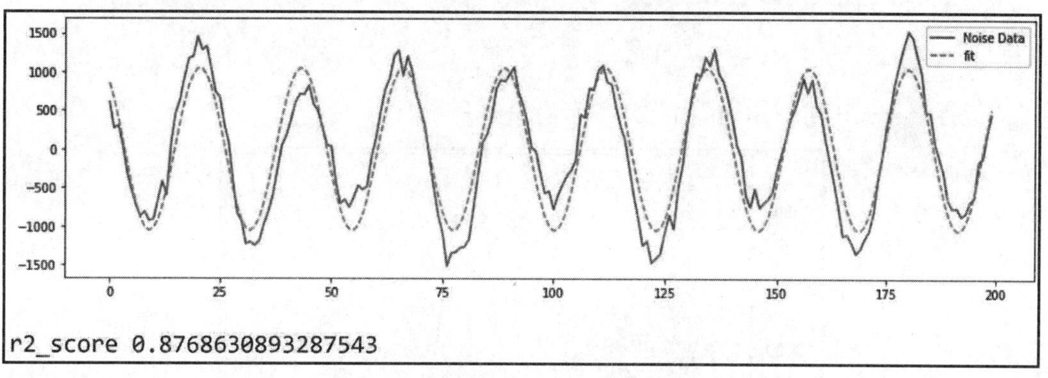

图 13.23　将正弦函数拟合到 Noise_data.csv 的输出

同样可以看到，curve_fit()函数也需要明显的帮助（上述代码使用了 p0=[1000,0.25,2.5]）才能拟合数据。分析师需要对正弦函数的参数有很好的理解，才能将这些帮助信息交给 curve_fit()函数。

13.6.17　高斯函数

该函数以概率和统计中的高斯分布（也称为正态分布）而闻名。我们用来总结、分析和比较许多总体的正态分布（normal distribution）背后的函数即来自高斯函数。高斯函数常具有 3 个参数，分别称为 $a1$、$b1$ 和 $c1$。其公式如下。

$$y = a1 \times \mathrm{e}^{(x-b1)^2/2c1^2}$$

正态分布的密度函数是上述公式的特定变体，只有两个参数，其中 $b1=\mu$ 且 $c1=\delta$，而 $a1$ 则计算为 $1/\delta\sqrt{2\pi}$。如果读者不了解正态分布，可以忽略本段并继续阅读。读者也可以将此函数视为自己刚刚认识的另一个著名函数。

高斯函数以钟形图形著称，3 个参数中的每一个都显示了钟形的特征。让我们来看一个具体的例子。

本示例将使用 covid19hospitalbycounty.csv 文件，该文件包含 2021 年 9 月 4 日收集的加利福尼亚州所有县的每日新冠肺炎疫情住院数据。以下代码将该文件读入 covid_county_day_df，然后使用.groupby()函数通过汇总所有县的数据，从而创建 covid_day_df。该代码还绘制了每日住院人数的趋势。

```
covid_county_day_df = pd.read_csv('covid19hospitalbycounty.csv')
covid_day_df = covid_county_day_df.groupby('todays_date').
hospitalized_covid_patients.sum()
covid_day_df.plot()
plt.xticks(rotation=90)
plt.show()
```

运行上述代码将创建如图 13.24 所示的输出。

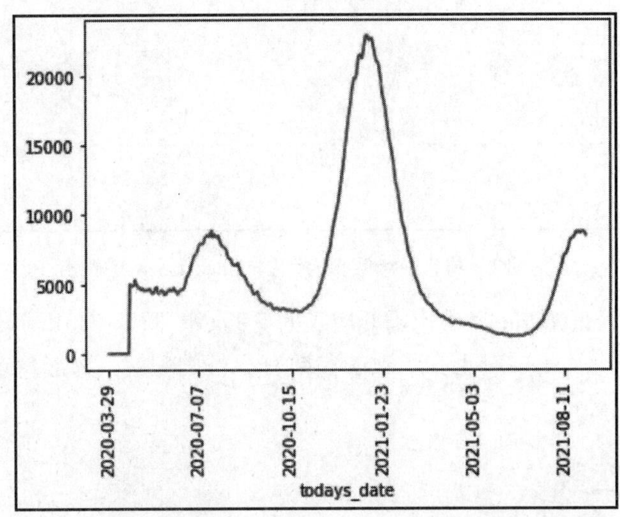

图 13.24　2021 年 9 月 4 日收集的美国加州新冠肺炎住院人数

在该数据的趋势中可以看到一些钟形图。这些波中的每一个都可以使用高斯函数进行汇总和捕获。例如，可以从 2020-10-15 到 2021-05-03 的数据中捕获一个钟形图。下面的代码就像之前所有的曲线拟合一样。

```
def gaussian(x,a1,b1,c1):
    y= a1*np.exp(-((x-b1)**2/2*c1**2))
    return y
```

```
y_data = covid_day_df.loc['2020-10-15':'2021-05-03']
x_data = range(len(y_data))
p,c= curve_fit(gaussian, x_data, y_data)
fit_y = gaussian(x_data,p[0],p[1],p[2])
plt.plot(x_data,y_data,label='Hospitalization Data')
plt.plot(x_data, fit_y, '--', label='fit')
plt.legend()
plt.show()
print("r2_score",r2_score(y_data,fit_y))
```

运行上述代码将创建如图 13.25 所示的输出。

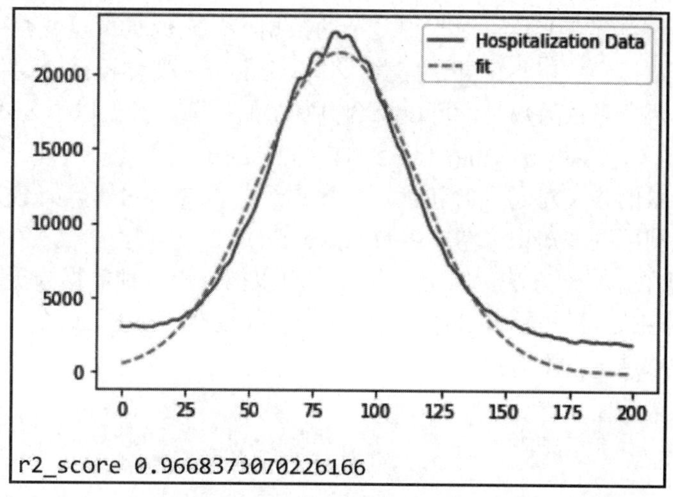

图 13.25　将高斯函数拟合到 covid_day_df 的一部分数据

虽然图 13.25 拟合得很好，但读者可能会问：这样做能有什么分析价值？这是一个很好的问题。假设有一个分析项目，希望使用历史数据预测下个月的新冠肺炎死亡人数。读者可以创建一个预测模型，将任何给定日期的新冠肺炎死亡人数（因变量特性）与该日前 2 周的住院总人数（自变量特性）联系起来。这样的模型可以在预测中取得一定程度的成功。但是，也有一些方法可以改善这一点。例如，可以添加更多自变量特性，如当天前一个月的新冠肺炎检测阳性率，或当天前 2 个月的疫苗接种率。这种方法使用了更多的数据源来丰富预测模型。第二种方法则是使用 FDA 丰富来自同一数据源的自变量特性。例如，可以使用拟合数据的函数的参数，而不是仅仅从 3 周前的住院数据中提取一个值。这样做肯定比添加更多数据源更棘手，但它也许能改进模型并获得更好的预测结果。有关使用 FDA 的数据集成/归约示例，可以参阅第 16 章“案例研究 2——新冠疫情住院病例预测”。

13.6.18 关于 FDA 的说明

函数型数据分析（FDA）还有很多值得讨论的内容，它有自己的大世界，本章介绍的内容仅仅是一个跳板，感兴趣的读者可以深入这个世界以进行更多学习。

关于 FDA，有一些需要注意的事项。

- 任何函数，即使是刚刚创建的函数，都可以用作 FDA 的函数。使用前面介绍的 4 个著名函数的优势在于，它们广为人知，并且有大量的资源可以支持你的学习和数据分析项目。
- 大多数函数都有变体，对于更复杂的数据集，它们也可以变得更加复杂。如果某个函数拟合数据集但并不完美，那么它的一种变体可能会起作用。例如，同时使用两个正弦函数时，可以拟合更复杂的振荡。参见以下公式。

$$y = a1\times\sin(b1\times x + c1) + a2\times\sin(b2\times x + c2)$$

- 了解参数的含义对于理解转换后的数据至关重要。此外，如前文所述，读者可能必须利用这些知识来帮助函数 curve_fit()。
- FDA 可用作降维方法。但是，FDA 也可以被视为一种数据分析工具。此外，在第 14 章中还可以看到，FDA 也可以是一种数据转换方法。

下面我们来总结一下本章内容。

13.7 小　　结

本章详细阐释了数据归约的概念、其独特性和不同的类型，并研究了一些示例。掌握数据归约的工具和技术在数据分析项目中具有重要价值。

我们介绍了数据冗余和数据归约之间的区别，并探讨了数据归约的两个主要类型：数量上的数据归约（也称为样本归约）和维度上的数据归约（也称为特征归约或降维）。对于数量上的数据归约，本章介绍了随机抽样、分层抽样和随机过抽样/欠抽样，并提供了前两种方法的示例。对于维度上的数据归约，本章涵盖了两种类型的降维方法：有监督方法和无监督方法。

有监督降维发生在我们为预测或分类数据挖掘任务选择自变量特性时，而无监督降维则是以更一般性的方式减少维度的数量。

第 14 章将介绍数据转换。本章介绍的一些技术也可以用作数据转换。

在了解数据转换之前，需要花点时间完成以下练习以巩固和强化学习成果。

13.8　练　　习

（1）用你自己的语言，从以下 3 个角度描述数据归约和数据冗余的异同：术语的字面含义、它们的目的和它们的过程。

（2）如果决定在预测任务中根据每个自变量特性与因变量特性的相关系数值来包含或排除自变量特性，那么会称这种类型的预处理是什么？是数据冗余还是数据归约？

（3）本示例将使用 new_train.csv 数据集。该数据集网址如下。

https://www.kaggle.com/rashmiranu/banking-dataset-classification

数据的每一行都包含客户信息，以及针对每个客户开展的市场营销活动（目的是吸引客户到银行存款）。本示例想要调整一个决策树，以显示成功吸引客户存款的营销活动的趋势。由于我们知道的唯一调整过程在计算上会非常昂贵，因此我们决定执行在本章中学到的数量上的数据归约之一，以归约调整过程的计算。哪种方法更适合这些数据？为什么？

确定要使用的数据归约方法后，应用该方法调整决策树，并绘制最终决策树。最后，对于你在最终决策树中发现的一些有趣模式进行解释。

（4）本章学习了 6 种降维方法（线性回归、决策树、随机森林、暴力计算降维、主成分分析和函数型数据分析）。对于这 6 种方法中的每一种，指出该方法是有监督的还是无监督的，并解释原因。

（5）继续研究练习（3）中的 new_train.csv 数据集。使用决策树和随机森林来评估 new_train.csv 中自变量特性的有用性。使用这两种降维方法报告和比较结果。

（6）使用暴力计算降维来找出 KNN 算法在练习（3）中描述的分类任务所需的自变量特性的最佳子集。如果任务计算量太大，则可以遏制它的一种策略是什么？如果最终使用了该策略，那么还能说找到的子集仍然是最优的吗？

（7）本练习将使用 ToyotaCorolla.csv 中的数据创建一个使用 MLP 的预测模型，该模型可以预测汽车价格。请执行下列操作。

① 处理所有数据清洗问题（如果有的话）。

② 应用线性回归、决策树和随机森林来评估数据集中自变量特性的有用性。使用所有评估结果来得出最能支持 MLP 预测的前 8 个自变量特性。应该优先考虑哪 3 种降维方法，为什么？

③ 使用与本章调整决策树代码相似的代码来调整 MLP，以完成将上一步中前 8 个自变量特性连接到因变量特性的预测任务。在此调整尝试中，使用以下两个超参数和列表

中给出的值。

- hidden_layer_sizes：[5,10,15,20,(5,5),(5,10),(10,10),(5,5,5),(5,10,5)]。
- max_iter：[50, 100, 200, 500]。

如果计算时间太长，请使用在本章中学到的计算成本削减策略。

④ 本步骤需要使用暴力计算降维来从 8 个自变量特性中找到自变量特性的最佳子集。是否可以使用在上一步中找到的调整参数？或者在使用暴力降维方法时，是否必须与参数调优混合使用？如果是，为什么？如果不是，为什么？应用你认为的最佳方法。

同样，如果计算时间太长，请使用在本章中学到的计算成本削减策略。

（8）本练习将使用 Cereals.csv 数据集。该数据集包含有关不同谷物产品的信息行。其包含的特性如下。

- name：谷物产品名称。
- mfr：谷物产品生产商（manufacturer）。
- type：包含 C 和 H 值。C 表示冷食（cold），H 表示热食（hot）。
- calories：每 1 份所含卡路里。
- protein：含蛋白质克数。
- fat：含脂肪克数。
- sodium：含钠毫克数。
- fiber：含膳食纤维克数。
- carbo：含碳水化合物克数。
- sugars：含糖克数。
- potass：含钾毫克数。
- vitamins：维生素和矿物质，值为 0、25 或 100，表示美国食品药品监督管理局（food and drug administration，FDA）推荐的典型百分比。
- shelf：商品展示货架。值为 1、2、3，从地板开始数。
- weight：每 1 份的重量，以盎司为单位。
- cups：1 份中的杯数。
- rating：谷物产品等级。

本练习需要对该数据集进行聚类分析，首先使用 k-means 算法，然后再使用 PCA。请执行下列操作。

① 为所有缺失值填补特性的集中趋势。

② 你选择的是哪一个集中趋势，为什么？

③ 为什么要使用集中趋势进行填补？为什么不使用其他方法？通过解释接下来将如何使用数据来回答。

④ 从数据中删除分类特性。

⑤ 是否应该对数据进行归一化或标准化以进行聚类？为什么？

⑥ 应用 k-means（设置 K=7）并报告获得的聚类。

⑦ 执行质心分析并命名每个聚类。

⑧ 研究聚类与你删除的两个分类特性之间的关系。哪个聚类既包含冷食，也包括热食？哪家公司仅生产不是很有营养的流行谷物产品？

⑨ 某小学（公立学校）想选择一套谷物产品作为他们食堂的食谱。每天都会提供不同的谷物产品，但所有谷物产品都应该是健康的。这里应该使用哪个聚类中的哪些成员？解释为什么。

⑩ 现在我们要使用 PCA 来补充这个分析。在应用 PCA 之前，应该标准化还是归一化该数据集？

⑪ 使用前面的几个主成分，绘制一个带注释的 3D 散点图，显示数据中的大部分变化。显示了多少变化？确保该图包含向观众解释每个主成分重要性的必要元素。

⑫ 查看 3D 散点图，你认为 k-means 选择 K=7 是否效果很好？

⑬ 你能在步骤⑪中创建的 3D 散点图中发现在步骤⑨中找到的聚类成员吗？它们都在一起吗？

（9）本练习将使用 Stocks 2020.csv 数据集，其中包含 4154 家公司在 2020 年的每日股价。请记住，2020 年是新冠肺炎疫情发生的一年。这一年，股市经历了突如其来的暴跌，也经历了快速的复苏。我们想使用数据归约方法来看看是否可以从数据中捕捉到这一点。请执行下列操作。

① 使用 k-means 算法将数据聚类为 27 个组。此外，还可以使用 time 模块来捕获算法运行所花费的时间。

② 根据聚类结果，数据中有哪些异常值？

③ 为所有异常值绘制折线图并描述你看到的趋势。

④ 为少于 10 个成员的聚类的所有成员绘制折线图并描述趋势。

⑤ 将 PCA 应用于数据并报告前三个主成分占的变化数量。此外，绘制一个带注释的散点图，其中包括这 3 个主成分和所有必要的可视化辅助。

⑥ 使用上一步中的可视化结果，计算并报告异常值。它们是否与使用 k-means 聚类发现的异常值相同？

⑦ 使用最重要的主成分再次将股票分成 27 个组。另外，报告 k-means 完成任务所花费的时间。看看 k-means 与步骤①中的速度相比快了多少。

⑧ 绘制比较步骤①和⑦中聚类的可视化。解释你的观察结果。

⑨ 我们想从数据中提取以下特征。

- General_Slope：拟合股票数据的线性回归线的斜率。
- Sellout_Slope：线性回归线的斜率拟合到从 2 月 14 日至 3 月 19 日的股票数据（由于新冠肺炎疫情导致的股票卖出期）。
- Rebound_Slope：线性回归线的斜率拟合到从 3 月 21 日至 12 月 30 日的股票数据（在新冠肺炎疫情后的股票反弹）。

这可以分几步完成。首先，创建一个占位符 DataFrame (fda_df)，其索引是股票代码，其列就是前面提到的特征。

⑩ 找到 General_Slope 并使用线性回归模型填充占位符。

⑪ 找到 Sellout_Slope 并使用线性回归模型填充占位符。

⑫ 找到 Rebound_Slope 并使用线性回归模型填充占位符。

⑬ 绘制 fda_df 的 3D 散点图。将 x_axis 用于 Sellout_Slope，将 y-axis 用于 Rebound_Slope。

⑭ 使用 fda_df 的 3 个特性再次将股票聚类为 27 个组。然后，将聚类结果与步骤①和⑦的聚类结果进行比较，并解释你的观察结果。

⑮ 在本练习尝试使用的 3 种预处理方法（无预处理、PCA 转换和 FDA 转换）中，哪一种能够帮助捕获我们感兴趣的模式？

（10）图 13.2 是使用随机抽样后的决策树创建的。本练习要求重新创建此图，但这次使用随机过抽样/欠抽样，其中样本各有 500 个流失客户和 500 个非流失客户。描述最终可视化结果的差异。

（11）图 13.7 显示了使用线性回归预测 Amazon 股票次日价格任务的降维结果。本练习要求使用决策树执行降维并比较结果。别忘记需要对 sklearn.tree 的 DecisionTreeRegressor()进行调优。可使用以下代码进行此调整过程。

```
from sklearn.tree import DecisionTreeRegressor
from sklearn.model_selection import GridSearchCV
y=amzn_df.drop(index=['2021-01-12'])['changeP']
Xs = amzn_df.drop(columns=['changeP'],index=['2021-01-12'])
param_grid = {'criterion':['mse','friedman_mse','mae'],
'max_depth': [2,5,10,20], 'min_samples_split':
[10,20,30,40,50,100], 'min_impurity_decrease': [0,0.001,
0.005, 0.01, 0.05, 0.1]}
gridSearch = GridSearchCV(DecisionTreeRegressor(), param_
grid, cv=2, scoring='neg_mean_squared_error', verbose=1)
gridSearch.fit(Xs, y)
print('Best score: ', gridSearch.best_score_)
print('Best parameters: ', gridSearch.best_params_)
```

第 14 章　数 据 转 换

恭喜读者已进入本书第 3 篇“预处理”的最后一章。到目前为止，本篇已经讨论了数据清洗、数据集成和数据归约。本章将完成数据预处理工具库中的最后一块拼图——数据转换和按摩。

数据转换通常是应用于数据集的最后一个数据预处理操作。这可能是因为需要转换数据集以准备进行规定的分析，或者特定的转换可能有助于某个分析工具更好地执行，或者在没有正确数据转换的情况下，分析结果可能会产生误导。

本章将介绍在什么时候、什么情况下需要数据转换。此外，我们还将介绍各种数据预处理情况所需的技术。

本章包含以下主题。

- 数据转换和按摩的原因。
- 归一化和标准化。
- 二进制编码、排序转换和离散化。
- 特性构造。
- 特征提取。
- 对数转换。
- 平滑、聚合和分箱。

14.1　技 术 要 求

在本书配套的 GitHub 存储库中可以找到本章使用的所有代码示例以及数据集，具体网址如下。

https://github.com/PacktPublishing/Hands-On-Data-Preprocessing-in-Python/tree/main/Chapter14

14.2　数据转换和按摩的原因

数据转换出现在数据预处理的最后阶段，就在使用分析工具之前。在数据预处理的这个阶段，数据集已经具有以下特征。

- ❑ 数据清洗：数据集已进行了所有 3 个级别的清洗（详见第 9～11 章）。
- ❑ 数据集成：识别所有可能有帮助的数据源，并创建包含必要信息的数据集（详见第 12 章“数据融合与数据集成”）。
- ❑ 数据归约：如果需要，可以归约数据集的大小（详见第 13 章“数据归约”）。

14.2.1　数据转换的意义

在进入数据分析阶段之前，分析师可能必须对数据进行一些更改。数据集将由于以下原因之一而必须做出修改，我们称之为必要性、正确性和有效性。以下列表提供了每一种原因的详细解释。

- ❑ 必要性（necessity）：分析方法不能处理数据的当前状态。例如，许多数据挖掘算法，如多层感知器（multi-layered perceptron，MLP）和 k-means，仅适用于数字；当存在分类特性时，需要先对这些特性进行转换，然后才能进行分析。
- ❑ 正确性（correctness）：如果没有适当的数据转换，生成的分析将具有误导性和错误性。例如，如果使用 k-means 算法聚类而不对数据进行归一化，则我们会认为所有特性在聚类结果中具有相同的权重，但这是不正确的；具有较大尺度的特性将具有更大的权重。
- ❑ 有效性（effectiveness）：如果数据经过一些规定的更改，则分析将更加有效。

现在我们对数据转换和按摩的目标和原因有了更好的了解，接下来让我们看看数据转换和数据按摩之间的区别。

14.2.2　数据转换与数据按摩的区别

数据转换（data transformation）和数据按摩（data massage）这两个术语之间的相似性大于差异。因此，在大多数情况下，互换使用它们是没问题的。这两个术语都描述了数据集在进行改进分析之前所经历的变化。但是，它们之间有以下两个区别。

首先，术语数据转换更为常用和广为人知。

其次，转换和按摩的字面意义也反映出这两个术语之间的决定性区别。

“转换”这个词比“按摩”更笼统。数据集经历的任何变化都可以称为数据转换。但是，“按摩”这个词则更加具体，不像“转换”那样中性，而是带有“多做多受益”的意思。因此，如图 14.1 所示，数据按摩可以解释为在试图提高数据分析的有效性时进行的数据改变，而数据转换则是一个更笼统的术语。因此，有些观点认为，所有数据按摩都是数据转换，但并非所有数据转换都是数据按摩。

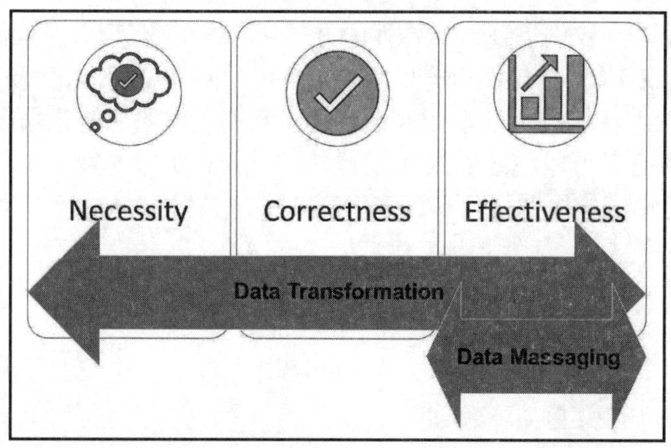

图 14.1　数据转换与数据按摩

原　文	译　文	原　文	译　文
Necessity	必要性	Data Transformation	数据转换
Correctness	正确性	Data Massaging	数据按摩
Effectiveness	有效性		

图 14.1 显示了之前讨论的数据转换的 3 个原因：必要性、正确性和有效性。此外，该图还显示，数据转换是一个更通用的术语，用于指代数据集在分析之前经历的变化，但数据按摩则更具体，通常在提高数据集的有效性时使用。

在本章的其余部分，我们将介绍一些常用的数据转换和按摩工具。接下来，让我们从归一化和标准化开始。

14.3　归一化和标准化

在本书前面的章节中已经讨论并使用了归一化和标准化技术。例如，在第 7 章“分类”应用 K 近邻查询（k-nearest neighbors，KNN）算法之前，以及在第 8 章“聚类分析”中对数据集使用 k-means 算法之前，都使用了归一化技术。此外，在第 13 章“数据归约”中将主成分分析（principal component analysis，PCA）应用于数据集以进行无监督降维之前，使用了标准化技术。

什么时候需要归一化？什么时候需要标准化？一般性规则如下。

- 当我们需要数据集中所有特性的范围相等时，需要进行归一化。这对于使用数据对象之间距离的算法执行数据分析时尤其有必要。此类算法的典型示例是 k-means 和 KNN。

- 另一方面，当我们需要所有特性的方差或标准差相等时，则需要进行标准化。在第 13 章“数据归约”中学习 PCA 时讨论了需要标准化的示例。标准化之所以必要，是因为 PCA 本质上是通过检查数据集中的总变化来运行的；当一个特性有更多的变化时，它在 PCA 的操作中就会有更多的发言权。

下面列出了可用于应用归一化和标准化的公式。

$$\mathrm{NA}_i = \frac{A_i - \min(A)}{\max(A) - \min(A)}$$

$$\mathrm{SA}_i = \frac{A_i - \mathrm{mean}(A)}{\mathrm{std}(A)}$$

上述公式中使用的变量如下。

- A：特性（attribute）。
- i：数据对象的索引（index）。
- A_i：特性 A 中数据对象 i 的值。
- NA：特性 A 的归一化（normalized）版本。
- SA：特性 A 的标准化（standardized）版本。

让我们来看一个例子。图 14.2 显示了一个小型员工数据集，该数据集仅由 Salary（薪水）和 GPA（平均学分绩点）这两个特性描述。正如读者在最左侧的原始特性 Salary（薪水）和 GPA（平均学分绩点）中看到的那样，用于薪水的数字显然大于 GPA。

	Salary __A__	GPA __B__	N_Salary __NA__	N_GPA __NB__	S_Salary __SA__	S_GPA __SB__
1	92000	3.25	0.75	0.339806	0.817616	-0.57477
2	83000	3.36	0.5	0.446602	-0.00919	-0.15882
3	83000	3.16	0.5	0.252427	-0.00919	-0.91509
4	72000	3.45	0.194444	0.533981	-1.01972	0.181506
5	101000	3.32	1	0.407767	1.644418	-0.31007
6	85000	3.57	0.555556	0.650485	0.174547	0.635271
7	74000	3.93	0.25	1	-0.83599	1.996565
8	65000	3.61	0	0.68932	-1.66279	0.786526
9	98000	3.47	0.916667	0.553398	1.368817	0.257133
10	78000	2.9	0.361111	0	-0.46852	-1.89825
Max=	101000	3.93	1	1	1.644418	1.996565
Min=	65000	2.9	0	0	-1.66279	-1.89825
Mean=	83100	3.402	0.502778	0.487379	0	0
STD=	10885.31	0.264454	0.30237	0.256752	1	1

图 14.2　归一化和标准化的例子

前面介绍的两个公式分别用于应用归一化和标准化转换。图 14.2 中间的表显示的 N_Salary 和 N_GPA 特性就是该数据集的归一化版本。可以看到，归一化后，特性具有相同的从 0 到 1 的范围。

图 14.2 最右侧的表显示的 S_Salary 和 S_GPA 特性就是该数据集的标准化版本。在标准化版本中可以看到两个特性的标准差（standard deviation，STD）都等于 1。

通过进一步研究图 14.2，可以观察到以下两个有趣的趋势。

首先，尽管归一化的目标是使范围相等——Max（最大值）为 1，Min（最小值）为 0，但归一化特性的标准差（STD）也变得更加接近。

其次，即使标准化的目标是使标准差（STD）相等，但两个标准化特性的最大值和最小值彼此也更接近。

这两个观察结果是许多资源的标准化和归一化被引入作为可以互换使用的两种方法的主要原因。

此外，我们还经常看到应用标准化或归一化的选择是在有监督的调优中设置的。这意味着分析师可以对数据进行归一化和标准化的实验，然后选择能够在主要评估指标上获得更好性能的数据。例如，如果要在数据上应用 KNN 算法，则可能会看到特性的归一化或标准化之间的选择，并且这可能是仅次于 K 值和自变量特性子集的调优参数。在 13.6.7 节“示例——为分类算法寻找自变量特性的最佳子集”中即包含了这样的示例，读者可以同时尝试归一化和标准化，看看哪一种方法更适合该案例。

在研究下一组数据转换方法之前，不妨来讨论一下归一化和标准化是否属于数据按摩。大多数时候，应用这两个转换的原因是没有它们，分析结果可能会产生误导。因此，应用它们的背后原因是正确性，故不能将标准化或归一化称为数据按摩。

前文已经讨论了许多应用归一化和标准化的示例，因此我们将跳过这些数据转换工具的实际示例，直接进入下一组方法：二进制编码、排序转换和离散化。

14.4　二进制编码、排序转换和离散化

在进行分析时，有很多情况都需要将数据从数字表示转换为分类表示，反之亦然。要进行这些转换，必须使用以下 3 种工具之一：二进制编码、排序转换和离散化。

如图 14.3 所示，从分类特性切换到数值特性，要么使用二进制编码（binary coding），要么使用排序转换（ranking transformation），而从数值特性切换到分类特性，则需要使用离散化（discretization）。

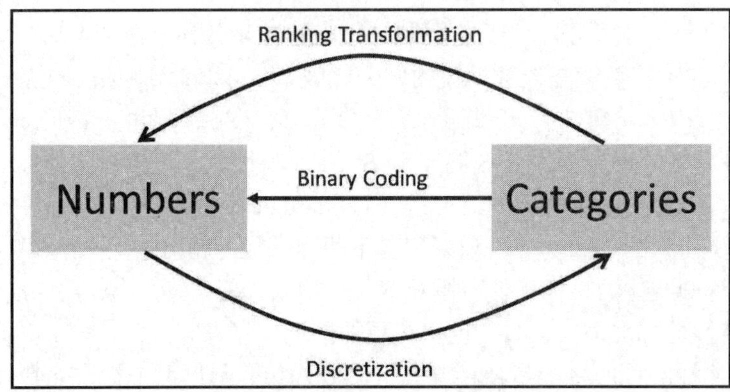

图 14.3　二进制编码、排序转换和离散化的应用方向

原　文	译　文	原　文	译　文
Numbers	数字	Binary Coding	二进制编码
Discretization	离散化	Ranking Transformation	排序转换
Categories	分类		

图 14.3 可能会让人想到一个问题，当我们想从分类特性切换到数值特性时，如何知道应该选择哪一个：是二进制编码还是排序转换？

答案很简单。如果分类是名义上的（标称特性），那么只能使用二进制编码；如果它们是有序的（序数特性），则两者都可以使用，但每种方法都各有其优缺点。下文将通过示例展开详细的讨论。

在学习应用这些转换的示例之前，不妨来讨论一下，为什么可能需要这些数据转换？这可以从两部分来思考。

首先，为什么要将数据转换为数字形式？

其次，为什么要将数据转换为分类形式？

当我们选择的分析工具只能处理数字时，通常会将分类特性转换为数值特性。例如，如果要使用 MLP 进行预测，并且某些自变量特性是分类的，那么除非将分类特性转换为数值特性，否则 MLP 将无法处理预测任务。

现在，让我们讨论一下为什么要将数值特性转换为分类特性。大多数情况下，这样做是因为分析生成的输出更加直观，更加容易解释和使用。例如，我们不必显示 GPA 的数字，而是使用诸如“优秀”、“良好”、“及格”和“不及格”等类别。很快我们就会看到这样的例子。

此外，在某些分析案例中，特性的类型必须相同。例如，当我们想要研究数值特性和分类特性之间的关系时，即可决定将数值特性转换为分类特性，以便能够使用列联表

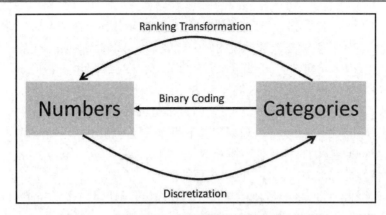

进行分析（参阅 5.4.7 节“检查分类特性和数值特性之间关系的示例”）。

接下来，让我们通过一些例子来了解这些转换工具。

14.4.1　示例 1——标称特性的二进制编码

在 8.3.2 节“使用 k-means 对多于二维的数据集进行聚类”中，没有使用 continent（大陆）分类特性进行 k-means 聚类分析。但是，该特性确实包含一些可以增加聚类分析的趣味性的信息。现在我们已经了解了将分类特性转换为数值特性的可能性，因此可以尝试丰富该聚类分析。

由于 continent（大陆）分类特性是标称特性，因此我们只有一个选择，那就是使用二进制编码。在以下代码中，我们将使用 pd.get_dummies() Pandas 函数对 Continent（大陆）特性进行二进制编码。在此之前，需要像第 8 章“聚类分析”中那样加载数据。以下代码负责处理此操作。

```
report_df = pd.read_csv('WH Report_preprocessed.csv')
BM = report_df.year == 2019
report2019_df = report_df[BM]
report2019_df.set_index('Name',inplace=True)
```

运行上述代码后，即可尝试 pd.get_dummies()。图 14.4 显示了使用此函数的代码及其输出的前 5 行。bc_Continent 变量名称前面的 bc 表示的是二进制编码（binary coded）。

```
In [3]:  bc_Continent = pd.get_dummies(report2019_df.Continent)
         bc_Continent.head(5)
```

Out[3]:

Name	Africa	Antarctica	Asia	Europe	North America	Oceania	South America
Afghanistan	0	0	1	0	0	0	0
Albania	0	0	0	1	0	0	0
Algeria	1	0	0	0	0	0	0
Argentina	0	0	0	0	0	0	1
Armenia	0	0	0	1	0	0	0

图 14.4　使用 pd.get_dummies()二进制编码的 report2019_df.Continent

图 14.4 准确地显示了二进制编码的作用。对于每个可能的分类特性，将添加一个二元特性。所有二进制特性的组合将呈现相同的信息。

接下来，可运行与第 8 章“聚类分析”中非常相似的代码。以下代码仅更新了其中一部分，并且更新部分已加粗显示。

```
from sklearn.cluster import KMeans
dimensions = ['Life_Ladder', 'Log_GDP_per_capita', 'Social_support',
'Healthy_life_expectancy_at_birth', 'Freedom_to_make_life_choices',
'Generosity', 'Perceptions_of_corruption', 'Positive_affect',
'Negative_affect']
Xs = report2019_df[dimensions]
Xs = (Xs - Xs.min())/(Xs.max()-Xs.min())
Xs = Xs.join(bc_Continent/7)
kmeans = KMeans(n_clusters=3)
kmeans.fit(Xs)
for i in range(3):
    BM = kmeans.labels_==i
    print('Cluster {}: {}'.format(i,Xs[BM].index.values))
```

成功运行上述代码后，读者将看到聚类分析的结果。

上述代码与第 8 章“聚类分析”中的代码之间唯一明显的区别是添加了 Xs = Xs.join(bc_Continent/7)，它将 Continent（大陆）特性的二进制编码版本（bc_Continent）添加到 Xs。可以看到，这是在 Xs 被归一化之后，在 Xs 被输入 kmeans.fit()之前执行的。

还有一个问题：为什么不是直接添加 bc_Continent（不除以 7）？

在继续进行质心分析之前，让我们尝试消除所有疑问。本示例以特定方式在特定位置将 bc_Continent 添加到代码中的原因是，我们希望控制这种二进制编码对结果的影响程度。如果在不除以 7 的情况下相加，则 bc_Continent 将主要基于国家/地区所在的大陆进行聚类，从而主导聚类结果。要查看这种影响，可以删除代码中除以 7 的部分，然后再次运行聚类分析，并创建质心分析的热图以查看这一点。为什么会这样？这不是很明显吗？Continent（大陆）特性的信息只是一个特性，而不应该是 7 个特性。

此外，如果在归一化之前添加了 bc_Continent/7，那么除以 7 将没有意义，因为归一化的代码是 Xs = (Xs - Xs.min())/(Xs.max() -Xs.min())，会取消除以 7。

现在读者应该已经理解了为什么要以特定方式在特定位置添加二进制编码数据。接下来，让我们执行质心分析。

以下代码将针对这种特定情况创建用于质心分析的热图。该代码与本书执行的任何其他质心分析非常相似，但有一点小改动。我们将有两幅热图，而不是一幅热图——其中一幅用于常规数值特性，另一幅用于二进制编码特性。这种双重可视化的原因是，归一化的数值在 0 和 1 之间，而二进制编码的值在 0 和 0.14 之间；如果没有分离，则热图只会显示归一化的数值，因为这些值具有更大的尺度。读者也可以运行正常的非分离热图并自行研究结果。

```
clusters = ['Cluster {}'.format(i) for i in range(3)]
Centroids = pd.DataFrame(0.0, index = clusters, columns = Xs.columns)
for i,clst in enumerate(clusters):
    BM = kmeans.labels_==i
    Centroids.loc[clst] = Xs[BM].mean(axis=0)
plt.figure(figsize=(10,4))
plt.subplot(1,2,1)
sns.heatmap(Centroids[dimensions], linewidths=.5, annot=True,
cmap='binary')
plt.subplot(1,2,2)
sns.heatmap(Centroids[bc_Continent.columns], linewidths=.5,
annot=True, cmap='binary')
plt.show()
```

如前文所述，上述代码将创建一个双重热图。为了更好地进行比较，图 14.5 中同时显示了第 8 章“聚类分析”中得到的结果与上述代码得到的结果。

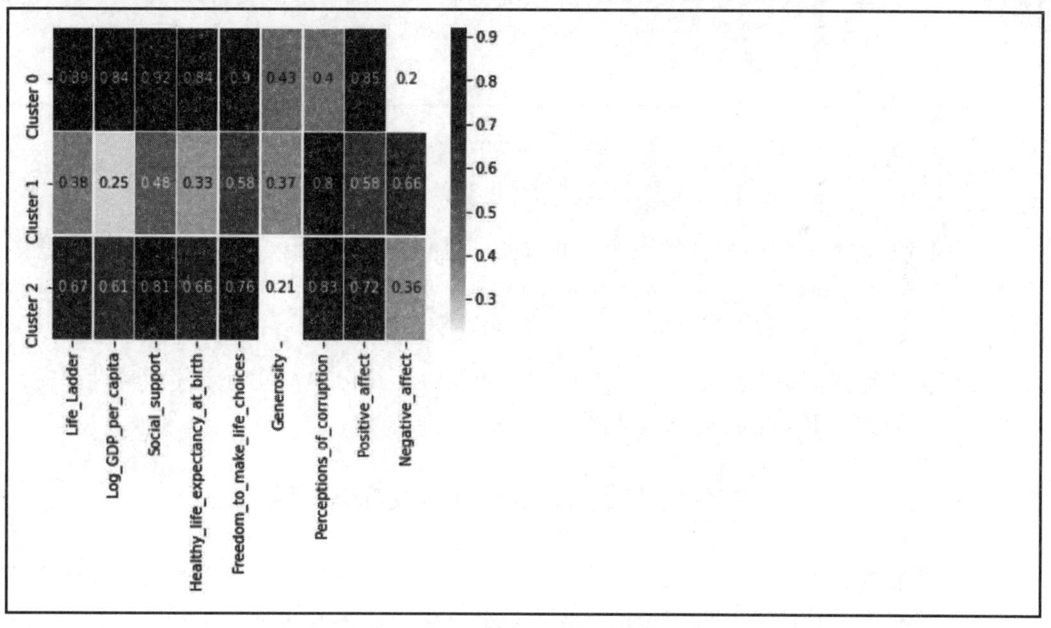

（a）不包括 Continent（大陆）分类特性

图 14.5　基于幸福指数的国家/地区聚类分析

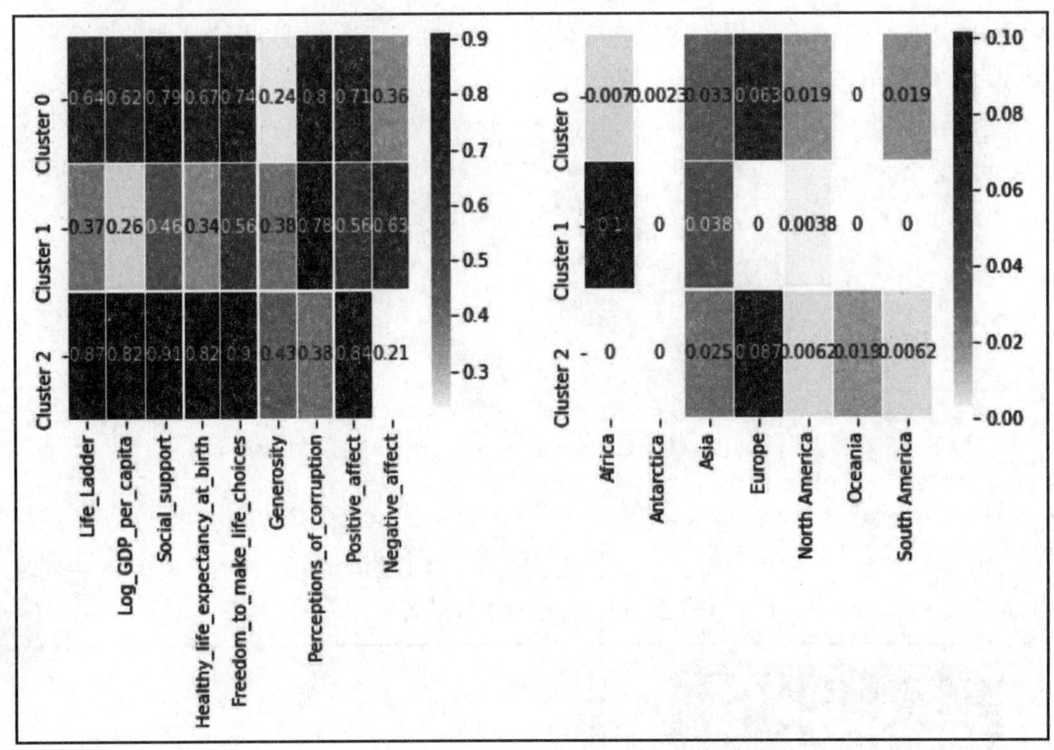

（b）包括 bc_Continent 分类特性

图 14.5　基于幸福指数的国家/地区聚类分析（续）

图 14.5 中的热图比较清楚地表明，通过在二进制编码后包含分类特性，成功丰富了聚类分析。可以看到，图 14.5 中（a）和（b）的聚类结果基本相同，只是 Cluster 0 和 Cluster 2 交换了位置。

接下来，让我们再看一个例子，其中的分类特性不是标称特性而是序数特性，在这种情况下，应该使用二进制编码还是排序转换？

14.4.2　示例 2——序数特性的二进制编码或排序转换

将序数特性转换为数字有点棘手，因为没有完美的解决方案；我们要么必须放弃特性中的序数信息，要么将一些假设信息添加到数据中。让我们通过一个例子来看看这意味着什么。

图 14.6 显示了通过二进制编码、排序转换和特性构造这 3 种方法将示例的序数特性

转换为数字。读者可以花点时间来研究一下这幅图。

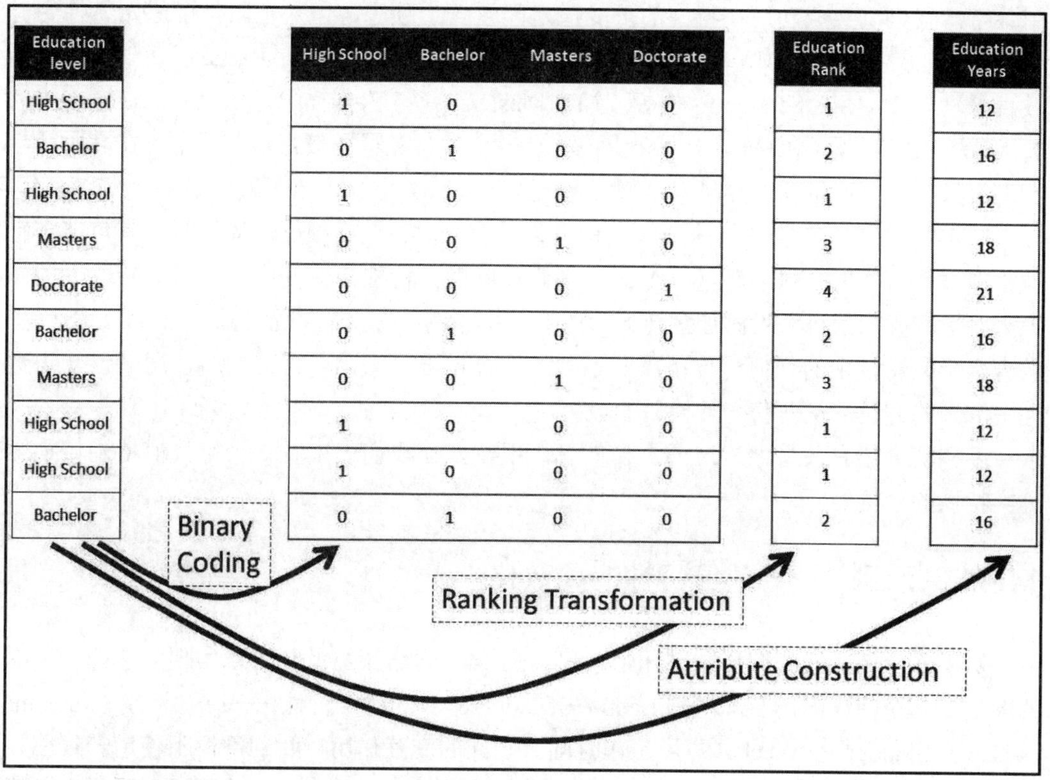

Education level
High School
Bachelor
High School
Masters
Doctorate
Bachelor
Masters
High School
High School
Bachelor

High School	Bachelor	Masters	Doctorate
1	0	0	0
0	1	0	0
1	0	0	0
0	0	1	0
0	0	0	1
0	1	0	0
0	0	1	0
1	0	0	0
1	0	0	0
0	1	0	0

Education Rank
1
2
1
3
4
2
3
1
1
2

Education Years
12
16
12
18
21
16
18
12
12
16

Binary Coding

Ranking Transformation

Attribute Construction

图 14.6　将序数特性转换为数字的 3 种方法

原　　文	译　　文
Binary Coding	二进制编码
Ranking Transformation	排序转换
Attribute Construction	特性构造

现在让我们讨论一下为什么说没有一个转换是完美的。

在二进制编码的情况下，转换没有将任何假设信息添加到结果中，但是转换已经从其序数信息中剥离了特性。试想一下，如果我们在分析中使用二进制编码值而不是原始特性，则该数据并不会显示特性可能值的顺序。例如，虽然二进制编码的值区分了 High School（高中）和 Bachelor（学士），但数据并未显示学士的受教育水平要比高中水平更高。

排序转换虽然没有这个缺点，但是它也有其他缺点。可以看到，为了保持可能值中的顺序，我们不得不通过排序转换将它们变成数字；但是，这有点自作主张了。通过使用数字，我们确实成功地在特性的可能值之间包含了顺序，但是也附带了原始特性中并不存在的假设信息。例如，对于本示例中特性的排名转换，假设 Bachelor（学士）的受教育水平为 2，High School（高中）为 1，Masters（研究生）为 3，Doctorate（博士）为 4，但是，显然，在高中和学士之间应该还有一个大学专科受教育水平。这里在高中和学士之间只有 1 个单位的差异显然是想当然的假设。

图 14.6 中还有一个变换——特性构造，只有在对特性有很好的理解时才有可能。特性构造试图解决的是排名转换添加的粗略假设问题；特性构造使用了关于原始特性的知识来将更准确的信息假设添加到转换后的数据中。例如，我们知道，Education Level（受教育水平）特性中的任何学位都需要不同的教育年限。因此，特性构造使用了该知识进行更准确的假设，从而获得转换后的数据。

下文将介绍有关特性构造的更多信息。现在，让我们先来看一个将数值特性转换为分类特性的示例。

14.4.3 示例 3——数值特性的离散化

对于本示例，让我们从结果开始看起。图 14.7 显示了离散化可以实现的东西。上面的图形是一个箱线图，显示了来自 adult_df（adult.csv）的 3 个特性——sex（性别）、income（收入）和 hoursPerWeek（每周工作时间）之间的交互作用。我们不得不使用箱线图，因为 hoursPerWeek（每周工作时间）是一个数值特性。但是，底部的图形则是一个条形图，它显示了相同的 3 个特性的交互作用，区别在于 hoursPerWeek（每周工作时间）数值特性已经离散化。读者可以看到此特性的离散化为我们带来的魔力。显然下面的图形比上面的图形更容易理解。

现在让我们看看用于绘制这两个图形的代码。以下代码使用 sns.boxplot()创建了箱线图。

```
adult_df = pd.read_csv('adult.csv')
sns.boxplot(data=adult_df, y='sex', x='hoursPerWeek',
hue='income')
```

要创建底部的条形图，首先需要离散化 Adult_df.hoursPerWeek。以下代码使用.apply()函数将数值特性转换为具有>40、40 和<=40 3 种可能性的分类特性。

```
adult_df['discretized_hoursPerWeek']= adult_df.hoursPerWeek.
apply(lambda v: '>40' if v>40 else ('40' if v==40 else '<40'))
```

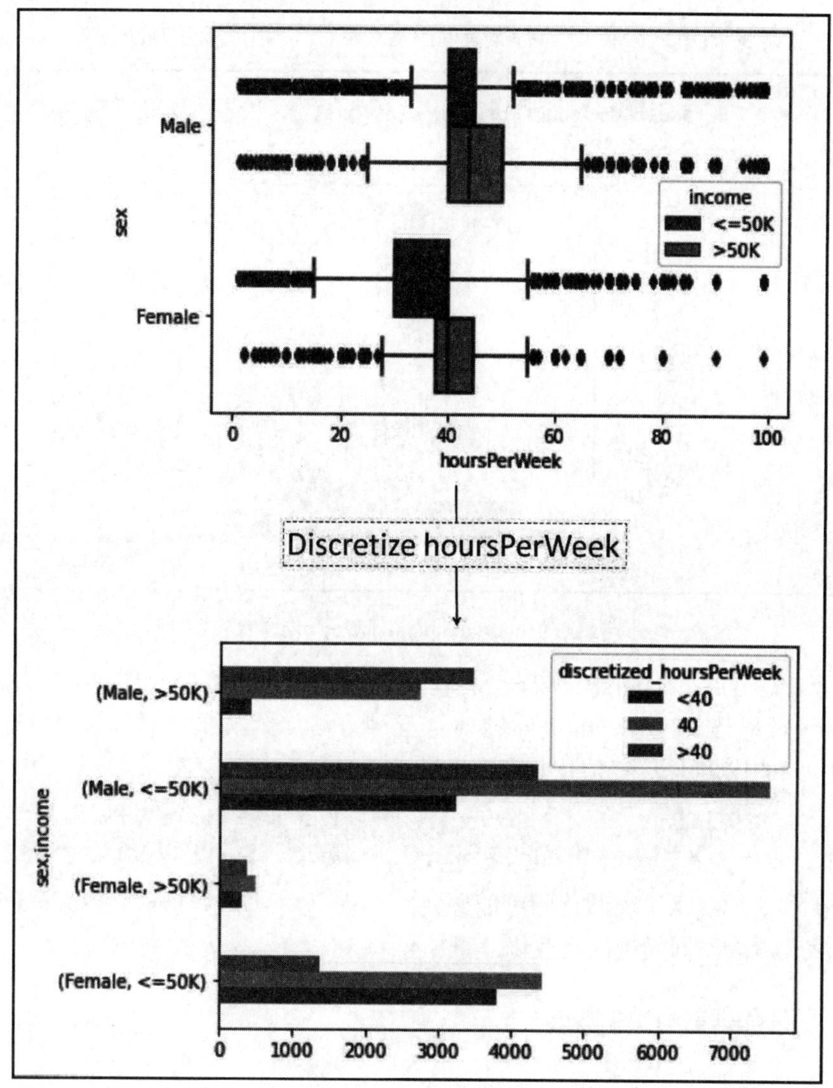

图 14.7　数值特性离散化示例

原　　文	译　　文
Discretize hoursPerWeek	离散化 hoursPerWeek（每周工作时间）特性

一个很好的问题是，为什么要使用 40 作为分界点？换句话说，这个截止值是怎么来的？为了更好地回答这个问题，我们需要研究打算离散化的特性的直方图（在大多数情况下，这也是找到适当分界点的最佳方式）。所以，只要绘制完成 adult_df.hoursPerWeek

的直方图，就能够知道这个问题的答案。图 14.8 显示了代码和直方图。

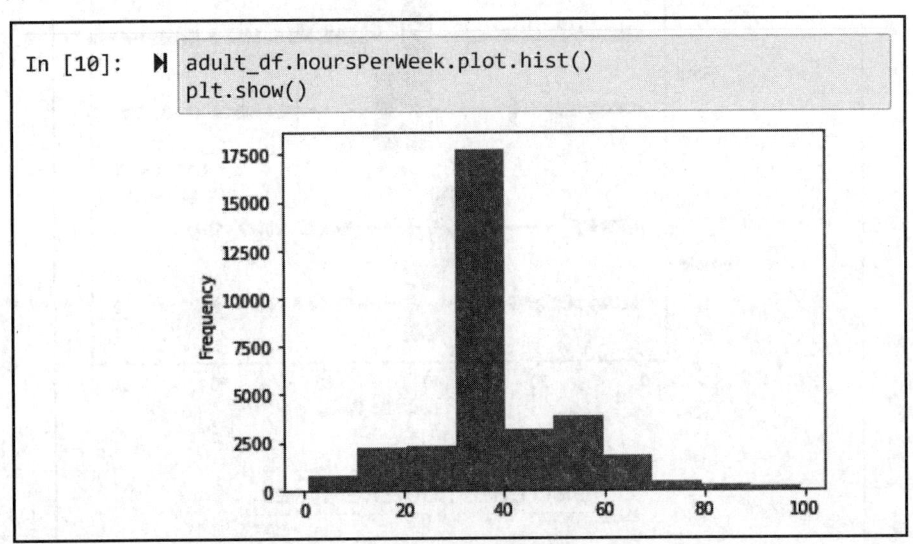

图 14.8　为 adult_df.hoursPerWeek 创建直方图

在离散化 adult_df.hoursPerWeek 之后，运行以下代码将创建图 14.7 中底部的图形。以下代码是 5.3.8 节“解决问题的第五种方法”代码的修改版本，我们添加了[['<40','40', '>40']]以确保这些值按照它们最有意义的顺序出现。

```
adult_df.groupby(['sex','income']).discretized_hoursPerWeek.
value_counts().unstack()[['<40','40', '>40']].plot.barh()
```

本示例很好地展示了离散化的可能好处。当然，关于离散化还有更多技术细节。接下来，让我们看看不同类型的离散化。

14.4.4　了解离散化的类型

虽然可以帮助我们找到特性离散化最佳方式的最佳工具是直方图，但是也还有其他若干种方法可使用，如等宽（equal width）、等频（equal frequency）和点对点（ad hoc）等方法。

顾名思义，等宽方法可确保分界点将生成数值特性的等间隔。例如，图 14.9 显示了 pd.cut()函数的应用，它从 adult_df.age 创建了 5 个等宽分箱（bin）。

另一方面，等频方法旨在使每个分箱中的数据对象数量相等。例如，图 14.10 显示了应用 pd.qcut()函数从 adult_df.age 创建 5 个等频分箱。

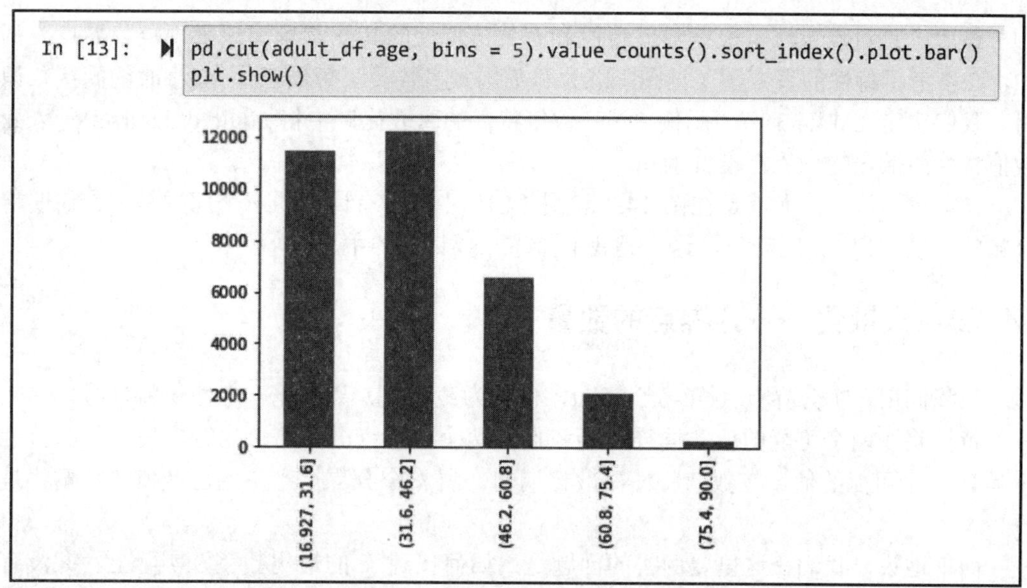

图 14.9　使用 pd.cut()创建等宽分箱

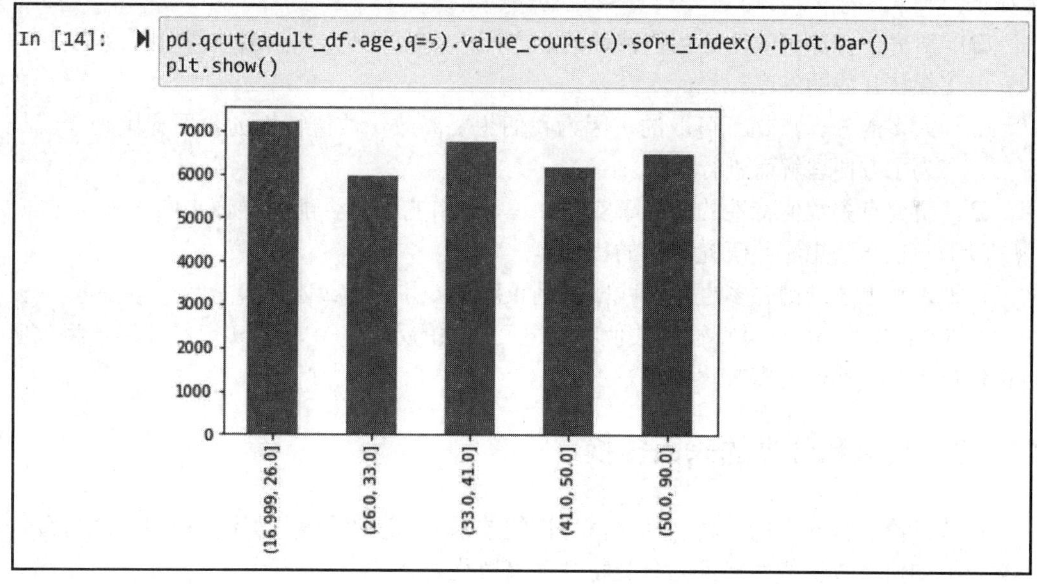

图 14.10　使用 pd.qcut()创建等频分箱

如图 14.10 所示，绝对的等频分箱可能并不可行。在这些情况下，pd.qcut()会尽可能接近等频分箱。

最后，点对点方法可根据数值特性和有关该特性的其他背景知识来规定分界点。例如，在参考了特性的直方图（见图 14.8）和美国大多数员工每周工作 40 小时的间接知识后，我们决定在 14.4.3 节“示例 3——数值特性的离散化”中将 adult_df.hoursePerWeek 数值特性离散化的分界点设置为 40。

在上述示例中，尤其是在图 14.9 和图 14.10 中，没有讨论的一个问题是：为何要将分箱的数量设为 5。别着急，这正是我们接下来要讨论的主题。

14.4.5　离散化——分界点的数量

当我们用一个分界点（cut-off point，也称为截止点）离散化一个数值特性时，离散化的特性将有两个可能的值。同样，当我们用两个分界点进行离散化时，离散化的特性将具有 3 个可能的值。在数值特性离散化期间，由 k 个分界点产生的可能值的数量将是 $k+1$。

简单地说，我们在这里要回答的问题是：如何找到 k 的最优数字？实际上，并没有一个统一可遵循的寻找该最优数字的过程。当然，有一些重要的指导方针可供参考，具体如下。

- 研究你打算离散化的数值特性的直方图，并对“分界点的最佳数量应该是多少”保持开放的态度。
- 太多的分界点是不可取的，因为我们想要离散化数值特性的主要原因之一就是为了方便理解而进行简化。
- 研究有关数值特性的间接事实和知识，看看它们是否能引导你走向正确的方向。
- 尝试一些想法并研究它们的优缺点。

仔细理解上述准则并多进行实践，找到正确的 k 并不那么困难。

在 5.4.7 节“检查分类特性和数值特性之间关系的示例”中，其实已经使用了将数值特性转换为分类特性的离散化技术。

14.4.6　数值和分类的来回转换

本节讨论了将分类特性转换为数值特性的技术（二进制编码、排序转换和特性构造），还学习了如何将数值特性转换为分类特性（离散化）。

那么，这些操作是否可以归类为数据按摩呢？正如我们在图 14.1 中所讨论的，本章所做的任何操作实际上都是数据转换。但是，当执行转换以提高分析的有效性时，也可以将数据转换标记为数据按摩。大多数情况下，当我们将特性从分类转换为数值或反过来将数值转换为分类时，都是出于必要性，因此不能归类为数据按摩。但是，也有两个实例中的转换是为了提高分析的有效性，因此可以标记为数据按摩。本章末尾的练习（2）将要求读者找出这两个实例并解释理由。

接下来，让我们继续数据转换之旅的下一站：特性构造。

14.5　特性构造

在 14.4.2 节“示例 2——序数特性的二进制编码或排序转换”中，我们已经看到了这种类型的数据转换的示例。使用它可以将分类特性转换为数值特性。

14.5.1　了解与特性相关的背景知识

如前文所述，使用特性构造需要对收集数据的环境有深入的了解。例如，在图 14.6 中，我们之所以能够从 Education level（受教育水平）特性构造 Education Years（受教育年限）特性，是因为我们非常了解在收集数据的环境中教育系统的工作方式。

特性构造也可以通过组合多个特性来完成。让我们来看一个示例。

14.5.2　示例——从两个特性构造一个转换后的特性

你知道什么是体重指数（body mass index，BMI）吗？BMI 是研究人员和医生构造特性的结果，他们寻找的是一个将个人体重和身高都考虑在内的健康指数。

本示例将使用 500_Person_Gender_Height_Weight_Index.csv 数据集。该文件网址如下。

https://www.kaggle.com/yersever/500-person-gender-height-weight-bodymassindex

让我们首先读取数据并执行 1 级数据清洗。代码如下。

```
person_df = pd.read_csv('500_Person_Gender_Height_Weight_Index.csv')
person_df.Index = person_df.Index.replace({0:'Extremely Weak',
1: 'Weak',2: 'Normal',3:'Overweight', 4:'Obesity',5:'Extreme Obesity'})
person_df.columns = ['Gender', 'Height', 'Weight', 'Condition']
```

运行上述代码后，可以让 Python 显示 person_df 并评估其状态。

接下来，我们将利用 Seaborn 模块（sns）的.scatterplot()创建一个 4D 散点图。我们将使用 x 轴、y 轴、颜色和标记样式来分别表示 Height（身高）、Weight（体重）、Condition（健康状况）和 Gender（性别）。图 14.11 显示了代码和 4D 散点图。

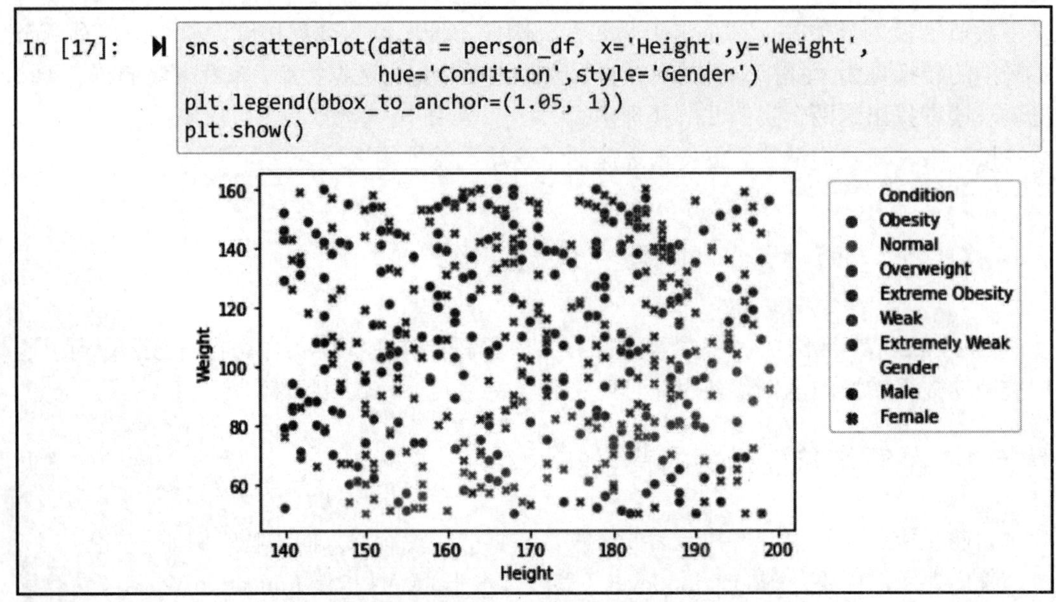

图 14.11　使用 sns.scatterplot()创建 person_df 的 4D 可视化

注意：

如果读者正在阅读本书的印刷版，则看不到颜色上的区别，而这是可视化效果的一个重要方面，因此请务必在阅读之前创建自己的可视化效果，或者下载本书截图/图表的彩色图像，其网址如下。

https://static.packt-cdn.com/downloads/9781801072137_ColorImages.pdf

对图 14.11 的观察结果非常明显，Height（身高）和 Weight（体重）这两个特性一起可以确定一个人的健康状况。这是研究人员和医生在得出 BMI 公式之前必须看到的。BMI 是一项将体重和身高因素纳入健康指数的函数。其公式如下。请注意，在该公式中，体重以公斤为单位，身高以米为单位。

$$\mathrm{BMI} = \frac{\mathrm{Weight}}{\mathrm{Height}^2}$$

这就引出了一个问题，为什么是这个公式？从字面上看，我们可以使用无数种可能性来提出一个由体重和身高推算的转换特性。那么，为什么是这个？

答案可以追溯到能够应用特性构造的最重要标准——对收集数据的环境的深入了解。因此，在这一点上，我们必须相信选择这个公式的研究人员和医生确实拥有很深入的人体知识。

让我们继续为 person_df 构造新特性。以下代码可使用上述公式和 person_df 中记录的体重和身高（分别以公斤和米为单位）来构造 person_df['BMI']。当然，这是使用强大的.apply()函数完成的。

```
person_df['BMI'] = person_df.apply(lambda r:r.Weight/((r.
Height/100)**2),axis=1)
```

构建新的 person_df.BMI 特性后，稍微研究一下，也许可以创建它的直方图和箱线图来查看它的变化。之后，请尝试创建图 14.12。

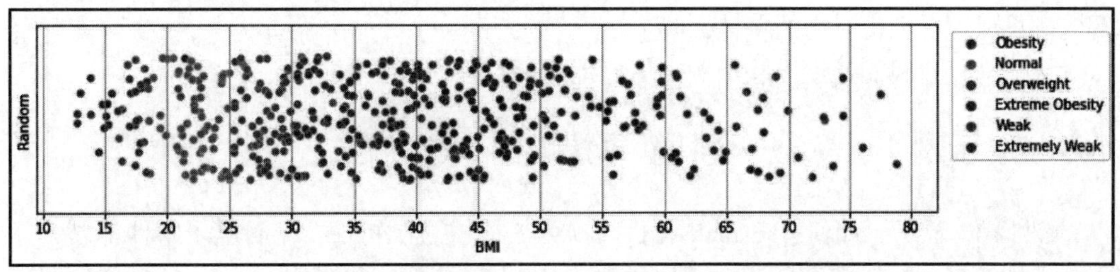

图 14.12　BMI 和健康状况之间相互作用的可视化

既然已经阅读到本书的这一部分，相信读者已经具备了创建图 14.12 的所有技能。当然，在本章配套的 GitHub 存储库文件中也包含了创建该可视化对象的代码。

图 14.12 展示了已构造的特性、BMI 和 Condition（健康状况）特性之间的交互。散点图中的 y 轴已用于分散数据点，因此我们可以了解 x 轴（BMI）上的数据对象数量。产生分散效果的技巧是为每个数据对象分配一个随机数。

无论如何，这两个特性之间的交互作用是重点；也就是说，我们几乎可以给出一组分界点，预测每一个人是否健康。

- BMI 小于 15 表示 Extremely Weak（极度虚弱）。
- BMI 在 15 到 19 之间表示 Weak（虚弱）。
- BMI 在 19 到 25 之间表示 Normal（正常）。
- BMI 在 25 到 30 之间表示 Overweight（超重）。
- BMI 在 30 到 40 之间表示 Obesity（肥胖）。
- BMI 大于 40 表示 Extremely Obesity（极度肥胖）。

读者可以通过搜索引擎进行在线搜索，看看找到的内容是否与上述 BMI 判断相同。

本示例设法通过组合两个特性来构造一个特性，在某些情况下，我们也可以反过来，从单个特性或数据源构造多个特性。虽然这也可以被认为是特性构造，但在相关文献中，这样做一般被称为特征提取（feature extraction）。接下来我们将对此进行研究。

14.6　特 征 提 取

这种类型的数据转换与特性构造非常相似。在这两种情况下，可以通过对原始数据的深入了解来驱动对分析目的更有帮助的特性转换。

在特性构造中，要么从头开始提出一个全新的特性，要么将一些特性组合成一个更有用的转换后的特性；而在特征提取过程中则是反过来的，我们将挑选出一个特性进行解包，只保留对分析有用的特性。

接下来，让我们通过一些示例来更好地理解特征提取操作。

14.6.1　示例 1——从一个特性中提取出 3 个特性

图 14.13 显示了如何将 E-mail 特性转换为 3 个二进制特性。每封电子邮件都以@ + Web 地址结尾；通过查看提供电子邮件服务的 Web 地址，可以提取出 Popular Free Platform（流行免费平台）、.edu（教育域名）和 Others（其他）3 个特征。

E-mail
Lkjds.fds@gmail.com
om21sdfds@gmail.com
89u43q@yahoo.com
lkdsjfa@redlands.edu
84utfd@gmail.com
iowjlk@msstate.edu
5431sldojk@yahoo.com
39dfoiuy@outlook.com
kljed@att.org
Lks321ld@calpoly.edu
jdsfl@gmail.com

→

Popular Free Platform	.edu	Others
1	0	0
1	0	0
1	0	0
0	1	0
1	0	0
0	1	0
1	0	0
0	0	1
0	0	1
0	1	0
1	0	0

图 14.13　从 E-mail 特性中提取特征

尽管就获取个人信息而言，电子邮件听起来可能只是一个毫无意义的字符串，但本示例显示了智能特征提取同样可以从电子邮件地址中获取有价值的信息。例如，本示例可以检测到使用流行的免费电子邮件服务的个人。此外，也可以区分使用教育机构提供的电子邮件的个人（这表明他们可能为学术界工作或者学生）。

接下来，让我们看另一个例子。

14.6.2　示例 2——形态特征提取

图 14.14 显示了从汽车发动机收集的 100 毫秒的振动信号，用于其运行健康状况诊断。此外，该图还显示了 3 个形态特征（morphological feature）的提取。

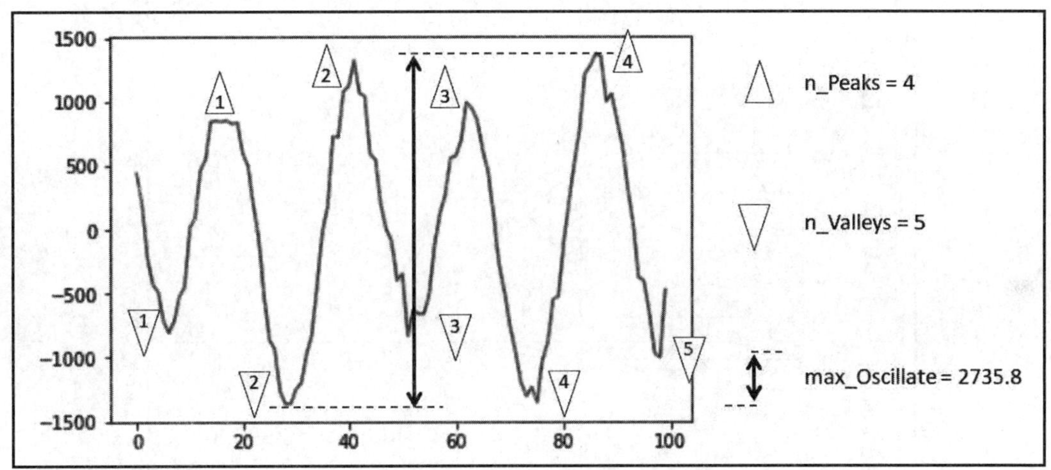

图 14.14　振动信号的形态特征提取

在深入了解这 3 个特征以及它们是什么之前，让我们先看看形态（morphological）这个词的含义。牛津英语词典将其定义为“与形状和形式有关”。作为一种特征提取方法，形态特征提取就是利用数据的共同形状和形式来获取新特征。

图 14.14 就是一个很好的例子。我们提取了 3 个形态特征。简单地说，在振动信号的折线图中，我们计算了峰顶的数量（n_Peaks）、谷底的数量（n_Valleys）以及 100 毫秒内的最大振幅（max_Oscillate）。

当我们在若干个数据对象之间进行比较时，进行这种特征提取的价值就会显现出来。图 14.14 是仅对一个数据点的特征提取的。但是，图 14.15 则汇总了 5 个不同的数据点，它们来自具有 5 种不同状态的发动机：Healthy（健康）、Fault 1（故障 1）、Fault 2（故障 2）、Fault 3（故障 3）和 Fault 4（故障 4）。

从图 14.15 可以看出，通过简单的形态特征提取，我们或许能够准确地区分不同类型的故障和健康运行状态的发动机。在本章末尾的练习（5）中，对相似数据进行了形态特征提取，并要求读者创建分类模型。

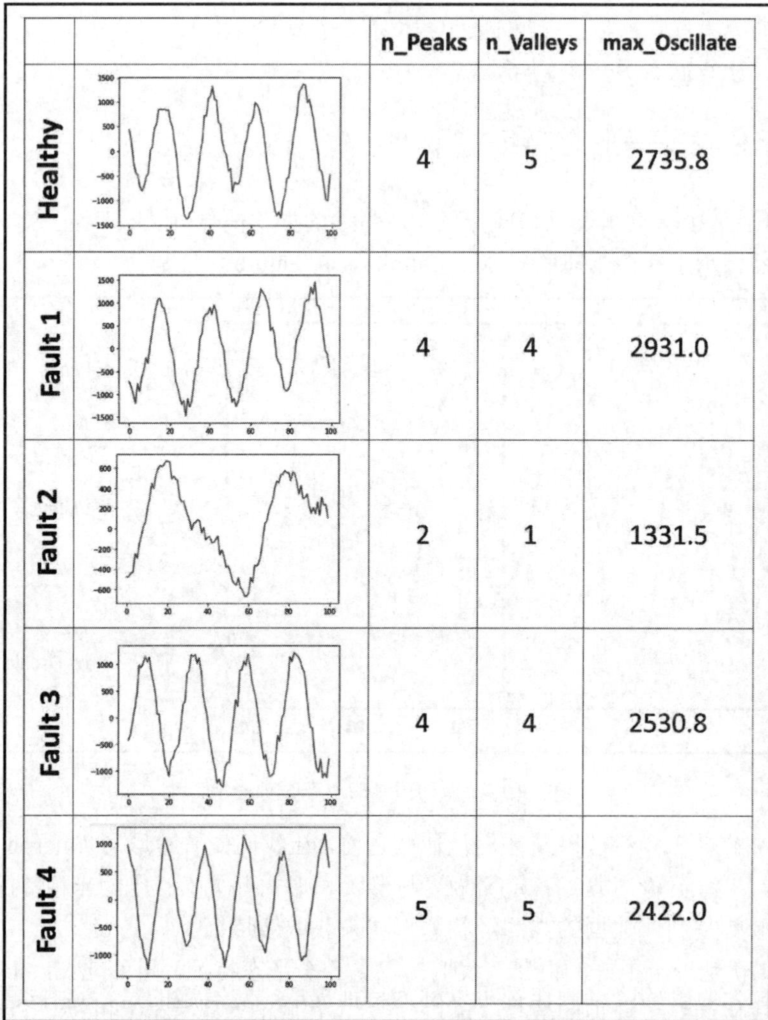

		n_Peaks	n_Valleys	max_Oscillate
Healthy		4	5	2735.8
Fault 1		4	4	2931.0
Fault 2		2	1	1331.5
Fault 3		4	4	2530.8
Fault 4		5	5	2422.0

图 14.15　从 5 个数据对象实例提取的振动信号的形态特征

在本书前面的章节中，其实已经涉及一些特征提取实例，只不过没有指明。接下来，让我们看看都有哪些特征提取实例。

14.6.3　前几章的特征提取示例

本书将数据预处理分解为不同的阶段。这些阶段包括：数据清洗（第 9～11 章）、数据融合与数据集成（第 12 章）、数据归约（第 13 章）和数据转换（本章）。但是，在许多数据预处理实例中，这些阶段可以并行或同时完成。本书将它们分开讨论只是为了方便理解，在实际工作中，读者完全可以根据自己的需要按最舒服的方式进行。

这就是我们已经在数据预处理的其他阶段看到特征提取的原因。让我们回顾一下这些例子，看看为什么它们既是特征提取又是其他东西。

14.6.4　数据清洗和特征提取示例

在 10.2 节“示例 1——解包数据并重新构建表”的解决方案中，对 Speech_df 执行了清洗操作，这是一个包含唐纳德·特朗普总统演讲的数据集，我们不知不觉地以解包 Content（内容）列的名义进行了一些特征提取。Content（内容）特性将每次演讲都包含在文本中，该解决方案通过计算使用 vote（投票）、tax（税收）、campaign（竞选）和 economy（经济）词语的次数来解包这些长文本。

这其实既是数据清洗又是数据转换（特征提取）。从数据清洗的角度来看，数据中有太多我们不需要的“浮沫”，妨碍了可视化目标，所以我们去除了“浮沫”，让需要的东西浮出水面。从数据转换的角度来看，我们只是提取了分析所需的 4 个特征。

接下来，让我们看看如何同时进行数据归约和特征提取。

14.6.5　数据归约和特征提取的示例

在第 13 章“数据归约”中，介绍了两种无监督的降维技术。我们看到了非参数降维方法（即 PCA）和参数化降维方法（即 FDA）降低 country_df 维度的方式，该数据集包含世界上各个国家/地区近 10 年的 9 个幸福指数（共 90 个特性）。从数据归约的角度来看，数据是通过减少特性数量来归约的。但是，在学习了数据转换和特征提取之后，我们也可以将它视为通过提取一些特征来转换数据。

几乎所有无监督的降维操作都可以称为特征提取。更有趣的是，这种类型的数据归约/降维操作也可以看作是数据按摩，因为我们提取特征和归约数据的目的就是为了提高分析的有效性。

从特性构造到特征提取的转换非常顺利，因为这两种数据转换非常相似，并且在大多数情况下，都可以将它们视为数据按摩。这两种类型的数据转换也非常通用，可以按多种方式使用，为了成功实现，它们需要分析师开动脑筋。例如，分析师必须能够找到合适的函数来使用 FDA 进行参数化特征提取，这需要很高的智慧。

当然，接下来我们将要学习的数据转换技术——对数转换——将非常具体，并且仅适用于某些情况。

14.7　对 数 转 换

当特性在数据对象中经历指数增长和下降时，即可考虑使用对数转换。在绘制这些特性的箱线图时，会看到离群值，但这些并不是错误记录，也不是不自然的异常值。那些明显更大或更小的值来自真实环境。

指数增长或下降的特性对于数据可视化和聚类分析可能都会有问题；此外，对于某些预测和分类算法，它们也可能会出现问题。某些方法使用的是数据对象之间的距离（如KNN），或者基于聚集性指标来运行（如线性回归），它们在面对指数增长的特性时都将无能为力。

这些特性听起来可能很难处理，但有一个非常简单的解决方法——对数转换。简而言之，不是使用特性，而是计算所有值的对数并使用它们。图 14.16 通过 2020 年世界各国的国内生产总值（gross domestic product，GDP）显示了对数转换的结果。

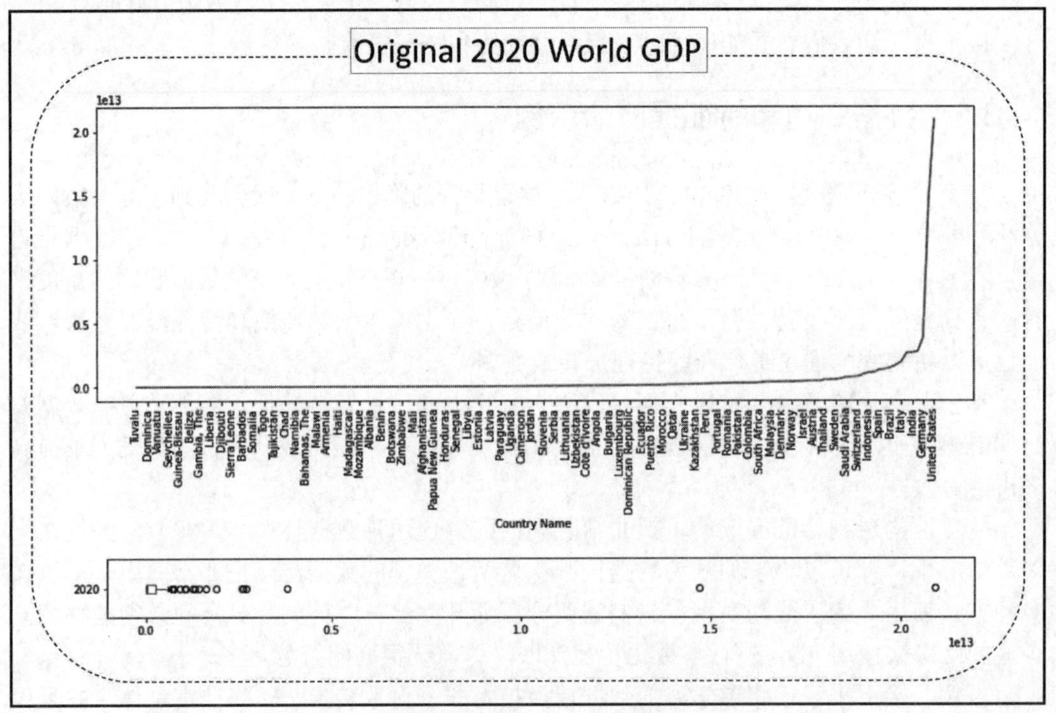

图 14.16　对数转换前后——世界各国的 GDP

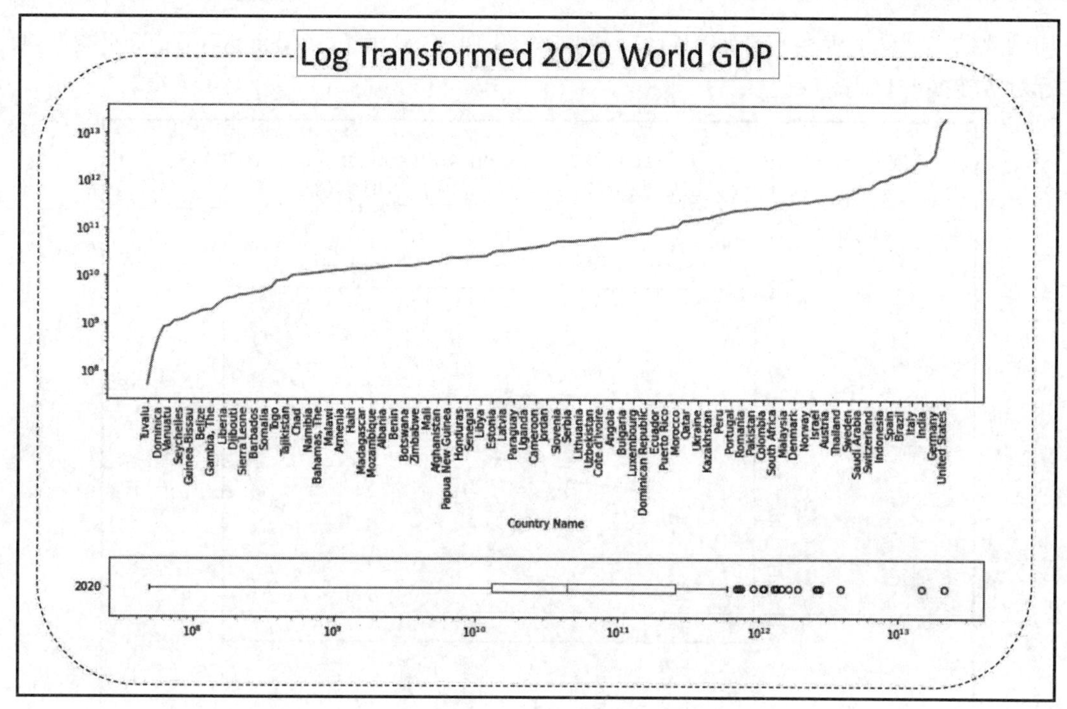

图 14.16　对数转换前后——世界各国的 GDP（续）

图 14.16 中的数据已经预处理为 GDP 2019 2020.csv。原始数据集网址如下。

https://data.worldbank.org/indicator/NY.GDP.MKTP.CD

从图 14.16 中可以看到，原始数据的折线图是陡然向上的，这就是我们之前所说的指数增长。在原始数据的箱线图中可以看到，与总体的其余部分相比，存在着非常高的异常值。可以想象，这些类型的异常值对于数据可视化和聚类分析来说就是一场灾难。

再来看看可视化的对数转换版本。虽然数据对象之间仍然差距较大，但是指数增长已经被很好地抑制。在对数转换数据的箱线图中可以看到，虽然仍存在离群值，但是这些离群值的值不再高得离谱。

图 14.16 是使用 GDP 2019 2020.csv 创建的，读者可以在本章配套的 GitHub 存储库文件中找到创建它们的代码。

应用对数转换有两种方法——手动转换或通过模块转换。让我们分别讨论一下。

14.7.1　手动转换

在这种方法中，读者可以将主动权掌握在自己手中，首先将一个对数转换的特性添加到数据集，然后使用转换后的特性。例如，图 14.17 显示了为 country_df['2020']特性执行对数转换的代码。

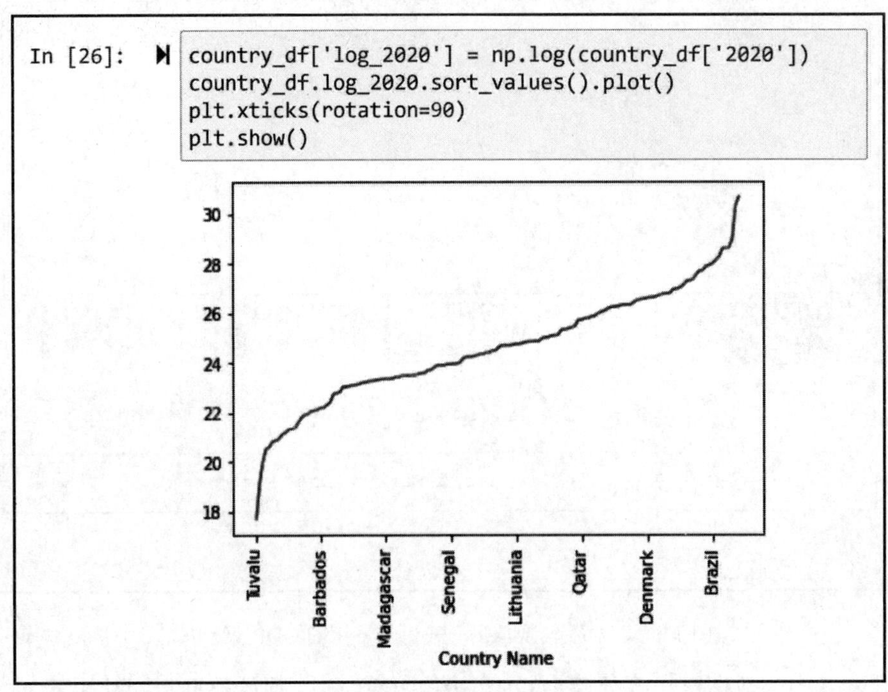

图 14.17　手动进行对数转换

请注意，在运行图 14.17 中显示的代码之前，首先需要运行以下代码，将 GDP 2019 2020.csv 文件读取到 country_df 中。

```
country_df = pd.read_csv('GDP 2019 2020.csv')
country_df.set_index('Country Name',inplace=True)
```

运行上述代码后，可以运行图 14.17 中显示的代码。

接下来，让我们看看通过模块转换的方法。

14.7.2　通过模块转换

由于对数转换是一种非常有用且众所周知的数据转换，因此许多模块都提供了使用对数转换的选项。例如，图 14.18 中的代码使用了 logy=True（这是.plot() Pandas Series 函数的一个属性）来进行对数转换，而无须向数据集添加新特性。

```
In [27]:  country_df['2020'].sort_values().plot(logy=True)
          plt.xticks(rotation=90)
          plt.show()
```

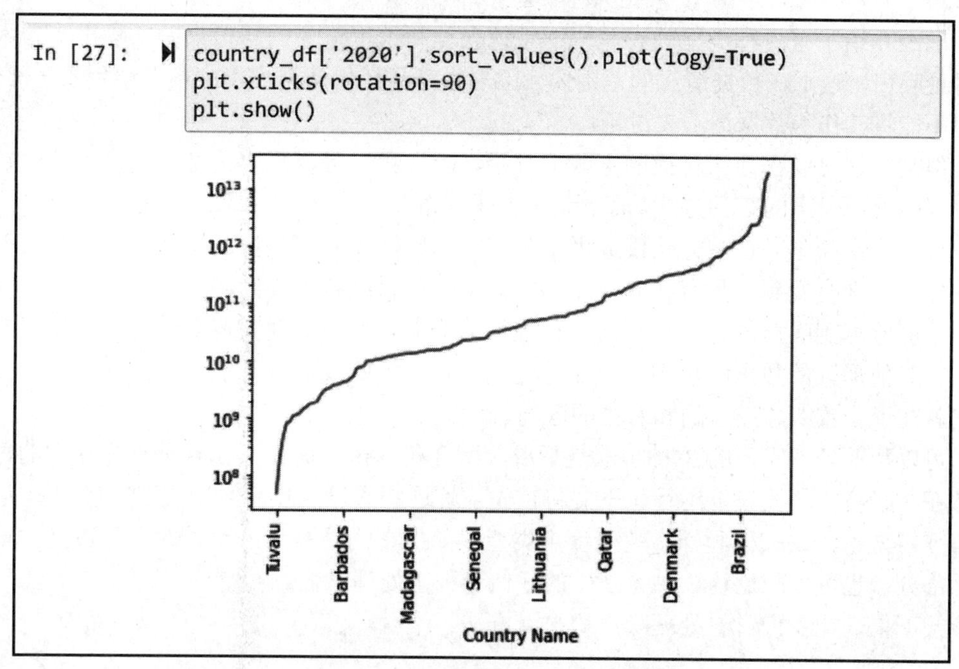

图 14.18　通过模块进行对数转换

这种方法的缺点是用户正在使用的模块可能没有这种功能，或者用户没有意识到该功能的存在。优点是如果提供了这样的便利功能，那么它会使代码更容易阅读。

此外，模块执行此操作的结果可能会更有效。例如，读者可以比较一下图 14.17 和图 14.18 中的 y 轴。

在前面的章节中，其实已经在数据分析中使用了对数转换。读者应该还记得 WH Report_preprocessed.csv 和 WH Report.csv 数据集，它们是世界卫生组织关于 122 个国家/地区幸福指数报告的两个版本。这些数据集中的特性之一就是 Log_GDP_per_capita（人均 GDP 对数值）。由于 GDP_per_capita（人均 GDP）经历了指数增长，因此对于聚类分析使用了它的对数转换版本。

下一组数据转换工具将用于处理噪声数据，有时也用于处理缺失值和异常值。这组工具是平滑、聚合和分箱。

14.8　平滑、聚合和分箱

在第 11 章"数据清洗 3 级——处理缺失值、异常值和误差"中关于数据噪声的讨论中，已经介绍了有两种类型的误差——系统误差和不可避免的随机误差（噪声）。本节将讨论噪声。这不在数据清洗的范围内，因为噪声是任何数据收集中不可避免的一部分，因此不能将其作为数据清洗来讨论。

但是，它可以在数据转换的主题下讨论，因为我们可以采取措施来更好地处理它。可以帮助处理噪声的 3 种方法是平滑、聚合和分箱。

令人惊讶的是，这些方法仅适用于时间序列数据以处理噪声。当然，它有一个很明确的原因。你会看到，只有在时间序列数据或任何以一致、连续和有序间隔收集的数据中，才能检测到噪声的存在。正是这种独特的数据收集方式使我们能够检测到噪声的存在。在其他形式的数据收集中，无法检测到噪声，因此我们也无能为力。这是为什么？答案就在于一致的、连续的和有序的区间。

可以帮助处理噪声的 3 种方法是平滑、聚合和分箱。这 3 种噪声处理方法中的每一种都在一组特定的假设下运行。下文将首先了解这些假设，然后尝试实现它们的示例。

严格来说，缺失值和异常值是噪声类型，如果它们不是系统误差并且是数据收集的自然部分，也可以应用这 3 种方法中的任何一种来处理它们。

接下来，让我们看看处理噪声的平滑方法。

14.8.1　平滑

图 14.19 使用了 Noise_data.csv 文件，该文件是从汽车发动机收集的 200 毫秒的振动信号，用于其运行健康状况的诊断。图 14.19 显示了这些振动信号的折线图。

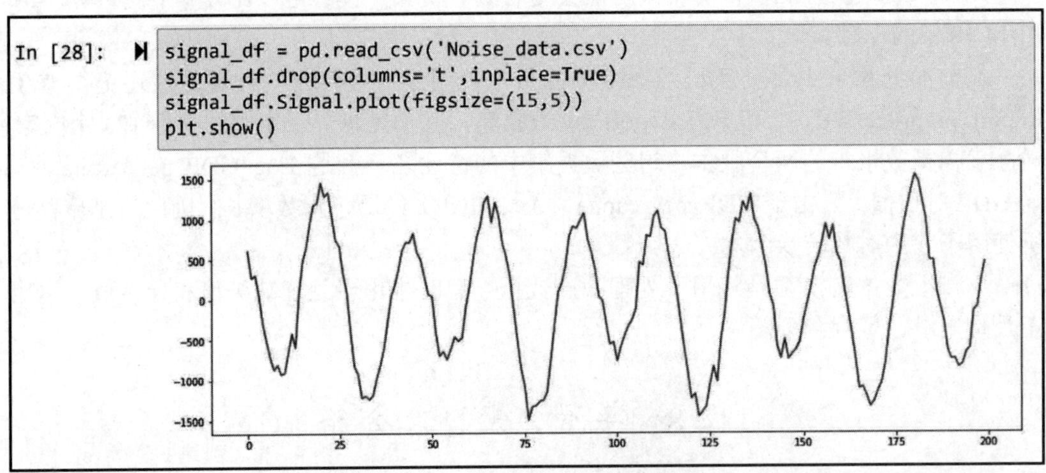

图 14.19　Noise_data.csv 的折线图

在图 14.19 中，读者可以感受到时间序列数据的含义，使我们能够区分模式和噪声。现在可以使用这些数据来了解有关平滑的更多信息。

总地来说，有以下两种类型的平滑。

- 函数型数据平滑。
- 滚动数据平滑。

让我们具体了解一下。

14.8.2 函数型数据平滑

函数型平滑（functional smoothing）是为了平滑数据而应用的函数型数据分析（functional data analysis，FDA）。在第 13 章“数据归约”中已经详细介绍过 FDA。

当使用 FDA 来减少数据的大小时，我们感兴趣的是用能够很好地模拟数据的函数的参数来替换数据。在平滑数据时，我们希望数据具有相同的大小，但要去除噪声。换句话说，关于 FDA 的应用，数据归约和平滑非常相似；但是，FDA 的输出则因目的而异。对于平滑，应输出相同大小的数据，而对于数据归约，则只有拟合函数的参数。

Python 数据分析环境的空间中有很多函数和模块都使用 FDA 来平滑数据，具体如下。

- savgol_filter：来自 scipy.signal。
- CubicSpline、UnivariateSpline、splrep 和 splev：来自 scipy.Interpolate。
- KernelReg：来自 statsmodels.nonparametric.kernel_regression。

当然，这些函数都没有达到应有的效果，我相信在 Python 数据分析领域还有更多的平滑工具改进空间。例如，图 14.20 显示了.KernelReg()函数在整个 Noise_data.csv 文件（200 个数字）和部分数据（50 个数字）上的表现。

从图 14.20 可以看到，.KernelReg()函数在部分数据中是成功的，但是随着数据复杂度的增加，它就崩溃了。

创建图 14.20 中两幅图的代码非常相似。例如，要创建上面针对部分数据的图，可以使用以下代码。对其进行适当修改也可以创建下面针对全部数据的图。

```
from statsmodels.nonparametric.kernel_regression import KernelReg
x = np.linspace(0,50,50)
y = noise_df.Signal.iloc[:50]
plt.plot(x, y, '+')
kr = KernelReg(y,x,'c')
y_pred, y_std = kr.fit(x)
plt.plot(x, y_pred)
plt.show()
```

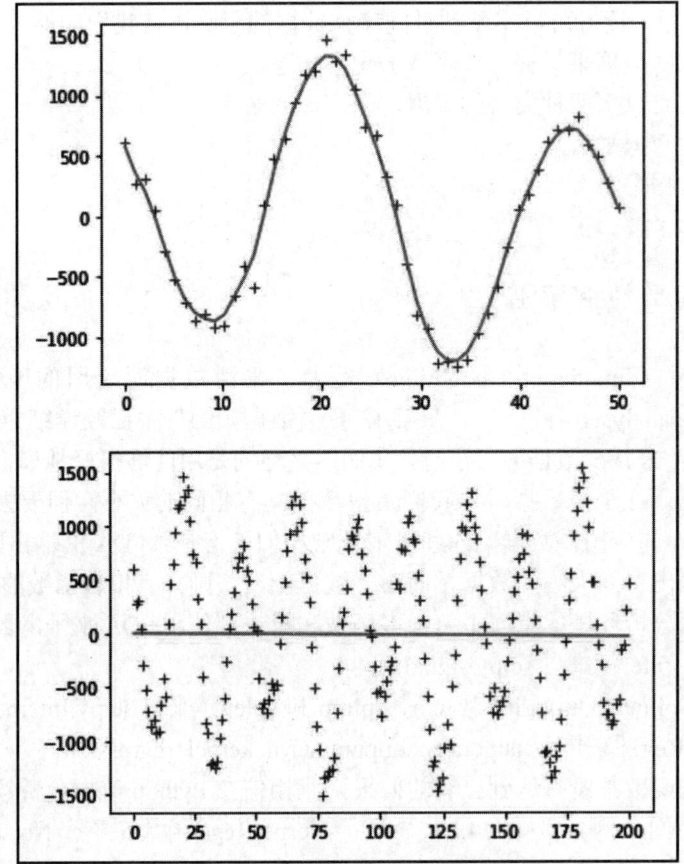

图 14.20　.KernelReg()在 signal_df 所有数据和部分数据上的表现

本小节所讨论的函数型数据平滑方面的内容只能被视为对这种复杂数据转换工具的简单介绍。关于函数型数据平滑还有很多技术细节，足以写出一整本书。但是，读者在这里学到的知识可以为后续学习更多的知识打下良好的基础。

接下来，让我们看看滚动数据平滑。

14.8.3　滚动数据平滑

函数型数据平滑和滚动数据平滑最大的区别在于，函数型数据平滑将整个数据视为一个整体，然后尝试找到适合数据的函数。相反，滚动数据平滑则适用于数据的增量窗口。图 14.21 显示了 singnal_df 前 10 行所使用的滚动计算和增量窗口。

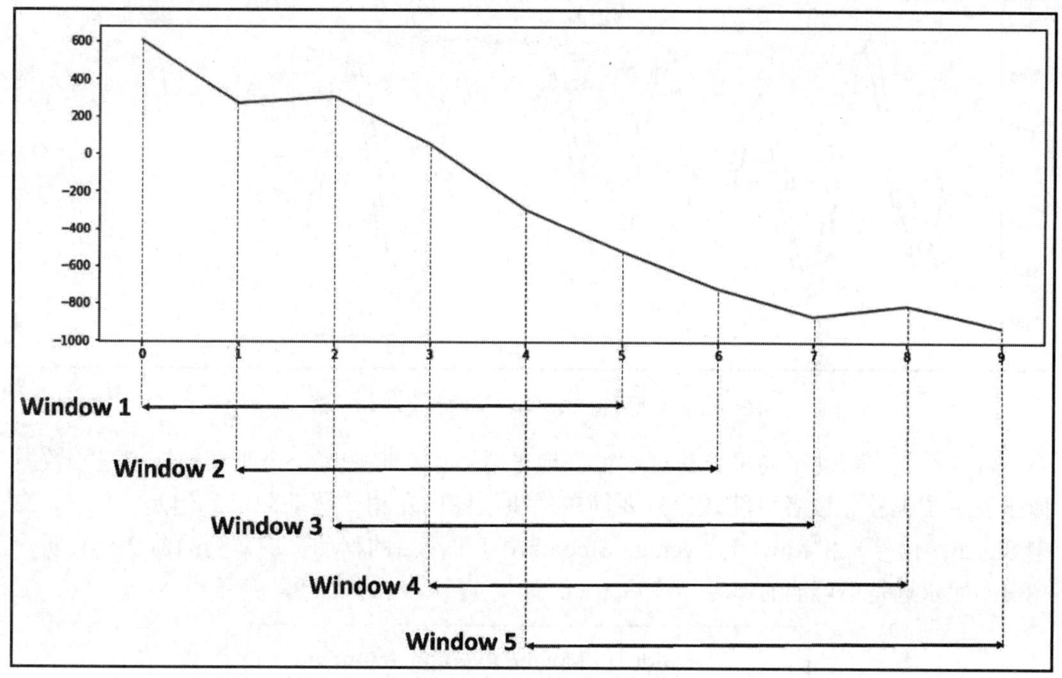

图 14.21　滚动计算和窗口的可视化解释

在图 14.21 中，每个窗口的宽度为 5。如该图所示，可以通过选取前 5 个数据点进行窗口滚动计算。在执行了规定的计算之后，窗口滚动计算以一个增量跳转移动到下一个窗口。

例如，以下代码可以使用 Pandas DataFrame 的.rolling()函数在滚动窗口计算中计算 singnal_df 的每个窗口的平均值，其中每个窗口的宽度为 5。代码还创建了一个折线图来显示这个特定的窗口滚动计算如何设法平滑数据。

```
signal_df.Signal.plot(figsize=(15,5),label='Signal')
signal_df.Signal.rolling(window=5).mean().plot(label='Moving
Average Smoothed')
plt.legend()
plt.show()
```

成功运行上述代码后，将创建如图 14.22 所示的图形。从理论上讲，我们刚刚所做的就是移动平均平滑（moving average smoothing），它将计算时间序列数据的移动平均值。

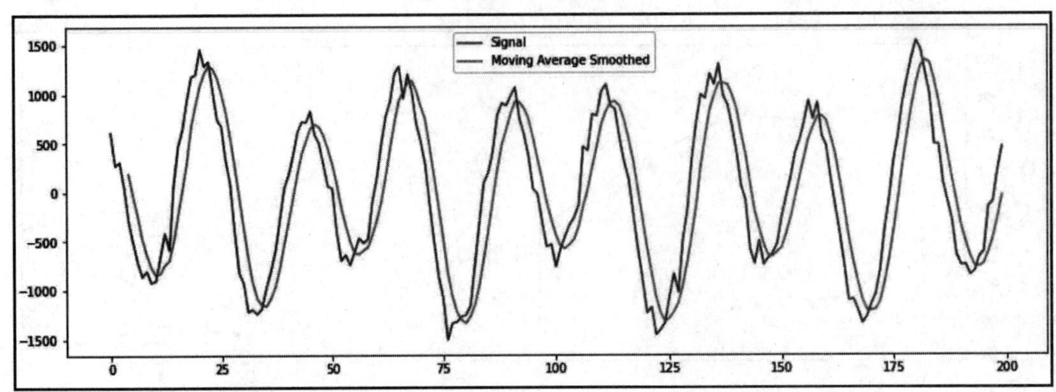

图 14.22　使用窗口滚动计算的移动平均平滑

可以看到，移动平均平滑法可以很好地平滑数据，但它有一个明显的缺点——数据似乎发生了偏移。读者可能认为只要简单地将绘图向左稍作移动即可。但是，图 14.23 中 Signal（信号）和 Moving Average Smoothed（平滑后的移动平均）列的前 7 行表明，完美匹配永远是不可能的。

	Signal	Moving Average Smoothed
0	605.340308	NaN
1	267.958658	NaN
2	304.652019	NaN
3	51.297364	NaN
4	-297.546288	186.340412
5	-520.492600	-38.826169
6	-719.919832	-236.401867
7	-866.546219	-470.641515
8	-807.907263	-642.482441
9	-925.817440	-768.136671

图 14.23　比较 Signal（信号）和 Moving Average Smoothed（平滑后的移动平均）列

Moving Average Smoothed（平滑后的移动平均）列的前 4 个值是 NaN，这是由于滚动窗口计算的性质而引起的。当窗口的宽度为 k 时，前 k-1 行包含的值始终是 NaN。

滚动窗口计算提供了使用简单或复杂计算进行平滑的机会。读者也可以尝试其他时间序列方法，例如简单指数平滑法（simple exponential smoothing）。以下代码使用了滚动窗口计算机制来应用指数平滑。

```
def ExpSmoothing(v):
    a=0.2
    yhat = v.iloc[0]
    for i in range(len(v)):
        yhat = a*v.iloc[i] + (1-a)*yhat
    return yhat

signal_df.Signal.plot(figsize=(15,5),label='Signal')
signal_df.Signal.rolling(window=5).apply(ExpSmoothing).plot(
label = 'Exponential Smoothing')
plt.legend()
plt.show()
```

在运行上述代码之前，请注意代码使用.rolling()和.apply()函数的方式，它首先实现了一个简单指数平滑函数。

运行上述代码会创建一个与图 14.22 所示类似的图形，但是这一次，平滑值使用了简单指数平滑公式。

接下来，让我们看看下一个处理噪声的工具——聚合。

14.8.4　聚合

数据聚合（aggregation）其实是一种特定类型的滚动数据平滑。通过聚合，我们不使用任何窗口宽度即可将数据点从较小的数据对象聚合到较宽的数据对象。例如，从每日数据聚合到每周数据，或者从每秒数据聚合到每小时数据。

例如，图 14.24 显示了每日新冠肺炎病例和死亡人数的折线图，然后是其聚合版本——加利福尼亚州和美国每周新冠肺炎病例和死亡人数。

聚合数据集以创建具有新数据对象定义的数据集的操作对我们来说并不新鲜。在本书的学习过程中，我们已经看到了很多这样的例子。例如，读者可以参考以下章节。

- 10.2 节“示例 1——解包数据并重新构建表”，在该示例中，speech_df 被聚合以创建 vis_df，其数据对象的定义是一个月内的演讲。
- 12.4 节“数据集成示例 1（挑战 3 和 4）”，在该示例中，必须聚合 electric_df，因为其数据对象的定义是每半个小时的用电量。我们要通过聚合创建一个新的数据集，其数据对象的定义是每个小时的用电量。只有这样做了以后，electric_df

才可以与 temp_df 集成。

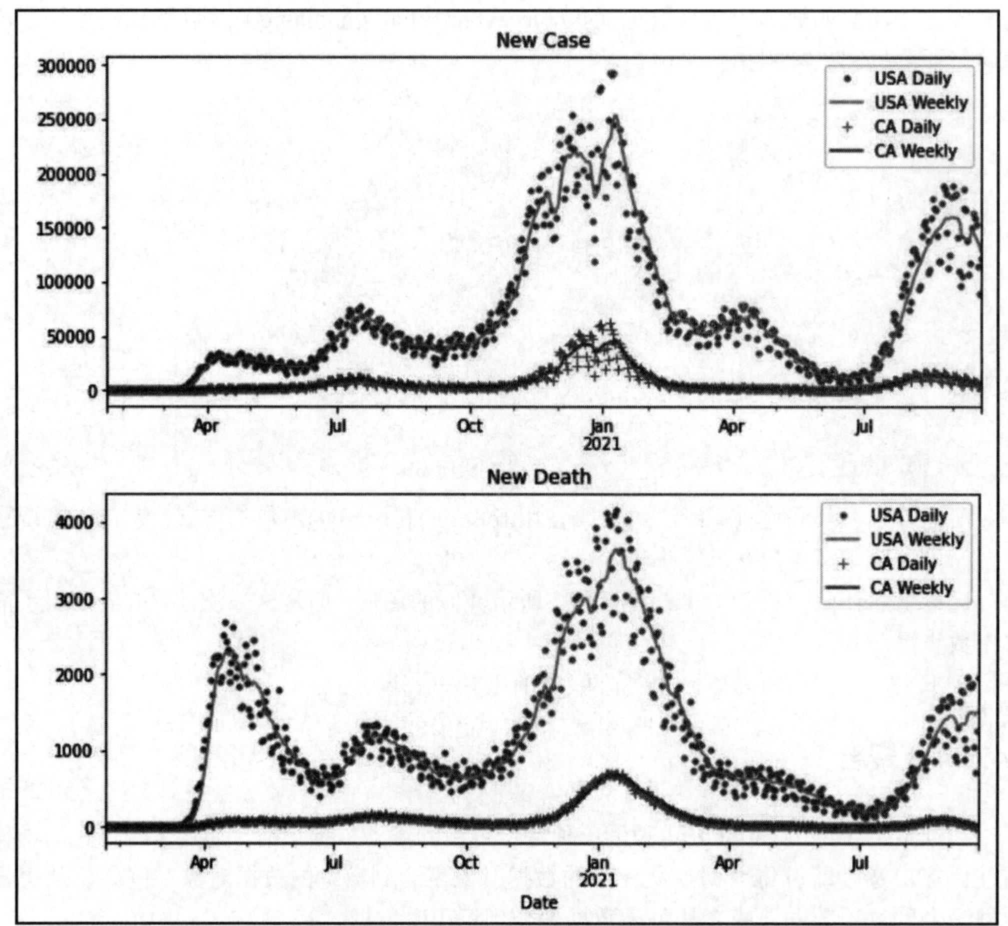

图 14.24　处理噪声的聚合示例——新冠肺炎新病例和死亡折线图

本章末尾的练习（12）将为读者提供通过聚合处理噪声的机会。读者将能够自己创建图 14.24。

最后，让我们看看通过分箱转换数据以处理噪声的方法。

14.8.5　分箱

这似乎是一种新方法，但分箱和离散化在技术上其实是同一类型的数据预处理方式。当完成将数值特性转换为分类特性的过程时，它被称为离散化，而当它被用作对抗数值数据中的噪声时，可以将相同的数据转换称之为分箱（binning）。

另一个可能令读者感到惊讶的事实是，本书之前其实已经做了很多次的分箱。每次创建直方图时，都会在后台完成分箱。现在让我们掀开其神秘面纱，看看里面究竟发生了什么。

本书中创建的第一个直方图是图 2.1（详见 2.2.1 节“使用直方图或箱线图可视化数值特征”）。在该图中，我们创建了 adult_df.age 特性的直方图。读者可以返回并查看一下该直方图。

图 14.25 显示了使用 adult_df.age 创建条形图而不是直方图时的外观。

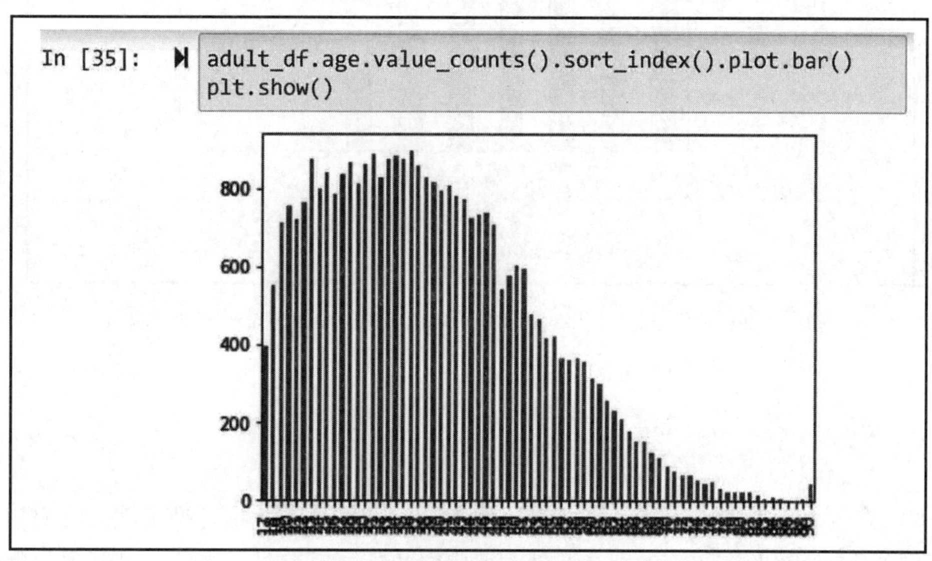
In [35]:
adult_df.age.value_counts().sort_index().plot.bar()
plt.show()
800
600
400
200
0

图 14.25　创建 adult_df.age 的条形图

将图 14.25 的可视化结果与图 2.1 进行比较，可以看到直方图的价值。显然，它帮助执行了数据平滑，以便我们更好地了解总体之间的变化。

还可以通过先对特性进行分箱然后创建条形图来创建与直方图相同的形状。图 14.26 中的代码使用了 pd.cut() Pandas 函数对 adult_df.age 进行分箱处理，然后创建其条形图。将图 14.26 中的条形图与图 2.1 进行比较，可以看到它们显示了相同的模式。

如果你觉得图 14.26 与图 2.1 不完全相同，则只需更改条形的宽度即可。在图 14.26 的代码中，用.bar(width=1)替换.bar()，即可看到输出效果的改变。

本节学习了 3 种处理数据中噪声的方法：平滑、聚合和分箱。最后，让我们总结一下本章内容。

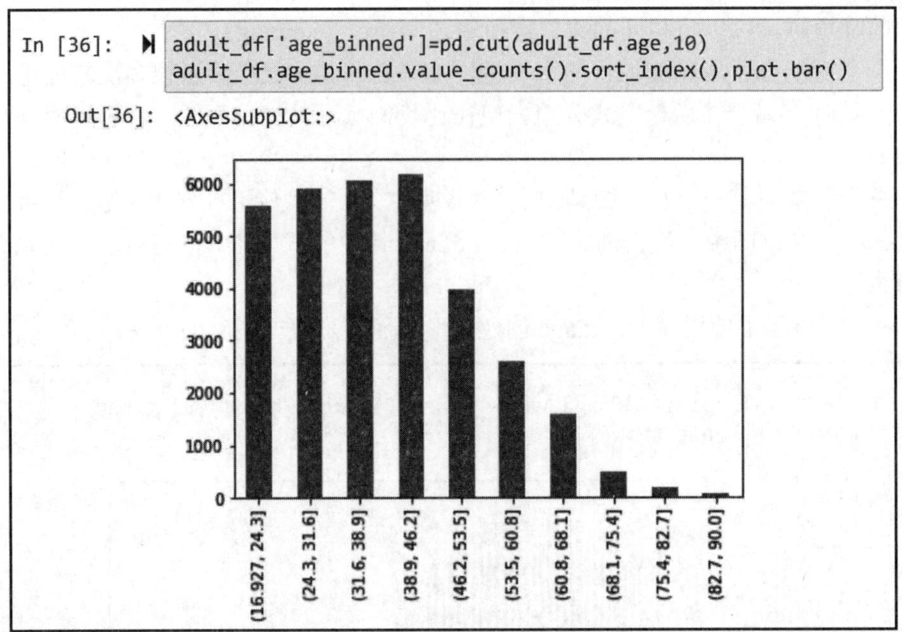

图 14.26 通过 pd.cut()和.bar()而不是.hist()创建 adult_df.age 的直方图

14.9 小　　结

本章为数据预处理库添加了许多有用的工具，特别是在数据转换领域。我们阐释了数据转换和数据按摩之间的区别。此外，还学习了如何将数据从数值类型转换为分类数据，或者反过来，从分类特性转换为数值特性。

本章介绍了特性构造和特征提取，这对于高级数据分析非常有用。还介绍了对数转换，这是最古老、最有效的工具之一。最后，还讨论了 3 种在处理数据噪声方面非常有用的方法。

至此，读者已经完成了本书第 3 篇“预处理”的学习。相信读者已经能够非常成功地预处理数据，从而进行有效的数据分析。

本书第 4 篇将进行 3 个案例研究（第 15 章～第 17 章）。我们将把从本书中学到的知识付诸实践，并帮助你累积数据预处理和有效分析方面的经验。第 18 章将以对全书内容的总结、实际案例研究和结论等结束本书。

在继续阅读之前，不要错过本章末尾提供的巩固和强化所学知识的机会。

14.10　练　　习

（1）用自己的语言解释归一化和标准化有什么区别和相似之处？为什么有些情况下可以互换使用它们？

（2）在讨论二进制编码、排序转换和离散化时，有两个数据转换实例可以被标记为按摩。试着找出它们并解释为什么可以将它们贴上这样的标签。

（3）我们知道，呈现数据对象颜色的方式之一是使用它们的名称，这就是为什么我们会将颜色假设为一个标称特性。但是，用户也可以将这个通常是名义上的特性转换为数值特性。请列举出两种可能的方法。

提示：其中之一是使用 RGB 编码的特性构造。

将列举出的两种方法应用于以下小型数据集。图 14.27 中显示的数据可在 color_nominal.csv 文件中获得。

Index	Color	index	Color	Index	Color
1	Blue	11	White	21	Orange
2	Blue	12	Orange	22	Black
3	Black	13	White	23	Yellow
4	White	14	Black	24	Black
5	Green	15	Yellow	25	Orange
6	Orange	16	Yellow	26	White
7	White	17	Blue	27	Blue
8	Blue	18	Green	28	Orange
9	Brown	19	Orange	29	Orange
10	Yellow	20	Green	30	Yellow

图 14.27　color_nominal.csv

在二进制编码后或执行 RGB 特性构造后，使用转换后的特性将 30 个数据对象聚类为 3 个组。对这两个聚类执行质心分析并分享从本练习中学到的知识。

（4）到目前为止，我们已经看到了 3 个特性构造示例。第一个示例可以在图 14.6 中找到。另一个在 14.5.2 节“示例——从两个特性构造一个转换后的特性”中，最后一个是前面的练习。请使用这些示例来讨论特性构造是否属于数据按摩。

（5）本练习将着手处理为研究和开发而收集的数据集。该数据集出现在最近的一篇文章中，该文章的标题为 *Misfire and valve clearance faults detection in the combustion engines based on a multi-sensor vibration signal monitoring*（《基于多传感器振动信号监测的内燃机熄火和气门间隙故障检测》），以表明使用振动信号可以高精度检测发动机故障。要查看这篇文章，可以访问以下链接。

https://www.sciencedirect.com/science/article/abs/pii/S0263224118303439

读者有权访问的数据集是 Noise_Analysis.csv。该文件太大，我们无法将其包含在本书配套的 GitHub 存储库中。请使用以下链接下载该文件。

https://www.dropbox.com/s/1x8k0vcydfhbuub/Noise_Analysis.csv?dl=1

该数据集有 7500 行，每行显示 1 秒（1000 毫秒）的发动机振动信号和发动机状态（标签）。我们想要使用振动信号来预测发动机的状态。具体有以下 5 种状态。

- H：Healthy（健康）。
- M1：Missfire 1（熄火 1）。
- M2：Missfire 2（熄火 2）。
- M12：Missfire 1 和 2（熄火 1 和 2）。
- VC：Valve Clearance（阀门间隙）。

为了预测（分类）这些状态，需要首先从振动信号中提取特征。提取以下 5 个形态特征，然后使用它们创建可以进行分类的决策树。

- n_Peaks：峰顶的数量（见图 14.14）。
- n_Valleys：谷底的数量（见图 14.14）。
- max_Oscilate：最大振幅（见图 14.14）。
- Negative_area：负信号总和的绝对值。
- Positive_area：正信号的总和。

确保调整决策树以形成可用于分析的最终树。创建决策树后，分享你的观察结果。

提示：要查找 n_Peaks 和 n_Valleys，可能需要使用 scipy.signal.find_peaks()函数。

（6）本章讨论了数据按摩和数据转换之间可能存在的区别。我们还看到 FDA 可用于数据归约和数据转换。复习你在本书（第 13 章“数据归约”和本章）中体验过的所有 FDA 示例，并使用它们来说明是否应该将 FDA 标记为数据按摩。

（7）复习第 12 章“数据融合与数据集成”中的练习（8）。在该练习中，我们转换了其中一个数据集的特性，从而使两个来源的融合成为可能。你如何描述这种数据转换？可以称之为数据按摩吗？

（8）本练习将使用一篇论文中的 BrainAllometry_Supplement_Data.csv 数据集，该论文的标题为 *The allometry of brain size in mammals*（《哺乳动物大脑大小的异速生长》）。

读者可以从以下网址访问该数据集。

https://datadryad.org/stash/dataset/doi:10.5061/dryad.2r62k7s

如图 14.28 所示，该散点图想要显示自然界中物种的平均体重和平均脑质量之间的关系。但是，我们可以看到该关系并没有很好地显示出来。进行什么样的数据转换可以解决这个问题？应用你的方法，然后分享观察结果。

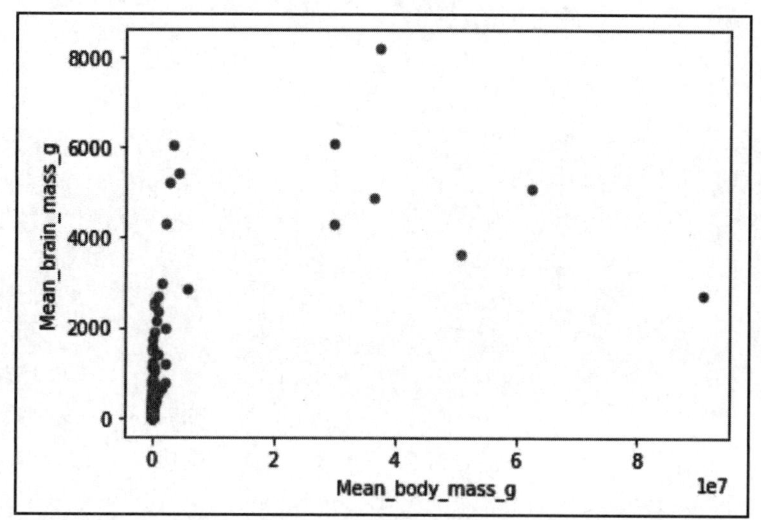

图 14.28　Mean_body_mass_g 和 Mean_brain_mass_g 的散点图

（9）本章学习了 3 种处理噪声的技术：平滑、聚合和分箱。请解释为什么这些方法包含在数据转换中，而不是在数据清洗 3 级中。

（10）在本书两个章节（第 13 章“数据归约”和本章）以及数据预处理的 3 个领域（数据归约、特征提取和平滑）下，都显示了函数型数据分析（FDA）的应用。请在这两章中找到 FDA 的例子，然后解释 FDA 如何设法完成所有这些不同类型的数据预处理。是什么让 FDA 成为如此多用途的工具包？

（11）在图 14.20 中，可以看到在 signal_df 所有数据上的.KernelReg()性能不是很好，但它在其中一部分数据上的表现确实很出色。尝试结合滚动数据平滑和函数型数据平滑来平滑 signal_df 的所有数据，并查看结果。

为此，我们需要使用步长进行窗口滚动计算。遗憾的是，.rolling() Pandas 函数只适应步长为 1 的情况，如图 14.21 所示。所以，请把主动权掌握在自己的手中，设计一个循环机制，使用.KernelReg()来平滑 signal_df 的所有数据。

（12）使用 United_States_COVID-19_Cases_and_Deaths_by_State_over_Time.csv 数据集重新创建图 14.24。可以从以下网址提取最新数据来开发一个最新的可视化结果。

https://catalog.data.gov/dataset/united-states-covid-19-cases-and-deaths-by-state-over-time

提示：需要使用 new_case 和 new_death 列。

（13）分箱和聚合看起来似乎是同一种方法，但实际上，它们并不是。研究本章中的两个示例并解释聚合和分箱之间的区别。

第 4 篇

案例研究

本篇将讨论 3 个用于分析的数据预处理的真实案例，阅读这些案例对于完成自己的项目有很好的借鉴作用。在这些案例中，读者还可以看到一些建议。

本篇包括以下章节。

- 第 15 章，案例研究 1——科技公司中员工的心理健康问题。
- 第 16 章，案例研究 2——新冠肺炎疫情住院病例预测。
- 第 17 章，案例研究 3——美国各县聚类分析。
- 第 18 章，总结、实际案例研究和结论。

第 15 章　案例研究 1——科技公司中员工的心理健康问题

在本章和后续两章中，我们将把在本书课程中学到的技能付诸实践。本章案例研究将使用由 Open Sourcing Mental Illness（OSMI）收集的数据，这是一家致力于提高心理健康认识和教育，并对科技公司和开源社区中的心理健康提供支持资源的非营利性公司。该公司的网址如下。

https://osmihelp.org/

OSMI 每年进行一次调查，旨在衡量科技工作场所对心理健康的态度，并检查科技工作者心理健康障碍的频率。这些调查可供公众参与，其网址如下。

https://osmihelp.org/research

本章包含以下主题。

- ❑ 科技公司中员工的心理健康问题案例研究简介。
- ❑ 集成数据源。
- ❑ 清洗数据。
- ❑ 分析数据。

15.1　技术要求

在本书配套的 GitHub 存储库中可以找到本章使用的所有代码示例以及数据集，具体网址如下。

https://github.com/PacktPublishing/Hands-On-Data-Preprocessing-in-Python/tree/main/Chapter15

15.2　科技公司中员工的心理健康问题案例研究简介

焦虑和抑郁等心理健康障碍本质上不利于人们的幸福感、生活方式和工作效率。根据美国心理健康协会的数据，美国有超过 4400 万成年人存在心理健康问题。由于这些公司内部以及各公司之间经常存在竞争环境，因此科技行业员工的心理健康备受关注。这些公司的一些员工为了保住工作而被迫加班。这类公司的管理者有充分的理由希望员工的心理健康得到改善，因为健康活跃的头脑是富有成效的，而浑浑噩噩的头脑则不是。

科技公司和非科技公司的经理和领导者必须就是否投资于员工的心理健康以及投资程度做出艰难的决定。有大量证据表明，不良的心理健康会对工人的幸福感和生产力产生负面影响。每家公司都投入了有限的资金以用于员工的身体健康，但是却忽略了心理健康。实际上，在正确的地方分配资源非常重要。

这是对该案例研究的一般性介绍。接下来，我们将讨论任何数据分析的一个非常重要的方面——分析结果的受众是谁?

15.2.1　分析结果的受众

任何分析结果的主要受众始终都是决策者。但是，重要的是要清楚这些决策者到底是谁。在实际项目中，这应该是显而易见的，本章则需要想象一个特定的决策者，并为他们量身定制分析结果。

本章将关注的决策者是科技公司的经理和领导者，他们负责做出可能影响员工心理健康的决策。虽然心理健康应该被视为优先事项，但实际上，管理者必须在一个具有许多相互竞争的优先事项的决策环境中做出选择，这些事项包括组织财务健康、生存、利润最大化、销售和客户服务，以及经济增长等。

例如，如图 15.1 所示，由 OSMI 创建的简单可视化告诉我们，虽然科技公司的心理健康支持不算糟糕，但仍有很大的改进空间。

该结果可在以下网址获得。

https://osmi.typeform.com/report/A7mlxC/itVHRYbNRnPqDI9C

本案例研究的目标是挖掘比 OSMI 提供的基本报告更深入的东西，并了解更多特性之间的相互作用，这可以为决策者提供更多有益的信息。

具体而言，在本案例研究中，我们将尝试回答以下分析问题（analytic question，AQ），这些问题可以让决策者了解员工心理健康的态度和重要性。

- AQ1：员工的心理健康在性别特性上是否存在显著差异？
- AQ2：员工的心理健康在不同年龄特性之间是否存在显著差异？
- AQ3：对员工心理健康问题提供更多支持的公司是否拥有心理更健康的员工？
- AQ4：个人对心理健康的态度是否会影响他们的心理健康和寻求治疗？

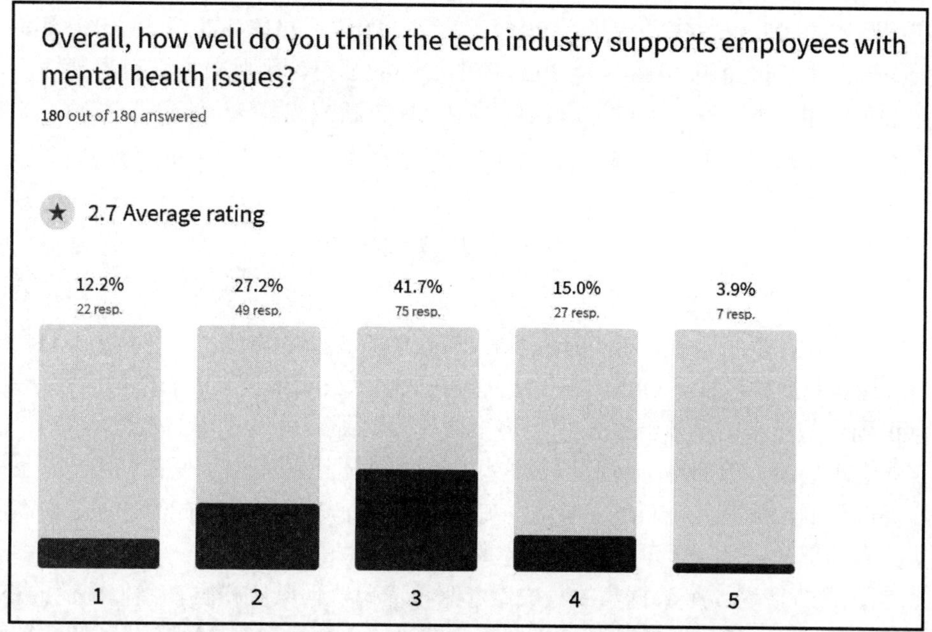

图 15.1　来自 2020 年 OSMI 心理健康技术调查的简单可视化

原　　文	译　　文
Overall, how well do you think the tech industry supports employees with mental health issues?	总体而言，您认为科技行业对有心理健康问题的员工的支持程度如何？

现在我们已经清楚了应该如何分析这些数据以及需要回答哪些 AQ，接下来，让我们看看这些数据的来源。

15.2.2　数据来源介绍

OSMI 从 2014 年开始进行对科技公司中员工心理健康问题的调查，尽管多年来参与调查的比例有所下降，但他们一直在继续收集数据。在学习本章时，读者可以通过以下网址获得 2014 年和 2016 年至 2020 年的原始数据。

https://osmihelp.org/research

了解数据来源：

读者可以下载从 2014 年到最新版本的原始数据，并使用从本书中获得的工具来仔细探索这些文件。

在编写本章时，仅收集并提供了 2014、2016、2017、2018、2019 和 2020 年的 6 个原始数据集。本章仅使用 2016 年至 2020 年的 5 个数据集，因此数据具有连续性。

如果在上述地址中有新的数据，也可以相应地更新代码。

接下来，让我们从数据集成开始，然后是数据清洗。

15.3　集成数据源

如前文所述，本章需要集成 2016 年至 2020 年的 5 个数据集。在探索过这 5 个数据集之后（这些数据集收集了 OSMI 在 5 年间调查的技术公司中员工的心理健康数据），读者会意识到这些年来的调查已经发生了许多变化。此外，虽然收集的数据集关于科技公司员工的心理健康，但问题的措辞以及这些问题的性质已经发生了变化。因此，图 15.2 中的漏斗图形的比喻有两个目的。首先，它让来自每个数据集的数据部分通过所有 6 个数据集共有的部分；其次，漏斗还会过滤掉与 AQ 无关的数据。

虽然图 15.2 使这 5 个数据集的集成看起来很简单，但其实横亘在我们面前的还有一些颇有意义的挑战。第一个挑战是，我们需要知道这 5 个数据集之间的共同特性是什么，如果它们之间的措辞不一致，那么是否需要手动纠正？虽然这肯定是解决问题的方法之一，但采用这种方法将是一个非常烦琐的过程。可以考虑使用 difflib 模块中的 SequenceMatcher 来查找彼此相似的特性。

在根据所有 5 个数据集的共同特性进行过滤之后，还需要仅保留与 AQ 相关的特性。以下列表是所有 5 个数据集中共同特性的集合，这些特性均与我们的 AQ 相关。为了使数据看起来更清晰，作为调查问题的每个长特性名称都被分配了一个名称。这些名称将用于创建特性字典 Column_dict，因此这些特性名称可编码且更直观，并且完整的问题也是可访问的。

- SupportQ1：Does your employer provide mental health benefits as part of healthcare coverage?（你的雇主是否提供心理健康福利作为医疗保险的一部分？）
- SupportQ2：Has your employer ever formally discussed mental health (for example, as part of a wellness campaign or other official communication)?（你的雇主是否正式讨论过心理健康问题，例如，作为健康运动或其他官方沟通的一部分？）
- SupportQ3：Does your employer offer resources to learn more about mental health disorders and options for seeking help?（你的雇主是否提供资源来了解更多关于精神疾病和寻求帮助的选择？）
- SupportQ4：Is your anonymity protected if you choose to take advantage of mental

health or substance abuse treatment resources provided by your employer?（如果你选择利用雇主提供的心理健康或药物滥用治疗资源，那么你的匿名性是否受到保护？）

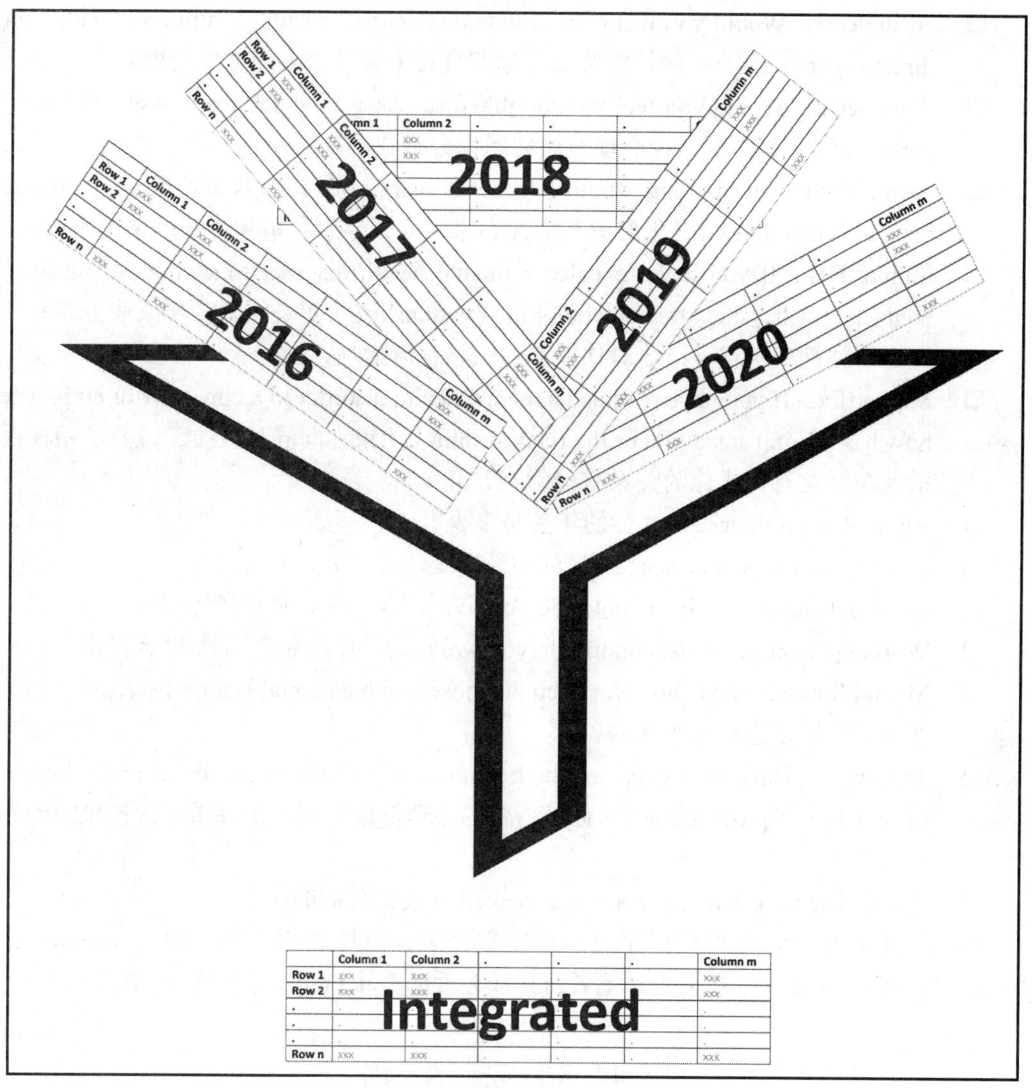

图 15.2　将 5 个数据集合而为一的示意图

原　文	译　文
Integrated	集成之后的结果

- SupportQ5：If a mental health issue prompted you to request medical leave from work, how easy or difficult would it be to ask for that leave?（如果心理健康问题促使你请病假，请病假的难易程度如何？）
- AttitudeQ1：Would you feel comfortable discussing a mental health issue with your direct supervisor(s)?（你是否愿意与你的直接主管讨论心理健康问题？）
- AttitudeQ2：Would you feel comfortable discussing a mental health issue with your coworkers?（与同事讨论心理健康问题你会感到自在吗？）
- AttitudeQ3：How willing would you be to share with friends and family that you have a mental illness?（你愿意与朋友和家人分享你患有精神疾病的情况吗？）
- SupportEx1：If you have revealed a mental health disorder to a client or business contact, how has this affected you or the relationship?（如果你向客户或业务联系人透露了精神疾病状况，这对你或你的关系有何影响？）
- SupportEx2：If you have revealed a mental health disorder to a coworker or employee, how has this impacted you or the relationship?（如果你向同事或员工透露了精神疾病状况，这对你或你的关系有何影响？）
- Age：What is your age?（你的年龄是多少？）
- Gender：What is your gender?（你的性别是什么？）
- ResidingCountry：What country do you live in?（你住在哪个国家/地区？）
- WorkingCountry：What country do you work in?（你在哪个国家/地区工作？）
- Mental Illness：Have you ever been diagnosed with a mental health disorder?（你是否曾被诊断出患有精神疾病？）
- Treatment：Have you ever sought treatment for a mental health disorder from a mental health professional?（你是否曾向心理健康专业人士寻求心理健康障碍的治疗？）
- Year：The year that the data was collected.（收集数据的年份。）

删除其他特性后，即可使用字典中的键重命名长特性名称，然后使用 pd.concat() Pandas 函数轻松连接 5 个数据集。笔者将集成之后的 DataFrame 命名为 in_df。

15.4 清洗数据

在进行数据集成时，还可以执行一些 1 级数据清洗操作，例如，数据位于一个标准数据结构中，并且特性具有可编码和直观的标题。但是，由于 in_df 是从 5 个不同的来源集成的，因此可能使用了不同的数据记录做法，这可能导致 in_df 之间的不一致。

例如，图 15.3 显示了 Gender（性别）特性数据收集不同的地方。

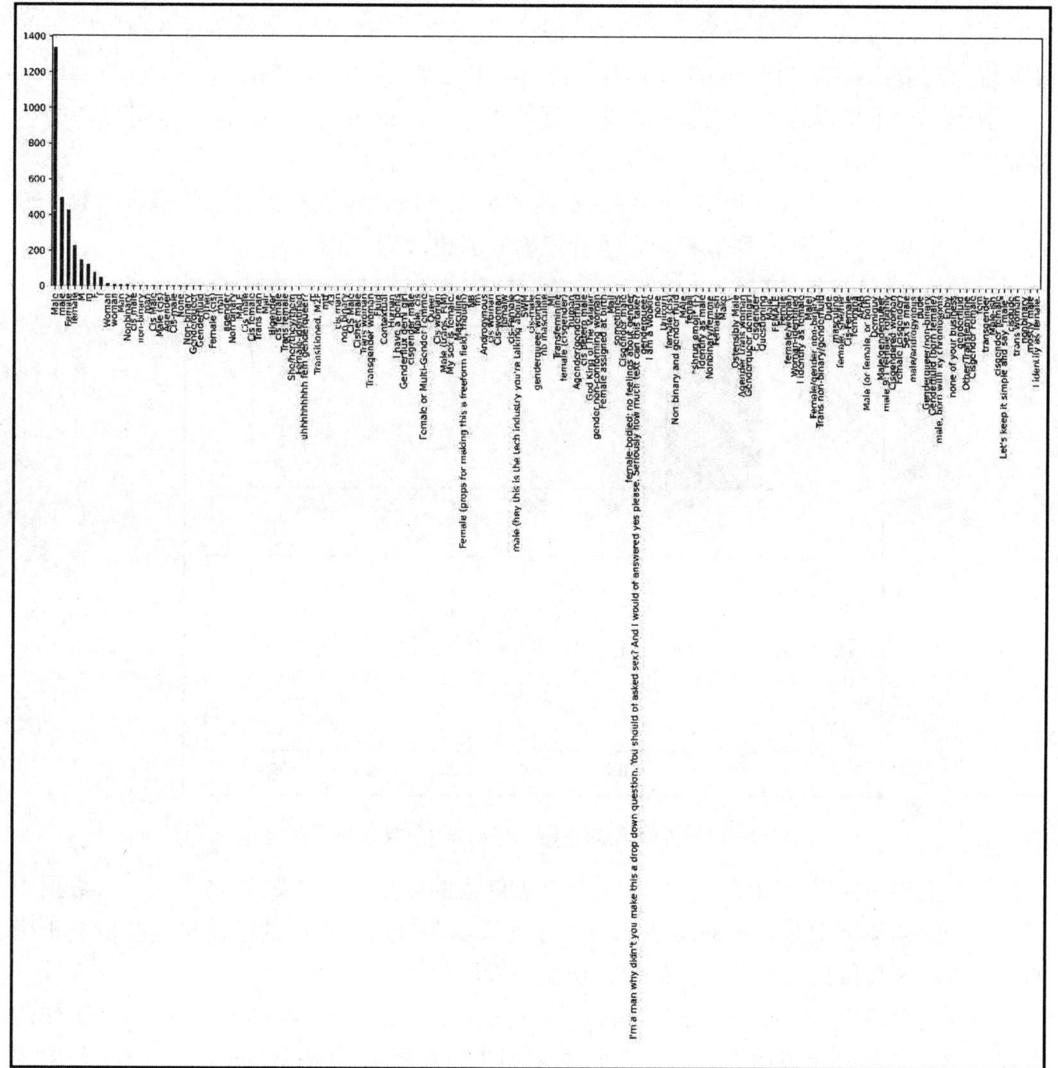

图 15.3　执行数据清洗前 Gender（性别）特性的状态

我们需要检查每个特性，并确保不会由于数据收集或拼写错误而以略有不同的措辞重复相同的值。

15.4.1 检测和处理异常值和误差

由于我们的 AQ 将仅依靠数据可视化来获得答案，因此不需要检测异常值，因为即使发现异常值，解决它们时也将采用保持原样（什么都不做）的策略。

但是，由于可以使用异常值检测来发现数据中可能的系统误差，因此也可以考虑可视化数据中的所有特性并发现不一致之处，然后修复它们。

图 15.4 显示了 Age（年龄）特性的箱线图和直方图，可以看到有一些错误的数据输入。可以将两个不合理的高值和一个不合理的低值更改为 NaN。

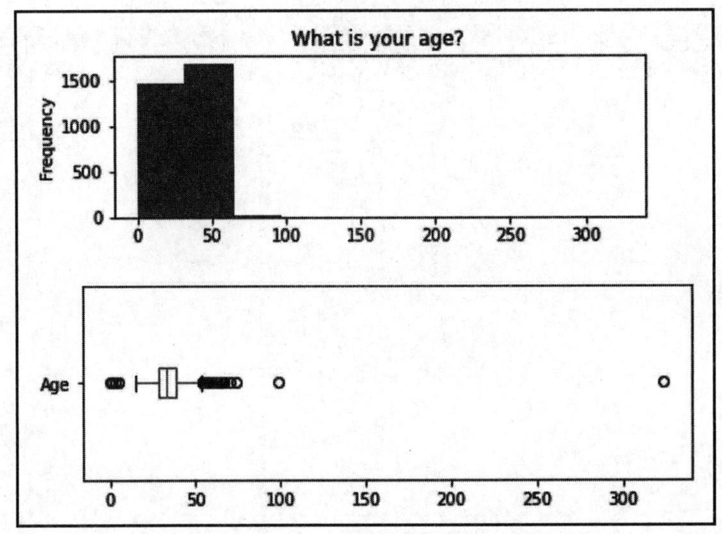

图 15.4　清洗前 Age（年龄）特性的箱线图和直方图

经过上述变换后，箱线图变成了看起来更健康的数据分布，如图 15.5 所示。数据中仍有一些离群值，但是，在对这些条目进行进一步调查后，得出的结论是这些值是正确的，并且对调查做出回应的人恰好比其他受访者的年龄要大。

另外两个特性——ResidingCountry（居住的国家/地区）和 WorkingCountry（工作的国家/地区）的可视化表明它们需要我们注意。图 15.6 显示了 WorkingCountry（工作的国家/地区）特性的条形图。这两个特性的可视化效果非常相似，这就是我们这里只展示其中一个特性的原因。

仔细研究一下这两个特性的条形图，我们知道这个数据的问题不是错误的数据输入；但是，美国的数据条目比其他国家多的事实并不是因为只有美国才有这么多的科技公司，而是因为美国更鼓励参与调查。为了应对这种情况，最好的方法是将分析重点放在美国受访者身上而不是放在整个数据上。因此，我们删除了其他所有行，仅保留了在 WorkingCountry（工作的国家/地区）和 ResidingCountry（居住的国家/地区）特性下都有 United States of America（美国）值的行。

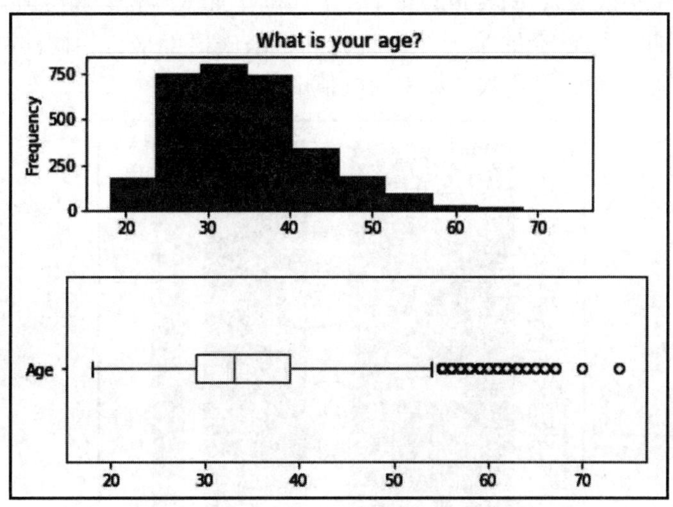

图 15.5　清洗后 Age（年龄）特性的箱线图和直方图

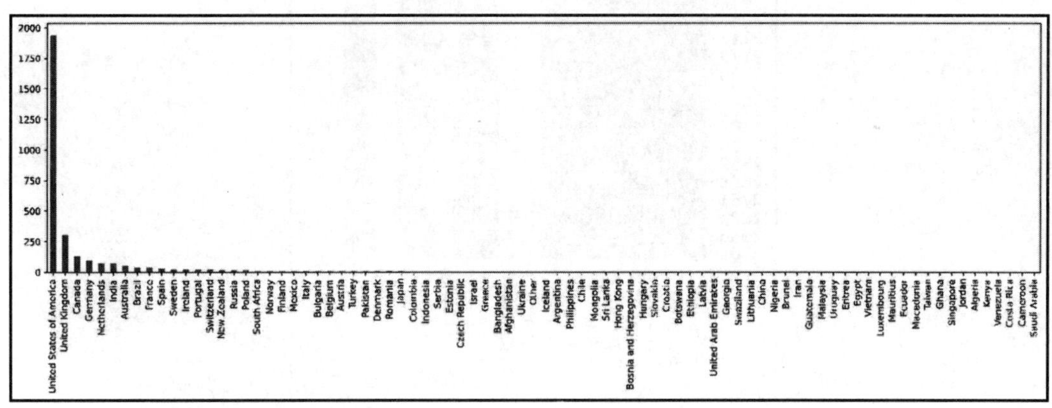

图 15.6　转换前 WorkingCountry（工作的国家/地区）特性的箱线图和直方图

实现这个数据转换后，WorkingCountry（工作的国家/地区）和 ResidingCountry（居住的国家/地区）下的值将只有一个可能的值。因此，它们不会向转换后的数据集的总体添加任何信息，最好的方法就是删除这两个特性。

接下来，让我们看看如何处理数据集中的缺失值。

15.4.2　检测和处理缺失值

经过调查，我们发现除了 AttitudeQ3（态度问题 3）、Age（年龄）、Gender（性别）、Mental Illness（精神疾病）、Treatment（治疗）和 Year（年份）特性外，其余特性确实存在缺失值。因此，要检查的第一件事就是确认缺失值都来自相同的数据对象。创建图 15.7 是为了清晰地看到整个数据集中缺失值的分类。

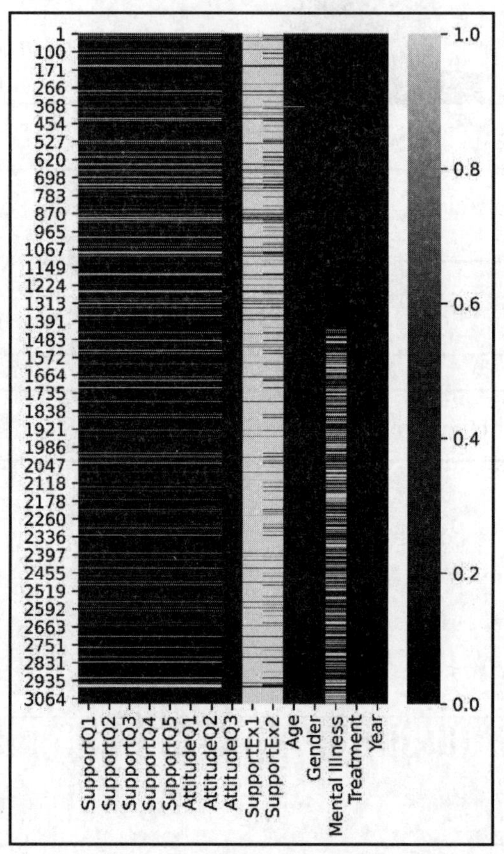

图 15.7　整个数据集的缺失值分类

通过图 15.7 可以看到，我们所需的答案是肯定的，一些数据对象在多个特性上缺少值。从 SupportQ1（支持问题 1）到 AttitudeQ3（态度问题 3）的特性缺失值均来自相同的数据对象。但是图 15.7 也让我们注意到，SupportEx1（支持延伸问题 1）和 SupportEx2（支持延伸问题 2）下的缺失值要麻烦得多，因为大部分数据对象在这两个特性下都有缺失值。在这种情况下处理的最佳方式是放弃这些特性。因此，这两个特性已从分析中删除。

接下来，让我们将注意力移到从 SupportQ1（支持问题 1）到 AttitudeQ3（态度问题 3）特性的数据对象的常见缺失值。

15.4.3　从 SupportQ1 到 AttitudeQ3 特性的常见缺失值

在处理这些缺失值之前，需要进行诊断以确定它们属于什么类型。运行诊断后，可以看到这些缺失值与 Age（年龄）特性有关系。具体来说，就是数据集中的老年人口都没有回答这些问题。因此，我们可以得出结论，这些缺失值属于随机缺失（missing at random，MAR）类型。在本示例中，不需要处理这些缺失值，因为我们对它们的决定取决于分析。当然，我们要记住，这些缺失值属于 MAR 类型。

接下来，让我们诊断一下其他特性的缺失值，先看看 Mental Illness（精神疾病）特性。

15.4.4　Mental Illness 特性中的缺失值

Mental Illness（精神疾病）特性有 536 个缺失值。缺失值比率很显著，达到了 28%。为了研究为什么会出现这些缺失值，可以将这些缺失值的出现模式与整个数据的分布进行比较。也就是说，需要对这些缺失值进行诊断，在诊断之后，就会发现该特性下的缺失值与 Age（年龄）、Treatment（治疗）、Year（年份）特性密切相关。很明显，这些缺失值也属于 MAR 类型，在分析前可以不做处理。

最后，还需要解决 Age（年龄）特性中的 3 个缺失值。

15.4.5　Age 特性中的缺失值

Age（年龄）特性有 3 个缺失值。这些是从极值点分析中估算的缺失值。我们认为这些特性是错误数据条目。由于我们知道它们来自哪里并且只有 3 个，因此可以假设它们属于完全随机缺失（missing completely at random，MCAR）类型。

现在数据集已经清洗干净且集成完毕，让我们将注意力转移到分析部分。

15.5　分 析 数 据

如前文所述，数据预处理不是闭门造车，最好的数据预处理是通过了解分析目标来完成的。因此，在回答本案例研究中的 4 个问题时，仍需要对数据进行预处理。

以下每个小节将回答一个分析问题。

15.5.1　分析问题 1——员工心理健康在性别特性上是否存在显著差异

为了回答这个问题，需要可视化 3 个特性之间的相互作用：Gender（性别）、Mental Illness（精神疾病）和 Treatment（治疗）。

我们知道，Mental Illness（精神疾病）特性有 536 个 MAR 类型的缺失值，而这些缺失值与 Treatment（治疗）特性有关。当然，由于本次分析的目标是了解跨性别的心理健康，因此可以避免考虑 Mental Illness（精神疾病）和 Treatment（治疗）的相互作用，而将分析重点放在 Gender（性别）特性与这两个特性的相互作用上。通过这种策略，我们可以对 Mental Illness（精神疾病）中的缺失值采取保持原样的方法。

使用本书介绍过的技能，可以得到如图 15.8 所示的两个条形图，它们有意义地显示了数据中的相互作用，可以帮助我们回答这个问题。

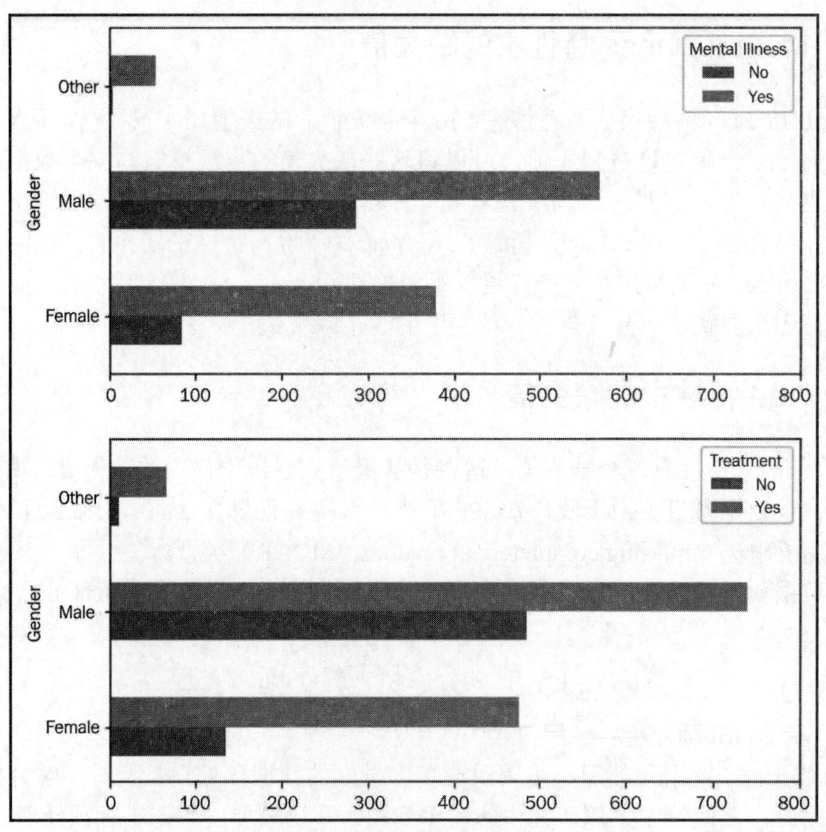

图 15.8　分析问题 1 的条形图

图 15.8 显示，Gender（性别）特性确实对科技公司员工的心理健康产生了有意义的影响。所以这个问题的答案是肯定的。当然，虽然 Male（男性）没有精神疾病与有精神疾病的比例高于 Female（女性），但男性中“从未寻求过专业心理健康帮助”的比例也高得多。这些观察结果表明，科技公司中有一群男性员工不了解自己的心理健康状况，也从未寻求过专业帮助。基于这些观察，应建议针对男性员工进行心理健康意识的辅导。

图 15.8 中的另一个重要观察结果是，对于没有选择男性或女性作为性别的个人来说，似乎存在更多的心理健康问题。但是，图 15.8 中并没有显示出什么区别，因为这部分人群的数据对象比男性和女性要小得多。

因此，为了梳理出这些人中有心理健康问题的部分，并将他们与其他两个亚群进行比较，可创建如图 15.9 所示的两个热图。

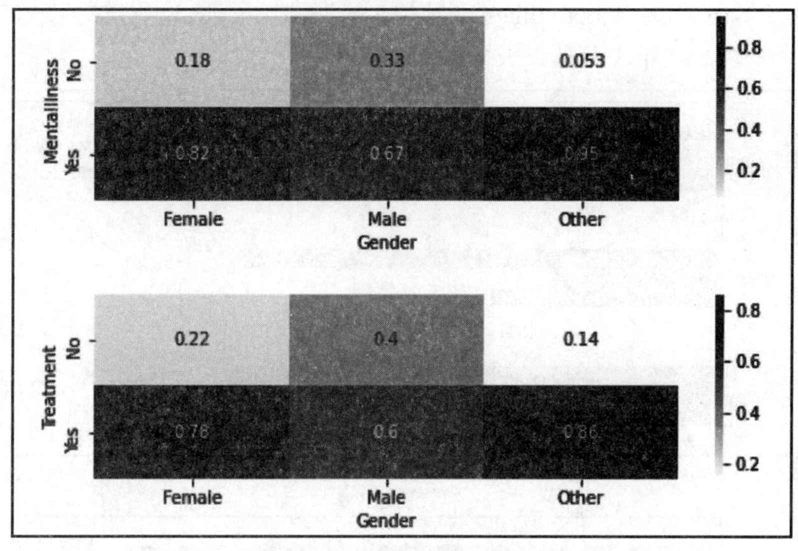

图 15.9　分析问题 1 的热图

在图 15.9 中可以看到，对于没有选择男性或女性作为性别的亚群来说，患有精神疾病的个体的比例远高于其他两个人群。当然，我们也可以看到这个人群与女性人群相似，寻求治疗的比例更高。

接下来，让我们看看分析问题 2。

15.5.2　分析问题 2——员工的心理健康在不同年龄特性之间是否存在显著差异

要回答这个问题，需要可视化以下 3 个特性之间的相互作用：Age（年龄）、Mental

Illness（精神疾病）和 Treatment（治疗）。

我们知道，Mental Illness（精神疾病）特性有 536 个 MAR 类型的缺失值，这些缺失值与 Treatment（治疗）和 Age（年龄）特性有关。此外，我们还知道 Age（年龄）特性有 3 个 MCAR 类型的缺失值。

处理 MCAR 类型缺失值的方式很简单，因为我们知道这些缺失值是完全随机的。但是，不能采用让它们保持原样的方法，而为了能够可视化这些关系，需要将 Age（年龄）特性从分类转换为数值。因此，本次分析删除了 Age（年龄）特性下包含缺失值的数据对象。

在处理本小节中 Mental Illness（精神疾病）的 MAR 缺失值时，不能采用与分析问题 1 中相同的方法（保持原样），因为该特性与 Treatment（治疗）和 Age（年龄）特性都有关系。因此，本小节为 Mental Illness（精神疾病）添加了第 3 个分类——MV-MAR。图 15.10 显示了可视化本小节调查关系的条形图。

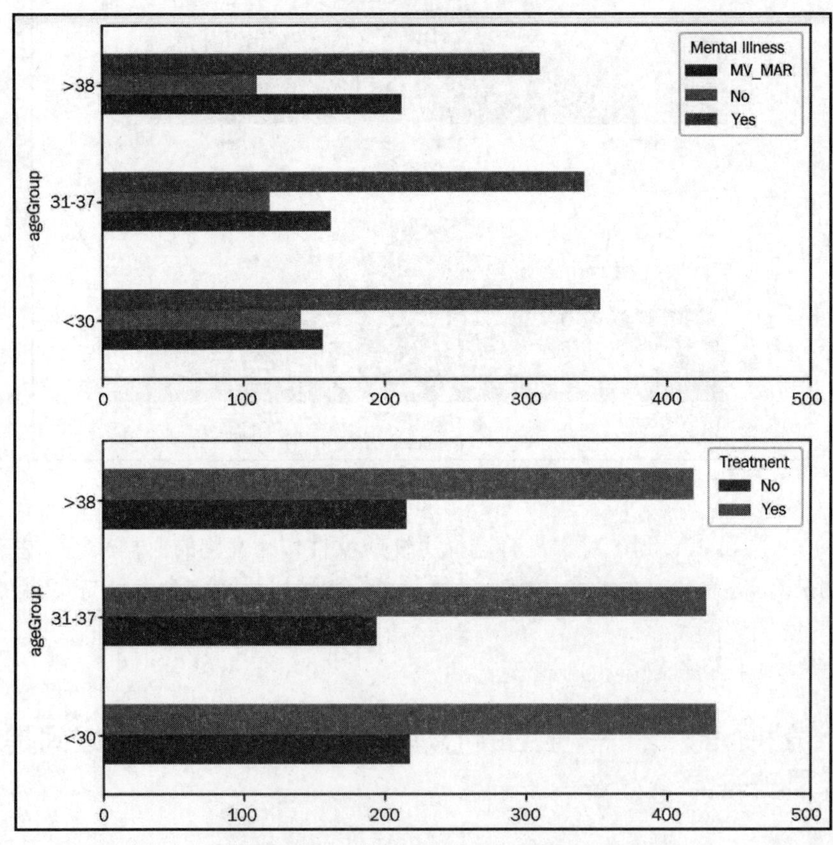

图 15.10　分析问题 2 的条形图

研究图 15.10 可以看到，数据中似乎存在一些模式；但是，它们不像分析问题 1 那样明显，因此在讨论这些模式之前，让我们看看这些模式在统计上是否显著。为此可以使用关联的卡方检验（详见 12.6.7 节“从 songAttribute_df 填充 songIntegrate_df”）。scipy.stats 模块已经将此检验打包在 chi2_contingency 函数中。

在计算图 15.10 中两个条形图的检验 p 值后，可分别得出结果为 0.0022 和 0.5497。这告诉我们第二个条形图中没有显著模式，但第一个条形图中的模式则很显著。使用这些信息可以得出结论，虽然年龄确实会影响心理健康问题，但不会影响个人寻求治疗的行为。

此外，第一个条形图中的显著模式告诉我们，随着 Age（年龄）特性的增加，对 Have you ever been diagnosed with a mental health disorder?（你是否曾被诊断出患有精神疾病？）这个问题回答 No（否）的人数在减少；令人惊讶的是，对同一问题回答 Yes（是）的人数也减少了。这是令人惊讶的，因为一般预计这两者会相互抵消。此条形图也显示了这种令人惊讶的观察结果的原因：随着年龄的增长，未回答问题的人数也在增加。这可能是因为年龄更大的员工对数据收集的机密性不太信任。

从这一观察中得出的结论是，与年轻员工相比，年长的科技员工可能需要建立更多的信任，以便他们公开自己的心理健康问题。

接下来，我们将讨论分析问题 3。

15.5.3　分析问题 3——对员工心理健康问题提供更多支持的公司是否拥有心理更健康的员工

这个问题其实表达了决策者的关注，那就是：对员工心理健康问题提供更多支持是否是值得的？要回答这个问题，首先需要进行一些数据转换，特别是特性构造。

我们构造了 PerceivedSupportScore（意识到的支持评分）特性，该特性表示参与调查者的雇主对心理健康问题的重视和支持程度。SupportQ1（支持问题 1）、SupportQ2（支持问题 2）、SupportQ3（支持问题 3）、SupportQ4（支持问题 4）和 SupportQ5（支持问题 5）特性可用于计算 PerceivedSupportScore（意识到的支持评分）。

当受访者对 SupportQ1～SupportQ5 这 5 个特性问题的答案表示其雇主支持和重视员工心理健康问题时，会将+1 或+0.5 的值添加到 PerceivedSupportScore（意识到的支持评分）特性中；相应地，当受访者对 SupportQ1～SupportQ5 这 5 个特性问题的答案表示其雇主不支持和不重视员工心理健康问题时，则会将−1 或−0.5 的值添加到 PerceivedSupportScore（意识到的支持评分）特性中。

例如，对于 SupportQ5（支持问题 5）特性，分别添加/减去了+1、+0.5、−0.5、−0.75

和-1 值，分别表示 Very easy（非常容易）、Somewhat easy（有些容易）、Somewhat difficult（有些困难）、More difficult（比较困难）和 Very difficult（非常困难）。SupportQ5 提出的问题是 If a mental health issue prompted you to request medical leave from work, how easy or difficult would it be to ask for that leave?（如果心理健康问题促使你请病假，请病假的难易程度如何？）。

图 15.11 显示了新建的 PerceivedSupportScore（意识到的支持评分）列的直方图。

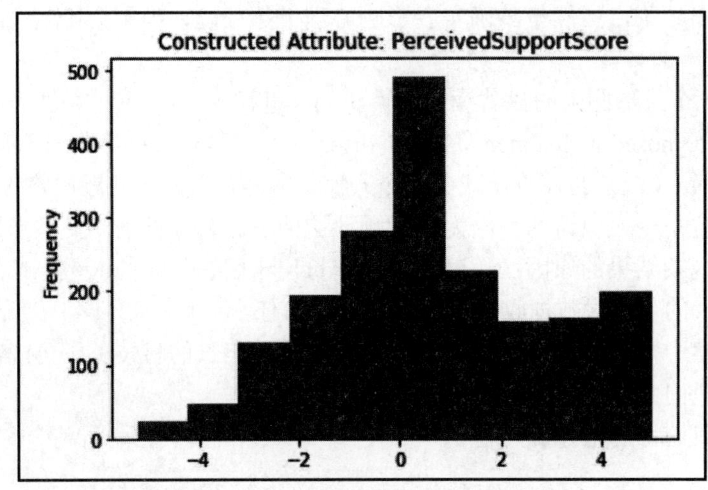

图 15.11　分析问题 3 新建特性的直方图

我们当然不会忘记，新构造特性的 SupportQ1（支持问题 1）和 SupportQ2（支持问题 2）特性的所有成分都有 228 个 MAR 类型的缺失值。这些 MAR 缺失值显示了与 Age（年龄）特性的关系。至于分析问题 3 的回答，我们需要将新构建的特性与 Mental Illness（精神疾病）和 Treatment（治疗）特性之间的关系可视化；对于这些缺失值，可以采用保持原样的方法。原因是 Mental Illness（精神疾病）和 Treatment（治疗）特性都对成分特性上的缺失值没有什么影响。

在进行可视化之前，由于新构建的特性是数值型的，而 Mental Illness（精神疾病）和 Treatment（治疗）特性都是分类的，因此需要先离散化该特性。高于 1 的分数可标记为 Supportive（支持），低于-0.5 的分数被标记为 Unsupportive（不支持）。其结果显示在如图 15.12 所示的条形图中。

图 15.13 显示了 Mental Illness（精神疾病）、Treatment（治疗）和 perceivedSupportGroup（意识到的支持分组）3 个特性之间的交互。由于包含 3 个维度的可视化会有一些让人应接不暇，因此可以做出一个决策，仅包括两个极端类别——Supportive（支持）和

Unsupportive（不支持），而忽略 Neutral（中性）。

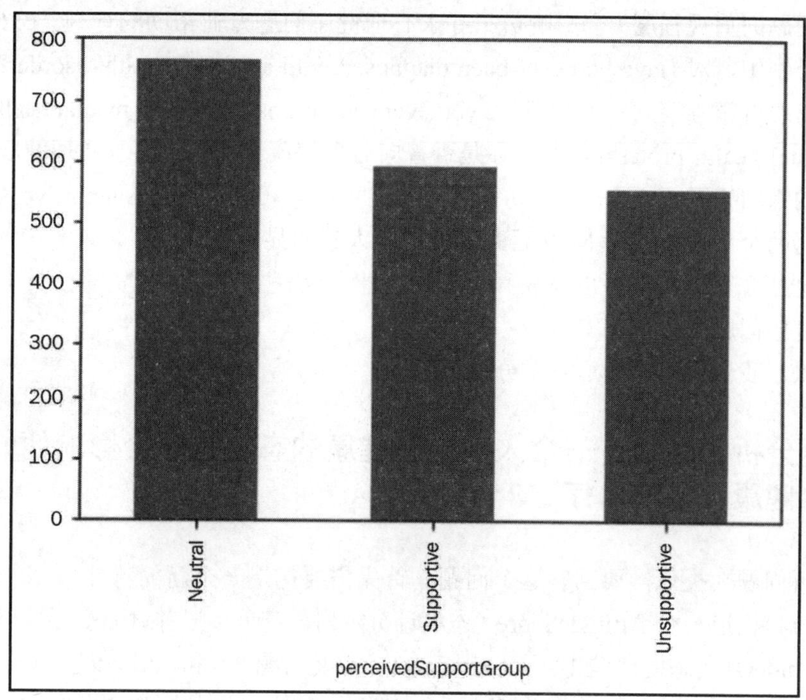

图 15.12　分析问题 3 离散化后新建特性的条形图

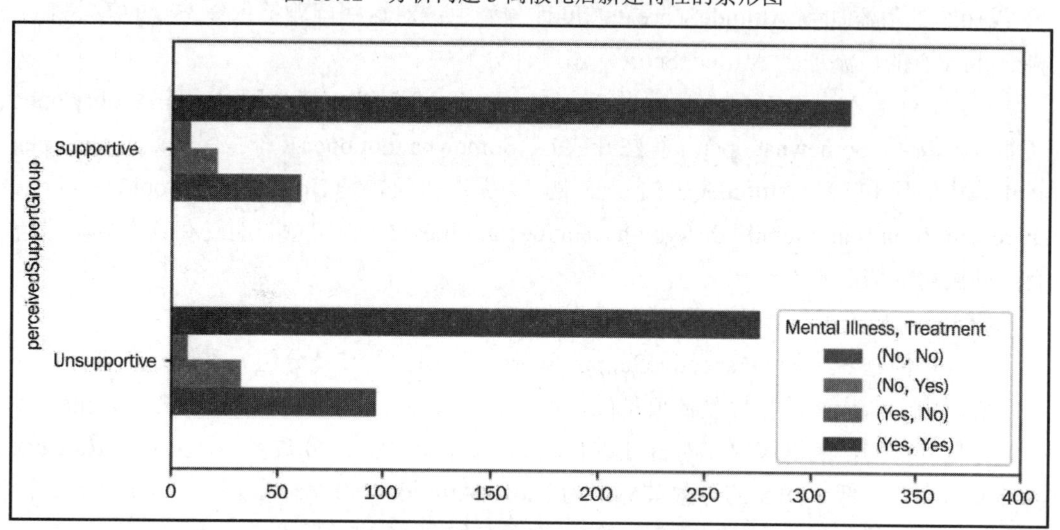

图 15.13　分析问题 3 的条形图

研究如图 15.13 所示的模式可以看到，员工意识到的支持分数（即员工感知的公司对心理健康问题的重视程度）会影响员工寻求心理健康问题专业帮助的行为。在 Supportive（支持）类别中，对 Have you ever been diagnosed with a mental health disorder?（你是否曾被诊断出患有精神疾病？）和 Have you ever sought treatment for a mental health disorder from a mental health professional?（你是否曾向心理健康专业人士寻求心理健康障碍的治疗？）问题都回答 Yes（是）的受访者人数明显更高。相应地，在 Supportive（支持）类别中，对这两个问题都回答 No（否）的受访者人数明显较低。

基于这些观察结果，可以建议科技公司在建立信任方面加大投资，使员工感受到公司对心理健康问题的重视和支持。

接下来，我们将讨论最后一个分析问题。

15.5.4　分析问题 4——个人对心理健康的态度是否会影响他们的心理健康和寻求治疗

和分析问题 3 类似，要回答这个问题，首先需要构造一个新的特性。

本小节将构造一个 AttitudeScore（态度评分）列，表明参与者对分享心理健康问题的态度。AttitudeQ1（态度问题 1）、AttitudeQ2（态度问题 2）和 AttitudeQ3（态度问题 3）特性可用于构造 AttitudeScore（态度评分）特性。对这些问题持开放态度的答案可以将+1 或+0.5 的值添加到 AttitudeScore（态度评分）中；对这些问题持保守态度的答案则会将-1 或-0.5 的值添加到 AttitudeScore（态度评分）中。

例如，对于 AttitudeQ3（态度问题 3），+1、+0.5、-0.5 和-1 值分别对应答案 Very open（非常开放）、Somewhat open（有些开放）、Somewhat not open（有些保守）和 Not open at all（根本不开放）。AttitudeQ3（态度问题 3）提出的问题是 How willing would you be to share with friends and family that you have a mental illness?（你愿意与朋友和家人分享你患有精神疾病的情况吗？）

图 15.14 显示了新建特性的直方图。

与分析问题 3 中的 perspectiveSupportScore（意识到的支持分组）类似，在进行可视化之前，由于新构建的特性是数值型的，而 Mental Illness（精神疾病）和 Treatment（治疗）都是分类的，所以需要先对特性进行离散化。高于 0.5 的分数被标记为 OpenAttitude（开放态度），低于-0.5 的分数被标记为 ClosedAttitude（保守态度），-0.5 和 0.5 之间的分数则被标记为 Neutral（中性）。结果显示在如图 15.15 所示的条形图中。

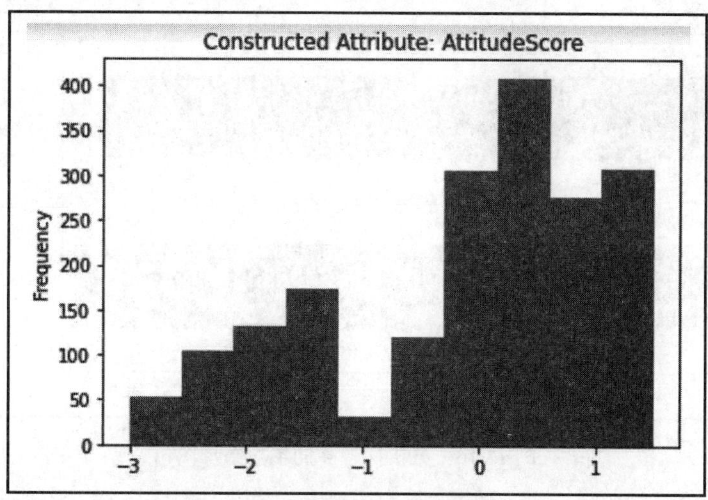

图 15.14　分析问题 4 新建特性的直方图

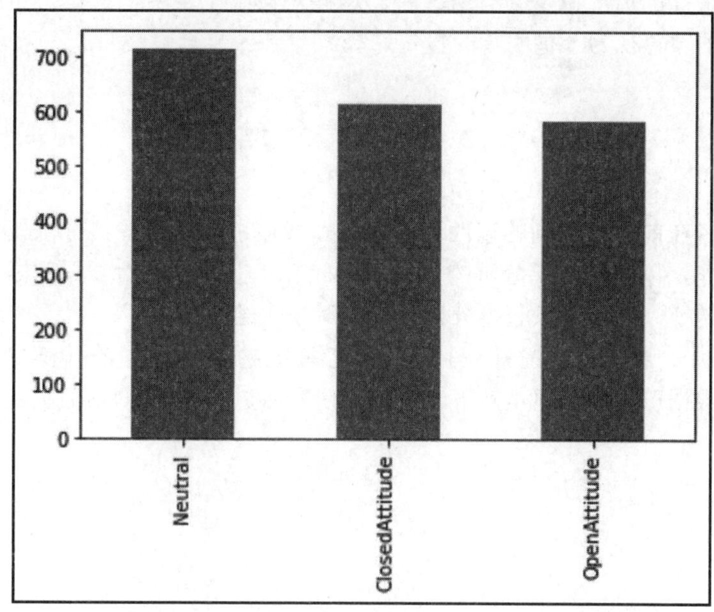

图 15.15　分析问题 4 离散化后新建特性的条形图

创建如图 15.16 所示的堆积条形图可以显示 Mental Illness（精神疾病）、Treatment（治疗）和 attitudeGroup（态度分组）特性之间的交互。和图 15.13 一样，我们也可以仅使用 OpenAttitude（开放态度）和 ClosedAttitude（保守态度）分类而忽略 Neutral（中性）。

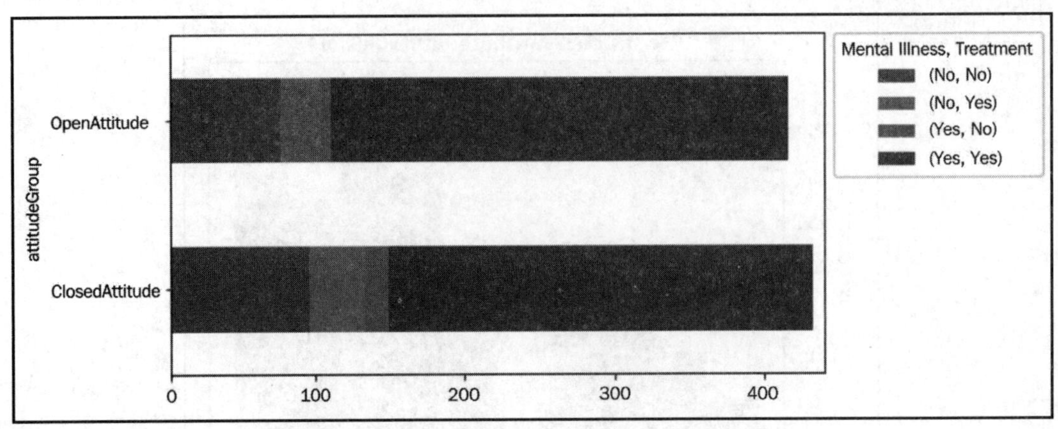

图 15.16　分析问题 4 的堆积条形图

上述可视化为分析问题 4 提供了答案。如果员工对分享心理健康问题持开放态度，那么他们寻求治疗的情况似乎会有所改善。这些观察结果表明，科技公司应该将员工对心理健康态度的教育视为一种明智的投资选择。

15.6　小　　结

本章将读者在前文学习到的东西付诸实践。我们进行了一些具有挑战性的数据集成和数据清洗操作，以准备用于分析的数据集。此外，根据具体的分析目标，我们还执行了特定的数据转换，以便可以获得分析问题的可视化结果。

在第 16 章中，我们将通过另一个案例研究练习数据预处理。在本案例研究中，分析的总体目标是数据可视化，但是，下一个案例研究将进行预处理以启用预测建模。

第 16 章　案例研究 2——新冠肺炎疫情住院病例预测

本章将为从头开始执行预测分析提供一个极好的学习机会。到本章结束时，你将获得关于预处理的宝贵经验。我们将以 COVID-19 新冠疫情为例。这是一个很好的案例研究，因为有大量关于新冠肺炎疫情不同方面的数据，例如新冠肺炎住院情况、病例、死亡和疫苗接种等。

本章包含以下主题。

- 本章案例研究简介。
- 数据来源简介。
- 预处理数据。
- 分析数据。

16.1　技术要求

在本书配套的 GitHub 存储库中可以找到本章使用的所有代码示例以及数据集，具体网址如下。

https://github.com/PacktPublishing/Hands-On-Data-Preprocessing-in-Python/tree/main/Chapter16

16.2　本章案例研究简介

随着新冠肺炎疫情在世界范围的大流行，全球医疗保健系统都担负着照顾染疫人群的重任。各国政府出台了很多措施，以帮助医院努力应对危机。好消息是，数据库和数据分析技术能够为决策者创造真正的价值。例如，图 16.1 显示了一个仪表板，用于监控美国加利福尼亚州洛杉矶市的新冠肺炎疫情情况。该图是 2021 年 10 月 4 日从以下网址获得的。

http://publichealth.lacounty.gov/media/coronavirus/data/index.htm

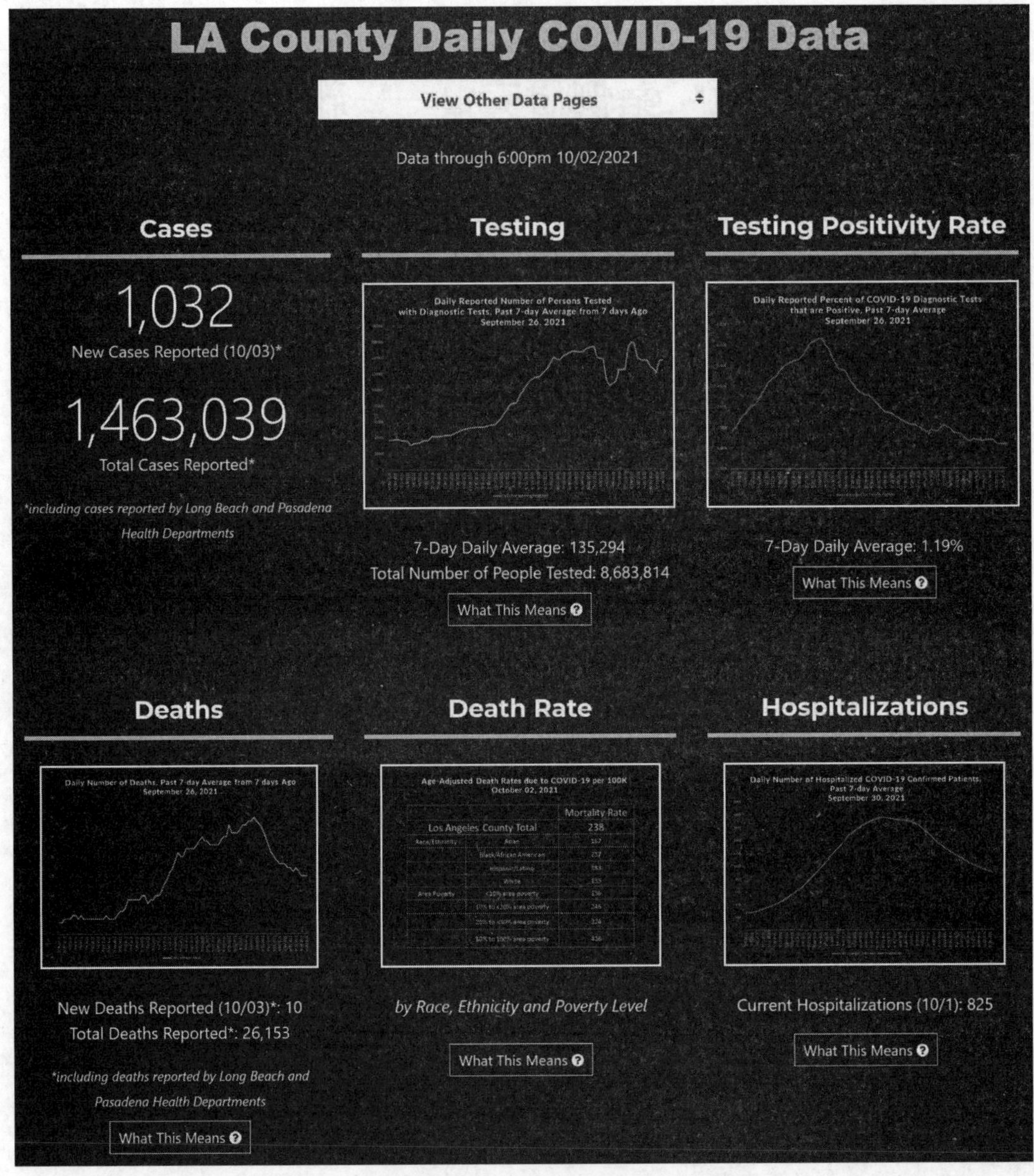

图 16.1　美国洛杉矶市新冠肺炎疫情数据仪表板

在本案例研究中，我们将看到一个对当地政府部门具有重要价值的数据分析示例。我们将重点关注加利福尼亚州洛杉矶市（LA）。该市人口众多，约有 1000 万居民。我们将使用历史数据来预测在不久的将来需要住院的患者数量。具体来说，我们将创建一个模型，该模型可以预测从现在起两周内洛杉矶市的住院人数。

在对这个案例研究有了大致的了解之后，让我们看看将用于预测模型的数据集。

16.3　数据来源简介

创建一个预测模型时，需要做的第一件事就是想象什么样的数据可以用于预测目标。在本示例中，预测的目标是住院人数。因此，我们需要想象哪些自变量特性可以用来预测这个特定的因变量特性。

在第 3 章“数据”中，图 3.2 显示了一个 DDPA 金字塔。当我们想象哪些数据资源可能对目标预测有用时，其实就是在探索 DDPA 金字塔的基础。该金字塔的底部代表了我们可用的所有数据。在这一阶段，并非所有东西都会有用，但这是数据预处理之旅的开始。我们首先考虑什么是有用的，在过程结束时，应该有一个对模式识别有用的合适的数据集。

以下列表显示了可用于预测住院病例的 4 种数据来源。

- 洛杉矶市新冠肺炎疫情住院情况的历史数据。

  https://data.chhs.ca.gov/dataset/covid-19-hospital-data

- 洛杉矶市新冠肺炎疫情病例和死亡的历史数据。

  https://data.chhs.ca.gov/dataset/covid-19-time-series-metrics-by-county-and-state

- 洛杉矶市新冠肺炎疫苗接种的历史数据。

  https://data.chhs.ca.gov/dataset/covid-19-vaccine-progress-dashboard-data-by-zip-code

- 美国公共假期的日期（可通过搜索引擎获得）。

读者可以从提供的链接地址下载这些数据集的最新版本。本章使用的 3 个数据集 covid19hospitalbycounty.csv、covid19cases_test.csv 和 covid19vaccinesbyzipcode_test.csv 收集于 2021 年 10 月 3 日。在阅读本章时，读者必须牢记这个日期，因为时间范围是预测的一个重要特征。我们强烈建议读者下载这些文件的最新版本，更新数据并进行一些实际预测。当然，如果读者居住的地方有相同的数据集，则可以进行类似的预测分析，如果预测结果能为当地的疫情防控提供科学依据，那更是再好不过。

第 4 个数据源是一个简单的数据源——美国公共假期是众所周知的，通过一些简单的网络搜索即可获得这些数据。

注意：

强烈建议读者自己打开每个数据集并大致了解一下其内容，然后再继续阅读。这将提高读者的学习效率。

现在我们已经有了数据集，在进行数据分析之前还需要执行一些预处理操作。

16.4　预处理数据

为预测和分类模型预处理数据的第一步是明确你打算预测多长时间的结果。如前文所述，本案例研究中的目标是预测未来整整两周（即 14 天）。在开始执行预处理操作之前了解这一点至关重要。

接下来则是设计一个具有以下两个特征的数据集。

首先，它必须支持我们的预测需求。例如，本案例研究需要的是使用历史数据来预测两周内的住院情况。

其次，数据集必须填充已收集的所有数据。在此示例中，已收集的数据包括以下 3 个数据集文件和美国公共假期的日期。

- ❑ covid19hospitalbycounty.csv。
- ❑ covid19cases_test.csv。
- ❑ covid19vaccinesbyzipcode_test.csv。

当然，我们在代码方面要做的第一件事就是将这些数据集读入 Pandas DataFrame。以下列表显示了用于 Pandas DataFrame 的名称。

- ❑ covid19hospitalbycounty.csv：day_hosp_df。
- ❑ covid19cases_test.csv：day_case_df。
- ❑ covid19vaccinesbyzipcode_test.csv：day_vax_df。

现在，让我们看看设计数据集的步骤，它需要具有之前描述的两个特征。

16.4.1　设计数据集以支持预测

在设计数据集以拥有前面提到的两个特征时，基本上就是尝试提出可能的自变量特性，这些特性可以为因变量特性提供有意义的预测值。

以下列表显示了为此预测任务提出的可能的自变量特性。

在定义以下列表中的特性时，使用了 t 变量来表示时间。例如，t0 表示 t=0，该特性显示与该行同一天的信息。

- ❑ n_Hosp_t0：t = 0 时的住院病例数。
- ❑ s_Hosp_tn7_0：t = −7 到 t = 0 期间住院曲线的斜率。
- ❑ Bn_days_MajHol：距上一个主要假期的天数。

- av7_Case_tn6_0：t = −6 到 t = 0 期间病例数的 7 天平均值。
- s_Case_tn14_0：t = −14 到 t = 0 期间病例曲线的斜率。
- av7_Death_tn6_0：t = −6 到 t = 0 期间死亡人数的 7 天平均值。
- s_Death_tn14_0：从 t = −14 到 t = 0 期间死亡曲线的斜率。
- p_FullVax_t0：t = 0 时完全接种疫苗者的百分比。
- s_FullVax_tn14_0：t = −14 到 t = 0 期间完全接种疫苗者的百分比曲线的斜率。

注意：

读者可能会问：我们是如何提出这些建议的自变量特性的？

事实上，没有一个固定的方式可以保证获得完美的自变量特性集，但是读者可以学习相关技能，以尽可能提出更容易预测成功的自变量特性。

要提出这些自变量特性，需要一些创造性思维。具体而言，应该具备以下能力。

（1）了解预测算法。

（2）知道收集的数据类型。

（3）了解因变量特性。

（4）熟悉数据预处理工具，例如数据集成和转换，能够实现有效的数据预处理。

在仔细研究了这些潜在特性之后，读者会意识到函数型数据分析（FDA）的重要性，这些特性中的大部分将是 FDA 用于数据集成、数据归约和数据转换的结果。

因变量特性（或我们的目标）也类似地编码为 n_Hosp_t14，它是 t = 14 时的住院人数。

图 16.2 显示了我们设计的占位符数据集，以便可以使用确定的数据资源填充它。

	t0	n_Hosp_t0	s_Hosp_tn7_0	n_days_MajHol	av7_Case_tn6_0	s_Case_tn14_0	av7_Death_tn6_0	s_Death_tn14_0	p_FullVax_t0	s_FullVax_tn14_0	n_Hosp_t14
0	2020-03-29	NaN	NaN	NaN	NaN	NaN	NaN	NaN	NaN	NaN	NaN
1	2020-03-30	NaN	NaN	NaN	NaN	NaN	NaN	NaN	NaN	NaN	NaN
2	2020-03-31	NaN	NaN	NaN	NaN	NaN	NaN	NaN	NaN	NaN	NaN
3	2020-04-01	NaN	NaN	NaN	NaN	NaN	NaN	NaN	NaN	NaN	NaN
4	2020-04-02	NaN	NaN	NaN	NaN	NaN	NaN	NaN	NaN	NaN	NaN
...	...	...	...	...	...	...	...	...	...	...	...
549	2021-09-29	NaN	NaN	NaN	NaN	NaN	NaN	NaN	NaN	NaN	NaN
550	2021-09-30	NaN	NaN	NaN	NaN	NaN	NaN	NaN	NaN	NaN	NaN
551	2021-10-01	NaN	NaN	NaN	NaN	NaN	NaN	NaN	NaN	NaN	NaN
552	2021-10-02	NaN	NaN	NaN	NaN	NaN	NaN	NaN	NaN	NaN	NaN
553	2021-10-03	NaN	NaN	NaN	NaN	NaN	NaN	NaN	NaN	NaN	NaN

554 rows × 11 columns

图 16.2　已设计的数据集的占位符

16.4.2　填充占位符数据集

图 16.3 显示了如何填充占位符数据集。这些数据来自前文已经确定的 4 个数据源，其中的数据集成、数据转换、数据归约和数据清洗操作需要以我们的知识、技能和创造力去完成。

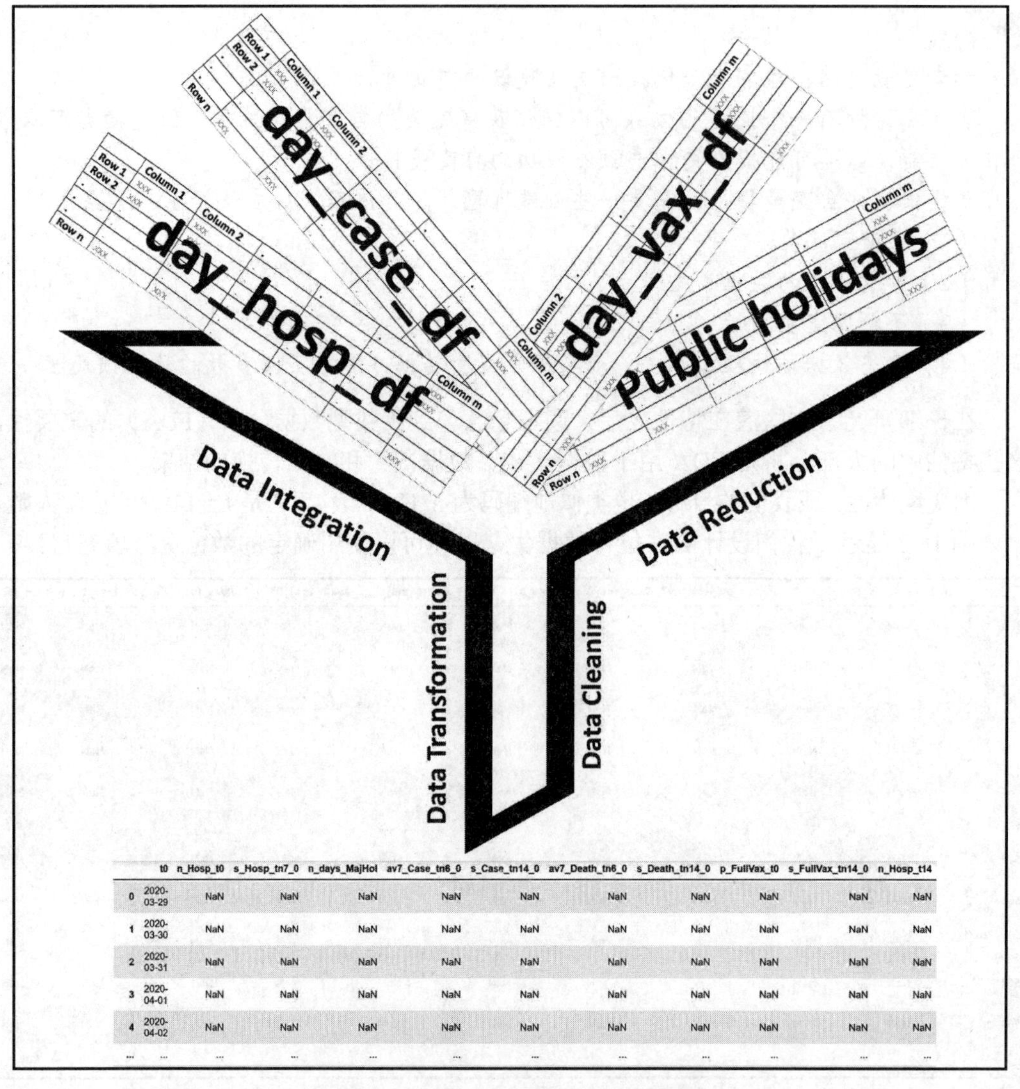

	t0	n_Hosp_t0	s_Hosp_tn7_0	n_days_MajHol	av7_Case_tn6_0	s_Case_tn14_0	av7_Death_tn6_0	s_Death_tn14_0	p_FullVax_t0	s_FullVax_tn14_0	n_Hosp_t14
0	2020-03-29	NaN	NaN	NaN	NaN	NaN	NaN	NaN	NaN	NaN	NaN
1	2020-03-30	NaN	NaN	NaN	NaN	NaN	NaN	NaN	NaN	NaN	NaN
2	2020-03-31	NaN	NaN	NaN	NaN	NaN	NaN	NaN	NaN	NaN	NaN
3	2020-04-01	NaN	NaN	NaN	NaN	NaN	NaN	NaN	NaN	NaN	NaN
4	2020-04-02	NaN	NaN	NaN	NaN	NaN	NaN	NaN	NaN	NaN	NaN
...	...	...	...	...	...	...	...	...	...	...	...

图 16.3　填充占位符数据集的示意图

原　　文	译　　文
Data Integration	数据集成
Data Transformation	数据转换
Data Cleaning	数据清洗
Data Reduction	数据归约

注意：

重要的是要记住，虽然本书分章节介绍了每个数据预处理步骤（首先学习了数据清洗，其次是数据集成，然后是数据归约，最后是数据转换）但是，在实际操作中，没有必要死板地遵循这个过程进行操作。读者可以按自己感到舒服的方式，非常有规律地进行，并养成良好的习惯。在本案例中，读者将看到这样的示例。

因此，如图 16.3 所示，我们将使用 4 个来源的数据来一一填充设计的占位符数据集中的列。但是，为了在数据源之间建立连接，需要进行一些数据清洗。主要优先事项是确保 day_hosp_df、day_case_df、day_vax_df 甚至占位符 day_df 中的所有行都使用日期的 datetime 版本进行索引。这些日期将提供数据源之间的无缝连接。之后，即可使用本书所介绍的技巧来填充占位符 day_df DataFrame 中的列。

图 16.4 显示了填充后的 day_df DataFrame 行。

	t0	n_Hosp_t0	s_Hosp_tn7_0	n_days_MajHol	av7_Case_tn6_0	s_Case_tn14_0	av7_Death_tn6_0	s_Death_tn14_0	p_FullVax_t0	s_FullVax_tn14_0	n_Hosp_t14
t0											
2020-03-29	2020-03-29	489.0	NaN	67	NaN	NaN	NaN	NaN	0.000000	0.000000	1433.0
2020-03-30	2020-03-30	601.0	NaN	68	NaN	NaN	NaN	NaN	0.000000	0.000000	1501.0
2020-03-31	2020-03-31	713.0	NaN	69	NaN	NaN	NaN	NaN	0.000000	0.000000	1587.0
2020-04-01	2020-04-01	739.0	NaN	70	NaN	NaN	NaN	NaN	0.000000	0.000000	1624.0
2020-04-02	2020-04-02	818.0	NaN	71	NaN	NaN	NaN	NaN	0.000000	0.000000	1679.0
...	...	...	...	...	...	...	...	...	...	...	...
2021-09-29	2021-09-29	872.0	-16.928571	21	970.285714	-34.732143	13.000000	-0.528571	0.712213	0.000669	NaN
2021-09-30	2021-09-30	862.0	-13.773810	22	954.142857	-21.414284	11.857143	-0.814286	0.712213	0.000623	NaN
2021-10-01	2021-10-01	825.0	-14.380952	23	897.857143	-25.339285	9.714286	-1.021429	0.712213	0.000566	NaN
2021-10-02	2021-10-02	790.0	-15.750000	24	804.571429	-42.971429	7.857143	-1.078571	0.712213	0.000503	NaN
2021-10-03	2021-10-03	768.0	-19.500000	25	737.285714	-67.714286	6.000000	-1.228571	0.712213	0.000437	NaN

554 rows × 11 columns

图 16.4　填充后的占位符数据集

读者可能奇怪为什么有些行仍然包含 NaN 值。这是一个很好的问题，我相信读者可以自己找出答案。回到我们之前设计的每个自变量特性的定义，在继续阅读之前不妨先思考一下。

这个问题的答案其实很简单。某些行上仍然存在 NaN 值的原因是数据源中没有信息来计算它们。例如，让我们考虑一下为什么 s_Hosp_tn7_0 在 2020-03-29 行中是 NaN。我们必须回到 s_Hosp_tn7_0 的定义，它是 t=−7 到 t=0 期间住院曲线的斜率。由于 2020-03-29 是这一行的 t=0，我们需要有以下日期的数据来计算 s_Hosp_tn7_0，但是我们的数据源中并没有这些数据。

```
t=-1：2020-03-28。
t=-2：2020-03-27。
t=-3：2020-03-26。
t=-4：2020-03-25。
t=-5：2020-03-24。
t=-6：2020-03-23。
t=-7：2020-03-22。
```

因此，后续操作将需要消除包含 NaN 的行。不过这也没关系，因为我们仍然有足够的数据让算法能够找到模式。

接下来，让我们看看想象中的自变量特性是否有预测上的价值，可以在数据预处理期间通过有监督的降维来做到这一点。

16.4.3　有监督的降维

在第 13 章“数据归约”中，介绍了一些有监督的降维方法。本小节将在进入案例研究的数据分析部分之前应用其中的 3 种。这 3 种方法是线性回归、随机森林和决策树。

在继续阅读之前，请务必复习一下第 13 章“数据归约”的内容，以加深对每种方法的优缺点的理解。

在图 16.5 中可以看到，线性回归认为：除了 n_days_MajHol 和 s_FullVax_tn14_0，所有自变量特性对 n_Hosp_t14 的预测都很重要。请注意 P>|t| 列，其中显示了相关因变量特性无法预测此模型中的目标的零假设检验的 p 值。除了 n_days_MajHol 和 s_FullVax_tn14_0，所有其他自变量特性的 p 值都非常小，表明拒绝零假设。

在从图 16.5 中得出结论时需要注意，线性回归只能检查线性关系，而 n_days_MajHol 和 s_FullVax_tn14_0 这两个特性可能具有非线性关系，它们可能在更复杂的模型中有用。

OLS Regression Results

Dep. Variable:	n_Hosp_t14	**R-squared:**	0.981
Model:	OLS	**Adj. R-squared:**	0.981
Method:	Least Squares	**F-statistic:**	2937.
Date:	Mon, 04 Oct 2021	**Prob (F-statistic):**	0.00
Time:	10:03:07	**Log-Likelihood:**	-3653.5
No. Observations:	525	**AIC:**	7327.
Df Residuals:	515	**BIC:**	7370.
Df Model:	9		
Covariance Type:	nonrobust		

	coef	**std err**	**t**	**P>|t|**	**[0.025**	**0.975]**
const	316.7108	35.260	8.982	0.000	247.439	385.983
n_Hosp_t0	0.6368	0.053	12.043	0.000	0.533	0.741
s_Hosp_tn7_0	8.7896	0.643	13.672	0.000	7.527	10.053
n_days_MajHol	0.6326	0.422	1.499	0.135	-0.197	1.462
av7_Case_tn6_0	0.2514	0.017	14.956	0.000	0.218	0.284
s_Case_tn14_0	0.5128	0.130	3.932	0.000	0.257	0.769
av7_Death_tn6_0	-5.3348	1.324	-4.030	0.000	-7.935	-2.734
s_Death_tn14_0	-132.9086	12.351	-10.761	0.000	-157.172	-108.645
p_FullVax_t0	-496.0640	57.139	-8.682	0.000	-608.319	-383.809
s_FullVax_tn14_0	-7834.8102	8950.211	-0.875	0.382	-2.54e+04	9748.603

Omnibus:	27.076	**Durbin-Watson:**	0.168
Prob(Omnibus):	0.000	**Jarque-Bera (JB):**	67.116
Skew:	0.213	**Prob(JB):**	2.67e-15
Kurtosis:	4.699	**Cond. No.**	4.00e+06

图 16.5　有监督降维的线性回归输出

这在第二种有监督降维方法（随机森林）中即有所体现：图 16.6 可视化了随机森林对每个自变量特性的重要性，可以看到，与线性回归中得出的结论不同，只有 4 个自变量特性是重要特性，其余的特性看起来都不重要。

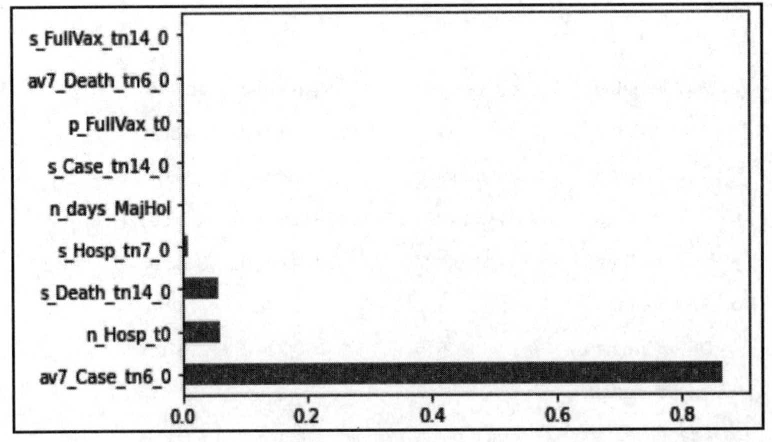

图 16.6　用于有监督降维的随机森林的输出

图 16.7 显示了经过调优的成功预测 n_Hosp_t14 后的最终决策树。生成的决策树有很多级别，因此通过图 16.7 根本无法看清楚这些拆分的特性。但是，读者可以通过本书配套 GitHub 存储库中的 HospDT.pdf 文件查看完整的决策树，或者自己创建以进行研究。

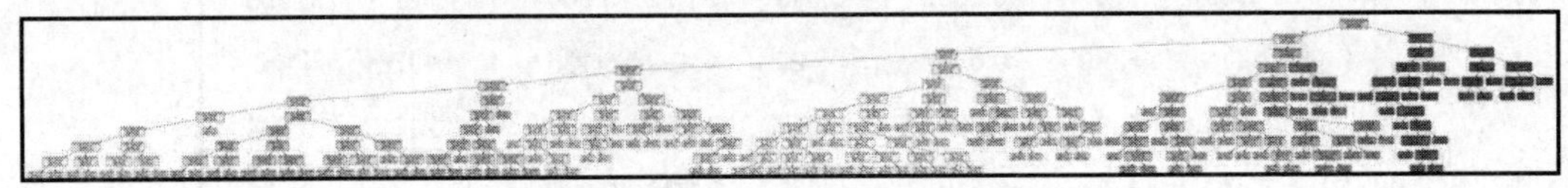

图 16.7　有监督降维决策树的输出

至此，本案例研究的数据预处理基本完成。接下来，让我们看看如何分析数据。

16.5　分析数据

现在，数据基本准备就绪，可以进行预测了。我们的预测是由历史数据中有意义的模式驱动的。显然，这样的预测比较靠谱一些。

本书介绍了 3 种可以处理预测的算法：线性回归、多层感知器（multilayer perceptron，MLP）和决策树。

为了能够了解预测模型的适用性，我们需要有一种有意义的验证机制。本书没有涉及这一点，但是有一种众所周知的简单方法，即留出法（hold-out mechanism），也称为训练测试过程（train-test procedure）。简而言之，就是保留一小部分数据，这些数据不会用于模型的训练，而是用于评估模型的预测效果。

具体来说，在本案例研究中，在删除包含任何缺失值的行后，还有 525 个可用于预测的数据对象。我们将使用这些数据对象中的 511 个进行训练，具体来说，就是从 2020-04-12 到 2021-09-04 的数据对象（其中应该包括 507 个数据对象）。余下的就是来自两周数据的 14 个数据对象（即 2021-09-05 到 2021-09-18 的数据对象），将用于测试模型。使用这些日期，可以将数据分成训练集（train set）和测试集（test set）。然后，可以使用训练集训练算法模型，再使用测试集对其进行评估。

图 16.8 显示的 3 个模型——线性回归、决策树和 MLP——能够很好地拟合训练数据。使用决策树和 MLP 时，我们不应该相信训练数据和模型之间的良好拟合，因为这些算法很容易过拟合（overfitting）训练数据。因此，在测试数据上查看这些算法的性能也很重要。

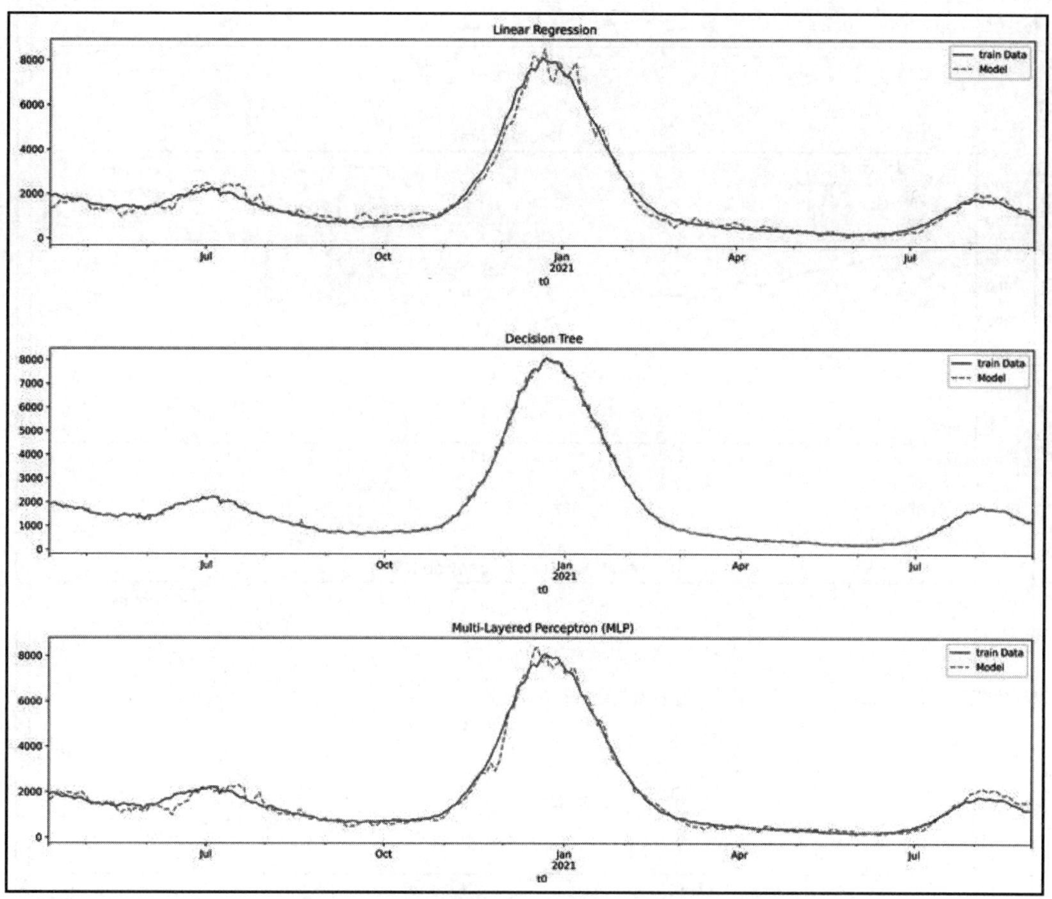

图 16.8　训练数据集与线性回归、决策树和 MLP 模型的拟合模型

图 16.9 显示了经过训练的模型如何预测这些测试数据。该图还显示了实际未来值的

预测情况。请记住，此内容创建于 2021 年 10 月 3 日。

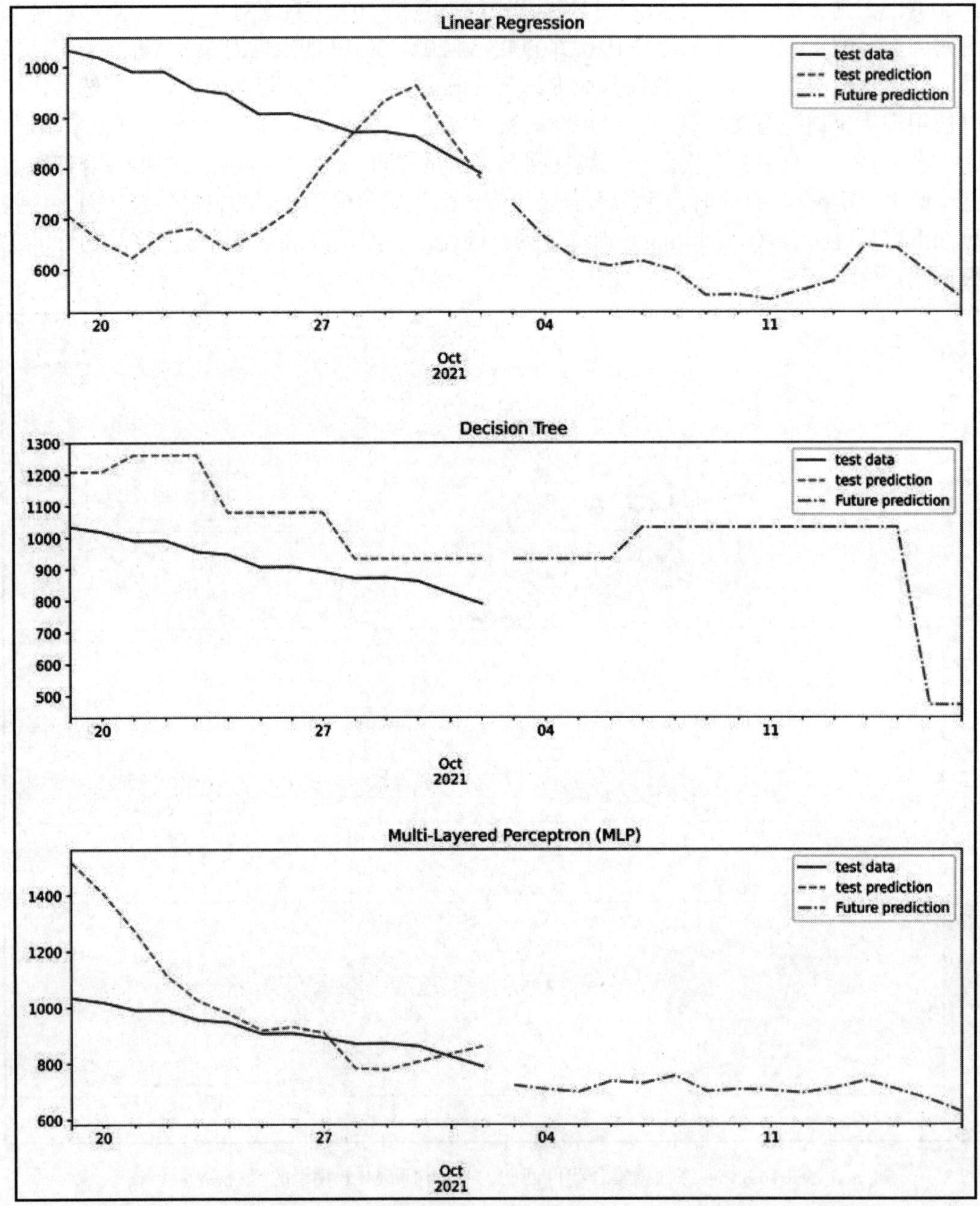

图 16.9　线性回归、决策树和 MLP 模型的测试数据、测试预测和未来预测

由于图 16.9 的设置方式，比较这 3 个模型在测试数据上的性能相当困难。图 16.10 在一张图表中显示了所有 3 个模型对测试数据的预测以及测试数据本身。该可视化将使我们能够找到最适合这项工作的算法。

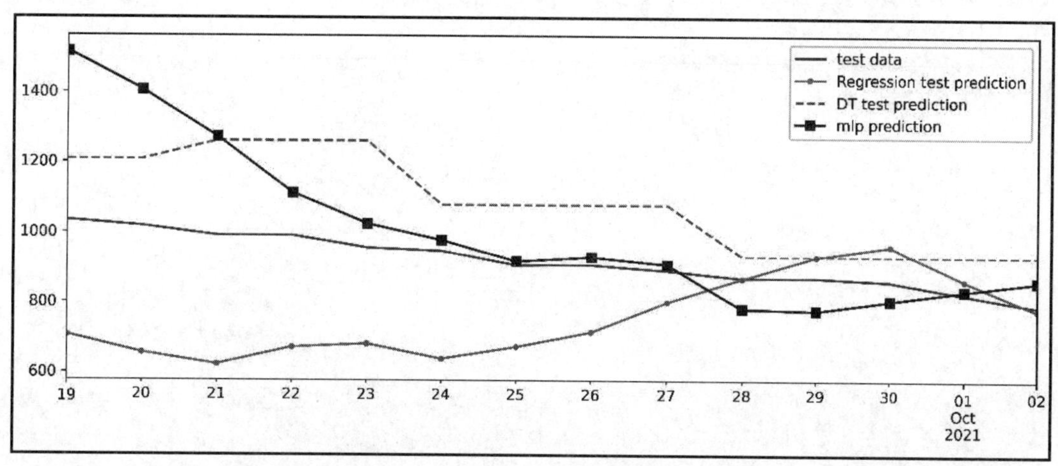

图 16.10　比较线性回归、决策树和 MLP 模型在测试集上的性能

在图 16.10 中可以看到，虽然 MLP 模型的性能略好于其他两个模型，但这 3 个模型在性能上大致相当，并且都是成功的。

16.6　小　　结

本章探索了数据预处理在执行预测分析方面的真正价值。正如读者在本章中所见，赋予我们预测能力的不是一个全能的算法，而是创造性地利用本书所学的知识来得出一个可以被标准预测算法用于预测的数据集。此外，本章还练习了不同类型的数据清洗、数据归约、数据集成和数据转换。

第 17 章将通过另一个案例研究练习数据预处理。在本案例研究中，分析的总体目标是预测；但是，下一个案例研究将进行数据预处理以启用聚类分析。

第 17 章　案例研究 3——美国各地区聚类分析

本章将提供另一个极好的学习机会来演练聚类分析的数据预处理过程。我们将在本章中练习数据预处理的所有 4 个主要步骤，即数据集成、数据归约、数据转换和数据清洗。简而言之，我们将根据不同的信息和数据来源，形成有意义的美国各地区的分组。到本章结束时，我们将对美国不同类型的地区有更好的了解。

本章包含以下主题。

- 本章案例研究介绍。
- 数据来源介绍。
- 预处理数据。
- 分析数据。

17.1　技 术 要 求

在本书配套的 GitHub 存储库中可以找到本章使用的所有代码示例以及数据集，具体网址如下。

https://github.com/PacktPublishing/Hands-On-Data-Preprocessing-in-Python/tree/main/Chapter17

17.2　本章案例研究介绍

在 2020 年美国总统大选期间，世界和美国都被提醒，个人生活在哪里确实可以影响他们的投票决定。这在个人层面上可能是一个发人深省的认识，但对于星巴克、沃尔玛和亚马逊等美国企业来说，这是一个价值数十亿美元的理解。此外，对于联邦、州和地方政治人物来说，这种认识在选举时和起草立法时都非常有用。

美国大选政治版图：

美国各州常以“红”州和“蓝”州划分，红州选民通常投票支持共和党，例如 Texas（得克萨斯）就是典型的红州；蓝州选民通常投票支持民主党，例如 California（加利福尼亚）就是典型的蓝州。所以，如果某个人居住在 California，那么可以预测他大概率会投票支持拜登，而如果某个人居住在 Texas，那么可以预测他大概率会投票支持特朗普。2020 年美国总统大选极大地证明了这种预测，红蓝州泾渭分明，最后决定胜负的就是几个所谓的“摇摆州”，拜登最终因为赢得了大多数摇摆州而胜选。

如果这些实体能够对人群进行有意义的位置分析，那么所有这些好处都可能适用于这些实体。在本案例中，我们将分析美国各地区之间的异同。在图 17.1 中，可以看到美国有很多县市，这里包括 3006 个。彩色地图显示了县级相对人口的密度。

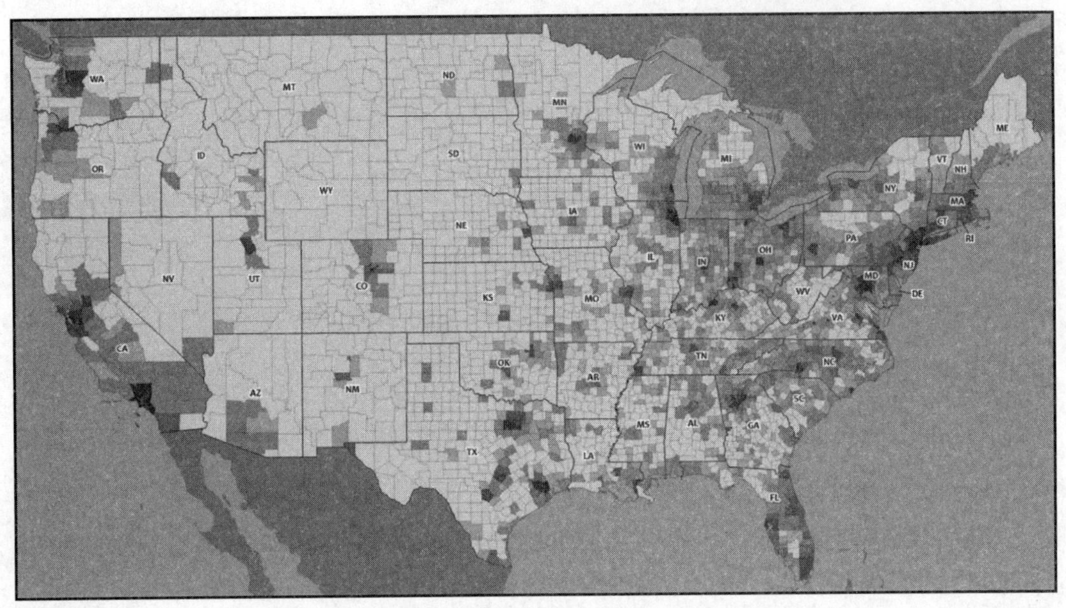

图 17.1　美国县级人口统计数据图

注意：

美国县级人口数据地图的来源可在以下链接中找到。

https://mtgis-portal.geo.census.gov/arcgis/apps/MapSeries/index.html?appid=2566121a73de463995ed2b2fd7ff6eb7。

要有意义地分析图 17.1 中显示的所有地区之间的异同，第一步是什么？当然是数据预处理。相信读者已经可以毫不犹豫地给出这个答案。

具体来说，我们将集成一些数据源，然后在分析之前进行必要的数据归约和数据转换。在数据预处理的不同步骤中需要进行大量的数据清洗。当然，读者已经学习到了本章，所以我们相信读者的数据清洗技能应该已经足够成熟，无须提醒即可识别这些步骤。

现在我们对这个案例有了一个大致的了解，接下来，让我们了解一下将用于聚类分析的数据集。

17.3　数据来源介绍

本章案例将使用以下两个数据源来创建允许执行美国各县聚类分析的数据集。

- 美国农业部经济研究局（US Department of Agriculture Economic Research Service，USDA ERS）的 4 个文件 Education.xls、PopulationEstimates.xls、PovertyEstimates.xls 和 Unemployment.xlsx。其网址如下。

  https://www.ers.usda.gov/data-products/county-level-data-sets/

- 来自麻省理工学院（Massachusetts Institute of Technology，MIT）选举数据的美国选举结果，其网址如下。

  https://dataverse.harvard.edu/dataset.xhtml?persistentId=doi:10.7910/DVN/VOQCHQ

在上述两个来源中，有 5 个不同的文件需要集成。第一个来源的 4 个文件很容易下载；第二个来源的一个文件则需要在下载后解压缩。从第二个来源下载 dataverse_files.zip 文件并解压后，即可得到 countypres_2000-2020.csv，这正是本示例要使用的文件。

所有这些数据最终会被集成到一个 county_df Pandas DataFrame 中；但是，我们需要先将它们读入自己的 Pandas DataFrame，然后再进行数据预处理。以下列表显示了将为每个文件的 Pandas DataFrame 使用的名称。

- Education.xls：edu_df。
- PopulationEstimates.xls：pop_df。
- PovertyEstimates.xls：pov_df。
- Unemployment.xlsx：employ_df。
- countypres_2000-2020.csv：election_df。

注意：

强烈建议读者在继续阅读之前自行打开每个数据集并滚动浏览它们，这将有助于提高读者的学习效率。

现在我们已经了解了数据源，在进入具体的数据分析之前，还需要进行一些有意义的数据预处理。

17.4　预处理数据

聚类分析预处理的第一步是明确哪些数据对象将被聚类，这一点在本示例中很清楚，就是美国的县。因此，在数据预处理结束时，我们需要获得一个数据集，其行是美国的县，而列则是对县进行分组的依据。图 17.2 所示就是对本章将要执行的数据预处理的总结，最终获得的将是具有上述特征的 county_df。

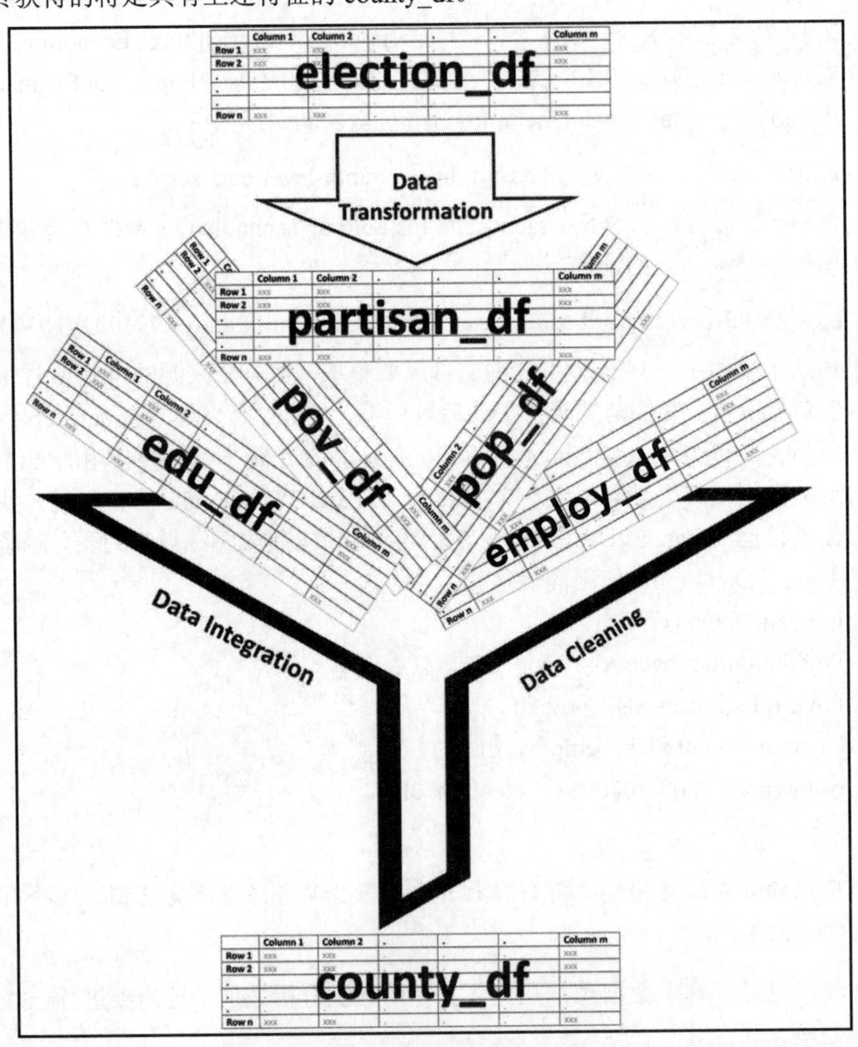

图 17.2　数据预处理示意图

原　文	译　文	原　文	译　文
Data Transformation	数据转换	Data Cleaning	数据清洗
Data Integration	数据集成		

如图 17.2 所示，首先需要将 election_df 转换为 partisan_df，然后集成 partisan_df、edu_df、pov_df、pop_df 和 employ_df 这 5 个 DataFrame。当然，所有这些步骤还有很多技术细节，但是，通过该示意图我们仍可以对本示例中的操作有更好的理解。

接下来，让我们从将 election_df 转换为 partisan_df 开始。

17.4.1　将 election_df 转换为 partisan_df

通过初步探索 election_df 数据集，读者应该意识到这个数据集的数据对象定义不是县，而是每次总统选举中的县—候选人—选举—模式（county-candidate-election-mode）。虽然县确实是该定义的一部分，但我们只需要将 county 作为数据对象的定义。这个事实可以成为我们在数据转换过程中的指导原则。

那么，如何从 mode 转换为 county 呢？mode 是指个人能够参与选举的不同方式。通过探索该数据集可知，election_df 中也具有 TOTAL 模式，而 TOTAL 是所有其他模式的总和，因此，可以简单地删除具有 TOTAL 以外模式的所有其他行，以将数据对象的定义简化为 county-candidate-election。

为了将数据对象的定义从 county-candidate-election 简化到 county，可以先使用特性构造（attribute construction），然后使用函数型数据分析（FDA）。

17.4.2　构造 partisanism 特性

partisanism（党派倾向）特性旨在捕捉个人在每次选举中选举民主党人或共和党人时的投票一致性水平。以下公式显示了如何计算此构造特性。

$$\text{partisanism} = \frac{\text{votes for Republicans} - \text{votes for Democrats}}{\text{votes for Republicans} + \text{votes for Democrats}}$$

在上述公式中，votes for Republicans 是指投票给共和党，votes for Democrats 是指投票给民主党。

如果在选举中某个县有很大的 partisanism（党派倾向）正值，则表明在选举中该县在很大程度上倾向于共和党；而如果它有一个很大的 partisanism（党派倾向）负值，则表明在选举中该县在很大程度上倾向于民主党。

图 17.3 显示了 partisanElection_df DataFrame 的一小部分，它是计算每次选举以及县的党派倾向值的结果。

			partisanism
state_po	county_name	year	
AK	DISTRICT 1	2000	0.510367
		2004	0.253528
		2008	0.222669
		2012	0.56734
		2016	0.0914432
...	...	...	...
WY	WESTON	2004	0.636498
		2008	0.574107
		2012	0.714201
		2016	0.775383
		2020	0.771629

18050 rows × 1 columns

图 17.3　partisanElection_df 的一部分

通过构造新的 partisanism（党派倾向）特性并为每个县和每次选举进行计算，可设法将数据对象的定义从 county-candidate-election 简化到 county-election。

接下来，可使用 FDA 将数据对象定义为 county。

17.4.3　通过 FDA 计算 partisanism 的均值和斜率

在图 17.3 中读者可能会注意到，每个县都有 2000 年、2004 年、2008 年、2012 年、2016 年和 2020 年总统选举的 partisanism（党派倾向）值。换句话说，对于每个县，都有一个 partisanism（党派倾向）值的时间序列。因此，我们不必处理这 6 个值，而是可以使用 FDA 计算 20 多年来选举中 partisanism（党派倾向）的平均值和斜率。

在完成这个 FDA 转换并创建 partisan_df DataFrame（其数据对象定义为 County）之后，我们还将确保执行必要的数据清洗步骤。具体来说，就是转换 County_Name 列，使其字符以小写形式显示。该数据清洗是为将来的数据集成目的而执行的。由于县名可能以人类可以理解但计算机无法理解的不同格式编写，因此需要确保所有数据源中的县名全部为小写，以便数据集成能够顺利进行。

图 17.4 显示了 partisan_df 的特性。

State	County_Name	Mean_Partisanism	Slope_Partisanism
AK	district 1	0.274999	-0.0762906
	district 10	0.404606	0.0388433
	district 11	0.429907	0.00906478
	district 12	0.417909	0.0196095
	district 13	0.28947	0.00391493
...	...	...	...
WY	sweetwater	0.379123	0.0557874
	teton	-0.155271	-0.086146
	uinta	0.540841	0.0254894
	washakie	0.573747	0.0170218
	weston	0.69149	0.0294079

3151 rows × 2 columns

图 17.4　partisan_df 的一部分

如图 17.4 所示，可以看到 DataFrame 的数据对象定义正是 county。在 17.4.1 节“将 election_df 转换为 partisan_df”中已经说过，我们的目标是将 election_df 数据集转换为 partisan_df，前者的数据对象定义是 county-candidate-election-mode，经过转换后，partisan_df 的数据对象定义是 county。这表明我们已经做到了。

接下来，我们将对 edu_df、employ_df、pop_df 和 pov_df 执行必要的数据清洗。

17.4.4　清洗 edu_df、employ_df、pop_df 和 pov_df

为了进一步执行 county_df 数据集的预处理，需要对 edu_df、employ_df、pop_df 和 pov_df 执行一些数据清洗。所有这些数据集的清洗步骤将非常相似。其中包括删除不需要的列、转换索引特性、重命名特性标题以保持简洁和直观等。

17.4.5　数据集成

当到达这一步时，数据集成中最困难的部分——为集成准备 DataFrame——已经完成。因为我们已经花时间准备了每一个 DataFrame，所以数据集成非常简单，只要一行代码即可，示例如下。

```
county_df = pop_df.join(edu_df).join(pov_df).join(employment_df).
join(partisan_df)
```

一旦代码成功运行，即可得到如图 17.5 所示的 DataFrame。

State	County_Name	Population	HigherEdPercent	PovertyPercentage	MedianHHIncome	UnemploymentRate	MedHHIncome_Percent_of_State_Total	Mean_Partisanism	Slope_Partisanism
AL	autauga	54571	26.5716	12.1	58233	2.7	112.482	0.467068	0.00184533
	baldwin	182265	31.8625	10.1	59871	2.8	115.646	0.532724	0.0128458
	barbour	27457	11.5787	27.1	35972	3.8	69.4829	0.0342589	0.00718466
	bibb	22915	10.3785	20.3	47918	3.1	92.5576	0.453212	0.0603812
	blount	57322	13.0934	16.3	52902	2.7	102.185	0.683058	0.0702235
...	...	...	...	...	...	...	...	...	...
WY	sweetwater	43806	22.4984	8.3	80639	4	121.9	0.379123	0.0557874
	teton	21294	57.0051	6	98837	2.8	149.409	-0.155271	-0.086146
	uinta	21118	16.029	8.5	70756	4	106.96	0.540841	0.0254894
	washakie	8533	23.3862	11.1	55122	4.1	83.3263	0.573747	0.0170218
	weston	7208	19.9725	10.5	59410	3	89.8083	0.69149	0.0294079

3007 rows × 8 columns

图 17.5　预处理的 county_df 的一部分

接下来，我们将需要执行下一个重要的数据预处理步骤：数据清洗 3 级——处理缺失值、异常值和误差。

17.4.6　数据清洗 3 级——处理缺失值、异常值和误差

经过调查，我们发现 county_df 的 8 个特性中有 7 个包含缺失值。如果这是一个真正的政府委托项目，那么在进行分析之前，需要追踪这些缺失值的由来；但是，由于这是实践分析，并且没有太多的缺失值，因此可采取删除缺失值的策略。

此外，在调查异常值时，可以看到 county_df 中的所有特性在其箱线图中都有离群值。当然，population（人口）和 unemploymentRate（失业率）特性下的极值与其他县的人口值差异太大，以至于极值很容易影响聚类分析。为了减轻它们的影响，可以对这两个特性执行对数转换。

关于数据中出现误差的可能性，需要注意以下两点。

首先，由于所有特性都有实际的极值，因此用于检测单变量误差的工具变得无效。

其次，由于最终进行的聚类分析将会显示异常值，因此，在目前阶段可以调查这些异常值是否可能是误差。

最后一个数据预处理步骤是检查数据冗余。

17.4.7　检查数据冗余

county_df 的数据冗余是非常可能的，因为我们汇集了不同的数据源来创建该数据集。由于聚类分析很容易受到数据冗余的严重影响，因此这一步变得非常重要。我们将为此目标使用两种有效的工具：散点图矩阵（scatter matrix）和相关分析（correlation analysis）。

图 17.6 显示了一个散点图矩阵，它对于查看特性之间可能的关系以及评估特性之间假设的线性关系是否合理非常有用。

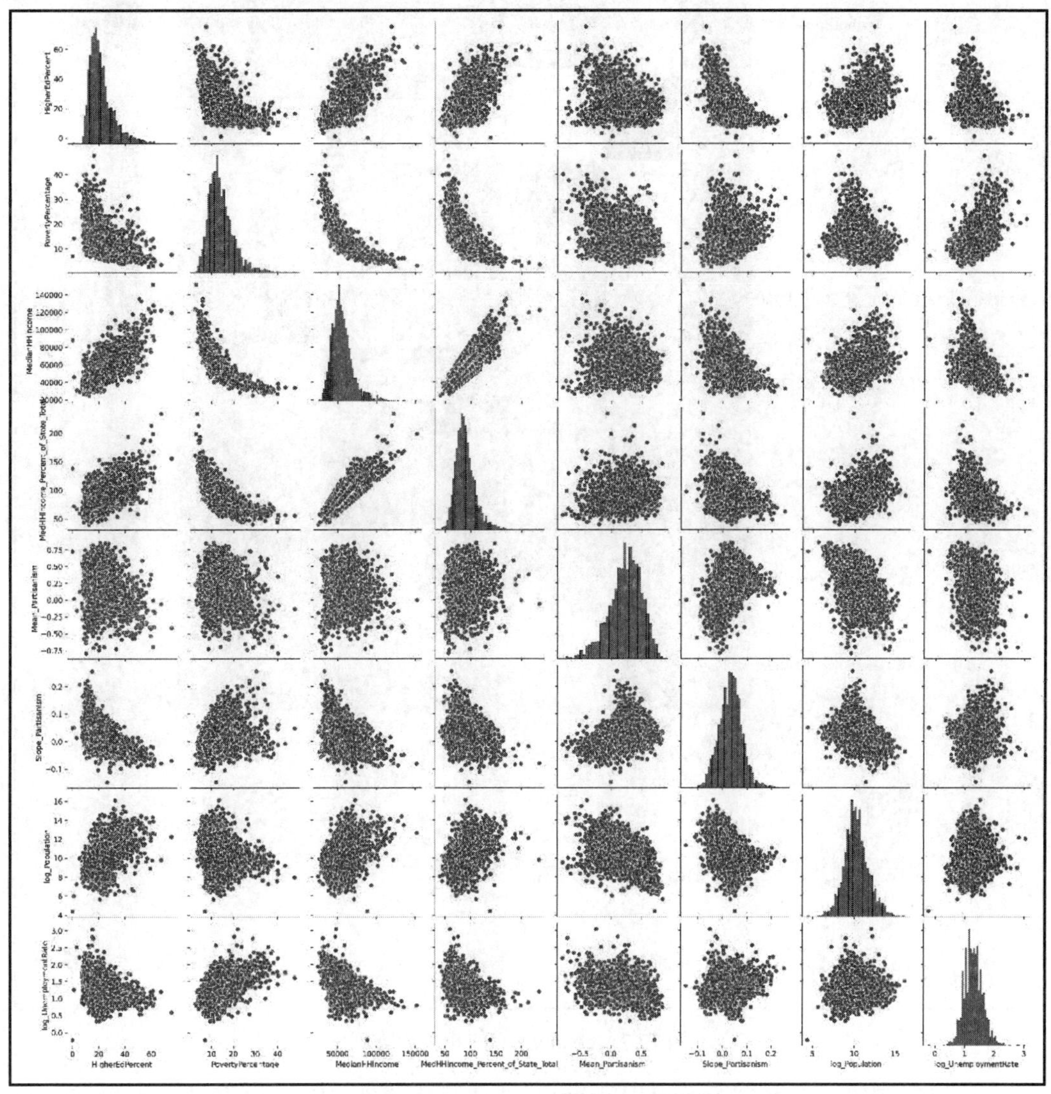

图 17.6　county_df 的散点图矩阵

在图 17.6 中可以看到，虽然 PovertyPercentage（贫困百分比）和 MedianHHIncome（估计的家庭收入中位数）之间存在某种非线性关系，但假设其余特性之间存在线性关系看起来确实合理。

图 17.7 显示了 county_df 的相关矩阵。

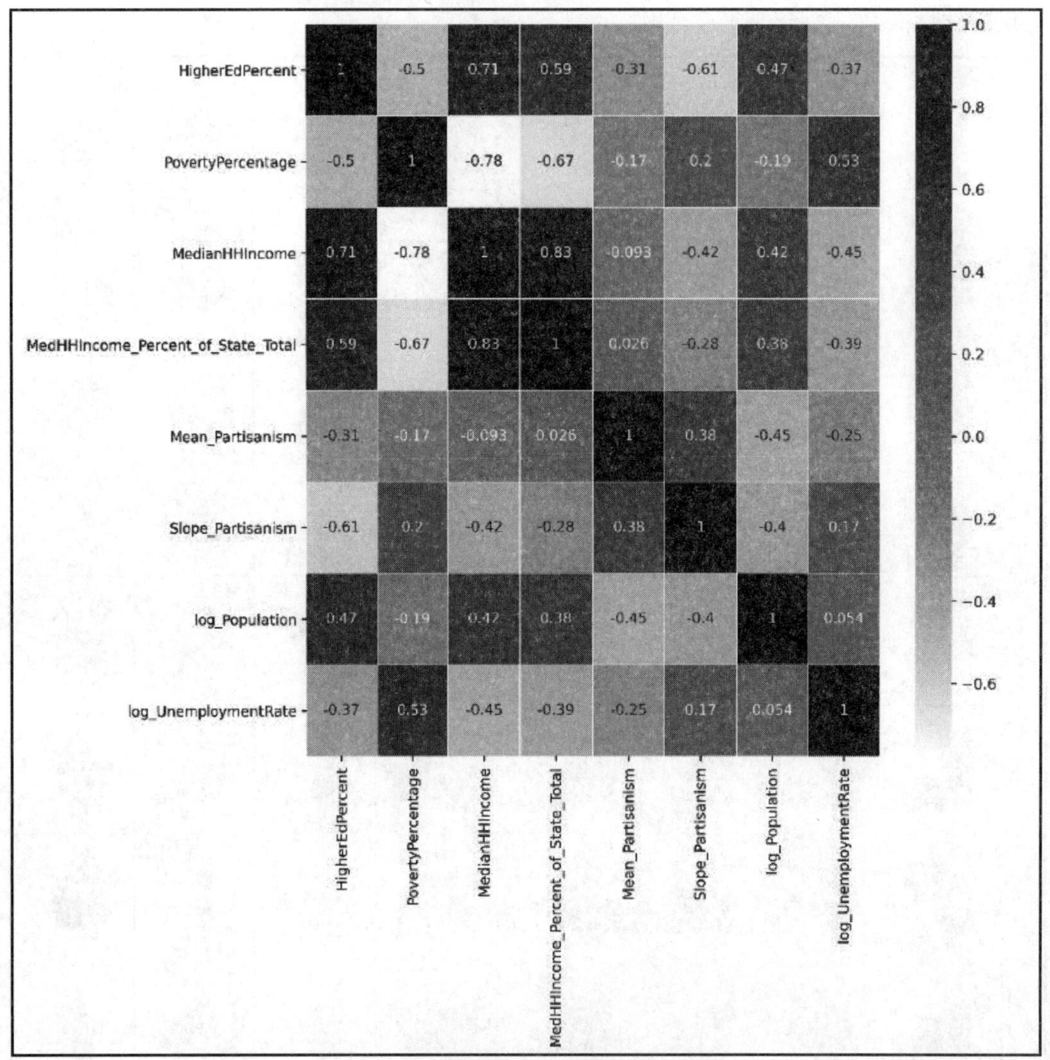

图 17.7　county_df 的相关矩阵

在图 17.7 中可以看到，MedianHHIncome（估计的家庭收入中位数）与 PovertyPercentage（贫困百分比）和 MedianHHIncome_Percent_of_State_Total（估计的家庭收入中位数在全州总计中的百分比）有很强的关系。这是聚类分析的一个令人担忧的数据冗余，因为这 3 个特性中似乎存在重复信息。为了纠正该问题，可以从聚类分析中删除 MedianHHIncome（估计的家庭收入中位数）特性。

接下来，我们将进入该案例研究的分析部分。

17.5　分 析 数 据

本节将进行两种类型的无监督数据分析。首先使用主成分分析（principal component analysis，PCA）来创建整个数据的高级可视化。然后，在得知数据对象中可能有多少个聚类后，再使用 k-means 来形成聚类并对其进行研究。

让我们从 PCA 开始。

17.5.1　使用 PCA 可视化数据集

我们已经知道，PCA 可以转换数据集，使得大部分信息都呈现在前几个主成分（PC）中。前面的调查表明，county_df 中包含的特性之间的大部分关系是线性的，这使得我们能够使用 PCA；当然，也不要忘记还有几个特性之间的关系是非线性的，因此不能过分依赖 PCA 的结果。

图 17.8 显示了 PC1、PC2 和 PC3 的 3D 散点图。PC1 和 PC2 使用了 x 和 y 轴进行可视化，而 PC3 则使用了颜色可视化。通过 PCA 分析，我们了解到从 PC1 到 PC3 几乎占了整个数据 80%的变化，所以该图说明了数据中 80%的信息。为了更好地了解我们在此散点图中看到的内容，还对 PC1 和 PC2 的极值所代表的县添加了注释。

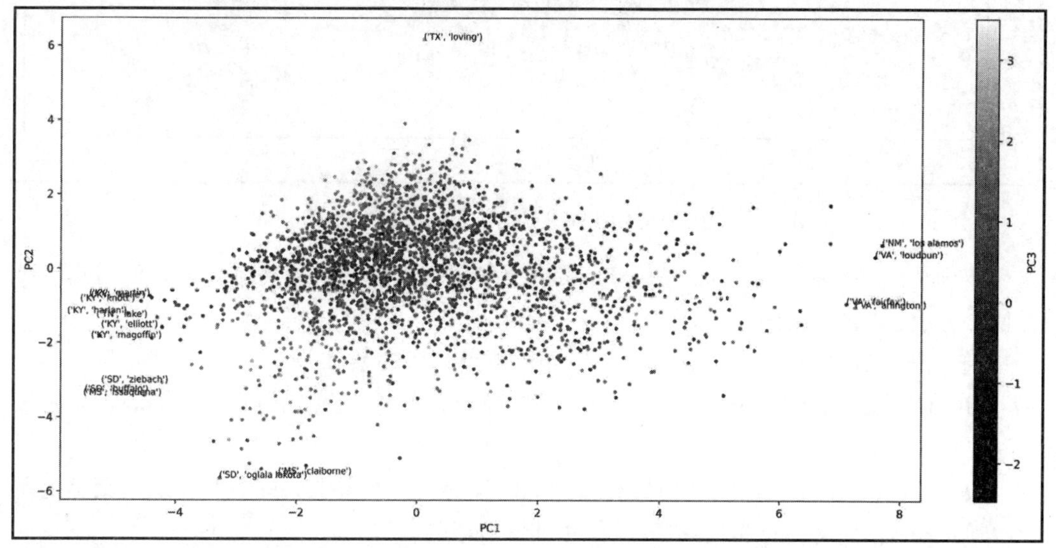

图 17.8　转换后的 county_df 的 PC1、PC2、PC3 的 PCA 3D 散点图

接下来，让我们看看如何执行 k-means 聚类分析。请注意，在执行 PCA 之前可对数据进行标准化，而在执行聚类分析之前则需要对数据进行归一化。

17.5.2　执行 k-means 聚类分析

在研究了图 17.8（它显示了 PC 的 3D 散点图和一些计算实验）之后，可以得出结论，k-means 聚类的最佳 k 值是 5。找到该 k 值的计算实验方法不在本书的讨论范围之内，但是，用于此步骤的代码已包含在本书配套的 GitHub 存储库提供的本章文件中。

图 17.9 显示了使用 PC1 和 PC2 进行 k-means 聚类（k=5）的结果。该图有两个优点。

- ❑ 可以看到聚类之间的关系。
- ❑ 描绘了聚类成员之间的分散程度。

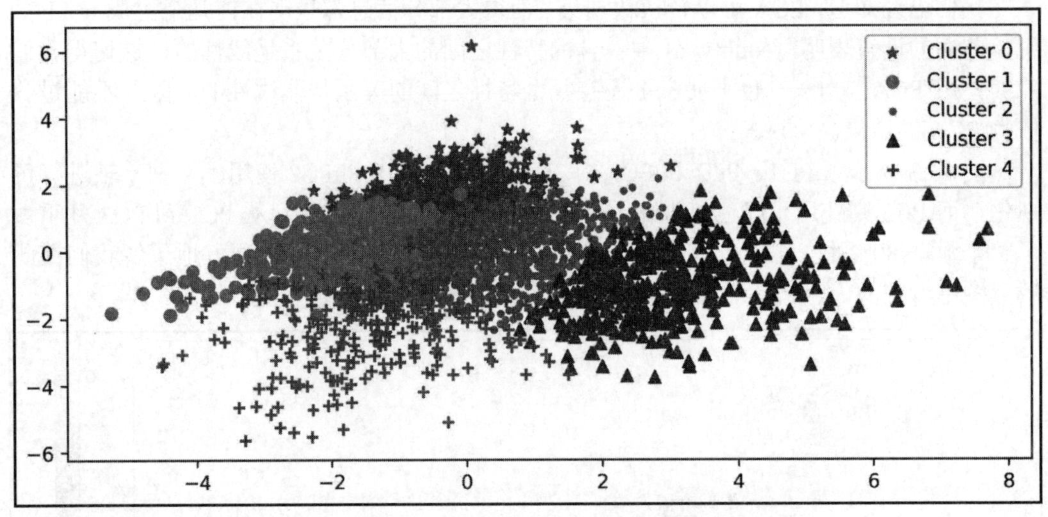

图 17.9　使用 PC1 和 PC2 聚类 County_df 的可视化结果

要理解这些数据对象之间的模式并了解更多关于聚类之间的关系，可以使用热图进行质心分析，如图 17.10 所示。

通过研究图 17.9 和图 17.10，可以看到以下模式和关系。

- ❑ Cluster 0、Cluster 1 和 Cluster 2 均倾向于共和党，而 Cluster 3 和 Cluster 4 则倾向于民主党。
- ❑ Cluster 2 是与所有其他聚类最相似的聚类（有最多的共同点）。这个聚类是所有倾向于共和党的县中最温和并且最富裕的。

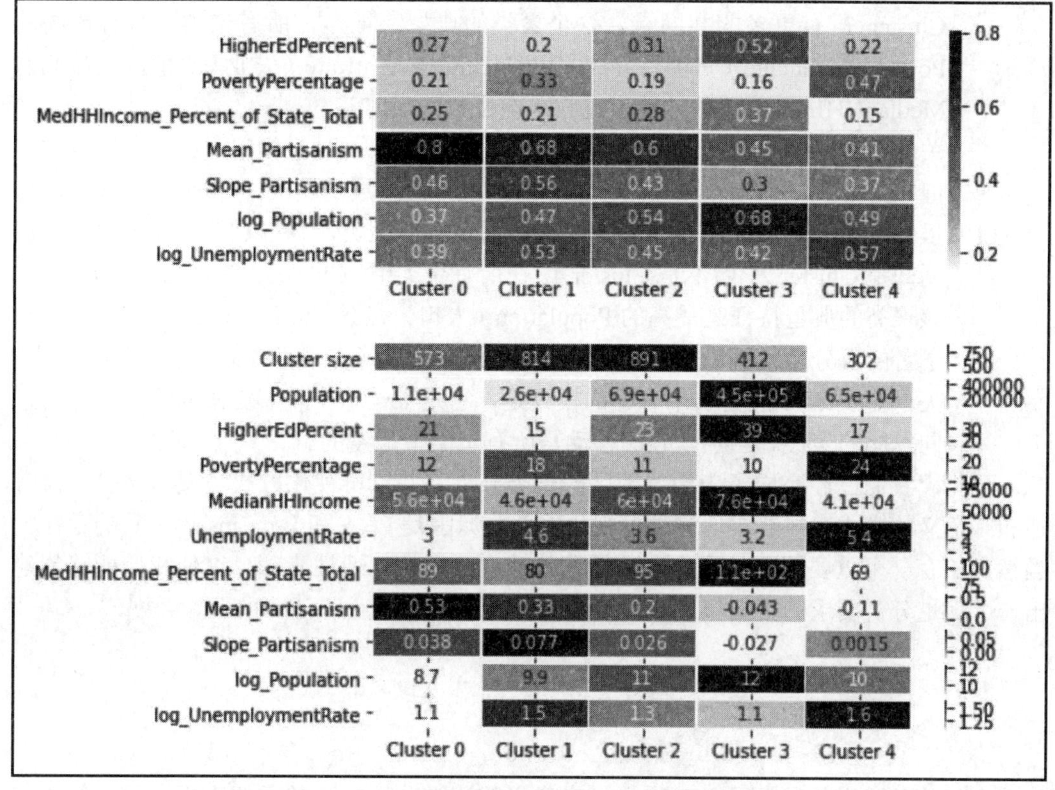

图 17.10　用于质心分析的聚类质心的热图

- Cluster 0 仅与 Cluster 2 和 Cluster 3 有关系，并且与 Cluster 3 和 Cluster 4 完全隔离（Cluster 3 和 Cluster 4 都是倾向民主党的聚类）。该聚类的典型特征是非常倾向共和党，并且在所有聚类中，该聚类的 UnemploymentRate（失业率）和 Population（人口）都是最低的。
- Cluster 1 与除 Cluster 3 之外的所有其他聚类都有关系。该聚类的典型特征是在所有聚类中具有最低的 HigherEdPercent（较高教育水平者的百分比）值。

  此外，在倾向于共和党的聚类中，该聚类具有最低的 MedianHHIncome（估计的家庭收入中位数）和最高的 PovertyPercentage（贫困百分比）以及 UnemploymentRate（失业率）值。

  关于 Cluster 1 的另一个有趣的模式是，在所有聚类中，该聚类向共和党方向发展得最快。
- Cluster 4 是一个倾向于民主党的聚类，与两个倾向于共和党的聚类 Cluster 1 和

Cluster 2 有更多的共同点。这个聚类的典型特征是在所有聚类中具有最高的 PovertyPercentage（贫困百分比）和 UnemploymentRate（失业率）值以及最低的 MedianHHIncome（估计的家庭收入中位数）值。

关于 Cluster 4 的另一个有趣的模式是，虽然该聚类是最倾向于民主党的聚类，但它是唯一一个在党派倾向方面朝着相反方向发展的聚类。

- 虽然 Cluster 3 和 Cluster 4 同为倾向于民主党的聚类，但与 Cluster 3 关联更密切的却是 Cluster 2，而不是 Cluster 4。在所有聚类中，Cluster 3 似乎是独一无二的。该聚类的典型特征是最高的 Population（人口）和 HigherEdPercent（较高教育水平者的百分比）值以及最低的 PovertyPercentage（贫困百分比）值。

  关于 Cluster 3 的另一个有趣的模式是，它是唯一一个朝着更倾向于民主党的方向发展的聚类。当然，它的移动是所有聚类中最慢的。

至此，我们已经完成了美国各地区的聚类分析，并以可视化方式呈现出一些非常有趣和有意义的模式。能够实现这种可视化的部分原因是 PCA 和 k-means 等工具的存在。当然，还有一个重要原因是我们在数据预处理中采取的创造性步骤，这使我们能够创建出一个满足分析要求的数据集，从而产生有意义的结果。

17.6 小　　结

本章体验了有效数据预处理在执行有意义的聚类分析方面的重要作用。此外，我们还练习了不同类型的数据清洗、数据归约、数据集成和数据转换操作。

这是本书中的最后一个案例研究。第 18 章将为读者提供一些实际案例研究。

第 18 章　总结、实际案例研究和结论

本章将提供本书的内容总结和一些实际案例研究，最后还提供了一些结论性意见。

本章包含以下主题。

- 本书内容总结。
- 实际案例研究。
- 结论。

18.1　本书内容总结

祝贺读者顺利完成本书的学习；相信读者已经获得了很多宝贵的数据预处理技能。本书分 4 个篇章详细阐释了各种数据预处理操作。接下来，让我们逐一回顾。

18.1.1　第 1 篇——技术基础

本篇包含第 1 章～第 4 章，涵盖了有效数据预处理所需的所有基础概念、技术和操作技巧。具体来说，在第 1 章“NumPy 和 Pandas 简介”和第 2 章“Matplotlib 简介”中，介绍了数据预处理所需的 Python 基础编程技能。第 3 章“数据”阐释了分析师对数据的底层理解，并介绍了不同的分析路径对数据预处理的影响。最后，第 4 章“数据库”讨论了数据库在有效分析和预处理中的作用。

18.1.2　第 2 篇——分析目标

本书的第 1 篇旨在为读者提供有效数据预处理的基础知识和技术，而第 2 篇则旨在提供对数据分析目标的深入理解。

在分析目标之后的才是本书的第 3 篇“预处理”，这听起来可能违反直觉，难道不应该是先进行数据预处理，然后再谈分析目标吗？但实际上这正是对数据预处理和数据清洗的常见误解。在许多技术图书中，数据清洗是作为数据分析的一个阶段呈现的，可以单独完成。但是，正如读者在本书中所看到的那样，必须完成大部分数据清洗和其余数据预处理步骤才能支持分析。也就是说，如果没有正确理解分析目标是什么，那么我

们就无法通过有效的数据预处理来准备数据。

为了以最佳方式学习数据预处理，本篇提供了很多前置基础知识，帮助读者了解 4 个最重要的数据分析目标：数据可视化、预测、分类和聚类分析。这些目标正是第 5 章～第 8 章的各章标题。每一章都对这些分析目标进行了更深入的讨论，并演示了如何使用各种分析工具来实现这些目标。

本篇处理的数据集大部分都已清洗，可支持读者的学习。但是，本篇之后使用的数据集则会有不同的问题和挑战，读者将学会如何处理这些问题和挑战。

18.1.3 第 3 篇——预处理

本篇是本书的学习重点。前 3 章（第 9 章～第 11 章）详细介绍了数据清洗操作。具体来说，在这 3 章中，分别阐述了 3 个不同级别的数据清洗。在第 12 章“数据融合与数据集成”中，介绍了数据集成操作。正如读者所看到的，数据集成是最容易理解的数据预处理步骤之一，但也是最难实现的部分之一。在第 13 章“数据归约”中，介绍了包括样本归约和特征归约（也称为降维）在内的数据归约操作，这是许多分析项目的必要步骤，具体原因有很多。最后，在第 14 章“数据转换”中，阐释了在必要性、正确性和有效性基础上的数据转换，可以将其视为数据预处理的最后一步。

因此，本篇学习的 4 个主要数据预处理步骤就是数据清洗、数据集成、数据归约和数据转换。虽然我们划分了 6 个章节孤立地学习它们，但在实践中，读者可以按照自己最舒服的方式自由组合并执行这些操作。

让我们用一个比喻来更好地解释这一点。想象一下，你想学习如何有效地踢足球。在这种情况下，你必须知道如何踢球、接球、传球和控球等；教练可能会给你上课，分解每一个技术动作，让你练习每一项技能。但是，当你被安排参加一场真正的足球比赛时，你不可能死板地按照踢球、接球、传球和控球的顺序来展示你的能力，而是必须根据球场上的状况灵活运用所有技能，这样才是一名优秀的运动员。

数据预处理技能也是如此：我们首先是孤立地学习数据清洗、数据集成、数据归约和数据转换，然后在实际工作中，根据项目和数据的情况灵活安排。

18.1.4 第 4 篇——案例研究

本篇要解决的问题就是如何在实际案例中相互配合使用在本书前面的章节中学习到的数据预处理工具。

具体来说，前 3 章（第 15 章～第 17 章）是 3 个完整的案例研究，展示了 3 个需要大量数据预处理的真实分析示例。正如读者在这 3 章中所看到的那样，我们执行预处理步骤的顺序有很大的不同。不仅如此——这些步骤并不是完全孤立地完成的，一些数据预处理也是同时进行的。

本章是本书第 4 篇的最后一章，除了本书内容的总结和结论，本章还将为读者提供更多的体验和学习机会。在下一节，读者将看到 10 个可用于更多实践的案例研究。如前文所述，孤立地学习每一项技能非常棒，但是当它们相互协同执行时，数据预处理才更加有效。

18.2　实际案例研究

本节将介绍 10 个实际案例研究。每个案例研究都介绍了一个数据集，并提供了一个可以通过预处理和分析数据集来实现的分析目标。虽然每个案例研究都带有一些分析问题（analytic question，AQ），但不要因为它们而对其他可能性视而不见。建议的 AQ 仅用于帮助读者入门。

我们将从一个非常有意义且有价值的案例研究开始，它可以为各级决策者们提供真正的分析价值。

18.2.1　谷歌新冠肺炎疫情移动数据集

自从新冠肺炎疫情大流行以来，美国采取了各种应对措施，各州的措施各不相同。每个州实施了不同的健康和安全预防措施。许多因素促成了每个州的卫生法规，例如新冠肺炎病例的数量、人口密度和医疗保健系统等。当然，大多数州都发布了居家令，要求公民待在家里不要外出。

为了帮助公共卫生官员抗击病毒并了解“保持社交距离”等措施是否有效，谷歌推出了一个名为 Global Mobility Report（全球出行报告）的数据库。这些数据被汇总在一起，以深入了解世界不同地区如何应对新冠疫情危机。该报告细分了人们在公园、杂货店和药店、零售和娱乐场所以及工作场所的出行变化。例如，图 18.1 描绘了 2021 年 9 月 12 日至 10 月 24 日加利福尼亚州圣路易斯奥比斯波县（San Luis Obispo County）每个移动出行类别的人们行为上的变化。

这些数据是通过使用聚合的匿名数据从 Google Maps（谷歌地图）的用户那里收集的，并可以查看到人们在持续的新冠肺炎疫情大流行期间四处旅行的频率。

为了确保 Google Maps（谷歌地图）所有用户的隐私，该公司使用了一种称为差分隐私（differential privacy）的匿名化技术（anonymization technology）。该技术可向数据集添加人工噪声，以不允许系统识别个人。

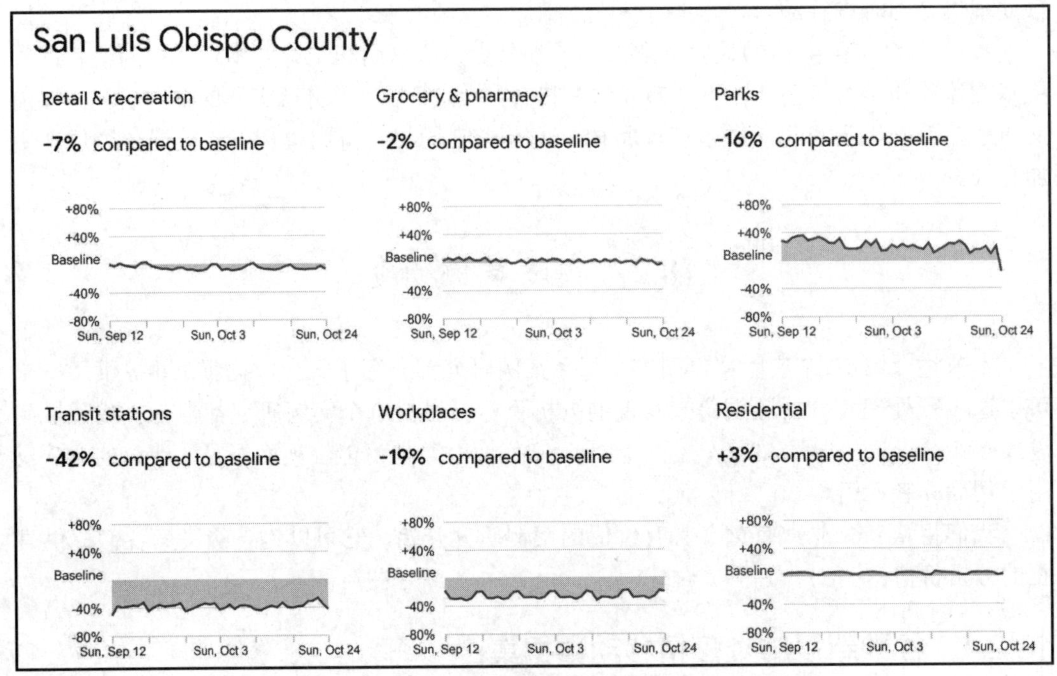

图 18.1　全球出行报告样本：加利福尼亚州圣路易斯奥比斯波县

可通过以下网址访问最新版本的数据集。

https://www.google.com/covid19/mobility/

该数据集包含的信息非常丰富，我们可以针对它定义许多分析问题。为了帮助读者入门，请参阅以下两个 AQ。

- AQ1：政府下达居家令后，人们的行为是否发生了变化？这可以在不同的层次上回答：县、州、国家。
- AQ2：居家令所产生的变化程度是否因州和县而异？

下一个实际案例研究对于联邦、州甚至个人决策者也非常有意义。

18.2.2　美国警察杀人事件

在美国，围绕警察杀人事件发生了很多辩论、讨论、对话和抗议活动。在过去的 5

年里，《华盛顿邮报》一直在收集美国所有致命的警察枪击或电击事件的数据。政府和公众都可以使用该数据集，它包含有关这些致命警察枪击或电击事件中死者的年龄、性别、种族、地点和其他情况的数据。读者可以从以下网址下载该数据集。

https://github.com/washingtonpost/data-police-shootings

同样，虽然该数据集有可能回答许多有价值的问题，但我们提供了以下两个 AQ 来帮助读者入门。

- AQ1：嫌疑人的种族是否会增加被枪杀的机会？
- AQ2：佩戴随身摄像头是否可以帮助减少致命的警察枪击事件？

下一个案例研究将采用有关美国汽车事故的数据集。

18.2.3　美国交通事故

并非所有的道路都是一样的，与圣何塞夏季相比，芝加哥冬季的天气条件导致事故的风险要高得多。数据分析可以为危险的道路和天气状况提供非常多的信息。例如，在图 18.2 中，可以看到各州的交通事故频率差异很大。

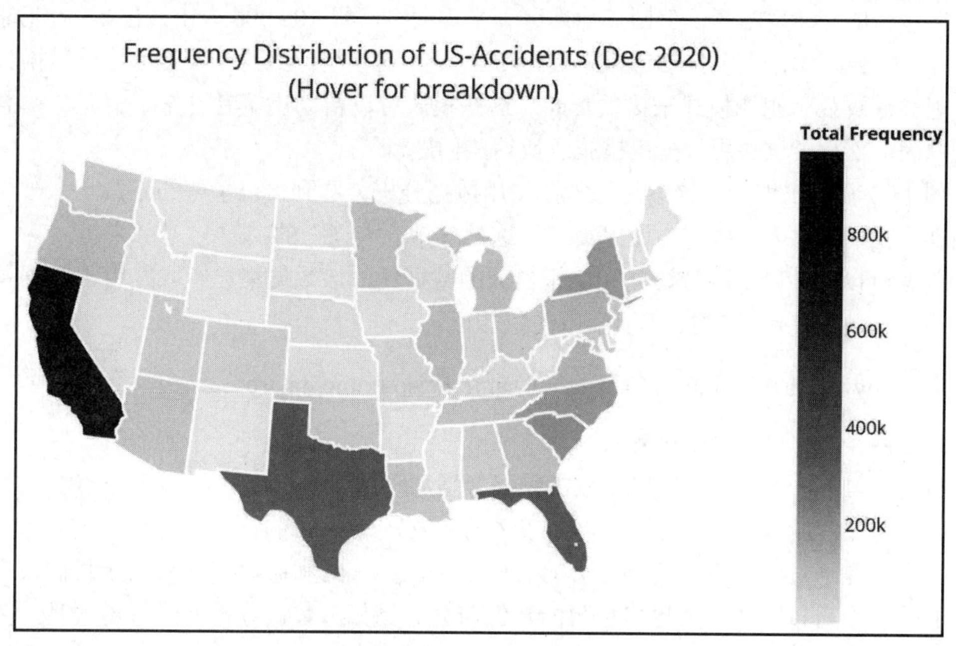

图 18.2　US-Accidents 数据集的可视化示例

当然，我们必须注意到一个事实，即各州的人口数量可能会导致这种变化，而不是驾驶习惯和路况的差异。

注意：

图 18.2 来源于 https://smoosavi.org/datasets/us_accidents。

读者可以从以下链接下载该数据集。

https://www.kaggle.com/sobhanmoosavi/us-accidents

以下列表提供了两种可能的 AQ，可以帮助读者入门。

- AQ1：不同州的人均交通事故频率是否有明显差异？
- AQ2：在雨天条件下，特定类型的道路是否更容易发生致命事故？

下一个案例研究将是另一种形式的数据分析——我们将利用数据分析的力量来调查犯罪模式。

18.2.4 旧金山的犯罪数据

旧金山的犯罪率略高于美国其他地区。平均而言，每 100 000 人中发生 19 起犯罪，并且在一年内，每个人被抢劫的概率是 1/15。虽然这些统计数据令人震惊，但数据分析也许能够通过显示犯罪模式来提供帮助。这些模式可以帮助决策者首先了解犯罪率高得多的原因，然后尝试使用可持续措施解决这些问题。

图 18.3 显示出旧金山警察局已经在使用数据分析。看到自己了解的工具正在被积极使用并且我们可以为这些努力做出贡献，这是非常令人兴奋的。

读者可以通过以下网址访问一个相当大的数据集，该数据集已经成熟用于数据预处理实践。该数据集包括 2016 年旧金山的犯罪记录。

https://www.kaggle.com/roshansharma/sanfranciso-crime-dataset

以下两个 AQ 可以帮助读者入门。

- AQ1：一天中的某些时候攻击频率会增加吗？
- AQ2：城市中是否有发生盗窃较多的地方？

以上都是通过研究可以造福社会的案例来关注更大的利益。接下来，让我们换个思路，看看一个可以赋予个人更多智慧的案例研究。例如，数据分析就业市场就是一个比较好的研究对象。

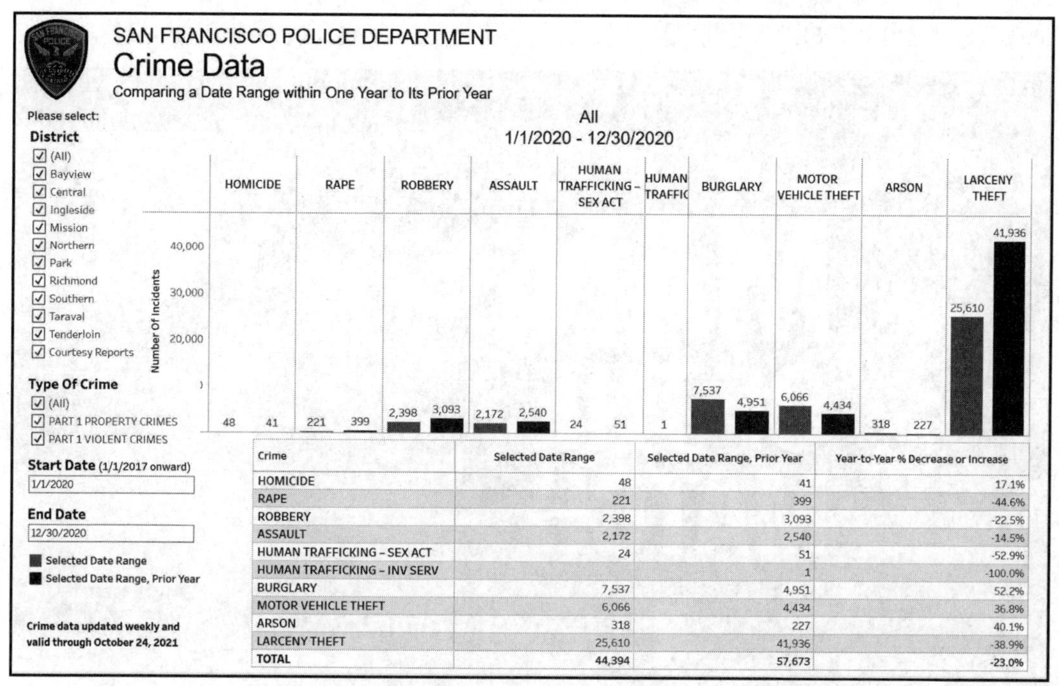

Crime	Selected Date Range	Selected Date Range, Prior Year	Year-to-Year % Decrease or Increase
HOMICIDE	48	41	17.1%
RAPE	221	399	-44.6%
ROBBERY	2,398	3,093	-22.5%
ASSAULT	2,172	2,540	-14.5%
HUMAN TRAFFICKING – SEX ACT	24	51	-52.9%
HUMAN TRAFFICKING – INV SERV		1	-100.0%
BURGLARY	7,537	4,951	52.2%
MOTOR VEHICLE THEFT	6,066	4,434	36.8%
ARSON	318	227	40.1%
LARCENY THEFT	25,610	41,936	-38.9%
TOTAL	44,394	57,673	-23.0%

图 18.3　旧金山警察局的 Crime Data（犯罪数据）仪表板

18.2.5　数据分析就业市场

数据分析师和数据科学的就业市场尚未形成稳定的形态。试图在这个市场上找工作的人经历了各种各样的变化。以下数据集提供了一个发现就业市场中一些模式的机会。该数据集可以通过以下网址下载。

https://www.kaggle.com/andrewmvd/data-analyst-jobs

以下两个 AQ 可以帮助读者入门。

- ❑　AQ1：数据分析工作的地点是否会影响薪酬金额？
- ❑　AQ2：公司评级是否会影响薪酬金额？

接下来的两个实际案例研究与体育分析有关。球迷应该会很开心。

18.2.6　FIFA 2018 最佳球员

每场国际足球比赛后 20 分钟，球员的技术统计数据即可出现。图 18.4 显示了一个纪念 Antoine Greizmann（安托万 • 格列兹曼）的 YouTube 视频，他曾经帮助法国队击败克罗地亚队成为 2018 年 FIFA（国际足球联合会）世界杯冠军，被公认为该场决赛最佳球员。

图 18.4　2018 FIFA 世界杯决赛最佳球员

注意：

图 18.4 来源于 https://youtu.be/-5k-vgqHO2I。

虽然了解对方球队的球员是各参赛队的必修功课，但事先知道谁将成为赢家对于博彩专业人士来说更有价值。以下数据集包含 FIFA 2018 中所有比赛的数据。读者可以通过以下网址下载该数据。

https://www.kaggle.com/mathan/fifa-2018-match-statistics

以下两个 AQ 可以帮助读者开始预处理和分析这个令人兴奋的数据集。

- AQ1：能通过球的位置预测出比赛球队的人选吗？
- AQ2：进攻次数和传球准确率的组合能否预测出赛事中的最佳球队？

下一个实际案例研究也与体育分析相关，但这一次，分析的运动是篮球。

18.2.7　篮球热手

篮球是一项非常精彩的比赛，胜负可能会在几秒钟内互换。篮球比赛有很多常识和理论。其中之一是热手（hot hand）理论，它和连续的成功投篮有关。理论上讲，如果一个球员的手很“热”，能够连续命中，那么他就会继续投出更多的成功球。虽然行为经济学家长期以来一直以代表性的启发式偏见为由拒绝热手理论，但笔者敢打赌，让数据说话并看看历史数据是否支持该理论会很有趣。

读者可以使用以下 Kaggle 页面上的数据集进行分析。

https://www.kaggle.com/dansbecker/nba-shot-logs

以下两个 AQ 可以帮助读者预处理和分析此数据集。

- ❑ AQ1：历史数据是否支持热手理论？
- ❑ AQ2：对抗“优秀”防守者会降低“优秀”投篮手的成功率吗？

在尝试了一些体育分析之后，让我们将注意力转向具有更高价值的分析。下一个案例研究将具有环境和社会分析价值。

18.2.8　加利福尼亚州的野火

加利福尼亚州在 2020 年和 2021 年经历了两个最严重的野火季节，生态预测都指向这样一种假设，即这些不仅是历史数据中的一些异常值，而且是趋势的长期变化。

以下数据集为读者提供了直接分析 2013 年至 2020 年加利福尼亚州野火模式的机会。读者可从以下 Kaggle 网页访问该数据集。

https://www.kaggle.com/ananthu017/california-wildfire-incidents-20132020

该数据集既可以支持数据可视化，也可以支持聚类分析。BLM California Wildfire Dashboard（BLM 加利福尼亚州野火仪表板）使用了一个数据可视化示例，图 18.5 显示了 2021 年 10 月 28 日收集的仪表板信息。

注意：

图 18.5 来源于 https://www.arcgis.com/apps/dashboards/1c4565c092da44478befc12722cf0486

我们强烈建议读者先练习数据预处理，以便对这个数据集进行聚类分析，然后再将注意力转向更多的数据可视化。以下列出的第一个 AQ 只能使用聚类分析来回答。

- ❑ AQ1：2013 年至 2020 年的火灾是否形成有意义的聚类？它们的模式是什么？
- ❑ AQ2：特定年份是否有更多的大火？

接下来让我们看一些更具社会意义的数据分析。

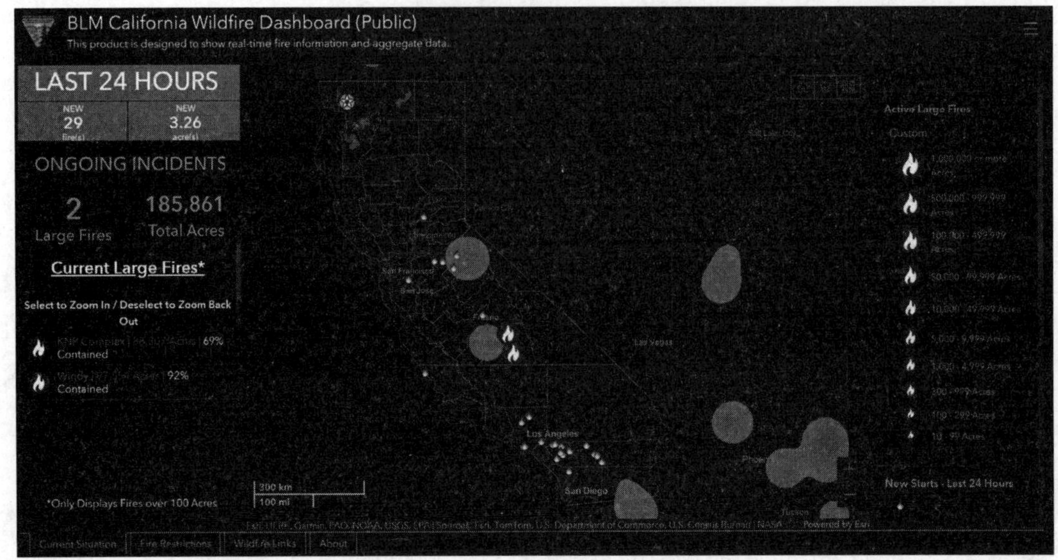

图 18.5　BLM 加州野火公共仪表板

18.2.9　硅谷多元化概况

以下 Kaggle 网页包含 3 个数据集，本案例将关注 Reveal_EEO1_for_2016.csv。

https://www.kaggle.com/rtatman/silicon-valley-diversity-data

使用该数据集可以设计出许多有意义的 AQ，以下两个 AQ 旨在帮助读者入门。此处列出的第一个 AQ 只能使用聚类分析来回答。

- AQ1：gender（性别）和 job category（工作类别）这两个特性之间有关系吗？换句话说，个人的性别会影响他们的工作类别吗？
- AQ2：硅谷公司在员工多元化方面是否存在明显差异？

在下一个案例研究中，我们将练习预测模型的数据预处理。

18.2.10　识别虚假招聘信息

没有什么比在工作申请上花费数小时却发现招聘信息是假的更糟糕了。在这个实际案例研究中，读者将了解预测模型是否可以帮助我们清除虚假的招聘信息。此外，还可以看到哪些特征往往会泄露虚假招聘信息。

提供此学习机会的数据集可在 Kaggle 网页上访问，网址如下。

https://www.kaggle.com/shivamb/real-or-fake-fake-jobposting-prediction

该数据集支持许多可能的 AQ。但是，以下内容将帮助读者入门。

- AQ1：决策树能否有意义地预测虚假招聘信息？
- AQ2：虚假招聘信息有什么共同特点？

本章列出的 10 个实际案例研究是继续学习的极好资源。当然，读者也可以自己在互联网上找到更多潜在的学习机会。在结束本节之前，我们将介绍一些可以用来寻找更多数据集的可能资源列表。

18.2.11　寻找更多实际案例研究

以下两个资源非常适合查找数据集，以帮助读者练习数据预处理和分析技能。

1．Kaggle 网站

Kaggle 网站是寻找更多案例研究项目的最佳资源。其网址如下。

https://www.kaggle.com/

读者可能已经注意到，本书使用的很多数据集都来自该网站。Kaggle 网站在创建适合具有不同技能水平的开发人员的社区方面做得很好，开发人员可以聚集在一起分享知识和数据集。

我们鼓励读者加入这个社区，以找到更多的学习和实践资源。

下一个资源不是像 Kaggle 那样充满活力的社区，但它是最古老的最著名的机器学习（machine learning，ML）数据集存储库。

2．加州大学欧文分校机器学习资料库

众所周知，UCI ML Repository 存储库自 1987 年以来一直在收集用于研究目的的数据集。该存储库的一个重要功能是可以查看基于分析目标的数据集；所有数据集都可以通过 4 个相关任务过滤：分类、回归（预测）、聚类和其他。该存储库网址如下。

https://archive.ics.uci.edu/ml/index.php

18.3　结　　论

首先祝贺读者完成了本书的学习。我们相信读者对数据分析和数据预处理的学习不会到此结束。读者可能想要学习更多有用的工具并掌握有价值的技能。那么，如何继续

推进这方面的学习并强化自己的能力呢？

我们的第一个建议是打牢基础并充分利用本书提供的所有学习资源，这样就可以深化学习，使自己的技能水平更上一层楼，达到如臂使指的程度。本书大多数章节的末尾都提供了专门用于此目的的练习。此外，第 15 章至第 17 章中的 3 个案例研究也可以扩展和改进，这是改善学习的好方法。最后，本章还提供了许多实际案例研究，以帮助读者练习在本书中学到的技能，让这些技能成为读者的技术本能。

除了巩固在本书中学到的知识外，读者还可以考虑一些不同的深化学习路线。为了叙述上的方便，我们将这些路线总结如下。

- 数据可视化和讲故事。
- 算法分析。
- 技术应用。
- 数学研究。

让我们逐一看看这些路线究竟是什么。

18.3.1　数据可视化和讲故事

第 5 章“数据可视化”提供了对数据可视化的基本理解。提供该材料是为了支持我们学习数据预处理。但是从讲故事的角度来看，还有更多关于数据可视化的知识。读者可能擅长可视化的技术方面，但必须先确定自己的可视化目标，然后才能创建它。换句话说，如果读者是决定需要什么样的可视化来说服观众的人，那么仅掌握可视化技术而不懂得讲故事的技巧是不行的。如果是这种情况，那么我们强烈建议读者阅读 Cole Nussbaumer Knaflic 编写的 *Storytelling with Data: A Data Visualization Guide for Business Professionals*（《用数据讲故事：专业商务人士的数据可视化指南》），或者由 Stephanie Evergreen 编写的 *Effective Data Visualization: The Right Chart for the Right Data*（《有效数据可视化：正确数据的正确图表》）。这两本书不仅有助于激发读者对数据可视化的好奇心和创造力，而且还可以指导读者完成有效数据可视化必然需要的实际讲故事部分。

18.3.2　算法分析

本书只触及了算法分析的皮毛。在第 6 章到第 8 章中，我们简要介绍了一些分类、预测和聚类算法。这 3 个数据分析任务中的每一个都有更多的算法，而且还有更多的分析任务需要算法来获得有效的解决方案。读者可能希望在这些方面投入更多精力以深化自己的学习并获得该领域的更多技能，如果读者精通所有这些算法，那么将成为机器学习工程师职位的极具竞争力的招聘对象。

虽然这种学习路径听起来很有前途，但这里要提出以下两点注意事项。

第一个注意事项是对于这条路线，读者要具备良好的编程能力，或者至少喜欢编程。我们谈论的不是本书所涉及的编程类型，本书只是学习了一些简单的编程以使用由真正的程序员创建的模块和函数。笔者的意思是，如果要走算法这条深化学习路线，那么读者需要足够的编程技能，以便能够创建这些模块和功能。

第二个注意事项是关于算法分析的未来。基于我们的推测，在我们讨论的所有 4 种深化学习路线中，这条路线是最自动化的。这意味着在不久的将来，聘请机器学习工程师开发算法解决方案的成本将高于订阅 Amazon 等科技巨头提供的人工智能即服务（artificial intelligence as a service，AIaaS）或机器学习即服务（machine learning as a service，MLaaS）解决方案。目前的主要平台包括 Amazon Web Service（AWS）、Microsoft Azure、Google Cloud Platform（GCP）和百度飞桨等。除非读者是这些领域中的佼佼者并且可以被这些公司聘用，否则最终可能需要重新学习。

18.3.3　技术应用

接下来说一下学习和提升的技术应用路线。无论好坏，许多组织和公司都将有效的数据分析视为与其相关数据库有效连接的可视化仪表板。对于这些组织和公司而言，创建有效查询以从数据库中提取出适当数据，从而创建和激活仪表板上的图形，这样的技能正是他们对分析专业人员的要求。这也是数据分析就业市场的简单现实：公司不是在寻找拥有更多技术和概念知识的员工，而是在寻找能够最有效地利用他们已经采用的技术工作的人员。当然，能够使用这些技术需要一些特定知识和技能，只不过这些技能也许会有很大的不同。

如果说今天生存状态较好并且竞争很充分的技术是数据库，那么在不久的将来，我们谨慎地预测，大多数公司将进行下一次技术飞跃并采用云计算（cloud computing）。这种令人兴奋的技术改进趋势自有其逻辑，它不仅简化和改进了数据库技术，采用了大量新技术，而且还提供了更多功能，包括平台即服务（platform as a service，PaaS）、供应链即服务（supply chain as a service，SCaaS）、MLaaS、AIaaS 技术等。

虽然亚马逊的 AWS、微软的 Azure、谷歌的 GCP 和百度飞桨等云计算平台将在各种支付方案下提供所有这些解决方案，但这些服务将有许多变体，专为不同的需求和公司而设计。了解这些变体并能够为公司选择正确的变体可以为公司节省大量资金。不仅如此，为了能够采用自然语言翻译等 AIaaS 解决方案，还需要与公司的数据库进行适当的链接。能够有效地将这些技术组合在一起并满足公司的需求将是一项非常有价值的技能。

我们已经看到一些先锋公司拥有开发运营（development-operations，DevOps）工程师、云工程师和云架构师等角色，他们的职责是识别和调整不同的云技术，并根据公司的需求对其进行精简。我们谨慎地预测，在很长一段时间内，对这些角色的需求将增加，而人们原本认为应该会炙手可热的从头开始开发数据分析、人工智能和机器学习解决方案的角色（如数据科学家和机器学习工程师）的需求将下降。这种趋势将一直持续到云计算的采用率变得足够高，以至于公司无法仅仅通过使用这项技术来保持竞争力和生存，那时他们将需要采用新的热门技术。因此，现在这条深化学习路径是我们进入未来高薪技术角色的黄金机会。诚然，读者仍然需要在一定程度上了解业务、计算机编程、数据预处理和算法数据分析，但更重要的是，读者需要了解云计算提供的解决方案的来龙去脉。

18.3.4　数学研究

最后，让我们谈谈数学研究的深化学习路线。本书第 13 章“数据归约”和第 14 章“数据转换”讨论了函数型数据分析（FDA）。正如读者在这两章中所看到的那样，如果读者对各种函数有扎实的数学理解，那么 FDA 可以成为一个非常强大的分析和预处理工具。

在数据预处理的有效性方面，提高对各种数学函数的理解可以让读者拥有他人无法企及的优势。毕竟，如果其他分析师不知道可以捕获数据中最重要信息的数学函数，那么他们就只能使用噪声数据集，这样产生的分析结果自然很难找到正确的模式。相对来说，你就具有非常大的竞争优势。

我们在这里讨论的 4 种学习路线可能都适合你，而正确选择哪一种取决于你的个性和喜欢从事的日常活动类型。

- 如果读者对激励他人更感兴趣，并且希望更有效地说服他人，那么数据可视化和讲故事路线可能是你的正确途径。
- 如果读者喜欢计算机编程，并且可以从嵌套循环的语句中获得乐趣，那么算法分析路线可能更适合你。
- 如果读者喜欢了解最新技术并乐于尝试新技术，那么技术应用路线可能适合你。
- 如果读者擅长数学并且可以在脑海中设想函数，能够使用各种函数快速模拟数据，那么数学研究路线可以帮助你在职业生涯中取得极大的优势。

最后，诚挚地希望读者在本书中学到了很多有价值的东西。祝学习愉快！